이야기로 떠나는

지구기행

문희수 지음

이야기로 떠나는 지구기행

지 은 이　문희수
펴 낸 곳　연세대학교 출판부
주　　소　서울특별시 서대문구 신촌동 134
전　　화　(02)392-6201, 2123-3380~2
팩　　스　(02)393-1421
E-mail　ysup@yonsei.ac.kr
홈페이지　http://www.yonsei.ac.kr/press
연세대학교 출판부
등　　록　1955년 10월 13일 제9-60호
표지/본문　김성수, 심영주
인　　쇄　네오프린텍(주)

2006년 8월 17일 1판 1쇄
ISBN　89-7141-745-5(03450)

값 25,000원

머리말

인류의 생존과 지구환경과는 너무 밀접하게 연관되어 있기 때문에 오히려 그 중요성을 예사로이 보아 넘긴다. 우리 주변에 흔히 볼 수 있는 것으로 물과 공기가 있다. 이 둘은 지천으로 우리 주위에 있기 때문에 사람들은 일상의 생활과는 아무 연관이 없는 것으로 생각하기 쉽다. 그러나 높은 산에 올라가거나, 사막지방에 가게 되면 이들은 인류의 생존과 직결되어 있다는 것을 즉각적으로 이해할 수 있다. 이와 마찬가지로 거대 규모로 일어나는 빠르고 느린 지질작용 역시 인류의 문명이나 생존과 직간접으로 연결되어 있음에도 공기나 바람처럼 예사롭게 생각하거나 아예 그 중요성을 인식하지 못하는 경우가 더 많다. 지구에서 일어나고 있는 어떤 현상도 어느 것 하나 따로 떨어져 있는 것은 없으며, 모두 서로 연관되어 있다. 이것이 저것에 영향을 미치고 저것이 이것에 영향을 미친다. 조금만 주의 깊게 우리 주위를 관찰해 보면 지구의 모든 일은 서로 관련되지 않은 것이라고는 하나도 없다는 것을 알 수 있다. 지구상에서 장구한 기간 동안 일어나는 어떤 현상도 단발적인 것은 없으며, 상호 연관되어 있다. 이런 일련의 지질학적인 변화과정은 모든 것이 하나의 통일된 법칙에 의하여 결정되어진다는 인상을 지워버릴 수가 없다.

지구가 만들어진 시점부터 지구상에서는 지질작용이 계속되고 있다. 어떤 것은 그 영력이 너무 강력하여 파괴적인 강도를 갖기도 하지만 거의 대부분의 지질작용은 모든 사람들이 감지하기엔 그 속도가 느리고 그 강도 역시 미약하게만 보인다. 그러나 우리가 인식할 수 없을 정도의 미약한 것으로 보이는 그런 활동조차도 시간의 함수를 곱하면 그 결과는 지구에 엄청난 변화를 가져온다는 것을 지질학자들은 알고 있다. 그러한 변화는 인류 문명에 긍정적 또는 부정적 영향을 미치거나 직접적이거나 간접적으로 연계되어 있다. 지구가 살아 있다는 증거인양 끊임없이 반복되는 지질학적 과정들이 인류의 문명과 모든 분야에 걸쳐 밀접한 관계를 가지고 있다는 사실을 전문가가 아닌 일반인들을 대상으로 설명해 줄 수 있는 방법을 궁리하였다. 그래서 마련한 것이 이 책이다.

이 책은 포괄적인 지질학 교과서는 아니며, 더 더군다나 일관된 지식체계를 전달하려는 의도로 마련된 것 또한 아니다. 다만 지구가 가지고 있는 여러 가지 얼굴을 보여주고, 우리가 일상을 통하여 접하고 있는 잘 알려진 지질학적 현상들의 실체는 무엇이며, 이들이 인류 생존과 문명에 어떤 관계를 가지고 있으며, 인류 생존과 문명에 어떤 영향을 줄 수 있을까 하는 의문점을 함께 생각해 보자는 취지로 준비하였다. 그러므로 지구시스템에서 다루는 여러 분야의 내용을 들여다 보아야 했으며, 지질학적 원리를 간단하게 설명해야만 했다. 가능하면 모든 사람들이 알고 있는 사실로부터 이야기를 시작하여 그 안에 들어있는 지질학적 원리를 간략하게 소개하려는 시도를 하였다. 지질학은 자연과학분야에서 수학, 물리학, 화학 또는 생물학 분야에 비교하여 상대적으로 늦게 학문의 한 분야로 정립되기는 하였지만 다루는 내용은 실로 광범위한 분야이다. 우리가 알려고 하는 대상이 지구라는 거대한 행성 자체이므로 그 출발이 늦어진 것은 당연한 결과인지도 모르겠다. 지구의 모든 내용을 다 들여다본다는 것은 어려운 일이기도 하지만 일상에서 알려진 일로만 다루려다 보니 어려움은 몇 배로 커진다. 어떤 일이든지 마무리하려면 아쉬움이 남기 마련이지만 이번도 예외는 아니다.

2006년 6월 저자

차례

공룡은 운석 충돌에 의하여 전멸되었나? • 7

떠다니는 대륙 • 39

미노스문명을 소멸시킨 것은 화산 폭발이었다 • 59

흙이란 무엇인가? • 85

실크로드가 그 곳에 만들어진 까닭은? • 115

나무처럼 무른 돌 • 139

사라져 가는 아랄해 • 165

자연이 창조한 위대한 걸작 • 177

아스완댐이 준 교훈 • 209

칼데라의 분노 • 225

연료를 사용하지 않는 발전소 • 235

도시와 촌락의 색깔을 만드는 것은? • 259

지구의 나이는? • 273

겉과는 다른 속 • 291

육지다리는 있었는가? • 309

위험을 두려워하지 않는 사람들 • 333

마르지 않는 샘 • 365

이상한 지도 한 장 • 391

지구가 우리에게 준 아름다운 선물 • 413

지구는 인류 문명을 위한 무진장한 보고인가? • 439

지구의 두 가지 얼굴 • 463

이야기를 마치면서 • 493

참고문헌 • 496

찾아보기 • 503

공룡은 운석 충돌에 의하여 전멸되었나?

여름철 마당 한쪽 모퉁이에는 주변의 다른 잡초들보다 키가 멀쑥하게 웃자라 눈에 띄는 쑥대를 잘라다 피운 모닥불이 한가롭게 피어오르고 그 옆자리에 깔아놓은 밀짚이나 보릿 짚으로 엮어 만든 자리 위에 한가롭게 누워 밤하늘을 쳐다보면서 여름 더위를 식히고 있다.

바람을 타고 날아오는 쑥 향기가 다른 풀잎 타는 매콤한 냄새와 섞이어 코끝을 건드린다. 그러나 싫은 냄새는 아니다. 바닷가라서 인지는 몰라도 간혹 그 옆에는 간식으로 바가지 하나 가득 삶은 꼬막이 있다. 하늘의 한 귀퉁이에서 갑자기 별똥별이 나타나 포물선을 그리면서 사라진다. 언제 또 나타날까 기대해 보지만 그날 저녁 내가 잠들기 전까지 다시는 그 별똥별은 나타나지 않았다. 그게 농촌지역에서 자란 내가 가지고 있는 여름밤의 기억이다. 가끔 그게 무엇일까 하는 의문이 들기도 했지만 구태여 그걸 알려고 노력하지는 않았던 것 같다. 지금 생각하니 그 놈이 바로 대기권을 진입하는 운석이 타는 모습이었다.

어린 시절 나에게 운석이란 그런 기억으로 남아 있는 것이 전부이고 아마도 대부분의 평범한 보통 사람들 역시 그 정도의 기억을 가지고 있을 것이다. 그러나 지구 역사에서 운석은 여러 가지 역할을 하였다. 운석을 조금 구체적으로 말하면 지구 밖 기원을 갖는 물질로서 소행성의 파편이나 혹은 소행성으로 성장하지 못하고 우주 공간을 떠돌아다니던 물질이 지구의 중력에 이끌려 지구로 낙하하는 물질을 운석이라고 한다. 과학의 발전에 따라 인간이 달에 가기 이전까지는 지구에서 접할 수 있는 외계의 물질은 오직 타다 남아 요행이 지구까지 도착한 운석밖에 없었다. 대기권을 지나 무사히 지구로 떨어지는 운석은 매우 희귀한 것은 사실이다. 그래서 그런지는 몰라도 과거의 제왕들은 하늘에서 내려준 이 돌을 이용하여 반지를 만들어 착용하기도 하여 왕의 권위를 나타낸 이도 있었다고 한다. 하늘이 내려준 것이니 그럴 만도 하다는 생각이 든다. 운석은 지구에 가끔씩 떨어지는 것이 보통이지만 어떤 때는 운석들이 무리를 이루어 한꺼번에 낙하되기도 한다. 1803년 4월 26일 파리 근처에서는 한꺼번에 2천~3천여 개의 운석이 동시에 떨어진 기록이 있다. 그러나 그때 떨어진 운석들은 지표에 도달했을 때 아주 작았기 때문에 지붕에 구멍을 내는 정도였지 이렇다 할 피해를 주지는 않았다. 그러나 운석의 크기가 커지면 이들이 지구에 남기는 상처는 만만치가 않으며, 어떤 때는 전 지구적인 재앙으로 연결되기도 한다.

지구 역사를 통하여 지구에는 수많은 운석이 떨어졌다. 사실 46억 년 전에 태양계에서 지구가 형성되는 과정은 운석 충돌의 역사였다. 이들의 충돌에 의하여 지구가 커졌고, 커진 지구는 중력에 의하여 주위에 있는 더 많은 운석을 끌어들여 오늘날의 크기로 성장하는데 약 1억 년이 소요된 것으로 과학자들은 추정한다. 그러나 태양계 행성이 자리를 잡은 후에는 충돌 빈도가 점점 적어져서 오늘날의 낙하 빈도는 숫자로 셀 정도가 되었다. 그렇다면 호기심이 많은 사람들은 지구의 무게는 오늘도 증가되고 있구나 하는 생각을 할 수도

미국 아리조나 사막 가운데 있는 베링거운석구. 이 운석구는 직경이 1.2km이고, 깊이는 70m이며, 주위에 만들어진 구릉의 높이는 약 50여 미터에 이른다. 이 운석구는 불과 50m의 반경을 갖는 운석의 충돌결과로 만들어진 것이다(사진제공: 미국지질조사소).

있다. 분명 외계로부터 운석이 유입되고는 있지만 지구 전체 질량에 비교하여 그 양은 비교가 되지 않을 정도의 작은 양이므로 이런 것은 과학자들은 무시한다. 과학자들이 좋아하는 숫자로 표현해 보자. 연간 지구로 유입된 운석들이 대기권을 지나면서 살아남아 지구에 안착되는 양은 약 천 만~10억kg 정도이나, 평균량은 약 5억kg 정도로 추산된다. 이를 만 년간 더해 보면 약 50억 톤에 이른다. 엄청난 양이다. 이것을 지구의 나이 46억 년으로 계산하면 대략 2.3×10^{15}톤이다. 그러나 지구의 질량은 5×10^{21}톤이므로 운석이 더한 양은 지구 질량의 약 1/2백만에 해당되는 아주 작은 양이다. 그러나 지구 자체는 경원소의 손실이나, 방사성원소의 붕괴에 따른 질량 감소 및 열방사에 의한 자체 손실이 발생하여 정확하게 표현을 한다고 해도 운석으로 유입되는 양이 결코 지구의 무게를 늘린다고 말하기는 어렵다.

지질시대를 통하여 크고 작은 운석들이 지구로 떨어지거나 충돌하였으며, 운석이 크면 떨어질 때마다 지구의 표면에 크고 작은 충돌의 흔적을 구덩이 형태로 남기게 된다. 그러나 아주 오래된 흔적들은 지구 표면에서 일어나고 있는 침식작용에 의하여 사라져 버리게 된다. 지구와 충돌한 그러한 흔적을 운석구(隕石丘, meteor crater)라고 하는데 이들은 일반적으로 원형으로 나타난다, 이런 사실 조차도 19세기까지는 인류의 지식체계에 편입되어 있지 않을 정도였다. 특히 건조한 지역에 만들어진 운석구는 대체로 그 원형이 잘 보존되는데 미국 아리조나주에 있는 베링거운석구가 그 대표적인 예이다.[1)] 베링거운석구는 직경이 1.2km이고 깊이는 70m이며, 주위에 만들어진 구릉의 높이는 약 50여 미터에 이른다. 이러한 큰 구덩이는 불과 50m의 반경을 갖는 운석의 충돌 결과로 만들어진 것이니 충돌할 때 발생되는 에너지의 양이 어느 정도인지 짐작이 가게

최초로 운석충돌에 의해서 만들어진 운석구의 정체를 밝힌 지질학자 D.M. 베링거. 미국 아리조나의 운석구는 그를 기념하기 위해 베링거운석구라고 명명되었다.

한다. 이 운석구 주위에서 30톤 가량의 철질 물질이 함유된 조각이 광산업자들에 의해 회수되었으나, 실제로 큰 덩어리의 철질 운석은 발견되지 않았다. 이 운석 충돌 결과를 교수들이 보고한 사실을 듣고 당시 미국 대통령이던 토마스 제퍼슨은 "하늘에서 돌이 떨어진다는 것을 믿느니 양키 교수들이 거짓말을 한다고 믿는 편이 낫다"고 한 말은 당시 운석에 대한 일반인들의 지식을 그대로 보여주는 한 예이다.

미국 아리조나 사막에 버티고 있는 베링거운석구는 미국지질조사소의 길버트(Grove Karl Gilvert, 1843~1918)란 지질학자가 처음으로 과학적인 연구를 시작하였다. 당시 그는 가장 권위 있는 유명한 지질학자로 아무도 그가 제시한 이론에 반대할 수 없는 그런 학문적인 권위를 가지고 있었다. 그는 그 원형의 구덩이 주위에서 발견되는 니켈-철 운석에 대한 소식을 듣고 흥미를 느끼고 현장에 가서 직접 조사를 하기로 결심하였다. 탐사를 떠나기 전 그가 들었던 사실을 토대로 그 구덩이 형성 원인에 대한 두 가지 가설을 설정하였다. 하나는 운석 충돌에 의한 것이었으며, 다른 하나는 지하 심부에 있는 화산 열에 의한 거대한 증기 폭발로 만들어졌다는 것이다. 당시에는 운석의 이동 속도나 충돌 기작에 대한 지식이 거의 전무한 상태였으므로 그 구덩이는 구덩이와 거의 같은 크기의 운석 충돌이 만든 폭발로 가정하였으며, 이들 운석이 그 구덩이 주변에 상당량 남아 있을 것이라고 가정하였다. 따라서 큰 덩어리의 철질 물질이 구덩이 아래에 묻혀 있다면 나침판의 바늘이 작동하지 않을 거라고 생각하였다. 그러나 1891년 현장에 도착하여 조사한 결과는 그가 생각한 두 가지 가정이 모두 틀렸다는 것을 확인하는 일이었다. 나침판의 바늘도 제대로 작동하였고, 화산 폭발을 증명할 만한 확실한 증거도 확보하지 못하였으며, 결론도 내리지 못한 어정쩡한 상태로 현장을 떠났다.

아리조나의 구덩이가 어떻게 만들어졌는지 밝혀지는 데는 조금 더 시간이 필요하였다. 베링거(Daniel Moreau Barringer, 1880~1929)의 집요한 도전이 이를 밝혀냈다. 그는 괴짜 지질학자였다. 그는 법과대학을 나와 변호사가 되었으나 실무는 그를 너무 따분하게 만들었다. 사무실에 묶어 두기엔 그의 활

베링거운석구에서 발견한 가장 큰 635kg의 철질운석. 이 운석은 당시 베링거가 세운 광산의 시추 기술자의 이름을 따라 홀싱어운석(Holsinger meteorite)으로 명명되었다. (메테오운석구 박물관 소장)

동력은 너무 왕성하였다. 그는 다시 광물학을 전공하여, 나중에 아리조나에서 은광을 발견하여 상당한 부자가 되었다. 1902년 우연한 기회에 그가 아리조나에 운석질 철이 나오는 구덩이 이야기를 들었다. 후일담으로 친구들이 전하는 얘기로는 그가 그 얘기를 듣는 순간 피우던 시가를 떨어뜨렸다고 한다. 광업을 하는 그에게는 아주 흥미로운 이야기였을 뿐만 아니라 엄청난 부를 가져올 수 있을지도 모른다는 생각을 했을지도 모른다. 지역 지방민들에 의하여 전해 내려오는 이야기로는 구덩이는 우주로부터 날아온 철 물질에 의해 만들어졌다는 것이다. 그 이야기를 들은 베링거는 길버트가 생각했던 것처럼 그렇다면 그 구덩이 아래에는 막대한 양의 철이 묻혀 있을 것이라는 생각을 하였다. 당시 광산업을 하는 그에게 그 구덩이는 돈 구덩이라는 생각을 한 것이다. 현장에 가본 베링거는 구덩이 주위의 언덕에서 운석질 철과 암석이 아무렇게나 섞여 있는 작은 구형의 돌덩어리들을 발견하였다. 그는 이 구덩이가 운석의 충돌에 의하여 만들어졌다는 것을 확신하고 그런 사실을 친구들에게 편지로 알렸다. 지질학자이자 성공한 광산업자가 이 운석구를 본 순간 내린 판단은 올바른 것이었지만 그에게는 그 자신도 예견하지 못한 시련이 시작되는 순간이었다.

이 소식을 전해들은 필라델피아의 친구는 회사를 설립하고, 구덩이 주위의 광업권을 확보하기 시작하였다. 운석이 가지고 온 철광을 확보하기 위한 사업가 기질을 가진 그의 재빠른 조치였다. 1903년과 1905년 사이에 베링거와 그의 동료들은 하늘로부터 직접 떨어진 운석은 구덩이의 가운데에 파묻혀 있을 거라고 생각하였다. 그들이 설립한 회사는 구덩이의 가운데에서 두 개의 수직항을 파내려 갔다. 50여 미터를 파내려 갔으나 그들이 기대했던 운석 철 덩어리는 나타나지 않았다. 구덩이 주위 여러 곳에서 시추를 했으나 결과는 역시 마찬가지였다. 그러나 그에게 재화를 가져온 수확은 없었지만 지질학적으로는 수확이 있었다. 그건 파낸 암석들에서 다른 암석에서는 볼 수 없었던 충격에 의하여 만들어진 조직들을 발견한 것이다. 그는 그것을 당시에 알려져 있던 물질과 달랐기 때문에 '버라이어티' 이라고 기재하였다. 베링거와 그의 동료는 운석 충돌에 관한 그들의 연구 결과를 1906년 필라델피아 학술원에서 발표하였다. 여기서 그가 제시한 과학적인 증거들을 다 열거할 필요는 없을 것이다. 다만 그는 길버트가 놓친 여러 가지 지질학적 증거들을 제시하면서 운석 충돌 결과임을 확실하게 주장하였다. 이러한 그의 주장은 학계에서 이 구덩이의 형성 원인에 대한 논쟁의 시발점이 되었다. 그는 자신의 주장을 확인시키기 위하여 그를 지지하는 학자는 물론이고 그의 주장에 반대하던 많은 학자들을 집요하게 아리조나의 그 구덩이로 초대하였다.[2)]

이 구덩이가 화산 폭발로 만들어졌는지 혹은 운석 충돌에 의하여 만들어졌는지의 논쟁은 계속되었으며, 당시 유명한 학자들은 운석 충돌에 반대하는 의견이 우세하였다. 메릴(George Perkins Merrill, 1854~1929)은 그런 논쟁을 종식시키는데 큰 기여를 한 학자들 중의 하나이다. 1907년에 그 구덩이를 방문한 그는 엄청난 압력을 받았을 때에 만들어지는 석영 유리질을 기재하고,

구덩이 하부의 암석들이 변위되지 않은 것을 보고 화산 폭발 가능성을 배제하였다. 그렇지만 아직도 화산 폭발 가능성에 무게를 둔 학자들의 반대 또한 만만치 않았다. 어떤 사람은 운석에 의하여 만들어졌다면 구덩이는 타원형이 되어야 되는데 그 구덩이는 원형이므로 운석에 의하여 만들어진 것으로 볼 수 없다고 주장하기도 하였다. 그 주장을 반박하기 위하여 베링거는 진흙에 여러 각도에서 총을 발사하여 만들어진 탄흔을 관찰한 결과 총을 발사하는 각도와 관계없이 원형의 탄흔을 만드는 사실을 근거로 이를 반박하였다. 이는 실로 베링거의 새로운 발견이었으며, 그의 고집스럽고 집요한 노력을 엿보게 하는 대목이다.

논란이 계속되면서 새로운 사실들이 밝혀지고, 베링거의 운석 충돌설은 무게를 더해 갔으며, 결국 많은 학자들이 베링거의 운석 충돌 기원을 인정하게 되었다. 베링거는 철광을 찾는 일차 탐사에서는 실패를 하였지만 철광에 대한 집념은 버리지 못하였다. 베링거의 운석 충돌설이 지지를 얻자 아직 찾아내지 못한 어디엔가 묻혀 있을 1천만 톤의 노다지(철광체, 베링거의 추산치)에 대한 정밀 탐사를 위한 자본을 모으기 시작하였다. 이 구덩이가 운석 충돌에 의한 것임이 학계에서 밝혀지자 탐사 비용을 마련하기 위한 투자자를 찾는 것은 그리 어려운 일은 아니었다. 막대한 자본을 투입하여 시추 탐사를 계속하였으나 결국 바라던 노다지는 찾지 못하였다. 이에 초조해진 베링거는 시카고 대학의 천문학자인 몰튼(Forest Ray Moulton, 1872~1952)을 찾아가 자문을 구했다. 그러나 베링거는 몰튼으로부터 기대하던 대답을 듣는 대신 하늘이 무너져 내리는 대답을 들었다. 그는 운석이 지구로 진입하는 속도를 고려하여 그 정도의 구덩이를 만들기 위하여 요구되는 철질운석의 양은 30만 톤이면 족하다는 계산을 내놓았다. 그 양은 베링거가 추산한 천만 톤의 3%에 불과하였다. 그는 운석이 충돌되면서 발생되는 엄청난 에너지에 의하여 그것조차도 증기화되어 분산된다는 다른 학자들의 의견을 덧붙였다. 실로 충격이었으며 베링거의 꿈이 물거품이 되는 순간이었다. 그런 사실이 알려진 일주일 후 1929년 11월 30일에 우연인지는 몰라도 베링거는 심장마비로 세상을 떠났다. 베링거의 꿈을 실현시키기 위하여 소요된 경비는 당시 $60만 불(현재로 환산하면 대략 1천 만 불 정도에 해당)로 그의 재산 전부를 잃고, 투자가들에 손실을 주었으나 그의 고집스러운 집념이 운석구의 생성 원인을 밝히는 데는 성공하였다. 이 과정에서 밝혀진 운석 충돌에 관한 지식은 그 후 다른 지역에서 운석구를 연구하는데 큰 도움이 되었음은 물론이다. 과학 발전은 그렇게 쉽고 간단하게 이루어지지 않는다는 한 가지 예인 것 같다.[2)]

그가 죽고 17년이 지난 후 1946년 이 운석구는 학계에서 베링거의 공적을 기려 공식적으로 '베링거운석구' 란 명칭을 부여받았다.[2)] 그러나 운석의 충돌이 지구에 막대한 자원을 남겨준 운석구는 나중에 캐나다에서 발견되었다. 캐나다 서드베리 지역에서는 약 17억 년 전 베링거가 상상한 것처럼 철과 니켈을 함유한 운석 충돌의 결과로 세계 최대의 니켈 광상(鑛床)을 형성시켰다. 그러나 이것 역시 운석이 바로 묻힌 것은 아니었으며, 충격에너지에 의해 주변 암석들과 함께 녹은 후에 새롭게 만들어진 암석 속에 니켈과 철이 들어가 있는 광체였다. 그러나 이 지역에 분포되어 있는 광상들이 운석 충돌 결과로 만들어졌다는 것은 광산 개발이 되고 난 후 최근에야 학술적으로 밝혀진 사실이었다. 이런 사실이 밝혀진 것 또한 베링거가 시작한 논쟁의 결과로 이루어졌음은 말할 필요도 없다. 최근에 이르러 밝혀진 사실이지만 베링거운석구는 약 5만 년 전의 충돌 결과로 만들어진 것이며, 베링거가 생각한대로 이 운석은 철질운석이었다. 크기는 약 50m의 직경을 갖는 것으로 그 무게는 약 30만 톤 정도이었으며, 시간당 4만 마일의 속도로 지구와 충돌하였다는 것이다. 충돌시 발생되는 에너지는 약 2천만 톤의 TNT의 폭발과 맞먹는 크기였다.

이와는 다른 형태의 운석 충돌도 일어난다. 1908년 6월 30일 시베리아의 한 가운데쯤 위치한 퉁구스카 지역에서 사는 사람들은 세상에서 한번도 경험하지 못한 이상한 폭발을 보았다.[3), 4)] 폭발이 일어난 곳으로부터 약 400km 밖에서 이를 목격한 이들은 태양보다 세 배 정도는 더 밝은 큰 불로 된 공이 하늘로부터 대각선을 그리며 떨어지다가 지상 근처에 이르자 납작하게 변화되면서 하늘이 무너져 내릴 듯한 소리를 들었다는 것이다. 폭발 지점으로부터 제일 가까운 약 30~40km 지점에 있던 유목민들이 텐트에서 잠을 자고 있었다. 자고 있던 유목민들은 텐트와 함께 공중으로 날아갔고, 그들 중 몇 명은 기절을 하였거나 죽었다. 살아난 그들이 정신을 차린 후 본 모습은 주변의 모든 것들은 쓰러져 있었으며, 그들이 키우던 순록의 대부분은 어디론가 사라져 버렸으며, 주변은 타고 있는 나무들의 연기로 휩싸여 있었다고 폭발 당시의 상황을 전하였다. 폭발 지점으로부터 65km 밖에 있던 목격자는 "갑자기 하늘 전체가 둘로 갈라지더니 북쪽의 삼림 위의 하늘이 불로 휩싸이는 듯 하였다. 나는 셔츠에 불이 붙는 것 같은 엄청난 열기를 느꼈으며, 엄청난 충격으로 현관에서 7m 가량이나 나가 떨어져 잠시 정신을 잃었다. 대포에서 나온 것 같은 뜨거운 바람이 북쪽으로부터 오두막을 지나쳐 가면서 창의 유리는 모두 깨졌으며, 헛간문의 쇠로 된 고리가 부서졌다"고 당시의 상황을 말했다. 심지어 500km 떨어진 곳에 있는 사람들도 귀청이 터질 것 같은 큰 폭발음을 들었으며, 런던에서도 이 소리를 들었다고 한다. 1천km나 떨어진 지역의 지진계에는 이 폭발이 만든 진동이 기록되었다. 폭발의 중심지로부터 방사상으로 울창했던 삼림은 성냥개비처럼 나란히 누워 있었으나 폭발이 일어난 구덩이는 찾을 수가 없었다. 과학자들이 이 폭발을 수년간 연구한 결과는 20~60m 크기의 운석이 지표에 도달하기 전 대기권에서 폭발하여 흩어진 것으로 결론지었다. 이처럼 지구에 도달하기 전에 지표면에서 폭발한 운석조차도 큰 피해를 내는 것을 보여주는 예이며, 과학자들이 계산한 폭발 위력은 15메가톤의 핵폭발과 맞먹는 것이었다고 한다. 만약에 인구가 밀집한 도시의 상공이었다면 그 재앙은 상상을 초월하는 수준이 되

1908년 6월 30일 시베리아 퉁구스카 하늘에서 폭발한 운석에 의해 한 방향으로 쓰러진 불타다 남은 나무의 잔재.

었을 것이다.

지질시대를 통하여 크고 작은 운석들이 지구로 떨어지거나 충돌하였다.[4] 그러나 아주 오래된 흔적들은 지구 표면에서 일어나고 있는 침식작용에 의하여 베링거운석구와 같은 원형의 구조는 사라져 버리게 된다. 지구에 남아 있는 운석 충돌의 흔적 중 가장 큰 운석구는 남아프리카의 요하네스버그 남서쪽 100km 지점에 브레데포트에 있는 운석구이다. 지금 남아서 운석구의 형태를 보여주는 것은 브레데포트돔이라고 부르는데, 이는 운석이 충돌할 때 강한 충격에 의하여 가라앉은 후 반동에 의하여 하부에 있던 암석들이 튕겨 올라와 형성된 것으로 직경이 70km에 이른다. 원래 운석구의 크기는 250~300km의 직경을 갖는 것으로 추정되며, 이 때 지구와 충돌한 운석의 크기는 약 10km의 직경을 갖는 크기였을 거라고 과학자들은 추정하고 있다. 이 브레데포트에서 보이는 구조는 지구상에서 명확하게 볼 수 있는 가장 크고 오래된 것으로 간주된다.[4] 그러나 이 운석구는 크기가 너무 커서 실제로 그곳을 가본다고 해도 우리가 보고 싶어 하고, 상상하는 둥그런 모습의 구덩이는 볼 수 없다. 왜냐하면 우리의 시야를 훨씬 벗어나는 범위에 있기 때문에 인공위성 사진이나 항공사진으로 관찰이 가능하기 때문이다.

요하네스버그에 가면 관광회사들이 지상 최대의 운석구로 가는 관광상품을 개발하여 고객을 모은다. 거기에 참여해 봤자 지질학자가 아닌 일반 관광객들은 그저 이상한 돌을 몇 군데서 보는 정도여서 큰 흥미를 느끼지 못할 것이다. 다

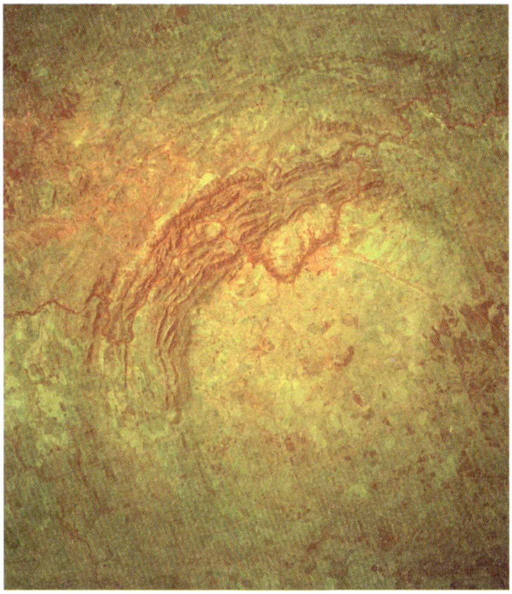

남아프리카 요하네스버그 남서쪽 100km 지점에 있는 브레데포트돔으로 알려진 운석구의 잔류물. 중앙에 보이는 원형의 구조선이 운석 충돌 후에 충격에너지 의하여 하부의 암체가 상승하여 만든 원형의 돔의 모습으로 남서부는 퇴적물에 의하여 덮혀 나타나지 않는다. 이 돔의 직경은 70km이나 원래의 운석구는 250~300km의 직경을 가졌던 초대형 운석구로 추정된다. 현재 지구상에서 남아있는 운석구들 중 그 형태를 알아볼 수 있는 가장 큰 운석구이다.

만 충돌 시 발생하는 엄청나게 큰 충격에너지에 의하여 부서지고, 녹은 돌들이 섞여 있는 이상한 무늬를 가진 돌을 관찰하는 정도일 것이다. 그런 돌이야말로 지질학자들에게 뿐만 아니라 그곳을 찾은 관광객들에게 운석 충돌시 발생되는 에너지가 어느 정도인지를 확실하게 보여주는 명확한 증거인 것이다. 단단한 돌을 부수고, 그 사이는 녹은 돌들이 채운 구조가 그런 이상한 형태로 보이는 것이다. 이곳 말고 다른 곳에서는 보기 힘든 암석이다. 이보다 더 오래된 운석의 충돌로 남아프리카와 호주에 각기 32억 년 전과 35억 년 전에 일어났으나 현재는 이들 충돌이 남긴 구조는 침식에 의하여 사라지고 남겨져 있지 않다. 다만 간접적인 충돌의 증거들을 지층 속에 담아 놓아 후세의 지질학자들이 이를 알아보고 해석 할 수 있을 뿐이다.

이쯤에서 운석이란 과연 어떤 물질로 만들어진 것인지 살펴볼 때가 된 것 같다. 운석은 구성하는 물질에 의하여 석질, 석-철질 및 철질운석의 세 가지로 구분된다. 석질운석이란 오늘날 지구에서 흔히 관찰되는 염기성 암석들에서 관찰되는 감람석이나 규산염광물로 구성되어 있으며, 철질운석은 철과 니켈 등으로 구성되어 있다. 석-철질운석이란 이들 두 가지 운석을 섞어 놓은 것과 같은 물질로 되어 있다. 석질운석 중 어떤 운석들은 초기 태양계 형성 시 응축물로 보이는 물질을 함유하기도 한다. 탄소가 풍부한 이 물질을 콘드률이라고 하는데 이들은 태양계가 어떻게 만들어졌는지를 연구하는데 매우 중요한 정보를 주는 물질 중의 하나이다.

운석 충돌로 만들어진 브레데포트돔에 남겨진 충돌의 흔적. 충돌시 깨진 암석들이 충돌에너지에 의해 용융된 물질사이에 마치 역암처럼 나타난다.

이처럼 우리가 흔히 볼 수 있는 물질들이 지구에 그런 엄청난 영향을 미치는 것은 바로 지구로 진입할 때 그 속도가 무려 시간당 4만 마일에 이르는 빠른 속도를 갖기 때문이다. 이렇게 빠른 속도로 어떤 물질들이 서로 충돌하면 폭발이 일어나는 것은 후에 실험으로 증명되었다. 지구에 진입하는 운석의 각도와는 관계없이 충격 시 발생되는 엄청난 에너지에 의한 폭발 때문에 구덩이는 원형을 만들게 된다.

이런 폭발은 지구에 여러 가지 형태로 영향을 미친다. 충돌할 때 발생하는 폭발에 의하여 발생되는 엄청나게 큰 에너지는 주변 물질을 증기화시키고 폭발에 의하여 발생되는 먼지는 대기권에 유입되기도 한다. 하부에 있는 암석을 녹여서 마그마를 만들어 후에 화산암을 만들기도 한다. 충돌 시 발생되는 강력한 에너지에 의해 증기화된 물질이나 먼지와 같은 작은 입자들이 대기권으로 유입되어 화산이 폭발할 때 화산재가 대기권으로 유입되는 것처럼 기권으로 올라간 물질들은 태양에너지를 차단시켜 지구 기후 시스템을 교란시킨다. 결과는 지구 평균 기온의 강하로 나타난다. 충돌 시 발생되는 열에 의하여 질소와 산소가 반응을 하여 산성비의 원인이 되기도 한다. 만약 운석 충돌이 지구의 2/3를 덮고 있는 바다에서 일어난다면 이는 바로 거대한 해일 발생으로 연결된다. 이렇게 발생되는 기온의 변화, 산성비는 지구 환경을 황폐화시킬 뿐만 아니라 큰 충돌들은 바로 특정 생물종의 절멸과 바로 연결된다. 그러한 충돌에 의한 생물종의 절멸은 지구 역사에 여러 차례 기록으로 암석 속에 남겨져 있다. 이러한 사실들은 많은 지질학자들의 노력으로 최근에 이르러서야 확인되었다. 생물종의 절멸과 연결되지 않는 작은 규모의 충돌이라 할지라도 서식 환경의 변화나 먹이사슬의 변화는 동물 종들에게 심각한 영향을 미친다.

아마도 이러한 생물종의 대절멸 중 가장 잘 알려져 있는 것이 6천5백만 년 전, 지질시대로 백악기 말 공룡이 한꺼번에 사라진 기록일 것이다. 세계 거의 모든 자연사박물관의 가장 잘 보이는 중앙의 자리를 차지하고 있는 것은 다름 아닌 거대한 공룡의 골격이다. 이러한 전시로 우리는 이미 공룡과 상당히 친숙해져 있다. 최근 공룡은 『쥐라기공원』이라는 크라이튼의 소설로 유명해졌으며, 1993년 다시 한번 스필버그의 재기 넘치는 솜씨로 만들어진 영화로 공룡이 대중들과 친숙해지게 되었다. 공룡은 어린이들에게나 어른들에게나 흥미로운 대상임에 분명하다. 대부분의 사람들은 공룡하면 어마어마한 체구를 가진 무서운 동물로 곧잘 연상하지만 실제로 공룡의 종류는 아주 다양하다. 아동들이 공룡에 대해서는 어른들보다 더 자세한 지식을 가지고 있는 경우가 많다. 공룡이 어떻게 지구상에서 사라져 갔는지를 설명하기에 앞서 공룡에 대한 소개를 조금 하기로 하자.

아마도 이 생물체가 무섭다는 인상은 공룡(恐龍, Dinosuria)이라는 이름 자체가 갖는 의미도 다소간 기여를 했다. 이 이름은 1841년 영국의 고생물학자인 오언(Richard Owen, 1804~1892)이 붙인 것으로, 그리스어의 dinos(무서운)와 sauros(도마뱀)의 합성어이이다. 우리말로 하면 무서운 도마뱀이다. 지구상에서는 이미 사라진 생물종이기 때문에 우리는 공룡의 화석으로만 실체를 파악할 뿐이다. 이들이 살던 시기는 2억 4천5백만 년 전에서부터 6천5백만 년 전 사이이며, 이 시기 지구의 주인이었다. 인류의 역사를 400만 년 전 오스트랄로 피테쿠스까지 거슬러 올라간다고 해도 공룡들이 지구를 지배한 기간은 인류 생존 기간의 41배에 이르는 긴 시간이었다.[5] 그렇게 오랜 기간 지구의 주인으로 서식하던 공룡은 여러 가지 종류로 분화되었다. 식사 습관으로 보면 채식주의자가 있는가 하면, 육식주의자도 있고 또한 잡식성도 있다. 걸음걸이로 보면 두 다리만 사용하는 종인 이족보행 공룡이 있는가 하면, 네 다리를 다 써야 이동이 가능한 사족보행 공룡이 있었다. 또한 이족보행과 사족보행을 함께 하는 공룡도 있었다. 몸집이 수십 미터에 이르는 거대한 것으로부터 수십 센티미터에 불과한 작은 것들도 있었다. 이러한 특성에 따라 공룡들의 골격 구조는 확연하게 차이가 났으며, 서식하는 환경이 모두 달랐을 뿐만 아니라 행동 양식도 달랐다.

몸집이 큰 채식주의자인 브라키오사우루스는 아마도 자신의 체력을 유지하기 위해서는 엄청난 양의 먹이를 해치웠을 것이다. 오늘날 아프리카 코끼리들은 자신의 체력 유지를 위하여 자신의 체중의 약 3%인 약 180kg 정도를 먹어야 한다. 이를 기초로 계산하면 30톤 정도의 브라키오사우루스는 하루 약 1톤 이상의 나뭇잎이나 풀을 먹어야 했을 것이다.[5] 이들은 대체로 긴 목을 가지고 있는데 고생물학자들은 나무 꼭대기에 돋아나는 부드러운 나뭇잎을 먹기 위하여 긴 목을 가지게 되었다고 주장한다. 당시의 기후 조건은 이들이 서식하기에 좋은 환경을 유지하고 있었다. 그러나 육식주의자들은 그렇게 큰 덩치를 키울 이유가 없었다. 먹이 사냥을 위해서는 오히려 민첩한 행동이 필요했다. 초식공룡이라고 해서 느린 것만은 아니었다. 그러나 육식공룡에게 덩치란 그리 큰 의미가 없기 때문에 대체로 육식주의자들은 덩치가 상대적으로 작은 편이었으며, 그들의 식사를 위하여 날카로운 발톱과 튼튼한 이빨을 갖추었다.

2억 5천만 년 전에는 지구상의 모든 대륙이 하나로 뭉쳐져 있던 초대륙 판게아로 존재하던 시절이었으며, 기후는 늘 따뜻했다. 이 시대를 트라이아스기라고 부르는데(2억 5천만 년 전~2억 1천만 년 전), 트라이아스기 말에 이르면서 덥고 건조한 기후로 변화해 갔다. 대륙이 하나로 뭉쳐 있었기 때문에 공룡들은 대륙의 이곳저곳으로 자유롭게 이동하면서 살 수 있었다. 그래서 대륙

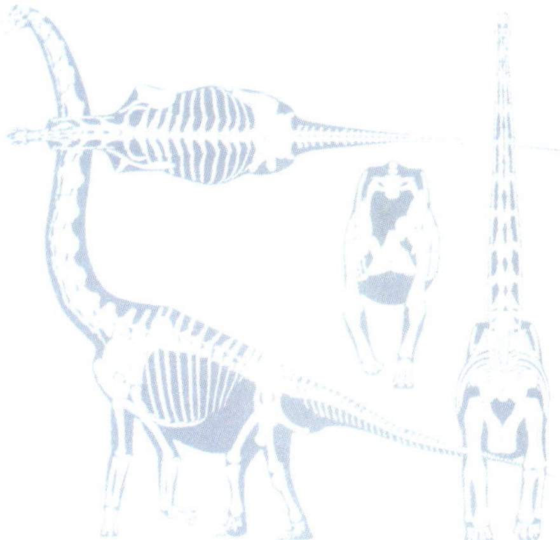

브라키오싸우루스의 골격

티라노사우루스의 골격

중생대의 주인이었던 목의 길이가 16m나 되는 초식공룡인 브라키오사우루스와 강력한 턱과 이빨을 가지고 있는 가장 힘이 센 것으로 알려진 육식공룡인 티라노사우루스의 골격(이융남, 2000, 공룡 대탐험, 창작과 비평).

캐나다의 매니코우간 운석구. 2억 1천만 년 전 운석의 충돌 후 반동 효과로 올라온 모습으로 직경이 70km에 이르며, 돔 주위로 물이 채워져 호수가 만들어져 있다. 이 운석 충돌은 트라이아스기의 생물종의 절멸과 관계된다.

분리 이전에 파충류의 하나인 리스토로사우루스와 같은 파충류들이 판게아 전체에 널리 퍼져 살고 있었다. 리스토로사우루스는 염소 크기의 포유류형 파충류(파충류이면서 포유류의 특징을 많이 가진 동물)로, 짧고 굵은 다리, 두 개의 커다란 송곳니처럼 발달된 턱을 가진 독특한 머리를 가졌다. 이빨은 없지만 질긴 식물을 쉽게 잘라 먹을 수 있으며, 이족보행과 사족보행을 할 수 있는 동물이었다. 이들의 존재는 후에 대륙이 이동된 증거로 매번 제시되는 화석 종 들이다. 트라이아스기 말에 당시 번성하였던 원시 파충류의 대규모 멸종이 일어났는데 이는 바로 캐나다에 떨어진 운석 충돌로 해석을 하고 있다. 이 때 만들어진 운석구는 직경이 70여 킬로미터나 되는 거대한 것으로 매니코우간분화구(Manicouagan crater)이다. 쥐라기(2억 1천만 년 ~1억 5천만 년 전)에 이르면서 판게아는 두 대륙으로 분리되기 시작하여 북쪽은 로렌시아(Laurentia)와 남쪽의 곤드와나(Gondwana)로 나누어졌다. 이 시대에 대표적인 공룡인 브라키오사우루스와 스테고사우루스 등의 화석이 북미와 아프리카에서 발견되는 것으로 보아 때로는 이 두 대륙의 연결고리로서 육지다리가 있었을 것으로 추정한다. 그러나 이 두 대륙이 완전히 분리된 백악기(1억 5천만 년 ~6천5백만 년 전)가 끝이 날 무렵에는 오늘날의 대륙 분포와 매우 유사한 상태로 되었다. 이 기간에 일어난 가장 큰 식물계의 변화는 피자식물의 등장이다. 고생물학자들은 이 피자식물의 빠른 확산도 공룡이 기여 했을 것이라고 추정을 한다. 대륙들이 갈라진 후에는 지역에 따라 공룡의 진화도 다른 경로로 발달을 하게 된다.

이렇게 오랜 지질시대에 걸쳐 지구의 주인으로 활동하던 공룡은 6천5백만 년 전을 기점으로 전멸하여 사라진 동물이 되었다. 아마도 이들 중 가장 잘 알려진 공룡은 브라키오사우루스(Brachiosaurus)와 티라노사우루스(Tyrannosaurus)일 것이다. 브라키오사우루스는 16m나 되는 긴 목 때문에 잘 알려진 종이다. 이 놈은 긴 목을 자유자재로 움직여 남들이 생각도 못하는 높이에서 나무 꼭대기에 있는 신선하고 여린 잎을 마음대로 먹을 수 있는 초식공룡이었다. 우리는 흔히 공룡하면 긴 목을 가진 장대한 몸집을 연상하는데 바로 이 놈이 그런 특징을 가진 종이다. 이에 반하여 티라노사우루스는 육식공룡으로 가장 힘이 센 공룡으로 알려져 있다. 이 놈은 육식공룡으로는 거대한 몸집에 짧고 강력한 목, 강한 발톱으로 무장된 뒷다리를 가지고 있으며, 이빨 한 개의 크기는 16cm 정도나 되어 한 입에 200kg의 고기를 물어뜯을 수 있는 강력한 머리를 가지고 있었다. 그에 반하여 앞발은 두 개의 발가락이 달린 조금은 우스꽝스러운 짧은 다리를 가지고 있었다. 지금까지 알려진 가장 큰(길이가 긴) 공룡은 쎄이스모사우루스(Seismosaurus)로서 거의 축구장 길이의 반만한 46m의 길이를 가지고 있다. 이름은 조금은 장난스럽게 부쳐졌다. 크기가 하도 커서 걸을 때 지진이 난 것처럼 쿵쿵 울렸을 것 같아 붙여진 이름이다.[5)]

이렇게 오랜 기간 동안 여러 종류로 진화되면서 번성하였던 중생대의 우점종인 공룡이 왜 일시에 절멸(絶滅)되었는지는 지질학계의 오랜 숙제이기도 했다. 이미 트라이아스기 말 원시 파충류의 절멸은 운석의 충돌 결과라고 하였다. 물론 이러한 결론 역시 최근에서야 내려진 것이다. 일반적으로 생물종의 멸종은 변화되는 환경에 적응을 잘 못하는 종 즉, 덩치가 크거나 번식률이 낮거나 그리고 기온 변화에 적응하기 어려운 종들에서 쉽게 일어난다고 한다. 환경에 적응하기 어려운 생물종의 특성 중의 하나인 덩치가 크다는 사실은 조건에 맞는다. 그럼에도 불구하고 덩치가 큰 공룡들은 중생대 1억 6천만 년 동안 환경 변화에 잘 적응해 왔다. 판게아가 분리되면서 대륙이 갈라지고, 새로운 대양의 형성에 따른 기후 변화에도 잘 적응을 하였다. 그런 공룡이 6천5백만 년 전에 지구로부터 사라져 버린 것이다. 사실 공룡이 멸종할 당시 사라진 것은 공룡이 유일한 생물종은 아니었으며, 해양파충류의 대부분이 사라졌으며, 암모나이트와 벨렘나이트 역시 완전히 사라져 버렸고, 현화식물(꽃 피는 식물)의 변화도 극심했다는 점을 기억해 두어야 한다. 따라서 공룡의 전멸로 그치는 것이 아닌 전 지구적 생태계에 영향을 미치는 원인이 바로 공룡을 전멸시킨 이유가 되었을 것이라고 추정할 수 있다. 그런 광범위하고도 전 지구적 재앙으로 연결되는 변화는 트라이아스기 말기의 생물종의 절멸은 비교적 쉽게 운석 충돌설로 매듭지을 수 있었던 것처럼 운석 충돌을 연상할 수 있다. 트라이아스기 생물종 절멸이 그렇게 쉽게 결말이 난 것은 지금도 선명하게 남아 있는 운석 충돌의 흔적 때문에 가능하였다.[6,7]

1980년 미국 버클리대학의 1968년도 노벨물리학상 수상자인 루이스 알바레스(Luis Alvarez, 1911~1988)는 고지자기학 전공의 지질학자인 그의 아들 월터 알바레스(Walter Alvarez)와 이태리 알프스산맥의 남쪽 기슭에 위치한 구비오란 작은 마을을 찾아갔다. 이 지역의 탐사는 아들 월터에 의해 1970년대 초에 시작된 것이었다. 그들이 그곳까지 찾아간 것은 남알프스의 경관을 즐기러 간 것은 아니었으며, 중생대와 제삼기 지층의 경계를 조사하기 위해서였다. 이 지층의 경계부를 지질학자들은 흔히 K-T경계라고 부른다. 이 지층의 경계부에는 아주 얇은 점토층(이 지역에서는 1cm 내외)을 가지고 있었다. 그때 만해도 알바레즈 부자는 그들의 연구 결과가 어떤 정보를 만들어 줄지는 확신하지 못하였다. 실험실에 돌아온 그들은 알프스 산록에서 채취해 온 점토를 중성자를 이용하여 새로운 방사화학분석법을 개발한 아사로에게 의뢰하여 분석하였다. 분석 결과 그 점토는 놀랍게도 지각의 평균보다 30배 혹은 그 이상의 이리듐(Ir)을 함유하고 있었다. 이리듐은 아무 암석에나 들어있는 것은 아니며, 운석이나 우주 먼지 중에 함유량이 높은 원소라는 것을 알고 있는 이 연구팀은 곧장 이 점토층이 운석 충돌의 결과로 만들어졌다는 것을 알아차렸다. 거대한 운석이 지구와 충돌하면서 거대한 폭발 에너지에 의해 기권으로 유입된 이런 물질이 온 세계로 퍼져나가 점토층에 함께 퇴적되었다고 해석하였다. 그들은 6천5백만 년 전 중생대 백악기가 끝날 무렵 공룡의 전멸을 초래한 원인은 운석 충돌 결과라고 1980년에 발표하였다. 이 이론은 알바레스 가설(Alvarez hypothesis)이라고 불린다.[8] 알바레스 가설이 발표되자 이탈리아의 한 작은 산골마을 구비오는 일시에 세계에 알려지게 되었다. 이 둘은 그런 공적으로 이 작은 마을의 명예시민이 되었다.

이런 주장은 사실 이들이 처음으로 제기한 것은 아니었으며, 그 이전에도 명백한 증거가 없기는 했지만 운석 충돌에 의한 공룡의 전멸에 관한 이론은 이미 1956년 오레곤주립대의 로벤펠스에 의해 제기되어 있던 상태였다. 이 이론이 발표되자 여기저기서 반대의 의견이 제시되었다. 그렇게 큰 영향을 준 운석 충돌이라면 지구상에 그 흔적이 남겨져 있어야 함에도 불구하고 그 지질시대에 만들어진 운석구를 찾을 수 없는 것이 문제였다. 거기에 한 몫을 거든 것은 루이스 알바레즈가 뉴욕타임스에 고생물학자들을 "그들은 훌륭한 과학자들이 아니라, 우표 수집가에 더 가깝다"고 공개적으로 경멸을 하였던 것도 한 가지 원인이 되었다. 그것은 지금 듣기에도 부적절한 표현이었으며, 고생물학자가 아닌 나에게도 거부감이 드는 표현이다. 아사로의 회고대로 그들은 그런 문제에 관한한 아마추어였던 것은 분명하다. 더군다나 이런 것은 찰스 라이엘 이후 사라졌던 격변설을 다시 받아들이는 것이나 마찬가지이므로 격렬한 반대는 예상되는 수순이었다. 그렇지만 알바레스 가설이 발표되자 세계의 50여 곳이 넘는 K-T경계에서 같은 조성을 갖는 점토층이 발견되었을 뿐만 아니라 큰 충돌결과 만들어지는 다른 증거들의 하나인 특징적인 광물의 조직을 찾아내기도 하였다.

운석의 충돌 가능성은 거의 확실해졌다. 어떤 학자들은 그 정도의 이리듐을 방출하려면 운석은 적어도 10km보다 큰 직경을 가져야 한다는 계산을 하였다. 이제는 그 운석구를 찾는 일만 남아 있었다. 그 정도 크기의 운석이 충돌했다면 100km가 넘는 운석구가 발견되어야 하는데 그 시기에 만들어진 그런 크기의 운석구는 지구상 어디에서도 좀처럼 모습을 드러 내지 않았다. 그 운석구는 대단히 클 것이므로 항공사진이나 인공위성 사진으로 확인이 가능할 것이라고 생각하였다. 여러 사람들이 노력했음에도 불구하고 위성사진에서 그 시기에 만들어진 운석구는 확인되지 않았다.

그런 운석구가 우연하게 알려지게 되었다. 멕시코만에 접해 있는 멕시코 유카탄 반도의 북쪽 끝에서 운석구로 보이는 형태가 1980년에 알려졌다. 실제로 이 원형의 구조물은 멕시코의 석유회사 페멕스에 의해 1952년에 처음으로 확인되었지만 그들은 이 구조를 단순히 화산에 의해 만들어진 것으로 치부하고 덮어버렸다. 1980년대에 형태가 알려지긴 했지만 그렇다고 해서 명확한 운석구의 실체가 드러난 것은 아니었다. 운석구의 형태는 침식에 의하여 사라져 버리고 운석 충돌의 흔적만 발견되었을 뿐이다. 맨 처음 이 곳에서 운석구의 존재를 확인하고, 위치를 추정하는 데는 지질학자들의 상상력이 동원된 결과였다. 역시 지구의 숨겨진 비밀을 찾아내는 것은 그들 지질학자들의 몫임에 틀림없다.

운석구의 존재 가능성을 처음으로 확인 한 계기를 준 것은 잘 알려진 원형의 지질구조가 아니라 그 지역에 분포하는 석회암에 만들어진 수직으로 발달된 구멍이었다. 운석 충돌 시 충격에 의하여 발생된 거대한 압력은 운석구의 외각에 해당되는 지역에 분포하는 석회암에도 영향을 주었다. 그 엄청난 압력의 결과로 운석구의 주위에서 석회암이 충격을 받으면서 특정한 방향으로 깨지거나, 크게 부서지고 다시 굳어져 각력암이 만들어졌다. 그렇게 깨진 면이나 각력암은 물의 통로가 되었다. 통로를 따라 이동하는 물은 석회암을 아주 느린 속도로 녹여내기 시작하였다. 비록 그 속도는 느리지만 오랜 기간 작용한 결과 석회암이 녹아난 자리가 바로 수직의 동굴들을 만든 것이다. 그런 동굴은 마야인들이 살던 시절부터 줄곧 그곳에 있던 석회석 굴이었다. 이런 동굴을 마야인들이 부르던 대로 세노테이(cenote)라고 부른다. 이렇게 만들어진 세노테이는 깊이가 깊었으며 그 아래는 물길이 흘렀다. 이 지역 마야인들은 도시를 만들 때 세노테이를 끼고 만들었다. 따라서 세노테이가 있는 지역은 마야의 도시가 들어섰으며, 그 도시에 물을 공급해 주는 우물이었다. 마야인들에게 세노테이는 건조한 지역에서 그들에게 생명의 원천인 물을 제공해 주는 우물 이상의 것은 아니었다. 그런 수직 동굴들이 드문드문 나타나는 것은 그들에게 특별한 의미를 주는 것은 아니었으며, 그들이 신봉하던 태양신의 배려 정도로 알았을지도 모른다. 지금은 동굴 다이빙을 즐기러 오는 멕시코와 미국인들에게 레포츠의 좋은 장소로 인식하는 것과 다를 바 없는 일이었다. 그 동굴들의 분포를 연결한 결과 유카탄 반도에 반원형의 모습을 드러냈다. 그러나 비범한 지질학자들의 상상력은 대단하다. 이러한 세노테이의 배열이 운석 충돌 시 발생된 힘에 의하여 그런 모습으로 발달되었다는 것을 알아차린 것이다.

유카탄 반도 석회암에 발달해 있는 세노테이. 하천이 없는 이 지역에서 과거 마야인들에게는 생명의 원천이었다.

그러나 그것만이 운석구를 찾아내는 유일한 방법은 아니었다. 운석구일 가능성이 높아지자 지질학자들은 보다 정밀한 검사를 하기로 결정했다. 지질학자들은 마치 의사가 X-선을 이용하여 인체 내부의 질병을 알아낼 수 있는 것처럼 지구물리학적 방법으로 지구의 내부를 들여다 볼 수 있다. 거기에는 여러 가지 방법이 있는데 이 지역에서 사용된 방법은 중력탐사라는 방법이었다. 이는 암석을 구성하는 물질의 종류에 의하여 중력 값이 달라지는 것을 이용하여 지하의 물질들이 어떻게 분포되는지를 알아내는 방법이다. 1991년 힐데브랜드(Alan R. Hildebrand)와 그의 동료들은 유카탄 반도에서 중력탐사를 해서 원형의 구조물을 찾아내서 그 윤곽을 그리기 시작하였다. 이러한 사실이 알려지자 모간과 그의 동료들은 1997년 탄성파를 이용하여 더욱 더 운석구의 형태를 정확하게 밝혔다. 10~14km의 직경을 갖는 운석이 충돌 순간에 만든 운석구는 85km에 이르는 엄청난 크기였으며, 최외각의 운석구는 직경이 무려 195km가 되는 것을 확인하였다.[9), 10)]

이런 사실이 알려지면서 멕시코 중부, 멕시코만 혹은 미국의 중서부에서도 운석의 잔해물들이 속속 발견되었다. 그런 잔해물 중에는 작은 유리구슬도 있는데 이런 것들은 미국의 와이오밍에서도 발견되었다. 유리구슬은 충격이 일어날 때 증기화된 암석 물질들이 하늘로 치솟아 올라갔다가 갑자기 냉각되면서 뭉쳐져 만들어진 것으로, 결정이 성장되지 못하고 유리질물질이 되는데 이를 지질학에서는 텍타이트(tektite)라고 한다. 이런 텍타이트는 작은 구슬처럼 나타나기도 하는데 이런 유리구슬이 백악기와 제3기 사이의 지층에서 발견되었다. 어떤 것들은 그 유리질 물질 내에 작은 해양성 퇴적암 조각을 함유하고 있기도 하였다. 이런 사실은 바다에도 충격의 영향이 미친 것을 보여주는 증거가 되었다. 베링거운석구에서부터 줄곧 운석 충돌의 증거로 사용되던 충격에 의하여 만들어진 석영의 전형적인 구조가 유카탄 반도에서 뚫은 시추공에서도 확인 되었다. 이런 석영은 현미경으로 관찰하면 여러 가지 색으로 띠를 이루며 나타나는데 이러한 조직이 바로 강한 충격에 의하여 결정 구조가 약간씩 변위(變位)되어 나타나는 것이다. 이러한 석영은 오로지 운석 충돌 지역이나 핵실험장에서나 관찰이 가능한 특징적인 구조이다. 이러한 자료들로 운석구의 존재는 더 이상 의심의 여지가 없게 되었다. 이 운석구는 충돌 지점의 중앙에 있는 마을 이름을 따서 칙출룹운석구(Chicxulub crater)라고 한다.

백악기 말에 유카탄 반도에 떨어진 운석 충돌의 중앙 지점으로 도시되는 지

a. 백악기 말 공룡의 전멸을 몰고 온 운석의 충돌지점으로 추정되는 멕시코 유카탄 반도. 이 운석구는 칙출룹운석구라고 부른다. 이 충돌에 의하여 만들어진 잔해와 생성물들은 멕시코는 물론 멕시코만과 접한 텍사스 등지에서도 발견되는 거대한 규모였다.

b. 운석구는 침식에 의하여 사라졌으나 중력 탐사의 결과로 지하에서의 원형의 구조를 확인하여 그 크기가 180km의 직경을 가지고 있음이 밝혀졌다.[10)]

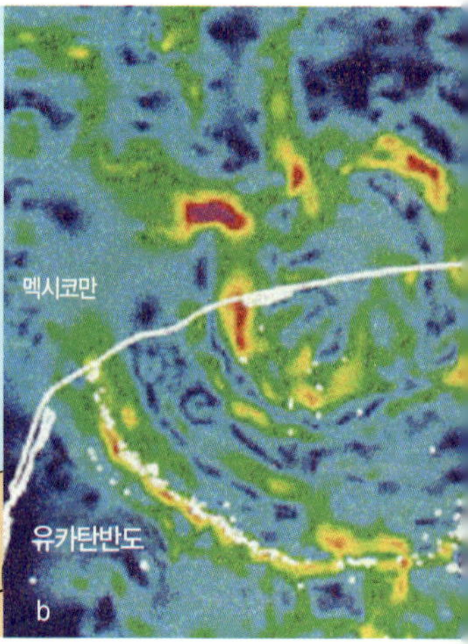

점은 프로그레소 항구로부터 얼마 떨어지지 않은 지점이었다. 프로그레소 항구는 바로 1905년 대한제국 말 기울어져 가는 조국을 등지고 영국 기선 일포드호를 타고 가난에 쫓겨 멕시코로 반은 속아 이민길을 떠난 우리 동포 1,033명이 도착한 그곳이었다. 1905년 4월 4일 제물포항을 떠난 일포드호의 홀수선 아래 화물칸에 짐짝처럼 실린 그들은 그해 5월 15일 태평양 연안의 멕시코 살리노 크루즈항에 도착하였다. 그곳으로부터는 기차로 멕시코 남단을 건너 다시 배를 갈아타고 최종 도착한 곳이 바로 운석 충돌 지점의 중앙 지점에 가까운 유카탄 반도의 북쪽에 있는 프로그레스 항구였다. 그들이 처음 당도하여 본 것은 세노테이는 아니었으며 그저 지평선이 없는 망망대해와 같은 광할한 대지를 보았을 뿐이다. 김영하는 그의 소설 『검은 꽃』에서 그 장면을 다음과 같이 묘사하고 있다.

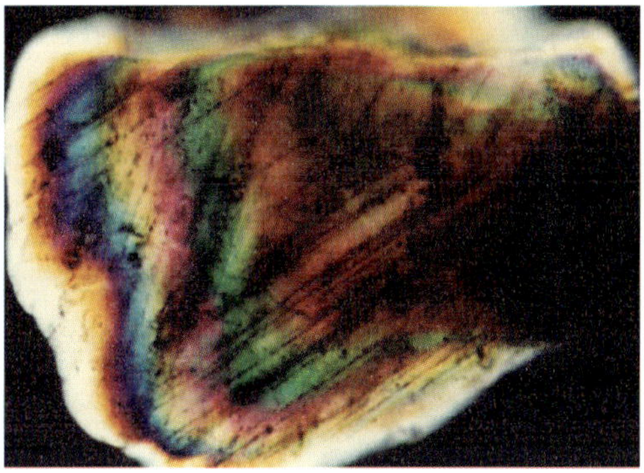

유카탄 반도 운석구로 추정되는 지역의 지하에서 시추로 얻은 시료 중에서 발견되는 충격에 의하여 형성된 석영의 구조, 이러한 구조는 운석구를 제외하고는 핵실험장에서나 발견되는 구조이다. 베링거운석구가 운석충돌 결과로 형성된 것이라는 사실을 밝히는데도 이 석영의 조직이 중요한 증거 중의 하나였다(사진촬영 : Alan R. Hildebrand)

사방 어디에도 산이 없어서 더 그랬을 것이다. 유카탄의 석양은 느지막이 엉덩이를 붙이고 있다가 일순 사라져 버렸던 것이다. 평생 지평선을 한번도 본 적이 없는 조선인들에게 이 벌판의 황막함은 더욱 강렬하게 느껴졌다. 그제서야 사람들은 자신들이 산과 산 사이에서 태어나 산을 보고 자랐으며 산등성이로 지는 해를 보고 잠자리에 들었음을 깨달았다. 넘어갈 아리랑 고개가 없는 끝없는 평원은 그야말로 낯선 풍경이어서 사람들은 딱히 바닥이 딱딱해서라기보다 지평선이 주는 막막함과 공허로 뒤척였다.

그들의 막막함과 공허는 곧 고된 노예와 같은 노동으로 이어졌다. 용설란과의 헤너킨(henequen, 우리에게는 애니깽이라고 알려짐)은 사람 키보다 조금 더 크게 자라는 단단한 줄기에 육질이 두툼한 잎이 연속으로 자란다. 잎은 가

유카탄반도에 지금도 남아 있는 헤너킨 농장의 모습.

장자리를 따라서 가시가 무수히 자라는 다루기에는 험한 작물이다. 자고 일어나면 그놈과 씨름을 하던 고달픈 삶이 있었던 바로 그 지역이 운석이 충돌한 자리였다. 헤너킨으로 술도 만들고, 섬유도 만들고 염료도 만들어 내지만 주요한 용도는 역시 섬유를 뽑아 강한 로프를 만든 것이 주요한 용도였다. 그러나 합성섬유가 개발된 이후 이들의 수요는 빠르게 줄어들었으며, 우리 민족의 한이 서린 대규모의 헤너킨 농장은 거의 다 사라져 버렸다. 그 자리에는 세노테이를 만든 척박한 석회암이 이곳저곳에 돌출되어 있을 뿐이다. 아직도 여기저기에 남아 있는 헤너킨 농장들이 그런 애환을 전해줄 뿐이다.

칙슐룹운석구는 그런 자리에 위치하고 있다. 칙슐룹 운석구의 발견으로 알바레스의 가설은 다시 힘을 얻었고 공룡의 전멸은 이 운석 충돌의 결과로 생각하는 학자들에게는 가장 강력한 원군이 되었다. 그렇지만 반대 의견도 여전히 존재한다. 여러 가지 모사실험과 계산이 운석 충돌이 공룡을 멸종시키기에 충분한 파괴력을 가지고 있다는 사실을 알려주었지만 그 정도의 운석으로 그게 정말 가능한 일인지에 대해서는 회의를 가지고 있는 학자들이 아직도 많았다.[7] 그러한 회의론자들에게 자연은 운석 충돌이 가지고 있는 그 파괴력을 인간들이 직접 관찰할 수 있는 기회를 만들어 주었다. 허블망원경은 이를 선명하게 보여주었으며, 우리나라 보현산 천문대의 망원경에서도 충분히 관찰할 정도로 그 파괴력은 엄청난 것이었다. 그 혜성은 슈메이커(Eugene M. Shoemaker, 1928~1997)와 그의 아내 그리고 레비(David Levy)가 발견하여 '슈메이커-레비 9'로 명명된 것이었으며, 이 혜성은 21개의 조각으로 나누어진 것으로 1994년 7월 16일부터 목성과의 충돌은 일주일간 계속되었다. 그 중 한 조각의 충돌은 지구의 크기보다 더 큰 상처를 목성에 남겼다. 이제 더 이상 회의론자들이 설 땅은 없어졌다. 그러나 아쉽게도 이 혜성을 발견한 슈메이커는 다른 운석구를 찾아 연구여행으로 머물던 오스트레일리아에서 교통사고로 1997년 사망했다.

1994년 7월 21일 혜성 슈메이커-레비 9가 목성에 충돌하여 남긴 흔적. 연속된 충돌에 의하여 여러 개의 자국을 남긴 모습(사진제공 : NASA).

그럼에도 불구하고 반대는 계속된다. 충돌은 사실이라고 해도 충돌된 시점이 공룡의 멸종을 가져온 시점과 일치하지 않는다는 점을 들기도 한다. 그리고 K-T경계면에 있는 얇은 점토층과 점토가 함유하고 있는 이리듐의 축적은 화산 폭발에 의해서도 가능하다는 것이다. 인도의 데칸고원을 덮고 있는 화산암들이 백악기 말의 그 시점에 분출하였다. 우리는 데칸고원이라고 부르지만 영어로는 데칸트랩(Deccan Traps)이라고 부른다. 트랩이라는 말은 스웨덴어로 계단을 뜻하는 말이다. 그러면 데칸고원의 형상이 머릿속에 어렴풋이 들어날 것이다. 용암이 분출한 형태가 계단과 같다는 의미이다. 그러나 이 계단은 크기가 좀 크다. 그 계단이 이루는 지형을 단구라고 하는데 단구 하나를 지나려면 자동차를 타고 한 시간은 달려야 지날 수 있는 크기이니 이 역시 사람들의 눈으로는 한 눈에 알아볼 수 있는 크기는 아니다.

이런 거대한 계단을 만들기 위하여 자연이 토해낸 용암은 150만km^2에 펼쳐져 있으며, 현대과학으로 계산된 그 양은 250만km^3에 이르는 엄청난 양이다.[11] 자그마치 현무암이 덮은 면적만 해도 남북한 합친 면적의 7배가 넘는다. 이들이 겹겹이 쌓여 높은 고산을 이루지 않은 것은 마그마의 유동성이 좋아서 아주 잘 흘렀다는 것을 의미한다. 이 정도의 양을 분출하려면 방출되는 양은 그냥 분출이라기보다는 적절한 표현인지는 모르지만 그저 콸콸 쏟아 내었다는 표현이 맞을 것 같다. 이렇게 넓은 지역을 뒤 덮고 있는 현무암 대지는 시베리아고원을 제외하고는 없으며, 이보다 규모가 작은 것은 세계적으로 몇 군데에서 확인되고 있다. 규모가 작다는 것은 데칸고원에 대한 상대적인 개념이지 그 절대적인 넓이가 결코 작은 것은 아니다. 한 가지 예를 들면 미국 북서부에 위치하고 있는 컬럼비아 고원은 1,700만 년 전 13만km^2의 면적에 용암을 토해 놓았다. 이 역시 한반도의 절반을 넘는 광대한 면적이다.

이렇게 데칸고원에 형성된 현무암 계단에는 인류 문명의 위대한 유산으로 돈황의 석굴보다 더 큰 석굴들이 만들어졌다. 이 석굴들은 무굴제국의 아우랑제브(1659~1707)의 이름을 따 붙여진 도시 아우랑가바드에서 30km 떨어진 곳에 있는 용암 계단에 만들어졌다. 이 곳의 석굴들은 엘로라 석굴로 알려져 있다. 사원들은 서기 5~9세기에 건설된 것으로 불교, 힌두교 및 자이나교의 사원과 석굴들이 용암 계단에서 그래도 파내기 쉬운 용암층을 따라 나란히 파여져 있다. 다양한 문명의 숨결을 느끼게 해주는 곳이기도 하려니와 인간의 미약한

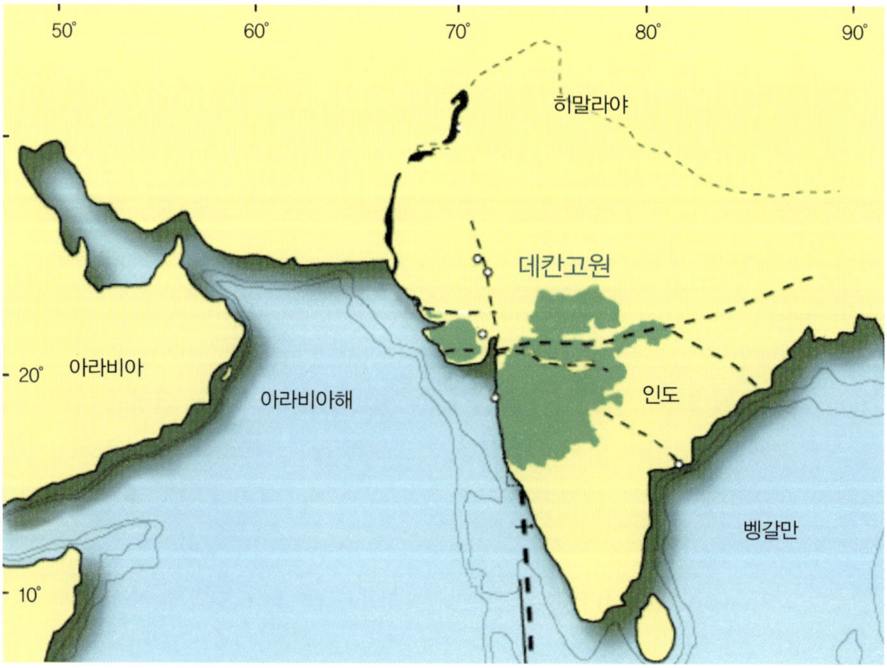

인도의 중부에서 북서부 지역에 150만km^2에 이르는 면적에 화산 분출에 의하여 만들어진 데칸고원. 이 화산은 중생대 백악기와 제3기의 경계에 해당되는 6천6백만 년 전에 분출하여 만들어진 것으로 분포된 면적은 한반도의 7배를 넘는다.

힘이 이루어 놓은 거대한 문화유산에 놀라게 된다. 이곳에서 멀지 않은 곳에 있는 기원전 1세기에서 A.D. 2세기 사이에 건설된 아잔타석굴은 더욱 장엄하며 남겨진 벽화는 아름다울 뿐만 아니라 수를 헤아리기도 벅차다. 아잔타의 제26호 석굴은 언제나 만원으로 사람들이 붐빈다. 바로 이 석굴이 누워 있는 부처(마하파리 니르바나)가 있는 석굴이기 때문이다. 웃음을 머금은 듯한 표정하며, 감은 듯 뜬 눈가의 선이 누워 있는 불상이라고 해서 다름이 없으며, 그 모습은 한국의 사찰에서 본 부처님의 인상과 하나도 다를 바 없다. 누워있는 부처 역시 용암으로 만들어져 있다. 아잔타석굴은 현장 스님의 『대당서역기, 大唐西域記』에도 등장하는 곳이다.

아잔타 유적 역시 그 시작과 끝은 용암 계단이다. 이런 큰 덩치의 용암을 흘려 내보내려면 그에 수반되는 가스나 화산회의 방출량 역시 막대하였을 것이다. 비록 데칸고원은 이들이 분출되고 난 후 거의 6천 6백만 년이 지난 후 힌두교도들과 불교도들에게 조각용 석재로 회화용 캔버스로 제공되어 이런 문화의 흔적을 남기긴 했지만 분출 당시에는 다른 형태로 분명 지구 생태계에 영향을 주었을 것이라는 것을 예상할 수 있다. 그래서 운석 충돌을 반대하는 학자들은 화산 폭발에 의한 기후의 변화가 공룡의 전멸을 가져온 주된 이유라고 주장을 한다.

데칸고원의 화산 폭발은 6천6백만 년 전에 시작하여 약 백만 년간 계속되어 두께 2km 내외의 두터운 용암층을 만든 거대한 화산 폭발이었다. 그 정도의 화산 폭발이면 공룡을 전멸시키기에 필요한 기후 변화를 주기에 충분하다는 것이다. 그리고 그들은 일시에 전멸한 것이 아니라 일정한 기간 동안에 사라졌다는 점을

데칸고원의 현무암을 파내어 만든 아잔타 석굴의 마하파리 니르바나(누워 있는 부처).

인도 데칸고원의 용암층의 계단에 세운 엘로라 석굴(a)과 아잔타 석굴(b). 사진 b에서 용암층의 계단이 보이며 비교적 다루기 쉬운 용암층을 따라 석굴이 만들어졌다. 이 두 석굴은 제자리에 있는 용암을 석재로 삼아 조각되어 있으며, 그 내부는 다양한 종교적인 조각들로 들어차 있으며, 아잔타 석굴은 보존이 잘된 벽화로 잘 알려져 있는 관광 명소가 되었다.

들어 화산 폭발에 의한 공룡의 전멸을 주장하였다. 한 가지 사실을 밝히고 나면 또 다른 의문이 제기되는 것이 과학의 속성이다. 그렇다면 이런 화산 활동은 어떻게 가능했느냐는 의문이 떠오른다. 하와이는 열점이라는 맨틀로부터 직접 용암이 공급되는 지점의 위에서 만들어진 섬이다. 이처럼 열점을 만드는 것을 플럼이라고 부르는데, 이 인도의 데칸고원은 그냥 플럼이 아닌 슈퍼플럼이 만들었다는 것이다. 슈퍼란 말이 붙어 있는 것은 더욱 강력한 상승류를 만드는 플럼으로 이해하면 된다.[11] 아마도 인공위성에서 이를 바라다보면 이 슈퍼플럼이 만든 데칸고원은 노인들의 얼굴에서 볼 수 있는 비교적 큰 검버섯만큼 큰 검은 점으로 나타날 것이다. 그러나 최근에는 그동안 많은 사람들이 믿어 왔던 플럼에 의한 화산활동에 회의적인 시각을 갖는 연구 결과들이 등장하고 있다. 그 원인이야 시간을 두고 밝혀질 일이지만 이 분출이 거대한 규모였다는 것은 변하지 않는 사실이다.

아직도 공룡을 죽인 원인에 대한 논쟁은 계속된다. 그러나 운석 충돌이 확인되었고 그 규모 또한 밝혀졌다. 그 정도 규모의 운석 충돌이라면 한 방에 공룡을 전멸시키는데 충분하다는 것도 알려졌다. 아마도 데칸 고원의 화산 폭발은 이들의 죽음을 더욱 재촉하였을 것이다. 요행이 운석 충돌에 살아남은 공룡이라 할지라도 충돌 후 일어나는 겨울과 같은 추위에 공룡이 살아남기가 어려웠을 것이다. 운석이 유카탄 반도에 떨어진 것이 해양 생물종의 멸종을 설명하는데 더욱 적합한 이론이다. 충돌 시 해수에 미친 영향으로 유약하기 짝이 없는 플랑크톤이 죽었고, 먹이사슬을 통하여 차례로 중생대 바다의 패자(覇者)였던 암모나이트와 같은 생물종들을 죽여 나간 것이다. 바다가 아닌 육지에서의 화산 폭발만으로는 이런 바다 생물종의 전멸을 설명하기는 버겁다. 이런 복합적인 원인들에 의하여 지구 역사상 생명의 단절을 일으킨 여러 번의 대규모 멸종 중 두 번째로 큰 규모의 생물종 대절멸이 6천5백만 년 전에 일어나면서 공룡은 함께 사라졌다.

그렇다면 지구에서 장차 이런 대재앙을 몰고 오는 운석 충돌의 가능성은 어느 정도일지 궁금해질 것이다. 지금까지 알려진 사실을 종합해보면 그 가능성은 매우 적다고 말할 수 있다. 운석의 직경이 100m에서 수 킬로미터의 크기를 갖는 운석이 지구와 충돌하는 빈도는 과학자들의 계산에 의하면 백만 년에 한 번 이하의 확률이다. 작은 운석들은 지구로 계속 떨어지고 있지만 대기권에 진입하면서 공기와의 마찰에 의하여 모두 부서져 버린다. 지구와 충돌할 때 피해를 주려면 운석은 상당한 크기이어야 한다. 크기가 커지면 지구로 진입하는 속도 역시 더욱 빨라지므로 발생되는 충돌 에너지는 더욱 커지게 된다. 몇 년 전에 개봉되었던 지구의 종말을 의미하는 〈아마겟돈〉이라는 영화는 가상의 세계를 묘사한 것이었지만 운석이 지구와 충돌한 역사를 알고 있는 사람들에게는 충격적으로 비쳐졌다. 만약 마이클 베이가 만든 이 영화를 보고 단순히 이 영화가 초대형 액션 블록버스터 정도로만 인식되었거나 시추공 역할을 한 스탬퍼 역의 브루스 윌리스란 주연배우의 연기가 훌륭했다는 감상만을 가진 이라면 조금은 감각이 무딘 이일 것이다. 이 영화에서 텍사스만한 크기의 소행성이 시속 2만 3천 마일의 속도로 지구를 향하여 충돌 궤도로 달려오고 있다. 지구와의 충돌까지는 18일이라는 짧은 시간밖에 없다. NASA에서는 시추 전문가를 구하여 이 소행성을 지구와 충돌하기 전에 폭파시키기로 결정한다. 하지만 장비의 고장으로 한 사람이 남아야 하며, 영화는 주인공이 인류를 위하여 자신을 희생하여 소행성을 폭파한다는 내용이다. 베링거운석구를 만든 직경 30m 정도의 운석이 지구와 충돌한다면 그 때 방출되는 에너지는 TNT 4백만 톤이 폭발하는 위력을 가지고 있으므로, 이 정도 크기의 운석이라 할지라도 해양이 아닌 대륙의 인구 밀집 지역에 떨어진다면 이는 가공할 만한 지구의 재앙이 될 것이다. 만약 텍사스만한 크기의 소행성이 지구와 충돌한다면 영화의 제목처럼 지구의 종말은 바로 그 순간이 될 것이다. 그렇다면 스탬퍼는 전 지구를 구한 구세주임에 틀림없다.

그런 위험 때문에 지구 근처를 배회하고 있는 이런 운석이나 소행성들을 감시하는 조직을 만들어 계속적으로 이들의 이동을 관찰하고 있다. 그러나 접근하는 운석을 조기에 발견한다고 해도 아직은 이를 막을 기술은 개발되지 않았다. 인간의 우주탐사가 공상이나 소설 속이 아닌 현실로 발전하였듯이 이런 인간의 노력으로 이를 방어할 기술이 개발되기를 바라는 수밖에 없다. 지구로 떨어지는 운석은 주로 소행성대로부터 온다. 한 가지 다행스러운 사실은 소행성대의 행성들의 크기가 아주 큰 것은 드물다는 것이며 아마겟돈이란 영화에서 묘사된 대로 지구로 접근하고 있는 행성을 처분할 수 있는 기술 개발을 위한 연구가 시작되었다는 점이다. NASA는 지구접근소행성랑데뷰(**NEAR**, Near Earth Asteroid Rendezvous)란 프로젝트를 운영하고 있다. NEAR는 1996년 2월 17일 처음으로 소행성 궤도에 진입시키기 위하여 지금까지 알려진 두 번째로 큰 소행성을 향하여 무인 비행선을 보냈다. 이 소행성은 에로스(소행성 433 에로스라는 이름이 공식적인 명칭이다)인데 그 크기는 33×13×13km의 도톰한 바나나처럼 생겼다. 에로스는 5시간 16분마다 한 바퀴씩 회전을 한다. 이 비행선은 우여곡절 끝에 긴 여행을 마치고 2000년 2월 에로스의 궤도에 진입하였고, 원래 착륙용으로 설계된 것은 아니었지만 2001년 2월 12일에 에로스의 표면에 안착을 하였다. 지구로 접근하는 소행성에 인류가 도달할 수 있는 길을 연 쾌거이다. 여러 가지 아이디어들이 튀어나오고 있다. 만약 지구로 접근하는 소행성을 미리 확인할 수 있다면 지구로부터 쏘아올린 위성을 이용하여 퇴치할 수도 있다는 것이다. 위성에 거울로 만든 집광판을 단 파라볼라안테나를 장착하여 태양광선을 모아 소행성에 조사시킨다면 그 에너지로 표면 물질이 기화되면서 내는 에너지가 소행성 궤도의 미세한 변화를 일으켜 지구를 피해 갈 수 있게 만들 수 있다는 것이다. 만화 같은 이야기는 계속된다. 아예 위성체를 쏘아 접근하는 소행성에 착륙시킨 후 위성을 고정시킨 후 추진체를 이용하여 계산된 방향으로 진로를 바꾼다는 것이다. 최근에 미국항공우주국(NASA)의 젊은 과학자 둘은 실제로 작은 크기의 소행성 위에 착륙하여 작업하는 것은 현실적인 어려움이 있을 수 있으므로, 거대 로켓을 원하는 소행성 주위로 발사하여 로켓의 중력으로 소행성의 궤도를 바꿔 충돌 궤도에서 벗어나게 하자는 아이디어를 냈다. 이것은 영화 속의 이야기는 아니며 현실성 있는 흥미로운 아이디어로 받아들여지고 있다.

미항공우주국은 또 다른 실험을 수행하였다. 목적은 생명체의 기원을 풀기 위한 것이었지만 "딥임팩트"란 위성체를 쏘아 올려 174일 동안 4억 2,900만 km를 날아가 2005년 7월 4일 혜성 "템펠 1"과 충돌시키는데 성공을 하였다. 탐사선의 이름은 지구로 접근하는 소행성을 다룬 영화의 제목에서 따온 것이다. 세탁기만한 크기의 충돌체는 모선을 떠나 초당 10km의 속도로 여의도의 4.5배 크기의 템펠 1에 충돌하면서 깊이 9m 지름 100m 크기의 구멍을 만들

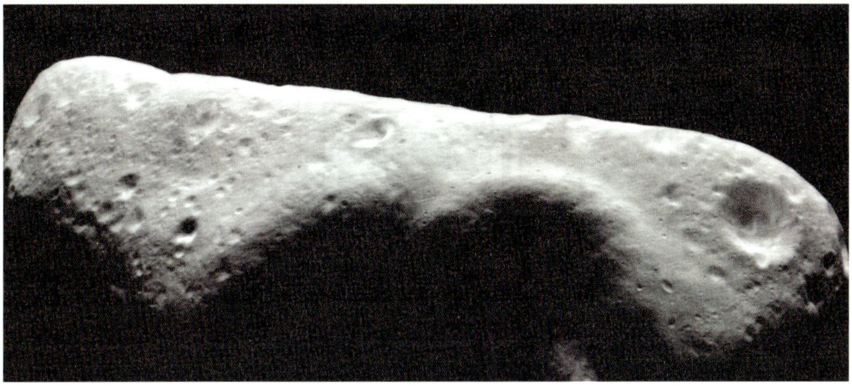

지구근접소행성랑데뷰(NEAR) 사업에 의하여 발사된 위성에 의하여 2000년 11월 30일 에 촬영된 소행성 에로스의 남반구 모습(사진제공 : NASA).

2005년 7월 4일 지구에서 쏘아 올린 충돌체 "딥임팩트"가 초속 10km의 속도로 혜성 템펠 1에 충돌할 당시의 모습(사진제공 : NASA).

었다. 충돌할 때 30km 떨어진 위치에 있던 모선으로부터 촬영한 충돌 장면은 모든 것을 이야기해 준다.[12] 이러한 과학적인 실험의 성공은 소행성 에로스에의 착륙과 더불어 인간이 내딘 거보의 시작에 불과하다.

과학의 발전 단계를 보면 한 가지 사실이 이론적으로 혹은 실험적으로 밝혀지게 되면 과학자들의 상상의 세계는 갑자기 넓어지고, 일의 추진 속도 또한 가속화된다. 이것은 시작이지만 여기서부터 발전되는 속도는 의례히 보통사람들이 생각하는 것 보다는 훨씬 빠르게 진행될 것이다. 그렇다면 이런 재앙을 막아 줄 기술개발이 머지 않아 실현되리라는 기대를 갖게 만들어 주어, 운석 충돌의 재앙을 염려하지 않아도 될 세상이 올 것을 기대해 본다.

"지구접근천체(Near-Earth Object)가 지구와 충돌할 가능성은 비록 적지만 상존하며, 모든 국가는 충돌 가능성을 인식, 국가 비상 대비 계획 차원에서 대책을 마련해야 한다." 이것은 경제협력개발기구(OECD) 산하 전지구과학포럼(GSF) 사무국이 최근 회원국에게 보낸 권고안의 요지이다. 그렇다. 충돌의 확률은 매우 낮다. 그렇다고 일어나지 않는 다는 것은 아니다. 수만 년 내에 운석 충돌이 일어나지 않을 수 도 있다. 그러나 중생대의 우점종이었던 공룡의 전철을 뒤따르지 않기 위해서는 이런 권고안에 충분히 귀를 기울여야 할 것이다. 지구상에서 자연순환을 거스르는 최초의 생물종이 인간이기 때문에 인류는 공룡의 전철을 밟지 않을 것이다.

떠다니는 대륙

지질학 분야에 근세 들어 도입된 혁명적 이론이 판구조론이다. 판구조론을 아주 간단하게 설명하면 지구의 지각은 몇 개의 판으로 구분되어 있어서 이들이 지구의 표면에서 계속 움직인다는 이론이다.

이 이론은 1915년 독일의 기상학자인 알프레드 베게너(Alfred Wegener, 1880~1930)란 학자에 의하여 그의 저서『대륙과 해양의 기원』에서 처음으로 대륙 이동의 가능성을 주장하였다. 그는 지질학자가 아닌 기상학자로서 극권이 기후에 미치는 영향을 연구하고자 북극지방에 연구여행을 떠났다. 그때 그들이 캠프를 치고 있던 빙하가 움직이는 사실을 알고 지구의 표면 역시 빙하가 움직이는 것처럼 이동되는 것은 아닐까 하는 의문을 가졌다고 한다. 이러던 차에 1911년 당시 그가 일하던 마르부르그대학 도서관에서 대서양으로 분리되어 있는 두 대륙의 화석종이 유사하다는 논문을 읽게 되었다. 당시에는 가장 진보적인 학자들조차도 그러한 화석의 유사성을 과거에 두 대륙 사이를 육지로 연결하는 다리 역할을 하는 것이 존재하였다가 바다 속으로 가라앉은 것으로 생각을 하였다. 당시의 저명한 고생물학자들의 생각도 이와 다를 바가 없었다. 대륙이동설을 반대하는 고생물학자들은 지리적으로 멀리 떨어져 있는 두 대륙에서의 식물화석의 유사성을 설명하기 위하여 대양에서 떠

알프레드 베게너(Alfred Wegener, 1880~1930). 이 이는 기상학자로서 대륙이동설을 주창하여 지질학 분야에 불멸의 업적을 남겼다.

다니는 씨들을 보고 그렇게 부유하여 이동되는 씨들이 두 대륙에서 생장된 것이라는 가설을 제기하였다. 동물의 유사성을 증명하기 위해서는 식물보다 훨씬 더 옹색한 예를 들었는데 그들 중 하나는 태평양에서 떠돌아다니는 나무위에 매달린 도마뱀을 예로 들었을 정도이다. 그보다 더 큰 동물들을 설명하는 예는 제시되지 않은 것으로 보아 아마도 그런 상황을 설명하기가 쉽지는 않았던 것 같다. 드물게 대륙이동설을 뒷받침하는 자료를 모아 논문으로 발표한 고생물학자들도 있었지만 당시의 학계의 보편적인 인식은 이러한 논문들이 들어나지 않는 분위기였다.

베게너는 아프리카의 서부 해안선과 남아메리카의 동부 해안선이 지형적으로 잘 일치되는 것을 발견하였다. 그리고 두 대륙 사이에 큰 규모의 지질 분포가 연속된다는 사실을 발견하였다. 그 결과를 종합하여 그는 최초에 모든 대륙들이 뭉쳐져 있는 판게아(Pangea)라는 초대륙이 존재하였으며, 판게아로부터 대륙이 이동되어 오늘날과 같은 대륙 분포를 보인다고 하였다. 그는 대륙이동설을 주장하면서 다음과 같은 증거들을 제시하였다. 첫째는 아프리카 서해안과 남미의 동부 해안선이 일치하는 것을 들었으며, 둘째로 두 대륙 지각에서의 지질의 연속성과 유사성을 들었다. 그리고 세 번째로 두 대륙에서의 고생물학적인 자료가 일치된다는 점을 제시하였다.

과학의 새로운 발견이라는 것은 우연은 아니며, 과거에 축적되었던 지식이 발현된 결과일지도 모른다. 두 대륙의 이러한 지형적인 일치 역시 베게너가 처음 인식한 것은 아니었으며 일찍이 1620년 르네상스 시대의 영국의 사상가이며 작가인 프란시스 베이컨(Francis Bacon, 1561~1626)이 이들 해안선의 유사성을 처음으로 기록으로 남겼다. 1801년 독일의 식물학자 훔볼트(Alexander von Humbldt, 1769~1859)는 1799~1804년 사이에 5년간의 남미를 여행한 후 남긴 그의 과학적인 관점에서 기술한 저서 『코스모스, *Kosmos*』에서 베이컨과 같은 관찰을 하고 이러한 유사성은 두 대륙에서 일어난 침식의 결과 만들어진 것이라고 기술하였다. 그는 현대과학의 측면에서 보면 이렇다 할 중대한 발견을 한 바는 없지만 그래도 과학계의 여러 가지를 변화시킨 것으로 평가를 받는다. 그 후 57년이 경과되어 1858년 이탈리아 지리학자 안토니오 스나이더-펠레그리니(Antonio Snider-Pellegrini)는 그의 저서『창조, 신비함의 해석』에서 북미와 유럽의 석탄기 화석의 유사성을 근거로 석탄기에는 모든 대륙이 하나로 붙어 있다가 분리되었다고 기술하면서 두 대륙이 붙어 있는 지도를 과감하게 제시하였다. 여기까지는 좋았는데 그러나 당시 종교적인 영향을 받아서인지는 몰라도 성서에 기초하여 창조의 다섯째 날에 일어난 대격변에 의하여 분리된 것으로 부가적인 쓸데없는 설명을 첨가하였다. 아마도 과학적인 결과도 성서와 합치되어야 한다는 중세를 지배한 교회의 가르침에 맞설 준비가 되어 있지 않았다는 것을 보여주는 것일지도 모른다.

어찌되었든지 간에 후세의 과학자들은 대륙이동설이라는 이론이 발전하는데 그의 기여를 인정하고 있다. 이보다 27년 후 1885년 오스트리아의 지질학자 에두아르드 쉬즈(Eduard Suess, 1831~1914)는 유럽, 인도, 호주, 남미 및 남극에서 산출되는 고생대 말기 화석의 유사성을 좀더 체계적으로 확인하고 이들이 하나의 대륙으로 연결되어 있었다는 주장을 하였다. 그러면서 그는 곤드와나랜드(오늘날에는 곤드와나, Gondwana라고 부름)란 초대륙의 존재를 제의하였다. 그런 과정을 거치면서 베게너에 의해 1915년 본격적인 대륙이동

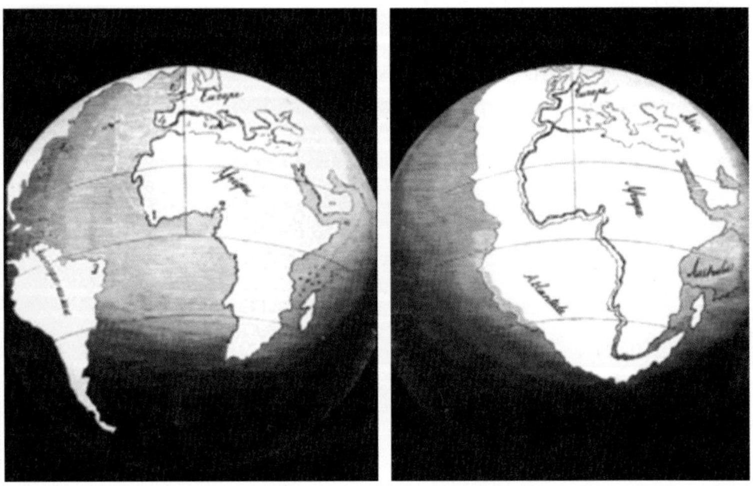

이탈리아 지리학자 안토니오 스나이더-펠그리니가 1858년에 만든 두 장의 지도. 그는 이 지도에서 그가 생각하였던 대로 최초에는 두 대륙이 붙어 있다가 나중에 분리된 것이라고 하였다(사진제공 : UC Berkley).

설이 주창된 것이다.[1), 2)]

베게너가 이 이론을 발표한 초기에는 학계로부터 긍정적인 반응을 받지 못하였다. 그도 그럴 것이 당시 지질학계를 지배하던 중심 이론은 지구수축설(地球收縮說)로서 이를 근거로 지구상의 커다란 지질 작용을 설명하려던 시기였다. 지구수축설이란 지구의 형성 초기에는 뜨거운 상태였다가 점점 식어지면서 부피가 줄어들 때 지각에서의 변형작용이 일어난다고 생각하던 이론을 말한다. 19세기 말 등장한 구운 사과이론은 그 대표적인 것이다. 우리 주변에서 이러한 현상은 마치 과일을 굽거나 말릴 때 부피가 줄어들면서 쭈그러드는 것을 연상하면 된다. 그러므로 지판의 상하 수직적인 운동은 가능하지만 수평적인 이동은 불가능하다고 생각하였기 때문에 대륙이 이동한다는 베게너의 생각은 당시 지질학자들에게는 받아들여지기 어려웠다. 만약 이러한 이론이 올바른 것이라면 지구 표면에 솟아 올라온 산들은 균일하게 분포되어야 하며, 만들어진 시기도 거의 유사해야만 될 것이다. 그러나 이미 이 당시에 우랄산맥이나 아팔라치아산맥이 알프스산맥보다 오래전에 만들어졌다는 것이 알려지고 있었다. 무엇인가 새로운 사실이 밝혀질 시점이 다가오고 있었다.

최근에 과학사를 전공한 한 학자가 기고한 것을 보면 베게너의 이론이 환영받지 못한 이유는 당시 지질학계를 풍미하던 그러한 패러다임의 변화를 시도한 것도 한 가지 이유였지만 그가 기상학을 전공한 학자여서 지질학자들의 배타적인 감정도 작용하였을 거라는 것이었다. 그렇다. 그가 기상학자라는 것은 당시의 분위기로 보아서는 분명한 결격사유로 작용하였을지도 모른다. 그러나 무엇보다도 지질학계의 호응을 받지 못했던 근본적인 이유는 지판을 이동시키는 기작 즉 힘을 설명하지 못한 데에 있다. 당시 베게너는 그 원천적인 힘을 조력과 지구 자전에 의한 원심력으로 설명하였으나. 그 힘만으로는 지판의 이동이 어렵다는 계산 결과를 들이대면서 그 이론을 공격하는데 최선을 다하는 지질학자들이 등장하였다.

이미 베게너가 제시했던 서로 멀리 떨어진 대륙에서 화석자료가 일치하는 현상에 대해서는 두 대륙을 연결하는 육지다리가 있었다는 것으로 편리하게 해결하려고 하였다.[3] 어떤 때는 정작 근거도 남아 있지 않은 그런 다리를 마음대로 바다위에 그려 넣으면 설명되는 편리한 것으로 이용을 했다. 베게너 이론의 근거가 없는 것을 반박하기 위해 만든 육지다리는 지질학자들에 의해 그런 식으로 이용되었다. 당시의 유명한 지구물리학자였던 해럴드 제프리(Harold Jeffrey, 1891~1989)는 한마디로 베게너의 대륙이동설은 불가능한 가설이라고 일축하면서 "오랜 기간에 걸쳐 충분히 작용되기만 하면 작은 힘들이 지구를 변형시킬 수 있다는 막연한 가정은 아주 위험한 것이며, 심각한 오류를 빚기 쉽다"는 말로 대륙이동 기작이 없다고 결론을 내렸을 정도이다. 그야말로 그는 이 점에서는 심각한 오류를 저지른 결과가 되었다. 그는 후일 대륙이동에 대한 많은 증거들이 축적되었을 때도 판구조론에 대한 비판적인 견해를 버리지 않은 것으로 또한 유명하다.[4] 언제나 혁명적인 아이디어는 심각한 저항에 부딪히게 마련이다. 그러면서 과학은 진보를 거듭하는 것이다.

그러나 시간은 베게너 편에 서 있었다. 대륙이동설이 알려지면서 각국의 지질학자들이 밝혀내는 사실들은 베게너의 이론을 더욱 튼튼하게 해주는 사실들이었다. 문제가 되었던 지판 이동 기작은 영국의 홈스(Arthur Holmes, 1890~1965)란 지질학자에 의하여 지구 내부의 열대류 현상의 하나로 일어나는 맨틀대류 이론으로 설명하였다. 그는 베게너의 편에 섰다. 1927년 에딘버러지질학회에서 이동설을 지지하는 그의 연구 결과를 발표하였으며, 그 주요한 내용은 바로 베게너가 공격을 받았던 대륙 이동의 기작을 맨틀의 대류 현상으로 제안하였다. 방사성동위원소들에 의하여 지구의 내부에서 열이 축적되고 그 결과로 열 대류가 일어난다는 것을 이해한 최초의 학자였다. 대류되는 속도는 매우 느리나 밑에서 올라오는 대류세포는 대륙을 갈라놓으면서 새로운 바다를 형성하고, 다시 밑으로 가라앉는 대류세포는 해양지각을 끌고 가서 심해를 만들었다는 것이다. 홈스는 자신이 발표한 내용을 대륙 이동을 도모하기 위한 순수한 가설적인 기작이라고 겸손함을 덧붙였으나, 그의 학문적인 의지는 확고하였다. 그의 논문은 학회 발표 후 4년이 지난 1931년이 되어서야 겨우 출간되는데 이는 당시 학계의 반론이 만만치 않았음을 여실히 보여주는 여러 가지 자료 중의 하나이다. 그러나 홈스는 대륙 이동에 대한 확고한 신념을 버리지 않았을 뿐만 아니라 점점 더 확신을 하였다. 그가 미친 영향은 절대로 과소평가될 수 없는 업적이다. 그런 연구 업적마저도 정당한 평가를 받기 위해서는 시간을 더 기다려야만 했다.[5)]

맨틀 대류설을 제의한 영국의 홈스. 그는 20대 초반에 이 이론을 발표하였으며, 지구의 나이를 밝히는데 큰 기여를 하였다.

지구의 표면은 2/3가 바다로 덮여 있다. 육지라고 해도 오늘날과는 달리 옛날에는 유럽에 있는 학자들이 다른 대륙을 방문하여 현지를 조사하는 것은 말처럼 쉬운 일이 아니었다. 더 더군다나 바다 밑은 거의 무지에 가까운 상태였다. 그저 암흑처럼 아무것도 알려지지 않은 상태라고 보는 것이 좋을 것이다. 그런 바다의 껍질이 하나 둘씩 벗겨지기 시작하였다. 그 본격적인 해양탐사는 1872년 포츠머스에서 출항을 한 최초의 해양탐사선인 챌린저호로부터 시작된다. 그 배는 퇴역한 전함을 고쳐 단지 해양탐사를 목적으로 출항한 최초의 배였다. 에딘버러대학의 동물학 교수인 톰슨(Charles Wyville Thomson, 1803~1882)이 과학적인 탐사대장이 되어 1872~1876년 사이에 세계의 대양을 거의 7만 해리를 누비면서 생물종 및 대양저의 시료채취 및 바다의 깊이를 항해하는 곳마다 측정하였다. 당시 바다의 깊이를 측정하는 것은 오늘날과는 달리 매우 번거로운 일이었다. 깊이를 측정할 때 마다 무거운 추가 달린 줄을 집어넣는 작업을 매번 해야만 했다. 바다가 낮은 경우는 그렇다고 치더라도 수 킬로미터를 넘는 심도에서 그 일은 그렇게 용이한 작업만은 아니었다. 태평양으로 진출한 챌린저는 바다의 깊이를 측정하려고 넣은 줄이 8km 이상 들어가서야 바닥에 도달하는 기이한 경험을 하였다. 그들은 당시 그 깊은 바다가 무엇을 의미하는지 알지 못하였다. 오늘날 우리는 그곳이 바로 두 지판이 만나 소멸되는 경계 지역이라는 것을 알고 있다. 챌린저호는 대서양 중앙부에서 깊이가 3,600~3,700m 정도 밖에 안 되는 지역이 있다는 중요한 사실을 발견하였다. 그 깊이는 대양의 평균 심도보다 훨씬 높이 올라온 것이었다. 당시의 지질학적 지식으로는 바다 한가운데 해저산맥이 있을 것이라는 것은 상상이 되지 않았으며, 그저 대서양 바닥에 상대적으로 높은 부분이 있다는 것을 확인하는 것으로 만족을 해야 했다. 일부 학자들은 그 곳이 바로 가라앉은 대륙, 육지로 연결된 다리부분이 아니었을까하는 엉뚱한 생각을 하였다. 그것이 대양저에 발달되는 해저산맥이라는 사실이 밝혀지는 데는 또 다른 시간이 필요하였다.

이런 연결 고리는 제2차 세계대전 중 프린스턴대학에서 일하던 해리 헤스(Harry Hammond Hess, 1906~1969)라는 광물학자가 수송선의 책임자로 복무하면서 시작되었다. 이 배는 당시 최근에 개발된 음향측심기라는 수심을 자동적으로 측정하는 장치가 비치되어 있었다. 그는 배가 운항하는 동안 그 장치를 계속 가동시켰다. 기계가 기록한 결과는 그의 예상과는 달리 두터운 퇴적층이 쌓여 있는 바닥이 아니라 깊은 협곡과 우뚝 솟아 있는 해저산들로 가득 차 있다는 것을 확인하였다.[5] 그런 것들은 헤스로서는 매우 궁금한 일이였지만 군인의 임무를 수행해야 하는 그에게는 그것에 매달릴 시간이 없었다. 그러나 후일 이 경험은 그가 해저확장설이란 이론을 정립하는데 큰 도움이 되었다. 1950년대에 이르러 해양탐사 결과는 거대한 산맥이 바다 밑에 존재한다는 사실과 이들이 대양에서 길게 연장된다는 사실이 밝혀지게 되었다. 계속되는 자료의 축적으로 해저의 지형이 더욱 상세하게 알려지면서, 이를 종합한 해저 지형도가 나오게 되었다. 가장 잘 알려진 것은 1967년 『내셔널 지오그래픽』에서 출간한 해저지도이다. 이 지

최초의 전용 해양탐사선인 HMS 챌린저호. 1872년에서부터 1876년까지 세계의 대양을 항해하면서 많은 과학적인 자료를 수집하였다.

도는 대양저 바닥의 지형을 아주 현실감 있게 나타낸 지도로 브루스 헤이진(Bruce Heezen)과 마리 샤프(Marie Tharp)가 그린 것이었다. 이 지도를 그릴 때 당시까지 알려진 사실에 기초를 하였지만 대양의 밑바닥을 속속들이 알 수 있는 정보를 모두 다 가지고 있지는 않았었으며, 자료가 없는 부분은 샤프가 밝힌대로 추정하여 그려 넣었다. 그들 자신이 회고한대로 불완전한 자료임에도 불구하고 멋지게 완성된 지도였다. 이 지도는 아주 실감나게 그려져 있어서 오늘날에도 학교의 교실 벽이나 지질학과 관계된 사무실의 벽에 흔하게 걸려 있는 모습을 쉽게 찾아볼 수 있다.

이런 지형도가 제작되고 해저산맥을 그릴 수 있게 되기까지엔 다른 과학자들의 노력이 있었음은 물론이다. 고지자기를 연구하는 학자들도 여기에 포함된다. 마그마로부터 광물의 결정이 만들어질 때, 자철석과 같은 자성을 갖는 광물은 지구자기장에 의하여 나침판의 바늘처럼 일정한 방향으로 배열을 한다. 1950년대에 발전한 기기들은 지구의 암석들로부터 이렇게 자성을 띠는 광물들이 일정하게 배열되는 것을 측정하게 되었으며, 이런 연구가 발전하였다. 이러한 연구 분야를 고지자기학(古地磁氣學)이라고 한다. 고지자기학은 대륙이동설을 설명하는데 유용한 여러 가지 결정적인 증거들을 보여주었다. 지구의 자기장은 가끔 방향이 반대로 바뀌는데 그에 따라 자연의 나침판 바늘격인 자성광물 역시 극 방향에 따라서 역전이 된다. 만약에 자기가 정상일 때는 흰색, 역전되었을 때는 검은 색으로 표시한

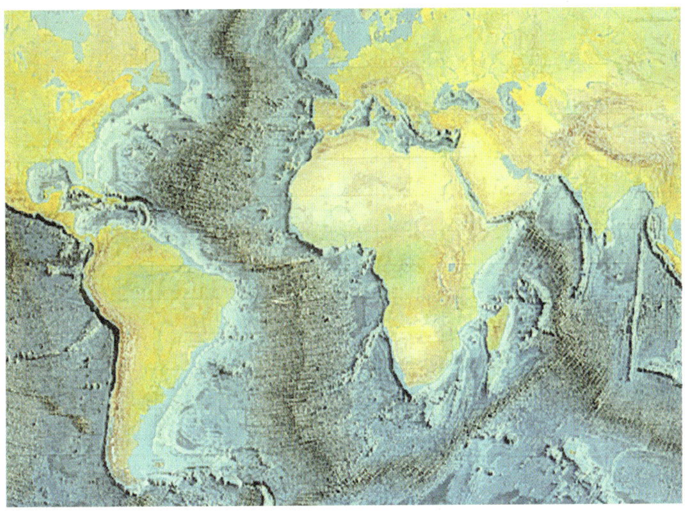

브루스 헤이진과 마리 샤프가 그린 세계 해저지도의 일부. 대서양의 중앙해령의 모습이 실감나게 표현되어 있다.

해저확장설을 확립한 프린스턴대학 교수 시절의 헤스 교수.

다면 이 띠들은 해령을 중심으로 대칭적으로 분포되어 있어야 한다. 그러한 자기 역전 사실이 대서양 해저의 해령을 중심으로 대칭적으로 분포되어 있다는 사실은 케임브리지의 지구물리학자 매튜스(Drummond Matthews, 1931~ 1997)와 바인(Fred Vine)에 의하여 밝혀져 1963년에 「네이춰」지에 발표되었다. 이것은 바로 해령을 중심으로 해양이 확장된다는 것을 의미하는 것이다. 이 논문에서 그들이 기술한 내용이 모두 올바른 것은 아니었지만 지질학의 이정표를 바꾼 논문으로 높은 평가를 받는다. 이러한 연구결과는 1962년 프린스턴대학의 디에츠(R. Dietz)와 헤스(H. Hess) 교수에 의해 제안된 해저산맥을 중심으로 새로운 지각이 형성되면서 양방향으로 벌어지고 있다는 해저확장설(海底擴張說)을 더욱 확실하게 만들어 준 증거가 되었다. 그럼에도 헤스가 그런 논문을 발표했을 당시에는 즉각적인 관심은 끌지 못하였다.

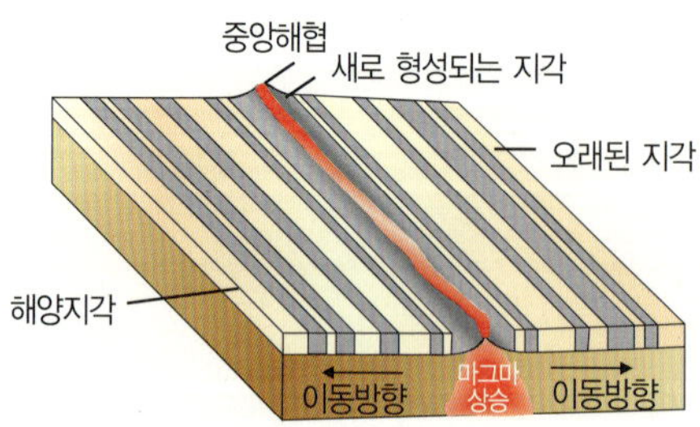

중앙 해령에서 형성되는 새로운 지각에서 관찰되는 지자기 역전의 대칭적인 분포를 개념적으로 나타낸 그림. 검은 띠는 정상적인 층을, 노란 띠는 자기가 역전된 층을 나타낸다. 이들의 절대 연령측정결과는 해령에서 멀어질수록 나이가 오래되었다. 따라서 중앙 해령을 중심으로 새로운 지각이 형성되면서 대양은 확장된다는 사실이 확인되었다.

그러나 새롭게 밝혀지는 여러 가지 사실들은 지판의 이동을 부정하기 어려운 이론으로 만들어 갔다. 비슷한 시기에 캐나다의 지구물리학자인 로렌스 몰리(Lawrence Morley)도 비슷한 연구결과를 『네이춰, Nature』와 『지오피지칼 리서치, Geophysical Research』에 투고하였지만 차례로 그의 논문은 거절당하는 불운을 겪으면서 과학계의 칭송을 받을 기회를 잃어버리게 되었다. 로렌스의 논문을 거절하였던 『지오피지칼 리서치』의 편집장의 "그러한 추측은 칵테일파티에서는 흥미로운 화제가 되겠지만, 심각한 학술지에 발표할 수는 없는 것"이라고 한 말은 과학계의 유명한 웃음거리가 되었다. 어느 과학자는 이 논문이야말로 학술지에서 게재가 거절된 가장 중요한 논문 중의 하나라고 단정적으로 말했다.[6] 하지만 캠브리지대학의 매튜스와 그의 대학원생인 바인과 함께 과학계에 던진 새로운 이론은 대서양에서 더 확실한 증거를 찾아내는 시작을 알리는 신호탄이었다. 이런 사실은 많은 학자들의 뒤이은 연구로 곧 세계적인 현상으로 확인되었다.

이런 계기로 해령에 대한 연구가 활발해지면서 대양저 바닥에 산맥처럼 들어있는 해령들이 계속 직선적으로 연결된 고리가 아니라 중간에 상당한 거리가 이동되어 있어 서로 어긋나 있다는 사실이 알려졌다. 해령을 어긋나게 만든 것은 단층이었다. 여기서 나타난 단층은 보통 우리가 보던 단층과는 달리

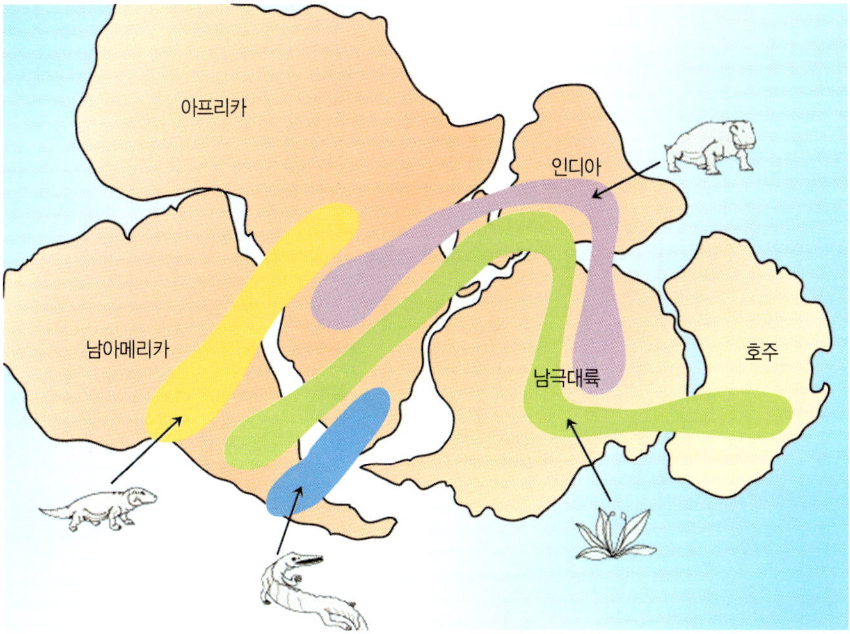

대륙이동의 증거로 초기에 제시되었던 생물군의 일치를 보여주는 화석의 분포도. 대륙이 분리되기 이전의 판게아, 초대륙으로 복원시킨 모습이다. 이들 대륙이 뭉쳐 있을 때 같은 생물종들이 서식하고 있다가 지판이 이동되어 오늘날의 대륙의 분포를 보이게 되었다. 그 결과로 분리된 각 대륙의 그 당시 지층에서 이들 생물종들의 같은 화석이 산출된다.[10]

위 아래로 이동된 것이 아니라 그저 수평적으로만 이동되어 해령은 단속적으로 짤려진 형태를 유지하고 있었다. 이게 바로 지판의 새로운 형태의 경계인 변환단층 경계이다. 대륙이 이동된다는 증거들은 고지자기 연구 결과 뿐만 아니라 지진이나 화산대의 분포, 지열류량의 측정 결과에서도, 해저지형이나 열점의 이동과 같은 여러 가지 지질학적 현상에 의하여 더욱 확실해졌다. 한 가지 중요한 사실이 알려지자 그와 관계되는 과학적 사실들이 감자알처럼 줄줄이 매달려 끌려나와 세상에 드러나게 되었다. 리처드 포티는 『살아 있는 지구의 역사』란 그의 저서에서 이를 다음과 같이 기술하였다. "진리가 너희를 자유롭게 하리라란 누가복음의 말처럼 대륙들이 속박에서 벗어나자, 과학적 상상력도 자유로이 자신의 꿈을 찾아 나섰다."[4)]

대륙이 이동된다는 이론이 만들어지는 초기 과정에서부터 가장 강력한 증거로 등장하던 것은 고생물학적 자료 즉 화석 연구 결과였다. 대륙이동설의 초기부터 제시된 증거는 지금은 분리되어 멀리 떨어져 있는 대륙에서 산출되는 화석으로부터 생물종이 일치된다는 것이었다. 대륙이 분리되기 이전 뭉쳐져 있던 초대륙 판게아에서는 지금은 멀리 떨어져 있는 대륙들이 인접해 자리하고 있었기 때문에 그런 생물종의 번식은 당연한 결과였다. 양치류 식물인 글로솝테리스가 각 대륙에 분포되어 있는 것이나, 파충류인 시노그나투스가 남아메리카와 아프리카에서 발견되는 것들이 그런 증거이다. 지금은 식물 생장이 어려운 그린랜드와 같은 추운 지역에서 석탄층이 나오는 것은 대륙의 이동 말고는 설명할 길이 없었다. 또한 중생대 초기 트라이아스기의 육상 파충류인 리스트로사우루스가 아프리카와 인도, 지금은 추운 극지방에 위치한 남극대륙에서 발견되는 것 역시 대륙이 이동되는 것 이외에는 달리 설명하기가 어려운 대목들이다. 나중에 밝혀진 것이지만 초대륙 판게아로부터 대륙이 분리되기 시작한 시점은 고생대 말기 페름기인 약 2억 5천만 년 전이다. 그 이후 대륙은 아주 느린 속도로 이동되었다. 지판의 이동 속도가 가장 빠른 태평양판의 남서부 혹은 코코스판의 이동 속도는 손톱이 자라는 속도의 약 2배에 해당되는 일 년 간에 9~10cm 정도가 이동된다. 그러나 대부분의 다른 지판은 이보다 훨씬 느린 속도로 움직이지만, 지질학적 시간(2억 5천만 년)을 이동한 결과로 오늘날의 세계 지도에서 보는 대륙 분포를 보이게 된 것이다.

이야기가 이 정도로 진행되었으니 그렇다면 과연 대륙은 어떻게 쪼개져 있으며, 어떻게 이동되고 있는지를 지금까지 알려진 것을 간단하게 요약해 보기로 하자. 지구의 표면은 크고 작은 여러 개의 조각으로 나뉘어져 있는데 이를 지판(地板, plate)이라고 한다. 지판 사이에 만들어지는 경계는 지판이 새롭게 만들어지는 확장경계(擴張境界 혹은 生成境界)라고 하며, 지판이 소멸되는 경계를 수렴경계(收斂境界 혹은 消滅境界)라 하며, 수평적인 이동만 일어나는 변환단층이 일어나는 경계를 보존경계(保存境界)라고 한다.[7), 8)]

그러면 이쯤에서 지판들은 어떻게 만들어지고 또 어떻게 소멸되는지 지금까지 과학자들이 알아낸 사실을 개념적으로 나타낸 그림을 통하여 알아보기로 하자. 아래 그림은 판구조론 관점에서 지판 경계부의 전형적인 예를 간략하게 나타낸 그림이다. 지판이 생성되는 경계는 주로 대양저의 해령에 위치한다. 연약권을 이루고 있는 지구 내부의 맨틀은 대류를 하는데 그 과정에서 지구 하부의 현무암질 마그마를 분출하여 새로운 지판을 형성시킨다. 이런 지판의 경계를 확장경계라고 한다. 이렇게 새롭게 만들어진 지각을 해양지각이라

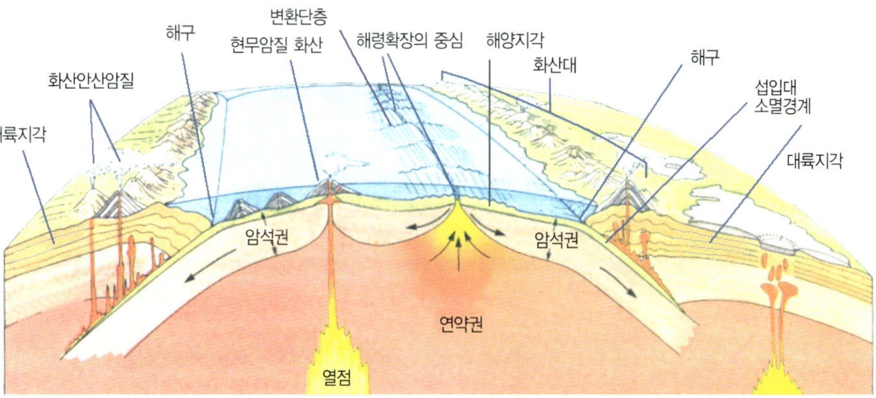

판구조 관점에서 나타낸 주요한 지판의 경계부를 나타낸 개념도. 흔히 지판이 소멸경계는 화산활동이나 지진의 중심지가 된다.[7)]

고 하는데, 해양지각의 성장에 의하여 지판이 아주 느리게 이동한다. 이들 해양지각은 이동되어 대륙지각과 만나게 되는데 대륙지각 보다 비중이 무거운 해양지각은 아래로 들어가게 된다. 이렇게 두 지각이 만나서 소멸되는 경계를 소멸경계 혹은 수렴경계라고 한다. 들어가는 깊이가 깊어 질수록 온도는 상승하게 된다. 해양지각과 대륙지각의 단단한 암석들이 용융되기에 충분할 정도의 온도에 이르게 되면, 이들은 새로운 마그마를 만들게 된다. 이 용융된 마그마가 여러 가지 이유로 상승하여 화산으로 분출하게 된다. 염기성의 해양지각과 산성의 대륙지각이 용융되어 섞이어 만들어지는 마그마는 이들 두 지각의 중간 조성을 갖는 주로 중성의 마그마이다. 중성의 마그마가 화산으로 분출하여 만들어지는 화산암류는 안산암질 암석이 된다. 여기서 산성과 염기성이라고 하는 것은 용액의 pH를 나타내는데 사용되는 그런 용어는 아니고 암석 중에 규소, 마그네슘 그리고 철 성분이 들어있는 상대적인 비를 나타내는 것으로 염기성 암석들이 철과 마그네슘이 많이 들어있는 암석이며, 산성이란 규소가 많이 들어 있는 암석이다. 환태평양 화산대에서 분출되는 화산암들이 거의 대부분 중성화산암 종류에 해당된다.[7), 8)]

그러한 경계를 갖는 지판들이 크고 작게 나뉘어져 지판의 생성경계를 중심으로 서로 다른 방향으로 아주 느린 속도로 이동을 하여 2억 5천만 년 전 하나로 뭉쳐 있던 초대륙 판게아로부터 오늘날의 대륙의 분포를 보이는 상태로 이동된 것이다. 이들 대륙들은 지금도 아주 느린 속도로 계속 이동을 하고 있다. 그렇다고 모든 의문이 해결된 것은 아니다. 왜 지판이 그렇게 쪼개졌는지는 아직도 아무도 명확하게 해석을 하지 못하고 있다. 실제로 지판들의 크기는 제멋대로이다. 크기만 제멋대로인 것은 아니며 지판들의 활동성 역시 서로 다르다. 어느 지판은 상대적으로 이동이 없는데 반하여 어떤 지판은 상대적으로 역동적이다. 한 지판에서도 성격이 다르기도 하다. 이들의 경계 역시 들쭉날쭉 한다. 북아메리카판의 서부 경계는 대륙의 경계와 거의 일치하지만 동부의 경계는 대륙과는 전혀 관계없이 중앙해령까지 연결된다. 더군다나 아이슬란드는 작은 섬임에도 불구하고 한쪽은 유럽~아시아판이고 다른 반쪽은 아메리카판에 속한다. 무엇이 지판을 이렇게 분할하는지를 설명하기 위해서는 아직 갈 길이 멀기만 하다.

지판의 경계부에서 화산 활동이 활발하다고 알려져 있다. 그럼에도 불구하고 간혹 맨틀의 마그마가 상승하여 지판의 이곳저곳에 직접 분출되기도 하는데 이를 열점(熱點)이라고 하며, 하와이 군도가 그 대표적인 예이다. 지하 깊은 맨틀의 한점으로부터 올라오는 마그마는 지판이 이동됨에 따라 하와이 군도는 동쪽으로 동쪽으로 새로운 화산섬을 만들어 군도를 이루게 된 것이다. 맨틀의 한 지점에서 공급되는 마그마 공급원이 열점이므로, 열점에 의하여 동쪽으로 가면서 생성되는 하와이군도의 생성은 바로 지판이 이동된다는 다른 증거 중의 하나이다. 열점에서의 화산 활동은 아주 장기간 지속된다.

열점의 하나인 하와이의 화산에서 분출되는 용암은 한낮에도 장관이지만 밤에 보면 흘러내리는 모습이 더욱 인상적이다. 하와이의 킬라우에아화산에서 흘러내리는 용암의 색은 온도에 따라 달라 보인다. 대체로 하와이의 용암은 현무암질 마그마이다. 이들의 온도가 최고인 1,200℃ 정도에서는 흰색으로 보인

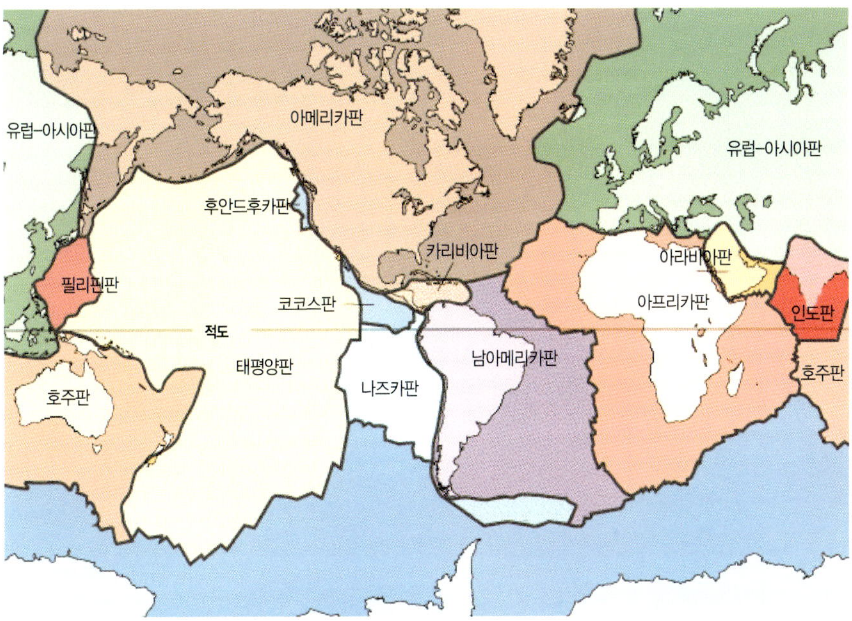

여러 개로 나뉘어진 지판의 경계를 나타낸 지도. 이들 지판의 경계면은 지각이 생성되는 확장경계, 지각이 소멸되는 수렴경계, 변환단층만 만드는 보존경계의 세 가지가 있다. 각 지판의 이동속도는 지판의 경계부의 성격에 따라 각기 다르다. 지판의 경계부를 따라 화산활동과 지진활동이 빈번하게 일어난다.[10)]

다. 그러나 온도가 내려가면서 1,100℃ 정도에서는 노란색을 띠다가 900℃에서는 오렌지색으로, 700℃ 정도에서는 선홍색으로 되었다가 그보다 더 식어지면 붉은 색을 띠게 된다. 붉은색을 띠는 마그마라 할지라도 주위에 있는 모든 것을 태워 버리기에 충분한 온도라는 것을 명심해 두어야 한다. 아마도 그것이 내뿜는 열기만 없다면 손으로 만져 보고 싶은 착각이 들 정도로 아름다운 색임에 분명하다.

이들 용암이 흘러내린 모습은 매끄러운 표면을 가진 곳으로부터, 마치 새끼줄을 꼬아 놓은 듯한 모습으로부터 마치 누구의 진입도 거부하는 듯 아주 거친 날카로운 돌들이 삐죽삐죽 올라온 모습들도 있다. 태평양의 한가운데서 지난 500백만 년 기간 동안 용암의 분출로 만들어진 하와이 군도 중 빅아일랜드라고 불리는 하와이섬의 마우나로아의 높이는 4,169m에 이른다. 우리는 산

하와이섬 킬라우에 화산에서 분출된 용암이 태평양으로 흘러들면서 새로운 섬을 만드는 모습.

의 높이를 말할 때 해수준면을 기준으로 삼는다. 그러나 이 섬들은 태평양의 약 5,000m의 깊이로부터 용암이 차곡차곡 쌓여 올라온 것으로 바닥부터는 9,169m가 되는 셈이다. 아마 육지에서 이런 높이로 올라갔다면 아무도 정복하지 못한 산이 되었을 것이다. 이 섬들은 한동안 세상과는 격리되어 있었으나 이 고리를 끊어 놓은 이가 바로 1778년 세 개의 큰 돛대를 가진 30m 길이의 범선 레졸루션호를 이끌고 이 섬을 서방인으로는 처음 방문한 제임스 쿡(James Cook, 1728~1779) 선장이었다. 그가 바로 항해도 위에 하와이를 점찍어 놓은 장본인이기 때문이다. 그러나 그 섬들에는 쿡 선장보다 훨씬 전 서기 500년경에 용감한 폴리네시아인들이 처음 이주를 하였고, 그보다 500여 년 후에 타히티섬으로부터 두 번째의 이주가 있었다.[9] 그 당시 보잘 것 없는 배로 그 멀고 험한 항해 길에 나선 그들의 도전 정신은 어디로부터 온 것인지가 궁금하다.

하와이군도의 동쪽 끝에 있는 섬이 가장 젊은 섬 하와이이다. 그 섬의 동쪽에 서게 되면 여러분은 새로운 섬이 태어나는 현장을 목격할 수 있다. 새로운 지각의 탄생을 알리는 것은 바람결에 날아오는 진한 황 냄새와 용암이 바다로 흘러들면서 만드는 증기 기둥과 함께 들리는 소음이다. 어둠 속에서 비치는 용암의 경로는 더욱 선명하게 나타난다. 화산은 미노스를 묻어 버린 것처럼 한 문명을 종식시키기도 하지만 새로운 문명의 터전이 되는 또 다른 육지를 창조하기도 한다.

중앙해령으로부터 만들어진 해양지각 암석들의 연대측정을 해보면 가장 오래된 암석이 1억 8천만 년 전의 것으로 나타난다. 그보다 더 오래된 해양지각은 존재하지 않는다.[7] 이는 그 이전에 만들어진 해양지각으로 된 지판은 이미 지구 안으로 밀려 들어갔다는 것을 의미한다. 지판의 위치에 따라 그 보다 더 짧은 기간에 소멸경계로 들어가 새로운 마그마로 만들어지는 것도 있다. 인류의 역사로 보면 엄청나게 긴 시간이지만 지구의 역사로 보면 지구나이의 약 1/25의 시기쯤 지표에서 머무는 것이다. 그러나 대륙지각의 경우는 소멸경계에서 들어간다고는 하지만 해양지각의 위에 있고, 그 두께가 해양지각에 비교하여 두터우므로 30억 년이 넘은 나이를 가진 암석들도 대륙에 존재한다. 이러한 자연의 순환고리에서 발생되는 화산들은 지구가 살아 움직이는 역동적인 계라는 실증이기도 하다. 그러나 이러한 화산 활동은 때로는 심술 궂게도 고체지구의 표면에 살고 있는 인류에게 뿐만 아니라 전 생물종에 크고 작은 영향을 미치고 있는 것이다. 아무도 이 순환 고리를 단절시킬 수 없으며, 지구가 살아 있는 한 이 움직임은 계속될 것이다.

지판은 이동되면서 새로운 지각을 만들기도 하고 소멸되기도 하는 과정에서 여러 가지 지질작용을 일으킨다. 이는 마치 지구가 살아서 역동적으로 움직인다는 신호를 보내는 것과 같다. 지판의 경계부에는 지진이 일어난다. 최근에 일어난 동남아시아에서의 쓰나미 역시 이들 지판의 경계부에서 발생된 지진에 의하여 만들어진 것이다. 일반적으로 지진의 강도가 큰 지진은 이들 경계 중 수렴경계에서 흔하게 발생된다. 확장경계와 수렴경계를 따라서 화산대가 분포된다. 지진의 발생과 화산 폭발에 의한 자연재해는 인류의 생존과 밀접한 관계를 가지고 있으며, 이들이 일으키는 재해의 규모는 경우에 따라 엄청난 규모로 만들어진다.

이러한 지판의 활동 결과로 일어나는 화산, 지진 및 쓰나미는 따로 이야기하기로 하고 여기서는 이러한 대륙의 이동들이 생물종 진화에 미친 영향만을 간략하게 살펴보기로 하자. 대륙이 분리되면서 오랜 기간에 걸쳐 동일한 시조로부터 출발한 생물종의 진화는 제 각기 다른 경로로 발전을 하게 되어 현재는 각 대륙에서 주변 환경에 적응한 독특한 생물종을 갖게 된 것이다. 이러한 현상은 환경에 적응하는 생물종의 속성상 당연한 결과이다. 오늘날 각 대륙에만 존재하는 특징적인 초식동물인 포유류의 예만 보아도 이해가 된다. 아래그림은 각 대륙에서 번식하고 있는 대표적인 초식동물과 번식지를 나타낸 것이다. 아프리카 평원에서는 코끼리가, 호주에서는 캥거루가, 북미 대륙에서는 아메리카 들소가, 캐나다 북부에서는 순록이 그리고 안데스 산록에서는 라마가 대표적인 초식동물로 분포된다. 대륙에 따라 기후와 환경이 그 지역을 대표하는 각기 다른 생물종의 분포는 장기적인 지질작용의 결과로 대륙이 이동된 결과가 생태계에 미친 영향을 단적으로 보여주는 분명한 예의 한 가지이다. 이와 같은 대륙별 대표적인 초식동물의 발전은 바로 2억 5천만 년 전 초대륙 판게아로부터 대륙이 이동된 결과로 이루어진 생물종의 종분화(speciation, 새로운 생물종의 생성과 종 다양성의 발달)의 결과이다. 이러한 종분화는 육상생물과 담수생물 모두에서 일어날 수 있는 현상이며, 지리적인 고립 혹은 환경의 차이는 결국 독특한 생물종으로의 발달을 초래하게 된다.

아직도 우리들은 우리가 살고 있는 이 거대한 지구의 대륙들이 움직인다는 사실이 잘 믿겨지지 않는다. 그것은 자신도 모르게 가슴속에 박혀버린 잘못된 선입견 때문인지도 모른다. 내가 살고 있는 이곳이 움직인다는 사실을 한번도 인식해본 경험이 없기 때문이다. 그러나 이 대륙지각들뿐만 아니라 해양지각조차도 손톱이 자라는 속도보다도 느리게 끊임없이 움직이고 있다. 아마도 1억 년 후 아니 5천만 년 후의 대륙의 분포는 오늘날의 세계지도와는 많이 달라져 있을 것이다. 과거 지질시대를 통하여 이동된 대륙의 모습으로부터 앞으

지구상의 각 대륙에서 번식하고 있는 대표적인 초식동물과 그들의 번식지를 나타낸 그림.

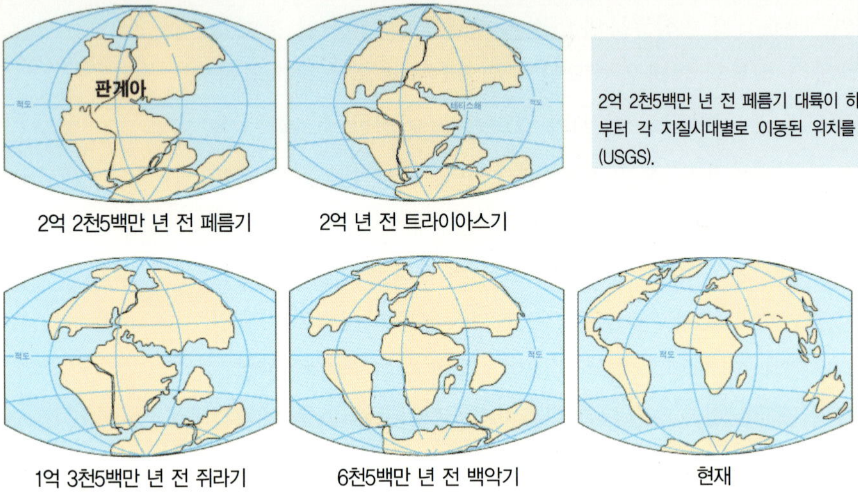

2억 2천5백만 년 전 페름기 대륙이 하나로 뭉쳐 있던 시기로부터 각 지질시대별로 이동된 위치를 복원하여 나타낸 그림 (USGS).

로 일어날 변화는 명백해진다. 불과 2억 5천만 년 전 고생대 말 페름기에는 지구의 모든 대륙이 한 덩어리로 뭉쳐져 있었다. 그 이후 우리가 인식하지도 못하는 느린 속도로 이동된 대륙들이 오늘날 세계지도에서 보는 대륙의 분포 모습을 변화시킨 것이다. 지금 우리가 알고 있는 대로 지판의 움직임이 계속된다면 아프리카 대륙은 계속 북진을 해서 지중해를 삼켜 버리게 되고, 그 결과로 그 접합부인 유럽의 남부는 오늘날의 히말라야산맥과 같은 거대한 산맥으로 가로막힐 것이다. 대서양이 열리는 속도를 감안해 보면 태평양보다 더 큰 대양으로 진화되고, 아마도 호주 대륙은 아시아 대륙과의 거리를 좁혀 얇고 긴 바다로 접하게 될 것이다. 이러한 지구의 진화는 누구도 거스를 수 없는 자연의 과정이지만 인간의 수명에 비교해 너무 긴 시간을 통하여 일어나는 변화이기 때문에 심각하게 인식을 하지 않을 뿐이다.

미노스문명을 소멸시킨 것은 화산 폭발이었다

1991년 6월 12일 필리핀 루손섬에 있는 층상화산인 피나투보가 굉음과 함께 거대한 화산재 구름을 만들면서 폭발을 시작하였다.

사흘 후 6월 15일 폭발과 함께 쏟아져 나온 $5.5 \pm 0.5\,km^3$의 화산재와 화산쇄설암류는 화산 아래 계곡과 그 계곡을 따라 옹기종기 붙어 있던 마을을 삽시간에 뒤덮었다.

피나투보화산은 500여 년의 휴면 기간을 지나 일으킨 그 폭발로 원래 1,745m의 봉우리는 1,485m로 낮아지면서 새로운 칼데라 호수를 산 정상에 만들었다. 이 화산은 역사상 기록된 큰 화산 폭발에 비교하면 그리 큰 규모는 아니었다. 그러나 1980년 미국의 세인트헬렌산 화산 폭발에 비교하면 약 10배에 해당되는 폭발이었으며 금세기에 일어난 것으로는 두 번째로 큰 화산 폭발이었다.[1)]

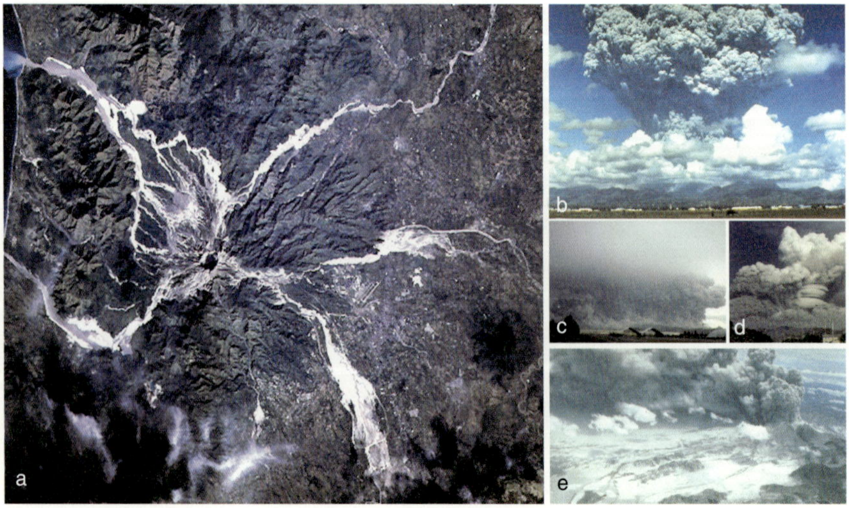

필리핀 루손섬에 있는 피나투보 화산 관련 사진. a.피나투보 화산의 폭발 후 스페이스셔틀에서 촬영한 사진. 하얀 자리는 마그마 및 화산쇄설암류가 지나간 자리이다(사진제공 : NASA). b.6월 12일 최초의 폭발 모습을 화산의 동부에서 촬영한 사진. c.사진 a의 중앙 오른쪽으로 보이는 클라크 공군기지로부터 촬영한 6월 15일 주 폭발 시에 일어난 수평폭발에 의하여 형성된 화산재 구름. d.강력한 폭발에 의하여 형성된 모습. 마치 핵 폭발 사진을 연상 시킨다. 이 폭발로 산 정상은 260m나 날라가 1745m 1485m로 낮아졌다. e.피나투보 화산 폭발의 항공 사진.

피나투보화산 폭발 시 분출된 화산재가 엄청난 두께로 쌓인 모습으로 최대 200m의 층으로 퇴적된 곳도 있다. 이들은 단단하게 결합되어 있지 않아 비가 내리게 되면 니류(泥流, mud flow)를 형성하여 2차적인 피해를 유발한다.

화산 폭발은 예고 없이 어느 날 한 순간에 폭발하지는 않는다. 자연은 여러 가지 형태로 지상에 살고 있는 사람들에게 경고를 보낸다. 피나투보 역시 예외는 아니었으며 몇 차례에 걸쳐 잠에서 깨어나고 있다는 신호를 보냈다. 그 해 3월과 4월에 피나투보화산 아래에 자리하고 있던 마그마방이 꿈틀거리며 지표면을 향하여 32km나 상승하였으며, 그 결과로 작은 지진에도 산 정상의 북쪽 사면에 있던 칼데라에 강력한 증기 폭발을 일으키곤 했다. 4월로 접어들면서 피나투보 아래에서 발생되는 작은 지진의 회수는 급격하게 증가하였으며 수천 톤의 아황산가스를 분출하였다. 그것은 폭발이 임박했다는 신호였다. 드디어 6월 7일 마그마가 피나투보의 표면에 도달하였으나, 이 마그마는 올라오면서 대부분의 가스를 방출하였기 때문에 큰 폭발은 수반하지 않았다. 뒤이어 올라온 마그마는 사정이 달랐다. 가스를 포함하고 있는 마그마가 12일 피나투보 표면에 도달하면서 엄청난 폭발이 시작되었다. 그러나 그보다 더 많은 양의 가스를 가지고 있는 마그마가 15일 표면에 도달하면서 최대의 폭발을 하였다. 이 때 약 5km^{3}에 이르는 화산재를 포함한 화산쇄설물을 방출하였다. 이 강력한 폭발 때 화산재는 하늘로 32km 높이로 치솟아 올라갔으며, 이 때 함께 분출되었던 화산재의 굵은 입자들은 이 산의 인근 지역에 떨어져 쌓였으나, 기권으로 유입된 작은 입자들은 세계의 넓은 지역으로 퍼져 나갔다.

석 달 가까이 위협을 가하려는 듯 꿈틀거리던 화산이 폭발했을 때 바람이 불어가는 쪽으로 날려간 화산재는 더 큰 위력을 발휘하였다. 화산 인근 지역에 쌓인 화산재의 두께는 무려 200m에 이르는 지역도 있었다. 이들 고화되지 않은 화산재들은 이 지역에 내리는 빗물에 흘러내리면서 니류(泥流)를 형성하여 또 다른 재해를 일으켰다.[1), 2)] 물과 섞여서 흘러내리는 니류의 파괴력은 홍수 때 흘러내리는 물길의 파괴력과는 비교도 되지 않는 파괴력을 가진다. 물보다 두 서너 배의 밀도를 갖는 니류의 부양력을 생각하면 그 파괴력의 막강함을 상상할 수 있다. 어떤 화산 폭발의 경우는 이들 고화되지 않는 화산재들이 빗물과 섞이면서 흘러내리는 니류에 의하여 화산의 분출구로부터 멀리 떨어져 있는 지역에서 많은 인명 피해를 내는 경우가 자주 일어난다.

필리핀화산연구소와 미국지질조사소 연구진들에 의하여 이 화산 폭발은 정확하게 예견되었기 때문에 지역주민들은 대피시켜 5천여 명의 인명을 구하였지만 25만 명의 이재민을 냈으며, 900여 명의 사상자를 발생시켰다. 화산재

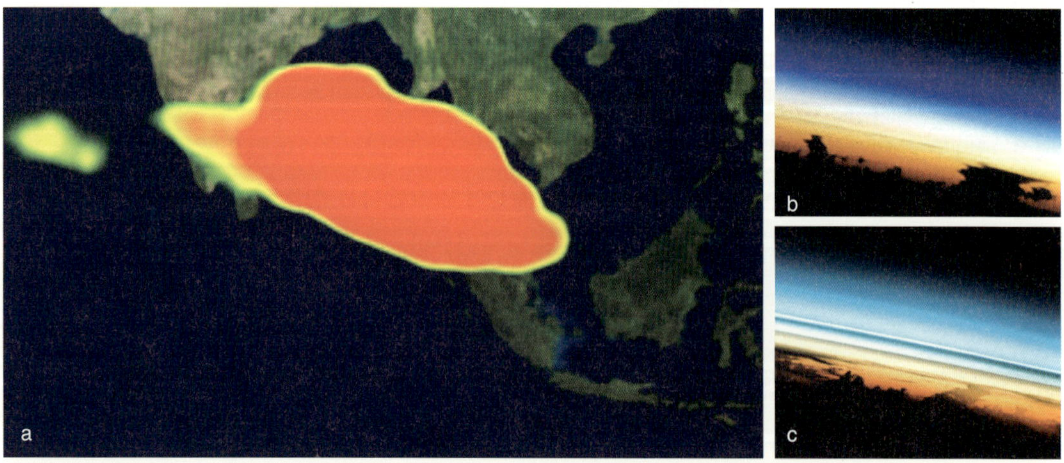

피나투보화산 폭발 시 분출된 아황산가스의 분포(사진제공 : NASA). a는 피나투보화산 폭발 후 성층권에서의 아황산가스의 분포. 붉은 색으로 보이는 부분이 농도가 높은 부분이다. b와 c 스페이스셔틀로부터 촬영한 대기권의 사진. b는 화산 폭발 이전인 1984년 8월 30일에 촬영한 것이고 c는 화산 분출 후인 1991 8월 8일에 촬영한 것이다. 아황산가스의 방출에 의하여 선명하게 발달된 흑색의 띠가 두 개 관찰된다.

는 인근 지역의 논과 사탕수수 밭을 그리고 주민들이 살고 있던 마을을 송두리째 묻어 버렸다. 그러나 이들이 미친 영향은 보이는 것으로 그치는 것은 아니었다. 이 화산 폭발로 방출된 아황산가스 2천만 톤이 성층권(지구 표면으로부터 10~50km 구간)으로 유입되었다. 이 양은 전 인류가 일년간 방출하는 아황산가스의 3배 이상이 되는 엄청난 양에 해당된다. 이들은 순식간에 퍼져나가기 시작하였다. 화산 폭발 후 불과 몇 시간 안에 이들은 인도양까지 진출하였다. 이들 가스와 화산재가 전 지구를 둘러싸는데 그리 오랜 시간이 걸리지 않았다. 이들이 성층권에 만든 새로운 가스층은 스페이스 셔틀에서는 더욱 선명하게 관찰 할 수 있었다. 피나투보의 강한 폭발력으로 성층권에 유입된 이 가스들과 아주 작은 화산재 입자들이 만든 구름은 분출 후 2년간 성층권에서 이들을 이동시켜 전 지구를 감싸게 만들었다.

대기권의 대류권(지구 표면으로부터 약 10km까지)과는 달리 성층권에서는 비를 머금은 구름이 발달되지 않기 때문에 여기로 유입된 아황산가스는 쉽게 빗물에 의하여 사라지지 않는다. 그렇기 때문에 이 가스들은 화학반응과 기권의 대류에 의하여 사라질 때까지 시간이 오래 걸리게 된다. 그 결과로 오랜 기간동안 아황산가스와 미립의 화산재가 만든 에어러솔은 태양 빛을 흡수하여 지구 평균기온을 3년간 0.6℃나 낮추었다. 아마도 겨우 0.6℃라고 생각하는 사람도 있을 것이다. 그러나 빙하기와 간빙기의 지구 평균 기온 차이가 불과 몇 도의 온도차로 일어나는 사실을 보면 그러한 전 지구의 빠른 온도 변화는 엄청난 것이라는 것을 인정해야 한다.

우리의 기억에 남겨져 있는 지구 역사를 통하여 본 화산 폭발로서는 그리 거대한 규모도 아닌 불과(?) 5.5 km^3의 화산쇄설암류를 토해낸 피나투보가 전 지구 기후에 미치는 영향이 이런 정도이다. 지구상에 분포되는 화산을 둘러보면 이보다 규모가 큰 분출을 한 화산들이 지질학적 기록으로는 헤아릴 수 없이 많이 존재하며, 역사적인 기록으로 남겨진 화산만 해도 부지기수이다. 피나투보가 이 정도라면 역사 기록에 남겨진 화산들은 분명 인류 문명에 영향을 미치기에 충분한 위력을 가졌을 것이라는 것을 쉽게 상상할 수 있다.

1883년 인도네시아 자바와 수마트라 사이의 순다해협에 있는 섬에서 과거에도 분출의 역사를 가지고 있는 화산 하나가 5월부터 화산활동을 시작하였다. 이 때에 이미 화산 분출물을 10km 상공으로 올릴 정도의 위력을 갖는 폭발이 시작되었다. 그 해 8월 26일 본격적인 폭발을 한 크라카토(Krakatau)화산은 일순간에 화산재 구름을 25km 상공까지 밀어 올리는 분출을 하였다. 8월 27일 세 번의 대규모 분출은 그 곳의 지형을 바꿔 놓은 큰 분출이었다. 첫 번째 폭발에 의하여 130m의 페로에와탄 봉우리를 한번에 날려버렸으며, 30분 후에 뒤이은 두 번째 폭발로 500m의 다난봉이 사라졌다. 그 결과로 많은 양의 해수가 분화구로 유입되면서 10시 30분에 세 번째의 강력한 분출이 뒤따랐다. 세 번째의 분출로 6km의 직경을 갖는 깊이 300m의 칼데라가 만들어졌다.[3] 칼데라(caldera)는 화산 분출에 의하여 함몰된 지형을 부르는 명칭이다. 이 용어는 가마솥을 의미하는 콜드론(cauldron)에서 유래된 말로서 그러한 지형을 나타내는 용어로는 적합한 것으로 여겨진다. 6km의 칼데라는 지상에서는 한눈에 확인되는 크기의 범위를 벗어난 것이다. 이번 폭발은 상상

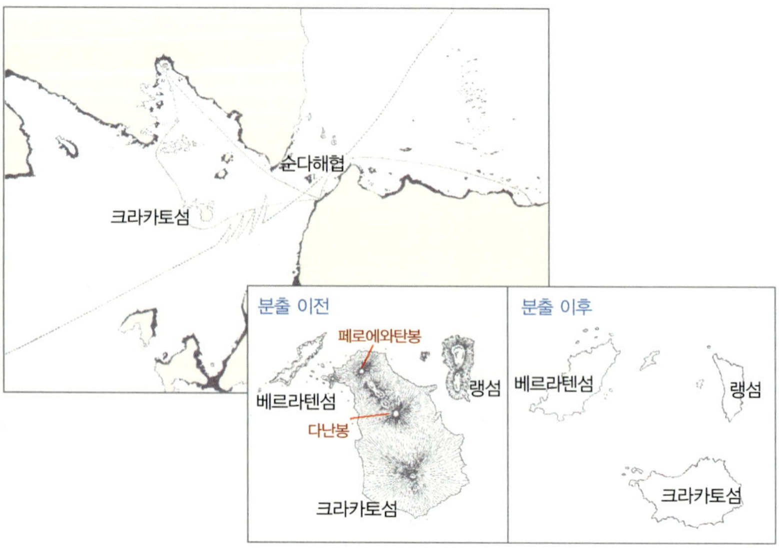

인도네시아 수마트라와 자바 사이의 순다해협에 있는 크라카토섬의 위치를 나타낸 지도. 지도의 해안에 검게 나타낸 부분은 쓰나미에 의하여 피해가 발생된 지역이며, 검은 부분의 두께는 상대적인 피해의 규모를 나타낸 것이다. 크라카토섬과 그 주변에 있던 섬들의 분출 이전의 모습과 분출 이후에 변환된 모습, 크라카토섬은 대부분이 폭발에 의하여 날라갔으나, 오히려 베르라텐섬은 분출 이후 섬의 크기가 더 커졌다. 이 세 섬이 둘러싸고 있는 가운데 부분은 크라카토화산 분출에 의하여 형성된 칼데라이다. 그 후 일어난 화산 분출에 의하여 이 세 섬의 중앙에 또 하나의 섬이 만들어졌다.[3]

하기조차 어려운 거대한 폭발이었다. 자연과학자들은 이를 적절하게 묘사하는 방법을 모른다. 이 마지막 폭발음은 인류가 경험한 가장 큰 소리로 4,800km 떨어진 인도양 해안에서, 3,200km 거리의 호주 노턴 테리토리에서도 들렸다. 이 폭발음의 충격으로 화산으로부터 150km 반경 내에 있던 모든 건물의 유리창이 모두 깨졌다. 강력한 폭발음보다 더 무서운 결과를 안겨준 것은 화산재 구름을 80km 상공으로 밀어 올려 48시간이나 낮과 밤을 구분할 수 없는 계속된 어둠이었다고 한다. 분출에 따른 충격파에 의해 발생한 대규모 쓰나미는 자바와 수마트라 해안지역에서 막대한 피해를 발생 시켰다. 당시 발생한 쓰나미의 최대 파고는 45m에 이르렀으며, 내륙으로 5km 정도까지도 해수의 침입이 있었다. 주변 해역에서 5~6천 척의 선박이 파괴되었으며, 3만6천 명의 인명 손실이 보고 되었다. 오늘날과 같은 인구 분포를 보였다면 그 피해는 아마도 2004년도 12월 이 해역에서 일어난 쓰나미에 의한 인명 손실보다도 더 큰 재난을 당했을 것이다. 당시 인도네시아는 네델란드의 식민지로 서구인들이 이를 자세하게 기록으로 남긴 결과 그 전모를 비교적 소상하게 알게 되었다.[3)]

재앙은 거기서 멈추지 않았다. 대기권으로 올라간 화산재와 가스들은 지구 표면의 복사에너지를 평소보다 13% 감소시켰으며, 그 2년 후 유럽대륙에서는 10%까지 감소하였다. 뿐만 아니라 대기 중에 부유되는 에어로솔에 의한

크라카토 화산 폭발 당시 화가들이 남긴 일출과 일몰. 왼쪽 그림은 미국의 프레데릭 에드윈 처치가 1883년에 그린 네바다의 일몰 광경의 유화이다. 그가 같은 해 캐나다에서 그린 일몰광경은 붉은 색이 더 진하다. 오른쪽 그림은 영국의 J.M.W. 터너가 1834년 베니스의 대운하를 배경으로 그린 그림. 북미와 유럽의 하늘 노을빛이 더 고운 것을 볼 수 있다.

태양 빛의 산란에 의하여 일출과 일몰시 경관은 불타는 듯한 붉은 색을 띠는 경관이 약 2년간 계속되었다고 한다.[4,5] 태양 빛이 대기권으로 들어오는 위치에 따라 산란되는 정도와 강도의 차이에 따라 시시각각 변화되는 색의 변화가 주는 아름다움에 매료된 화가들이 남긴 일출과 일몰을 묘사한 당시의 회화들이 많이 전해지고 있다.

시대를 조금 더 거슬러 올라가 보기로 하자. 유럽이나 북미의 많은 사람들은 1816년을 "여름이 없던 해"로 기록을 남기고 있다. 그 해 유럽의 대부분의 나라들은 여름 햇빛이 부족하였을 뿐만 아니라 아이슬랜드, 영국 및 발틱해 연안 국가들에 이르기까지 5월부터 10월에 이르는 기간 동안 연일 비가 내렸으며, 심각한 기후 변화에 의하여 유럽 전역이 흉작이 들어 식량 부족이 대단하였다. 많은 기록들에서는 유럽에 어디를 가도 거지들이 우글거리는 빈곤이 극에 달했다고 전하고 있다. 어떤 사람들은 거지가 어찌 많은지 여기저기서 몰려다니는 거지들이 군대와 같았다는 기록을 남긴 이도 있었다. 포스트(John D. Post)는 그의 저서에서 이러한 사회현상을 "서양에서 마지막의 큰 생존위기"라고 표현하였다. 이런 현상은 북미 대륙에서도 마찬가지였으며 여름이 없기는 유럽과 다를 바 없었다. 특히 북동부의 기후 변화가 더욱 극심하였다. 6, 7 및 8월까지도 서리가 내리는 그런 차가운 기온은 농작물 수확을 포기하게 만들었으며, 기근이 심해지자 뉴잉들랜드의 농부들은 이미 시작된 서부로의 이주를 가속화시켰다.[6]

그러나 이런 재앙과 같은 기후 변화는 당시에는 통신망이 오늘날과는 사뭇 달라 그 이유를 아무도 미처 깨닫지 못했다. 그런 기후 변화를 초래한 이유는 1815년 유럽과 북미 대륙과는 멀리 떨어진 동남아시아 인도네시아의 숨바와(Sumbawa)섬에 있는 탐보라(Tambora)화산 폭발 때문이었다. 탐보라는 본격적인 화산활동을 시작하기 3년 전부터 움직이기 시작하였다. 중규모의 지진과 간헐적인 증기 폭발이 일어났다. 그러나 본격적인 폭발은 1815년 4월 5일부터 시작되었다. 그 닷새 후인 4월 10일 저녁 거대한 폭발이 일어났으며, 화산재 구름을 45km나 쏘아 올렸다. 이 화산 폭발로 산의 높이는 2,853m로 그 키를

천 여 미터나 훨씬 낮추었지만, 이 때 만들어진 칼데라의 직경은 6km이었으며 깊이는 1,200m나 되었다. 이 화산 폭발은 인류가 기록으로 남긴 최대의 폭발이었다. 당시 분출된 화산 쇄설물의 양은 1884년 한 독일인 학자가 발표한 보고에 의하면 약 317km^{3}로 추정하였다. 그러나 후에 학자들이 모든 기록을 중심으로 다시 계산한 결과 그보다는 작은 150km^{3}로 추정하고 있다.[3), 9)] 그렇다고 해도 피나투보의 약 27배에 이르는 양이다.

탐보라로부터 65km 떨어진 지역에 살고 있던 주민의 증언은 당시 분출된

인도네시아의 숨바와(Sumbawa)섬에 있는 탐보라(Tambora)화산의 위성 사진(사진제공 : NASA).

화산재의 양을 생생하게 보여준다. 4월 10일 분출한 화산으로 이 지역은 나흘간이나 밤과 낮을 구분할 수 없는 어둠이 계속되었다고 한다. 그러나 이 거대한 폭발로 유입된 미세한 화산재나 에어러솔이 기후에 미치는 영향은 3년을 넘기지 않았다는 것은 흥미로운 사실이다. 물론 이 폭발은 쓰나미를 발생시켜 해안에 거주하던 많은 인명과 그들의 생계수단인 작은 배들을 파괴시키는 등 이러한 지질작용으로 발생되는 일련의 과정을 모두 거쳤다. 찰스 라이엘이 그의 저서 『지질학 원론』에도 이 분출 기록을 남기고 있다. 화산이 폭발한 탐보라 지역의 1만 2천여 명의 주민들 중 단지 살아남은 사람은 26명이었으며, 폭발 시 발생한 강력한 바람은 주위의 모든 것을 공기 중으로 휩쓸어 갔다고 했다. 그것은 역사상 경험하지 못한 가장 놀랄 만한 폭발이라고 적고 있다.[9)]

그 폭발의 결과는 여러 가지로 나타났다. 화산 폭발 시 분출된 다량의 황을 포함한 가스는 퇴적된 화산재나 화산으로부터 만들어진 돌 부스러기에 염류로 부착되어 함께 쌓였다. 나중에 내린 비는 이 황을 녹여 하천수와 지하수를 오염시켜 사람이나 동물들에게 치명적인 영향을 주었다. 물론 온 대지를 뒤덮은 화산재는 탐보라화산이 있는 숨바와섬의 모든 식물을 죽였다. 이를 회복하는 데는 오랜 시간이 필요하였다. 그런 피해는 탐보라와 가까운 다른 인도네시아의 다른 지역에서 뿐만 아니라 지구의 반대편인 유럽에서도 그 영향은 뒤늦게 나타났다. 유럽 사회를 흔든 사회적 및 정치적 불안을 야기한 계기가 바로 이 화산 폭발이었던 것은 분명해진다. 지구의 한 곳이 고장 나면 그 결과는 그곳과 전혀 관계가 없을 곳으로 여겨지던 다른 곳에도 심각한 영향을 미칠 수 있다는 것을 보여준 사례이다. 성철 스님의 법어 중 한 구절이 생각나는 대목이다. 그 분은 10년간 한번도 누운 일 없이 오직 참선 수행에 전념하여 인간의 무한한 능력을 꿰뚫은 그 한 가지 사실만으로도 우리 보통 사람들에게 큰 교훈을 주신 분이었다. 그 분의 법어 중 이런 알쏭달쏭한 구절이 있다.

이것이 있으므로, 저것이 있고
이것이 생기므로, 저것이 생긴다.

이것이 없으므로 저것이 없고
이것이 죽으므로, 저것이 죽는다.

그 진의가 무엇인지 얼른 이해되지 않는 알쏭달쏭한 말이다. 하지만 그 분의 설명을 듣고 보면 그 말뜻이 명쾌해진다. 이것은 두 막대기가 서로 버티고 서 있다가, 한쪽이 넘어지면 다른 한쪽이 넘어지는 말을 뜻한다는 것이다. 다른 말로 하면 인체 만물은 서로 의지하여 살고 있어서 하나도 서로 관련되지 않은 것이 없다는 것을 일깨워주는 말이라는 것이다. 어찌 보면 진리는 하나인 것 같다. 우리 인류 생존이 가능한 유일한 혹성인 지구도 예외가 아니라 똑같은 법칙이 지배한다는 사실이 상기되었다. 적도 부근 태평양에서 발생한 엘니뇨가 아시아나 유럽에 홍수를 가져오는 원인이 되지 않는가? 하나에 통하면 열에 통하는 것이 진리라는 사실을 느끼면서 그 분의 통찰력에 대한 경외감이 들었다. 화산 폭발만 해도 지구의 한곳에서 일어난 일은 지구의 다른 곳에 반드시 영향을 미친다는 사실을 탐보라도 보여주었기 때문이다. 모든 것이 하나의 통일된 법칙에 의하여 결정되어진다는 인상을 지워버릴 수가 없다.

인도네시아는 오늘날에도 활발한 화산 활동과 함께 지진이 자주 발생되는 지역이다. 바로 인도-오스트레일리아 지판이 유라시아 지판 아래로 들어가는 충돌이 일어나는 경계이기 때문이다. 이 지역의 수마트라와 쟈바에 널려 있는 수많은 활화산이 쏟아낸 화산재는 이 지역의 식생을 한순간에 황폐화시키지만 장기적으로는 새롭게 공급된 화산재는 토양을 비옥하게 만들었다. 이 지역은 풍부한 강수량과 더운 기후로 한 해에도 여러 번 수확을 할 수 있는 천혜의 농경 조건을 가지고 있다. 쟈바맨으로 알려진 호모 에렉투스가 일찍이 이 지역에서 생활을 한 것은 그런 조건 때문이었을 것이다. 아마도 빙하기에는 해수준면이 내려가 수마트라와 쟈바를 나누고 있는 낮은 바다인 순다해협 역시 육지로 변해져 있었을 것이다. 그 때 건너온 쟈바인들은 빙하기가 끝이 나자 저절로 고립되어 서로 독립된 인종으로 발전을 한 것이다. 오늘날 보르네오의 오지에서 최근까지도 식인종으로 살던 종족으로부터 찬란한 문명을 발달시킨 종족으로 별개의 경로를 따라 발전한 원인이 되었을 것이라고 많은 사람들은 믿고 있다.

이보다 몇 년을 더 거슬러 올라가면 하나의 역사적인 사실과 화산 폭발이 연계되는 사건이 있다. 에마뉴엘 르 로와 라듀리는 그의 기후 역사를 기록한 저술에서 1789년 프랑스혁명 전 6년 동안의 흉작에 대하여 상세하게 기술하였다. 1788년과 1789년 겨울은 사상 그 예가 없는 추위로 극에 달했으며, 바스티유를 습격하기 전 5월의 기후가 가장 추웠다고 한다.[6]

당시의 상황은 1776년부터 프랑스에 주불 미국 대사로 체제하고 있던 벤자민 프랭클린이 1784년에 쓴 보고서에서도 자세한 기록을 남겼다. 그는 그 보고서에 1783년 여름 몇 달 동안은 낮에도 걷히지 않는 안개가 끼어 있어 일조량이 부족하였고 햇빛은 약하여 확대경으로 초점을 모아도 종이를 태울 수 없는 정도였다고 기록을 남기고 있다. 그러나 유럽도 벤자민 프랭클린도 몰랐던 사실이 있는데 같은 해인 1783년에 극동의 일본 도쿄 북동쪽으로 140km 지점에 있는 아사마화산이 거대한 분출을 하였다. 학자들이 계산한 분출 당시의 에너지는 8.8×10^{24}erg에 이르렀다.[7] 이 화산 분출이 기후에 미치는 영향은 피나투보 화산에서 설명한 것과 마찬가지이며, 지구 반대편에 있는 아사마화산 분출이 프랑스혁명 전의 흉작에 기여를 했던 것이다. 앨 고어는 그의 저서에서 "기후는 역사를 지배하는 사회적, 정치적, 경제적 요인과 언제나 서로 관련되어 있다. 어떤 기후

일본 도쿄 북서방 140km 지점에 있는 아사마화산의 항공사진. 중앙의 분화구는 아직도 증기를 내뿜고 있다. 1783년 이 화산의 분출은 유럽의 그 유명한 "여름이 없던 해"를 만드는데 일조를 하였음이 후에 밝혀졌다.

적 격변은 상황 증거로 보아 정치적 격변 직전의 대중의 기분과 태도를 결정하는데 대단히 의미 있는 지배적인 요인으로 보인다"라고 기술하고 있다. 그리고 그는 이러한 프랑스의 수난은 프랑스혁명으로 이어지는 정치적 분위기에 박차를 가한 주요한 원인이었음이 분명하다고 주장하였다.[8)]

시간을 조금 더 거슬러 올라가면 아마도 세계적으로 가장 유명한(?) 화산 폭발을 만나게 된다. 바로 베스비우스화산 폭발이다. 이태리 서부 해안의 아름다운 나폴리만을 끼고 1,281m의 베수비우스화산이 수려한 자태를 뽐내고 있다. 사실은 이 아름다운 나폴리만 자체가 3만 5천 년 전의 실로 거대한 화산 폭발로 만들어진 칼데라이다. 그 후 2만 3천 년 후에 폭발이 있었는데 그 위력은 전 같지는 않았다. 그러나 이러한 화산 폭발들은 기원 후 폼페이를 매몰

베수비우스화산 부근의 인공위성 사진. 중앙의 원추형이 베수비우스화산이고, 그 서쪽 푸른 지역이 나폴리이며 나폴리 서쪽으로는 작은 분화구들이 보이는데 이는 베수비우스화산 이전에 폭발된 분화구들로 미세노에 이르기까지 분화구들이 산재해 있다(사진제공 : NASA).

시킨 폭발로 숨겨진 이야기가 되었다. 그러나 그 잔재는 아직도 인공위성 사진으로도 명확하게 관찰할 수 있다.

베수비우스화산으로부터 남서쪽 약 5km 지점에는 로마 시대에 폼페이와 헤르쿨라네움(현재의 에르콜라노)이란 도시가 위치해 있었다. 이 두 도시는 로마의 귀족이나 부호들의 휴양도시의 기능을 하고 있었으며, 이 지역의 중심 도시이기도 하였다. 로마시대에는 분출 기록이 없는 휴화산이었으므로 가끔 성질을 부리기는 했지만 당시 이 도시에 살고 있는 로마 시민들은 아무도 이 화산의 폭발을 예상하지 못하였다. 이 산의 능선은 울창한 삼림으로 덮여 있어서 기원전 1세기에 스파르타쿠스난이 일어났을 때 이 검투사에 동조한 노예들이 패배 후 이 산으로 도망쳐 들어갈 정도로 숲이 우거져 있었다는 기록이 있다. 서기 63년에 큰 지진이 일어나 이 도시에 피해를 주었으나 그것이 베수비우스가 잠에서 깨어나는 신호인줄 알아차린 로마인은 아무도 없었다. 화산대에 위치해 있었기 때문에 간간히 작은 규모의 지진은 일어나고 있었다. 그 지진 역시 그러한 지진의 하나로 생각하였다. 지진의 피해를 막 복구한 폼페이와 헤라쿨라네움은 다시 옛날의 휴양도시로 돌아가 있었다.

이 두 도시의 재건이 거의 끝이 났을 무렵 서기 79년에 드디어 이 화산이 분출하였다. 당시 로마제국은 2년간 재위하였던 티투스(재위 기간, 79~81)가 통치하던 시절이었다. 분출 이전에 지진이 시작되었으나 사람들은 의례히 있었던 지진이려니 하고 대피할 생각을 하지 않았다. 그러나 뒤이어 온 분출은 격렬하였으며 폼페이는 삽시간에 화산재에 묻혀 잃어버린 도시가 되었다.[9)]

서기 79년의 분출에 의하여 매몰되었다가 20세기에 발굴된 폼페이 유적의 일부 뒤로 베수비우스화산이 보인다.

이 화산 폭발은 소(小)플리니우스란 훌륭한 현장 증인에 의하여 기록으로 남겨졌다. 그는 황제의 친구이자, 군인이자, 박물학자며, 당시 베수비우스화산을 마주 볼 수 있는 나폴리만에 위치해 있는 미세노항에 주둔하고 있는 해군사령관이었던 대(大)플리니우스는 양자로 받아들인 조카 플리니우스와 구별하기 위하여 대(大)플리니우스라고 부른다)의 조카이다. 대플리니우스는 일찍이 아버지를 여윈 조카를 양자로 받아들인다. 대플리니우스는 47권에 이르는 방대한 『자연사, *Naturalia Historia*』란 박물지를 남긴 저술가이자 학자이기도 하다. 이 책은 비록 내용은 간단하지만 자연에서 산출되는 광물과 암석을 체계적으로 기술한 최초의 저술이기도 하다.

화산이 폭발하자 대플리니우스는 해군사령관으로 인근 지역 주민들을 대피시키려고 함대를 출동시켜 나갔다가 돌아오지 못하고 화산가스에 질식하여 사망한다. 당시 18세의 소플리니우스는 화산 폭발 과정을 나폴리만을 사이에 두고 관찰을 한다. 그가 목격한 베수비우스화산 폭발의 내용은 당시의 역사가이던 타키투스에게 보내는 서한문의 형태로 알려지게 된 것이다. 그는 양아버지의 죽음을 전하기 위하여 실제로 보고, 객관적으로 들은 사실을 그대로 기록으로 남기게 된다. 비록 소플리니가 이태리 서부의 티레니안 지각이 동부의 아풀리안 지각 밑으로 들어가면서 만들어진 화산체인 중의 하나라는 사실은 모르고 있었지만 이것이 화산 분출을 사실적으로 묘사한 최초의 기록이다.

여기서 그 편지 전문을 소개할 필요는 없다고 여겨지며, 그가 남긴 기록을 따라가 보기로 하자. 서기 79년 8월 24일 낮 아주 강한 지진과 함께 분출이 시작되었다. 8월 25일 심한 화산재 때문에 낮이 밤과 같은 어둠이 계속되었으며, 강력한 폭발과 함께 화산쇄설암류의 분출이 뒤따랐다. 시가지는 2~3m의 화산재로 덮였으며, 시가지를 피하지 못한 약 5천 여 명은 화산 분출에 수반되는 가스와 화산회로 질식사하였다. 후에 발생된 니류에 의하여 폼페이를 뒤덮어 버렸다는 것이다. 로마인들이 건설한 문명의 일부가 일순간에 사라져 버린 것이다. 황제 티투스는 현장에 내려와 그 다음해까지 복구를 현장 지휘하였다고 한다. 그러나 당시 상황으로는 화산재로 뒤덮여 파묻힌 폼페이는 그대로 방치하는 수밖에 없었다. 그 후로도 베수비우스는 간헐적으로 분출을 계속하고 있다. 19세기에 이르러 발굴이 시작되면서 이를 덮고 있던 화산재를 걷어내자 2,000년 전의 폼페이가 세상에 들어났다. 폼페이는 다시 로마인의 휴양지가 아닌 세계적인 관광지로 부상하였으며, 많은 사람들이 방문하는 명소가 되었다. 발굴 과정에서 어린애를 감싸고 죽은 후 석화된 시체나 한 가족이 한 방에 모여 죽은 모습들이 발굴되어 보는 이들을 안타깝게 만들기도 했다. 화산재 아래 보존되었던 주택, 목욕탕 및 당시의 거리 모습을 그대로 관찰할 수 있는 역사적인 자료로서도 가치를 가지게 되었다. 이 화산 폭발은 비록 폼페이를 매몰시켰지만 한 시대의 문명을 종식시키지는 못했다. 그러나 때로는 화산 분출이 후대의 작가들에게는 영감을 주어 하나의 예술작품으로 승화되기도 한다.

그러나 정작 나폴리만은 폼페이 참사를 일으킨 것 말고도 지질학적으로는 매우 뜻 깊은 장소이기도 하다. 화산 폭발이 있은 후 2,000여 년이 지난 후로 나폴리 북쪽에 있는 포추올리를 방문한 찰스 라이엘에게 지질학 발전에 어쩌면 결정적 영감을 만들어준 바닷가에 방치된 세 개의 대리석으로 만들어진 세라피스 신전 기둥을 만나게 된다. 지금도 그 곳에 덩그러니 서 있는 세 개의 기둥은 보통 사람들에게는 그리스나 로마의 유적에서 흔하게 볼 수 있는 폐허

20세기에 폼페이 발굴 현장에서 주택의 한 방에서 발굴된 가족들의 모습. 시체들은 석화되어 그 형태를 그대로 보존하고 있다.

가 된 건축물의 잔해에 불과하다. 내가 그곳을 방문했을 때도 그 기둥은 그렇게 덩그러니 서 있었으며 그것을 보러 일부러 들리는 사람은 그리 많지 않았다. 아마 간혹 그 곳에 들리는 관광객들에게도 그 기둥이 왜 중요한지는 아마도 모르고 지나쳐 버리기 쉬울 것이다.

앤디 워홀의 베수비우스화산 폭발을 상상하여 그린 작품, 베수비우스.

그 기둥들은 12.5m로 높이가 같으며, 기둥 전체가 하나의 대리석으로 만들어져 있는 것으로 보아 이 건물을 세울 때 대단한 정성을 들여 건축했음을 나타내 주는 정도이다. 그러나 자세하게 기둥을 들여다보면 그 기둥은 송송 구멍이 뚫려져 있는 것을 볼 수 있다. 바로 그 구멍은 바다에서 서식하는 이매패류인 조개가 뚫어 놓은 것인데, 스웨덴의 생물학자 린네는 그 조개 이름을 리토파가 리토파가(*Lithophaga lithopaga*)라고 붙였다. 과학자들은 생물종이건 광물의 이름이건 간에 라틴어나 그리스어로 학명을 붙이기를 좋아한다. 리토파가란 그리스어로 "돌을 먹는 자"란 의미를 가지고 있다. 그렇다면 기둥에 난 구멍의 의미는 분명해진다. 한 때 육지에 건설하였던 신전이 지반이 침하하여 바다 속으로 들어가 있다가 다시 바다위로 상승했다는 증거인 것이다. 당시 지질학계를 지배하던 패러다임은 격변설이 판을 치던 시대였다. 이를 한마디로 줄이면 무엇이든지 한순간에 급격하게 변화된다는 것이다. 그러나 그 기둥은 그렇게 급격하게 변화되는 것이 아니라는 사실을 기록으로 남긴 기둥이었다. 그 신전의 기둥은 서서히 점진적으로 바다 속으로 가라앉았다. 포추올리 해안의 깨끗한 바다에 살고 있던 리토파가가 그들의 일상적인 삶의 과정으로 그 기둥에 구멍을 뚫어 놓았으며, 다시 서서히 지면이 상승하여 기둥이 해수면 위로 올라오게 된 것을 의미하는 것이다. 사실 자연은 우리가 아는 만큼만 그들의 비밀을 이야기해 준다. 라이엘은 그 기둥을 보자 지질작용 역시 서서히 점진적으로 일어나며 오늘 관찰하는 현상이 과거에도 일어난다는 제일설(齊一說) 혹은 동일과정의 원리를 설명해 주는 현장의 증거라는 것을 알아차린 것이다.[10), 11)]

라이엘의 『지질학의 원리』10판 2권에 수록된 이태리 포추올리에 있는 로마시대의 세라피스 사원의 폐허로 남은 세 개의 기둥. 중앙에 검게 보이는 부분이 리토파가란 조개에 의하여 파인 구멍으로 라이엘이 관찰한 1828년 당시에는 해수준면으로부터 6m 상부에 위치하고 있었다. 그는 이 사실로부터 이 지역의 해수준면이 그만큼 하강한 후 다시 상승한 것으로 해석하였다. 아직도 이 사원의 기둥에 파인 조개 구멍은 대륙의 융기와 침강을 설명하는 고전적인 자료로 이용되고 있다. 현재 이 조개구멍의 높이는 약 7m에 이르고 있다.

사실 이 이론은 1788년에 제임스 허턴(James Hutton, 1726~1797)의 『지구에 관한 이론』이란 저서에서 지층에서 관찰되는 대부분의 지질현상들은 현재 자연 상태에서 일어나는 과정을 주의 깊게 관찰하면 모두 이해될 수 있는 현상들이며, 과거에 작용했던 지질학적 과정들이 또한 현재에도 작용하고 있다는 사실을 밝힘으로써 그 이론의 모체가 된 것이다. 현재 지표에서 일어나고 있는 바람과 물에 의한 풍화작용에 의하여 자갈, 모래 혹은 흙의 형태로 낮은 곳으로 운반되어 하천 주변이나 호수 혹은 바다에 쌓이게 되고, 쌓인 퇴적물은 다져지고 굳어져서 퇴적암이 형성된다. 이처럼 지구의 변화가 오랫동안 서서히 끊이지 않고 일어나는 힘에 의하여 이루어지는 현상을 동일과정의 원리(Uniformitarianism)라고 하여 이를 확립시킨 사람이 바로 찰스 라이엘(Charles Lyell, 1797~1875)이다. 이 원리는 "현재는 과거의 열쇠이다, The present is key to the past"란 말에 가장 간결하게 요약되어 있으며, 그 개념이 잘 함축되어 있다. 스티븐 제이 굴드는 『라이엘의 지혜의 기둥』이란 저서에서 "라이엘이 포추올리의 세 기둥을 자신이 내놓은 제일설의 두 가지 핵심 전제들, 즉 현재에 볼 수 있는 지질작용을 일으키는 원인들과 영향력은 시간이 흘러도 비교적 변함없이 유지되는 일관성을 올바로 보여준 상징으로 삼았다"고 기술하고 있다.[11] 이는 바로 현재 관찰한 사실을 근거로 과거를 재구성하는 원리는 오늘날의 지질학에서도 여전히 통용되며, 중심이 되는 이론이기도 하다. 하여튼 라이엘이 1830년에 쓴 『지질학의 원리』는 젊은 다윈이 진화론을 생각하는데 많은 기여를 하였다고 다윈 자신이 밝힌 바 있다. 화산 활동에 의하여 들어 올렸다 가라 앉혀진 세 개의 기둥은 결과적으로 지질학의 핵심적인 원리를 최초로 저술하는 기회를 주었으며, 그 저서는 다윈의 진화론으로 발전하는 계기를 마련해 주었으니 인류 문명에 기여한 바로도 화산의 역할은 참으로 대단하다고 하겠다.

크레타와 미케네를 신화가 아닌 실재의 역사로 만든 독일의 발굴고고학자 슐리만.

이처럼 화산 폭발은 문명에 기여를 하는가 하면, 어떤 경우에는 문명의 종식과 궤를 같이 하기도 한다. 지중해의 동부 에게해 주변지역은 기원전 3,000년경부터 소아시안인들이 정착하기 시작하였으며, 기원전 2,500년 무렵에는 크레타섬, 키클라데스제도 및 미케네를 비롯하여 청동기문화가 자리하였다. 이 지역을 일찍이 해상 교통의 중계지로 번영을 하여 고대문명을 일으킨 지역이다. 유럽의 다른 지역보다 문명이 일찍 발달하였는데 이 문명을 우리는 미노스문명이라고 한다. 이 문명은 19세기 중엽까지는 외부에 알려지지 않았는데, 19세기 말부터 독일인 H. 슐리만(Heinrich Schliemann, 1822~1890)에 의하여 시작된 발굴과 연구에 의하여 그리스 신화에 자주 등장하는 크레타와 미케네와 같은 도시들은 신화가 아닌 실재한 역사로 등장하게 되었다.

미노스문명이란 명칭은 이 지역의 전설적인 왕 미노스의 이름으로부터 유래된 것이다. 기원전 2,000년경부터는 왕에 의한 지배체제가 이루어졌으며, 왕궁과 주민들이 거주하는 도시가 건설되었다. 이 때 건설된 큰 궁전들은 계속되는 화산활동에 의하여 파괴되기도 하였으나 새롭게 건설하여 기원전 1,700년을 전후한 2세기 동안 크레타문명의 절정기를 구사하였다. 플라톤은 시인들은 국가에서 추방해야 한다고 주장할 정도로 시인에 대한 인식이 좋지 않았음에도 "가장 시인다운 시인이며, 비극작가 중에서 제일가는 사람"이라고 칭송한 호메로스의 위대한 서사시 『일리아드』와 『오디세이』에 나오는 위대한 도시 크노소스와 미노스왕은 이 시기에 해당된다. 크노소스궁전은 잘 설계된 큰 궁전으로 내부의 통로가 미로와 같다고 해서 미궁(迷宮)이라고 알려졌다.

크레타섬에서 떨어져 있는 키클라데스제도 최남단에는 산토리니(과거에는 테라라고 불리었음)라고 하는 작은 섬이 있었는데, 이 섬에서도 문화가 번성하였으며 큰 도시를 형성하고 있었다. 이 섬에서 기원전 1,600년경(최근 학자들에 의하여 가장 정확하게 추정된 분출 시기) 후기 청동기시대에 대규모의 화산 폭발이 일어났는데, 이 분출을 테라분출이라고 한다. 그 규모는 섬의 많은 부분을 사라지게 한 대단한 위력을 가지고 있었다.[12), 13), 14)] 과거에는 산토리니가 폭발 이전의 섬 모양이 원형으로 가정하여 반 이상이 사라졌다고 하였으나 최근 지질학자들의 노력에 의하여 분출하기 전 섬의 형태가 지금과 유사

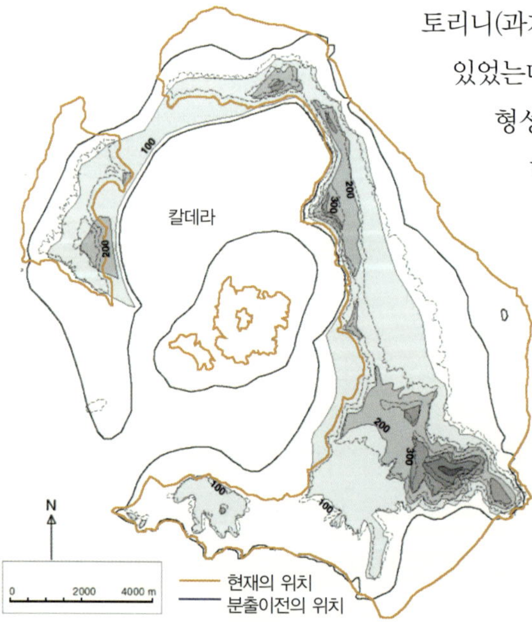

산토리니섬의 기원전 1645년 분출(미노안 분출) 이전의 복원된 지형과 현재의 지형(Druit와 Francaviglia, 1991). 최근 지질학적 자료를 기초로 복원된 분출 이전의 지형은 과거에 알려졌던 원형의 섬이 아니라 과거와 유사한 지형을 가지고 있음이 밝혀졌다.

하였다는 사실이 알려지게 되었다. 그렇다고 해도 그 폭발로 그 섬의 많은 부분이 사라진 것은 사실이다. 후세의 지질학자들은 앞서 설명한 크라카토화산보다 더 강력한 폭발이었다는 것을 밝혔다. 폭발할 때 만들어진 분화구는 오늘날 이 섬의 만(灣)을 이루고 있는 부분이다. 그리스 고고학자 마리나토스는 엄청난 규모의 산토리니섬의 화산 폭발 시 일어난 강력한 지진과 해일이 크레

지중해 에게해의 한복판에 자리하고 있는 산토리니섬의 화산 칼데라에 접해 있는 절벽 위에 자리 잡은 마을. 용암과 화산재가 겹겹이 싸여 있는 모습이 격렬한 화산 활동을 보여준다.

타섬에도 피해를 줘 미노스 문명의 종말을 가져왔다고 주장하였다. 최근에 리처드 포티란 고생물학자 역시 이러한 가설을 화산 폭발과 연관시켜서 설명하고 있다.[10]

고고학자들과 지질학자들의 연구 결과 미노스문명은 화산이 폭발되면서 바로 사라진 것은 아니며, 지진과 해일에 의한 피해에 의하여 상당 부분이 파괴되었을 뿐만 아니라 분출시 발생된 화산재는 에게해 미노스문명권의 거의 모든 것을 덮어버려 황폐화시켰다. 그 결과로 국력의 대부분을 잃어버렸을 뿐만 아니라 그 곳에서 사람들이 더 이상 살 수 없게 되는데 100여 년이 걸렸다고 믿고 있다. 이런 사실은 추정이 아니라 지질학적으로 밝혀진 사실이다. 이 화산의 첫 번째 주요한 폭발에서 분출된 부석질 화산회는 산토리니섬에서는 최대 6m의 두께로 쌓였다. 이 부석질 지층의 바닥에서는 불에 탄 나무의 줄기나 뿌리가 남아 있는 것으로 보아 폭발에 의하여 하늘로 올라간 화산회가 지상으로 떨어져 퇴적될 당시에도 상당한 열기를 가지고 있다는 것을 말해 준다. 불에 탄 식물들로부터 구한 탄소 동위원소는 기원전 1600~1700년의 년대를 보여준다. 당시에 분출된 화산회는 동부 지중해 연안 국가들에서도 발견되며, 지중해 바닥에서 채취된 시료들로부터도 역시 확인된다. 이 정도만 해도 배를 이용하여 피신하지 않았다면 이 작은 섬에서 살아남기란 어려웠을 것이다. 그러나 분출에 의하여 해수가 분화구로 유입되면서 두 번째, 세 번째 분출은 더욱 격렬한 폭발성으로 변화되어 수m 크기의 암석 덩어리를 첫 번째 분출한 부석질 퇴적층 위에 쌓아 놓았다. 이 정도라면 산토리니는 끝이 났을 것이다. 그러나 거리가 좀 떨어진 크레타섬에서는 이보다는 덜했지만 그 파괴력은 결코 만만하지 않았을 것이다. 이 정도의 자료라면 미노스문명이 사라진 직접적인 원인이 화산 분출이었음을 부정하기는 어려울 것이다. 비록 화산 분출은 산토리니섬은 물론 크레타섬에 번성하던 미노스문명을 사라지게 했지만, 3천5백여 년이 지난 오늘 지중해의 관광명소로 만든 것은 순기능이라면 순기능이다. 그 때 만들어진 해안 절벽 위에 들어선 마을, 흰색의 집과 에게해의 푸른 바다가 만드는 조화는 꿈에서나 그려 볼 수 있는 경관이 되었다.

그렇다면 문명을 파괴시킬 만한 폭발은 얼마 후에 일어날 것인가? 피나투보처럼 화산에 관측소를 두어 화산의 지질학적 변화를 항상 모니터링 한다면 몇 년 전에 폭발을 예상하는 것은 어려울지 몰라도, 적어도 몇 개월 전에는 예측이 가능하며, 일 이주 전에는 분출 시기를 거의 정확하게 예측할 수 있는 기술이 개발되었다. 그러나 현재도 활동 중이거나 휴면기에 있지만 활동 가능성이 있는 화산은 전 세계적으로 무수히 많이 존재한다. 지구의 내부는 정적인 것이 아니라 동적이다. 지구는 몇 개의 판으로 나누어져 이동을 계속하고 있다. 지판이 새롭게 만들어지는 경계를 확장경계라 하며 이러한 경계는 대양 바닥에 발달되는 중앙 해령이 대부분 이에 해당된다. 이와 반대로 두 개의 지판이 충돌하여 지판이 소멸되는 경계를 수렴경계라고 한다. 화산은 대체로 이러한 지판의 경계부로부터 가까운 지역에서 주로 분출된다. 환태평양 연안 지역들은 태평양판과 여러 가지 다른 판들이 충돌되면서 소멸되는 경계 즉 수렴경계를 이루고 있다. 따라서 이들 태평양 연안 지역에서는 화산 활동이 매우 활발하게 일어나고 있다. 그래서 이러한 환태평양화산대를 지질학자들은 '불의 고리(ring of fire)' 라고 부른다. 이러한 지판의 경계부에 발달되는 화산들은 언제 어떤 강도로 폭발할는지 아무도 예상할 수 가 없다. 오늘날의 화산대가 지구 역사를 통하여 앞으로도 영구히 화산대로 남아 있는 것도 아니며, 결국 지판의 이동 경로에 따라 이들 화산대의 분포도 변화될 것이다. 우리나라만 해도 약 7~8천만 년 전에는 활동적인 화산대에 위치해 있어서 많은 화산 활동이 있었으며, 오늘날 경남지역이나 전남지역은 일본과 유사하게 화산활동이 맹렬하게 일어났던 곳이었다. 다행스럽게도 그 후 점진적으로 화산대는 동쪽으로 이동하여 이제 한반도는 비교적 화산에 관한 한 안전한 지대가 되었다. 비록 화산대에 속한다고 해도 화산의 분출은 내부 에너지가 축적되는 데는 시간이 필

기원전 1600년에 분출한 부석질 화산회에 의하며 매몰되었던 산토리니섬의 마을 아크로티리 현장에서 발견된 벽화. 화산재에 묻혀 있던 이 마을의 발굴시 다량의 채색 벽화가 발견되었다. 이런 문화를 향유하던 문화는 화산 분출에 의하여 괴멸되었다.

이 책에서 다루어진 화산과 주요한 화산들의 폭발 시 발생한 분출물의 양적인 관계로 나타낸 그림. 맨 왼쪽의 트리스탄다쿤하는 VEI 2의 화산이며 오른쪽의 토바는 VEI 8의 화산이다.

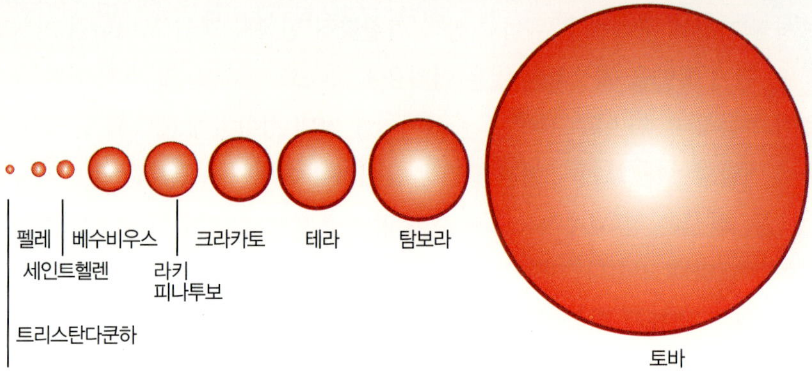

요하므로 계속적으로 대규모 폭발이 연속적으로 일어나는 것은 아니다. 화산은 폭발성 분출을 하는 곳도 있지만 하와이의 화산처럼 비교적 조용하게 용암을 토해내기만 하는 화산도 있다.

화산학자들이 세계의 곳곳에서 분출되는 화산들을 기재하고, 정량적으로 비교하기 위하여 지진의 강도처럼 이를 지수화하려는 시도를 한 것은 무엇이든지 숫자로 나타내기를 좋아하는 과학계의 속성으로 보아서는 때늦은 감이 없지 않다. 미국의 지질조사소에서 일하고 있던 뉴홀과 하와이대학의 셀프는 분출시 토해내는 물질의 양과 폭발에 의해 하늘로 쏘아 올리는 높이를 정량화하여 화산 폭발지수(The Volcanic Explosivity Index; VEI)를 0에서 8까지 9단계로 구분하여 기재하는 것을 1982년도에 제의하였다.[15] 이 지수는 한 단계가 올라갈 때마다 그 폭발력은 대체로 10배가 증가된다. VEI가 2와 4는 분출되는 물질의 양만 비교하면 2배가 늘어나는 것이 아니라 10×10=100 배가 늘어나는 것이다. 그러나 폭발할 때 만들어지는 화산재 구름(플럼)의 높이는 이처럼 10배씩 증가하는 스케일은 아니다. VEI가 0~1의 화산은 하와이의 용암만 조용하게 토해내는 것과 같은 화산들로서 분출물의 량이 0.001km^3 이하인 것을 말한다. 그러나 여기서 언급한 인류의 문명에 직간접으로 영향을 준 화산들인 베수비우스는 이 지수가 5이고, 미노스를 멸망시킨 테라와 탐보라

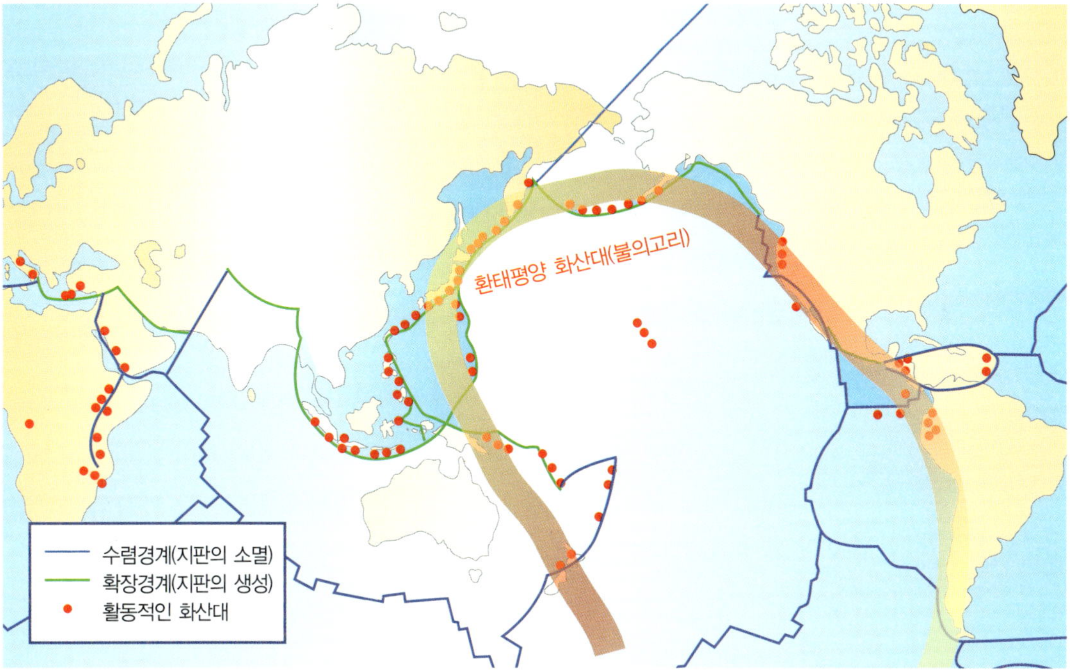

지판의 경계부와 경계부를 따라 발달되는 화산대의 분포. 태평양 연안을 따라 발달되는 화산대를 환태평양화산대라고 하는데 화산의 분포가 밀집되어 있어 그림에 붉은 색으로 표시한 지역을 '불의 고리'라고 부르기도 한다. 인류 역사가 경험한 강력한 화산 폭발은 모두 이들 지판의 경계부를 따라 분포되는 화산들이었다.

는 7이며, 7만 5천 년 전 보르네오의 섬 중앙을 날려버린 토바는 가장 강력한 것으로 VEI가 8에 해당된다. 최고로 강력한 VEI 8의 화산 폭발은 각기 2백5십만 년 전과 6십4만 년 전에 미국 서부 최고의 관광지로 꼽히는 옐로우스톤 국립공원에서도 일어났다. 이들 화산 분출물의 양을 상대적인 비로 나타낸 그림에서 단지 점으로 보이는 트리스탄다쿤하는 지수가 2임에도 찾아보기도 힘든 점으로 나타낼 정도이다. 이 화산섬은 대서양의 중앙해령으로부터 약 500여 킬로미터 동쪽에 위치해 있다. 가장 가까운 육지 아프리카의 케이프타운까지는 2,815km 떨어져 있고, 아르헨티나의 부에노스아이레스로부터는 4,263km 의 거리에 위치하는 2,060m의 높이를 갖는 직경 11km의 작은 섬이다. 이 섬은 1506년 포르투갈의 해군 제독에 의해 발견되어 그의 이름을 따서 명명되었다. 그 곳 바다의 깊이가 3,000m 정도이니 이 섬은 적어도 5,000m 이상 솟아 올라온 높은 화산이다. VEI 2라는 것은 1961년에 분출한 화산 기록으로 만들어진 것이다. 1961년 화산이 폭발하자 이 섬에 거주하는 소수의 주민들을 영국으로 대피시키기로 결정한다. 영국으로 이주한 이들은 새로운 문명에 동화되어 살기보다는 그들이 영위하던 문명과는 동떨어진 공동체 생활을 선택해서 2년간의 영국 생활을 청산하고 1963년 다시 그 외로운 섬으로 돌아간 것으로 유명해진 섬이기도 하다.[9] 서구인의 관점에서 그들의 선택은 무모함 이상으로 비춰졌을지도 모른다. 그 섬은 열점으로 만들어진 화산섬이므로 아마도 지질 시간을 두고 더 크게 성장할 가능성이 높은 섬이다.

그러나 다행스러운 것은 전 세계적으로는 약한 폭발력으로 분출되는 화산은 자주 발생되는데 비하여 강력한 폭발력을 갖는 화산의 발생 빈도는 낮다는 점이다.

지구의 46억 년 역사를 뒤 돌아보면 크고 작은 화산 활동이 지속적으로 일어나고 있다. 지구가 분노한 것처럼 보이는 큰 화산 활동은 미노스문명을 사라지게 하는 정도가 아니라 지구에 서식하고 있던 생물종의 대부분을 절멸시킬 정도로 엄청난 규모로 일어나기도 한다. 지구가 살아 있는 증거로 나타나는 이런 움직임은 파괴적이기도 하지만 새로운 문명의 터전이 되는 새로운 땅을 창조하는 양면성을 가진다.

흙이란 무엇인가?

유럽의 백인들이 몰려 들어간 북미 대륙은 오랜 기간 동안 인디언들이 살던 곳이었다.

아메리카 인디언들이 살고 있는 북미 대륙의 초원은 실상 처녀지와 다름없는 비옥한 토양이었다. 유럽인들이 미국에 정착한 이후 이들은 최초의 식민지를 확대하면서 서부로 서부로의 진출을 계속한다. 이들이 오늘날의 루이지애나, 오클라호마, 캔사스에 도착하면서 그곳에 살고 있던 원주민들을 몰아내면서 그들은 빠른 속도로 인디언들이 전통적으로 따르던 이동경작과는 전혀 다른 방법으로 농사를 하기 시작하였다. 아메리카 인디언들 중 일부 체로키족과 같은 부족은 정착하여 농경을 하였지만 그들이 토양을 변화시키는 속도는 그들이 사용하던 조악한 농기구처럼 더딘 것이었다. 그러나 토지를 강탈(?)한 백인들의 농사는 이와는 대조적으로 그들 스스로도 인식하지 못하는 사이에 빠른 속도로 토양을 파괴하는 것이었다.[1)]

가끔 서부영화에 등장하는 장면이 실제로 토지를 분배하는 과정에서 일어났다. 출발신호에 따라 달려가 꽂은 말뚝을 경계로 토지 소유권을 허용하는 경주가 벌어지기도 하였다. 이렇게 토지를 소유한 유럽 이주민들은 그들의 선조들이 해왔던 잘 아는 방식대로 농사를 지었다. 북미 대륙의 처녀지인 초지로 된 토양은 경작하기에 걸림돌이 없는 그냥 풀만 갈아엎으면 되는 좋은 토성을 가지고 있는 낙원과도 같은 천혜의 장소이었다. 그러나 그들이 간과한 것은 그 곳은 강수량이 훨씬 적은 상태에서 자연의 평형 상태가 이루어져 있는 지역이라는 사실을 외면한 것이었다. 시원하게 펼쳐진 대평원의 초지가 그런 작은 수분을 보전할 수 있었던 것은 토양 내에 잘 발달된 풀뿌리들 때문에 가능한 것이었다. 그 뿌리를 들어내면 수분은 곧장 말라버리고 만다. 경작을 위하여 유럽으로부터 이주해 온 이들이 갈아엎은 토지는 효과적으로 작은 수분을 유지하는 기능을 잃어버리게 되었다. 이들은 지력이 잃어가는 것을 인식하지도 못한 채 더 많은 곡물 생산에만 매달렸다. 이런 경작 방법은 당초부터 원주민 인디언들의 방식과는 근본적으로 다른 것이었다. 더군다나 그들은 생산성 향상과 경작의 편의성을 고려하여 작물을 한 가지로 단순화시켰다.[1), 2)]

몇 년간 계속된 가뭄이 이 지역에 찾아들어왔다. 부족한 물 때문에 농작물은 말라죽어 가고, 농경으로 발가벗겨진 토양이 몸을 드러내었다. 주로 경작하던 곡물 가격은 때 맞춰 최저로 폭락하여 생산비는커녕 생계 유지도 어려울 지경이 되자 농지를 버리고 이주하는 농부들도 속출하였다. 물론 농업의 기계화도 빈농의 자리를 빼앗는데 일조를 하였다. 간신히 평형을 유지하고 있던 초지에서의 이러한 영농 자체가 토양을 죽이고 있는 행동이라는 것을 의식하지도 못한 채 일어난 갑작스러운 일이었다. 몇몇 지각 있는 사람들의 경고도 있었으나 그런 것은 무시되었다. 그때 불어닥친 바람은 수만 년에 걸쳐 만들어진 토양을 한 꺼풀씩 벗겨내기 시작하였다. 1934년에서 1936년 사이는 최악의 연속이었다.

이 시기를 어떤 이는 지극히 비정상적이고 극단적인 일들이 정상적이었으며, 일상과는 동떨어진 예외적인 일들이 일상의 일처럼 일어난 시기라고 말하고 있다. 이때 동부지역 뉴욕은 이 먼지바람 덕분에 한 낮에도 어둠이 느껴질 정도였다고 하니 바람에 의해 날려 이동된 토양의 양을 짐작하게 해준다. 이 지역에서 심한 먼지바람을 경험한 농부들은 세상이 종말을 맞이하는 것으로 생각하였다고 한다. 한참 먼지바람이 계속될 때는 아무도 밖에 나갈 엄두조차도 내지 못하였다. 그때의 참상을 목격한 스타인벡은 『분노의 포도』란 소설을 썼다. 그는 거기서 당시의 상황을 이렇게 묘사하고 있다.

동은 터도 낮은 오지 않는다. 뿌연 하늘에 붉은 해가 나타난다. 밝지도 않다. 그저 희미하게 불그레한 동그라미가 떠 있을 뿐, 세상이 어슴푸레하다.

이처럼 계속되는 먼지바람은 비옥하였던 토양의 흙을 갑작스럽게 어디론가

쓸어가 버렸으며 남겨진 것은 사막과 다름없는 모래뿐이었다. 어찌나 먼지바람이 심하였던지 이 지역은 더스트 보울(Dust bowl)이라는 이름을 얻었다. 그 2년간 계속된 가뭄과 바람으로 생긴 먼지와 함께 모든 농민들의 꿈 또한 날려 버렸다. 먼지로 뒤덮여 못쓰게 된 농지와 때 맞춰 찾아온 대공황, 거기다가 트랙터의 등장으로 일손을 잃은 많은 소작농들 수십만 명은 생활의 터전을 떠나야 했으며 더러운 빈농으로 무시당하는 오키즈(Okies)로 전락하였다. 그것을 목격한 스타인벡은 이러한 사회적 모순을 그냥 지나가지 않고 고발한 작품이 바로 『분노의 포도』이며, 그 무대가 시작된 곳이 바로 이곳이다. 그가 노벨 문학상을 받은 명목상의 작품이 이 소설은 아니었으나 그가 실질적으로 작가의 명성을 확인한 것은 바로 이 소설이었다. 이렇게 모래에 뒤덮인 땅은 더 이상 생산력을 가진 생산자는 아니었다. 이러한 먼지바람은 초지로 덮여 있던 대초원을 바람과 가뭄을 막아주는 완충제로 꼭 필요한 초지를 보전하지 않고, 현금작물을 재배하기 위하여 인간들이 파괴한 초원이 시발점이었다. 자연을 무시한 불과 50년간 저지른 인간의 과오를 받아들이기에는 이 지역은 그처럼 불안정한 지역이었던 것이다. 어떤 이는 이 기간을 개척농민들의 50년간의 영웅적 착취 기간이라고 부르기도 하였다.[2] 이러한 사실은 인류 문명의 초기 단계에서부터 현대에 이르기까지 토양은 인류 생존의 터전이었음을 알려주는 하나의 에피소드에 불과하다.

1936년 미국 오클라호마주의 먼지바람에 의하여 이동된 흙으로 덮여버린 농지와 문까지 막아버린 모래더미.

우리 주위를 둘러보면 보이는 것이 흙이다. 그러나 지구 어디에서나 다 그런 흙을 볼 수 있는 것은 아니다. 어떤 지역은 흙으로 덮여 있으나 어떤 지역은 단단한 암석들이 바닥에 바로 드러나 보인다. 흙으로 덮여 있는 곳이라고 해도 밑을 조금만 파 내려가면, 거의 대부분의 지역에서는 그 아래로 금방 단단한 돌을 만나게 된다. 가끔 도로 건설을 하기 위하여 한쪽 언덕을 파헤쳐 놓은 절개지의 사면에 들어난 모습에서도 표면의 흙의 두께는 그리 두꺼운 것이 아니라는 사실을 확인해 준다. 그러나 흙의 두께는 지형적으로 낮은 평야지대나 산지의 계곡과 같은 곳에서는 산사면의 절개지에서 보는 흙의 두께보다는 훨씬 더 두껍게 발달된다. 두꺼운 흙의 깊이라야 대부분은 수 미터 내외이다. 열대지방에나 가야 수십 미터 깊이로 나타나기도 한다. 이런 두께의 흙이 바로 지구의 겉 껍질에 해당되는 부분이다. 지구의 반지름이 6,370km나 되는 거대한 구라는 사실을 감안하면 지구의 겉 껍질이 얼마나 얇은지를 상상할 수 있다. 그 흙으로 된 얇은 껍질이 바로 모든 육상 동식물을 부양하는 모체로서 지구가 살아 있는 모습을 유지시켜 주는 근원이 되는 것이다. 이제는 단순한 흙으로 부르는 것 보다는 점잖으면서도 함축적인 의미를 가지고 있는 토양이란 표현을 쓰기로 하자.

인간이 생존하는 공간 역시 거대한 구의 일부분으로 지구 표면의 30%에 불과한 육지에 한정된다. 인간은 그 껍질에 해당되는 지표에서만 생존이 가능한 생물종에 불과하며, 인간 역시 자연을 구성하는 일부로 생각할 수 도 있다. 인간은 바로 지구의 생물권에 서식하고 있는 매우 다양하고, 아름다운 생물종들 중의 하나인 것이다. 그렇다고 일부 자연중심주의적 환경론자들이 주장하는 인간도 환경을 구성하는 한 개체이므로 인간을 다른 생명체와 동격으로 취급해야 한다는 그런 주장에 전적으로 동의할 의사를 가지고 있지는 않다. 많은 사람들이 지적한대로 인간은 정신을 가진 존재이기 때문에 동물적인 육신으로만 평가되어지는 대상은 전혀 아니기 때문이다.

인류 생존의 터가 바로 지구 표면에 얇게 덮여 있는 토양이며, 우리는 그 토양을 떠나서는 생존이 불가능하다. 그 위에서도 혹은 그 아래에서도 생존이 불가능하다. 지구환경을 크게 세 개의 권역, 대기권, 생물권, 암권(岩圈)으로 구분이 가능한데, 인류가 생존 가능한 권역은 생물권 중에서도 바로 기권과 암권이 접하는 지구 표면에 한정되는 곳으로 그 터전이 바로 토양인 것이다.

지구의 표면, 그 토양이 인간 문명의 시발점이었을 뿐만 아니라 토대가 되었다. 흔히 토양이란 "지구 표면을 구성하는 물질로서 식물이 성장할 수 있는 작은 입자로 구성된 부분"을 말한다.[3] 이러한 정의는 바로 토양학자들이 기계적으로 내린 무미건조한 정의이다. 실제로 여기서 얘기하는 작은 입자로 구성된 부분이란 정의는 물질 자체만을 강조하고 있기 때문이다. 사실 점토광물학자인 나에게는 그 정도의 정의로 만족할 수 있다. 그러나 통찰력이 큰 사람들에게는 그런 정의는 어찌 보면 거의 쓸모없는 무의미한 정의로 여겨질지도 모른다. 다른 해석을 한다고 해서 그것을 탓할 필요는 없다. 결과보다는 과정의 의의를 더욱 중시하는 관점을 가진 사람들이 그런 예에 해당된다. 그런 사람들은 토양을 생장의 매개체로서 이해하는 것과 생명체가 서식되는 환경 즉 인류가 생존하는 환경의 중심이라는 관점을 갖는 것이 중요하다고 생각한다. 그래서 어떤 학자들은 토양을 환경 구성 요소의 중심이며, 환경 과정의 매체로 정의하기까지 한다.

그런 그럴듯한 정의가 아니더라도 사실 토양은 그 이상의 의미를 갖고 있다. 기계적으로 내린 무미건조한 정의는 과학적으로는 거의 다른 문제를 만들지 않는 훌륭한 정의이다. 내가 여기서 무미건조하다고 표현한 것은 그 정의 중 마지막 부분 "... 작은 입자로 구성된 부분"을 두고 하는 소리이다. 이것만 보면 단지 어떤 물질 즉 작은 입자만을 대상으로 한 소리처럼 들린다. 마치 이 부분은 토양의 살아 있는 속성을 전적으로 무시한 것 같다고 해서 여러 학자들이 볼멘소리를 해대는 부분이기도 하다. 토양은 실제로는 작은 입자로 구성된 부분만이 아닌 토양의 주 구성물질인 광물질 외에도, 광물질 사이에 존재하는 공기와 물이 있고, 유기물질을 함유하고 있으며 많은 미생물들이 서식하고 있는 곳이다. 토양 속에 살고 있는 진균류는 아주 여러 가지 종류가 있다. 이들 진균류 중 일부는 자연계에서 제 몫을 다하고 수명을 다한 식물들을 효과적으로 분해시켜 부식질 물질로 전환시키는 역할을 한다. 박테리아나 진균류와 또 다른 미생물들이 바로 토양을 단순히 죽어 있는 물질로부터 살아 있는 생명의 매체로서의 기능을 갖게 만들어 주는 주역들이다. 토양은 자신을 모체로 성장하는 식물에 의하여 완성되는 것으로, 식물의 성장은 토양에게 더 큰 생명력과 강력한 힘을 준다.

일찍이 『셀본의 자연사, *Natural History of Selborne*』를 써서 생태학 연구

의 중요한 단초를 제공했던 시골 교회의 목사 화이트(Gilbert White, 1720~1793)는 그가 살고 생을 마감했던 작은 마을 셀본이 “자연은 너무나 풍부하므로, 이 지역은 조사해 볼 만한 가치가 있는 모든 종류의 변화를 만들고 있다”라고 썼다. 그가 담당하고 있는 셀본 교구의 살아 있는 모든 것들을 보고 그것들이 토양과 밀접한 관계가 있음을 알아차렸으며, 서로 관계를 만드는 시스템으로 통일되어 있음을 이해하려는 노력을 하였다. 그는 나아가 생태학적 질서의 경건하고 존경으로 가득 찬 기록에서 자연의 생산은 인간에게 혜택과 이익을 가져오는 환경을 만들기 위해 존재한다고 여겼다.[4] 셀본은 그 후 내추럴리스트나 자연수필가들의 성지가 되었다. 그러나 자연은 인간의 간섭에 의해 화이트가 생각한대로만 가지는 않는 것 같다. 인간의 활동에 의해 삼림이 황폐해진 토양의 비옥도가 빠른 속도로 나빠져서, 점점 죽어버린 토양으로 변화된 후, 지표에서 진행되는 침식작용에 의하여 겉껍질인 토양은 사라져 버리고 드디어 지구의 알몸이 드러나 표면에는 바위만 남게 되기도 한다.

지금까지의 이야기를 다시 정리해 보기로 하자. 토양의 시발점은 거대한 지구를 구성하는 암석이 모체이다. 토양이 지구 형성 초기부터 있었던 것은 아니다. 지구에 분포되어 있는 암석들이 지구 표면의 여러 가지 물질들, 산성수, 동식물, 바람, 기후의 변화 혹은 미생물들과의 반응에 의하여 작은 입자들로 분해되기도 하며, 암석을 구성하는 광물들 중 일부는 주변 조건의 변화에 따라 새로운 조건에 더욱 적합한 광물들로 변하기도 한다. 한 불란서 시인은 이러한 풍화작용을 “시간의 모욕”이라고 표현하였다. 시인이 자연을 보는 눈은 자연과학을 초월한다. 이렇게 분해된 알갱이들이 토양은 아니며, 이들이 유기물, 물과 공기가 함께 섞여 살아 있는 매질로 바뀔 때 드디어 토양이 되는 것이다. 그렇게 될 때 토양 입자 사이를 자유롭게 흐르는 물은 식물 생장에 필요한 영양소를 공급하게 되고, 진균류와 같은 많은 미생물들이 공생하면서 살아 있는 공간으로 변화하게 된다. 이 때 토양은 거의 무한정한 생명의 힘을 가지게 되며, 그 속에서 자라는 식물에 의하여 완성된다. 지구 구성 물질 중 토양과 같은 생명력을 갖는 매질은 언뜻 생각나지 않는다. 그럼에도 불구하고 많은 사람들은 토양이란 인류 역사와는 하등의 관계가 없는 그저 우리 주위에 흩어져 있는, 길가에 구르고 있는 자갈과 같은 우리가 필요하면 언제든지 얻을 수 있는 물질 정도로 착각을 하고 있다. 삼림이나 식생이 손상된 토양은 쉽게 침식되어 잃어버릴 수 있으나, 새로운 토양이 만들어지는 데는 오랜 시간이 필요하다는 것을 기억하려 들지 않는다. 살아 있는 토양이란 언제 어디서나 구할 수 있는 것은 아니다. 이러한 사실은 인류 문명 단계를 잠깐만 생각해 보아도 드러난다. 그렇지 않다는 점은 인류 문명의 발상지가 바로 비옥한 토양을 토대로 시작되었다는 점만으로도 일부가 설명이 된다.

우선 인류 문명의 발전 단계를 살펴보기로 하자. 지금까지 알려진 사실은 초기 인류는 수렵을 하거나 자연적으로 성장한 곡물이나 과일을 채취하여 그들의 생활을 영위하였다. 이러한 초기 인류의 생활은 자연과 더불어 사는 단계 혹은 빌붙어 사는 단계로 볼 수 있다. 에드워드 하임스(Edward S. Hyams, 1910~1975)는 이 단계를 기생단계(寄生段階)라고 썼다. 그는 인류 문명과 토양과의 관계를 기생단계, 이용단계 및 보호단계로 나누었다.[1] 그렇다. 이 단계에서 인간은 자연의 한 구성원으로 존재할 뿐 자연이 유지하는 평형을 깨트릴 수 없다. 당시 인간들의 토양과의 관계는 다른 동물들과 비교해 보아도 우월적인 존재는 아니었으며 다른 동물들과 대등한 조건이었다. 생물체에도 기생생물들이 있다. 어떤 기생식물들은 아예 다른 식물 위에 뿌리를 내려 살기도 한다. 어떤 기생식물들은 거의 전적으로 숙주에 빌붙어 살지만 일부 기생식물들은 자체적으로도 영양분을 조달하기도 한다. 기생자가 숙주에게 영향을 주지 않는다고 해서 그들이 전적으로 무해한 것은 아니다. 대개는 숙주가 힘을 잃게 되면 이런 기생자들

참나무에 기생식물로 자라고 있는 겨우살이의 모습.

은 예의 날카로운 이빨을 드러내어 숙주에게 위해를 가하게 된다. 기생자가 숙주에게 무해한 것은 숙주가 충분한 저항력을 가졌기 때문이다. 숙주가 건강하다면 기생자는 더 오랜 기간동안 버틸 수 있다. 아마도 우리가 산행을 하면서 멀리서 보면 새집처럼 보이기도 하는 큰 참나무에 기생식물로 자라는 겨우살이를 연상하면 될 것이다. 그러나 이 겨우살이는 엽록소를 가지고 있어 자체적으로도 광합성을 하므로 전적인 기생식물은 아니며 반기생식물이다. 아마도 이 기생단계에서 토양과 초기 인류와의 관계가 마치 이런 관계였을 것이다. 토양은 건강하였으므로 인류는 영원히 토양의 기생자로서 살아남을 수 있는 것처럼 보였다.[1)]

그러나 인간들의 생활양식이 수렵으로부터 사육으로, 채취로부터 경작으로 바뀌면서 인간의 토양과의 관계는 기생단계에서 토양을 이용하는 단계로 발전한다. 이 단계에 이르면 기생자였던 인류가 숙주인 토양에 위해를 가하기 시작하는 단계에 접어들었음을 의미한다. 일반적으로 학자들은 식물이 재배되는 순서는 과일나무에서 시작되어 식물 뿌리를 거쳐 곡물로 발전되었다고 한다. 목축업이 먼저 발전되었느냐 농업이 먼저 발전되었느냐는 많은 논란이 있었으나 역시 농업이 먼저 발달했을 것이라는데 많은 학자들이 공감을 하고 있다. 무엇이 선후이든지 간에 이 단계를 토양의 이용단계(利用段階)라고 한다.

이 이용단계에 이르면서 인간은 자연의 범주로부터 벗어나 토양이 유지하고 있던 평형에 영향을 미치기 시작한다. 이 시점이 인간의 문명이 시작된 시점일 것이다. 그러나 인간이 토양에 영향을 주는 행위는 그들이 처한 토양 환경에 따라 달리 발전되었을 것이다. 반 건조한 지역에서는 삼림이 발달되지 않은 아마도 오늘날 아프리카에서 볼 수 있는 초원지대를 형성하였을 것이고 결코 비옥한 토양은 아니었을 것이다. 이에 반하여 강수량이 풍부한 지역은 상대적으로 토지가 비옥하였고 삼림이 발달하였을 것이다. 어떤 역사적인 증거가 명백한 것은 아니지만 토지 이용단계의 초기 인간들은 아마도 주어진 자연 조건 즉 토양 환경에 적응하여 각기 목축과 농업으로 나뉘어졌을 것이다. 그러나 최근 발굴되는 고고학적인 자료들은 농경이 목축보다는 더 이른 시기에 시작되었다는 사실을 밝혀 주고 있다.

비옥한 충적토로 된 토지를 가진 지역이 문명의 발상지가 된 것은 농경생활의 중요성이 부각되는 것으로 추정이 된다. 고대 인류 문명의 발상지가 이집트의 나일강의 델타 지역, 유프라테스강과 티그리스강으로 둘러싸여 있는 메소포타미아 지역 및 인도의 인더스강 유역인 점은 결코 우연이 아니라 그 지역은 모두 비옥한 토양을 가진 지역이었다는 점이다. 고대 나일강 델타 지역이나 메소포타미아 지역보다는 시기적으로 천 여 년이 지난 후, 인더스강 유역보다는 불과 백 여 년이 뒤진 중국의 문화 역시 황하 유역의 비옥한 토지를 중심으로 발전된 것 또한 결코 우연이 아니다. 이들 지역들이 비옥한 토양을 가진 것은 그 지역의 지질과 기후 조건과 무관하지 않다. 아니 거의 전적으로 그 영향으로 형성되는 것을 의심할 여지가 없다.

여기서 한 가지 사례로 인류 문명이 시작된 메소포타미아를 살펴보기로 하자. 나일강이 비록 해마다 일어나는 범람으로 그 수원에 해당되는 멀리는 이티오피아로부터 백나일과 청나일이 흐르면서 이집트에 비옥한 미사질점토를 해마다 공급해 줘서 이들은 경작에 필요한 거름을 줄 필요도 없었을 뿐만 아니라 토양의 질을 개선하기 위하여 경운을 해야 될 필요도 없는 천혜의 조건을 갖추고 있었다. 그러나 메소포타미아는 나일강 유역과 동일한 조건을 가지고 있지는 않았으나 이 곳 역시 매년 일어나는 홍수는 비옥한 토양의 근본이 되는 새로운 퇴적물을 공급해 주었다. 나일강보다는 불규칙하였지만 대체로 3월과 5월 사이에 거의 연례적으로 홍수가 반복되었으며, 때로는 그 홍수는 매우 파괴적인 힘을 발휘하였다. 그 때마다 두 강을 통하여 공급되는 퇴적물

초기 인류 문명의 발상지인 티그리스강과 유프라테스강에 둘러싸여 형성된 메소포타미아. 점으로 표시한 지역은 주요한 메소포타미아 도시와 유적지를 나타낸 것이다.

은 티그리스강과 유프라테스강에 둘러싸여 있는 분지를 비옥한 충적층으로 만들었다. 이 두 강은 쿠르나란 지역에서 합쳐져서 페르시아만으로 흘러들어간다. 티그리스 강 동쪽에 발달한 고산지대의 급한 경사를 갖는 사면으로부터 퇴적물의 공급이 활발하였음은 물론이다. 이 지역의 일부는 과거에는 삼림으로 덮여 있었다는 사실은 오늘날 과학적으로 밝혀진 사실일 뿐만 아니라 고대의 기록에서도 확인할 수 있다. 이는 바로 이 토양이 비옥한 토양이었음을 지시해 주는 증거가 된다.[5), 6)]

이런 비옥한 터를 찾아 이동하던 인류가 이곳에 찾아들기 시작한 것은 기원전 7천여 년 전이다. 이들은 메소포타미아 북쪽에서부터 삶의 터전을 확보하기 시작하였으며 이런 비옥한 토양을 토대로 고대 문명을 일으켰다.[2)] 한 때 이 지역은 최초의 농경을 한 지역으로 알려지기도 한 지역이다. 이 지역에서 인류 문명의 시초인 농경을 확인하기 위한 노력은 시카고대학의 브라이드우드(Robert J. Braidwood, 1907~2003)의 공으로 돌려야 할 것이다. 많은 경비가 소요되는 고고학적 발굴은 주로 후원자가 지불한 경비에 걸 맞는 인상적인 것을 찾아가지고 돌아가야 하는 의무감 때문에 의례히 알고 있는 도시의 폐허를 중심으로 진행되었다.

그러나 브라이드우드는 후원자들을 끈질기게 설득하여 인류문화가 어떻게 시작되었으며, 발전되었는지를 이해하기 위하여 메소포타미아 북부 티그리스강 동쪽의 자그로스산맥의 구릉지대에서 농경 촌락의 탄생을 확인하는 발굴작업을 시작하였다. 거기서 그는 농경의 역사에서 중요한 탄화된 상태의 두 종류의 재배종 밀과 보리, 몇 종류의 콩을 발견한 것이다. 물론 박물관 앞자리에 진열할 만한 휘황찬란한 것은 아니었지만 몇 가지 동물의 뼈로 만든 송곳, 바늘 등과 함께 돌 뼈, 진흙으로 만든 몇 가지 장신구도 함께 출토되었다. 발견된 품목으로만 보면 어설픈 것 같지만 그 것은 기원전 7천여 년 전의 정주농경사회(定住農耕社會)를 의미하는 촌락의 유적으로 매우 중요한 발굴이었다. 구은 토기를 사용하는 시기로 접어들지는 못하였지만 그들은 비교적 진보한 농경사회로 들어서고 있음을 확인하였다. 그 후 다른 고고학자들에 의하여

2500 B.C. 우르인들이 건설한 흙벽돌로 만들어진 신전 지구라트. 지구라트는 후기로 갈수록 규모가 더욱 커지고 더 높아지는 경향이 있다.

성서에서도 자주 나오는 여리고(제리코)에서 기원전 8천 년경의 정주 농경생활을 한 증거가 발견되어 최고(最古)의 자리는 넘겨주어야 했다.[5] 그렇다고 해도 농경이 어디에서 언제 시작되었는지에 대한 근본적인 해답을 주는 것은 아니었다. 이런 발견은 메소포타미아가 농경의 탄생지가 아니라는 점은 확인되었지만 문명이 시작되고, 국가가 성립되는 기반을 갖춘 농경 기술이 발달한 최초의 장소였다는 것은 의문의 여지가 없이 되었다.[6]

정주농경사회로의 진입은 토양의 이용 단계에 확실하게 접어든 것을 의미한다. 농경이 북부의 고지대로부터 두 강이 흘러내리고 있는 평지로 확대되어 가면서 티그리스와 유프라테스강에 의하여 만들어진 충적토는 기생적인 수렵생활을 포기한 그들에게 가장 중요한 생존을 위한 터전으로 등장하게 되었다. 이 토양은 이들의 기대를 저버리지 않고 이들이 생존하기에 충분한 곡물 생산을 가능하게 해줬다. 그러나 해마다 되풀이되는 홍수의 피해를 줄이기 위하여 제방을 쌓고, 때때로 심술을 부리는 변덕이 심한 물줄기를 조정하여 농사를 짓는 데는 여러 사람들의 결집된 힘이 필요하였다. 크레이머(S.N. Kramer)는 그의 저서 『메소포타미아』에서 "농경이 일단 시작되자 약자는 강자로, 게으름뱅이는 적극적인 생산자로 변하기 시작하여 처음에는 극히 적었던 인구를 늘려 나갔다"고 초기 발전단계를 설명하고 있다.[6] 그 결과로 그 일대에는 많은 촌락이나 도시가 건설되어 "도시화 혁명"의 발상지가 되었다.

초기의 메소포타미아 문화는 북부에서 시작되었다. 가장 오래된 문화를 핫수나문화라고 하는데 이 주거지에서는 선사시대 당시에도 상당한 거리에서의 교역이 일어나고 있음을 보여주는 물건들이 발굴되었다. 고대인들이 이런 저런 도구를 만드는데 사용한 흑요석이 산출되었다. 이 흑요석의 가장 가까운 산출지가 터키의 동부지역이므로 그 곳으로부터 들여온 것이며, 이미 여성의 화장은 그 시대에도 있던 것으로 눈 화장에 안료로 사용한 안티몬과 공작석 그리고 장신구로 사용된 돌들은 이란에서, 장식용 패각류는 페르시아만으로부터 공급된 것이다.

북부 지역에서 거주하던 이들 중 일부는 강을 따라 남쪽으로 이주하여 후에 참된 인류 문명의 발상지로서의 면모를 갖는 메소포타미아 문명을 건설한다. 오늘날 이락에 남겨진 많은 수메르나 바빌론의 유물들은 이를 잘 보여주고 있다. 고대 사회가 남겨준 유물들을 살펴보면 비단 이곳 메소포타미아 뿐만 아니라 다른 문명권에서도 초기에는 점토를 이용하다가 석기로 청동기로 이화되어가는 양상을 보여준다. 수메르인들 역시 예외는 아니었으며 초기 문명의 이기로 남겨진 것들은 대부분 점토로 제작된 것들로서 일상적으로 사용하는 그릇에서부터, 장식용 조각품 나아가서는 인장까지도 점토를 이용하여 만들었을 뿐만 아니라 대부분의 대형 건축물들은 벽돌을 제작하여 건설하였다.

이들이 건설한 대형 건축물은 지구라트라고 불리는 신전으로 대체로 장방형 혹은 정방형으로 되어 있으며, 내부는 진흙벽돌로 외부는 구운 벽돌로 만들어진 건축물이다. 대체로 한 변의 길이가 50m 내외이나 어떤 것은 이보다 훨씬 더 큰 규모로 지어져 있으며, 이들의 축조술은 매우 정교하였다. 이들 건물이 축조된 시점을 고려하면 이런 규모는 장대한 것이었다. 이렇게 큰 지구라트라 불리는 신전은 흙벽돌을 차곡차곡 쌓고 벽돌 사이에는 진흙이나 자연산 아스팔트를 채워 넣어 만들었다. 여기에 사용된 벽돌은 대체로 장방형이었으나 시대에 따라 약간씩 변화를 하였다. 비교적 나중에 바빌로니아인들은 장방형을 사용한데 비하여 이보다 앞선 수메르인들은 빵 모양의 벽돌을 사용하였다. 벽돌은 흔히 강도 보강을 위하여 짚을 넣어 사용하였다.[6]

이러한 신전들은 단지 흙벽돌로 만들어진 생명이 없는 건물은 아니었으며, 그들 공동체 구성원 전체를 위한 것이었으며, 그들을 결속시키는 구심체였다. 신전은 종교상의 중심일 뿐만 아니라 정치적 경제적으로도 공동생활의 중심이었다. 흙벽돌로 만든 신전은 곧 허물어지기도 하였다. 신전은 다시 허물어진 폐허 위에 건축되면서 그렇지 않아도 높던 신전의 높이는 점점 더 올라가기 시작하였다. 아예 후기에 건축하는 신전은 처음부터 높게 설계되어 도시에서도 가장 높은 건축물로 위용을 자랑하게 되었다. 어떤 지구라트에서는 피라미드에서 발견된 것과 유사한 당시 젊은이들의 빗나간 행동을 염려하는 기록이 발견되기도 하였다. 시대를 막론하고 기성세대는 젊은이의 진보적인 성향을 마음에 들어 하지 않았던 것 같다. 이 지역은 그 때도 강수량이 적은 지역이기는 하지만 세월은 이들을 온전하게 남겨두지 않았다. 그렇게 맹렬하게 건축되던 신전들은 왕권이 확립되면서 왕궁의 부속물로 변하기 시작하였다. 그 궁전의 규모는 후일 바빌론을 방문한 그리스 역사가인 헤로도투스가 "장대함에 있어 바빌론을 능가하는 도시는 없다"라고 기록으로 남기게 할

메소포타미아 초기에서 중기 문명에서 흙으로 만들어진 유물들. a. 4700 B.C.에 만들어진 토기병. 표면에 조각이 아주 섬세하게 되어 있다. b. 거의 메소포타미아 문명 초기에 만들어졌을 것으로 판단되는 초기 토기 용기. c. 2350 B.C.경에 점토로 만든 서판. 이들은 점토 위에 이러한 상형문자로 기록을 남겨 보존하였다. 비교적 이들이 잘 보전된 것은 점토로 된 판이어서 도굴꾼들의 관심을 끌지 못한 결과이다. d. 2500 B.C. 수메르인들이 사용하던 원통형 인장(오른쪽)과 이를 찍어놓은 모습. 원통형 점토를 먼저 소성한 후에 조각한 것으로 추정된다. e. 2600 B.C.에 사자를 석회석에 조각한 인장. 뒤쪽은 피라미드 형태로 만들어져 있다. f. 2600 B.C. 경에 만들어진 토우 여인상(c는 대영박물관 나머지는 이락박물관 소장)

만한 것이었다.

남쪽으로 이주한 그들이 개척해야 될 토양은 그대로 두면 건기에는 사막이나 다름없는 곳이었으며, 봄철에 홍수가 나면 진흙탕으로 변해 버리는 곳이었다. 그들은 생존을 위하여 관개를 해야 했으며, 이런 시설을 건설하고 관리하는 것은 개인의 힘으로는 어려운 일이었으며, 집단의 힘이 필요하였으므로 촌락은 자연스럽게 점점 인구가 많은 도시로 탈바꿈을 하게 된다. 이런 단계에 접어들면 인간은 자연과의 기생단계는 완전히 벗어나 성숙된 이용단계에 진입을 한 것으로 볼 수 있으며, 이러한 인간의 자연의 이용은 자연계에 유지되는 미묘한 평형에 긍정적이든, 부정적이든지 간에 영향을 미치게 되는 단계이다. 실제로는 인간의 토지 이용에 대한 영향이 누적되어 나타난 결과는 부정적이기 마련이다. 인간의 토지 이용은 삼림과 초지의 황폐화를 의미하며, 이는 바로 토양 침식의 가속화로 연결된다. 생각해 보면 불과 수천 년 전에 부분적으로, 삼림이 울창했던 지역조차도 오늘날의 이락에서 볼 수 있는 것처럼 황량한 지역으로 변화된 것을 보면 그 변화되는 속도가 지구의 시계가 아닌 인간의 시계로도 매우 빠르게 진행되었음을 알 수 있다.

기원전 1750년에 전설적인 함무라비가 바빌론의 왕위에 올랐을 때도 여전히 도시간의 전쟁에 의하여 권력의 중심은 여러 도시들 사이에서 끊임없이 옮아가고 있던 시기였다. 그가 왕위에 오른 바빌론의 영토래야 고작 80 km^2미만의 작은 면적이었으나 그가 재위를 넘길 때에는 페르시아만으로부터 터키에 이르는 제국으로 확장되어 실질적으로 메소포타미아 전역을 포함하는 통치자가 되었다. 그가 만든 세계 최초의 법전인 『함무라비 법전』 서문에서 바빌론이 세계 제일이며, 왕위의 기초는 하늘과 땅의 주춧돌처럼 견고하다고 자랑하였다. 그러나 하늘과 땅의 주춧돌처럼 견고하다는 왕위도 기원전 1708년(?)에 그가 죽음을 맞이하면서 바로 무너지기 시작하여 그 후 백 년을 더 통치하기는 하였으나 북쪽과 남쪽이 떨어져 나가 바빌론은 수도 주변의 작은 땅만을 지배하는 신세로 전락하게 된다. 이러한 사실들은 그들이 창안해 낸 최대의 업적이기도 한 기원전 3000년 경 수메르인들이 만든 설형문자의 덕으로 전해진 사실들이다. 이들이 점토판에 남긴 기록들은 정말로 다양해서 역사, 종교, 기술, 천문, 문학 등 여러 분야에서 이들이 발전시킨 인간의 지혜를 오늘날에 엿볼 수 있게 된 것이다. 점토판에 기록된 그들의 격언 하나를 보면 마치 성서의 내용과 흡사하다.

은을 많이 가진 자는 행복하리라
보리를 많이 가진 자는 행복하리라
그러나 갖지 않는 자는 편히 잘 수 있으리라.

점토판에 나타난 이런 지혜와는 달리 이 지역은 패권을 잡기 위한 음모와 책략, 전투가 끝없이 이어진다. 이런 기록은 점토판 위의 서사시로도 기록이 남겨져 있다.

고고학자인 크레이머는『역사는 수메르에서 시작되었다』고 그의 책 제목을 부칠 정도이다. 그는 점토판의 내용을 해독한 결과 이들에 의해 이루어진 역사적으로 최초로 이루어진 사실들이라고 주저 없이 말할 수 있는 것들을 제시하였다. 최초로 등장한 것들을 보면, 최초의 교육기관, 최초의 의회제, 최초의 역사가, 최초의 약전(처방전), 최초의 판례, 최초의 농사 월력, 최초의 가로수 식목, 최초의 도덕적 규범, 최초의 격언과 금언, 최초의 문학적 표절, 최초의 서사시, 최초의 도서목록, 최초의 아첨에 대한 실제 예 등 스물일곱 가지를 제시하고 있다. 어떤 사람은 그가 너무 과장하지 않았나 의심할지도 모른다. 그러나 크레이머는 점토판을 해독한 결과로 나타난 사실들을 그대로 제시하였다는 것을 그의 책을 보면 금방 알 수 있다.[6), 7)]

이런 인류 문명의 시발점에서 여러 가지 제도를 정비하고, 새로운 질서를 확립해 가면서, 다른 한편으로는 이들 부족 사이에서는 끊임없는 패권 경쟁이 계속된다. 기원전 1,500~600년 사이의 이 지역의 패권을 노리는 앗시리아는 제국의 팽창과정에서 역사상 가장 치열한 전투를 치루는 과정을 거치게 된다. 전쟁은 물질의 낭비와 토양의 황폐화를 초래하게 된다.[8)] 이러한 역사적 사실이 인간이 건설하였던 한때는 낙원과도 같았던 이 지역 토양의 황폐화를 가속화하는데 기여를 했다는 것을 쉽게 추정하게 해준다. 자연계가 이룬 미묘한 지질학적 평형을 인간의 활동이 깨어 놓은 기록으로 남긴 최초의 예라고 할 수 있다. 실제로 그리스군의 페르시아 침공 기록에서도 확인된 바로는 이 지역은 당시만 해도 토지는 비옥하였고, 삼림은 짐승으로 가득 차 있었다는 기록을 남기고 있다.

유프라테스강 상류는 오늘날 시리아 사막을 관통하여 흐르고 있다. 그러나 그 지역 역시 오늘날과 같은 그런 아무것도 살 수 없는 황량한 사막이 아니었음을 구석기 시대의 유물들이 말해 준다. 왜냐하면 당시의 인간들은 식량 채집이나 수렵에 의하여 삶을 영위하였으므로 아무것도 살지 않는 사막지역에 그들이 살았을 리는 없기 때문이다.[5] 그렇다고 그 지역은 낙원과 같은 곳도 아니었음이 확실하다. 기온은 높아 매우 더웠으며, 한철을 제외하고는 건조한 바람이 몰아치는 그런 지역이 대부분이었다. 그렇다면 야만적인 상태에서 문명을 이룩한 토대는 무엇이었을까 하는 것은 항상 의문이었다. 많은 역사학자들은 그들의 창조적인 정신 구조와 타고난 지성을 강조한다. 그러나 그 곳에는 두 강을 따라 그 사이에 형성된 비옥한 충적토가 있었다. 그들이 메소포타미아에서 두 강을 이용하여 관개를 하면서 농업에 종사하므로 안정된 생활을 영위할 수 있었다는 것은 도시 형성의 바탕이 되었으며, 이것이 국가로 발전되어 고대문명의 발상지가 된 것이다. 그러나 그렇게 형성된 국가들은 수 없이 계속되는 전쟁으로 인하여 많은 인력이 계속 동원되어, 이들이 건설한 관개 수로를 관리하고, 토양의 비옥도를 유지하는데 실패하여 점점 토양의 질은 나빠져만 가게 되었다. 이미 이 시대에 나타난 그러한 현상은 일찍이 인류에게 토양 보호의 중요성을 역사적으로 보여준 예라고 할 수 있다. 기후 조건이 나쁜 환경일수록 토양 이용은 보호가 전제되는 이용이어야만 한다. 현재의 토양이용은 이용 자체만이 중요한 것이 아니라 보호가 전제되어야 지속 가능한 발전을 할 수 있기 때문에, 토양 보전에 관한 대책은 우리가 취할 수 있는 유일한 방법인 것이다. 이를 우리는 보호단계(保護段階)라고 한다. 그러나 그 시대의 상황이 본격적인 보호단계로 들어섰다는 것을 의미하는 것은 아니다. 그런 시점은 인류가 산업화를 이룬 그 이후로 미루어진다.

하여튼 천혜의 조건을 갖는 나일강, 유프라테스강 혹은 인더스강은 해마다 매년 많은 양의 비옥한 미사토를 새롭게 운반해와 비옥한 토지를 가지고 있었다는 사실은 분명하게 들어난다. 이런 훌륭한 조건을 갖는 토양은 식생을 번성하게 하였으며, 자연적으로 번식되던 식물들 중 일부는 바로 인간이 주로 사용하는 곡물의 원조에 해당되는 식물도 들어 있었을 것이다. 그런 식물을 골라 재배하는 기술은 점진적으로 발달하였을 것이다. 학자들은 대체로 곡물 재배는 여성이, 가축 사육은 남성에 의하여 이루어졌을 거라고 추정을 하고 있다. 그러한 근거가 명확하게 제시 된 바는 없지만 여러 가지 상황 증거로 그렇게 유추하는 것이다. 최초의 농경이 일어난 시기는 기원전 7,000년과 8,000년 사이임이 고고학적 발굴결과 확인되었다. 인류 문명의 토대가 된 토양은 이런 문명의 발달 과정을 기록하는 역할도 동시에 수행한다. 이 시기의 고고학적 발굴지들에서 나무나 뼈로 만들어진 자루에 날카로운 돌로 만든 날을 대어 만든 아주 단순한 수확용 도구가 발굴되어 적어도 곡식이 규칙적으로 수확되었음을 확인해 주었다. 이런 확인은 토양 속에 보전되어 있는 유구를 통하여 확인되는 것이다. 이러한 유물을 가진 층을 고고학에서는 문화층(文化層)이라는 근사한 이름으로 부른다. 문화층은 어느 특정한 장소가 인간에 의하여 선택되어 그 장소에서 이루어진 인간들의 행위를 문자가 아닌 다른 형태의 기록으로 남긴 것과 다를 바 없다. 인간들의 행위가 자연적인 과정에 의하여 만들어진 토양의 층서를 교란시킬 뿐만 아니라 그 안에 그들이 행한 행위를 유적이나 유구로 남겨 놓기 때문이다. 토양은 식물 성장의 매체로 역할을 끝내는 것이 아니라 유적을 보전하는 매체로서의 역할도 수행하는 것이다.

하천을 따라 넓게 발달된 비옥한 토양은 초기 인류들의 정착을 위해서는 더없이 좋은 조건이었다. 거의 유사한 지적 능력을 가진 고대인들이 지리적으로 격리되어 살고 있다고 해도 거의 유사한 조건을 갖는 비옥한 토양을 기반으로 고대 문명이 이곳저곳에서 시작되는 것은 전혀 이상한 일이 아닐 것 같다. 나는 고고학적 자료들이나 역사적 자료들이 이런 현상을 어떻게 해석하는지 정확하게 이해하고 있는 것은 아니지만 정말로 자연스럽게 고대 문명은 시작되었을 것 같다. 이런 조건에서 토지로부터 취득한 부로 도시를 건설하고, 군대를 양성하고, 보다 효율적인 정치기구를 만들고, 문학과 예술을 창조하면서 인류 문명의 싹을 키우게 된 것이다. 결코 우연하게 인류 문명이 그 곳에서 시작된 것은 아니며 그 모체가 되는 토양의 생산성과 부양 능력이 기본이 된 결과라는 것은 여러 가지 상황으로 보아 거의 확실하다.

인류 문명을 일으킨 근원이 되는 토양은 오늘날에도 인류의 생존권을 쥐고 있는 농업 생산성을 좌우하는 중요한 자리를 여전히 차지하고 있다. 지구를 구성하는 단단한 기반암이 토양으로 전환되는 데는 적어도 1만 년 혹은 그 이상의 시간이 걸린다. 토양이 형성되는 데 필요한 시간은 전적으로 모질이 되는 그 지역에 분포하고 있는 암석의 종류에 따라 달라진다. 실제로 경작이 가능한 생산적인 토양층군이 형성되기 위해서는 그보다 더 많은 시간이 소요되는 것이 일반적이다. 특별히 토양 형성에 최적의 조건을 유지하는 경우 그보다 짧은 시간이 걸리는 경우도 있지만 그런 경우는 그리 흔하지 않다. 최적의 조건이란 기반암이 풍화작용을 받기 쉬운 암석으로 되어 있으며, 적당한 강수량이 유지되고, 따뜻한 기후가 유지되어 이러한 작용이 활성화되는 지역을 말한다. 즉 풍화작용이 빠르게 진행되는 그러한 조건을 말한다. 그런 과정을 통하여 형성된 토양이라고 해도 당장 경작에 도움이 되는 영양분이 충분한 토양이 되는 것은 아니다. 그러나 그런 오랜 세월 속에 성숙된 비옥한 토양이 쓸려 내려가 발가벗은 지구의 껍질인 암석이 들어나는 데는 그리 많은 시간이 걸리지 않는다. 어떤 경우는 한 순간에 벗겨져 버리기도 한다. 이러한 토양 유실은 물과 바람에 의한 두 가지 침식작용에 의하여 일어난다.

물에 의한 침식의 시작은 물방울 하나로부터 시작된다. 빗물의 물방울 하나가 토양위에 떨어지는 순간 그 충격에 의하여 토양을 구성하는 수만 혹은 수십만 개의 점토 입자들이 물과 함께 튕겨져 나간다. 이 순간이 점토들이 토양

지구 표면에서 일어나는 침식의 첫 단계로서 빗방울에 의한 비상침식. 토양 표면에 떨어진 한 방울의 빗방울로 수천 수만의 점토 입자가 튕겨져 나간 결과 작은 구멍이 생긴다.

을 떠나는 시발점이 되며 토양을 떠난 입자들은 흐르는 물과 함께 사면의 경사면을 따라 이동되어 사면의 토양층은 점점 얇아지게 된다. 이러한 침식을 비상침식(飛翔侵蝕)이라고 한다. 지질 작용은 느린 것 같지만 여기에 시간의 함수를 곱하게 되면 그 결과는 눈에 띄는 변화로 인식되는 것이다. 이들 빗방울이 모이면 흐르는 물로 변화되고, 이런 유수는 침식 속도를 가속화시킨다. 만약에 토양의 표면이 식생으로 뒤 덮여 있으면 비록 같은 체적의 공기에 비해 800배나 무거운 물이지만 나뭇잎이나 나뭇가지 혹은 풀잎은 이런 빗방울의 충격을 현저하게 완화시키고, 식물의 뿌리와 단단하게 결합된 토양은 물에 의하여 쉽사리 쓸려가지 않는다. 이런 간단한 원리를 무시한 미국 서부 대초원의 개척이 화를 불러일으킨 것은 이미 이야기한 바와 같다.

물 다음으로 토양 침식에 영향을 주는 것은 바람이다. 숲 속을 따라 스며드는 미풍은 우리에게 신선감을 주는 감미로운 것이지만 이 녀석이 빠르게 이동될 때는 굉장한 파괴력을 가지고 있다는 것을 『분노의 포도』를 낳게 한 더스트보울의 예로서 이미 확인되었다. 태풍(혹은 허리케인)에 이르면 그 파괴력은 훨씬 더 커진다는 것을 많은 경험을 통하여 익히 알고 있다. 일반적으로 바람의 밀도는 물보다 훨씬 작기 때문에 물과 같은 속도로 이동될 때 이들의 운반 능력은 물보다 훨씬 작다. 그러나 이동 속도가 태풍에서와 같이 시간당 200~300km에 이르게 되면 웬만한 크기의 암석 덩어리까지도 쉽게 이동 시킬 수 있는 강력한 힘을 가지게 된다. 이런 속도의 바람과 물이 어우러지면 그 힘은 가공할 만한 파괴력으로 둔갑한다. 바람에 의한 침식은 그리스의 바람의 신인 아에올루스(Aeolus)의 이름을 따서 영어로는 Eolian erosion(풍성침식)이라고 부른다. 사막위에 발달되어 있는 여러 가지 사구들이 이동되는 모습은 바로 바람에 의한 퇴적물들의 이동을 역동적으로 보여주는 증거들이다.

끊임없이 불어대는 바람은 지속적으로 흙먼지들을 이동시켜 어디엔가 퇴적을 시키기도 하는데 이를 우리는 황토(黃土. loess)라고 부른다. 황토는 주로 바람에 의하여 운반이 가능한 미사질이나 점토 입자들로 구성되어 있으며, 황토 지역의 농업 생산성은 높기 때문에 이들은 주요한 토양 자원으로 간주된다. 그러나 이렇게 바람에 의해 이동되어 두터운 황토층을 퇴적시킨 고비사막의 남부에 발달한 황토고원과 같은 지역에서는 일시적으로는 토양의 질을 손상시키며, 사면에서의 토양의 안정을 해쳐 사면 붕괴를 일으키는 등 지질재해의 원인이 되기도 한다.[8)]

이른 봄철이면 북서풍을 타고 중국으로부터 날아오는 황사들을 우리나라에서도 경험을 한다. 최근에는 이러한 황사 현상이 늦가을에도 일어나고 있다. 이렇게 운반된 황사가 계속 퇴적되어져 두꺼워지면 황토가 된다. 이러한 황토층은 북미 대륙에도 유럽에도 곳곳에 분포되어 있다. 중국 북부의 사막지대에서 먼지바람에 의하여 공급되는 그런 점토는 그 곳에 가까운 지역에 두터운 황토층을 만들었고, 이들이 강물에 유입되어 만든 흙탕물이 바로 황하(黃河)를 이룬다. 바람에 의하여 이렇게 퇴적물들을 이동시키는 과정에서 일어나는 마찰에 의하여 건조한 사막지역의 표면에서는 독특한 모양을 가진 기괴한 경관을 이루는

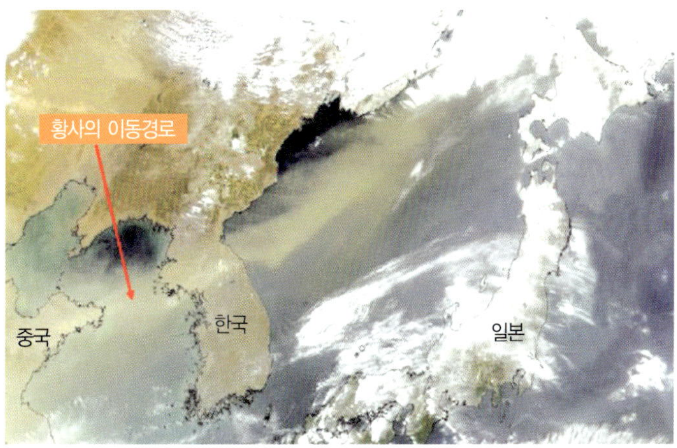

2002년 봄 중국 대륙으로부터 이동되어 오는 황사의 이동 경로를 보여주는 위성사진(사진제공 : NOAA). 황사는 이보다 종종 더 넓은 지역에 영향을 미치기도 한다.

암석들이 장인에 의해 표면이 잘 연마된 것과 같은 반들반들한 면을 갖는 돌로 발견되기도 한다. 이렇게 바람에 의해 만들어진 돌들을 풍식력(風蝕礫, ventifact)이라고 한다. 풍식력은 항상 표면이 매끈하게 되어 있는 것은 아니다. 그러한 풍식력은 사막에서만 만들어지는 것은 아니며 바람이 세차게 부는 곳이면 추운 극지방에서도 만들어진다. 바람과 함께 날려 온 모래나 미사질 입자들은 무쇠처럼 단단하여 영원히 변하지 않을 것 같던 돌마저도 기괴한 모양으로 파내어 버린다.

바람의 힘이란 우리가 상상하는 것보다도 더 큰 괴력을 발휘한다. 건조한 지역에서는 이러한 침식작용이 아주 오랜 기간동안 진행된 결과로 육지의 한 부분을 침식시켜 주변 지역보다 낮게 파여진 분지를 형성하기도 하는데 이를 콰타라 와지(quattara depression)라고 부른다. 리비아 사막에서는 해수준면보다 100m 이상이나 내려간 콰타라 와지(窪地)도 있다. 풍성침식으로만 만들어진 것만은 아니지만 해수준면 이하로 가장 깊이 내려간 낮은 곳은 중동의 이스라엘과 요르단 사이의 사해가 있는 지역이다. 세계의 육지 중 가장 낮은 지역이 그곳이다. 이곳의 가장 깊은 곳은 해수준면보다 417.5m 아래에 위치하고 있다. 이곳에 요르단강이 흘러들어와 만든 호수가 사해인데 이 호수의 염농도가 아주 높아 사람이 들어가도 가라 앉지 않아 물속에 누워 신문을 읽고 있던 교과서에 수록된 그림을 아직도 기억하고 있다. 이러한 와지가 만들어지고 있다는 것은 그만큼 토양이 침식되었다는 것을 의미한다. 토양 표면이야말로 살아 있는 생물체들의 토대이기 토양이기 때문에 이의 침식은 곧바로 생태계의 파괴를 의미한다.

이렇게 침식되는 토양의 량과 물에 의하여 유실되는 토양의 양을 합하면 세계적으로 년간 대략 250억 톤의 토양이 유실되는 것으로 추정하고 있다. 이 정도로 유실되는 양은 세계적으로 생산성이 높은 토양이 매 10년마다 약 7%가 소실되는 것으로 계산되어 진다. 1헥타르의 토지를 1인치(2.54cm)의 두께로 덮고 있는 무게가 400톤 정도이므로, 이같은 토양 손실은 중국 경작 면적의 약 절반에 해당되는 광대한 면적에서의 침식을 의미한다. 농학자들의 연구 결과에 의하면 1인치의 표면 토양 손실은 옥수수와 밀과 같은 작물의 경우 약 6%의 생산량 감소로 이어진다고 한다.[10] 이런 결과로 미루어볼 때 토양 유실은 우려할 만한 수준이며, 토양 보전에 대한 전 지구적인 노력이 필요한 시점이 되었음을 알려주는 신호이기도 하다. 전 지구적으로 나타나는 위기가 다 그러하듯이 이 점의 심각성과는 관계없이 이에 대한 일반인들의 인식은 거의 없는 것이나 마찬가지인 상태이다.

그리고 인류가 토양을 어떻게 관리하느냐에 따라 농업 생산성은 급격하게 달라진다. 농업 생산성을 유지하여 늘어나는 인구를 부양할 수 있는 식량 확보야말로 전 지구적인 과제이다. 이러한 추세는 세계 인구의 증가율을 보면 그 답은 저절로 드러난다. 지금과 같은 인구 증가율로 계산하면 매년 9천만 명씩 증가되는 인구의 식량을 확보하기 위하여 식량의 생산량은 이를 따라 잡을 수 있도록 증가해야만 한다. 그러기 위해서는 농업 생산성의 증대를 위하여 토양의 질을 유지하도록 관리하는 것이 얼마나 중요한지 이해가 된다. 농업은 세계 경제의 기초이기 때문에 토양이 유실되고 있다는 것은 사회의 경제적 불안정을 초래할 수 있고, 그러한 불안정은 우리 사회의 잠재적 위기를 시사하는 중요한 대목이다.

토양 손실은 단지 농업 생산의 감소뿐만 아니라 다른 측면에서도 사회에 막대한 경제적 비용을 요구하는 손상으로 나타나기도 한다. 큰 경비를 들여 건설한 댐으로의 토사 유입은 댐의 사용 기간을 단축시키고, 하천이나 하구로 유입된 막대한 양의 토사는 하천수를 오염시킬 가능성도 있으며, 때로는 막대한 비용이 드는 준설을 해야 하는 어려움을 만들기도 한다. 경작에 의한 토양의 손실 또한 증가되고 있다. 인구의 증가에 따라 과거에는 경작지로 부적합하였던 토지가 농경지로 사용되고 있다. 경사가 진 사면에서의 경작은 토양 침식을 더욱 가속화시킨다. 사면에서 가속화되는 토양 침식을 방지하기 위하여 여러 가지 경작법이 권장되고 있으나 토양 유실은 계속 진행되고 있다. 토양 유실이 일어나는 지역에서 계속 같은 속도로 토양이 형성된다면 그래도 덜 심각한 문제를 일으킬 것이다. 그러나 신선한 암석이 토양으로 전환되기 위해서는 유실되는 속도에 비교도 되지 않을 정도로 느린 속도로 진행되기 때문에 우리 세대에 일어난 토양 유실은 유실로 끝이 나 버린다.

이러저러한 원인으로 발생되는 토양 유실을 최소화시키려는 노력은 각국에서도 추진되고 있지만 가난한 나라들에서는 거기에 생각조차 미치지 못하는 게 현실이다. 유엔의 주도적인 노력으로 유엔 환경 계획에 토양침식을 포함한 토양의 질 저하 상태와 진행되는 경향을 파악하기 위하여 세계적으로 인간 활동에 의하여 발생되는 토질 저하를 기록한 지도를 간행하였다. 이것은 자연적으로 일어나는 현상을 지연시키려는 인간 노력의 시작에 불과하다. 토양 보전에 관한 노력은 우리 주위에서부터 당장 행동으로 옮겨야 할 중요한 문제이다. 인류 문명을 일으킨 모체인 토양은 지금도 인류 생존을 위한 근원이며, 우리 문명의 근본이 되는 것을 아무도 부정하기 힘들 것이다.

토양은 인류 문명 초기에 정착을 유도한 좋은 농지였을 뿐만 아니라 여러 가지 용도로 사용되어져 온 유용한 자원이었다. 인류가 거주했던 자리에는 예외 없이 흙으로 만든 토기들이 등장한다. 초기에는 불에 굽지 않은 토기가 발굴되다가, 시대가 새로워질 수 록 낮은 온도로 구운 토기로부터 높은 온도로 구운 토기가 차례로 등장한다. 토기의 외부의 변화 또한 일관된 경향을 보인다. 초기의 토기는 순수한 흙 자체로 아무런 문양도 없는 단순한 것들이였지만, 그 표면이 점차로 치장을 하게 된다. 처음의 치장은 비교적 몇 개 줄이나 그어 놓는 간단한 것으로부터 시작되었으며, 기술이 발전됨에 따라 토기를 치장하는 기술은 실용성에 심미적인 가치까지 더해진다. 구운 온도(소성온도)가 낮은 것을 우리는 토기라 부르며, 온도가 높은 상태에서 구운 것은 대체로 자기라고 부른다. 이집트에서 10,000B.C.에 사용된 것으로 여겨지는 질그릇은 아주 우수하게 소성된 용기였으며 5,000B.C.를 전후해서는 메소포타미아 뿐만 아니라 중국에서도 밀폐된 노에서 이미 1,000℃ 정도로 소성된 그릇을 만들었다. 그러나 이 시기에 발굴된 유적들은 노 안에서 일정한 온도를 유지하는 기술이 미흡하였던 것으로 확인되고 있다. 그런 증거들은 깨진 유물의 파편에서 어렵지 않게 확인된다. 그러나 3,000B.C.에 이르면 노 안에서 일정한 온도를 유지하는 기술이 상당한 수준으로 발전되었다. 이런 흙을 이용하는 기술은 동서양에서 다 같이 나타난 현상이나, 자기를 먼저 발전시킨 것은 중국이었다.

중국 오왕조의 한 왕은 비가 개인 후 하늘을 쳐다 보고 맑고 깨끗한 색에 반하여 그와 같은 색깔로 자기를 만들도록 지시하여 만든 것인 천청(天靑)으로 형용되는 비색으로 알려진 고귀한 자기이다. 이런 청자를 비롯하여 눈처럼 고운 백자를 만드는 점토의 이름이 중국의 한 고을의 이름에서 유래한 것은 바로 그들의 자기 만드는 기술이 우수하였음을 보여주는 반증이기도 하다. 중국 강서성 경덕진에는 고령(高嶺, 중국어 발음으로는 가올링임)이라는 마을이 있다. 이 마을은 예부터 자기의 명산지로 유명한 마을로서, 이 마을에서 만들어진 자기가 명성을 얻게 되자 이곳에서 산출되는 점토는 이 마을 이름을 딴 카올린(kaolin)이라고 부르게 되었다. 이 명칭은 오늘날에도 정식 학술적인 광물명으로 사용되고 있다. 오늘날에도 경덕진에 가면 자기를 파는 작고 큰 가게들이 시가지에 널려 있으며, 자기를 만드는 크고 작은 노들이 그 주변 지역에 흩어져 있다. 자기는 비단 당대의 경덕진에서만 구워진 것은 아니며, 그 시기의 유럽에서도 중국의 수준에 이르지는 못하였지만 상당한 수준의 자기들이 만들어졌다. 한국에서도 고려시대에는 완숙한 경지의 청자를 빚었으며, 이조시대에 이르면서는 세계에 뒤지지 않는, 아니 당시 최고의 백자를 선보인다. 이 한 장의 고려청자 소품은 우리의 수준을 한 마디로 보여준다. 영국의 시인이며 미술비평가인 허버트

조선조 분청자기. 국립중앙박물관 소장의 명분청사기인화문마상배(銘粉靑沙器印花文馬上杯). 경상도 지역에서 만들어진 것으로 추정된다. 이 마상배는 옅은 회청색의 유약이 입혀져 있는데, 유약은 잘 녹아 광택이 있으며, 보일 듯 말 듯한 잔금이 나있다.

리드(Herbert Edward Read, 1893~1968)는 "어떤 민족의 정신과 사회 기풍은 흙이라는 표현 매체를 통해 나타나므로, 한 나라의 예술과 감수성의 세련미를 알아보려면 그 나라의 도자기를 보고 판단한다"라고 했다.

이렇게 흙의 사용은 인류 역사에서 아주 오래전으로 거슬러 올라가지만 흙의 본질을 과학적으로 이해하는 데는 긴 시간이 필요하였다. 흙이 본질적으로 차이가 있다는 것을 최초로 기술한 이는 그리스의 철학자인 테오프라스투스(Theophrastus, 372~287 B.C.)였다. 그는 구성 물질이 무엇인지는 구분하지는 못했지만 차이점은 인식하였으며 서로 다른 조성에 의하여 점토를 몇 가지로 구분하였다. 그의 제안은 로마의 대 플리니(Pliny, 23~79 A.D.)가 그의 박물지에 몇 가지 점토를 추가한 후 1천여 년의 세월이 지나 아비센나(Avicenna, 980~1036)가 약간의 확대 제안을 할 때까지 그대로였다. 그 시기에 다른 광물들도 명확하게 본질이 파악된 것은 아니었으나 점토 광물은 더욱 안개 속에 숨겨져 있었다. 그렇게 된 주요한 이유는 다른 광물에 비교하여 입자가 너무 작아서 이렇다 할 기기가 없던 시기에 이의 실체를 파악하는 것은 더욱 어려웠기 때문이다. 그러한 시기에 아그리콜라(Georigus Agricola, 1494~1555)가 1546년 그의 저서에서 점토를 "물에 포화되었을 때 손으로 작업할 수 있는 광물의 집합체"라고 정의한 것은 탁월한 것이었다. 이런 정의는 오늘날의 점토 정의와 매우 유사한 것으로 그의 탁월한 통찰력이 보이는 부분이다. 이 당시 어떤 학자는 점토의 성인을 증발 작용에 의하여 분말로 침전되거나 빗물에 녹아있는 성분이 지표에서 점토로 변화되었다고 기술하였다. 그러한 관찰은 전적으로 올바른 것은 아니었지만 형성 과정을 과학적으로 설명하려는 시도였다. 이들 점토가 태양이나 화재에 의한 암석의 붕괴에 의하여 형성되었다고 지적한 것은 암석의 풍화작용을 설명하는 단초가 되었다. 그러나 점토를 구성하는 각개 광물이 인식되고 이름이 따로 붙여지기 시작한 것은 1800년대에 이르면서 시작되었다. 그러나 그 때까지도 이들이 광물 내에서 원자들이 어떻게 배열되어 어떤 구조를 이루고 있는지는 알지 못하였으며, 20세기에 이르러서야 이 문제를 해결하는 실마리가 풀리기 시작하였다.[11)]

결정질 물질인 광물들의 구조는 1895년 뢴트겐(Wilhelm Conrad Röntgen, 1845~1923)이 X-선을 발견한 후에야 가능해지게 되었다. 한 과학자의 위대한 발견은 지구가 인류에게 준 풀기 어려운 수수께끼를 해결하는 계기가 된다. 뢴트겐의 X-선의 발견이 그러한 한 가지 예이다. 뢴트겐은 주위의 많은 친지들의 권고와 압력(?)에도 불구하고 그의 발견에 대한 특허 출원을 거절하였다고 한다. 그는 '과학이란 대중화되어서는 안 되고, 진정한 과학의 목적은 이익이나 허영심이 아니라 신의 섭리를 조명하는 것이어야 하며, 발표되는 모든 과학 논문은 절대로 증명될 수 있는 것이어야 하고 추측에 의한 것은 허용될 수 없다' 라고 굳게 믿은 학자였다. 그는 이 발견으로 최초의 노벨 물리학상을 1901년에 받았으며, 그는 노벨상 수상 시 상금으로 받았던 전액을 그가 봉직하고 있던 대학에 바로 기부하였다.

그가 X-선을 발견할 당시 촬영한 사진이 그 자신의 손 모습이었다. 그 결과가 알려지자 의학계는 큰 관심을 불러일으켰다. 이의 효용가치를 그들이 알아차린 것이다. 그러나 이 X-선이 광물의 결정 구조 연구에 사용되기 위해서는 시간이 더 필요하였다. 1912년 독일의 라우에(Max von Laue, 1879~1960)와 영국의 윌리엄 브라그(William Bragg, 1862~1942)와 로렌스 브라그(Lawrence Bragg, 1890~1971) 부자(父子)는 X-선을 이용한 결정질 물질의 구조규명에 획을 긋는 연구를 하였다. 그것은 결정 구조 해석을 위한 X-선의 회절원리를 밝힌 것으로 그 결과를 이용하여 결정질 물질의 내부에서 원자들이 어떻게 배열이 되어 있는지를 사람 몸속의 뼈를 들여다 볼 수 있는 것처럼 결정 구조 안에서 원자의 배열을 알아내는 연구가 가속화되었다. 이런 획기적인 연구

X-선을 발견한 후 유명해진 시점에 그려진 뢴트겐 교수의 풍자화. 옷 속의 골격이 들어나게 그린 모습이 재치있다.

성과는 1914년 라우에에게, 1915년 브라그 부자에게 노벨 물리학상의 영예로 되돌아갔다.[11] 이러한 회절 원리는 교과서에 빠짐없이 수록되는 내용이 되었지만 그런 원리를 찾아내는 것은 그리 간단한 일은 아니었다.

그런 원리가 알려졌다고는 해도 내부 구조가 복잡한 점토 광물의 구조 연구는 그보다 10여 년 뒤 1923년 스웨덴의 하딩과 1924년 독일의 린네에 의하여 시작되었다. 안개 속에 가려져 있던 점토 광물의 본질적인 문제를 해결하는 한 가닥 실마리가 풀리자 이에 대한 연구 결과는 봇물처럼 터져 나오기 시작하였다. 이제는 눈에 보이는 점토의 색과 조직으로 구분하지 않고 이들이 어떤 구조를 이루고 있느냐로 구분이 가능해졌을 뿐만 아니라 이들 점토가 갖고 있는 독특한 성질들이 밝혀지게 되었다. 실제로 점토 광물의 기본적인 구조는 다른 광물에 비교하여 매우 복잡하나 결정 구조 내에서 원자들이 규칙적으로 배열되는 것은 다른 광물과 다름이 없다. 이런 성과는 과학의 본질적인 지질학적 문제를 해결하는 성과 이 외에도 많은 실용적인 이익을 인류에게 가져다 주었다.[11]

카올리나이트나 몬모릴로나이트를 전자현미경의 고배율로 들여다보면 이들은 독특한 저만의 아름다운 결정의 형태를 가지고 있음을 알 수 있다. 자연적인 과정의 창조물인 이들 결정은 이미 정해진 규칙에 의해 원자들의 내부 배열이 결정된 듯하다. 몬모릴로나이트에서는 그 규칙성이 덜 들어나지만 카올리나이트의 결정은 육각형의 규칙성을 가지고 있다. 그런 규칙성을 가지고 있는 것은 어떤 원자도 자연법칙을 벗어나서 그들 마음대로 결합할 수 없는 결과로 만들어진 것이다. 실제로 광물들의 이러한 대칭성은 카올리나이트 보다 더 뛰어난 완벽한 결정 형태로 자연계에 모습을 보이는 광물들이 부지기수이다. 결정의 미시세계에 들어가 보면 의외의 규칙성과 아름다움이 있다. 비록 결정의 외형이 불규칙한 것처럼 보이는 것조차도 원자의 내부 배열은 완전한 대칭성에 의해 결정된다. 결정 내에서 원자들이 모든 방향으로 무한히 반복되는 형태가 같다는 사실을 확인할 수 있게 해준 것은 전적으로 뢴트겐이 발견한 X-선의 덕분이었다.

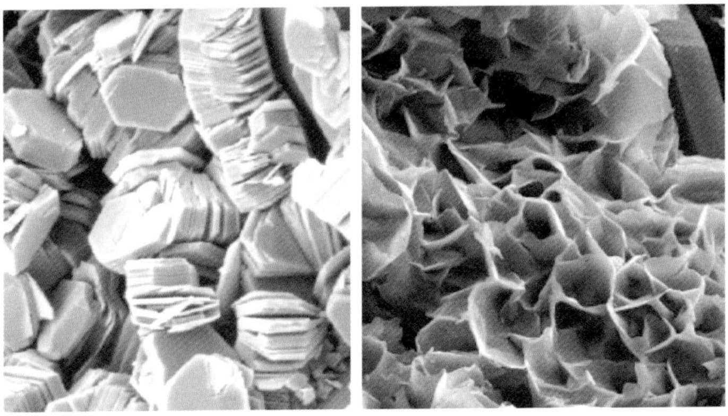

육안으로 보기에는 그저 흙으로 보이는 점토 광물들의 주사전자현미경으로 고배율로 확대된 모습. 왼쪽 사진: 대체로 3㎛ 크기의 6각 판상의 결정이 차곡차곡 쌓여 있는 카올리나이트. 싸여있는 모습이 책의 모양과 같다고 해서 이러한 조직을 책구조라고 한다. 오른쪽 사진: 벌집 모양으로 발달되어 있는 2㎛ 이하의 입자 크기의 몬모릴로나이트 모습.

그 결과로 과거 몇 가지로만 구분되던 점토 광물의 종류는 여러 가지가 있다는 사실이 알려졌으며, 점토 광물의 종류에 따라 저마다 다른 물리화학적 성질을 가지고 있다는 사실이 알려졌다. 이런 사실을 모르고 있었던 문명 발전의 단계에서도 경험으로 축적된 지식으로 이미 많은 점토가 활용되고 있었다. 과학기술의 발달은 점토의 이용을 단순한 단계에서 복잡한 단계로 발전시켜 점점 더 중요하고 다양한 활용 분야를 만들었다. 인류 문명의 초기에 질그릇이나 만들던 카올린은 더욱 세련되고 훌륭한 자기의 원료로 사용되고 있을 뿐만 아니라 이제는 문명사회에서 필수불가결한 제지산업에서 없어서는 안되는 자원이 되게 만들었다.

아직도 많은 사람들이 종이는 나무를 이용한 펄프만으로 만들어지는 것으로 잘못 알고 있는 경우가 많다. 카올린은 전자현미경으로 이를 확대해 보면 얇은 판상으로 납작한 입자의 형태를 가지고 있다. 여러 개의 결정들이 포개져 있는 입자들도 약간의 힘을 가하게 되면 쉽게 떨어져 분리된다. 이렇게 납작한 결정의 모양을 이루고 있는 것은 순전히 이 결정 내부에 원자들이 배열되어 있는 방식의 차이에 의해 결정되는 것이다. 광물들은 모두 다 제 방식대로 원자들이 배열되어 있기 때문에 결정의 외형들이 서로 다른 고유한 모습을 가지게 된다. 종이의 표면에 이런 납작한 입자의 카올린이라는 광물을 얇게 덧씌우게 되면 펄프로 되어 있는 거친 종이의 표면은 평탄하고 매끈하게 되어 사진처럼 정교한 인쇄를 할 수 있을 뿐만 아니라 원료인 잉크를 절약할 수 있다는 사실을 모르고 지나친다. 모르고 지나치는 것은 그것만이 아니다. 우리는 자주 볼펜으로 눌러 쓰면 아래에 있는 종이에 그대로 복사되는 용지를 흔히 사용한다. 그 복사되는 용지 위에 발려져 있는 것이 점토를 이용한 복합체라는 것을 알고 있는 사람조차 흔하지 않다. 이 점토는 몬모릴로나이트라는 광물로 유기물과 반응을 시켜 만든 점토-유기물 복합체이다. 여러 가지 점토들은 전통적으로 사용되던 요업용 외에도 공사장의 물막이용으로부터 화장품, 폐기물 처분용, 화학공업의 촉매제 또는 여러 가지 공산품의 충전재에 이르기까지 그 용도는 다 열거하기조차도 어려울 정도로 다양한 분야에서 사용되고 있다.[11]

흙은 인류 문명을 시작시킨 토대가 되었을 뿐만 아니라 인류 문명을 유지하는데 식량자원의 생산자로서 또는 필수불가결한 자원으로서의 역할을 꾸준하게 수행하고 있는 인간과는 뗄 수 없는 불가분의 관계를 가지고 있다. 이런 점토는 크게 보면 지질학적 대 순환 과정에서 만들어지는 자연의 산물이다. 대부분이 점토로 구성된 토양이 인류 문명의 시발점이 되었으며, 아직도 인류 생존을 위한 토대로서 기능을 유지하고 있다. 이를 어떻게 보전하고 효과적으로 활용하느냐 하는 것은 전적으로 우리들의 몫이다. 미국 대초원의 경험으로부터 얻은 "우리가 변화 시킬 수 있는 것은 자연이 아니라 우리가 사는 방식임을 잘 알고 있다"라는 워스터의 결론은[4] 어디서나 적용되는 것으로 여겨진다.

실크로드가 그 곳에 만들어진 까닭은?

실크로드 하면 그 이름이 주는 인상 때문에 아주 평화스럽고 한적한 어떤 낭만적인 길을 연상하게 된다.

그러나 그 길은 험난하고 어려운 길이라는 것을 우리는 다 알고 있다. 그러한 통로가 그곳에 만들어졌어야 하는 이유를 생각해보기 이전에 실크로드의 인문학적인 의의를 생각해 보기로 하자. 사실 필자가 인간의 문명과 지질과의 관계를 생각하게 해준 계기를 제공해 준 것이 실크로드였다. 나는 지질학자로 왜 그곳에 동서 교역의 통로가 만들어졌는지를 지정학적인 관점에서가 아니라 지질학적인 관점에서 생각해 보면서 실로 인간 역사 혹은 인류 문명의 대부분이 지질과 밀접한 관계가 있음을 다시 한번 생각하는 계기를 준 곳이 바로 실크로드였다. 실제로 이 길은 세계의 지붕에 해당되는 파미르 고원을 넘는 험난한 길이며, 끝없이 펼쳐지는 황토, 사막, 바위산과 초원을 거치는 고난의 길이다. 이미 위에서 밝힌 대로 실크로드는 하나가 아니라 크게 세 갈래 길이 있다. 우리가 흔히 실크로드하면 연상하는 루트는 오아시스길로 알려진 것으로 이는 다시 세 갈래 길로 나뉘어 진다. 초원길 혹은 오아시스길이라고 해서 끝없는 초원이 연속되었거나. 더더군다나 초목이 우거진 오아시스로 연결된 그런 한가한 통로는 전혀 아니다. 이는 오랜 기간에 걸쳐 이 길을 지난 군인, 대상이나 순례자들은 오아시스와 오아시스 사이에서 길을 잃어버려 그들의 뼈를 황량한 사막에 이정표로 남기곤 하는 그런 험난한 길이었다. 과거에 이 길을 따라 여행한 많은 사람들이 남긴 기록들은 그 길이 공포를 주는 길이라는 것을 강조하고 있다.[1), 2), 3)]

장안(낙양)을 출발하여 서안, 돈황을 거쳐 천산산맥의 북쪽을 따라 투루판, 우루무치를 거쳐 우즈베키스탄의 사마르칸트로 연결되는 천산 북로와 돈황으

실크로드 중 가장 잘 알려진 오아시스 루트로 천산북로, 천산남로 및 서역남로를 보여준다. 천산산맥에 의하여 천산북로와 천산남로로, 광활하게 펼쳐진 죽음의 바다로 알려진 타클라마칸사막에 의하여 천산남로와 서역남로가 구분된다. 이러한 교역로는 결국은 이 건조한 지역에 발달하는 오아시스의 연결이다.

로부터 천산산맥의 남쪽을 따라 옥문관 쿠처, 카슈카르를 거쳐 서역으로 연결되는 천산 남로가 있다. 옥문관을 통하여 타클라마칸사막 남쪽으로 체르첸, 호탄을, 카슈카르를 거쳐 인도 아프가니스탄으로 연결되는 서역남로의 세 가지 길이다. 이 길보다는 후에 나타난 교역 통로로 해상 루트가 페르시아만에서 동남아시아를 거쳐 광동이나 복건으로 연결되는 길이 그 하나이다. 그 길 말고도 아주 북쪽으로 몽고를 거쳐 아랄해로 가는 초원길이 더 있다.

이 길은 오랜 역사를 가지고 있는 길이다. 역사 기록으로는 한나라 무제의 명으로 장건(張騫, 138~126 B.C.)이라는 관리가 중앙아시아로 파견된 뒤부터였다. 장건은 한 무제의 밀령을 받고 한나라의 서방을 괴롭히는 흉노를 치기 위하여 흉노의 서쪽에 있는 제국과 힘을 합쳐 흉노를 치기 위한 협상을 하기 위하여 100명의 군사와 함께 길을 떠났다. 그러나 그는 도중에 흉노에 포로로 잡혀 그곳에서 10년을 보냈다. 가까스로 탈출한 장건은 목적을 이루려는 여행을 계속하였으나 뜻을 이룰 수 는 없었다. 돌아오는 길에 흉노에 다시 잡혔으나 그는 다시 탈출하여, 모든 사람들이 죽었을 것으로 생각하던 13년 후에 한의 수도인 장안으로 돌아왔다. 장건이 장안을 출발할 당시 동행했던 100명의 군사 중 단 한 사람만이 그와 함께 돌아왔을 뿐이다. 그는 그 여행에서 많은 것을 보았다. 그 결과는 서역이라고 불리는 중앙아시아 각국과의 교류를 여는 계기가 되었으며 황제는 그를 박망후(博望侯)에 봉하였다. 한 무제는 제국의 영토를 서역으로 확장하려는 계획을 가지고 있었기 때문에 그의 보고는 매우 값진 것이었다.[1] 중국으로서는 장건의 행보를 통하여 서역의 다른 문명을 확인하였으며, 그것이 계기가 되어 교역의 계기가 마련되었다. 그래서 중국에서는 그를 실크로드의 길을 트게 한 사람으로 아직도 추앙하고 있다.

『한서 漢書』의 〈서역전〉에는 당시 중국의 서쪽 관문이었던 옥문관으로부터 오늘날의 천산남로와 천산북로가 기록으로 남겨져 있다. 그러나 이러한 교역로는 장건이 개통시킨 것은 아니었으며 그 이전부터도 지역간에 교역로와 통로는 물론 존재하였다고 보는 것이 학자들의 견해이다. 길이란 인류가 이동한 통로이며 아프리카로부터 인류의 시조가 유럽을 거쳐 동진하는 과정에서도 그 길은 단지 루트가 이것과는 다르다고 해도 존재하였을 것이다. 이런 글은 노신의 소설 『고향』의 마지막 구절 "실상 땅위에는 본래부터 길이 있는 것이 아니며 다니는 사람이 많다 보니 저절로 길이 생긴 것이다"처럼 그 길도 그렇게 시작되었을 것이다. 이 길은 단지 비단이나 나가고 서역의 신기한 물질들만이 이동된 통로는 아니며, 전혀 다른 문화와 종교가 교류하는 길이기도 하였다. 이 길을 따라 번성하였던 불교문화와 이슬람문화의 찬란한 유적들이 이를 증거하고 있다.

그러나 초기 이 교역로가 중국으로부터 많은 량의 비단이 공급되는 루트였음은 확실하다. 로마의 황제인 티베리우스는 A.D. 14년에 로마에서 남녀를 불문하고 비단을 입는 것이 크게 유행해서 비단옷 입는 것을 금지할 지경에 이르렀다. 당시 플리니우스는 비단에 대한 로마 여성들의 욕구 때문에 나라 경제가 어려워질 지경이라고 비난을 할 정도였다. 그 정도라면 중국에서 들어오는 비단의 양이 짐작이 간다. 당시 유럽에서는 실크가 생산되지 않았기 때문에 이는 전부 중국으로부터 그 험난한 길을 통하여 들어온 실크들이 안티옥이나 알렉산드리아를 거쳐 로마로 들어온 물건들이었다. 로마인들은 실크가 가지고 있는 뛰어난 감촉과 그런 희한한 광택을 본적이 없었기 때문에 유행은 삽시간에 번져갔다. 비록 그 길이 실크만 이동된 교역로만은 아니었지만 독일의 지리학자 리히트호펜(Ferdinand von Richthofen, 1833~1905)이 그런 그럴듯한 이름(Seidenstrassen:絹絲道)을 붙여 줄 만도 하였다.[1] 이의 영어식 표현이 바로 실크로드(Silk road)이다. 비단의 교역을 로마 황제가 금지하였음에도 불구하고 비단의 수요는 그칠 줄 몰랐으며, 처음에는 귀족들에게만 사용이 허락되었던 비단은 날이 갈 수록 모든 계층의 사람들로 퍼져 나갔다. 이익의 상당 부분은 실크로드 중간 중간에 있는 중개인들 손으로 들어갔다. 실제로 그 먼 길 전 구간을 왕복하는 대상은 거의 없었기 때문이다. 당시 기록으로는 로마에서 중국인들을 보았다는 기록도 없었으며, 장안에서 로마인들을 보았다는 기록도 없다.

실크로드의 동쪽인 중국 지역보다는 실크로드의 서쪽 끝에서 교역로가 먼저 만들어졌을 거라는 것이 통설이다. 그리스의 역사가 헤로도토스(Herodotos, 484~425 B.C.)는 기원전 7세기에 흑해 북쪽에 살고 있는 스키타이족의 금속문명이 중국 천산산맥 기슭에 살고 있는 종족에까지도 전파되었음을 기록으로 남겼다. 이는 오래전부터 이 지역에 교역로가 존재했음을 보여주는 단편적인 증거이다. 그런 생각을 하는 또 다른 이유로는 중동지역을 지배하던 고대 페르시아 아케메네스왕조의 제국은 700B.C.에 국가로서의 힘을 갖추었다. 550B.C.에 메디앙왕국을 타도하여 명실상부한 독립을 이룩하였으며, 중앙아시아에서 이집트에 이르는 제국을 건설하였다. 그보다 뒤에 등장한 마케도니아의 알렉산더대왕(336~323 B.C.)은 아케메네스 왕조를 함락시키고, 영토확장에 나서 그의 제국은 인더스강에 이르는 광대한 국토를 가지게 되었다. 이 지역을 통치하기 위해서는 당연히 연결망이 건설되어야 하며 자연스럽게 지역간 교역이 일어났다. 이러한 것들이 이 지역에서 먼저 교역로가 만들어진 것을 의미하는 역사적인 사실들이다. 기원전 3세기에는 투멘(Tumen)에 의하여 건국된 흉노제국(209 B.C.~A.D. 155)은 몽골고원에까지 그 세력을 넓혀 중국을 위협하기에 이른다. 중국의 진시황(259~210 B.C.)이 이들의 침략을 막으려고 그 유명한 만리장성을 쌓기 시작하였다. 이 제국은 오늘날 감숙 지방에 살고 있던 이란계를 정복하여 이 일대 역시 이들의 통치 지역이 되었다. 이러한 전쟁을 통한 통로는 실크로드 서부에서 자연스럽게 교역로로 발전되었다.

이 길은 우리 민족에게도 낯이 익은 길이 된 것은 신라시대의 고승이었던 원측(613~696), 의상(625~702)과 혜초(704~787) 스님이나, 당 현종 때의 고선지(?~755) 장군 때문에도 잘 알려진 길이 되었다. 고선지는 중앙아시아를 정벌한 탁월한 전략가이자 장군으로 실크로드를 섭렵하였던 장본인이다. 751년 탈라스 평원에서 안서도호부 절도사를 하던 고선지 장군과 아랍군의 전투가 있었다. 그 때 고선지 장군의 휘하에 있던 제지공이 전쟁 포로로 잡혀 아랍에 제지 기술을 전수하게 된 것은 유명한 일화이다. 당시 사마르칸트의 총독인 아부 무슬림은 포로들 중에서 장인을 선별하여 그들의 기술을 받아들여 종이 제작창을 만드는 아랍인들의 실용적인 기질을 발휘하였으며, 이 때 만들어진 것을 "사마르칸디" 종이라고 한다. 이 종이 만드는 기술은 사마르칸트에서 바그다드를 거쳐 900년에는 이집트의 카히라에 전해졌다. 이러한 고지(古紙)는 현대의 과학자들이 연구한 결과 마와 나무의 혼합된 것으로 중국의 것과 동일한 것이라고 한다. 중국 장인이 전수한 기술이 현대 과학의 힘으로 다시 한번 확인되었다.[3)]

하여튼 시대의 변화에 따라 한창 번성하였던 실크로드를 통한 교역 등 이의 중요성은 당송 이후 쇠락의 길로 접어들게 된다. 중국인 사학자 유진보(劉進寶)는 『돈황학논술 敦煌學論述』에서 실크로드 쇠락의 원인 몇 가지를 지적하였다.[4)] 첫째는 당 중엽 이후 경제의 중심이 중국의 북쪽에서 남쪽으로 이동하였다는 점을 들고 있다. 따라서 물류의 이동이 남방의 해상로를 이용하는 것이 더 적합하였다는 것이다. 둘째는 당송 시대의 대외 수출품과 관계가 있다는 것이다. 이 시기의 대외 수출품은 비단을 제외하고는 자기류가 주종이어서 운반의 용이성을 고려하면 해상 운송 수단이 더 용이했다는 점을 들고 있다. 셋째로는 당송 시대의 수입품의 변화와 관계된다는 것이다. 당송 시대에 향약

실크로드의 서역남로와 천산남로의 분기점이자 서역의 관문이었던 옥문관 자리. 이제는 황량한 사막 한 가운데 덩그러니 흙벽돌 더미로 남아있다.

(香藥, 약물, 화장품, 향료 등)의 수요는 엄청나 이 수요를 감당하기에는 과거의 육상 운반로인 실크로드가 부적합하였다는 것이다. 넷째는 당시의 정치 상황과 결부되어 중국이 서역의 통치권을 잃어버리게 되어 통제권을 확보하지 못한 데 있다고 한다. 다섯째는 중국의 조선 및 항해 기술의 발전을 들고 있다. 실크로드의 쇠락은 실크로드의 번성했던 문화 역시 쇠락의 길로 접어들게 만들었다. 무엇보다도 결정적인 계기는 1498년 바스코다가마(Vasco da Gama, 1469~1524)란 포르투갈의 항해자에 의한 인도양 항로의 발견이었다. 이 해로의 발견으로 고되고 지루하며, 비효율적인 육로의 실크로드보다는 효율적이며 경제적인 해로에 의한 교역의 시대가 열려 육상의 실크로드는 완전히 쇠퇴의 길로 접어들었다. 바스코다가마가 새로운 항로로 인도에 도착했을 때는 이미 와 있던 아랍 상인들이 교역을 방해했을 정도이므로 아랍인들의 동방 교역은 이미 그 이전에 이루어지고 있었음을 알 수 있다.

오아시스길로 돌아가자. 많은 중국의 도시와 촌락들이 실크로드를 연결하고 있다. 그 중에서 지질학자인 나에게 관심을 끈 지명이 있다. 그것은 바로 실크로드 중 천산 남로와 서역남로가 갈라지는 지점으로 옥문관(玉門關)이라는 곳이다. 이 곳의 지명은 한 무제 때 하서회랑을 4개 군현으로 나누고, 그 중 하나인 돈황의 외곽 거점으로 두 관문을 설치하면서 붙여진 이름인 옥문관과 양관이였다. 이 두 관문은 중국인 관점에서는 서역 오랑캐를 감시하는 최전방 초소였던 것이다. 옥문관이란 이름을 가지게 된 것은 실크로드가 열리면서 서역으로부터 옥을 들여오는 길목에 위치한다고 해서 붙여진 이름이다. 중국의 고대 옥이 타클라마칸사막의 동남단에 위치한 호탄에서 산출되는 것이었으므로 아마도 서역남로를 따라 당시 중국으로 들어오던 길목의 서쪽으로 첫 관문이 이 지역이라서 그런 이름이 붙여진 듯하다.

옥을 만들 수 있는 성분이 들어있는 돌이 호탄 지역에 있기도 하였지만 그렇다고 다 옥이 되는 것은 아니다. 이 또한 인도판이 아시아판과 충돌하면서 만들어 낸 높은 변성 작용의 결과인 것이다. 호탄 지역에서 산출되는 옥은 "우전옥" 혹은 "곤륜옥"으로 불리면서 미얀마로부터 임페리얼 제이드(옥 중에서 녹색의 투명도가 높은 것으로 가장 가치가 높다)가 중국으로 유입되는 청나라 시대 이전까지는 중국 제일의 옥이었다. 이러한 사실은 1968년 하북에서 발견된 한나라 중산왕의 금루옥의(金縷玉衣,)로 그런 사실이 다시 한번 확인되었다. 금루옥의란 장례 시 옥의 작은 조각을 금으로 연결하여 만든 수의(壽衣)를 입혀 옥의 재생력을 통하여 죽은 이의 환생을 기원하는 의미를 담고 있다고 한다. 호탄은 주위에 흐르는 강의 이름조차도 백옥강(白玉江), 녹옥강(綠玉江)으로 불린다고 하니 옥의 산출지답다는 생각이 든다.

이 금루옥은 모두 2,000장이 넘는 담록색의 작은 정사각형 혹은 직사각형 옥 판을 금실로 연결시켜 만든 것이었다. 이를 은실로 꿰매면 은루옥의라고 했다. 이 금루옥의는 현재는 하북성 박물관에 보관되어 있다. 또한 중국의 황제들은 벽(碧, 옥을 가운데 구멍을 뚫어 납작하게 가공한 옥)을 통해서만 신과 직접 대화할 수 있었다고 생각하였으며, 지상과 천국과의 공간적인 완성을 시도하였다고 한다. 이처럼 중국인들의 옥에 대한 믿음은 남다른 구석이 있다. 그러니 옥문관이라 이름을 붙인 것은 너무 당연한 듯 여겨진다.

옥문관이란 이름이 교역되는 물품 중의 하나인 광물과 관계를 갖는 것이 실크로드와 지질학과의 유일한 연결 고리는 아니다. 오아시스길로 알려진 중앙의 실크로드가 지질과 더 밀접한 관계를 갖는 것이다. 이 길은 멀고 가깝게 늘어져 있는 사막 속의 작고 큰 마을들을 연결시킨 길 자체가 바로 지질과 관련을 갖는 것이다. 그 크고 작은 마을들이 자리 잡고 있는 곳은 바로 오아시스이기 때문이다. 사막속의 오아시스란 식물이 자라고 사람이 생활할 수 있는 정도의 물이 있는 곳을 말한다. 건조한 기후대를 갖는 사막지역은 지표는 말라 있어도 지하에는 물을 함유하고 있는 대수층(帶水層)이 있기도 하다. 어떤 지역에서는 이러한 지하 물 저장고인 대수층이 단층이나 지형적인 요인에 의하여 지표에 나타나기도 하는데 이러한 것들은 천성(泉性) 오아시스라고 한다. 그러나 이와는 다르게 건조한 지역 주변에 발달하는 고산지대는 만년설이나 기류의 변

1968년 발굴된 중국 전한시대 154 B.C.에 제작된 중산왕의 금루옥의의 일부. 이 옥은 타클라마칸사막 동남부의 호탄에서 산출되는 "우전옥"으로 이 역시 실크로드의 서역남로를 거쳐 중국에 들어간 것이다. 미얀마산 옥이 중국에 들어가기 전까지는 최상의 옥으로 대접받았다(중국 호북성박물관 소장).

화 때문에 많은 강우량을 갖는 곳이 있는데 이런 곳에서는 항상 물이 흘러내리는 하천이 있다. 이에 의하여 크고 작은 선상지(扇狀地, 물에 의하여 퇴적물이 흘러내려 부채꼴 모양의 퇴적분지를 이룸)를 산록에 형성한다. 이러한 선상지 주변에 발달하는 오아시스를 산록(山麓) 오아시스라고 부른다. 또 다른 유형의 오아시스로는 외래 하천에 의하여 형성되는 오아시스로서 하천 상류의 습윤한 강수량이 많은 지역에서 발원하는 강이나 하천들이 건조한 지역을 지나면서 양쪽에 녹지가 형성되는데 이러한 것을 외래하천 오아시스라고 부른다. 이들의 규모는 매우 크며 4대 문명의 발상지인 나일강, 유프라테스강 유역 등이 이에 해당된다. 실크로드의 중심부를 지나는 중앙아시아와 타클라마칸사막 남북으로 발달되는 오아시스의 대부분이 두 번째에 해당되는 산록 오아시스들이다. 이러한 오아시스를 연결하는 교역로가 바로 실크로드인 것이다.

타클라마칸사막을 중심으로 살펴보기로 하자. 사막 북쪽의 천산산맥과 남쪽의 곤륜산맥을 포함하여 세계의 지붕이라 일컬어지는 카라코람산맥에 의하여 수분이 이동되는 것이 차단되어 죽음의 바다라고 불리는 아무것도 없고 다만 모래와 바람만 있는 타칼라마칸사막이 450만 년 전부터 만들어졌다. 그 넓이는 남북한 면적 보다 약 1.5배가 더 큰 337,600km²에 이른다. 누구든지 이 사막을 횡단한다는 것은 큰 고통이나 죽음을 의미한다는 것을 잘 알고 있다. 돈황의 많은 유물을 훔쳐간(중국측의 표현) 오렐 스타인(Aurel Stein)은 인도로부터 이 길을 통하여 여행을 한 이로 "아라비아 사막은 타클라마칸에 비하면 잘 길들여진 것과 같다"는 말을 남길 정도이다.[1] 이 곳을 넘어간 현장법사도 사막의 폭풍에 대하여 다음과 같은 기록을 남겼다.[3]

이런 바람이 일어나면 사람이고 짐승이고 모두 제 정신을 잃고 망연자실해져서 완전히 무기력한 상태에 빠진다. 때로는 슬프고 애처로운 선율이나 가엾게 울부짖는 소리가 눈앞의 여러 광경과 소리들 사이로 들려온다. 사람들은 혼란에 빠져서 어디로 가야 할지 모르게 된다. 이렇게 해서 수도 없이 많은 사람들이 여행 도중 죽음을 당했다. 이것은 모두 악마와 요괴의 짓이다.

사막의 모래 폭풍은 사구를 제 마음대로 움직여 놓는다. 사구라고는 하지만 큰 것은 100m가 넘는다. 오늘 여기에 있던 사구는 내일이면 저쪽으로 옮겨간다. 그래서 고대 한나라 사람들은 이 타클라마칸을 유사(流砂)라고 부르기도 했다. 그런 황량한 사막에 인간의 통로가 될 수 있는 삶의 터전을 제공한 것은 오아시스였으며, 이는 자연적인 지질학적 과정에 의하여 만들어진 것으로 그곳이 교역로로 혹은 제국들이 벌이는 정벌을 위한 군인들의 이동로로 사용된 것은 결코 우연이 아니라는 점이다.

중앙아시아 중국의 서부 타클라마칸사막을 중심으로 한 인공위성 사진. 타클라마칸사막의 복쪽은 천산산맥으로 남쪽은 곤륜산맥으로 둘러싸여 거대한 사막 분지이다. 이 사막은 450만 년 전에 형성되었으며, 이 사막이 이룬 낮은 지역을 타림분지라고 부르며 동서길이는 1,000km, 남북 길이는 400km로서 면적은 337,600km²에 이른다. 남쪽과 북쪽의 거대한 두 산맥의 만년설로부터 주로 공급되는 물에 의하여 분지의 외각에는 산록 오아시스가 발달된다(사진제공 : NASA).

죽음의 사막이라고 일컬어지는 그 광대한 타클라마칸사막이 생명력을 유지할 수 있었던 오아시스는 사막의 북부와 남부를 병풍처럼 둘러싸고 있는 세계의 지붕에 해당되는 높은 산맥에 쌓인 눈과 얼음으로부터 공급되는 물 때문에 만들어진 것이다. 겨울철에 쌓인 눈은 계절이 바뀌면서 서서히 녹아 그들이 품고 있던 황량한 사막에 여기저기에 마련된 통로를 따라 생명의 원천인 물을 공급해 준다. 이들은 산록을 따라 흘러내리다가 사막에 이르면서 지하로 숨어들었다가 다시 나타난 지점이 바로 황량한 사막의 한 가운데 생명이 시작되는 오아시스를 만든 것이다.

산록을 따라 흐르는 물줄기의 흔적은 위성사진에서도 실체를 확실하게 드러낸다. 다음 그림은 타클라마칸 동쪽의 카슈카르 동남쪽 280km 지점의 일부를 스페이스셔틀에서 촬영한 것이다. 연 녹황색으로 보이는 부분이 식생이 자라는 곳이다. 이런 녹색의 공간이 사막에 마련된 것은 사진 아래쪽에 위치한 곤륜산맥으로부터 눈이 녹아내린 자리를 따라 발달한 오아시스이다. 물은 알몸을 들어낸 산맥의 경사면을 따라 흘러내리면서 퇴적물들을 함께 이동시켜 퇴적물들을 쌓아 놓았다. 퇴적물들이 쌓인 모습은 마치 부채를 펴 놓은 모습처럼 가지런하다. 그래서 이러한 퇴적층을 선상지(扇狀地)라고 한다. 이런 선상지는 나일강 어구에 만들어진 것과 다를 바가 없다. 하나는 물 속에 다른 하나는 사막에 실체를 보였다는 점이 유일한 차이이다. 오랜 시간이 경과되면서 경사면을 따라 흐르는 물길이 달라지면서 그 이전에 만들어졌던 선상지 위에 덧씌워진 형태로 만들어진 새로운 선상지가 선명하게 보인다. 이것은 바로 물길이 달라지면서 흘러내린 결과이다. 이런 물길의 변화는 오아시스의 위치를 바꾸는 원인이 된다. 새롭게 형성된 선상지 위의 노란색으로 보이는 부분이 풀과 나무가 자라는 오아시스이다. 이들 오아시스가 체크무늬로 보이는 것은 사막의 확대를 저지하기 위해 방풍림으로 중국이 조성한 포플라 나무의 배열에 의하여 나타난 것이다. 이는 중국인민들이 자연에 도전한 부호로 남겨진 것들이다. 육안으로 쉽게 식별되지는 않지만 구 선상지의 표면에서 관찰되는 동서방향으로 나타나는 선형 패턴은 아직도 인도판이 아시아판을 밀어붙인 결과로 쿤룬산맥에서 발달되는 역단층의 결과로 나타나는 것이다. 지질학자들이 햄머를 들고 발로 뛰어서는 몇 년 이상이 걸릴 일을 이 사진 한 장은 순식간에 해치울 수 있는 엄청난 정보를 보여주고 있다(사진제공 : NASA).

그곳에 사람들과 생물들이 모여들어 녹색지대를 이루었다. 이들을 쥐스가 말한 대로 구름을 뚫고 하늘에서 내려다본다면 타클라마칸에 난 반점 정도로 보일 것이다. 사막에 난 반점을 연결한 것은 인간이었다. 중국으로 보면 장건이 이 길을 처음으로 연결하였고, 칭기스칸도 고선지도 이 길을 따라 서역을 정벌하면서 그 길을 더욱 뚜렷하게 만들었다. 도전적인 서역과 중국의 상인들

이 레이다 이미지는 타클라마칸 동쪽에 자리한 카슈카르 동남쪽 280km 지점의 실크로드 서역남로의 일부분을 스페이스셔틀에서 촬영한 것이다. 촬영된 가로와 세로의 길이는 각기 100×50km이다. 이미지의 하부는 곤륜산맥이며, 상대적으로 유량이 많은 계절에 이 산맥으로부터 타클라마칸사막으로 유입되는 물에 의하여 형성된 과거의 선상지(부채꼴 모양의 퇴적물)와 현재 생성되고 있는 선상지를 분명하게 보여준다. 새롭게 형성된 선상지 위의 노란색으로 보이는 부분이 식생이 있는 오아시스이다. 이들 오아시스가 체크무늬로 보이는 것은 방풍림으로 중국이 조성한 포플라 나무의 배열에 의하여 나타난 것이다. 육안으로 쉽게 식별되지는 않지만 구 선상지의 표면에서 관찰되는 동서방향으로 나타나는 선형 패턴은 아직도 인도판이 아시아판을 밀어붙인 결과로 쿤룬산맥에서 발달되는 역단층의 결과로 나타나는 것이다(사진제공 : NASA).

이 목숨을 내건 교역을 한 것도 이 길이었다.

한번 만들어진 오아시스는 그 자리에 계속 남아있지를 못한다. 자연의 힘은 심술을 부려 지하에 흐르는 물길을 계속 변화시킨다. 이는 지하로 유입되는 지하수가 지표로 드러나는 지점이 유입되는 물의 양과 바람의 이동에 의하여 일어나는 사구의 이동과 함께 달라지기 때문이다. 오늘날 이 길목에 자리한 마을들이 이 실크로드가 만들어지던 초기와 차이를 보이는 이유가 거기에 있다. 최근 타클라마칸사막의 동쪽에서 발견된 소하묘 유적이 이를 잘 설명해주는 다른 증거이며, 최근에 그 크기가 축소되거나 확대되는 오아시스를 보아도 짐작이 가는 일이다.

소하묘 유적이란 이곳을 지나던 중국어에 능통한 유럽의 고고학자 포르케 배리멘이 사막의 주민들로부터 이상한 죽음의 신에 대한 이야기를 듣고 나서 1934년에 발견한 유적지이다. 지역 주민들은 죽음의 신이 있는 그곳에 가기를 두려워하였다. 그곳을 가는 사람은 모두 화를 면하지 못한다는 그들이 믿고 있는 전설 때문이었다. 그가 그곳을 알고 있는 주민을 설득하여 어렵게 찾아간 곳은 위험하고 고달픈 여정 끝에 도달한 사막 한가운데 나지막한 언덕위에 덩그러니 솟아 있는 나무기둥이 무리를 지어 박혀 있는 자리였다. 나지막한 언덕은 동서로 74m, 남북으로 45m에 이르는 작은 규모였다. 아무렇게나 제멋대로 자리를 잡고 있는 나무 기둥은 저절로 박혀 있는 것은 아니었으며, 호양나무로 6각형 혹은 8각형의 기둥으로 다듬어진 것들이었다. 140여 개의 이 호양나무 기둥들은 사람들이 가공하여 세운 것이 분명하였다. 호양나무는 이 지역 사람들의 속담에 살아서 천 년, 시들어서 천 년, 쓰러져서 천 년이 간다는 수명이 긴 나무이다. 배리맨이 그 기둥의 뿌리를 파 내려가자 빨강 도료가 발라져 있었다. 발굴을 계속하자 관이 이곳저곳에서 나왔다. 바로 그곳은 묘지였던 것이다. 관은 소가죽으로 덧씌워져 있었으며 부장품으로 들어있는 통 안에는 밀의 씨앗이 들어있었다. 묻혀 있는 시신은 동양계가 아니라 유럽계 백인들의 미이라들이었다. 그러나 이런 발견은 그가 처음은 아니었으며 20세기 초에 스웨덴의 헤딘과 영국의 스타인에 의해서 이미 다른 곳에서 그런 미이라들이 발견된 뒤였다.[5] 왜 사막 한 가운데에 이런 묘지 궁전을 만들었을까 하는 의문이 들었으나 그들은 아직도 이 수수께끼를 풀지 못하였다.

인류학자들과 고고학자들의 관심은 다른 곳에 있었을지도 모른다. 그들 미이라들이 백인인지 아시아계인지가 더 궁금하였을 것이다. 놀랍게도 그들 중 일부 잘 보존된 미이라의 머리는 붉은색이거나 황금색이었다. 최근 중국의 연구팀이 유럽인의 머리뼈에서 추출한 미토콘드리아 DNA는 유럽에서 볼 수 있는 단일 유형을, 아시아인의 특징을 보이는 머리뼈에서 추출한 것에서는 아시아인의 단일 유형을 보이는 것으로 밝혀졌다.[5), 6)] 지금 그 지역에 살고 있는 위구르인들은 이 미이라를 근거로 강력한 자치권을 요구하기도 한다. 그곳이 원래 그들이 살았던 땅이라는 것이며, 자신들의 조상은 중국인이 아니라는 것을 주장하는 근거로 미이라들을 제시하고 있다. 그런 문제는 여기서 다룰 문제는 분명 아니다. 미이라들은 하나같이 배 모양의 관에 안치되어 발견되었다. 그러나 관의 바닥은 없었다. 매장된 시체가 잘 보존된 것은 건조한 공기와 낮은 기온으로 메말라서 보존되기도 하였지만 염분이 많은 하부에서 올라온 소금기가 큰 기여를 하였다는 것이 후일 밝혀졌다. 이런 조건을 만드는 것은 바로 그 지역에서 작용하는 지질 영력의 결과이나 고고학자들이나 역사학자들은 곧잘 이를 간과하기도 한다.

타클라마칸사막에서 발굴된 유럽계 골격을 가진 미이라.

그곳이 매장 당시부터 사막이 아니었음은 최근 중국인 고고학자들의 발굴에 의해 그 수수께끼의 일부가 밝혀졌다. 중국인들에 의해 발굴된 최근 결과를 보면 이곳은 묘지가 만들어질 무렵에는 사막의 한 가운데가 아니라 오아시스의 한 가운데라는 사실이 밝혀진 것이다. 기둥 아래로 발굴을 해 파 들어가자 나뭇잎과 모래가 번갈아 쌓여 있는 지층들이 나왔다. 그리고 이 유적지 근처에서는 제자리에서 뿌리를 박은 채 죽어간 호양나무들이 모래 아래에서 발견되었다. 어떤 거대한 죽은 호양나무 안에는 당시에 그 지역에서 살던 새들이 갈대를 이용하여 지어놓은 새집도 발견되었다. 그것만이 아니었다. 담수에서 살던 조개화석도 과거의 하천을 따라 발견되었다. 지금 타클라마칸사막 동쪽의 한가운데에 위치한 이 소하묘 유적은 지금으로부터 4천여 년 전에는 풍요로운 숲과 하천이 있었던 오아시스 지역이라는 것을 보여주는 증거였다. 이처럼 몇 천 년 사이에 주위는 풍요로운

지금도 타림분지 오아시스 근처에 자라고 있는 호양나무.

토지로부터 생산성을 전혀 기대할 수 없는 바람과 모래뿐인 환경으로 달라진 것이다.

타클라마칸사막의 북쪽에 위치한 천산산맥의 남쪽 사면도 이와 경우가 다르지 않다. 이러한 지질 작용의 결과로 타클라마칸사막 주위에 오아시스가 형성되며 그런 연결망이 교역로가 되었던 것이다. 사막 남쪽의 스페이스셔틀 이미지에서 확대되는 사막화 현상을 줄이기 위한 중국 당국의 노력을 확인한 것처럼 사막의 북쪽에서도 사막의 확장을 막기 위하여 인공적으로 나무를 심어 방풍림을 조성하는 노력을 역시 확인할 수 있다. 실제로 중국은 이 지역에서 자치정부의 지방민들과 함께 16년간의 긴 노력으로 방풍림을 조성하고 있는 결과 중의 하나이다.

이곳 실크로드를 따라 만들어진 문화 역시 실크로드를 만든 지질 조건의 영향을 벗어난 것은 아니었다. 이들은 이 건조하고 황량한 곳에서나 가능한 문화를 만들었다. 실크로드하면 사람들은 돈황을 생각하고, 돈황하면 돈황석굴(敦煌石窟) 혹은 막고굴(莫高窟)을 연상한다. 이 둘은 서로 다른 것이 아니라 막고굴 혹은 돈황석굴 혹은 천불동이라고 불리는데 막고굴로 가장 잘 알려져 있다. 돈황은 황하의 서쪽에 붙어 있어서 하서 회랑지대의 서쪽 끝이라고 부른다. 하서 회랑은 동서로는 1,000km이고 남북으로 폭은 1,000km에 이른다. 이 지역은 신강, 중앙아시아 그리고 서아시아를 연결하는 요지이다. 그 끝에 있는 오늘날 현급의 시가 돈황으로 그 이름은 한 무제가 군을 이곳에 세울 때 붙인 이름이다. 당시의 돈황이 가리키는 지역은 지금보다 훨씬 더 컸을 것이라고 생각하고 있다. 하여튼 오늘날 시 전체 면적의 4.48%만이 오아시스이며 대부분은 사막으로 되어 있는 황량한 곳으로 돈황을 사막의 오아시스라고 부른다.[2), 3), 4)]

이 곳의 막고굴이 우리에게 더 각별한 의미를 갖게 된 동기는 바로 혜초 스님의 『왕오천축국전』이란 두루마리가 천 년을 잠자다 발견된 곳이 바로 막고굴 17호 석굴이기 때문이다. 막고굴은 돈황 시 동남쪽 25km 지점에 있는 명사산 기슭에 1.6km 길이에 만들어진 동굴로 많은 벽화, 조소, 목조건축, 필사본, 자수 등 5만여 점의 유물들이 발견된 곳이다. 모래에 묻혀 있던 이 문화재가 1900년 6월 왕원록(王圓綠)이란 도사에 의하여 발견되어 세상에 드러나게 되었으며, 그 후 20년에 걸쳐 무려 700여 개의 석굴이 발견되었으나 그들 중 미술품이 발견된 492개만을 관리하고 있다. 이 석굴에서는 많은 벽화가 발견되었는데 이를 일렬로 전시하면 높이 1m로 23km의 길이로 펼쳐야 할 만큼의 엄청난 것으로서 가히 불교미술의 보고이다.

여기서 이들 유물의 가치나 그 의의를 논하려는 것은 아니다. 이들을 탄생시킨 공간을 얘기하려는 것이다. 이들은 그들에게 허락해 준 자연을 이용하여 구도와 기복을 위한 노력으로 전진(前秦)의 건원 2년 즉 366년에 한 스님에 의하여 최초로 아담한 석굴이 만들어졌다고 한다. 첫 번째 굴이 완성되자, 이 실크로드를 통행하던 상인들과 관리들이 찾아와 그들의 안전한 여행을 기원하게 되었다. 실크로드의 번성과 함께 이러한 석굴의 의미는 점점 더 확장되어 사찰은 물론이요, 어떤 가문의 사당으로서의 역할도 하였다는 것이다. 그러나 1천 년 전 서하의 군대가 침입해 오자 문에는 벽을 치고, 벽화로 방의 벽을 은폐하고 피난길을 떠났다. 그들은 곧 돌아오리라는 기대와 함께 그곳을 떠났지만 결국 돌아오지 못하고 사막 속에 묻혀 버렸던 것이다. 이 건조한 지역 사막 모래가 그 천 년의 세월동안 그처럼 많은 문화적 유산을 지켜준 것이다. 만들어진 곳도 사막속의 석굴이요, 이것을 천 년 동안 지켜준 것도 사막이었다. 비단 돈황 뿐만 아니라 이 실크로드를 따라 가면서 발견되는 많은 문화적 유산들이 바로 석굴의 형태로 많이 남겨져 있다. 돈황보다 1세기 앞서 만들어진 코처의 석굴들을 비롯하여 이러한 유적은 수를 헤아리기조차도 힘들다. 거기에 남겨진 문화의 산물이야 말로 실크로드를 따라 움직인 어떤 것보다도 더욱 값진 것이다.

돈황시 동남쪽 25km 지점 명사산 기슭에 있는 막고굴의 외경으로 중앙부의 9층 누각이 지어진 부분. 이곳에서 관리되고 있는 석굴의 수만도 492개소이며, 이들 중 17호 석굴은 혜초 스님의 『왕오천축국전』이란 두루마리가 발견되어 우리에게 잘 알려진 석굴이다.

이들 석굴에 남겨진 수많은 유물들은 바로 실크로드를 통하여 전달된 것들이다. 기원전 6세기에 인도 북부에서 석가모니에 의해 탄생한 불교는 인도 전역에 번져 나갔다. 기원전 3세기 인도의 마우리아 왕조의 아쇼카왕이 불교에 귀의함으로써 인도에서 국교나 다름없이 되었다. 그 후 카니슈카 왕대에 불교는 서역과 중국으로 전파되는데 인도 서북부에 있는 간다라왕국을 경유하여 전달된 경로가 바로 실크로드였다. 간다라식 미술의 가장 특징적인 점은 부처를 인간의 모습으로 묘사하는 것이었다. 그것은 그곳에 이미 오래전에 알렉산드로스 대왕에 의해 도입된 그리스 미술과 인도의 불교 미술과의 혼합을 의미하는 것이다. 이런 간다라 미술이 불교의 전파와 함께 실크로드를 따라 점점이 박힌 오아시스를 차례로 거치면서 동쪽의 중국으로 향했던 길이다. 그 길목에 남긴 것들이 바로 수많은 석굴에 남긴 조상과 벽화들이며, 그 중의 대표적인 것이 바로 돈황의 막고굴이다.

천산 북로에 놓여 있는 우루무치나 투루판 지역을 비행기로 가게 되는 경우

착륙을 위하여 고도를 낮추게 될 때 좌석의 위치에 따라 창문 밖으로 사막의 황량함을 보고 있노라면 갑자기 초록색의 오아시스를 보게 되는 경우가 있다. 비행고도가 낮아지면 그 초록의 작은 땅을 향하여 재봉틀로 박음질한 바늘구멍처럼 일정한 간격으로 박혀 있는 점들이 연속된 것을 볼 수 있다. 그게 바로 카나트(qanat)라고 불리는 이 지역의 생명줄이다. 이 지역에서는 이 지하의 터널을 파 만들어진 관개수로를 카레즈(karez)라고 하며 한문으로는 감아정(坎兒井)으로 표기되는 것이다.

투르판 지역은 매우 낮은 지대로서 낮은 곳은 해발 −150여 미터 정도이다. 건조한 기후대의 바람에 의한 침식으로 낮아진 분지인 것이다. 그런 분지는 여름철 한낮의 기온이 섭씨 45℃ 이상으로 올라가기도 하며, 매우 건조한 지역으로 거의 비가 내리지 않는다. 일년 강수량이 16mm 내외이니 비를 구경하기 힘든 지역이어서 아마도 이 지역 주민들의 대부분은 비를 본적도 없을 것이다. 반대로 겨울은 매우 추워 영하 30도 정도의 추위는 예사라고 한다. 이렇게 혹독한 기후를 갖는 이 지역이 포도를 재배할 수 있고, 나무를 심고, 곡식을 키울 수 있는 이유는 무엇일까? 이는 투루판 지하에 거미줄처럼 깔려 있는 카레즈 때문이다. 멀리서 바라볼 때 천산산맥의 고봉들에 쌓여 있는 신비스러운 느낌이 들게 하던 눈들이 바로 이 지역의 물의 원천이다. 증발이 많은 건조한 지역의 관개용 수로를 지하로 건설한 지혜가 매우 돋보인다.

실제로 카레즈는 이 지역에서 처음 시작된 것은 아니며 페르시아에서 기원전 8세기에 우르미아 지방에서 처음 시작되었다. 기원전 6세기 아케메메스왕조 시대에 이란 고원에 보급되었다고 한다. 지금도 이란의 마을들은 거의 절반이 넘는 촌락에서 이러한 카나트 관개에 의해 영농을 한다고 한다. 하여튼, 이러한 지혜는 아프가니스탄을 거쳐 투루판 지역에까지 이르게 되었다.

투르판 지역의 카레즈의 건설로 천산산맥으로부터 매년 공급되는 3억 톤 이상의 물을 증발 없이 공급이 가능해지게 된 것이다. 이는 자연 구배를 이용하여 흐르게 한 것으로 어떤 동력장치가 들어가 있는 것도 아니므로 부가적인 에너지가 소요되지도 않는다. 한 개의 카레즈는 일반적으로 3km 내외로서

20~30m 간격으로 수십 개 이상의 수직으로 판 구멍이 있다. 이 수직으로 판 구멍이 비행기에서 보았을 때 재봉틀로 박음질한 바늘땀처럼 보인 것이다. 이 10여 미터 깊이의 수직으로 판 구멍들은 대부분 카레즈 건설을 위한 것으로 한 사람이 들어가 작업을 할 수 있는 약 1m의 크기로 판 것이며, 이러한 수직 굴들은 카레즈를 팔 때 파낸 흙을 퍼 올리는 통도로 사용되었으며, 건설된 후에는 환기를 위한 것이거나 혹은 카레즈를 유지 관리하는데 사용되었다. 그들 중 일부는 주민들의 취수를 위한 것들도 있다.

카레즈 중 긴 것들은 20 내지는 30km의 길이를 갖기도 한다. 중력에 의하여 물을 항상 흘려 내려보내는 것은 이런 건조한 지역에서 물을 낭비하는 것처럼 여겨질 수 있다. 그러나 여름철 경작을 위하여 관개수가 많이 필요한 시기를 대비하여 경작을 하지 않는 시기에는 흐름을 막아 낭비를 줄여 물 관리를 하였다고 한다. 이러한 카레즈(페르시아에서는 카나트라고 부름)의 건설 기법은 최근에 발견된 10세기 페르시아의 학자 모하메드 카라지의 상세한 기술에 의하여 밝혀졌는데 오늘날의 건설 기법과 다르지 않은 것을 알려주고 있다. 아마도 그 기술이 전승되어 오늘날까지 내려온 것이기 때문일 것이다. 기록에 의하면 이러한 지하 관개수로의 건설은 B.C. 7세기 아시리아의 왕 사르곤2세 때까지로 거슬러 올라간다. 페르시아의 지배가 인더스 강까지 이르면서 이러한 수로 건설은 그곳으로도 퍼져 나가게 되어 새롭게 확보된 제국의 영토에 많은 정착지를 만들었다. 이런 카

투루판지역의 오아시스 지역에 만들어진 카레즈를 판 구멍들의 항공사진.

레즈는 흔히 네 사람이 한 조가 되어 작업을 한다. 한 사람은 수로를 파고, 한 사람은 파낸 흙을 가죽 주머니에 옮겨 담고, 나머지 두 사람은 엉성한 듯 보이지만 매우 효율적인 나무로 만든 권양기로 그 흙을 끌어 올려 주위에 버린다. 힘이 들면 가끔씩은 역할을 바꾸기도 한다. 바느질 구멍처럼 나 있던 수직의 굴은 이들이 작업을 할 때 파낸 토사의 반출을 용이하게 위하여 그렇게 배치했던 것이다. 또한 카레즈는 수로이므로 적당한 구배를 유지해서 물이 자연스럽게 흐르게 하는 것은 매우 중요한 일로서 바로 이 수갱으로부터 측량했던 것이다.

그 마을에는 지질학자들은 없다. 그들은 그래도 경험에 의해 뚫어야 할 장소를 지혜롭게 선택하였다. 그들은 그 돌이 어떻게 만들어졌는지, 어느 시대에 만들어졌는지, 어떻게 그곳에 쌓이게 되었는지를 알아야 될 필요는 없었다. 이 파놓은 굴이 무너지지 않을 정도의 강도를 가지고 있어야 하며, 그들이 사용하는 단순한 도구인 삽과 곡괭이로 쉽게 파낼 수 있는 자리가 어딘지는 경험으로 찾아낸 것이다. 이러한 건설 기술이 아프가니스탄을 거쳐 이곳 실크로드의 중심지인 중앙아시아까지 퍼진 것으로 해석되고 있다.[7,8]

실크로드를 연결하는 점점이 박힌 오아시스는 위치에 따라 저마다 특징적인 문화를 형성하였다. 중국은 최근 들어 이 실크로드를 관광자원으로 개발하여 실제로 많은 소득을 올리고 있으며 최근에는 한국인들의 발길도 훨씬 잦아졌다. 실크로드란 감미로운 이름만 알고 그곳을 갔던 사람들은 거의 사라져가는 흙더미와 끝없이 펼쳐진 사막에 질리기도 한다. 중국의

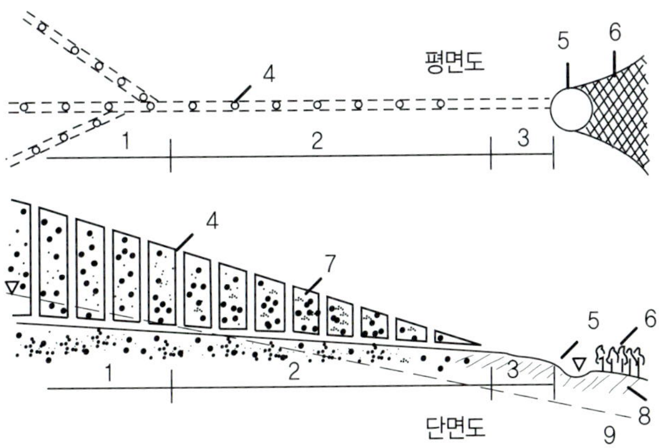

투루판 지역의 지하 관개수로인 카레즈(karez)의 평면도와 단면도. 카레즈에서의 물의 이동은 중력에 의하여 이동되도록 고안되었다. 1은 집수지역이고, 2는 물이 유입되어 지하로 이동되는 경로를 나타내며, 3은 지상으로 노출된 관개수로이고, 4는 수직의 우물이며, 이는 카레즈 건설과 건설된 카레즈 유지관리를 위하여 만들어진 것이며, 5는 관개용 작은 저수지이고, 6은 관개되는 지역을 나타내고 8은 관개지역의 토양을, 9는 지하수면의 위치를 나타낸다.[8]

오늘날에도 건설되고 있는 카레즈(또는 카나트)의 내부.

서안에 가면 시내 한복판에 큰 조각상이 세워져 있다. 일군의 대상이 낙타를 몰고 가는 조각상으로 실크로드의 기점이라고 내세우는 상징물이다. 이 정도만 보아도 중국인들의 재빠른 대응에 놀라게 된다. 그 길목을 따라 고대의 도읍으로 이름이 자자한 서안의 진시황의 능에서 발견된 병마용, 감숙성 천수시의 맥적산(麥積山) 석굴 유적이 차례로 나타난다. 그곳에서 더 서쪽으로 가면 감숙성의 성도인 난주를 만나게 된다. 여기서부터 하서 회랑이 시작되며 실크로드에서 가장 번성했던 도시였다. 이 회랑의 남쪽으로는 기련 산맥이 북쪽으로는 황하가 흐르는 지역으로 황토 아니면 사막의 연속이다. 그 길을 서쪽으로 가면 이 지역 교통의 요지인 장액이 다가온다. 이즘에 이르면 사막의 한가운데 버티고 있는 토성들이 나타난다. 서역의 유적이 로마나 그리스의 유적과 다른 것은 로마나 그리스는 기둥과 주춧돌을 남겼지만 이들은 석굴과 흙더미를 남겼다. 돈황에 이르게 되면 그 유명한 막고굴이란 석굴이 나타나며, 이 석굴은 돈황학으로 발전시킨 장본인이다. 옥문관에 이르면 예의 토성의 잔해가 남겨져 있고 이곳으로부터 더 서쪽으로 가면서 발견되는 유적은 의례히 토성으로 되어 있다. 투루판의 서쪽 10km 지점에 있는 교하고성(交河古城)은 흙을 파서 만들어진 고성으로 주변의 다른 유적지에 비교하여 그래도 무엇이 남아 있는 흔적이 있다. 투루판으로부터 동쪽으로 40km 지점에는 고창왕국의 유적지인 고창 고성이 눈에 들어온다. 바로 주위에는 불타는 듯한 붉은색을 띤다고 해서 화염산(火焰山)이란 이름을 붙여준 벌거숭이산이 자리하고 있다. 화염산을 이루고 있는 암석은 바로 붉은색을 띠는 사암이다. 사암이 이런 색을 띠는 것은 철분을 많이 함유하고 있기 때문이다. 그렇다고 이 돌을 철광석으로 사용할 수 있는 정도의 양은 결코 아니며 다른 사암들보다 약간 더

들어가 있는 데도 이런 마술을 부린다.

서기 749년 이곳에서 벼슬을 하던 잠삼은 화염산을 두고 다음과 같은 시를 남겼다.[3)]

처음 만난 화염산은
포창 들녘에 우뚝하여라.
화염은 오랑캐의 구름을 불지르고,
증기는 변방의 하늘을 찜질한다.
음양의 숯이,
어찌 여기서만 훨훨 타오르는가?
엄동설한에도
산 밑엔 삼복의 열풍이.
사람도 말도 땀을 뻘뻘 흘리거늘,
누가 알리요 자연의 조화를.

서유기에서 묘사한 화염산의 불길이 천 길의 높이에 이르렀다는 것보다는

투루판 서쪽 동쪽 40km 지점 화염산 옆에 있는 고창고성. 흙벽돌로 축조된 이성은 거의 폐허나 다름없이 사라져 버렸다. 뒤로 적색 사암으로 된 화염산의 일부가 보인다.

덜하기는 하지만 타는 듯한 더위가 몰려오는 인상을 주기에는 충분한 것 같다. 이런 더위를 식히는데 투르판의 주민들은 지혜롭게도 카레즈를 만년설이 녹은 물의 시원한 공기를 이용하기도 하였다. 불같은 더위를 피하기 위해서는 카레즈 안 공터보다 더 좋은 곳은 없다.

고창 고성은 흙벽돌로 축조한 토성으로 되어 있다. 아마도 시대가 그러하기도 했으려니와 이들이 이 성을 흙벽돌로 지은 것은 아무래도 지역의 기후와 밀접한 관계가 있을 것이다. 건조한 이 지역은 강수량이 적기 때문에 토성으로 건축물을 만들어도 비교적 오랜 기간 동안 버틸 수 있었기 때문에 구태여 다루기 어려운 석조건물을 지을 필요가 없었을지도 모른다. 2천 년이 지난 지금도 그나마 흔적이라도 볼 수 있는 것 역시 이 지역의 강수량이 적은 건조한 기후 때문일 것이다.

오늘날 실크로드를 따라 남아 있는 과거의 유적들은 여기저기서 많이 발견된다. 어느 토성은 사막의 한가운데 거의 다 허물어진 채 토성의 잔주만이 남아서 그 형체를 겨우 알아볼 정도이다. 그런 황량한 사막의 한 가운데 성곽이나 요새를 만들었던 것은 아니다. 소하묘의 유적이 그러했던 것처럼 그들이 요새를 만들 때 그곳은 물이 공급되는 오아시스였던 곳이다. 시간의 흐름은 천산산맥으로부터 흘러내려오는 물줄기의 방향을 심술궂게도 바꿔 놓은 것이다. 아무도 실크로드가 누렸던 옛날의 영광을 되돌려 놓지는 못할 것이다. 그러나 서서히 진행되는 지구의 변화는 이 가도를 따라 점점이 박힌 도시들이 오래전부터 번영과 쇠락을 경험했던 것처럼 앞으로도 변화시킬 것이다.

나무처럼 무른 돌

나는 아직도 고교 시절 국어 교과서에 수록되어 있던 현진건의 『불국사 기행』이라는 수필을 읽었을 때의 감흥을 기억하고 있다.

그 때까지 나는 내가 사는 마을을 멀리 벗어나 본 경험이 없었다. 경주를 가 본 적이 없었으므로 불국사와 석굴암이 어떤 사찰인지 알지도 못한 시절이었다. 간혹 6장짜리 달력에 인쇄되어 있는 불국사의 외관을 본 것이 내가 아는 불국사의 전부였다. 현진건의 수필을 통해 본 불국사의 다보탑과 석가탑은 신의 경지에 이른 최상의 예술품이었다.

"이 돌 층층대를 거치어 문루를 지나서니 유명한 다보탑과 석가탑이 눈앞에 나타난다. 이 두 탑은 돌로 된 것이다. 그렇다! 그것은 만져 보아도 돌이요, 두들겨 보아도 돌임에 틀림없다. 그러나 석가탑은 오히려 그만둘지라도 다보탑이 돌로 되었다는 것은 아무리 하여도 눈을 의심하지 않을 수 없었다. 연한 나무가 아니요, 물씬물씬한 밀가루 반죽이 아니고 육중하고 단단한 돌을 가지고야 저다지도 곱고 어여쁘고 의젓하고 아름답고 빼어나고 공교롭게 할 수 있으랴. 만일, 그 탑을 만든 원료가 정말 돌이라면 신라사람은 돌을 돌같이 쓰지 않고 마치 콩고물이나 팥고물처럼 마음대로 뜻대로 손가락 끝에 휘젓고 주므르고 하는 신통력을 가지었던 것이다. 귀신조차 놀래고 울리는 재주란 것은 이런 솜씨를 두고 이름이리라."

드디어 귀신조차 놀래고 울리는 신기를 볼 기회가 왔다. 바로 경주로 수학여행을 가게 된 것이다. 나는 마음속으로 그 수필을 되뇌이며 불국사를 가기로 한 그날 아침 적잖게 상기되어 있었다. 그가 수필에 썼던 대로 그 돌층계를 올라가자(요즘에는 보호 차원에서 통행을 금하고 있음) 내 눈에 예의 두 탑이 눈에 들어왔다. 그러나 나는 당시 적잖이 실망을 하였다. 그것은 내가 생각하였던 신의 경지는 아니었기 때문이다. 그러나 그 탑은 사찰의 다른 목조건물들이 주는 질감이나 곡선과는 대비되는 아름다움을 가지고 있다는 생각이 들었다. 실제로 새벽녘 어두운 길을 뒤뚱거리며 걸어 올라가 찾은 석굴암은 더욱더 실망만 안겨 주었다. 당시 나에게는 불상이 주는 법열이나 감흥을 느낄 현진건과 같은 경지의 심미안이 없었기 때문이었을 것이다. 그게 없기는 지금도 다름이 없다. 그런 나에게 인류의 문화유산이라고 치켜세우는 앙코르와트를 찾을 기회가 왔다. 나는 기꺼이 따라 나섰다. 수학여행을 떠나는 고교 시절의 감흥이 순간 다시 생각났다.

최근 우리나라에서도 앙코르와트를 방문하는 관광객이 크게 증가하여 방콕을 떠난 비행기 승객의 1/3 정도가 한국인으로 보였다. 직항편이 없어 서울로부터 방콕을 경유하여 캄보디아의 한적한 시엠리엡공항에 도착할 때까지는 꽤 인내심이 요구되는 여정이다. 공항에 내리자마자 마주하는 열기는 여기가 열대지방이라는 느낌을 확실하게 해주었을 뿐 별다른 인상을 주지 못했다. 임시로 쓰고 있는 공항 청사는 전쟁을 막 끝낸 캄보디아의 어려운 형편을 말해주고 있었다. 관광지에 있는 공항답게 현장에서 바로 입국 비자를 받을 수 있어 열을 지어 기다린다. 그러나 공항을 빠져 나와 앙코르와트 사원을 보는 순간 인간의 위대한 힘이 새삼 머리를 절래절래 흔들게 만들면서 머릿속의 공항의 번잡스러운 모습은 사라져 버렸다. 과연 세계 몇 개 불가사의 중의 하나라는 것을 실감하게 된다. 보통사람들이 맨 처음 생각하는 것은 과연 언제, 누가, 왜 여기에, 어떤 목적으로 이런 거대한 사원을 만들었을까 하는 의문일 것이다.

캄보디아의 앙코르와트. 외곽의 해자와 그 안의 사원의 모습. 이 직사각형의 크기는 정확하게 측량되어 있어서 직사각형의 대응되는 변의 길이가 정확하게 일치한다. 이를 어떤 과학자는 "경악할 만한 정확도"라고 표현하였다. 뒤로 멀리 이 도시의 물을 공급하기 위하여 인공적으로 직사각형으로 건설된 인공호수가 보인다.

인간이 문명을 가질 수 있었던 것은 바

로 사람이 자유자재로 움직일 수 있는 손을 가지고 있기 때문에 가능했다고 많은 사람들이 말하고 있다. 이런 거대한 석조 건축물은 쉽게 이해가 되지 않는다. 채석장에서 쪼개내어 건축자재로 만드는 것까지는 그렇다고 해도 이를 정교한 예술로 승화시키는 것은 돌을 부드러운 나무 결을 따라 자르듯 하는 그들만의 비법이 있지 않고서야 불가능할 것 같다는 생각이 든다. 거기에 생각이 미치자 현진건의 신기가 무엇을 의미하는지 어렴풋이나마 알 것 같은 기분이 들었다.

그러나 고대 문명이 잘 알려져 있지 않았던 캄보디아의 정글에서 불현듯 나타난 앙코르와트는 분명 문명세계에 충격이었다. 앙코르와트는 포개진 다섯 개의 직사각형 울타리로 되어 있으며, 각 변은 동서남북 방향에 각기 0.75도 어긋난 방향으로 정확하게 배열되어 있다. 맨 바깥의 직사각형은 성 주위를 둘러싸고 있는 해자(垓字)로, 해자의 바깥쪽에서 측정한 길이는 남북으로 1,300m이고 동서로 1,500m이다. 파여진 연못의 넓이는 190m이고 그 크기는 매우 정확하여 현대의 측량 기술로도 오차를 확인하기 어려울 정도이다. 정문을 지나 거석으로 만든 9.4m 폭의 둑길을 따라 두 번째의 직사각형 안으로 들어가게 된다. 문을 지나 오르막길을 통과하면 십자형 테라스에 이르게 되고, 이 테라스는 신전의 낮은 회랑으로 연결되어 있다. 이 회랑이 세 번째의 직사각형에 해당된다. 거대한 중앙 피라미드는 네 번째 직사각형이다. 마지막 직사각형은 입구의 거석 둑길보다 정확하게 65m 높은 지점이며 피라미드의 위에 만들어져 있다. 이 작은 소탑들로 이루어진 신의 경지로 조각된 앙코르와트의 중앙 탑에 이르게 되면 내가 마치 어떤 신성함의 가운데 놓여진 느낌이 든다. 다섯 개의 직사각형 안에 누구도 흉내낼 수 없는 정확도로 계측된 구조물들이 배열되어 있으며, 좌우의 공간적인 대칭미가 뛰어난 시각성을 보이는 크메르 건축의 정수인 것이다. 출입문은 동서남북 네 방향에 있으나 주 출입문은 서쪽을 향하여 있다.[1)]

앙코르와트는 캄보디아의 앙코르 왕조의 수도에 있던 사원으로서 수리야바르만 2세(1113~1150) 때 비슈누신에 바치기 위하여 1113년경에 공사를 시작하여 30여 년 간의 공사 끝에 건설된 것이다. 이 왕조의 시조는 800년에 캄보디아 해안에 도착하여 왕좌를 차지한 자야바르만 2세로 브라만 학자를 스승으로 모신 인물이다. 그가 왕도를 세운 것은 물론 이곳 앙코르와트가 있던 곳은 아니었으나 왕국을 건설하고 왕도를 옮기는 과정에서 앙코르와트가 건립되게 된다. 하여튼 이 사원의 건립은 크메르적 신의 세계를 지상에 구현한 것으로 알려져 있다. 중앙탑은 세계의 중심인 메루산(불교에서는 수미산, 須彌山)을 의미하며, 주위의 회랑은 히말라야의 영봉을 상징한 것이며, 사원 주위의 해자는 대양을 상징한 것이었다고 한다. 이 사원의 주신은 비슈누신이며, 왕과 비슈누신을 합체(合體)한 특별한 신상이 안치되어 있다. 당시 왕은 신의 화신으로 여겨졌으며, 이 사원은 처음에는 왕궁으로 사용하다가 신의 현재 의미를 지닌 왕이 죽은 뒤 무덤으로 사용되었다고 알려져 있다(아직도 이의 사용에 대한 설은 학자 간에 이견이 있다). 이 건축물을 더욱 유명하게 만드는 것은 건축물의 눈에 보이는 모든 부분은 물론이고, 눈에 보이지 않는 부분까지도 빈 공간을 하나도 남기지 않고 정교한 부조로 채워 놓은 것이다. 그러나 크메르 역사는 이 사원에 대한 기록을 남기지 않아 건축 의도를 명확하게 알 수 없는 것이 또한 신비감을 주는 다른 원인이 되기도 한다.[1),2)]

앙코르와트의 근접 항공사진. 서쪽 정문으로부터 들어와 직사각형의 제1회랑, 십자회랑, 제2회랑, 제3회랑과 중앙의 신전이 정확하게 대칭적으로 배치되어 있다

사원의 두 번째 직사각형(건물로는 첫 번째)에 있는 제1회랑에는 안쪽 벽에 정교한 부조가 조각되어 있는데, 그 대상은 주신 비슈누와 그의 화신 크리슈나, 라마왕자, 신과 합체한 수리야바르만 2세이다. 여기에 조각된 이야기는 인도의 대서사시 『마하바라타 Mahabharata』에서 서술된 전쟁 이야기와, 수리야바르만 2세의 위업을 기술하는 역사 이야기와, 천국과 지옥의 장면을 다루는 장면과 천지창조를 다루는 등 내용이 장대하고 부조의 구도와 묘사가 아주 정교하게 이루어져 있다. 나는 이 섬세한 조각들을 보면서 다시 옛날 경주 수학여행을 떠올렸다. 나이가 들어 이 나라 저 나라의 동서양 예술품을 본 눈 때문인지 몰라도 현진건이 말한 신의 경지에 이른 솜씨란 이들이 만든 이곳도 해당될 거라는 생각을 하였다. 이것이야 말로 돌을 돌처럼 쓰지 않고 무른 나무 다루듯이 한 솜씨로 여겨졌다. 그의 말대로 "귀신조차 놀래고 울리는 재주란 것은 이런 솜씨를 두고 이름이리라."

회랑에 새겨진 부조만이 앙코르와트의 전부는 아니다. 사원 전체에 있는 기둥, 탑, 조각 등이 바로 이곳만의 독창적인 조형과 뛰어난 미술적인 감각을 보이는 예술작품인 것이다. 1432년 앙코르왕조의 왕도가 다른 곳으로 이동되면서 소승불교의 사원으로 변화되었으며, 그 후 밀림에 숨겨져 있다가 1860년 프랑스의 탐험가이자 식물학자인 앙리 모어가 이를 발견함으로써 서방세계에 알려진 세계적 문화재산이다.

왼쪽 그림은 앙코르와트의 해자 위로 만든 주 출입구의 바닥에 들어나 보이는 이 구조물의 기초가 된 래터라이트로 만든 적색 벽돌. 앙코르와트 건설 이후에 만들어진 앙코르톰의 래터라이트 벽돌로 축조된 궁전의 일부.

이 사원의 건축재는 사암이다. 이 사원이 위치한 곳으로부터 북동부로 약 40km 떨어진 프놈쿨렌이라는 나지막한 구릉지대로부터 채석된 회색 사암이 이곳으로 운반되어져 건설된 것이다. 이런 엄청난 규모의 공사에 동원된 인부는 족히 수십만 명은 되었을 거라는 것을 쉽게 짐작할 수 있다. 당시 인구를 고려하면 엄청난 인력 동원이었을 거다.

이 거대한 석조 구조물을 받치고 있는 기초는 그런 구조물의 무게를 견뎌낼 수 있는 단단한 것이어야 하는데 기초 구조물로 사용된 것이 열대지방인 이 지역에 흔히 분포되어 있는 라테라이트란 토양을 이용한 것이다. 이곳을 방문하는 관광객들은 웅장하고 신비스러운 석조 건축물과 그 조각에 탄성을 자아내지만 그것을 안정되게 받쳐 주어 인류의 유산으로 오늘날까지 남게 한 그 단단한 기반에는 생각이 미치지 못한다. 라테라이트(laterite)란 습윤한 아열대 지역에서 암석의 풍화작용에 의하여 다른 많은 성분들이 용탈되어 빠져 나가고 석영과 카올리나이트와 철분이 남겨진 토양을 말한다. 이들 토양은 반죽을 하여 건조시키면 그 강도가 매우 높아져서 소성을 하지 않더라도 매우 단단한 벽돌로 사용이 가능한 성질을 가지고 있다. 앙코르와트의 거대한 구조물을 받치기 위한 기초를 다지기에 이보다 더 훌륭한 것은 없을 것이다. 자연 환경이 마련해 준 모재가 기본이 되었던 것이다. 이런 천혜의 재료로 만들어진 벽돌들은 앙코르와트를 완공한 이후 건설된 앙코르톰이나 기타 사원에서는 주 건축재로 혹은 지붕재로 사용되기도 하였다.

이 사원의 건축재로 쓰인 사암은 그 굳기에 따라 다루기가 쉬운 것으로부터 아주 단단한 것에 이르기까지 아주 다양하게 산출된다. 이곳에서 사용된 사암은 아주 단단한 사암으로 조각에 많이 사용하는 대리석보다는 훨씬 다루기가 힘든 석재이다. 그러나 이 주변 지역에서는 사암을 대신할 만한 석재가 산출되지 않기 때문에 사암을 사용하였을 것이다. 앙코르와트를 서쪽 정문으로 들어가면서 회랑으로 연결된 넓은 길이 나온다. 바닥은 예의 사암으로 만들어져 있다. 그런 사암을 살펴보면 각기 다른 크기의 회색 청색 등을 띠는 사암들로 만들어진 것을 볼 수 있다. 아마도 이는 한 채석장에서 공급이 부족하여 다른 채석장으로부터도 사암이 공급되었을 가능성을 지시하는 것이다. 만약 이 주변 지역에 백색의 아름다운 대리석이 산출되었다면 오늘날의 앙코르와트는 어떤 모습이었을까 하고 실없는 생각을 하면서 머릿속으로 나 혼자만의 그림을 그려본다. 마음속에 그려본 그림은 이러한 사원의 건축에는 회색의 사암이 더 어울릴 것도 같다는 생각으로 귀결되었다.

당시의 운송 조건으로 보아 채석장으로부터 40여 킬로미터를 운반하는 것은 쉬운 일이 아니었을 것이다. 기록에 의하면 건기에는 소나 코끼리에 의하여, 우기에는 배를 이용하여 운반하였다고 한다. 당시 이 국가는 인구 백만의 거대한 도시국가로 추정하고 있다. 당시 중국 최대의 도시인 장안의 인구가 100만이고, 로마가 약 50만의 인구였다고 하니 이 왕조의 도시 규모를 짐작할 수 있다.[1] 그렇다고 해도 이러한 거대한 구조물을 건설하기 위해 들인 노동력은 아마도 국민들의 엄청난 희생을 요구했을 것이다.

앙코르와트에서 사용된 건축 재료는 사암과 라테라이트이나, 주요한 사원이나 건축물들은 하나같이 사암으로 건설되었다. 위에서 이미 언급한 바와 같이 사암은 구성광물이 석영과 정석이 주 구성 광물이고 운모와 기타 광물들이 부성분 광물로 되어 있는 암석이다. 석영이 우세한 경우에는 일반적으로 밝은 담회색을 띠는 경우가 많지만 부성분 광물로 들어가는 광물의 종류에 의하여 사암의 색은 여러 가지를 띤다. 녹니석이 많으면 청색을 띠기도 하고, 철광물이 상대적으로 많으면 붉은 색을 띠기도 한다. 앙코르와트의 유적 중 967년에 건축된 반테아이스레이 사원은 붉은 색 사암으로 건축되었으나 대부분의 다른 건축물들은 회색 계열의 사암이 주종을 이룬다. 석재는 접합 부분에 접합제를 사용하지 않았으며 석재의 접합 부분에 홈을 파서 쇳물을 부어 고정시키는 방법을 사용하였다. 석재를 쌓아 축조시키는 방법은 문을 내는 데는 석재로 들보를 만들어 건설하였거나, 유사아치를 기본으로 하고 있다. 유사아치란 신전과 같은 건축물의 상부를 마무리하기 위해서 석재를 밑에서부터 차곡차곡 쌓아올려 최종적으로 지붕에서 서로 만나도록 공간을 축소해 가는 박출식 공법을 말하는데 이를 코벌링 혹은 유사아치 공법이라고 한다.[1]

유사아치는 석재를 원형으로 쌓아 올리는 진성아치 방법에 비교하여 떨림 현상이 생기고 힘의 분배가 고르지 못하여 석재의 무게를 지탱하는데 불리한 방법이다. 그 결과로 앙코르와트나 이 시기에 건축된 구조물들이 손상되어 보존이 불량한 원인이 되었다. 이 점이 아쉬움이지만 이 시기에 서구에서는 로마인들이 만든 반원형 아치로부터 시작된 기술로부터 발달된 아치 공법에 의한 건축물들이 건설되었으나 아직도 앙코르 왕조에는 그런 기술이 전달되지 않았다. 러스킨이란 학자는 아치의 효과를 “이집트와 그리스 건물들은 대체로 돌 하나가 수동적으로 다른 돌 위에 얹혀 있어, 자체의 무게와 질량에 의하여 서 있다. 하지만 고딕식 궁륭(穹隆)과 창문에는 사지(四肢)의 뼈, 또는 나무의 섬유질과 같은 뻣뻣함이 있다. 부분간에 이어지는 탄력 있는 장력과 힘의 전달, 그리고 그것은 건물에 보이는 모든 선을 타고 정밀하게 표현되어 있다” 라고 묘사하고 있다. 그가 앙코르를 보았다면 그는 분명히 이집트와 그리스 건물에 앙코르 건물을 분명히 포함시켰을 것이다. 유사아치로 건축된 건물들은 대부분 진성아치에 건축된 건물보다 공간적으로 답답한 내부를 가질 수 밖에 없다. 실제로 아테네에 남겨진 신전의 기둥들은 자못 웅장하지만 아치를 발견하지 못하였던 그리스의 이러한 건축물들 역시 기둥에 올려진 들보를 통하여 마감을 해야 했으므로 그 내부는 역시 매우 답답하다. 이러한 공법은 그

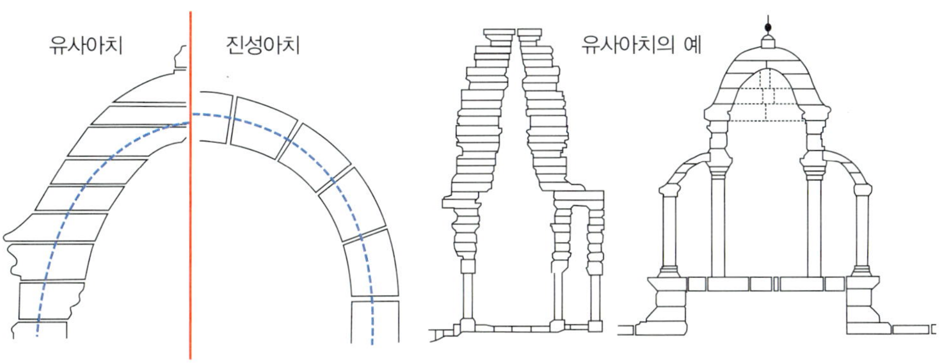

진성아치와 앙코르와트 사원 건축에 사용된 유사아치에서의 석재의 축조 방법을 나타낸 그림과 유사아치로 건축된 건축물의 두 가지 예(서규석, 2003, 신화가 만든 문명 : 앙코르와트, 리북).

리스 신전이 오늘날 기둥만 남긴 한 가지 이유가 된다. 그러나 진성아치로 건축된 건물들은 힘이 분산되므로 벽면에 창문을 만들 수도 있었으며, 훨씬 시원하고 넓은 내부 공간을 확보할 수 있었다.

이들보다 2,000여 년이 지난 앙코르 왕조의 건축물들 역시 들보를 벗어나지 못하였으며, 천정은 유사아치 공법으로 건설되어 내부의 비좁음은 피할 수 없는 특징을 가지게 되었으며 상대적으로 불안정한 구조를 가질 수 뿐이 없었다. 기실 앙코르와 비슷한 시기에 일어난 남미의 잉카문화에서도 아치를 알지 못하였다. 서구 문명에서 2,000여 년 전 그리스에서 극복하지 못한 한계를 로마인들은 반원형 아치로 극복하였으나 앙코르에서는 이 한계를 극복하지 못하였다. 도전적인 로마인들조차도 반원형 이상의 아치를 실험할 의사는 없었던 것으로 보여진다.

스페인을 정복한 무어인들이 건축한 회교사원에서도 원이 그 바탕으로 남아 있다. 785년에 건축된 코르도바의 회교사원 메스키타(Mezquita)를 두고 영국의 작가 제럴드 브레넌은 스페인 전역에서 가장 아름다운 건물이라고 불

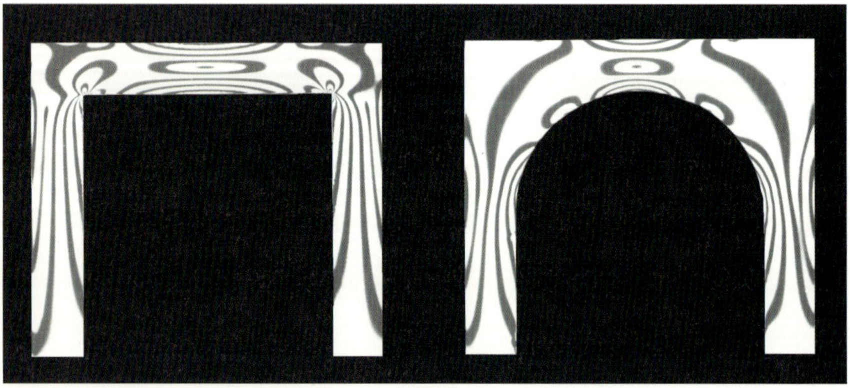

들보 기둥과 아치형에 동일한 변형력을 가했을 때 일어나는 컴퓨터로 모사한 광탄성 모델은 응력의 분포를 보여준다. 아치형에 비교하여 들보 기둥의 아래에 장력이 집중되는 것을 보여주며, 아치형에서는 장력이 골고루 분포되는 것을 보여준다. 이러한 사실은 석재를 사용하는 경우 들보기둥과는 다른 방법이 고안되지 않고는 석재가 가지고 있는 물리적 한계를 극복할 수 없음을 보여준다. 그 결과로 12세기에 들어 로마인들이 발견한 반원형 아치로부터 고딕식의 장대한 궁륭(穹隆)이 있는 건축물들이 유럽에서 건축되었다(Bronowski, J., 1973, The Ascent of Man, Little, Brown and Company).

스페인 남서부 코르도바에 있는 무어인들이 785년에 건축한 총면적 23,000m²의 거대한 메스키타(Mezquita) 사원의 회랑. 850개의 대리석 및 화강암 등의 석주 위의 아치가 만든 조형이 매우 아름답다. 그러나 이 역시 아치의 형태는 원형을 바탕으로 하고 있어 공간 내의 개방성이 결여되어 있다.

렸다. 사원 안에 화강암 및 대리석 등의 850여 개의 기둥 위에 올려진 아치형이 바로 원형의 범주를 벗어나지 못하여 아름답지만 공간의 제약을 탈피하지는 못하였다. 그러나 이들 아치가 반원형으로부터 벗어나 계란형과 같은 긴 타원형으로 변형되어 건축되어 반원형 아치를 탈피한 것은 서구 문명에서도 12세기에 이르러서이다. 고딕식 건축물로 성당이 건축되면서 이 문제를 완전하게 극복하여 1211년에 불란서의 랭스성당이나 빅토르 위고의 소설로 더욱 유명하게 된 1182년에 완공되어 그 후 중건된 노트르담 성당, 1260년 완공된 사르트르 성당과 같은 문화유산을 건축하기에 이른다.[3)]

랭스 성당은 프랑스 역대 황제의 대관식을 거행한 성당으로, 사르트르 성당

불란서 북동부 랭스에 있는 랭스대 성당의 측면 복도의 높은 궁륭. 이 서 파사드는 14세기에 완성된 것이다. 하중을 지탱해 주는 골격이 외부에 있기 때문에 내부는 과거보다는 개방된 공간을 만들어 준다.

은 1260년 성당을 완공한 후 단 한 번의 구조 변경이나 보강 공사가 필요하지 않을 정도로 완벽한 건물로 고딕 성당 건축의 결정판이라고까지 높은 평가를 받고 있다. 고딕 건축양식의 완성은 건축물의 격조를 다르게 만들었다. 과거의 건축양식으로는 건축물의 넓이와 높이를 일정 규모 이상으로 만드는 데는 한계가 있는 방법으로 그 크기를 넓히거나 지붕을 높이려면 벽을 두텁게 하거나 기둥의 수를 늘려야 했기 때문에 벽에 창을 넓게 달 수가 없었다. 그러나 고딕식의 건축양식이 이를 부분적으로 해결해 주어 높고 뾰족한 아치와 천장을 만들면서도 벽채에 넓은 창을 달아 스테인드글라스로 장식하는 여유를 도입할 수 있었다. 또한 건축물내의 조각상들을 자유롭게 배치하여 공간적인 조형미를 표현하는데 더욱 자유스러워지게 되었다. 랭스 대성당의 120피트에 이르는 궁륭은 이를 잘 표현해 주는 대표적인 작품의 하나이다.

이러한 건축 기법이 앙코르 왕조에 도입되었다면 오늘날 시엠리엡에서 보는 유석은 또 다른 건축물이 되었을 것이다. 그러나 그런 기술상의 제약에도 불구하고 이들이 만들어 놓은 문화유산 역시 엄청난 것이었다. 앙코르와트 제1회랑의 섬세한 부조는 그 예술적 가치뿐만 아니라 상징성에서 그 서구의 단순한 건축물과도 비견할 수 없는 우주의 인식론을 바탕으로 만들어진 것이다. 이를 설계한 이들은 당시의 지식체계를 최대한 반영한 것이었다. 제1회랑의 서쪽에 부조된 쿠루평원 전투 이야기와, 동쪽에 부조된 우유바다 젓기는 각각 춘분과 추분에 햇빛을 받을 수 있도록 자리하고 있으며, 북쪽과 남쪽에 부조된 상들과 천국의 조상들은 각기 하지와 동지에 태양빛을 받을 수 있도록 설계되어 있다. 사원의 설계자들인 바라문 사제들은 태양의 사원인 앙코르와트를 중심으로 태양이 춘분의 동쪽으로부터, 하지의 북쪽, 추분의 서쪽, 동지의 남쪽으로 이동하는 것을 고려하여 배열한 것이었다. 이 건축물은 오늘날 인공위성에서 촬영을 한 사진에서도 완벽한 대칭을 그대로 보여주고 있다.

앙코르와트 제1회랑은 북쪽 및 남쪽 벽이 각기 202.14m이고, 동쪽과 서쪽 벽이 각기 187m이다. 회랑의 동쪽 벽에는 나가 뱀의 중심이 되는 인도 신화의 한 장면이 부조되어 있다. 이야기는 거대한 코브라인 나가 왕 바수키의 높이 들어올린 다섯 개의 목을 악마가 움켜잡고 있는 모습으로 시작된다. 이 범상치 않은 신화를 앙코르 벽에 조각으로 남긴 의도는 여기서 논의할 대상이 아니다. 그러나 이러한 일련의 작업들이 11세기 이 왕조의 군주 중 하나였던 우다야디티야바르만이 거대한 비를 세우고 그 비명에 "우주의 중심을 나타내는 것이 메루산이니 그 것을 수도 중심에 두는 것이 적절하다"는 기록처럼, 이들의 건축 이유를 밝히는데 단서가 되는 것들이다. 우주의 중심으로 현신으로서의 왕들을 추모하기 위한 작업의 하나였던 것이 분명하다.

앙코르와트의 규모는 12세기에 자야바르만 7세에 의하여 건설된 왕궁을 비롯한 도시 앙코르톰에 비교하면 그 일부에 지나지 않는다. 앙코르톰은 25×15km이란 375km^{2}의 거대한 도시로 앙코르와트 위로 연장된다. 앙코르와트

앙코르톰의 바욘의 54개 석탑 중의 하나. 석탑 하나에 네 방향으로 각기 네 개의 두상이 새겨져 있다. 이 두상은 장 보아슬리에에 의하면 "불경에서 브라마비라(brahmavira), 즉 '브라마에 기분 좋은 것들', '숭고한 상태'라고 하는데 심성을 자비, 연민, 기쁨 및 평정으로 이끄는 '미음이 활발한 상태'에 이른 불교도의 전형적인 표정으로 새겨졌다"고 한다.

나 앙코르톰은 코브라가 모티브가 된 나가(Naga) 뱀들의 형상이 곳곳에 널려 있다. 어떤 학자는 이를 보고 앙코르와트는 "뱀 숭배에 통째로 바쳐졌으며, 지붕의 어느 각도에도 머리가 일곱 개 달린 뱀으로 장식되지 않는 곳이 없다"라는 결론을 내릴 정도이다. 그레이엄 핸콕은 이를 두고 "나가 강박증"이라고 표현을 하였다.[4] 인도 신화에서 나가들은 지상을 다스리지만 초자연적인 존재들로 신들과 동격인 코브라 왕들이다. 나가 뱀은 일반적으로 머리가 다섯 혹은 일곱 달린 아름다운 뱀으로 묘사되며, 이들은 모습을 자유자재로 변화시킬 수 있어서 자기의 의지에 의지에 따라 인간의 모습으로도 혹은 신비한 혼합체(허리 위는 인간이고 허리 아래는 뱀인)로 나타날 수 도 있다는 것이다. 나가 뱀은 인도의 많은 종교 문헌에 등장한다. 이들은 엄청난 자비를 베풀 수 있지만 반대로 엄청난 재앙을 만들 수 도 있다. 이들의 성격은 자연만큼이나 애매하고 예측 불가능한 존재이다. 그들은 차원을 초월하고, 하늘과 땅, 시간과 공간, 이승과 저승의 영역을 넘나들고 인간의 영역으로도 들어오기도 하지만, 이들의 진정한 정체는 천상적이며, 우주적이라는 점에는 일치되게 기술된다. 앙코르 주위에 널려 있는 나가 뱀들은 세계 시기의 탄생 및 죽음, 그리고 시간의 영원한 재생과 연결되어 있다.

이 위대한 인류의 유산들 중 일부는 전형적인 풍화작용의 한 단면을 보여주고 있다. 풍화작용은 물과 바람에 의해서만 진행되는 것은 아니며 식물의 뿌리에 의해서도 진행된다. 구조물의 지붕에 자라기 시작한 작은 묘목은 열대의 기후에 빠르게 성장하면서 그 뿌리를 바닥에 내리면서 구조물의 틈새를 벌리기도 하며, 구조물을 통째로 변형시키기도 한다. 이것이 단지 인공적인 건축물이라는 것만 다를 뿐 자연계의 암석의 틈 사이에서도 이러한 작용이 일어나는데 이를 기계적인 풍화작용이라고 부른다. 이 지역에 흩어져 있는 수많은 유적들이 여기저기에 파손된 모습을 보이는 것은 단순히 들보 기둥이나 유사아치 혹은 풍화작용의 탓으로만 돌리기보다는 더 적극적인 보전 대책을 세워야 할 시점에 이른 것을 말해 준다.

앙코르와트보다는 시대가 조금 뒤지지만 지구의 반대편에서도 문자가 없었던 다른 나라에서 돌을 나무처럼 다룬 문명이 있었다. 이 역시 서구 문명에 오랜 기간 노출되지 않았다는 점은 앙코르와트와 공통적이다.

예일대의 하이럼 빙햄(Hirum Bingham, 1876~1956) 교수가 1911년 7월 24일 마추피추를 발견하고 돌아와 썼던 보고서의 첫머리는 "잉카는 훌륭한 기술자였다"라는 것이었다. 마추피추가 잉카 황제의 왕궁으로 사용될 때 상주인구는 약 300에서 최대 1,000명으로 추산하고 있다. 아마존강의 시작 부분에 해당되는 우루밤바강이 휘돌아가는 계곡으로부터 400m 위의 해발 2,400m의 능선에 위치한 마추피추는 좀처럼 사람들의 눈에 띄기가 어려운 위치에 놓여 있었다.[3)]

곳곳에 나무뿌리 등에 의해 파손된 채 나뒹구는 유적의 모습. 이 유적은 나무뿌리에 의하여 일어나는 기계적 풍화작용을 잘 보여주는 예이기도 하다.

이 도시를 세운 잉카는 12세기경 티티카카 호수 근처에서 시작하여 그곳으로부터 가까운 쿠스코(Kuzco)에 수도를 정하고 제국의 영토를 확장하여 전성기에는 오늘날의 컬럼비아 남부, 에콰도르, 페루, 볼리비아 및 칠레 북부에 이르는 광대한 제국을 건설하였다. 그러나 잉카는 스페인에 의하여 함락되었다. 스페인인들은 황제를 처형

해발 2400m의 고산의 능선에 위치한 잉카의 숨겨진 도시 마추피추. 이 도시는 1911년 하이럼 빙햄 교수에 의하여 발견되어 서구에 알려지게 되었다.

하고 그의 이복동생을 왕위에 올렸는데 그가 망코(Manko)이다.

그러나 1536년 망코는 10만의 잉카인들을 거느리고 안데스산맥의 더욱 험준한 골짜기로 들어가 새로운 빌카밤바에 수도를 건설하였다. 그러나 이마저 1572년 함락되고 황제는 처형되었다. 이 때 살아남은 일부의 잉카인들은 어디론가 피신하여 새로운 도시를 건설하였다고 한다. 마추피추를 발굴한 자료에 의하면 잉카제국이 형성되기 이전인 서기 800년 경에 정착한 사람들도 있었다는 것이다, 이러한 자료들을 근거로 비프만과 같은 사학자는 마추피추는 잉카문명의 전 단계에 시작되었으며, 1300년경 버려진 이곳을 스페인 침공을 계기로 잉카가 재점령하여 1543년경 다시 건설하였다는 주장을 하고 있다. 그러한 사실은 사학자들이 밝혀야 할 일 중의 하나이다.

이곳은 두께 1.8m 높이 5m의 성벽으로 둘러 싸여 있는 견고한 성곽 도시로 약 5km^{2}의 넓이로서 남쪽의 농업지구와 북쪽의 도시구역으로 나뉘어져 있다. 북쪽의 도시구역은 중앙광장을 중심으로 왕궁, 사원 및 귀족 계급의 거주지인 하난(Hanan)과 일반 주민들을 위한 거주지와 작업장 등이 들어선 동부의 후린(Hurin)으로 구분된다. 이들의 건축 기술은 대단하여 큰 덩어리의 석조물들은 다듬어 축조한 기술이 한 치의 오차도 없이 만들어져 있다. 이러한 정교한 가공 기술은 여러 가지 건축물에 그대로 들어나 있으며, 이 높은 지역에 많은 인원이 거주하면서 절대적으로 필요한 물을 공급하기 위한 수로와 배수로의 설치 역시 아주 치밀하게 만들어져 있었다. 아마도 빙햄이 잉카는 훌륭한 기술자였다라고 감탄한 것은 높은 산꼭대기에 과학적으로 잘 정비된 수로와 배수관 혹은 양수장과 효율적인 배수 관리 체계와 그런 훌륭한 건축술을

잉카의 숨겨진 도시 마추피추에서 석공들의 섬세한 축조 기술. 정교하게 다듬은 화강암석재들과 왼쪽의 자연석 위에 석재를 다듬어 축조한 정교함이 돋보인다. 이들의 건축술에서도 들보가 채택되고 있다.

보고 감탄하였을 것이다. 사람들이 사용하고 난 후 한 방울의 물도 손실 없이 이를 경작에 사용하도록 한 지혜는 정말로 훌륭한 것이었다.

마추피추는 해발 2,000m 넘는 고산지대의 년간 강수량이 2,000mm 정도인 경사가 매우 급한 사면에 건설하는 배수 구조물의 건설은 사실 그리 쉬운 일은 아니다. 1540년 이 도시가 방치된 후 20세기에 이르기까지 열대 우림지역에 이들 유적이 산사태에 살아남은 것은 그들이 건설한 도시가 얼마나 견고했는지를 반증하는 자료가 된다. 케네스 라이트와 그의 동료들은 1999년 이 지역의 지질과 구조물을 최근에 자세하게 연구한 후 빙햄의 결론이 옳았음을 확인하였다.[5), 6)] 4반세기를 버텨온 구조물은 그 기초가 튼튼하였기 때문에 가능하였다.

마추피추는 두 봉우리 후아이나피추와 마추피추 사이의 2,400m 능선에 위치하며, 양쪽으로는 약 450여 미터의 높이의 급한 경사를 갖는 우루밤바강의 메안더 계곡으로 되어 있다. 지형적인 조건은 고대에 도시를 건축할 만한 위치라고는 전혀 생각하기 어려운 위치이다. 잉카의 도시가 위치한 이 자리는 지질학적으로는 40km^{2}의 넓이로 2억 5천만 년 전에 관입한 빌캄바저반(큰 관입암체를 저반이라고 한다) 위에 위치하고 있다. 이 관입암체는 화강암으로서 서울 주위의 북한산에서 보는 암석과 같은 것이다. 이 화강암체가 바로 견고한 마추피추를 건설한 석재이다. 이 화강암체에 발달하는 직사각형의 절리(암석이 깨진 틈)가 아마도 마추피추를 건설하는 석공들에게 도움을 주었을 것이다. 마추피추를 사이에 두고 두 개의 큰 단층이 발달하는데 이들 단층은 이 지역의 큰 봉우리 이름을 따서 각기 후아이나피추단층과 마추피추단층으로 명명되었다.[7] 이들 단층은 단층면이 고각도로 선 역단층인데, 이들 중 마추피추단층의 단층면이 물을 통과하기 좋은 투수성 층을 만들어 끊임없이 공급되는 샘물의 근원이 되었다. 지질학적으로 천혜의 조건이 만들어진 자리였던 것이다. 잉카인들이 이런 지질학적 조건을 이해하고 이 자리를 잡은 것은 아니었지만 적어도 그들은 이런 지질학적 조건에 의하여 형성된 생명의 원천중의 하나인 수자원이 있었기에 이곳에 주거를 정하는 것이 가능하였을 것이다.

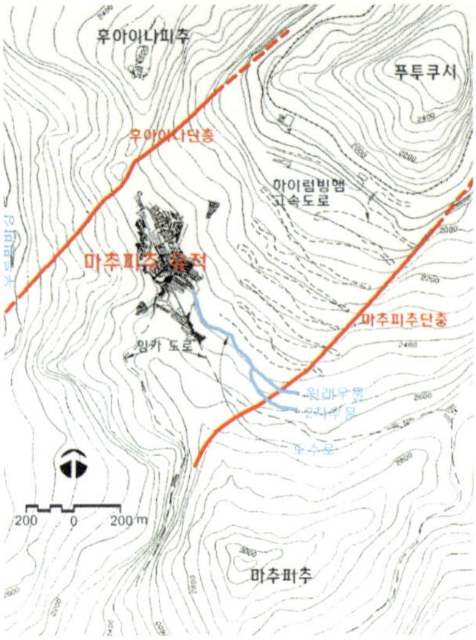

마추피추 유적지의 위치와 그 주변 환경. 마추피추 양쪽에 발달되는 두 개의 단층과 두개의 봉우리 후아이나피추와 마추피추. 계곡 아래의 우루밤바강이 흐른다(라이트 등, 1999).

그들은 주변 지역에 식량 생산을 위하여 계단식 농경지 4.9헥타르를 확보하였다. 잉카족은 그들의 건국신화와 같은 종족의 기원에 대한 전설에서도 나오는 것처럼 좋은 토양을 알아보고 그곳에 왕도를 건립한 이들이었다. 잉카는 토지의 공동 소유제, 공동 경작을 기반으로 한 국가였다. 이러한 관습은 그들이 살고 있는 토양의 성질에서 기원된 것으로 추정하고 있다. 제국의 토지는 3등급으로 구분되어 배분되었다. 첫째 계급은 태양신을 모시는 교회로서 그들이 제사를 지내기에 충분한 토지가 주어졌다. 둘째 계급은 씨족 단위로 분배되는 토지였다. 이러한 토지는 공동으로 소유하였으며, 사유재산은 인정되지 않았다. 씨족이 큰 경우에는 더 많은 토지를 분배해 주어 거의 동등한 토지를 소유하게 조정하였다. 마지막으로 토지를 소유하는 계급은 왕실로서 가장 많은 토지를 소유하였으며, 이들 토지의 생산물은 왕실은 물론 군인이나 관료들을 부양하는 용도로 사용되었다. 토지를 경작하는데 노동력의 동원이나 수확하는 순서까지도 철저하게 관리되는 체제를 가지고 있었다. 이들은 문자가 있는 것도 아니었지만 발달한 농업기술을 가지고 있었다. 또한 그들은 세련된 미술가이자 건축가였으며, 이 시대 주변 지역에 비교해 발달한 도자기 기술을 가지고 있었다. 농사를 짓기 위해서 물 관리가 필요하였으며, 마추피추에 거주하는 사람들은 천혜의 수자원을 가지고 있다고 해서 치수를 게을리 하지는 않았다.

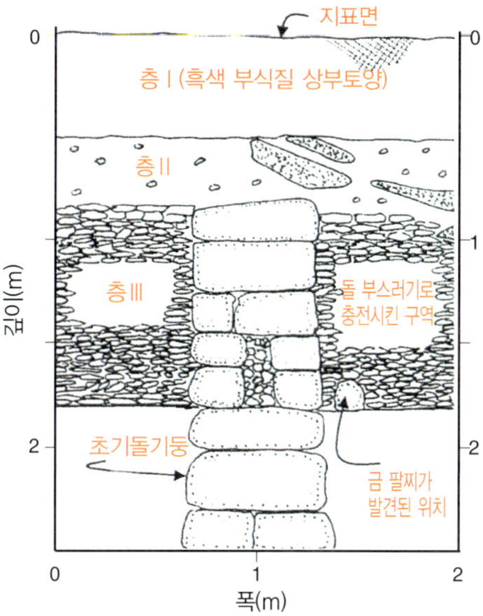

마추피추 광장 하부의 단면도. 하부는 배수를 위하여 석재를 다듬으면서 나온 돌 부스러기를 채워 투수성 층을 만들었다. 특히 물이 모이는 지점은 이들은 일정량의 물을 저수하는 기능을 가지기고 한다. 이 시험용 단면을 절개하면서 마추피추에서 처음으로 금으로 된 팔찌를 발견하였으며, 이 발견은 이 지대의 발굴의 촉매제가 되었다(라이트 등, 1999).

이들이 마추피추에 건설한 계단식 경작지는 두 가지 기능을 하였다. 하나는 작물 재배를 통한 양식의 제공이었으며, 다른 한 가지는 부가적으로 얻은 이익으로 급사면의 토양 침식을 막아 준 역할이었다. 잉카가 자리한 지리적인 위치를 고려하면 일부 지역을 제외하고는 다른 지역이라고 해서 더 사정이 나을 것도 없는 형편이다. 잉카제국이 몰락하기 이전에 자리 잡은 위치는 서부 안데스로서 현지 역사가가 기술한대로 인간이 절대로 살 수 없는 곳이다. 평원이라고 부를 정도의 넓은 토양에서 쫓겨난 잉카의 후예들이 갈 수 있는 곳은 험준한 골짝이 마추피추였다.

계단식 경작지는 견고하게 만들어져 있어 오늘날의 공법으로도 가히 손색이 없었다. 위의 그림은 마추피추 광장에서 시험용으로 절개한 단면으로 상부의 토양은 부식물질 풍부한 토양층이며, 하부의 두 번째 층과 세 번째 층은 상부 토양보다는 조립질 혹은 석재를 다듬으면서 깨져 나온 암석 조각들로 만들어져 있어 배수가 양호하도록 설계되어 있었다. 이러한 배수체계는 계단식 경작지는 물론 거주 구역에서도 상당한 노력을 기울였음을 보여주는 것이다. 라이트 등의 1999년도 조사 결과에 의하면, 마추피추 배수시스템은 다음과 같이 여러 가지 측면을 고려하여 건설되었다는 것이다. 주 배수 처리는 농경지와 거주지를 구분하여 중앙 처리 시스템을 도입하였다.[6] 잉카 문명의 기반은 계단식 경작이었다. 마추피추 뿐만 아니라 잉카제국이 들어선 다른 지역도 일부 분지에 위치한 지역을 제외하고는 가파른 산악지대에 위치하였기 때문에 불가피한 것이었다. 계단 경작지의 표면 배수는 경사를 조절하여 주 배수로 혹은 계단으로 집중되도록 하였다. 배수를 위하여 하부는 조립질 물질 혹은 석재 부스러기들을 섞어 투수성으로 만들었다. 그리고 주거지역의 배수는 계단이나 보도를 이용하였다. 또한 주거지역 광장의 아래는 석재를 다듬으면서 나온 돌 조각들을 깊게 깔아두어 지표수가 모이는 부분은 상당량의 물을 받아들일 수 있도록 고려하였다.[5] 이렇게 모여진 물은 적절한 지하수면의 유지를 도와 일정한 수량의 공급은 물론이고, 과다한 지표에서의 유출수의 이동 때문에 생기는 침식을 방지하는 역할을 하게 되었다. 주거지역에는 지표수가 모여지는 양을 잘 고려하여 배출구를 적절하게 만들어 대비하였다. 주거지역의 이러한 배수 처리는 건물 내를 통하여 잘 설계되어 있었다. 배수뿐만이 아니라 급수 또한 잘 통제된 경로를 따라 공급되도록 설계되어 있었다. 실제로 이러한 급수 시스템은 마추피추를 발굴할 당시 그곳에 일하던 여러 사람들이 바로 사용하였다고 한다. 500여 년이 경과된 뒤에도 제대로 작동하는 급수와 배수 시스템을 건설하여 사용하였던 지혜에 다시 한번 놀랐다.

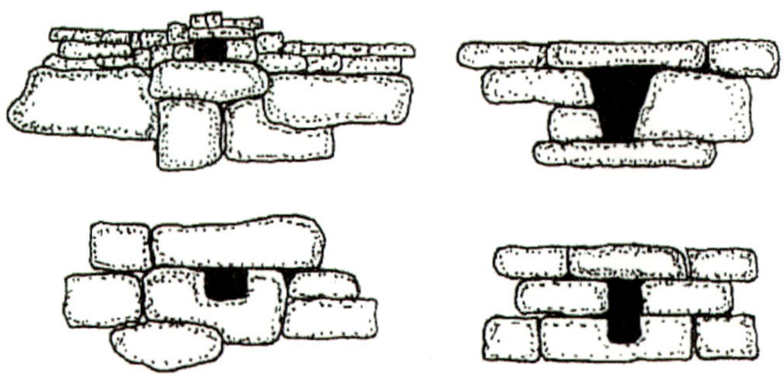

군데군데 만들어진 여러 가지 형태로 잘 디자인된 배수를 위한 배출구(라이트 등, 1999).

뛰어난 석조 건축술과 함께 이러한 창조적이면서 주변 환경에 잘 어울리는 배수 처리 시스템을 고안한 그들의 지혜에 그저 감탄만 나올 뿐이다. 이러한 기술은 잉카인들이 오랜 기간 동안 시행착오를 겪으면서 체득한 경험을 바탕으로 한 지식이었을 것이다. 그런 증거들은 쿠스코로 가면 드러난다. 잉카가 국가를 세운 것은 마추피추가 아니라 안데스 산맥의 3,810m 고지 위에 있는 티티카카 호수 근처의 쿠스코였다. 쿠스코 주변에 널려 있는 거석문화와 남쪽으로 650km 떨어진 곳에 있는 티아우아나코의 거석문화들을 보면 잉카 이전에 이미 거대한 돌을 다루는 기술이 그 지역에 있었음을 알 수 있다.[4] 스페인인들이 잉카를 정복한 후 스페인 정복자들은 그들이 해오던 방식대로 잉카의 쿠스코에 있는 토착 성지인 코리칸차(신전) 위에 성당을 세웠지만 잉카 석조물을 상당부분 그대로 남겨 놓았다. 1951년 큰 지진이 발생했을 때 스페인 사람들이 세웠던 산토도밍고 성당은 무너지면서 잉카 신전의 하부 구조가 들어났다. 그러나 남겨진 잉카신전은 지진에 무너져 내리지 않았다. 그 돌들은 마치 거대한 조각그림 짜맞추기처럼 이음새가 없이 정교하게 맞추어져 있었기 때문이었다. 핸콕은 이를 "이음새가 어찌나 정교한지 거의 눈에 보이지 않았고 전체적인 인상은 보석 세공인의 작품을 에이커 규모로 확대한 듯 했다"고 기술하였다. 이러한 기술을 가진 장인들이 쫓겨 가는 잉카의 후예들과 마추피추로 숨어들어 또 하나의 작품을 완성시킨 것이다.

거대한 돌을 이용하여 대형 조각을 만들고 거대한 구조물을 만들려는 노력은 앙코르와트나 마추피추에서만 있었던 일만은 아니다. 이집트에서도 로마에서도, 아즈텍이나 마야문명권에서도 앙코르와트나 마추피추를 능가하는 돌을 다루는 솜씨가 있었다. 비단 그러한 노력은 과거의 역사시대에만 있었던 것은 아니며, 오늘날에도 이런 시도는 세계 여러 곳에서 관찰된다. 현대인들도 그런 노력을 하는데 예외는 아니었다. 미국의 사우스 다코다에 있는 1,745m 높이의 러쉬모어산에 새겨진 큰바위 얼굴이 대표적인 예이다. 앙코르와트나 마추피추는 적어도 돌을 박힌 자리에서 만든 것은 아니다. 러쉬모어산이 있는 이곳은 황량한 미국 서부 지역에서 그래도 삼림이 발달해 있는 곳으로 이 지역 전체를 블랙힐이라고 부른다. 이 큰 바위 얼굴은 60여 킬로미터 밖에서도 보이는 거대한 조각상으로 제자리에다 조각을 해놓은 것이다. 사우스 다코다에서 가장 오래된 화강암으로 된 러쉬모어산은 마치 이 조각을 하기

미국 사우스다코다주의 러쉬모어산. 이 산의 화강암 절벽에 새겨 놓은 네 명의 미국 대통령 조각상.

위하여 자연이 마련해 둔 것처럼 보일 정도로 돌출되어 있다. 그 돌은 16억 년의 세월을 겪은 돌로는 보이지 않는다. 이 산은 과거 이 지역에서 인디언으로 가장 강력한 힘으로 백인과 마주섰던 수우족의 근거지이기도 하였다. 러쉬모어산은 이들 원주민들의 신성한 장소이기도 했다.

화강암은 마그마가 지하에서 서서히 식으면서 만들어지는 암석이다. 이들 화강암들을 구성하는 광물들의 입자는 마그마가 식는 속도와 관계된다. 냉각되는 속도가 느리면 느릴 수록 돌을 구성하는 입자들은 커진다. 그러나 이런 조각을 하기 위해서는 입자가 작은 화강암이 더 적합하다. 이 산에 조각을 하기로 결정한 그 위치는 세립질 화강암으로 되어 있다. 미국에는 코담배갑 크기의 기념물도 없다고 늘 말해 오던 보그럼(Goutzon Borglum, 1867~1941)이 보기에는 기념물을 세우기에 가장 적절한 장소였다. 여러 논의 과정을 거쳐 거기에 미국 대통령의 얼굴을 새기기로 하였다. 선정된 이들은 미국을 건국한 조지 워싱턴을 비롯하여 토마스 제퍼슨과 아브라함 링컨으로 결정되었다. 마지막으로 결정된 테오도르 루즈벨트는 남아 있는 공간에 어렵사리 자리를 차지하였다. 공사는 보그럼의 지휘 아래 1927년 8월에 시작되었다. 러쉬모어의 동남향 절벽에 총 142m에 이르는 길이로 깎여 나가기 시작하였다. 얼굴은 18m 크기로 자리 잡았다. 보그럼은 이의 완공을 보지 못한 채 74세의 나이로 사망했다. 나머지 7개월분의 작업은 그의 아들에 의해 계속되어 1941년 10월에 완공하였다.[7)]

러쉬모어산의 조각들처럼 붙박이로 세워진 것은 아니지만 거대한 석상들은 세계의 이곳저곳에서 발견된다. 마젤란이 세계일주를 할 때 마젤란 해협을 지나 태평양을 횡단하면서 투아모투와 마르키즈를 지나면서 폴리네시아 원주민들과 접촉을 하면서도 그 여정에 있던 섬을 하나 그냥 지나쳤다. 그 섬이 바로 이스터 섬이다. 그리고도 200여 년이 지난 후인 1722년 4월 5일 네델란드의 야코브 로헤번이 이 섬에 서방인으로는 처음 도착하였다. 그가 그곳에 도착한 날이 부활절(Easter day)이었기 때문에 그 섬을 이스터라고 부르기로 했다. 그는 멀리 서 있는 거대한 석상을 보았지만 그는 그것이 진흙으로 만들어진 것이라고 단정적으로 생각하였다. 그들은 닷새 후 당시 그들이 믿고 있던 남태평양에 존재하는 대륙을 찾아 항해에 나섰다. 그리고 그 섬은 다시 기억으로부터 사라졌다.

그 후 50년이 경과되었다. 1770년 12월 스페인의 배 두 척이 다시 이곳에 도착하였다. 이 배를 지휘하고 있던 펠레페 이에아도 곤잘레스는 12월 15일

남태평양 이스터섬의 거대한 석상군. 이런 석상을 모아이라고 하며, 그들의 성소에 이러한 석상을 만들어 놓았다. 이들의 크기는 장소에 따라 차이를 보인다.

그 곳이 스페인령임을 선언하였다. 그가 이 섬에 머문 것은 엿새였지만 이 섬의 지도를 만들었다. 길이 열리자 이스터섬의 주민들은 태평양으로부터 떠오르는 이방인들의 돛을 더욱 자주 보게 되었다. 스페인들이 다녀간 4년 후 이곳을 찾은 제임스 쿡 선장이 남긴 기록으로 이 섬이 소개되었다. 이들이 이 해역을 항해하는 이유는 새로운 땅을 찾기 위한 것이었으므로 이들이 이스터섬에 큰 관심을 갖지는 않았다. 작고 척박한 땅으로 서방인들이 관심을 가질 만한 그런 섬은 아니었다. 그는 그곳의 척박함만을 묘사한 것은 아니었으며 그 석상에 대한 기록을 빼놓지 않았다.

이곳에 사는 주민들은 폴리네시아인들로서 이들의 선조는 인도네시아로부터 멀고 긴 항해 끝에 여기에 이른 것을 추정하고 있다. 이들이 그렇게 먼 거리를 항해할 수 있었던 것은 불가사의한 일이기는 하지만 그들의 항해술이 대단했던 것만큼은 그들의 이주 경로를 보아도 알 수 있다.

이 섬은 동서 15km, 남북 10km 전체 면적인 118km^{2}의 작은 섬으로, 그 섬에 있는 다른 것에 비교해 기괴하리만치 거대한 석상 500여 개는 여러 가지 경로를 통하여 서방세계에 알려졌다. 지질학을 하는 사람이라면 태평양 한가운데 떠 있는 섬이 화산섬이라는 것을 모두 알고 있다. 그 섬 역시 현무암과 응회암이 만든 섬이다. 섬의 중앙에 가장 높은 분화구가 자리하고 있으며 동쪽과 남서쪽 끝의 봉우리도 역시 분화구이다. 가장 높은 중앙의 봉우리가 506m의 높이라고 얕잡아 보아서는 결코 안된다. 태평양 바닥 5,000m를 솟구쳐 올라온 화산의 꼭대기 부분만이 바닷물 위로 나온 것이기 때문이다. 이들이 만든 거석상은 "모아이"라고 부르며, 신과 선조들을 모시기 위해 만들어진 성소에 세워진 것이었다. 세워진 석상의 숫자는 성소에 따라 달라졌다. 이런 성소는 대부분이 해안가를 따라 위치해 있었으며, 그곳은 그들 공동체의 의식이 열리는 장소로도 활용되던 공간이었다. 지금도 흔적이 남아 있는 모아이를 만들기 위한 채석장의 위치로 보아 모아이를 만든 후 상당한 거리를 운반하기도 하였다.

주요한 성소에 있는 모아이는 크기가 3.5~5.5m의 크기로 서로 다르다. 이

보다 더 작게 만들어진 모아이도 있다. 큰 것은 높이가 10m나 되며 무게는 90톤이나 나가는 것도 있다. 그러나 가장 큰 것은 라노라라쿠분화구의 산등성이 응회암을 그대로 조각해 만들어 놓은 것으로 21.60m의 크기에 무게가 150톤에 이르는 것도 있다. 섬의 동쪽에 아직도 남아 있는 라노라라쿠 채석장은 그 자체가 화구이며 높이가 150m에 이른다. 그곳이 선정된 것은 바로 가공하기가 용이한 응회암이 넓게 분포되었기 때문이다. 그곳에는 거의 만들어졌거나, 혹은 만들기 시작했던 석상들이 약 300여 개가 그 자리에 남겨져 있다. 어떤 것은 조각이 완성되어 제자리를 찾아 갈 준비가 다 되어 있는 것도 있다. 이들 석상들이 바라보는 대양의 끝으로부터 온 그들의 이주 경로와 시기가 명확하게 밝혀지지 않은 것처럼 어떤 목적으로 이런 거대한 석상을 그렇게 많이 만들었는지 역시 밝혀지지 않은 수수께끼로 남아 있다. 최근 이를 연구한 고고학자는 이들 석상은 당시 지배자를 나타내는 상징물이었으며, 의식용으로 하늘과의 연결고리로 해석을 하였다.[8)]

인류학자들은 이들의 이주를 플라톤이 그리스 식민지에서의 주민의 엑서더스가 더 이상 주민을 먹여 살릴 수 없는 국토의 비극으로 설명한 것처럼, 한정된 섬에서의 인구 과잉에 의해 남아 있는 주변 섬들의 쟁탈전에 패배한 부족들은 노예 상태에 가까운 상황에서의 생활보다는 파도에 몸을 맡기는 길을 선택한 것으로 해석하고 있다.[9)] 그 시기는 12 내지는 14세기로 추정을 하고 있다. 그러나 그들이 위험을 감수하고 도달한 이 섬조차도 불어나는 인구를 존속시키기에는 턱없이 작은 섬이었으며, 한때는 열대 삼림으로 가득한 섬이 유럽인이 이 작은 화산섬에 도착했을 때는 이미 나무 한 그루 찾아보기 힘든 척박한 섬으로 변해 버린 뒤였다. 그런 급박한 환경의 변화가 그들이 떠나야만 했던 고향 섬에 대한 그리움으로 다가왔고, 그런 바램을 나무처럼 다루기 쉬운 무른돌 응회암에 담아 놓은 것은 아닌지 하는 엉뚱한 생각을 해본다.

인류가 역사를 기록으로 남기기 이전 세계 곳곳에서는 거대한 돌로 만들어진 구조물들이 이곳저곳에 남겨져 있다. 영국의 스톤헨지, 북프랑스의 카르나크 입석, 에티오피아 악숨의 석비 등 헤아릴 수 없는 거대한 기념비들이 있다.

그러나 그 시기에 만들어진 이러한 인류의 기념비들은 고고학자들의 많은 노력에도 불구하고 하나같이 그것들이 누가 어떤 목적으로 건설했는지에 대해서는 아직도 명확하게 모른다는 공통점을 가지고 있다. 거기에 돌이 있어 만든 것만은 분명 아닐 것이다. 후대의 학자들은 이런 기념물들의 위치나 배열을 통하여 천문학적인 연관성을 만들어 놓는 것을 좋아한다.

사라져 가는 아랄해

우리는 중앙아시아란 지리적 용어를 들으면 아직도 혼돈스럽다. 중앙이라는 의미는 가운데를 의미하므로 중앙아시아란 말은 아시아의 중앙부에 해당되는 지역을 연상하기가 쉽다.

그러나 정작 중앙아시아는 아시아의 서쪽 끝에 위치하는 카자흐스탄, 우즈베키스탄 또 나라 이름이 스탄으로 끝이 나는 키르키즈스탄, 투르크메니스탄, 타지키스탄과 아프가니스탄의 북부와 중국의 서쪽 끝 신강성이 이에 해당된다. 중앙아시아란 용어는 독일의 훔볼트에 의해 처음 지리적 개념으로 사용된 것으로 그는 동쪽으로는 만주지역 흥안령산맥으로부터, 서쪽에는 카스피해에 이르기까지 그리고 남쪽과 북쪽은 히말라야산맥과 알타이산맥 사이를 지칭하는 것으로 보았다. 그러나 소련은 투르크족이 거주하는 지역으로 중앙아시아란 용어를 사용하기도 하였다. 장준희는 중앙아시아의 범주를 "동쪽으로는 중국의 신강 지역을 포함하고, 서쪽으로는 카스피해 지역까지이다. 단 아제르바이잔은 문화적 그리고 민족적 개념을 기준으로 중앙아시아 지역에 포함시킬 수 있다고 본다. 북쪽으로는 러시아 남부 카스피해 북부 지역에서 남쪽으로는 아프가니스탄 북부 지역을 포함시킨다"고 하였다.[1)]

이 지역은 일찍이 동서 즉 아시아와 유럽을 연결하는 교역로의 중심에 위치한 지역으로 한때 매우 번성한 교역로의 중심 지역이었다. 아랍의 이슬람교도들이 지배하던 이곳을 테무친이 1206년 몽골의 절대자 칭기스칸으로 추대된 후 이 지역을 정벌하기 시작하였다. 1211년에는 천산산맥 서쪽의 위구르를 차지하였다. 칭기스칸이 교역을 확대하고자 1218년에는 호라즘에 파견한 통상단이 국경에 도착하였을 때 이 지역의 수비대장이 통상단을 스파이로 몰아 모두 죽이고 물품을 몰수하는 사건이 일어나자 호라즘을 징벌하기로 결정한다. 아마도 정복자 칸에게 그것은 핑계였을지도 모른다. 당시 호라즘은 동방의 이슬람의 최대 강국이었다.

유목민의 후예 칸은 그들의 기병대를 이끌고 1220년 호라즘왕국의 대부분을 점령하였으며, 마침내 호라즘은 지도에서 사라지게 되었다. 몽골제국의 출현은 동서를 잇는 통로가 안전하게 확보되었음을 의미한다. 몽골이 멸망하는 시기에 등장한 우즈베키스탄의 영웅으로 칭송을 받는 티무르가 제국을 세워 번성하였던 곳이 바로 이 지역이며, 그 중심지가 아랄해로 유입되는 두 강 사이에 위치한 사마르칸트이다.[2] 이러한 역사의 현장이며 고대 동서를 잇는 실크로드의 서쪽 끝에 해당되는 지역이 바로 이곳이다. 이곳의 건조한 기후 때문에 대부분의 지역이 사막이며 다만 5%에 해당되는 면적에 인구가 밀집되어 있다.

이 지역은 칭기스칸이 정복하기 훨씬 이전 마케도니아의 맹주 알렉산드로스가 이미 지배하였던 경력을 가지고 있다. 왜 그런 오지에 정복자들의 관심이 있었을까 하는 문제는 복합적인 원인을 가지고 있다. 다만 한 가지 분명한 것은 그곳 중앙아시아는 고대로부터 동서 교역의 중심지였으며, 남쪽의 설원으로부터 공급되는 풍부한 물로 훌륭한 오아시스와 초지를 가진 곳이었다는 지리적인 특징도 한 가지 원인은 되었을 것이다.

그런 그 지역이 한동안 세계 역사에서 주목을 받지 못하다가 최근에 와서 지구환경 문제로 학자들의 관심을 집중시키는 지역 중의 하나로 떠올랐다. 인간의 활동이 자연환경을 파괴한 예는 근세에 들어 지구의 여러 곳에서 일어나고 있다. 어떤 것은 회복이 가능한 것도 있지만 어떤 것은 회복하기 어려울 정도로 환경이 훼손되는 경우도 있다. 훼손된 환경을 복원하기가 어려울 정도로 파괴된 대표적인 예가 아마도 중앙아시아의 우즈베키스탄과 카자흐스탄 사이에 위치해 있는 아랄해일 것이다.

아랄해의 위치도. 카자흐스탄과 우즈베키스탄으로 양분된다. 아랄해의 남쪽으로 유입되는 아무르다르야강과 아랄해의 북쪽으로 유입되는 시르다르야강의 위치를 주변 지역의 기복도로 함께 도시하였다. 아랄해는 힌두쿠시 산맥에서 발원되는 북류하는 두 강이 집수되는 대륙 내의 분지 내에 위치한다.

아랄해는 태초부터 있었던 바다는 아니었으며,

160만 년 전 지각이 내려앉으면서 시르다르야 강물이 분지로 유입되면서 담수 호수가 만들어지기 시작하였다. 약 14만 년 전에는 카스피해로 들어가던 아무다르야 강물이 물길을 바꿔 이 호수로 유입되면서 이 담수 호수는 점점 커져 안정된 수위를 유지하는 세계 네 번째의 담수호가 되었다. 구소련이 붕괴되기 이전 1960년대까지는 휴가지로도 개발이 가능하였던 아랄해는 그 면적이 약 67,000km^{2}이었으며, 건강하였던 아랄해는 평균 수심이 16.1m 로, 가장 깊은 곳은 68m에 이르렀다. 그 호수는 다양한 어족 자원을 가진 생산성 있는 살아 있는 호수였다.

그러나 강수량이 적은 이 지역은 넓은 사막 혹은 사막과 다름없는 건조한 대지로 둘러싸여 있다. 이러한 아랄해 주변의 버려진 것이나 다름없었던 평지를 농지로 전환시키기 위하여 구소련 시절 야심 찬 관개 계획을 수립하였다. 1930년대부터 관개용 수로가 건설되기 시작하였으나 그 수로는 계획만큼 잘 만들어진 것은 아니었으며, 누수를 막지 못한 채로 조금은 엉성하게 건설된 것이었다. 관개에 의한 영농이 이루어지면서 이 일대는 구소련 면화의 95%를 생산하였으며, 쌀 생산의 40%와 많은 양의 과일을 생산하는 농경지로 전환시키는데 성공을 하였다. 이 때까지만 해도 구소련의 꿈은 완벽하게 이루어지는 것처럼 보였다. 지금도 이 지역은 면화를 수확하는 계절이면 동원할 수 있는 모든 인력이 면화의 수확에 매달린다. 수확 시기를 놓치지 않기 위하여 여행을 제한하고자 주유소에서 연료 판매를 통제하기까지도 한다.[3] 이런 노력을 통한 농업 생산량의 획기적인 증산은 구소련 정권을 고무시키기에 충분하였다.

이 지역은 건조한 기후대로 년 강수량이 200mm를 밑도는 지역에 속하였으므로 경작을 위해서는 아랄해의 남쪽으로부터 이 분지로 유입되는 두 개의 주요한 강, 아무다르야(Amu Dar' ya)와 시르다르야(Syr Dar' ya)를 통하여 아랄해로 유입되는 물을 관개수로 사용해야만 했다. 이 지역의 90%에 해당되는 지역은 농경을 위해서는 관개가 필요한 지역이므로 관개용 수로로 물을 공급하지 않는 한 농사는 불가능한 지역이다. 그러나 건설된 수로는 엉성하여 30~70%의 물이 농경지에 이르기 전에 지하로 스며들거나 증발에 의하여 사라지는 형편이었다. 현재도 우즈베키스탄의 관개수로의 12%만이 물의 손실이 일어나지 않는 제대로 방수가 된 수로라고 하니 손실되는 물의 양을 짐작할 수 있다.

이 지역을 흐르는 시르다르야는 세계의 지붕인 천산산맥의 빙하가 녹은 물로부터 시작되는 중앙아시아에서는 가장 긴 강으로 발원지로부터 무려 3,019km에 이른다. 이 강을 흐르는 물의 약 75%는 천산산맥을 끼고 있는 키르기즈스탄으로부터 공급된다. 키르기즈스탄 고산의 눈과 빙하가 녹은 물이 흘러서 카라다르야강과 나린강의 두 줄기로 시작되는 강은 우즈베키스탄에 이르러 합쳐진다. 이 때부터 강 이름은 시르다르야로 바뀐다. 이 지역은 건조한 지역이므로 강물이 흐르는 주변의 갈대가 들어찬 습지를 제외한 지역은 황량함 그 자체이다. 이 강이 흘러가면서 만나는 우즈베키스탄, 카자흐스탄으로부터 유입되는 물의 양은 그리 많지 않다. 이는 그 지역이 강수량이 적은 지역이기 때문이다. 아랄해로 흘러들어가는 또 다른 강인 아무다르야는 2,540km를 흘러 아랄해에 이른다. 이 강의 물은 74% 정도가 타지키스탄에서 기원된다. 그러나 타지키스탄의 카라콤사막을 지나면서 많은 양이 증발되어 사라져 버린다. 이 강의 수원은 대부분 고산지대의 눈 녹은 물이기 때문에 유량이 가장 많은 계절은 봄철인 6월 이전인 것은 시르다르야와 마찬가지이다.

1938년에는 이 황량한 우즈베키스탄에 48개와 카자흐스탄공화국에는 57개의 고려인 집단 농장이 있었다. 고려인이란 바로 1937년 9월 11일에 스탈린이 하바로프스크 지방 당 인민위원회에 내린 명령이 시발점이었다. "고려인들을 이주시킬 때가 온 것 같다. (중략) 이주에 대한 가장 빠른 조치를 취하기 바란다"라는 크렘린궁으로부터의 간단한 명령으로 연해주로부터 그 해 내내 한달이 넘게 화물칸을 타고 중앙아시아까지 강제로 실려 온 우리 민족이 만든 농장이다. 그것은 순전히 소련의 정치적인 결정으로 고려인들의 의사를 따라 이루어진 일은 아니었다. 카자흐스탄에 약 98,000여 명, 우즈베키스탄에 74,000여 명이 강제로 이주해 왔다. 그 이주한 고려인의 후예인 미하일로비치는 그 이주 상황을 한 이주민의 회고담으로 다음과 같이 소개하고 있다.[2)]

"그들은 이주 3일 전에야 우리에게 알려주었다. 이주 비용으로 150루불씩 받았다. 우리는

키르기즈스탄에서 발원된 두 개의 지류가 우즈베키스탄에서 합류하여 흐르는 시르다르야강과 그 주변의 모습. 이 강은 아랄해의 북쪽으로 흘러들어간다.

(연해주를) 떠날 때 거의 아무것도 가져가지 못했다. 우리는 식수도, 난방도, 화장실도 없는 화물칸에 실려 가고 있었다. 열차는 이상하게도 정류장에서 멈추지 않고 인적이 드문 한적한 지역에서 멈추곤 했다. 우리 옆 차량에서 어떤 노인이 돌아가셨다. 그러나 열차가 정차할 때까지 시체를 그대로 싣고 가야 했다. 열차가 잠시 동안 멈추어 있는 사이 우리는 서둘러서 장례를 치루었다. 말이 장례지 시체를 그냥 철길 옆에 묻는 것이었다."

그래도 묻을 수 있는 사람은 형편이 나은 사람들이었고, 이름도 알지 못하는 곳에 죽은 가족을 그냥 내려둔 채 떠난 이들도 많다고 하였다. 장례를 치러 주겠다는 호송병들의 말만을 믿은 채 떠나는 경우가 더 많았다고 한다. 가족들이 한 기차를 탄 사람들은 그래도 사정이 좋은 편이었으며, 가족들이 나뉘어 아무도 모르는 서로 다른 목적지로 실려 간 사람들도 부지기수라고 하였다. 그들이 도착한 곳은 머물 곳도 마련되지 않은 벌판에 버려진거나 다름이 없었다. 그 곳은 뜨거운 태양빛이 내려 쪼이는 아무다르야강과 시르다르야강이 아랄해로 흘러들어가는 어디에 해당되는 지역이었다. 이런 지역의 기후란 낮에는 매우 덥고, 밤에는 매서운 추위가 오게 마련이다. 미하일로비치는 이곳에 이주한 초기의 고려인들은 자유롭게 이주할 권리도 없었을 뿐만 아니라 정치적인 활동도 허용되지 않았기 때문에 자신들이 능력을 발휘하고 사회적인 인정을 받을 수 있는 방법은 농업이 유일한 수단이었고, 그래서 그들은 고려인들이 가지고 있는 근면성을 발휘해 농업에서 큰 성과를 이루어냈다고 분석하였다. 소련과학아카데미 산하 경제연구소 부소장인 밀네르는 "한국인들의 근면함과 그들의 경제적 애국주의는 가히 놀라운 그들만의 특성이라 볼 수 있다"고 했다. 이 지역에서 아랄해가 줄어드는 대가로 재배되는 목화의 경작에도 탁월한 능력을 발휘해 많은 고려인들이 근로영웅이 되었다. 고려인들은 이 지역에는 없던 벼농사를 도입하였다. 당시 소련 당국의 누구도 아랄해가 줄어드는 것 따위는 염려할 처지는 아니었으며, 이곳에 강제 이주된 고려인들은 열악한 환경을 이겨내기 위해 더 많은 생산에만 매달리면 되었다. 그들은 역경을 이겨내고 성공한 고려인이 되었지만 구소련의 붕괴로 다시 한번 민족적 갈등으로 야기된 위기를 마주하게 되었으니 시련은 어디서 멈출지 가늠하기조차 어렵다.

이 지역을 흐르는 두 강은 아랄해의 모체이다. 언제나 녹지 않는 눈 모자를 쓰고 있는 위풍당당한 천산산맥의 줄기를 이어가는 고산지대에서 발원한 이 두강은 강수량이 아주 적은 이 지역에서는 아랄해를 채우는 물의 주 공급원이다. 수백 킬로미터나 펼쳐진 사막 또는 준사막과 같은 지역을 흘러가는 강물은 도중에 많은 양이 증발로 사라진다. 그렇기는 하지만 자연의 선택은 아랄해를 그 모양대로 유지하기에 충분하였다. 그러나 구소련이 벌린 야심찬 관개 영농에 사용되는 농업용수로 인하여 아랄해에 유입되는 물의 양은 급격하게 감소되었다. 나타날 수 있는 결과는 아랄해의 수면이 내려가는 것 말고는 없다. 당연한 결과로 아랄해는 그 면적이 현저하게 줄어들었다. 1960~1970년대 사이에는 매년 해수준면이 20cm 정도 감소하였으나, 시간에 지날수록 아랄해의 수면은 점점더 빠른 속도로 내려갔다. 1970년대는 50~60cm로, 1980년대는 80~90cm 씩 감소되었다.[3), 4)] 그런 속도는 아무도 예상하지 못한 빠른 속도였다.

해수준면이 점차 낮아지게 되자, 1987년에 아랄해는 드디어 두 개로 나뉘어져 북부와 남부가 분리되었다. 1995년에 인공적으로 수로를 파서 북부와 남부를 연

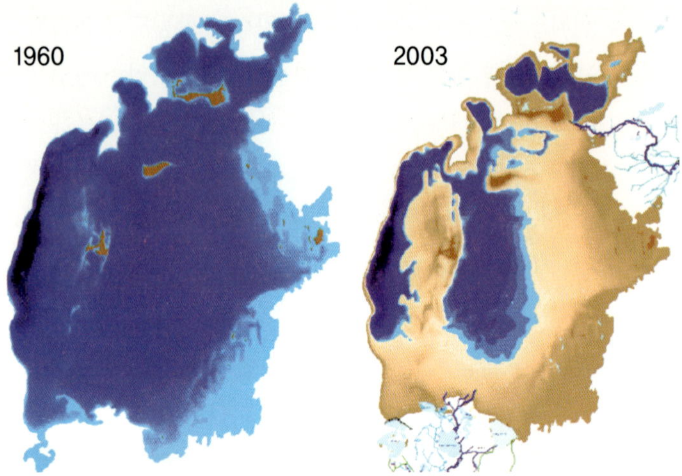

아랄해로 유입되는 유량의 감소로 해수준면 강하에 따라 변화된 모습. 1960년의 모습으로부터 2003년의 당시의 축소된 아랄해의 모습. 청색으로 나타낸 부분이 아랄해의 분포면적을 보여준다.

결시켜, 수체의 이동이 가능하도록 하였으나, 두 호수 사이의 거리는 점점 확대되어 두 호수를 연결시키는 것은 더 이상 어렵게 되었다. 전체 체적은 2/3로 줄어들었을 뿐만 아니라 아랄해의 염도는 그 전보다 세 배나 증가하게 되었다. 위성사진 촬영 결과 1995년에서 1996년 단 1년 사이에 3,88km^{2}의 호수 면적이 감소된 것이 관측되었다. 수면이 내려가면서 아랄해의 중앙에는 작은 섬들이 몇 개 나타나기 시작하였다. 이 바다의 중앙에 위치한 섬의 면적은 시간이 지나가면서 점점 더 확대되었으며, 섬과 섬 사이가 연결되기 시작하였다. 이렇게 커져만 가는 섬의 남쪽은 이미 육지와 연결되었다. 현재와 같은 추세로 아랄해가 축소되면 머지 않아 동서로도 아랄해가 완전히 분리될 것으로 추정하고 있다.

이렇게 되자 아랄해의 모든 어족자원은 전멸을 하게 되어 수산업은 사라지게 되었으며 아랄해는 고기잡이 배의 활동 무대가 아닌 무덤이 되었다. 과거 어업의 기지였던 어떤 어항은 내륙으로 수십 킬로미터 이상 들어온 지역에 위치하게 되었다. 재앙은 그것으로 끝나는 것은 아니었으며 시작에 불과했다. 줄어드는 바다의 바닥에 침전되는 소금은 이 지역에 몰아치는 바람에 의하여 먼지바람이 되어 주변 지역의 곡창지대에 엄청난 양의 소금을 뿌렸다. 이러한 모습은 이 지역에서 건조한 계절에 촬영한 인공위성 사진에서도 확인이 된다.(아래 그림 참조)

과학자들의 추산에 의하면 매년 2천만 톤 이상의 소금이 바람에 의하여 농경지나 주변의 초지로 유입되었다고 한다. 미세 먼지를 포함하면 바람에 의하여 운반되는 물질의 양은 이를 훨씬 상회한다. 당연한 결과로 농경지의 염농도 증가를 가속화시켰으며 곡물의 생산량은 크게 줄어들었다. 그렇지 않아도 건조한 지역에서의 관개는 증발에 의하여 토양의 염농도를 서서히 증가시키고 있던 참이었다. 한때 세계에서 4번째로 큰 담수 호수는 더 이상 그 순위를 유지하기 어렵게 되었으며, 1998년 불과 30년 사이에 세계 8위로 전락하게 되었다. 결국 담수호였던 아랄해의 염농도는 해수의 값을 상회하게 되었다. 그 결과로 인근 지역의 기후를 완전히 변화시켰으며, 주변에 거주하고 있는 1백만 명 이상의 주민들의 생활을 위협하게 되었다. 주민들을 어렵게 만든 것은 당장 음용수나 생활용수의 부족이었다. 또 다른 위협은 농경에 사용된 비료 및 농약에 의해 수질이 오염되어 그 정도는 점차로 나빠지는 것이었다.[4)]

생물종 다양성 또한 심각한 영향을 받았다. 1960년대 관개를 시작하기 이전 이 지역에는 500여 종의 조류와 200여 종의 포유동물이 서식하였으며, 호수에는 100여 종이 넘는 어족 자원이 서식하고 있었다. 그러나 이들 역시 포유동물은 32종으로 조류는 160종으로 줄어드는 거의 재앙이나 다름없는 생물종 다

아랄해의 인공위성 사진. 아랄해가 축소되어 남쪽의 큰 아랄해와 북쪽은 작은 아랄해로 분리된 모습을 보여주며, 중앙의 섬 남쪽은 육지와 연결되었다. 강한 바람에 의하여 생성된 먼지폭풍에 의하여 바닥에 침전된 소금과 미세먼지가 날려 가는 모습이 마치 구름처럼 보인다. 검은선으로 나타낸 것은 국경을 사진위에 표시한 것이다(사진제공 : NASA).

양성에 치명적이라 할 수 있는 영향을 미치게 되었다. 아랄해 염농도는 관개가 시작되면서 증가하기 시작하여 1970년에는 14%를 넘게 되자 어족 자원을 괴멸시켰으며, 1980년에 18%에 이르자 어류는 완전히 자취를 감추어 버리게 되었다. 단지 두 강이 흘러 들어오는 지역에서 몇 종의 어류가 서식할 뿐이었다. 1960년대까지만 해도 아랄해에서 어업에 종사하던 인구가 6만여 명에 이르렀으나 1977년에는 어획량은 75%가 감소하였으며, 1980년에 상업적인 어업이 종식되었다고 하니 그 변화의 속도가 엄청나게 빠르게 진행된 것을 알 수 있다.[4)]

이러한 급격한 환경의 변화를 더 이상 방치할 수 없게 된 구소련은 황급하게 아랄해의 복구를 서둘렀으나 이미 생태계는 회복하기에 어려운 지경으로 변화된 후였다. 북쪽으로 유입되는 시베리아강 물줄기를 이쪽으로 돌리는 계획을 구소련이 수립하였으나 또 다른 환경문제를 야기할 수 있다는 것은 제쳐두고라도 그 경비는 구소련으로서 감당하기 어려운 예산이 필요하여 실제로 실행에 옮기지는 못하였다. 남부와 북부 두 개로 분리된 아랄해 중 남쪽의 것을 건조로부터 살릴 수 있는 방법은 어려워 보이나, 나뉘어진 북쪽의 상대적으로 적은 호수는 시르다르야강이 유입되는 곳으로 카자흐스탄 정부와 국제적인 노력에 의하여 보전대책을 수립하여 추진하고 있다. 그것만이라도 보전하기 위하여 1992년 최초로 둑을 쌓았으나 1993년 해수준면이 급히 상승하면서 쓸어가 버렸다. 지역 주민들의 노력으로 다시 1997년 북쪽의 호수 바닥에 폭 30m, 길이 14km의 둑을 쌓아 남쪽과는 격리시켰다. 그런 후 놀랍게도 수질이 개선되는 조짐이 나타났으며, 아울러 호수의 수면이 상승하기 시작하였다. 몇 가지 조류(鳥類)가 호수 주위에 나타나는 등 개선의 조짐이 나타나기 시작하여 지역 주민들은 희망을 갖기 시작하였다. 그 둑 역시 완전한 것은 못되어 국제아랄해기금의 카자흐스탄 지부에서 1998년 둑의 강화공사를 시작하였으나 기금의 부족 등으로 어려움을 겪었다. 불행스럽게도 1999년 시르다르야강으로부터 유입되는 물의 양이 크게 증가되어 둑의 3~4km가 유실되어 북쪽의 아랄해의 수면이 다시 내려가면서 어떤 지역에서는 호수가 다시 200~300m가 물러나게 되었다. 그러나 둑의 건설은 아랄해의 일부이긴 하지만 북쪽만이라도 회복시킬 수 있다는 희망을 보여주었으며 카자흐스탄 정부는 2003년 콘크리트 댐을 건설하기로 계획을 세웠다.

그러나 남쪽의 큰 아랄해는 점점 회복 불능의 상태로 악화되어 가고 있다. 그 속도는 과학자들이 예측한 것보다 훨씬 더 빠른 속도로 진행되고 있다. 생태계의 변화로 여름의 기온이 높아짐에 따라 증발량이 증가된 것도 한 가지 이유 중의 하나이다. 이미 이 바다의 염농도는 보통 해수의 2.4배를 초과하였다. 바다의 바닥물의 염농도는 표면의 염농도보다 더 높다. 지금 남아 있는 비교적 심도가 깊은 서부의 아랄해 역시 적어도 15년 안에 지도에서 사라질 것으로 전망하고 있다.

아랄해의 남쪽으로 유입되는 아프가니스탄에서 발원되는 아무다르야와 키르지그스탄과 타지키스탄의 히말라야의 만년설과 빙하로부터 발원되는 시르다르야 유역에 관개로 얻은 새로운 농경지는 무려 87,60km^{2}에 해당되는 면적으로 대부분이 목화를 재배하고 있으며, 많은 가난한 농부들의 주 수입원이 되었다. 물론 이 지역에는 연해주로부터 이주한 고려인들도 자리하고 있어 남의 일로만 생각이 되지 않는다. 농경지를 포기하는 것은 농민들의 생존권을 위협하는 것으로 이 강의 수량을 아랄해로 되돌릴 수 없는 이유가 되었다. 아랄해가 사라져가는 현실을 인식하지 못하는 바는 아니지만 정부 당국자는 목화를 재배하는 농부의 미래와 국가의 수입원을 고려해야만 하는 현실적인 어려움에 처해 있다. 농경지를 전부 포기한다고 해도 과거의 아랄해로 되돌리기가 어렵다는 것이 과학자들의 공통된 인식이다. 아무다르야가 아랄해로 유입되는 국가가 우즈베키스탄이다.

아랄해에서 작업을 하던 어선들이 해수의 염농도 증가로 어족자원이 고갈되자 연안에 방치된 어선들이 아랄해 축소에 따라 육지화된 지역에 덩그러니 올려져 있는 모습.

아랄해 복원을 위한 여러 가지 제안들이 나오고 있다. 이 지역 전체 농산물의 가치는 불과 3,000만 불(US $)에 이른다는 것이다. 이를 국제기구가 도와준다면 두 강의 물은 아랄해로 되돌릴 수 있다는 계산을 제시하는 사람도 있으나, 어떤 다른 나라가 그곳의 생태계 복원을 위하여 그런 막대한 자금을 지원할 수 있겠는가가 의문이다. 그러나 과거에 엉성하게 건설된 수로는 경작지에 물이 도착하기도 전 이동 과정에서 유실되는 양이 매우 크기 때문에, 관개수로를 콘크리트 등으로 방수 처리를 한다면 해마다 적어도 20 km^{3}의 물을 아랄해로 되돌릴 수 있다는 조사보고서를 낸 기관도 있다. 비록 그 수량은 과거의 아랄해에 유입되는 수량 약 50 km^{3}에 비하여 턱없이 작은 양이지만 지금보다는 엄청난 수량임에는 분명하다. 한때 구소련에서는 북극해로 유입되는 오브강과 카스피해로 유입되는 볼가강의 일부 지역에 운하를 파 아랄해로 보내는 방안을 강구한 적도 있었다.[4), 5)] 그 역시 또 다른 환경문제의 야기와 막대한 경비 때문에 실행에 옮기지는 못하였다. 이들 지역이 정치적으로 구소련으로부터 독립된 지금 이러한 계획은 사실상 어려운 상상속의 계획으로 끝이 날 공산이 크다. 그래서 아랄해는 최악의 인공적인 환경재해로 규정되고 있으며, 다시 한번 모든 국가들에게 환경의 변화가 얼마나 큰 재해로 빠르게 연결되는지를 보여준 큰 교훈이 되었다.[4), 6)] 사람들이 물을 잘못 사용함으로써 자연계를 파괴한 여러 가지 예들 중 가장 극적인 예가 바로 아랄해의 축소에 따른 환경재해이다.

자연이 창조한 위대한 걸작

한니발이 로마를 정복하기 위한 정복 길은 당시로서는 긴 여정이었다. 카르타고의 에스파냐 총독을 지내던 29세의 한니발 (Hannibal, B.C. 247~183)이 출동을 한 것은 기원전 218년이었다.

로마는 그저 그가 피레네산맥 이남의 에스파냐 전역을 점령하려는 것으로 생각을 하였다. 그의 대군은 피레네산맥을 넘어 지중해 연안을 따라 동으로의 행군을 계속하였다. 그가 피레네산맥을 넘었다는 사실은 에스파냐만을 염두에 둔 것이 아니라는 것을 알리는 신호였다. 악천후와 먼 길을 도보로 행군하는 그들에게 장애가 아주 없었던 것은 아니었으나 그래도 갈리아(불란서)를

겨울철에 촬영한 알프스산맥의 지형을 보여주는 위성사진(사진제공 : NASA).

지나갈 때까지는 그리 큰 어려움이 없었다. 물론 론강을 건너면서 상당한 희생을 치르기는 했지만 그리 큰 문제는 아니었다. 문제는 로마로 진격하기 위하여 이탈리아에 접근했을 때 일어났다. 그들을 가로막은 것은 습지도 아니고, 빠른 물살이 있는 강도 아닌 거대한 벽, 하늘처럼 솟아 있는 알프스산맥이었다. 그의 군사들이 넘기도 두려워하는 험한 알프스산맥을 그는 아프리카로부터 몰고 온 덩치 큰 코끼리와 함께 넘는 모험을 시도하였다. 정녕 한니발에게 맞설 수 있는 것은 아무것도 없는 것처럼 보였다. 오늘날이면 터널로 잘 연결된 고속도로로 불과 몇 시간이면 넘어가는 길이지만 그들은 심한 손실을 겪으면서 몇 번인가 회군을 해야 되는 게 아닌가 하는 의구심을 가지면서 그 산을 넘어갔다.

한번 대군이 넘기를 허용한 알프스는 한니발이 넘은 160년 뒤에는 율리우스 카이사르가, 그보다 2천 년 뒤에는 나폴레옹이 그 산을 대군과 함께 넘었다. 그 산맥을 넘던 병사들에게 비친 알프스는 과연 어떠했을까. 과연 그 산의 장엄함을 보기나 했을까 하는 생각이 들었다. 그런 험난한 지형은 비록 한니발이 넘어가기에는 커다란 시련을 주었지만 멀리서 바라볼 때 아름다운 경관에 저절로 감탄을 하게 만든다.

창공의 별들도 고요하고
고요한 호수며 산기슭도 또한 고요하도다
온갖 것은 맹렬히 불타는 생명의 일점에 모여서 뭉치도다

바이런이 레망호반에서 알프스 경관을 보면서 지은 "맑고 잔잔한 레망호여"란 시의 한 구절이다. 그렇다. 자연은 어떻게 이런 빼어나게 아름다운 경관을 만들었을까 하는 감탄만이 나온다. 아프리카판이 유라시아판과 충돌하면서 두 대륙이 부딪치면서 제멋대로 뒤섞이고 휘어진 지층들이 만든 결과는 자연의 걸작품이다. 한니발과 함께 그 고개를 넘던 카르타고의 용병들은 자연의 비경을 즐길 수 있는 여유는 없었을 것이다. 그런 알프스산맥은 지질학자

들이 고뇌에 찬 시간을 보내기에는 안성맞춤의 장소이지만 그저 일반인들에게는 아름다운 경관을 만들어낸 그런 장소일 것이다. 다만 시인은 이를 놓치지 않았다. 그는 이를 존재의 일부로 파악하였던 것이다.

내가 그 길을 넘어가면서도 나 역시 아무것도 보지 못했다. 이탈리아를 관통하는 고속도로는 제법 직선으로 연결되어 있으며 가로막은 알프스산맥은 철저하게 무시되어 터널로 곧바로 연결되어 있다. 이탈리아를 벗어나 스위스의 좁은 강을 낸 길을 따라 달리는 차 안에서 빠르게 흐르는 희뿌연 강물과 양쪽으로 절벽처럼 서 있는 많은 지층들을 보았다. 시인처럼 이를 존재의 일부로 파악할 수 있는 능력은 정작 돌들을 보면서도 생각이 미치지 않았으며, 다만 뒤엉킨 지층들을 원래 퇴적되는 순서대로 풀어 놓기 위하여 많은 지질학자들이 오랜 시간을 들여 그 산을 누볐을 것이라는 생각은 들었다. 사실 이렇게 배배꼬여 있는 지층들을 순서대로 나열하는 데는 정말로 오랜 시간이 걸렸다. 과거 시대의 선각자들이 그들이 가지고 있는 건장한 다리와 망치만(지질학자들은 의례히 조사할 때 암석을 깨기 위하여 지질용 햄머를 들고 다닌다) 의존한 채 자연에 도전하였다. 자연이 만들어 놓은 이 복잡한 퍼즐을 풀기 위하여 평생을 바쳐서 겨우 알프스의 한 귀퉁이의 지질만 파악할 수 있었던 사실을 눈앞에 펼쳐진 광경을 보는 순간 이해할 수 있었다. 선각자들이 한 조각 한 조각씩 만들어 놓은 그런 노력의 결과로 우리는 이 돌들이 만들어진 역사를 이해하고 이들이 쌓인 환경과 순서를 앉은자리에서 편하게 읽어 이해하고 있을 뿐이다. 그것도 극히 개략적인 내용만을.

유럽에서 가장 높게 올라와 있는 이곳 알프스는 과거 약 6천만 년 기간 동안에 일어난 지각의 이동 때문에 만들어진 결과이다. 이런 산맥의 형성을 지질학자들은 조산운동이란 네 글자로 간단하게 표현한다. 그러나 써진 글자 수는 네 자이지만 그 안에 들어있는 내용은 실로 복잡하고 이해하기 어려운 여러 가지 과정들이 함께 들어있다. 이런 조산운동의 결과로 세계 지도에 굵직한 선으로 연결되는 큰 산맥들이 만들어졌으며 지구상에 만들어진 최대의 걸작들이 되었다. 세계의 지붕이라고 일컬어지는 히말라야산맥, 남미와 북미 대륙을 종단하는 안데스산맥과 록키산맥들이 바로 그러하다.

이들 산맥 중에서는 히말라야산맥이 그 규모나 높이에서도 타의 추종을 불허한다. 이름부터가 재미있다. 이 산맥의 이름은 산크리스트어로 눈을 의미하는 hima와 집을 의미하는 alaya의 합성어로 "눈의 거처"란 뜻을 가지고 있다. 산맥을 따라 줄줄이 늘어선 연봉에 자리한 만년설을 생각하면 그럴듯한 이름으로 여겨진다. 이런 눈의 거처가 만들어지기 시작한 것은 약 1억 년 전으로 거슬러 올라간다. 이 때 인도판이 유라시아판과 붙기 시작하여 이 두 지판의 충돌로 서서히 올라가기 시작하였다. 그러나 두 대륙이 충돌하기 이전 그 사이의 바다(테티스해의 일부)에서 퇴적 되었던 암석들이 본격적으로 융기하기 시작한 것은 약 3,800만 년 전인 신생대의 에오세에 해당되는 시기였다. 히말라야 산들은 대양들을 희생시키면서 성장한 것이다. 히말라야 산맥의 산 중턱에 있는 암석들 속에서 중생대 바다에서 살던 둥그렇게 말아 놓은 듯한 모양을 하고 있는 암모나이트란 패류 화석 등이 산출되는 것은 그 시기에는 이 지역이 바다였다는 것을 말해주는 증거들이다.

이 충돌에 의하여 대륙지각들이 그냥 솟아 올라온 것은 아니며 알프스에서 본 것처럼 지층들을 여기저기서 비비꼬아 놓은 것처럼 뒤섞어 놓았을 뿐만 아니라 거대한 습곡을 만들기도 하였다. 그 결과로 어떤 곳에서는 지층들이 수평방향으로 나란히 누워 있는가 했더니 조금만 자리를 바꾸면 이들 지층들을 거꾸로 서 있는 곳으로 연결된다. 결국 이들 산봉우리는 이런 거대한 습곡의 한 축이거나 습곡의 정상부에 해당되는 것이다. 어떤 때는 이들 사이에 작용되는 거대한 힘이 단층을 만들기도 하며, 어떤 부분은 암석을 통째로 빻아 놓은 것처럼 부셔버리기도 한다. 이 때 작용되는 엄청난 압력과 온도는 이들 암석들을 엿가락 늘이듯이 늘여 놓기도 한다. 단단한 암석들이 부드러운 밀가루 반죽처럼 늘어나기 위해서 필요한 온도와 압력은 대단한 것이나, 두 대륙이 충돌하는 지점에서는 이런 정도의 일은 흔히 일어날 수 있는 현상이기도 하다. 이렇게 만들어진 히말라야산맥은 덜 휘어진 활모양으로 동서로 연장된 길이가 2,500여 킬로미터에 이르며, 그 폭은 200~400km 정도이다. 7,300m가 넘는 하늘에 붙어 있는 봉우리는 30여 개가 되며 이들의 머리에는 모두 만년설과 빙하를 이고 있으니 눈의 거처란 이름은 어쩌면 가장 잘 어울리는 이름으로 여겨진다. 이렇게 솟아 오른 히말라야 산맥은 남쪽으로부터 올라오는 습기를 차단하기에 충분한 키를 가지게 되었으며, 그 결과로 히말라야 북부에는 건조한 기후대가 만들어져 거대한 타클라마칸 사막이 만들어지게 되었다. 이 산맥은 지난 150만 년 기간 동안 적어도 1,500m 이상을 융기하였으며, 지금도 올라가고 있다. 히말라야산의 높이가 얼마나 더 올라가야 끝이 날지 모르겠다.

워낙 덩치가 큰 이 산맥은 지역에 따라 기후가 완연하게 다르다. 높이에 따라 비가 눈이 되는 것은 누구나 다 알고 있는 사실이다. 히말라야산맥과 같은 높은 산을 오르다 보면 눈과 빙하가 있는 고도에 도달하게 된다. 눈은 어떤 높이 이상에서는 더 이상 녹지 않는데 이런 경계를 설선(雪線)이라고 부른다. 설선의 높이는 겨울철의 적설량과 여름철의 기온에 따라 매년 변화된다. 이들이 오랜 기간 쌓인 빙하는 서서히 이동하면서 독특한 지형을 만들기도 한다. 빙하가 흐르는 그 모습만으로 다른 세계를 만든다. 기온의 차이에 따른 강설량의 변화도 변화이지만 산맥을 중심으로 대기의 순환에 장애를 일으키는 것이다. 특히 여름철이면 남서계절풍에 의해 인도양쪽으로부터 공급되는 많은 습도가 산맥을 넘어가는 것을 막고, 겨울철이면 북쪽으로부터 남하하는 찬 기단을 차단한다. 당연한 결과로 산맥의 남사면은 강수량이 많은데 비하여 산맥의 북사면과 북쪽은 건조한 기후대를 가진다.[1] 남사면의 비교적 동쪽에 위치한 다르질링 지역의 강수량은 연평균 3,000mm가 된다. 다르질링 지역의 평균 고도와 강수량은 이 지역을 세계 3대 명품 중의 하나인 차(茶)의 명산지가 되는 천혜의 조건을 갖춘 지역이 되었다. 다르질링의 향은 그곳에서 만들어지는 것이다. 다르질링차는 봄철에 수확되는 백포도주향의 연한색을 띠는 것으로 차의 전문가들이 가장 선호하는 "맏물 차"이다. 5월과 6월에 수확되는 차는 찻물의 빛깔이 맏물차에 비해서 약간 진하다. 여름에 수확하는 차를 "두물차"라고 하며, 가을에 수확되는 차를 "세물차"라고 한다. 맏물차와 5, 6월에 수확되는 차는 아무것도 타지 않고 차의 향을 즐기는 오후에 마시는 차이고, 세물

차는 아침에 마시며 우유를 타서 마신다.

달라지는 것은 그것만이 아니다. 산을 올라가면서 가장 먼저 찾아오는 고통은 산소가 부족한 현상이다. 보통 7,000m 정도의 고도에 이르게 되면 해수준면의 고도에서 마실 수 있는 산소의 44%만 들여마실 수 있으며 5,000m 정도면 대체로 50% 정도만이 이용 가능한 양이 된다. 산소가 많다고 좋은 것만은 아니다. 인체실험 결과에 의하면 해수준면에서의 산소량의 55% 정도의 수준을 사람들의 임계량으로 보고 있다. 그보다 더 적게 되면 사람이 살기에는 적합하지 않다는 것이다. 하여튼 고산지역에 올라가게 되면 산소 부족에 대한 반응은 사람에 따라 달리 나타난다. 어떤 사람은 바로 고통을 호소하며, 어떤 사람은 그런대로 잘 적응을 하기도 한다. 히말라야 북동부 산록을 갔을 때 항상 나보다는 적어도 외양으로는 건장한 것으로 여겼던 나의 동료가 가장 심한

세계의 지붕 에베레스트 산의 북사면의 모습. 이 봉우리 밑에 살고 있던 티베트인들은 이 산을 초몰룽바(물의 성스러운 어머니)란 시적인 이름으로 불렀다.

두통과 불면으로 고통을 받는 것을 보았다. 그곳은 운남성의 서쪽 끝으로 히말라야산맥의 북동부라서 강수량이 적은 지역이었으며 지방고가 4,000m를 오르내리는 곳으로, 주위의 산 사면은 벌거벗은 채 속살을 그대로 내놓고 있는 지역이었다. 주민들의 일상생활은 다를 바가 없었다. 그 정도 높이에서도 빨리 뛰는 것은 낮은 지역에서 간 우리들에게는 허락되지 않는 사치였다. 고산지대에 적응하는 것은 체질에 따라 다르기도 하지만 그곳에 사는 사람들은 어느 정도 그 문제에 관한 한 적응되어 있다. 칠레와 페루의 안데스산맥 4천에서 5,000m 고산지대에 위치한 광산에서 일하는 광부들은 일상적으로 강도가 높은 노동활동을 하지만 저지대에서 올라온 이들은 그 높이에 있는 것만으로 고통을 호소하기도 한다.

이들 거대한 산맥들은 인공위성에서 보면 지구에 난 큰 주름살로 보인다. 그러나 지상에서 바라보면 거부할 수 없는 위엄을 가진 장관을 연출한다. 그러나 자연이 만든 걸작은 이러한 거대한 산맥 뿐만은 아니다. 여러 가지 소품들을 만든다. 소품들이라고는 했지만 이들도 인류가 만든 어떤 거대한 예술작품에는 비교도 되지 않을 정도로 큰 규모임은 말할 필요도 없다. 그런 소품들은 우리 주변에서도 볼 수 있다.

제주도는 서울서 불과 한 시간 이내의 비행거리 안에 있다. 김포를 이륙해서 잠시 바다가 보이는가 하면 내리는 거리이다. 한반도에 그렇게 가깝게 붙어 있는 섬이지만 그곳에 내리자마자 육지에서와는 다른 정취를 느낄 수 있다. 다른 정취란 자생지도 아닌 제주도에 이국적인 정취를 낸다고 억지로 심어 놓은 야자수가 주는 인상은 아니다. 내가 개인적으로 제주도에서 가장 싫어하는 구석이 바로 그 억지로 심어 놓은 야자수이다. 다른 정취란 우리가 살고 있던 육지에서 느끼는 여기저기 널려져 있는 산으로 둘러싸여 있다는 느낌으로부터의 해방감이다. 둔한 이들은 아마도 이러한 다른 정취가 야자수로부터 왔을 것이라고 생각하기가 쉽다. 그렇게 생각을 가다듬은 후 시야에 들어오는 것이 섬의 한 가운데 덩그러니 놓여 있는 한라산이다. 계절이 늦은 가을 이후라면 그 꼭대기는 눈으로 덮여 있는 경우도 있다. 그 산으로부터 완만한 경사를 가지고 동서방향으로 대칭적으로 산세가 이어진다. 그러니 제주 공항에 내린 이들이 산 속에 갇혀 있다는 인상이 들 리가 없으며, 바로 그 점이 육지에서 좀처럼 느끼지 못하는 개방감으로 연결되는 것이다. 한라산의 경사는 자연이 정해 준 각도를 유지하고 있다. 이 섬은 화산도이기 때문에 용암이 흘러내리면서 만든 각은 자연이 정해 준 각으로 이를 한라산이라고 해도 제 마음대로 할 수는 없었기 때문이다. 그런 개방감에서 느낀 다른 정취는 길을 따라 움직이다 보면 다른 실체를 보게 된다. 한라산의 모조품으로 보이는 작은 새끼 분화구들이 여기저기서 나타난다. 그러나 역시 제주도가 화산도임을 알려주는 것은 한라산을 제외하고는 성산 일출봉이다.

제주도 동쪽 해안을 따라 좁게 연결된 그 끝에 솟아오른 원통형의 분출구이다. 관광객들을 위해 잘 만들어진 경사로와 계단을 따라 숨이 찰 만큼 올라가면 이 분화구의 정상에 이르게 된다. 반원형의 분지가 눈 아래에 펼쳐진 모습이 장관이다. 그곳은 억새와 같은 키가 제법 큰 풀로 가득 차 있다. 이를 하늘에서 보면 마치 거대한 사발을 내려보는 것 같은 생각이 든다. 그것은 아무렇게나 빚어진 찌그러진 질그릇이 아니라 솜씨 좋은 도공에 의해 잘 빚어진 균형 잡힌 사발 모양이다. 솜씨 좋은 도공은 다름 아닌 바다였다. 온도가 적어도 1,200℃가 넘는 마그마는 물속에서 용트림을 하였다. 이런 고온의 마그마가 물을 만나면 십중팔구 격렬한 폭발을 하게 된다. 용암이나 점잔케 조용히 토해내는 분화구는 아니었다는 것은 겹겹이 쌓인 응회물질이나 화산유리질로부터 쉽게 알 수 있다. 그렇게 만들어진 분화구는 그 후 오랜 기간 동안 바닷물이 분화구 주변을 깎아 내어 원통형을 만들어 놓았다. 그래서 이 분출구가 만들어진 과정을 절벽처럼 노출된 단면에 화구로부터 뿜어낸 이력을 그대로 보여주고 있다. 절벽에는 응회암층이 만든 층의 경사가 한 눈에 띈다. 관광객은 그 지층의 경사를 알려고 하지도 않으며 실제로 알 필요도 없다. 그들에게는 쓸데없는 짓으로 보이는 일을 지질학자들은 한다. 그래서 재어본 지층의 경사는 어떤 경우는 40°가 넘는 경우가 있다. 아무리 거친 돌이라고 해도 그냥 쌓을 때 저절로 만들어지는 각도는 35°를 넘지 못한다. 해수욕장에서 마른 모래를 쌓는 각도는 그보다도 더 작은 각도를 이룬다. 그러나 젖은 모래를 쌓을 때는 각도가 더 높아도 그 형태가 무너지지 않고 유지된다. 화산재라고 해서 다르지는 않다. 지층이 40°를 넘겨 최대 45°가 된다는 것은 이들 화산분출물이 물이 많은 환경이거나 젖어 있는 상태에서 쌓였음을 보여주는 증거이다.[2] 지층에 남겨진 암호 해석은 이래서 하나 추가가 된다. 일출봉의 벽면에 나타난 지층의 층리면은 같은 것으로 보이지만 제각기 모두 다르다. 시시각각 달라지는 분출산물이 제각기 다른 모양을 이루고 있다. 어떤 창조적인 조각가가 180m의 벽면에 이렇게 각기 다른 문양의 섬세한 조각을 할 수 있단 말인가? 아무도 없다. 오직 자연만이 할 수 있는 창조인 것이다. 이런 지질학적인 내용이 아니라도 일출봉 자체는 빼어난 아름다움을 가진 분화구의 하나이다.

성산 일출봉은 지하에 숨어 있던 마그마가 바닷물 속에서 분출되면서 만든 걸작이라면, 마그마가 올라오면서 지표에 도달하지 못한 채 지하에서 굳어진 것이 만든 작품도 있다. 자연의 창조 과정은 실로 다양하다. 미국의 와이오밍

제주도 동쪽 해안에 돌출되어 있는 분화구, 성산 일출봉(사진 제공 : 제주도).

을 횡단하는 90번 고속도를 타고 지나면 주위에 보이는 것은 낮은 관목과 초지가 펼쳐진 조금은 황량한 기분이 드는 곳을 몇 시간이고 지나게 된다. 고속도로를 벗어나 24번 지방도로를 타고 달리는 길도 방금 통과했던 다른 곳과 별반 다를 바 없는 풍경들이다. 가끔 군데군데 숲을 만나지만 규모는 크지 않은 규모이다. 그 정도에 이르게 되면 여러분들이 찾아가는 곳이 데블스 타워(Devil's Tower)라면 지도를 접어 두어도 된다. 이리저리 휘여 흐르는 벨레휘쉬강 강줄기를 따라 펼쳐진 낮은 구릉지대에 솟아 오른 데블스 타워 그 자체가 이정표이기 때문에 멀리서도 보이는 그곳을 향하여 가면 되기 때문이다.

멀리서 데블스 타워가 보이기 전 주변을 자세하게 보면 흔하게 볼 수 있는 사암과, 미사질 사암 혹은 셰일들이 흩어져 분포되는 것을 알 수 있다. 사암은 의례히 검붉은 색깔을 띠고 있어 우리나라 강원도 지역에서 늘 보던 사암과는 조금은 다른 기분이 든다. 그러나 이 지역에 사는 사람들은 아마도 사암하면 이런 색을 연상할 게다. 데블스 타워에 접근할수록 타워의 키는 상대적으로 높아진다. 원래 이 지역에서 살고 있던 인디언 부족들은 이 타워에 대한 전설을 가지고 있다. 이곳을 거쳐 간 부족들은 한 부족이 아니므로 제각기 상상력을 동원하여 나름대로의 전설을 만들었으며 각기 다른 방식으로 이 타워를 샤머니즘의 대상으로 만들었다. 샤이언족의 전설은 이 타워의 모습과 어울린다. 그들의 상상력을 잠깐 엿보기로 하자.

인디언 소녀 일곱 명이 마을을 벗어나 놀고 있을 때 곰이 그들을 공격하였다. 소녀들은 죽을 힘을 다해 도망쳤으나 곰의 빠른 발길은 소녀들과의 거리를 점점 좁혀 왔다. 다급해진 그들은 숨을 곳을 찾았지만 그럴 만한 곳은 주위에 어디에도 없었고, 나지막한 바위가 눈에 띄었다. 그들은 그 바위로 황급히 올라섰으나 곰의 키를 넘는 것은 아니었다. 그들은 간절하게 기원했다. "바위님 우리를 가엽게 여겨 제발 우리를 살려 주세요." 그러자 바위는 이 기원을 알아듣기라도 한 것처럼 쑥쑥 올라서기 시작하였다. 그 소녀들을 잡으려고 뛰어온 곰은 커지는 바위를 기어오르려고 날카로운 발톱 자국을 그 바위에 남겼다는 것이다.

미국 와이오밍주에 있는 높이 386m의 데블스 타워. 이는 관입암체가 주위의 퇴적암류가 풍화작용으로 침식되어 남아 만들어진 것이다.

곰의 발톱자국은 이 타워의 맨 바닥에서부터 꼭대기까지 직선으로 잘 연결되어 있다. 이런 기둥은 어떻게 만들어진 것일까? 이 지역은 트라이아스기와 쥐라기의 퇴적암들이 바닥에 분포되어 있다. 이들 퇴적암류들은 적어도 1억 3천6백만 년 전에 낮은 바다에서 쌓인 퇴적물들이다. 퇴적물들이 쌓인 후 6천5백만 년 전 중생대가 막 끝이 나고 제3기가 시작되는 시기에 지하의 마그마가 지표를 향하여 올라왔다. 이들 관입암체는 지표 근처까지는 뚫고 올라오기는 했지만 화산으로 분출되지는 못하고 지표 근처에서 멈췄다. 이 마그마는 지표 근처에서 식으면서 굳어진 것이다.[3] 이럴 때는 수직한 방향으로 절리가 발달되는데 이를 주상절리라고 한다. 주상절리는 흔히 6각형을 이루지만 2, 5 및 7각형으로 나오기도 한다. 그 주상절리가 바로 곰이 할퀸 발톱자국이다. 그 뒤에 이 지역에서의 침식작용은 관입암보다는 약한 사암과 셰일은 서서히 사라지게 하였으며, 풍화에 강한 관입암체만 남겨져 지표에 386m의 높이로 돌출하게 된 것이다. 자연이 만든 기념물은 세계 곳곳에 있지만 이런 규모로 나타나는 것은 이것 말고는 없다.

지표에 들어나지도 못하고 만들어진 데블스 타워와는 다르게 마그마가 지표로 분출되어 흘러내린 후 식으면서 만든 주상절리는 화산지역이면 어디서나 볼 수 있는 것이다. 우리나라의 남단 제주도에서도 볼 수 있으며, 울산에서 감포로 가는 해안가에 분포된 화산암류에서도 주상절리가 잘 발달된 노두를 볼 수 있다. 그러나 그런 것들 중 세계적으로 가장 잘 알려진 것으로는 아마도 스코틀랜드 서쪽에 있는 스타파섬(Staffa island)일 것이다. 길이 1km 폭 0.5km의 작은 이 섬은 스코트랜드 서쪽 멀섬으로부터도 6마일 떨어져 있는 무인도이다. 지질학의 발상지인 영국에 있기 때문이기도 하지만 이 섬에 있는 주상절리는 거의 완벽에 가까운 균질한 형태를 갖고 있어 유명해지게 되었다. 이 주상절리는 거의 모두가 숙련된 기술자에 의하여 잘려진 것처럼 규칙적인 육각형 기둥으로 발달되어 있다. 바닥은 화산재가 쌓여 있으며, 그 위로 현무암의 용암이 흘러 화산재를 덮고 있다. 이 용암 위로는 격렬한 화산 폭발에 의해 만들어진 화산쇄설물이 쌓여 있다. 그 가운데 들어있는 현무암 용암이 식으면서 만든 6각형의 기둥 모양으로 나누어진 주상절리가 바로 이 작은 섬을 유명하게 만든 주체이다.[4)]

이 섬을 더욱 유명하게 만든 이는 펠릭스 멘델스존이다. 자연은 시인에게만 감동을 주는 것은 아니다. 이 섬을 방문한 멘델스존은 섬의 남쪽에 나있는 동굴을 보고 영감을 얻어 1829년 작곡한 곡이 바로 〈헤브러디즈 서곡(Hebrides Overture)〉이라는 아름다운 곡이다. 헤브러디즈는 바로 스코틀랜드 서부에 있는 열도의 이름이다. 이 곡은 멘델스존에게 영감을 준 그 섬에 있는 주상절리가 만든 동굴의 이름인 핑갈의 동굴이라는 부제가 붙여져 있다. 끊임없이 몰려오는 파도와, 핑갈의 동굴에 부딪쳐 사라지는 물거품, 여유로운 모습으로 나지막하게 나는 갈매기의 모습이 연상되는 그런 소리가 들리는 듯한 곡이다. 여러 명사들이 이곳을 방문하여 많은 말을 남겼다. 자연이 창조한 정교한

스코틀랜드 서쪽의 스타파섬에 있는 잘 발달된 현무암의 주상절리. 검게 보이는 부분은 핑갈의 동굴로 멘델스존에게 영감을 주어 〈헤브러디즈 서곡〉을 작곡하여 더욱 유명해졌다. 1900년대 초의 사진을 기본으로 사실적으로 그려진 그림.

도버 해협에서 바라본 영국 켄트주의 해안 백악의 절벽.

작품이 인간의 능력을 초월한다는 것이 한결같은 지적이다. 결국 인간의 손이란 자연을 모방하는 것인지도 모른다. 자연이 만든 기념물은 육지에만 있는 것은 아니라 이처럼 바다 위에도 떠 있다.

지하에 숨어 는 마그마만이 그런 기념물을 만드는 것은 아니다. 창조의 힘은 어디에나 미친다. 영국과 프랑스를 갈라놓은 바다는 도버해협이다. 대서양의 큰 물줄기가 여기에 이르러 좁은 해협을 숨 가쁘게 지나는 곳이다. 그래도 남쪽으로부터 올라오는 해류는 더운 기운을 가지고 있어서 영국의 남쪽이 위도보다는 따뜻한 기온을 가지고 있게 만든다. 지금은 이 해협을 바다 밑으로 파 놓은 50.5km 길이의 터널로 차에서 내리지도 않은 채 단숨에 지난다. 이 터널은 200여 년 전인 1802년 프랑스의 아르베르 마튜가 나폴에옹 1세에게 제출한 계획안이 첫 번째 시도였으며, 이 계획은 그의 패배로 실현되지는 않았다. 1986년 영국의 대처 수상과 프랑스의 미테랑 대통령 사이에 터널 건설에 대한 협정이 조인되었고, 드디어 200여 년이나 끈 지루한 구상은 1994년 5월 50km의 터널 개통으로 결실을 맺었다(바다 밑으로의 길이는 39km임). 밤길에 오른 기차는 터널을 지나는 것조차 소음이 약간 커진다는 느낌으로 그만 지나쳐버리는 35분의 거리로 단축시켰다. 번잡스럽기는 했지만 해협을 페리보트로 건너던 뱃길의 낭만은 이제 사라져 버렸다. 프랑스의 깔레에서 페리보트에 승선하여 영국에 도착한 것을 알리는 것은 해안선에 떠오르는 백악의 벽으로 알 수 있다. 그 벽은 희끄무레한 선으로 나타났다가 점점 가까워질 수록 하얀 선은 떠오르는 벽으로 바뀐다. 보통의 지층들이 이렇게 흰색을 띠는 것이 흔하지가 않아 보는 이들에게 깊은 인상을 준다.

이 순백의 지층은 이 곳에만 있는 것은 아니다. 그러나 푸른 바다와 푸른 하늘 사이에 끼여 있는 순백의 지층은 그리 흔하지 않다. 도버에서 건너간 북부 프랑스에도 덴마크에도 이런 해안은 나타나며 여행객들에게는 같은 감흥을 불러일으킨다. 이 하얀 지층이 쌓인 시기는 중생대 말기인 백악기라는 지질시대이다. 그 때 이 지역은 앵글로-파리분지라고 부르는 따뜻한 바다가 위치한 지역이었다. 따뜻한 바다에서는 여러 가지 생물들이 살고 있었는데 그들이 죽으면서 그 껍질을 이루고 있는 탄산염 및 규산질 물질들이 먼 곳으로부터 불려온 화산회와 함께 쌓여 만든 지층이 바로 백악(chalk)이다. 영어로 백악기를 cretaceous라고 부르는데 백악(白堊)을 라틴어로 creta라고 해서 벨기에의 지질학자 달로이에 의해 붙여진 이름이다. 이 지질시대의 이름은 바로 이 지층의 특성으로부터 붙여진 이름이다. 이들이 암석으로 고화되면서 규산질 물질들은 따로 뭉쳐 플린트라고 하는 아주 단단한 규질 물질의 덩어리가 되어 지층 사이에 주먹만한 덩어리로 들어있다. 이 돌을 우리 선조들은 부싯돌로 사용을 하였으며, 날카롭게 깬 이 돌은 오늘날의 칼처럼 사용되던 돌이다. 사실 알고 보면 이 지층을 이루고 있는 주요한 미생물인 우리가 흔히 들어보지도 못했던 유공충과 석회 해면류와 같은 생물종들은 그보다 더 큰 역할을 하였다. 이들 미생물들은 대기 중에 있던 이산화탄소로 존재하던 탄소가 물에 용해된 것을 이용하여 생물체의 껍질을 만드는데 사용함으로써 대기 중의 이산화탄소를 줄여 준 것이다. 이들이 죽어 만든 백악은 많은 양의 탄소가 들어있다. 길이가 15cm인 이 암석 중에는 이산화탄소 1,000리터가 압축되어 있다는 사실을 알게 되면 그렇게 넓게 분포된 이 암석들이 축적된 이산화탄소가 기후를 시원하게 해주었다는 사실을 짐작하게 만들어 준다.[5] 이 해안가를 가보면 석회암이 녹아 떨어져 나온 플린트 덩어리가 여기저기에 나 뒹굴고 있다. 이런 지층들은 알프스의 휘어져 있거나 뒤죽박죽으로 섞여 있는 돌과는 전적으로 다른 종류의 돌처럼 보인다. 멀리서 보면 이것은 화가의 손길을 기다리고 있는 순백의 빈 캔버스로 남겨져 있는 듯한 모습이다.

그러나 어떤 지층에서는 온통 빈자리를 남겨 놓지 않고 섬세한 조각도로 매우 추상적인 기하학적 형태를 새겨 놓기도 하고 한 폭의 회화처럼 색칠해 두기도 한다. 작가의 성향에 따라 작품의 성격이 달라지는 것처럼 자연의 작품은 암석의 종류에 따라 성격이 달라진다. 같은 작가라 할지라도 그가 살아가면서 작품 세계가 달라지는 것처럼 나타난 퇴적암에서 나타나는 작품이라고 해서 모두가 같은 것은 아니다. 마치 발이 굵은 브러시로 적갈색 물감을 듬뿍 칠한 후 내갈긴 것 같은 인상을 준다. 브러시를 한 쪽 끝으로 섬세하게 모은 기교는 초심자의 솜씨로 보이지는 않는다. 그러나 이를 자세하게 들여다보면 아무렇게나 칠한 브러시 자국은 아니며, 훨씬 더 규칙적인 문양이라는 것을 알아낼 수 있다. 아마 모래가 많은 하천 둑이 터진 자리에서 보았던 모습과 같다는 생각이든다면 이는 분명히 관찰력이 뛰어난 사람이다. 바로 라이엘이 세운 "동일 과정의 법칙"이 여기서도 적용되는 것이다. 물이 흐르면서 모래 알갱이를 이동시켜 쌓아 놓은 형태이기 때문이다. 적당한 속도로 흐르는 하천의 물은 모래 알갱이를 운반하면서 한쪽으로 경사지게 이를 차곡차곡 쌓는다. 한 층이 쌓이고 나서 물의 속도가 갑자기 빨라지게 되면 이미 쌓아 놓았던 층의 상부를 깍아 내려 평탄한 면을 만들게 된다. 얼마 후 물이 적당한 유속을 유지하게 되면 그 위에 새로운 층을 만들어 한 방향으로 경사진 모습을 갖는 퇴적물이 된다. 만약 물이 흐르는 방향이 바뀌면 쌓이는 경사는 반대로 변화된다. 방향이 바뀐 횟수가 많으면 그만큼 물이 흐르는 방향이 자주 바뀐 것을 나타낸다. 어떻게 그렇게 자주 바뀌는지는 염려할 필요가 없다. 지층이 퇴적되는 속도는 여러분이 생각하는 시간 단위를 훨씬 초월하는 긴 시간이기 때문에 물의 방향이 바뀌는 것은 지층의 변위에 따라 얼마든지 가능해진다. 그러나 이들 모래가 바닷가 조간대에서 쌓이는 것이라면 더 미세한 단위로 경사 방향이 조밀하게 바뀌기도 한다. 그러나 미국의 시온국립공원에 있는 이 사암의 사진에 보이는 절개면에서는 물의 흐름이 바뀐 것을 보여주지 않는다. 그런 지질 작용이 이런 작품을 만드는 것이다. 지질학자들은 이런 노두를 보면 매우 반가워한다. 왜냐하면 이런 흔적들이 많이 남겨져 있는 돌일수록 과거를 이해하는데

미국 유타주 시온국립공원에 있는 사층리가 발달된 적색 사암. 경사진 방향은 흐르는 물에 의해 이동되어진 모래 알갱이들이 차례로 쌓인 모습이다.

호주의 노던테리토리에 있는 모든 사람이 경탄하기에 충분한 거대한 규모로 돌출되어 있는 에어스록의 인공위성 사진. 석양의 햇빛은 에어스록을 녹은 용암처럼 붉은 색으로 만든다. 층리면을 따라 만들어진 선이 나란히 발달되어 있으며, 관광객들을 위하여 둘레에 만들어 도로가 울타리처럼 보인다(사진제공 : NASA).

필요한 더 많은 정보가 들어있기 때문이다. 이런 자료들을 정확하게 기록하여 종합하면 과거 그 지층이 퇴적되던 시기의 하천에서의 물의 흐르는 방향을 복원시킬 수 있기 때문이다. 퇴적물이 쌓일 때 만들어지는 것을 지질학자들은 퇴적구조라고 하며 물이 흐를 때 만들어지는 그런 구조를 사층리라고 부른다. 그런 퇴적구조를 보지 않더라도 그 존재 자체로 그 지역을 대표하는 기념비가 되는 것들이 있다.

호주의 사막으로 가보자. 호주 하면 연상되는 것은 캥거루와 거대한 바위덩어리인 에어스록(Ayer's rock)이다. 에어스록은 호주의 북부 앨리스 스프링의 남서쪽 450여 킬로미터 지점에 있는 돌덩어리이다. 말이 돌덩어리이지 하나의 산이다. 길이가 3.6km이며 한바퀴 돌려면 둘레가 10km이며 높이는 335m나 된다. 낮은 관목이나 겨우 살아가는 사막의 한가운데 덩그러니 올려져 있는 바위산을 원주민들은 울룰루라고 부른다.[6] 그 땅에 들어간 이방인들이 붙인 이름이 에어스록이다. 울룰루라는 원주민의 말은 지구의 배꼽이라는 뜻으로 지구의 중심을 의미한다. 동양인들은 아이가 태어날 때 태를 바짝 자르기 때문에 튀어난 배꼽이 드물지만 인종에 따라서는 길이를 넉넉하게 잘라 튀어난 배꼽도 있으니 그 모양을 배꼽이라고 해서 이상할 일도 아니다. 1873년 이곳에 처음 들어간 이방인이 당시 남호주 총독을 지내고 있던 헨리 에어의 이름을 따서 에어스록이라고 부쳤다.

이렇게 큰 덩치는 한 가지 암석 사암으로 되어 있는 한 덩어리이다. 사암은 5억 년 전에 퇴적된 적색 사암으로 가까이 가보면 색을 쉽게 알아볼 수 있다. 그러나 멀리서 바라볼 때는 태양의 위치에 따라서 색이 변하는 것처럼 보인다. 아침에 햇살이 좀 부족할 때는 회색으로 나타난다. 그러나 해가 중천으로 오르면서 돌덩어리는 적갈색으로 보인다. 석양 무렵으로 가면서 이 돌덩어리는 불타는 듯한 붉은 색으로 변하게 되어 이 곳을 찾는 이들을 감격시킨다. 이렇게 변화되는 색은 신비감을 준다. 원주민들이 이를 성소로 여기는 것은 당연하다 하겠다. 그 근처에서는 에어스록의 전모를 결코 볼 수 가 없다. 그러나 하늘에서 내려다본 위성사진은 이 돌의 규모와 그렇게 멀리서 촬영한 것으로

중국의 계림. 석회암의 차별침식이 만든 독특한 경관으로 저녁놀의 이 모습은 어떤 대가가 그린 산수화보다도 뛰어나다.

여겨지지 않을 만큼 세세한 것도 보여준다. 가지런하게 나타나는 지층의 층리가 그대로 들어나고 풍화작용의 결과 군데군데 침식이 일어난 곳이 상처처럼 드러난다. 그 자체가 자연이 만든 거대한 기념비라는 것을 곧장 알아 볼 수 있다. 그렇기는 하지만 하늘에서 내려다 본 모습이라서 장난기 많은 어린 학생들이 공예용 색점토를 툭 던져 놓은 듯한 인상도 지어버릴 수 없다. 색점토를 던져 놓은 듯한 모습이 바로 사람들이 인지하지 못하는 속도로 일어나고 있는 풍화작용의 결과이다. 그러나 에어스록을 지상의 눈높이에서 바라본 모습은 장엄 그 자체이다. 이를 제대로 나타내려면 시인의 눈이 필요하다.

시인의 눈이 필요한 곳은 거기 말고도 또 여러 군데가 있다. 마치 한폭의 동양화와 같은 풍경은 바로 차별침식에 의해 만들어지기도 한다. 중국의 계림이라는 곳이 동양의 산수화와처럼 빼어난 경관을 가진 곳이다. 그곳에서 바라본 자연경관은 어떤 뛰어난 화가도 이처럼 아름다운 경관을 그대로 재현시킬 수 없을 것 같다는 생각이 들게 만든다. 바다의 계림이라고 부르는 곳이 바로 베트남에 있는 하롱베이의 경관이다. 이들 두 지역은 모두 석회암의 침식에 의하여 만들어진 경관이다. 이 두 지역의 차이점이라면 한 곳은 육지에 있고 한 곳은 바다에 침식의 잔존물이 남아 있다는 것이며, 같은 점은 모두가 석회암 지대의 용해에 의한 차별침식의 결과로 이런 빼어난 경관을 만들었다. 이 그림은 아무나 그릴 수 있는 그림이 아니다. 오직 자연만이 이런 정교한 조화를 이룬 대작을 만들 수 있다. 중국은 땅이 넓다 보니 여기저기에 이런 흔적을 남겨 두었다. 곤명에 있는 석림(石林) 역시 석회암이 풍화침식을 받아 남아 있는 모습이 마치 숲과 같다고 하여 붙인 이름이다. 그곳은 차라리 석림이라기보다는 인림(人林)이라고 부르는 게 더 적합할 정도로 많은 중국인들이 몰려드는 자연의 기념비가 아닌 관광의 명소가 되었다.

지구상에는 살아 있는 것이라곤 아무것도 없을 것 같은 곳이 여러 곳 있다. 그런 곳을 연상하면 바로 떠오르는 곳이 사막과 빙하지대이다. 사막은 여러 가지 원인으로 세계의 곳곳에 만들어졌다. 그 규모는 작은 것으로부터 수십만 평방 킬로미터에 이르는 거대한 것까지 크기가 다양하다. 이들이 놓여 있는 위치는 열대지방인 저위도 대륙의 내부에 있는 것이 대부분이기는 하지만 해안가에 인접해서 발달되는 사막도 있다. 이는 해류와 바람 그리고 지형의 조합에 의하여 만들어지는 것이다. 바닥에 깔려 있는 지질은 이 경우는 문제가 되지 않는다. 사막이 되는 재료는 암석의 종류와는 거의 관계가 없이 모든 암석들이 다만 건조한 기후의 희생물로 만들어지는 것이다. 건조한 기후는 식생의 발달을 허용하지 않으며, 그 결과로 지표는 알몸을 드러내 놓게 된다. 그렇게 만들어진 사막은 죽어 있는 것은 아니다. 그 어려운 환경에서도 살아가는 생물체는 존재하며 나름대로 살아가는 방식을 체득하고 있다. 사막의 선인장이 그러하며, 사막에 살아가는 곤충이 그러하다. 다만 존재하는 개체수가 적을 뿐이다. 그리고 사막 자체 역시 역동적이다. 시간에 따라 변화되는 사막의 모양은 바로 바람에 의한 모래의 이동 결과이다. 때로는 언덕을 이루었다가 얼마 뒤에는 잔잔한 평원처럼 그 형태를 바꾼다. 사막이 살아 있다는 것을 실

아프리카 사하라사막. 사구의 경사는 모래의 안식각을 따라 일정하게 만들어진다. 이런 사구는 모래폭풍이 불면 그 형태와 위치가 달라진다.

감나게 해주는 것은 바로 이 모래의 이동이다. 바람의 속도나 방향의 전환은 이들의 모습을 완전히 바꿔 놓을 수 있기 때문이다.

사막을 일정 높이에서 관찰하면 그 모습도 마치 바다를 연상하게 만든다. 다만 그 색깔이 바다의 아쿠어마린의 청색 계열이 아닌 황색 계열인 점이 다를 뿐이다. 그러나 사막이 바다와 다른 점을 굳이 찾으라면 바다와는 달리 사막은 자유자재로 자신을 변화시켜 산도 만들 수 있는 능력을 가지고 있다. 그러나 사막이 만드는 산은 다른 곳에서 보는 급한 경사를 가진 사면을 볼 수가 없다. 그것은 모래가 쌓일 때 이루는 각도는 입자의 크기에 따라 약간 달라지기는 하지만 30~34° 범위에 오기 때문이다. 조금만 주의를 기울여 보면 사구(砂丘)는 키는 다르지만 능선이 이룬 경사는 모두 같다는 사실을 볼 수 있다. 심미안적 관점에서 사막이 주는 인상은 시간에 따라 다르기도 하지만 보는 이에 따라서도 달라지게 마련이다.

건조한 기후와 바람은 사막을 만드는데 반하여 물과 추위는 사막과는 전혀 다른 기념물을 만든다. 추운 지역은 물을 얼음으로 변화시켜 빙하를 만든다. 얼음은 비록 물보다 밀도가 가벼워지는 특별한 성질을 가지고 있지만, 물과 다른 점은 이들이 차곡차곡 쌓일 수 있다는 점이다. 육지의 계곡에 만들어진 빙하는 두께가 두꺼워지면 경사를 따라 서서히 이동을 하게 된다. 계곡을 가득 채워 움직이는 빙하는 이와 접촉을 하고 있는 암석들을 조금씩 뜯어내어 움직이는 빙하와 함께 이동시킨다. 이렇게 운반되는 물질들은 빙하가 녹아내리는 끝 부분에 퇴적되는데 이러한 물질을 빙퇴석이라고 한다. 오늘날에는 빙하가 결코 있을 수 없

캐나다 북동부 컴버랜드반도에 있는 오유투크(Auyuittuq)국립공원의 바다에서 바라본 팽누르퉁 피요르드(Pangnirtung fiord)의 입구 모습. 이 계곡은 전형적인 U자형 빙하 침식 계곡을 완벽하게 보여주고 있다. 아마도 빙하기에는 이 계곡에 빙하가 꽉 차서 내려왔을 것이다.

는 저위도 지역에 그러한 빙하침식이나 빙퇴석들이 있는 것은 과거 그 지역이 고위도 지역에 위치하였던 것을 의미한다. 이러한 사실들은 바로 지판의 이동을 알려주는 중요한 암호이며, 지구의 기후 변화 등 진화의 역사를 해석하는 중요한 정보로 활용된다.

오랜 기간 동안 빙하 침식이 계속되면 계곡의 양쪽은 영어의 U자형으로 깊은 계곡이 만들어지는데, 이러한 형태의 계곡은 빙하 침식의 전형적인 예가 된다. 특히 지구 북반구 위도가 높은 지역에 위치한 나라들에서 이러한 지형이 잘 관찰되는 것은 비교적 최근까지 빙하 침식에 의한 영향을 받았음을 나타내는 증표이다. 이런 지형은 아무데서나 볼 수 있는 것은 결코 아니다. 그러나 드물게 나타나는 것만도 아니다. 만약 세계지도의 북쪽 꼭대기를 보면 해안지역이 가늘고 긴 바다가 육지 안으로 들어와 있는 지역들이 눈에 띄는데 바로 그러한 지역이 빙하 침식에 의하여 형성된 피요르드가 분포되어 있는 지역이다. 그러한 지역으로는 스칸디나비아반도 북부와 캐나다 북동부의 배핀섬 동부 지역, 그리고 이를 마주보는 그린랜드의 해안 지형들이 바로 빙하 침식에 의하여 피요르드가 발달한 지역이다.

지구의 기념비가 만들어지는 형식은 아주 다양하다. 지하에서 샘솟는 온천도 그런 기념물을 만드는데 한 몫을 거든다. 보통의 지하수는 다른 물질을 용해시키는 능력이 그리 높지 않다. 그러나 온천수와 같은 물은 뜨겁기도 하려니와 여러 가지 물질을 비교적 용해시키기 쉬운 화학적인 성질을 가지고 있는 경우가 많다. 특히 탄산염암을 통과하는 그러한 온천수들은 흔히 용액 중에 많은 양의 탄산칼슘을 포함하고 있다. 물의 온도는 용해도와 밀접한 관계를 가지고 있다. 뜨거운 물이 더 많은 소금을 녹일 수 있는 것과 같은 이치이다. 이들 온천수가 지표로 나와 식게 되면 물의 용해도는 감소되어 물속에 녹아 있던 탄산칼슘은 저절로 침전되게 된다. 이렇게 침전되어 만들어진 돌을 트래버타인(travertine) 혹은 석회질 튜파라고 부른다. 터키의 파묵깔레의 트래버타인과 미국의 옐로우스톤국립공원 안에 있는 맘모스온천의 트래버타인이 가장 잘 알려진 것이다. 아마도 단일 규모로 치면 파묵깔레의 것이 훨씬 더 크

미국 옐로우스톤국립공원의 북쪽에 있는 맘모스온천에 만들어진 트래버타인. 바람결에 온천의 증기가 몰려오면 그 경관이 더욱 신비스럽다(사진제공 : National Park Service).

다. 온천수가 흘러 백색의 계단을 만들면서 침전된 탄산칼슘은 장관이다. 그러나 온천과 간헐천이 분포된 숫자와 분표 면적을 보면 옐로우스톤을 능가할 곳은 세계 어디에도 없다. 그 온천 밑에서 일어나고 있는 일을 조금이라도 알고 있다면 그리 편한 마음만은 아닐 것이다. 아는 게 병이란 우리 속담이 여기에도 통하는 얘기인 것 같다.

옐로우스톤의 화산 활동은 바로 이 자리가 맨틀의 열점에 해당되는 자리이기 때문에 일어난다. 열점이란 맨틀로부터 상승하는 마그마의 통로가 있는데 그 통로는 위치가 그리 쉽게 변하지 않는데 지판이 움직여서 화산들이 점점이 연결된 것처럼 나타난다. 하와이군도가 그런 열점의 대표적인 예이다. 그런 열점이 육지에 존재하는 것은 흔하지 않은데 옐로우스톤이 바로 육지에 존재하는 열점이다.[8] 여기서는 200만 년 전에 거대한 폭발이 있었다. 그 분화구의 크기가 하도 커서 이곳에는 분화구가 없는 곳으로 알던 시기도 있을 정도이다. 나중에 위성사진으로 확인된 분화구의 크기는 무려 64km에 달했다. 그런 크기라면 아무리 좋은 시력을 가진 지질학자라 해도 그의 시야에 이런 규모를 담을 수 없다. 최근에 이 화산은 한 60여 만 년을 주기로 활동을 하였다는 사실이 밝혀졌다. 마지막 화산 활동이 63만 년 전에 일어났으므로 통계적으로는 곧 일어날지도 모르는 위험한 지대인 것이다. 사실 트래버타인을 만드는 맘모스 온천 역시 그 밑에 살아 있는 마그마가 들어 있다는 간접 증거인 것이다. 내가 찾아간 그 해에도 온천은 약한 유황 냄새와 함께 증기를 쏘아올리고 있었다. 그걸 보면서 닥아올 위험을 예측하는 이는 그리 흔하지 않다.

이러한 활동에 의해 만들어진 돌은 그런 세계적인 관광명소를 가지 않고도

미국 노스다코다주의 평원에 발달한 곡류하천의 일부.

우리 주변의 건축물에서 더욱 흔하게 접할 수 있다. 그럼에도 불구하도 많은 사람들이 그게 트래버타인인지를 모르고 희한한 대리석으로 알고 지나간다. 최근에는 우리나라에서도 고급으로 지어진 호텔 건물의 내부를 보면 바닥 혹은 벽을 이 트래버타인으로 장식하고 있다. 가끔씩 작은 구멍이 뚫려 있는 돌들이 불규칙하지만 층층으로 나타나면서 매우 기괴한 문양을 이루는 벽이나 바닥을 장식하고 있는 녀석이 바로 트래버타인이다. 이 돌은 현대 건축에서만 사용된 석재는 아니다. 로마에 가면 누구나 들리는 콜로세움의 큰 기둥들의 일부가 트래버타인으로 되어 있다는 것은 애써 알려고 하지 않는다. 이탈리아가 지열이 풍부한 곳이므로 곳곳에 만들어진 트래버타인은 일찍이 로마시대부터 사용되어져 온 것이다.

온천에서 흐르는 물만이 기념비를 만드는 것은 아니며 지표를 도도히 흐르는 물줄기는 아무 일도 하지 않는 게으름뱅이로 보이지만 실제로 지구의 얼굴을 바꾸는 데는 최고의 능력을 가지고 있는 선수이다. 하천은 주저 없이 바로 흐르기도 하고 물길을 가로막는 방해물이 있으면 낮은 곳으로 돌아간다. 그것은 타협이 아니라 자연에의 적응일 것이다. 이들이 경사가 거의 없는 지역이나 해안 근처의 평지에서 방해물이 없는 경우에도 숨을 고르기라도 하려는 듯 이리저리 여유를 부리면서 휘어져 흐르기도 한다. 이러한 하천을 곡류하천(曲流河川)이라고 한다.

이들은 곧잘 물길을 바꾸기도 한다. 한번 큰물이라도 난 후 수위가 줄면서 드러난 물길은 예전의 것과 달라지는 경우를 곧잘 발견된다. 대체로 이렇게 흐르는 물은 매우 느리고 주변 지역에 물을 잡아두어 습한 지역이 되기가 쉽다. 보기에는 그럴듯하지만 사람들은 그런 환경을 좋아하지 않는다. 단순하게

습기가 싫다는 것이 이유의 전부인 경우도 있다. 그렇기는 하지만 이런 지역의 경관은 한폭의 수채화보다 아름다운 경우가 흔하다. 그러나 느린 물길이지만 수백만 년 혹은 수천만 년을 흐르는 물길은 아무리 느리더라도 하천의 양쪽 벽과 바닥을 깎아내어 서서히 골을 깊게 만든다. 골이 깊어질수록 넓이도 따라서 넓어진다. 골이 깊어져 들어내놓은 부위가 커질수록 숨겨진 지구의 비밀을 더 많이 전해주게 된다.

그랜드캐년이 그런 곳이다. 무엇이든지 다 보여주는 곳이 바로 그 곳이다. 그곳으로 접근하는 방법은 육로도 있지만 사람들은 도박의 도시 라스베가스에서 경비행기로 후버댐을 내려다보면서 시에라네바다산맥을 넘는 코스로 그

미국 서부에 있는 그랜드캐년 일부 경관. 암적색의 사암과 암록색의 셰일이 교대로 나타나며 이 고원의 상부에 흰색의 석회암이 이 협곡을 마감하고 있다. 2억 5천만 년 된 암석을 밟고 20억 년의 시간을 바라보는 자리이다.

곳에 간다. 프로펠러가 달린 경비행기가 고도를 올리면서 감각이 예민한 사람들은 귀속을 누군가 후벼 파는 듯한 고통이 찾아온다. 그 때가 바로 산맥을 넘고 있는 순간이다. 그 고통의 순간이 지나면 적어도 비행기에서 내려다보기에는 평지와 다를 바 없는 한적한 비행장에 도착하게 된다. 그곳이 콜로라도 고원이라고 부르는 대협곡의 꼭대기에 해당된다. 비행장으로부터 잠시 이동을 하면 그랜드캐년을 바라볼 수 있는 전망대로 갈 수 있다. 내려 보이는 계곡은 얇은 판재 그러나 색을 입힌 암적색의 판재를 잘 정돈해 놓은 것처럼 지층들이 가지런하게 놓여 있는 거대한 협곡의 단면이 눈에 가득 찬다. 이것은 알프스나 히말라야의 뒤죽박죽으로 뒤섞여 있는 지층과는 본질적으로 다른 모습이다. 아무도 건드리지 않은 쌓인 그대로의 순서를 유지하고 있다. 발 아래 계곡의 바닥으로부터 우리가 내려보고 있는 이 자리까지 오는 데는 20억 년이 걸려야 한다. 내가 20억 년의 시간을 내려다본다는 생각이 들자 갑자기 자연에 대한 경외감으로 엄숙해진 나 자신을 발견하였다.

그것은 지층들이 가지고 있는 나이를 말한 것이다. 한 장소에서 이렇게 연속되는 고생대의 암석을 한눈에 볼 수 있는 곳은 여기 말고는 없다. 계곡의 바닥에서는 콜로라도강이 선캄브리아기의 편암을 뚫고 흐르고 있다. 지금도 조금씩 아주 느린 속도로 깊어지고 있는 계곡의 바닥에서 볼 수 있는 편암의 나이는 최고로 20억 년까지 거슬러 올라간다. 20억 년 전이면 지질시대로는 원생대라고 한다. 원생대 편암 위로는 차례로 고생대의 지층의 오래된 순서로부터 젊어지는 순서에 따라 캠브리아기, 데본기, 석탄기, 페름기의 지층과 중생대 트라이아스기 지층까지 나온다. 이들이 쌓인 시기는 5억 5천만 년에서 2억 5천만 년 사이이다.[8] 지금 여러분이 그랜드캐년의 전망대에 서 있다면 여러분은 2억5천만 년 된 암석을 밟고 20억 년의 시간을 내려다보고 있는 것이다. 물론 고생대의 오르도비스기와 실루리아기의 지층이 퇴적되지는 않았지만 이 정도의 지층으로도 한눈에 보이게 나오는 곳은 이곳 말고는 없다.

그런 생각이 들지 않더라도 색색의 지층들이 펼쳐진 대협곡 자체만으로도 감동을 주기에 하나도 부족함이 없다. 언론인 천관우는 1956년 서간문 형태로 기행문을 남겼다.

차는 또 달립니다. 척도(尺度) 웅휘한 것도 그것이려니와 색채의 풍염(豊艶)한 것도 말할 수 없습니다. 봉우리들이 제각기 빛이 다르고, 같은 봉우리가 머리와 허리와 발밑이 달라 본래가 소녀의 색동저고리 같은 것인데다가, 지나가는 운영(雲影)에 따라 밝던 빛이 어두워지고, 짙던 빛이 엷어지면서, 그야말로 오색영롱(五色玲瓏)- 그것도 너무나 터무니 없이 웅장한 영롱을 이루는 것입니다.

다소 오래전에 쓰인 글이라 그러하기는 하지만 그 감회는 잘 전달되었다는 생각이 든다. 모든 사람들이 그 계곡을 내려다보는 순간 함성과 같은 신음소리를 낸다. 그러나 느끼는 감상은 모두 다르게 마련이다.

거대한 이 협곡도 한 방울 한 방울이 모인 실개천에 의한 침식으로부터 색채의 풍염이 들어나기 시작하였다. 그 실개천은 모래 한 알씩을 떼어내며 바닥과 벽을 조금씩 깊게, 넓게 만든 결과인 것이다. 콜로라도고원에서 이런 하천은 2천만 년 전에 시작된 것으로 해석하고 있다. 콜로라도고원이 1천7백만 년 전부터 융기가 시작되면서 한곳에 모인 실개천은 이제 더 이상 그렇게 부를 수 없는 계곡의 용트림 치는 물결로 변한다. 하천은 자꾸만 깊어지게 되어 오늘날과 같은 대협곡이 만들어진 것이다. 이 지역은 연간 강수량이 380mm에 불과한 건조한 지역이다. 상류지역에 있는 눈이 녹으면서 매년 봄철이면 일어나는 홍수는 골을 파는 속도를 더욱 재촉하였다. 이 지층들이 만들어진 시간에 비교해서 파괴되는 시간은 너무 짧았다. 참으로 위대한 자연의 힘이다. 보이지 않는 힘이란 바로 이를 두고 말한 것일 게다.

물은 지구의 변천 과정에서 참으로 엄청난 일을 하고 있다. 그랜드캐년과 같은 대협곡을 만드는 일 뿐만 아니라 지구의 표면을 변화시키는데 기여한 공로로 공신록을 작성한다면 바로 일등공신이 물이라는 것을 부정하는 지질학자들은 없을 것이다. 지구가 끊임없이 변화되는 것은 바로 물 때문에 가능한 것이다. 그러나 물은 변화만 일으키는 것은 아니다. 물이 흐르면서 만들어내

남아메리카 브라질과 아르헨티나 국경에 있는 장대한 이구아수폭포의 모습. 사진의 오른쪽은 아르헨티나이고, 왼쪽은 브라질이다. 수량이 가장 많은 아르헨티나 쪽을 "악마의 목구멍"이라고 부른다. 너무 크기 때문에 아래에서는 전체를 보기 어렵다.

는 자연의 아름다움은 세상의 곳곳에서 찾아볼 수 있으며 그들 중 하나가 바로 폭포이다. 폭포는 산속의 급한 사면에서도 저절로 만들어지지만 그런 곳은 수량이 많지 않아서 모든 사람을 감동시키지는 못한다. 하긴 폭포가 드문 우리나라에서는 제주도 용암 계단에서 바다로 바로 떨어지는 정방폭포나 천지연폭포를 보고도 감동을 한다. 그러나 이는 세상 모든 사람에게 감동을 주기에는 좀 부족하다. 모든 사람들이 기억하는 폭포는 대륙의 안에 있는 큰 규모의 수로를 따라 만들어진 거대한 폭포들이다. 가장 잘 알려진 폭포는 아마도 나이아가라폭포일 것이다. 캐나다와 미국의 국경에 있는 이 폭포는 에리호로부터 온타리오호로 이동되는 물길 사이에 있는 폭포이다. 물길 가운데 있는 작은 섬 때문에 물길은 둘로 나뉘어져 폭포는 미국과 캐나다에 만들어졌다. 장관이다. 50여 미터의 낙차를 갖는 대규모의 폭포이다. 폭포의 침식을 막기 위하여 요즘에는 수량을 조절하기도 한다. 이런 낙차는 순전히 침식에 대한 저항도가 다른 두 지층이 단층에 의해 접한 곳에서 만들어진 것이다. 그러나 이 폭포는 나중에 남미 브라질과 아르헨티나 국경에서 발견된 이구아수폭포와 아프리카 짐바브웨와 잠비아 국경에서 발견된 빅토리아폭포 때문에 세계 제일이라는 타이틀을 잃게 되었다. 그러나 찾아오는 관광객 수만을 비교하면 아직도 세계 제일을 유지하고 있다. 세계 최대의 폭포를 찾아 가는 길은 멀고도 긴 여정이다. 우리나라로부터는 지구의 반을 돌아야 갈 수 있는 곳이다.

이구아수폭포는 리오데자네이로에서는 비행기로 네 시간이나 걸리는 거리이다. 나는 남미의 원시림 속에 있는 폭포를 상상하였으나 도착한 곳은 그저 브라질의 다른 곳에서 지나치는 농촌풍경 그대로였다. 적잖게 실망한 것은 나만은 아닌 것 같았다. 그러나 그런 실망이 곧 만족감으로 바뀌는 데는 그리 오랜 시간이 필요치 않았다. 상상을 초월하는 이구아수폭포(Iguazu falls)의 장엄함은 다른 모든 잡념을 쫓아버리기에 충분하였다. 이 거대한 물기둥이 만드는 물안개는 주위를 뿌옇게 만들어 신비감을 들게 만들었다. 물길이 떨어지면서 만드는 굉음은 소리로 하는 모든 것을 차단하였다. 물보라 때문에 만들어지는 무지개는 시도 때도 없이 자주 만들어진다. 습한 지역이라 모기가 심심치 않게 괴롭히기는 하였지만 그런 것은 대수가 아니었다. 모기의 습격은 안내소에 걸려 있는 무슨 수액으로 만들었다는 약간은 끈적끈적한 액체를 바르자 해결되었다.

이런 장관을 바라보면서 이 폭포는 어떻게 만들어졌을까 따위를 생각하는 것은 조금은 걸맞지 않을 것 같다는 생각이 들었다. 그러나 지질학자들은 그런 것을 보면 궁금증을 이기지 못한다. 물론 이 폭포를 만든 것은 이 지역을 지나가는 단층의 결과이다. 지층을 둘로 갈라 한쪽은 들어올린 결과로 그 큰 낙차를 만들었으며, 공교롭게도 위쪽으로 올라간 지층이 턱을 만들기에 충분할 정도로 단단해서 그 엄청난 물길에도 살아남은 결과로 만들어진 것이 이 폭포이다.

이미 오래전 이곳에 정착한 원주민들은 이 폭포를 보고 두려워하기도 하였으며, 때로는 이를 숭배하기도 하였다. 그들이 부쳐 놓고 부르던 이름도 이미 가지고 있었다. 간혹 백인들은 그들이 기록으로 남길 수 있다는 이유로 원주민들에게는 전혀 생소한 다른 이름을 붙여놓기도 하는데 이곳은 다행스럽게도 원주민들의 이름을 그대로 사용하였다. 이 폭포의 이름을 만든 "이"는 물을 의미하며, "구아수"는 장대함을 의미한다. 굳이 번역을 한다면 장대한 물이 될 것이다. 이 폭포는 둘로 나뉘어져 브라질과 아르헨티나쪽에 반 정도씩 걸려 있다. 나름대로 양쪽은 독특한 개성을 가지고 있다. 눈에 익기는 아르헨티나 쪽의 폭포가 더 익숙하다. 그쪽의 폭포는 이미 미션이란 영화에서 장렬하게 전사하는 원주민과 함께 각인된 악마의 목구멍이라고 알려진 아르헨티나 이구아수 폭포의 인상이 매우 깊게 남아있기 때문이다. 그 영화 속에서 그 폭포가 이구아수라고 밝힌 적은 없지만 관심이 있는 사람들은 모두 그 폭포가 이구아수라는 것을 알고 보았기 때문인지도 모른다.

이 폭포는 수량에 따라 변신을 한다. 이구아수강을 가로지르는 2.7km를 따라 가느다란 물줄기가 만든 폭포까지 더하면 약 300여 개의 폭포로 되어 있으며, 낙차는 최대 100m에 이른다. 물이 떨어지는 낙차가 나이아가라보다 두 배나 큰 것은 물론이려니와 그 수량은 비교가 되지 않을 만큼 엄청나게 많다. 아르헨티나 쪽으로 가면 이 물이 폭포로 떨어지기 전 어떻게 흐르고 있는지를 보여준다. 이 물길이라고 해서 다른 물길과 다를 리가 없다. 빠르지도 느리지도 않게 흐르는 물살은 다른 여느 물길처럼 강바닥에 솟아 난 바위를 피하고, 강가에 늘어진 나뭇가지를 흔들면서 내려간다. 이런 물길을 보고 일찍이 장자는 여수(如水)란 좋은 말을 생각해낸 것일까? 그러나 이 물길이 떨어지는 순간부터는 완전히 태도가 달라진다. 그 순간부터는 가로막은 것을 피해 가던 그런 물길은 아니며 그에게 맞서는 것은 무엇이든지 깨 부셔야 할 것 같은 기세로 돌진을 한다. 그런 자세가 아니라 그렇게 행동을 한다. 자연이 만든 걸작은 앞으로 그렇게 자연을 변화시킬 것이다.

아스완댐이 준 교훈

▌그리스의 역사학자 헤로도투스는 기원전 5세기에 "이집트는 나일강이 준 선물이다"라고 기록했을 정도로, 나일강은 이집트의 생명줄과도 같은 존재이다.

인공위성으로 촬영한 이집트 주변의 사진을 보면 나일강이 왜 이집트의 젖줄이라고 표현되는지를 한눈에 알아볼 수 있다. 나일강 주변 지역을 조금만 벗어나도 모래와 바람뿐인 사막으로 바로 연결되어 있을 뿐 사람들이 거주할 수 있는 공간은 바로 나일강의 물줄기가 영향을 미치는 강 주변 지역의 한 뼘 땅 뿐이다. 적어도 하늘에서 바라보았을 때 말이다. 그곳이야말로 이집트의 식량 창고이며, 고래로부터 이집트 문명을 지켜준 생명줄이었다. 이집트의 관광지도는 나일강의 지도와 같다. 나일강의 지중해 입구인 알렉산드리아를 시작으로 하여 남쪽으로 이어진 강줄기를 따라 거슬러 올라가면 이집트의 고대 문명이 건설한 찬란한 파라오의 유적들이 연이어 이어진다. 카이로 근처의 기자를 거쳐 아슈무나인, 기르게, 룩소르가 차례로 줄지어 있고, 아스완댐을 지나면 이 댐의 건설로 수몰된 지경에서 세계인에 의해 구출된 아부심벨이 나타난다.

나일강은 아프리카 동부를 북류하는 세계에서 가장 긴 강으로 전장이 6,690km에 이른다. 이 강은 빅토리아 폭포에서 떨어지는 리폰폭포가 그 발원지인 백나일과 타나호에서 발원하는 청나일이 하르툼에서 합류하여 지중해로 흘러드는 강이다. 백나일 상류 지역은 연 강수량이 2,000mm에 이르는 고온다습한 지역으로부터 충분한 수량이 공급된다. 이 강은 빅토리아호를 지나 그 유명한 아프리카 열곡대를 거쳐 습지인 서드분지 등을 통과하여 수량이 조절되어 하류로 흐르는 유량이 큰 변동이 없도록 만들어준다. 이에 비하여 우기와 건기가 뚜렷한 에티오피아 고원에서 시작되는 청나일은 유량이 계절에 따라 크게 변화를 보인다. 이 두 강이 합류하는 하르툼으로부터 아스완댐까지의 거리는 약 2,000km에 이른다. 실제로 나일강에 퇴적물을 주로 공급하는 강은 청나일로 무역풍의 결과로 강수량이 집중되는 8~10월경에 그 발원지인 아비시니아 지역의 침식 결과로 뜯겨져 나온 점토와 모래들이 함께 이동된다. 매년 이 강이 운반하는 퇴적물 즉 미사의 양은 7천만~1억 5천만 톤에 이르는 거대한 양이다. 그 결과로 지중해에 엄청난 삼각주(델타)를 형성하게 되었는데 이들이 지중해 수면 위로 솟아오르기 시작한 것은 약 14,000년 전으로 지금은 평균 44피트 두께의 토양이 4천 평방 마일의 면적에 걸쳐 펼쳐져 있다. 바로 이 비옥한 토양이 4대 문명 발상지의 하나로 만든 것이다. 그러나 현재 이 삼각주의 성장은 아스완하이댐의 건설로 중단되었다.

근세에 들어 이집트에는 세기적인 두 가지 대 역사가 있었다. 하나는 홍해를 지나 아프리카 대륙과 시나이반도를 분리시킨 수에즈만을 따라 올라간 끝에 지중해로 연결하는 수에즈운하를 건설한 것이고, 다른 하나는 나일강의 허리를 막아 세운 아스완댐이다. 수에즈운하는 근세에 만들어진 것이 처음은 아니며 고대 이집트 왕조 시기 기원전 약 1,500여 년 전에 나일강의 동쪽 지류로부터 시작하여 수에즈만 북쪽에 있는 비터호수를 연결하여 홍해로 연결하는 수로를 만들어 사용하였다. 그러나 8세기 이후 이 운하는 방치되어 토사로 다시 메워지게 되어 쓸모없게 되었다. 그 후 16세기와 17세기에 이 곳에 운하를 건설하려는 계획이 세워졌

인공위성으로부터 적외선으로 촬영한 이집트와 나일강. 녹색으로 보이는 부분이 식생이 자라는 부분으로 북쪽의 경작을 하고 있는 나일강 삼각주를 분명하게 볼 수 있다. 아스완 하이댐에 의하여 만들어진 나세르 호수가 아래 부분에 뚜렷하게 보이며 그 크기를 짐작케 한다. 나일강을 따라 식생이 발달한 경작지가 나타난다. 왼쪽 아래의 색인 지도를 보면 대략 그 위치를 가늠해 볼 수 있다(사진제공 : NASA).

으나 계획은 계획으로 끝이 나 현실화되지 못하였다. 그러나 18세기 말 나폴레옹의 이집트 원정대는 정치적인 목적으로 운하 건설을 검토하였다. 어떤 사람은 나폴레옹의 이집트 원정을 자신을 알렉산드로스 대왕과 비교하여 결정한 터무니없는 계획이라고 폄하하기도 한다.[1] 그는 1798년 5월 19일 3만8천 명의 인원을 태운 328척의 함대를 이끌고 동방 원정에 착수했다. 그의 무모한 이집트 원정은 일 년을 끈 후 좌절되었지만 이집트 고대 유물에 대한 학문적인 탐사를 하는 계기를 가져왔고, 수에즈운하 건설에 대한 타당성을 다시 부활시키는 계기가 되었다. 그러나 지중해와 홍해의 수위차가 10여 미터로 알려지면서 계획은 다시 계획으로 끝이 났다.

두 바다의 수위 차는 잘못 측정된 것이었으며 불과 25cm임이 나중에 밝혀졌다. 그러나 그런 사실을 알지 못하던 불란서의 외교관인 페르디낭 드 레셉스(Ferdinand de Lesseps, 1805~1894)에 의하여 나폴레옹이 이집트를 떠난 50여 년 뒤 이 계획은 다시 시도되었다. 레셉스는 그가 외교관으로 이집트에서 영사대리로 근무할 당시 친분을 가지고 있던 사이드 파샤가 부왕이 되자 그로부터 운하 건설 허가를 받았다. 그러나 당시 이집트의 종주국이었던 오스만제국의 황제는 영국의 압력으로 이를 허가해 주지 않았다. 그러한 영국의 강력한 반대 등으로 여러 번 위기를 넘기면서 그는 1859년 4월 25일 지중해 쪽의 출발점인 포트사이드에서 기공식을 가졌다. 공사가 순조롭게 진행되기에는 국제적인 이해관계가 너무 복잡하게 얽혀 있었다. 그러나 운하 파기는 상대적으로 순조로웠다. 파내야 할 땅이 암석이 아니라 대부분 모래와 흙으로 된 부드러운 지층이었을 뿐만 아니라 가장 높은 부분이 15m 정도여서 작업하기에는 그리 어렵지 않은 그런 곳이었다. 더군다나 수위 차가 크지 않기 때문에 나중에 건설된 파나마운하처럼 갑문식으로 건설하는 것도 아닌 수평식으로 파내기만 하면 되는 것이었다. 그럼에도 불구하고 국제정치의 복잡한 역학적인 관계로 여러 가지 우여곡절을 겪은 끝에 수에즈운하는 드디어 1869년 11월 17일 개통식을 가졌다. 당시 파낸 토사량은 7,500만m^3의 엄청난 양이었다. 개통식은 세계 각국의 국가 원수 및 귀빈 등이 초대된 성대한 잔치였다. 개통 당시 운하의 평균 깊이는 8m를 넘지 않았다.

수에즈운하 개통을 기념하기 위하여 베르디에게 작곡을 요청한 오페라는 그 자신을 대표할 수 있는 음악사의 기념비적인 아이다(Aida)를 만들어 내는 계기가 되었다. 아이다는 카이로에 세운 오페라하우스에서 1871년 12월 24일 초연되었다. 이 오페라는 수에즈운하와는 관련이 없는 이야기이다. 이 오페라는 포로로 잡힌 아름다운 노예였지만 에디오피아 왕녀 아이다를 사랑하는 이집트군의 사령관 라마데스의 사랑에 대한 비극적인 내용을 담고 있다. 수에즈운하의 건설이 이런 오페라의 진수를 남긴 계기가 되었다는 것은 쉽게 연상되지 않는 인연중의 하나이다.

이 운하가 남아프리를 돌아가는 뱃길 런던~싱가포르 항로 24,500km를 15,027km로 줄여준 경제적인 이익이나, 세계 정치사에 이 운하는 어떤 역할을 했는지는 여기서는 접어두기로 하자. 그러나 한 가지 알아둘 것은 그 곳에 운하 건설을 가능하게 만들어 준 것은 바로 지판의 이동에 의하여 새롭게 바다가 만들어지는 바로 대륙의 틈이 벌어지는 자리 때문에 만들어진 낮은 지형 덕분이였다. 이러한 자연적으로 일어나는 지질 작용의 결과로 만들어진 저지대는 운하 공사를 가능하게 만들었다. 그러나 당시 공사를 하던 어느 누구도 이런 자연적인 지질학적 영력을 이해하고 있지는 못했다. 아마도 지질학적 시간이 경과된 먼 훗날엔 인간들이 힘들여 파냈던 그 자리는 큰 바다로 변해버려 누구의 간섭도 없이 지날 수 있는 뱃길이 열릴지도 모른다.

1869년 개통직후에 수에즈 운하의 한 구간을 그린 판화.

이런 수에즈운하와 함께 이

집트에 만들어진 또 하나의 거대한 토목 공사는 나일강에 건설된 댐이다. 영원히 태양이 내려 쪼이기만 할 것 같은 사막 한 가운데 흐르는 나일강에 댐을 건설한다는 것은 다른 의미를 가지고 있다. 이 강을 조금만 벗어나도 펼쳐지는 사막은 아마도 일기가 변한다는 사실조차 경험해 보지 못한 황갈색의 모래 밭이기 때문이다. 비, 눈, 우박을 보기는커녕 아마도 천둥소리 한번 들어 보지 못한 황무지 모래가 연속되는 그런 곳에 흐르는 나일강은 모든 것을 초월하는 우월적 존재임이 틀림없다. 우월적 존재가 되는 것은 바로 물을 가지고 있기 때문이다. 그런 곳에 물막이를 하여 물이라는 것을 한번도 보지도 못한 그런 황무지에 보낼 수 있다면 그곳에 새로운 생명력을 주는 행위이기 때문에 이는 특별한 의미를 갖는다는 것을 이집트 사람들이라면 다 알고 있다.

나일강에 댐이 최초로 건설된 것은 영국인들에 의하여 1902년에 완성되었다. 이 댐은 윌리엄 윌콕 경에 의하여 주도되었으며, 54m 높이와 1,900m의 길이를 갖는 중력댐으로 건설되었다. 그러나 이 댐의 높이가 부적절하다는 것은 곧 들어났다. 댐이 완공된 후 호수의 수위가 높아지자 댐의 높이가 이를 감당하기에 충분하지 못하여 댐이 위험하게 되었다. 이러한 사실이 알려지자 이집트는 1907~1912년과 1929~1933년 두 번에 걸쳐 댐의 높이를 높여야만 했다. 이 댐을 바로 아스완로우댐(Aswan Low Dam)이라고 부른다. 두 번이나 댐의 높이를 높였음에도 불구하고 1946년 이 댐이 다시 거의 넘칠 뻔한 위기에 이르게 되자 다시 댐을 높이는 대신 제2의 댐을 건설하기로 결정하였다.[1), 2)]

이 댐의 건설 당시 목적은 다목적을 띠고 있었다. 나일강의 치수를 통한 하류지역의 관개를 통하여 유휴지를 경작지화시키고, 상류에서는 만들어진 호수에 의한 운송수단을 확보하고, 점증하는 에너지 수요를 감당하기 위한 전력 생산 등의 목적을 가지고 있었다. 이러한 댐 건설의 목적은 이집트로서는 거부하기 어려운 유혹이었다. 실제로 댐 건설 후 나타나는 효과는 이집트가 원하던 바를 현실화시켜 주는 것으로 보였다. 그러니 두 번째 댐을 더욱 완벽하게 건설하는 계획은 반대할 이유가 없었다. 물론 당시에도 환경과학자들의 조심스럽지만 이의 피해를 우려하는 소리가 없었던 것은 아니다.

두 번째 댐은 우여곡절 끝에 소련의 기술과 원조로 구 댐으로부터 6km 상류에 사력댐으로 1960년에 시작하여 1970년에 일단계 공사를 완료하였다. 이번에 완공된 댐은 아스완하이댐(Aswan High Dam)으로 명명되었다. 이 댐의 길이는 3,600m이며, 사력댐의 바닥은 980m이고, 그 높이는 111m이며, 댐 꼭대기의 폭은 40m가 되는 거대한 규모이다. 이 댐을 건설하기 위하여 들어간 사력의 양은 4,300만m^3였다. 이 양은 수에즈운하를 건설하기 위해 파낸 양의 반이 넘는 것이다. 들어간 사력의 양만 보아도 이 댐의 규모가 얼마나 큰지 상상이 간다. 파낸 쪽이나 메운 쪽 모두가 세기적인 공사였다. 이 댐에 의하여 만들어진 호수는 나세르호수로 명명되었으며, 이 호수는 길이가 480km에 이르고, 가장 폭이 넓은 부분이 16km이며, 표면적은 6,000km^2이며, 총 저수량은 165km^3에 이른다. 이 댐의 발전 용량은 2.1 기가와트(gigawatts)로서 1967년부터 발전을 시작하였다. 당시 이 발전량은 이집트 전체 발전량의 반에 해당되는 것으로 대부분 시골 마을에 처음으로 전기 혜택을 주게 되는 계기가 되었을 뿐만 아니라 값싼 산업용 전력을 공급할 수 있게 되었다. 또한 거의 매년 일어나는 범람을 막아 주었을 뿐만 아니라 농경지를 약 30% 증가시키게 되었다. 나세르 호수의 어족 자원은 주변 지역민들의 단백질 공급원이 되었다. 환경학자들의 부정적인 영향에 대한 지적에도 불구하고 처음에는 야심찬 이집트의 계획대로 모든 일이 순조롭게 진행되었다.

그러나 그러한 거대한 수계의 변화는 일상적인 지질학적 영력의 변화를 초래하였으며, 그 결과로 그런 긍정적인 영향만을 안겨주지는 않았으며 여러 가지 부정적인 환경문제를 야기하였다. 그 첫 번째 문제점이 나일강 하류의 비옥도를 유지시켜 주던 매년 새롭게 공급되던 점토의 유입이 중단된 점이다. 매년 청나일로부터 공급되던 퇴적물들이 나세르 호수에 갇힌 채 하류로 공급이 중단되어, 자연적으로 유지시켜 주던 토양의 비옥도를 손상시켜 하류의 농업 생산성이 줄어든 점이다. 하류로 공급되어져야 할 퇴적물들이 아스완하이댐에 의해 나세르호수에 갇히게 되었다. 이렇게 쌓인 퇴적물의 량은 현재의 계산에 의하면 약 500년 후면 나세르 호수의 저수용량을 무용지물로 만들 것

아스완하이댐의 항공사진(왼쪽)과 지상에서의 모습.

이라고 추정하고 있다. 이러한 퇴적물의 공급 중단은 댐 하류 지역의 농토에서의 침식을 발생시켰을 뿐만 아니라 그 결과로 일어난 연안지역의 침식은 어업에도 부정적인 영향을 미치게 되었다.

이집트는 고대문명의 발상지로 나일강변을 따라 많은 유적지가 산재해 있다. 아스완하이댐 하류에 있는 유적지는 댐 건설과는 거의 관계가 없다. 그러나 댐의 상류에도 인류의 유산은 있다. 바로 댐의 상류 280km 지점에 있는 누비아 지방의 유적이 수몰될 위기에 처했다. 그곳의 대표적인 유적은 기자의 피라미드와 맞먹는 가치를 지닌 고대 이집트 19왕조의 람세스 2세(B.C. 1301~B.C. 1253)가 세운 아부심벨(Abu Simbel)이다. 이 곳은 역사의 보고이기 때문에 사정이 달랐다. 이집트의 유적은 그 자체가 거대한 석조건축물로 아부심벨 역시 그러하였다. 정면의 높이만도 33m, 너비는 38m이고 그 안의 길이가 63m에 이른 거대한 석굴이며, 여러 개의 부속실을 가진 신전으로 축조된 것이었다. 이 신전의 벽면은 람세스의 전투를 기록한 내용으로 가득 차 있을 뿐만 아니라 많은 조각상들이 정교하게 배치되어 있다. 이를 훼손시키지 않고 옮기는 것은 말처럼 쉬운 일도 아니며 많은 경비가 드는 또 다른 거대한 사업이다. 그러나 이집트는 그런 준비가 되어 있지 않아 수몰의 위기를 피할 수 있게 국제적인 도움을 요청하였다. 유엔교육과학문화기구(UNESCO)가 주축이 되어 이 신전은 원래의 위치로부터 120m 서쪽으로 63m를 들어 올려 옮기는 작업이 1968년에 이루어졌다. 거대한 신전을 조각조각 해체하여 옮긴 것이다. 이런 위치의 변화는 원래 신전의 안에까지 일년에 두 번씩 비췄던 햇빛이 들어오는 날짜를 하루씩 늦췄다. 그렇기는 하지만 신전이 수몰되는 것에 비하여 그런 변화는 피할 수 없는 것이었다.[3] 아마도 람세스 2세는 이 자리를 떠나리라고는 생각하지 못했을 것이다.

이 호수의 물을 이용하는 관개지역에서도 염농도가 증가되는 문제를 발생시켜 토양 퇴화에 따른 생산성의 감소가 불가피해졌다. 비옥도가 감소되면서 농업 생산성을 유지하기 위하여 필연적으로 사용된 비료는 토양 퇴화는 물론 지금까지 경험하지 못한 다른 화학물질에 의한 오염 문제를 야기시키게 되었다. 나일강을 통하여 지중해에 공급되던 영양소가 급격하게 감소됨에 따라 해양 생태계에도 영향을 미쳐 댐이 건설된 후 어획량이 거의 반으로 감소하는 결과를 초래하였다. 그러나 최근 어획량은 댐 건설 이전으로 회복되어 가고

아스완 하이댐 건설로 수몰 위기에 처한 아부심벨 신전은 원래의 위치로부터 63m 가 높은 곳으로 해체 이전하여 복원되었다.

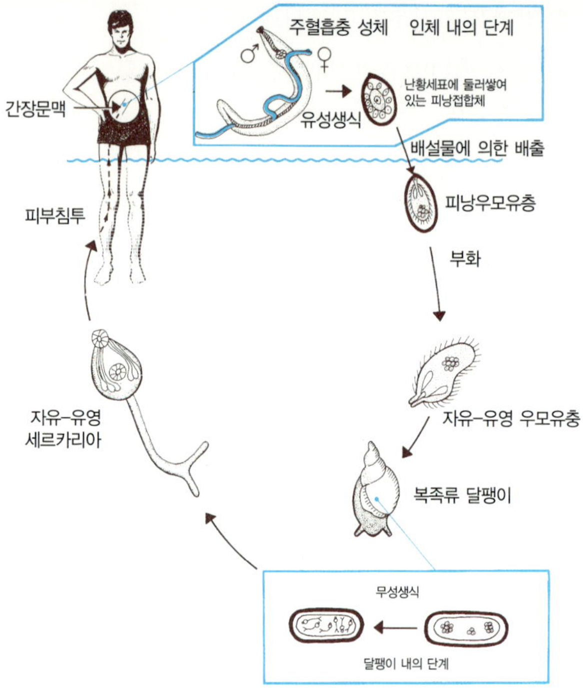

주형흡충병의 이동 경로. 주혈흡충의 성체는 사람의 간장에 연결되는 혈관인 간장문맥에 서식한다. 이들은 유성생식 후에 인체의 배설기관을 통하여 배출된다. 적합한 환경이 되면 부화되어 달팽이를 숙주로 하여 무성생식을 한다. 세르카리아는 인체의 피부를 침투하여 인체 내에서 20~30년간 성충으로 성장을 하는 순환과정을 거친다.[6]

있다는 보고가 있다. 하여튼 댐 건설 30년이 지난 이 시점에서도 해양 생태계의 완전한 회복은 이루어지지 않았다는 것이 학자들의 보고이다. 나세르호수로 유입되는 물의 절반 가량이 증발에 의하여 사라지거나, 지하로 유입되면서 수량이 감소하였다. 이러한 결과는 모두 자연의 지질 순환 시스템을 교란한 결과로 나타난 생태계의 변화인 것이다.

문제는 전혀 예상하지 않았던 분야에서도 일어났다. 거대한 아스완댐의 건설로 이 호수 주변의 생태계가 과거와는 달라져, 한 질병의 발생 빈도가 증가한 것이다. 그 병이 바로 주혈흡충병(Schistosomiasis) 이다. 이는 달팽이가 숙주로 발생되는 질병인데 호수가 만들어지면서 달팽이가 서식하기 좋은 수상식물이 번성하면서 달팽이가 번성하게 되었고, 그 결과로 발병율이 증가한 것이다. 특히 상류로부터 공급되는 무기염류 중 달팽이에게는 필수적인 Ca 및 기타 금속 원소들이 과거처럼 흘러내려가지 않고 나세르호수에 집적되면서 그런 성분이 풍부해진 것도 한 이유가 되었다. 이러한 질병이 증가하기 시작하여 그 원인이 밝혀지는 데는 많은 사람들의 노력이 있었음은 물론이다.

큰 댐의 건설로 인한 주변 생태계에 영향을 주는 것은 모두 다 같은 형태로 나타나는 것은 아니며 직접적인 재해로 나타나는 것도 있다. 그 예가 바로 이탈리아에 있는 바이온트댐(Vaiont dam)이다. 바이온트댐은 이탈리아 북동쪽

베니스로부터 100km 다시 북서쪽으로 들어간 계곡에 밀라노를 중심으로 확장되는 공업지역에 필요한 전력 생산을 위하여 좁은 협곡을 265.5m의 높이로 1961년에 만들어진 거대한 구조물이었다. 이탈리아 알프스 남사면을 따라 흘러내려오는 빙하와 눈이 녹은 차거운 물들이 그 댐을 채우기 시작하였다. 아치댐으로는 세계에서 가장 높은 댐이다.

이탈리아 북동부 남알프스 산록에 좁은 계곡에 건설된 바이온트댐 뒤로 산사태로 벗겨진 사면의 일부와 사태로 밀려 내려온 지괴가 보인다. 오른쪽에 삽입된 그림은 265.5m 높이의 바이온트댐이며 댐 뒤쪽으로 사태가 일어난 사면의 일부가 보인다.

이 댐은 건설되기 이전 지표 및 시추조사를 통하여 지질 분포와 구조가 알려졌다. 지층은 트라이아스기 기반암 위에 쥐라기의 돌로마이트란 암석이 계곡의 양쪽에서 계곡을 향하여 경사된 향사구조를 가지고 있어 사태의 위험성을 내포하고 있었다. 이러한 지질 구조는 결코 댐을 건설하기 위한 안전한 지층의 위치는 아니었다. 실제로 이 댐이 건설되기 이전 이 계곡은 지층들이 계곡으로 쓸려 내려오는 사태를 일으킨 경력을 가지고 있는 지역이었다. 그러나 전문가들은 사태를 일으킬 가능성이 희박한 것으로 결론을 내렸을 뿐만 아니라 설령 사태가 일어난다고 해도 이동되는 덩어리는 작을 것이며 이동 속도 또한 느릴 것으로 전문가들은 평가하였다. 공사는 추진되어 이 협곡을 막는 댐이 완공되었다. 전문가들의 예측은 거의 대부분이 사태를 좋은 방향으로 이끌어가지만 항상 그런 것은 아니라는 것을 과거의 기록으로 우리는 알고 있다. 이 경우가 그러했다.

이 댐은 완공되기 전인 1960년 2월부터 담수를 시작하였다. 1960년 3월에는 이 댐의 수위는 바닥으로부터 130m 가량이나 올라와 있었다. 담수를 시작하면서 양쪽 계곡에 불안하게 놓여 있는 지층들을 세심하게 살펴보았다. 댐의 수위가 170m에 이르면서 기반암 위에 놓여있는 지층들이 하루에 약 3.5cm의 속도로 이동되는 것이 관찰되었다. 더욱 염려스러운 일이 이와 동시에 벌어졌다. 거대한 절리가 계곡을 따라 2km 정도 만들어진 것이다. 불안의 조짐은 그해 11월 4일 드디어 일어났다. 저수지의 180m 깊이에서 무려 7십만 m^3의 덩어리가 저수지의 바닥으로 불과 10분 사이에 쓸려 들어갔다. 이런 속도는 사태가 있어도 아주 느린 속도가 이동이 있을 것으로 결론지은 전문가들의 의견과는 전혀 다른 결과였다. 심각한 사태를 우려한 바이온트댐은 부랴부랴 댐의 수위를 낮추기 시작하였다. 다시 수위를 135m로 내리자 이동되는 속도는 다시 하루 1mm 정도로 줄어들었다. 그렇게 되자 여기저기서 댐의 안전에 대한 우려의 목소리가 나오기 시작하였다. 그러자 수위를 높일 때 일어나는 사면의 불안정을 줄이는 방안으로 수위를 조절하면서 전력을 생산하는 쪽으로 방향을 선회하였다. 이 정도에 이르자 공사를 진행하기로 결정한 지질학자들이나 공학자들이 원성을 들었다.[4)]

이제는 이들 사면이 사태에 의하여 저수지 안으로 밀려드는 것을 현실적으로 막는 방법은 없다는 것을 알아차렸다. 수위를 조절하면서 이동 속도를 조절하여 사태가 빠른 속도로 일어나 10분 안에 일시에 저수지를 채워 일어나는 범람으로 일어나는 재해를 피하는 쪽으로 결론을 내렸다. 만약에 사태가 느린 속도로 일어나 저수지의 반을 메운다고 해도 나머지 수량만으로도 전력을 생산하는 데는 충분하다는 판단에 기초한 것이다.

다시 사면의 이동 속도를 측정하면서 조심스럽게 댐의 수위를 올리기 시작하였다. 1961년 10월서부터 저수지에 다시 물을 채우기 시작하여 수위를 올리거나 낮추면서 사면의 이동속도를 면밀하게 관찰하던 공학자들은 수위 조절로 사태를 조절할 수 있다는 희망을 가지게 되었다. 그래서 다시 세 번째로 1963년 4월과 5월 사이에 수위를 빠른 속도로 231m로 증가시켰다. 사면의 이동 속도는 하루에 다시 0.3cm로 늘어났으나 그 이상으로 더 빨라지지는 않자 이런 결과를 관찰하던 관계자들 사이에서는 다소 안도하는 분위기가 만들어졌다.

그해 6월까지 수위를 계속 올려 240m까지 올렸다. 그러자 이동 속도는 하루에 0.5 cm로 증가하였다. 거기서 저수지의 수위를 올리는 것을 중단하고 다시 내려야 했었다. 그러나 댐 관계자들은 수위를 더 올리는 것을 중단하고 그 수위를 유지하기로 결정하였다. 그들은 8월까지 이 수위를 유지하였다, 그러자 다시 사면의 이동 속도는 하루에 0.8cm로 증가하였다. 이들은 수위를 내리는 대신 9월 초에는 245m로 높이자 이동 속도는 3.5cm로 빨라졌다. 이 순간이 자연에 도전하는 한계였던 것 갔다. 9월말에 수위를 서서히 내리면서 이동 속도는 공학자들이 원하는 대로 통제되는 것처럼 보였다. 그러나 그해 10월 9일 수위를 235m로 내렸음에도 불구하고 사면의 이동 속도는 하루에 20cm로 증가하였다.[4)]

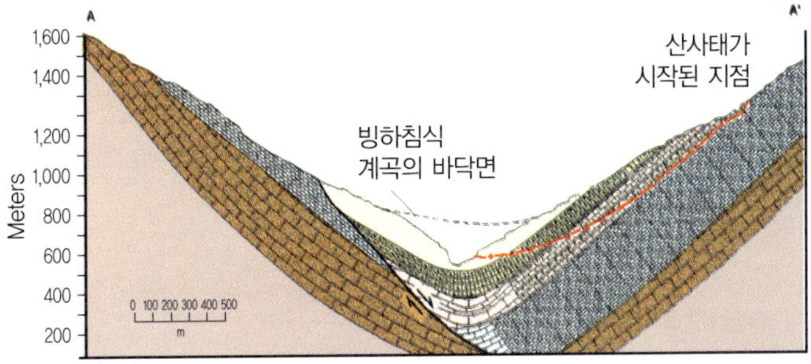

바이온트댐이 들어선 계곡의 지질단면도. 하부의 트라이아스기 기반암 위에 쥐라기의 탄산염암 지층들이 계곡을 향하여 경사되어 있어. 사태의 위험성을 가진 지역이었다. 붉은 선으로 나타낸 선을 따라 사태가 일어났다.

1963년 10월 9일 22시 38분 바이온트 계곡의 인내를 시험하는 실험을 자연이 결정한 시나리오대로 끝나 버렸다. 사면 위에 놓여 있던 쥐라기와 백악기의 암석들은 더 이상 계곡에 붙어 있을 힘을 잃어버렸다. 2억 3천8백만 m^3의 암석들이 시속 95km의 속도로 일시에 댐 안으로 몰려들어 갔다. 이 돌들이 저수지를 채운 1억 1500만m^3의 물의 약 절반을 밀어내는 데는 불과 45초의 시간이면 충분하였다. 계곡을 따라 1.8km 길이의 저수지가 일시에 메워지는 순간이었다. 이 충격파로 만들어진 200~300m 높이의 파도는 맞은편에 자리한 평화스러운 작은 마을을 순식간에 날려버렸다. 댐을 넘친 물은 계곡을 따라 미친 듯이 내려가면서 닥치는 대로 모든 것을 삼켜버려 희생자 수를 2,500명이나 만들었다. 댐으로부터 1.5km나 내려간 하류에서도 이 성난 파도는 아직도 70m의 높이였으며, 그 앞에 걸리는 모든 것을 삼켜 버렸다. 이 사태는 불과 10분 안에 모든 것이 종료되었다. 이 모든 사태는 요즘 우리가 자연재해가 있을 때마다 등장하는 용어 중의 하나인 인재의 성격이 강한 것이었다. 이 지역의 지질은 애초에 이런 댐의 건설을 거부하는 여러 가지 증거들을 이미 가지고 있었으나 신중하지 못한 위치선정이 결국은 큰 재앙을 부른 결과가 되었다. 그러나 이 재앙은 모든 것을 잃어버린 것만은 아니었으며 댐의 위치 선정에 지질 조건이 얼마나 중요한지를 세계인들에게 가르쳐 준 값비싼 교훈을 준 중요한 체험이었다.

인간의 지혜를 시험하는 댐이 중국에서 만들어지고 있다. 중국은 과장법을 쓰기를 좋아하는 나라인 것 같다는 인상을 그들의 표현을 통해 알고 있다. 그런 표현 중 천하 제일이라는 이야기를 자주 듣는다. 이번에 이야기하려는 댐은 천하 제일인 것으로 이번에는 과장법이 들어가 있지 않은 사실이다. 그 댐의 이름은 우리식으로 읽으면 삼협댐(싼샤댐)이다. 우리에게 잘 알려지고 누구나 거의 한번씩은 읽는, 최소한 만화로라도 보는 『삼국지』의 주요한 무대가 되는 양자강의 가운데쯤 되는 곳이다.

양자강을 거슬러 올라가다 그곳에 이르게 되면 강폭은 좁아지면서 양쪽으로는 깎아 세운 듯한 협곡이 시작된다. 그곳에는 구당협, 무협 그리고 서능협이라는 세 개의 경관이 빼어난 협곡이 있어서 삼협(三峽)이라고 불리는 곳이다. 4천만 년 전의 지각변동이 만든 자연의 걸작이다. 이곳을 찾는 관광객들을 양자강 빠른 물살을 어렵사리 거슬러 올라가는 배를 타고 가면서 양안에 펼쳐진 자연의 경관에 연신 감탄하는 곳이 바로 그곳이다. 이번에는 이집트가 아니라 중국이 결심을 했다. 그곳에 세계 제일의 댐을 만들기로.

댐을 건설하기로 한 목적은 이집트가 내건 목표와 글자조차도 틀리지 않는다. 홍수조절, 전력 생산, 항운의 개선이다. 여기까지는 이집트와 같다. 그러나 시대가 시대인 만큼 그들은 한 가지를 더했다. 환경 보호이다.[5] 이것이 좀 혼동되는 대목이다. 아마도 환경론자들이 반대의 목청을 높이는데 대한 중국정부 차원의 화답이라고 생각하면 무리가 없을 것으로 여겨진다. 이 댐은 1919년 신해혁명의 주역인 손문(孫文)이 처음으로 아이디어를 내놓은 곳이다. 그 사이 이곳에 댐 건설이 논의되었으나 포기하거나 좌절되었다. 계획이 좌절된 이유는 역시 환경상의 재해가 있을지도 모른다는 우려가 컸기 때문이다. 그러나 1954년 중국에서 일어난 홍수로 3만여 명이 사망하고 1,886여만 명의 이재민이 발생하는 대형 사고를 당하고 난 후 이 댐 건설의 정당성은 살아났다. 중국이 동쪽의 해안지역에 비하여 내륙지방의 경제가 침체되어 있는 것을 타개하자는 것도 일조를 하였다. 그렇다고는 하지만 이 댐 건설로 파생되는 문제는 댐의 규모만큼이나 크다. 100만 여 명에 달하는 주민의 이주 문제, 촉, 위 와 오나라의 활동 무대였던 이곳에 산재해 있는 유물의 보전과 무엇보다도 이처럼 거대한 댐 건설로 발생되는 기후의 변화와 환경 문제는 정말로 판단하기도 어려운 문제일 뿐만 아니라 해결하는 데 따른 문제점도 만만치 않았다. 그러나 중국 정부의 판단은 "어느 정도의 비경과 역사 유물을 잃을지 모르지만, 이 공사는 꼭 이루어져야 한다"는 흔들리지 않는 목소리를 내고 있다.

양자강 중류의 삼협의 뛰어난 경관 일부. 어렵사리 거슬러 오는 배의 모습이 도도한 물줄기를 말해준다. 삼협댐의 건설은 이러한 경관을 물아래에 묻어버린다.

이번에는 댐을 건설할 부지를 선정하는데 최소한도 바이온트와 같은 실수는 없는 것 같다. 댐이 올라서기로 한 자리는 삼협의 대부분의 지역이 구멍이 숭숭 뚫린 석회암 지대를 피하여 비록 삼협에서 강폭이 가장 넓은 1,200m 폭을 가지고 있어 공사비가 더 들더라도 단단한 화강암으로 된 안정한 지반을 가지고 있는 곳을 선정하였다. 선정된 위치는 삼두평(三斗坪, 산도핑)이었다. 그래서 만들어지는 댐의 길이는 2,300m이고, 높이는 180m로서, 이 댐이 완공된 후 만들어지는 호수에 담길 물의 양은 393억m^3이나 된다. 그것은 바로 이주시켜야 할 주민의 수가 많다는 것을 의미하며 그 수는 110만을 헤아린다. 이것은 세계 최대의 규모이다. 지금까지 가장 큰 이구아수 폭포 근처의 댐보다도 두 배나 더 큰 것이며, 우리나라에서 저수용량으로 가장 큰 소양댐의 27배에 이르는 크기이다. 중국 문명의 심연 한 가운데를 뚫고 도도히 흐르던 양자강이, 이제는

양자강 중류 삼두평(三斗坪)에 건설 중인 세계 최대 삼협댐의 모습. 2003년 7월 13일에 위성으로 촬영한 사진. 담수가 시작되어 호수의 모습을 갖추어가고 있다.

길이 660km의 거대한 호수로의 전환이 시작되었다. 삼협댐에 차오르는 물은 과거의 역사를 지우며 새로운 역사를 쓰기 시작하였다. 이제 2009년 완공을 목표로 호수의 담수가 시작되면서 위성으로도 그 모습을 알아보게 되었다.

그곳이 어디인가. 중국인들 스스로가 옥황상제가 지상에서 수미산으로 옮겨갈 때 제1경관이 삼협이라고 했다는 전설을 만들어낸 수려한 경관을 자랑하던 곳이 물속에 잠기고 있다. 이 댐이 완공되면 여기서만 한국 전체에서 발전하는 전기의 총량보다도 많은 1,820만 kw의 전기를 생산할 것이다. 이것은 중국 전체로 보아도 11%에 해당되는 엄청난 전력이다. 그런 것은 분명 현실화가 될 것이다. 그러나 자연경관의 손실, 매년 상류로부터 1억 톤 이상의 토사 침전과, 거대한 호수가 만들 기후나 환경 변화, 수온과 수질의 변화는 계산된 대로 되지 않을 공산이 크다는 우려의 목소리는 아직도 여기저기서 제기되고 있다.

그렇다. 어떤 형태로든지 자연의 변형은 그 대가를 요구한 것이 자연이 우리에게 가르쳐 준 교훈이다. 자연에 인간의 활동이 첨가되면 자연이 이루어 놓은 평형은 깨진다는 것을 보여주고자 든 몇 가지 예일 뿐이다. 우리는 이런 사례를 통하여 자연을 개발하는 단계에서 개발이 미칠 영향을 보다 세심하게 고려하는 지혜가 필요하다는 교훈을 얻을 수 있다.

칼데라의 분노

지리적으로 인접한 이웃 나라 일본의 활화산 지역에 가게 되면 많은 온천장들이 있고, 산 가장자리에는 여러 가지 분기공들이 거친 소리를 내뿜으면서 활동을 하고 있는 모습을 지켜볼 수 있다.

어떤 분기공은 마치 죽이 끓어오르는 듯이 진흙탕을 내뿜기도 하며, 어떤 분기공은 간헐적으로 물을 뿜어 올리기도 하며, 어떤 분기공은 증기와 함께 황화수소를 내뿜기도 한다. 이런 곳에 가서 이러한 분기공을 보고 있노라면 내가 서 있는 발 아래에서 무엇인가가 일어나고 있다는 것을 저절로 느끼게 된다. 마치 지구가 살아 있다는 인상이 들기도 하며, 한편으로는 자신에게 쓸모없는 것을 토해 내놓고 있다는 인상이 들기도 한다.

인도네시아 자바의 동쪽 끝에는 2,386m의 이젠화산이 있다. 이 화산은 과거에 무서운 분출 경력을 가지고 있지만 요즘에는 숨을 고르는 단계로 가스와 증기만을 분출하고 있다. 이러한 분출로 만들어진 화산 칼데라의 호수물과 분기공 주위에서 만들어지는 자연황 때문에 잘 알려진 화산이다. 칼데라의 호수물은 pH가 0.2 내외인 아주 강한 산성수이다. 그것은 말이 물이지 강한 산이나 다름없는 것이다. 산꼭대기를 이루고 있는 화산암과 엉성하게 쌓여 있는 응회암들 사이로 스며 내려온 이 물이 해안 지역에 이르러서여 pH가 3~4.5가 되는 그런 물을 가지고 있다.[1] 분기공에서 쉭쉭거리며 화산암의 갈라진 틈으로 내뿜는 가스의 온도는 평균 200℃로 황은 용융된 상태로 지표에 이르러 식으면서 노랑색의 자연황 결정을 만들어 낸다. 황색의 황은 115℃에서 용융되며, 용융된 황은 핏빛의 붉은 색을 띤다. 분기공에서 자연황은 만들어지기가 무섭게 채 식기도 전에 현지인들의 조악한 기구로 떼어져 등짐으로 인력에 의해 험한 산길을 내려온다. 이들이 더운 열기와 계란 썩는 황화수소의 가스 냄새를 피하는 도구란 입에 물은 젖은 수건이 전부이다. 이러한 작업들은 지역 주민들에게 가장 힘든 일이기는 하지만 일자리를 제공해 주고 있다. 이들 가스 분출물은 환경상의 재해 위험성은 가지고 있으나 대기 중으로 바로 분산되기 때문에 치명적인 것은 아니다.

그러나 이런 활동은 소리로 냄새로 우리에게 경고를 주고 있어 그들이 무엇인가를 하고 있다는 것을 알아챌 수 있게 해준다. 그러나 가끔 자연은 소리도 없이 유독성 물질을 조용하게 토해 내기도 한다. 역겨운 냄새를 풍기는 황화수소와는 달리 화산에서 분출되는 이산화탄소는 치명적인 것이며 때로는 많은 희생을 강요한다. 그런 일은 아프리카의 외진 곳에서 일어났다.

1986년 8월 21일 저녁 아프리카 카메룬의 북서부 외딴 고원지대 화산암 지대가 만들어 놓은 아름다운 경관의 하나인 평화스럽게만 보이던 니오스호수(Nyos lake)가 세계적인 뉴스를 만들었다. 니오스호수는 카메룬라인이라고 불리는 일련의 화산이 배열된 선상에 위치하며 카메룬과 나이제리아와의 국경지대에 분포되어 있는 오쿠화산암대(Oku Volcanic Field)의 한 분화구 칼데라가 만든 호수이다. 이 호수는 이 지역 화산체인의 하나로 이들 화산이 분출할 때 파여진 분화구에 물이 채워져 만들어진 다른 30여 개의 호수 중 하나로서 평상시에는 그저 외진 곳에 있는 아름다운 호수였다. 그러나 그런 평온한 겉모습과는 달리 호수의 바닥에는 아직도 종식되지 않은 지하의 마그마 활동에 의해 많은 양의 이산화탄소 가스가 아무도 모르게 축적되고 있었다. 가스가 모이기 시작하는 초기 단계는 이들은 물 속에 녹아들어 호수의 아랫부분으로부터 포화된 상태로 차올라온다. 그러나 물에 용해되어 들어간 가스의 양이 일정 수준 이상이 되면 축적된 가스는 더 이상 그 압력을 이

인도네시아 자바의 이젠화산의 분기공에서 바로 만들어지는 황색의 자연황. 광부들은 내부는 아직도 용융된 상태인(붉은 색을 띄는 부분) 황을 채 식기도 전에 채광하는 위험한 모습은 그들의 일상이 되었다.

기지 못하고 폭발을 하게 된다.[2)] 이화산분화구에 축적된 가스는 8월 21일 저녁 폭발하는 듯 호수로부터 방출되었다. 이 때 방출된 이산화탄소 가스의 양은 엄청난 양으로 가스 기둥이 80m 정도나 솟구쳐 올랐다고 하며 이 때 방출된 이산화탄소 가스의 양은 대체로 1억 m^3에 이르렀다고 한다. 가스가 방출된 후 일주일 후에도 그 호수는 진한 흙빛으로 변해 있는 상태였다.

호수를 빠져나온 이산화탄소로 된 가스는 공기보다 더 무거우므로 계곡을 따라 소리 없이 흘러내려갔다. 일찍이 저녁을 마친 주민들은 하루 일과를 마친 후 가족들끼리 모여 있거나, 늦은 저녁을 마친 주민들은 아직 설거지도 끝내지 못한 상태였다. 조용히 계곡을 따라 밀려 내려온 가스는 전혀 이러한 사태를 예상하지 못하고 있던 마을 주민 1,700여 명과 가축 3,000여 두를 삽시간에 죽이는 불행을 초래하였다.

생존자들에 의하여 밝혀진 바에 의하면 저녁 8시 30분경 약 15초 내지는 20초간 계속된 호수가 끓어오르는 듯한 굉음소리에 놀란 주민들이 집 밖으로 나와 호수를 바라보는 순간 하얀 구름과 같은 것이 솟구쳐 올라왔고 뒤이어 큰 파도가 만들어졌다는 것이다. 그 후 계란 썩는 냄새 혹은 화약과 같은 냄새를 맡는 순간 그들은 의식을 잃어버렸다는 것이다. 조용한 하얀 구름과 같은 물질은 계곡을 따라 16km 하류에까지 퍼져나갔다. 일부는 식사를 마치기도 전에 또 어떤 사람은 침실에서 그저 죽어나갔다. 그런 사고가 발생된 후 6시간 내지는 36시간이 지나서야 회복한 일부 생존자들은 기름이 가득 차 있는 등잔불이 모두 꺼져 잇는 것을 발견하였을 뿐만 아니라 가족

아프리카 카메룬의 니오스 호수의 위치를 나타내는 지도. 이 지도에 표시된 카메룬 라인은 이 지역에 발달하는 화산체인의 위치를 나타낸 것이다. 이 화산지역에는 분화구에 만들어진 많은 칼데라 호수가 발달된다.

은 물론이고 거의 모든 포유동물들은 죽어 있는 상황을 목격해야만 했다. 그러나 포식자인 동물도 함께 죽어 있어 다음 날에도 죽은 시체들은 그대로 강렬한 태양 아래 그대로 노출된 채였다고 한다. 그러나 물론 동물들과는 달리 식물들은 전혀 영향을 받지 않았다.

이 일이 일어나기 전 이와 유사한 사고가 이미 2년 전인 1984년 니오스호수로부터 남쪽으로 95km 떨어진 모노운호수(Lake Monoun)에서 일어나 이산화탄소 가스 중독에 의하여 이미 37명의 희생자를 낸 경험이 있었다. 사실은 모노운호수에서 일어난 사고는 더 큰 재앙을 예고하는 자연의 신호였는지도 모른다. 모노운호수 역시 카메룬 라인에 속하는 화산 칼데라에 만들어진 담수호이다. 모노운호수의 가스 방출 사건은 주변에서 일어난 작은 산사태가 원인이 되었다. 가스가 축적되어 불안정한 상태를 유지하던 포화된 가스체를 산사태가 만든 진동이 건드린 결과로 폭발이 일어난 것이다.

말은 폭발이라고 했지만 이는 실제로 물속에 포화된 상태로 존재하던 가스가 일시에 격렬하게 방출되는 것을 의미한다. 그러나 방출되는 속도가 매우 빨라 폭발처럼 보여진다. 이러한 폭발 현상이 알려진 후 현장을 조사한 지질학자들은 호수의 바닥에 축적된 가스는 분화구 아래에 있는 마그마로부터 기

아프리카 카메룬 북서부에 있는 화산 분화구에 만들어진 니오스 호수의 모습(왼쪽). 호수의 표면적은 $1.5km^2$이고, 가장 깊은 수심은 200m 정도이다. 호수 바닥에 축적된 탄산가스가 방출된 후 일주일 후 니오스 호수의 모습. 호수의 색은 진한 흙빛을 띠고 있다(사진제공 : USGS).

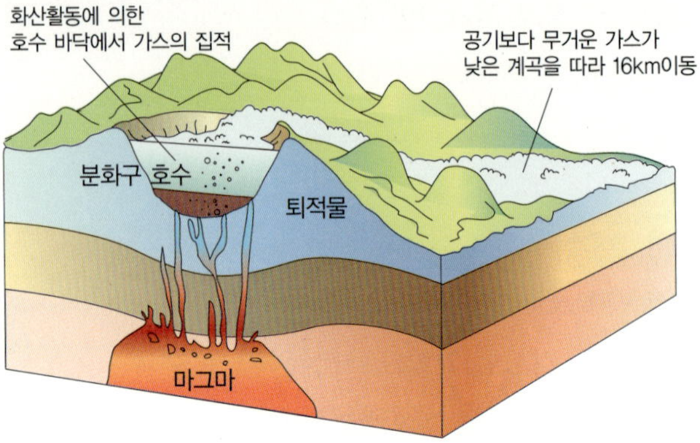

카메룬 니오스 호수에서 이산화탄소 가스의 집적과 이동을 나타낸 개념도. 마그마로부터 나온 가스는 호수 바닥의 퇴적물에 집적되며, 포화상태에 이른 가스는 가벼운 충격에 의해 폭발적으로 분출된다.[3]

인되었다는 사실을 밝혀냈다. 아직도 이 분화구 아래의 마그마방이 살아있다는 신호이다. 살아 있는 마그마방이 점잖하게 조용히 내쉬는 숨이 바로 가스의 배출인 것이다. 다른 화산에서 분출을 앞두고 거칠게 내쉬는 마그마방의 숨소리는 그렇게 조용할 수가 없다. 하여튼 카메룬의 이 두 호수에서의 가스 방출에 의한 이처럼 큰 인명 피해는 우리가 접한 새로운 종류의 재해였다.

사건이 난 후 이들 호수에 대하여 면밀한 조사를 수행하였다. 조사의 목적은 분명하였다. 가스는 정말 마그마로부터 온 것이며, 가스가 왜 그렇게 격렬하게 폭발하듯이 방출되는지를 밝히는데 초점이 모아졌다. 그 결과 이러한 호수 바닥에서의 가스의 축적은 호수 아래의 화산 활동과 관계가 있음이 명확해졌다. 호수의 물을 분석한 결과 많은 양의 이산화탄소가 용해되어 있음을 발견하였다.[2] 이 가스의 동위원소 조성을 분석한 결과는 이들 가스가 호수 바닥의 화산으로부터 즉 지구의 내부로부터 온 것임을 알게 되었다. 이 가스는 공기보다 1.5배나 무거운 상태로 존재하였다. 호수의 물에 서서히 축적된 가스는 시한폭탄과도 같은 존재였다. 지각의 작은 움직임이나, 주변 지역의 산사태 혹은 화산 폭발 혹은 강력한 바람 혹은 계절적인 호수 상층부의 온도저하 등이 초임계 상태에 이른 용해된 가스를 뒤흔들어 놓을 수 있는 역할을 한다는 것이다. 가스로 부하된 물이 상승하게 되면 압력이 감소하게 되어 물로부터 빠져나온 가스는 기포가 되어 빠른 속도로 상승을 하게 된다. 이러한 기포의 격렬한 이동은 주변에 있는 가스를 함유한 물을 끌어올리게 되어 가스 방출은 가속화 된다는 것이다. 그 결과로 폭발과 같은 격렬한 방출이 일어나는 것이다. 사실 그런 현상은 우리가 일상생활에서도 작은 규모로 경험하는 것이다. 맥주나 사이다 병 속에 들어있는 가스 방출 때문에 생기는 거품을 연상하면 된다. 병을 흔든 후 병마개를 따면 맥주는 거품을 내며 토하듯 넘쳐 나오는 것과 매우 유사하다. 니오스 호수에서 이렇게 방출된 가스는 이산화탄소로서 동물들이 호흡을 통하여 들이마시면 의식을 잃고 죽음에 이르게 된다. 이산화탄소의 농도가 10% 이상이면 그것은 바로 독약과 같은 것이다.

그 이후에도 이 호수에서 집적되는 가스의 양은 여전하여 유네스코는 서서히 집적되는 가스를 인위적으로 배출시키는 계획을 수립하여 또 다른 피해를 막으려는 계획을 수립하였다. 아무 동력 장치를 사용하지 않고 자체적인 압력에 의하여 배출되는 가스는 마치 강력한 분수와 같은 물줄기를 뿜어낼 정도로 호수 바닥층에 축적된 가스의 압력은 상당하다. 여러 해에 걸쳐 사전 조사 및 준비 단계를 거쳐 호수 바닥에 축적되고 있는 가스를 배출시키는 장치를 국제사회의 지원으로 니오스호수에 설치하였다. 예상은 하였지만 배출되는 가스의 압력은 대단하여 거대한 분수를 가동하는 것과 같았다. 이러한 일련의 작업은 사전 조사를 통하여 축적되는 양과 방출되는 양을 고려하여 호수 바닥의 안정화를 이룬다는 기초에서 출발되었다.

가스가 호수에 축적되는 현상은 지구가 만들어내는 자연적인 과정 중의 하나이나, 다른 지역에 있는 모든 호수가 다 그런 것은 아니다. 카메룬 라인이라고 하는 것은 활동을 하는 화산이 분포된 선상을 말하는 것으로, 바로 거기서 그런 환경에 놓여 있는 호수가 두 개나 발견된 것이다. 이런 종류의 호수는 카메룬 라인 밖의 다른 곳에서도 알려져 있다. 이들 중 규모가 최대로 알려진 것은 아프리카의 열곡대에 위치한 키부호(Lake Kivu)가 있다. 키부호는 표면적인 2,700 km^2에 이르는 거대한 호수로 최대 심도는

카메룬의 니오스 호수에 집적되는 가스를 자연 압력에 의하여 배출하는 장치. 압력을 가하지 않아도 솟구치는 힘이 거대한 것을 알 수 있다.

485m이고, 총 저수량은 630억 m^3이다. 이 호수는 약 55km^3의 메탄(CH_4)과 이의 5배 정도인 250 km^3의 이산화탄소(CO_2)를 함유하고 있다.[5), 6)] 이 호수는 르완다와 콩고 사이 해발 1,460m 높이에 위치한다. 이 호수 주변 지역에는 약 200만 명의 사람들이 살고 있다. 이 호수는 르완다 내전 때 학살된 수많은 사람들을 던져버린 호수로 국제적으로 악명을 남긴 호수이기도 하다.

이 키부호는 모나운호와 니오스호와 더불어 축적된 가스가 폭발적인 분출을 할 가능성이 있는 호수 중의 하나이다. 그러나 이 호수 하부에는 이러한 가스들이 집적됨에도 불구하고 호수의 물이 깊어 층상구조를 이루기 때문에 상층부에서는 다른 지역에서 볼 수 있는 담수 수서 생물종들이 서식하고 있다. 그러나 40~50m 깊이로 들어가면 산소는 사라지고 이와 동시에 표면에서 관찰되던 생물종들은 찾아보기가 어려워진다. 이 호수의 물이 층을 이룰 수 있는 것은 수체(水體)의 밀도 차이 때문에 가능한 것이다. 일반적으로 물은 4℃에서 밀도가 가장 높다. 그러나 키부호가 위치한 열대지방의 기온이 높아서 호수 물의 표면 온도가 높아지게 된다. 온도가 높아지면서 밀도는 감소하게 되어 수체의 윗부분은 가벼워지면서 상대적으로 무거운 아랫부분과는 안정적으로 층으로 나뉘어진다. 거기에 하부로부터 공급되는 가스는 물에 용해되어 밀도를 상대적으로 더 높여 준다. 니오스호의 약 2,000배인 호수의 크기로 보아 니오스호처럼 하부층에 축적되어 있던 가스의 방출이 있게 될 때 치루는 댓가는 아마도 상상을 초월할 것이다. 한 가지 다행스러운 것은 이 호수물은 아직도 이산화탄소에 의하여 완전한 포화상태가 되기 위해서는 아직은 상대적으로 낮은 농도를 가지고 있다. 호수 바닥 퇴적물을 연구한 과학자들은 매 1,000년을 주기로 생물종의 절멸이 기록되어 있다고 한다. 이 호수물이 가스로 포화되기 위해서는 좀더 시간적인 여유가 있는 것으로 여겨진다. 그러나 화산 분출에 의하여 용암이 이 호수의 바닥에 도달하게 된다면 그 때는 전혀 상황을 예측하기 어려운 위험을 맞이할 수 있다. 더군다나 이 일대는 인구가 밀집된 지역이기 때문에 잠재적인 위험도는 더욱 높은 지역이다. 천 년에 한 번 꼴로 가스가 방출되면서 주변 생태계에 치명적인 영향을 준 것을 알고 있는 한 이 지역은 안전한 곳이 결코 아니다.

이 호수는 아프리카 대륙이 갈라지는 아프리카 열곡대 위에 위치하기 때문에 화산 활동이 계속되는 지역이기도 하다. 그렇기 때문에 이 열곡대를 따라서 활화산이 군데군데 활동을 하고 있다. 다른 몇 개의 화산들이 숨을 고르고 있노라면 어디선가 다른 화산들이 활동을 하는 그런 식이다. 키부 호수의 북쪽 10여 킬로미터 지점 콩고 지역에는 니이이라공고(Nyiragongo)라는 다소 듣기에 익숙하지 않은 발음을 갖는 활화산이 위치해 있다. 정상의 높이가 3,470m이니까 비교적 높은 산이지만 이 지역의 지방고가 높아 그렇게 엄청나게 높아 보이지는 않는다. 이 화산은 최근 2002년에도 분출을 하였다. 그 분출은 성난 소리만 내는 활동은 아니었으며 용암을 분출하는 그런 활발한 활동을 하고 있는 화산이다. 2002년 1월 17일에는 다른 때보다 더 많은 용암을 분출하였다. 이 용암은 화산의 남쪽 사면을 따라 호수 가에 위치한 곰마라는 마을을 지나 10여 킬로미터 떨어진 키브호로 유입되기 시작하였다.[5] 내려 밀려오는 용암을 피하여 안전한 곳으로 급히 이주하는 마을 주민들보다 키브호를 더 잘 알고 있는 과학자들은 바짝 긴장을 하였다. 호수 아래에 축적되어 있는 메탄가스에 의한 폭발과 그보다 다섯 배 가량이 많은 이산화탄소를 함유한 호수 아래에 있는 수체로부터의 이산화탄소 가스의 폭발적인 방출을 촉발시

키부호 북쪽에 위치한 니이이라공고 화산의 용암이 분출되는 모습. 2002년 1월 17일에 분출한 용암은 남쪽으로 10km 떨어진 키부호까지 이르렀다.

니이이라공고화산에서 분출된 용암들이 키부호로 흘러들면서 호수 물과 만나면서 만든 증기.

킬 수 있는 위험이 있었기 때문이다. 다행스럽게도 호수로 유입된 용암의 양이 얼마 되지 않아서 호수의 안정을 깨지는 않았지만 유입되는 양이 많았다면 아마도 화산으로부터 오는 직접적인 재해보다도 더 큰 재해가 호수로부터 발생되었을지도 모른다는 우려를 낳았다. 이 지역이 활화산 지역이기 때문에 그런 재해가 일어날 가능성은 상존한다. 그렇다고 니오스호수처럼 파이프 몇 개를 박아서 호수 바닥에 집적되는 가스를 방출시키기에는 너무 큰 호수이다. 그러나 불가능한 것처럼 보이는 일에 항상 인간은 도전을 하여 누군가의 창의적인 노력으로 그런 문제를 해결하거나 그 해결의 실마리를 제공해 주었다. 여러 명의 지질학자들과 관련 분야의 과학자들에 의해 그런 노력은 이 호수에서도 진행되고 있다.

이 호수 바닥에 들어 있는 메탄가스는 에너지원으로 잠재적인 가치를 가지고 있으며, 실로 그 양은 르완다와 콩고가 일년간 소비하는 총에너지 양의 10배도 넘는 엄청난 양이다. 현재는 지방 양조업자들이 이를 회수해서 사용하는 수준이나, 안전하고 환경적으로 확실한 방법으로 채취하는 기술이 발전되어 실용화되면 이는 값이 싼 효율적인 에너지를 확보하는 수단이 될 뿐만 아니라 호수의 가스분압을 줄여 수체를 안정화시키는 일석이조의 효과를 거두는 방법이 된다.[6] 더 이상 니오스가 일으킨 것과 같은 조용한 학살이 되풀이 되지 않도록 막아야 한다. 현재 이런 노력이 진행되고 있으며, 인류가 발전시킨 현대의 과학기술은 이를 현실화시키는데 큰 문제가 없어 보인다. 키부호를 떠난 물은 이런 번잡한 일과는 아무 연관이 없는 것처럼 남쪽으로 흐르는 루지지강을 통하여 160km 동남쪽 방향에 있는 탕가니카호로 여정을 계속한다.

연료를 사용하지 않는 발전소

북대서양의 거의 끝에는 한반도의 절반 크기인 아이슬란드가 있다. 노르웨이와 그린랜드 사이에 위치한 이 섬은 북위 63° 15′과 66° 30′으로 북극권에 해당되는 위치이다.

그러나 멕시코만류의 영향으로 혹독한 추위는 아니지만 여름철 평균기온이 평균 11℃로 위도에 비교하여 높은 편이지만 여전히 추운 편이다. 이 섬에서 가장 가까운 지역이 남동쪽으로 350km 떨어진 영국의 스코틀랜드이다.

아이슬란드 빙하 아래에서 분출하는 화산에 의하여 녹아 흐르는 물줄기에 의하여 패인 자국. 화산 활동이 격렬하면 빙하를 녹인물이 범람하기도 한다.

겨울철은 이 섬의 기온이 심한 바람으로 체감온도는 실제보다 훨씬 더 내려가고 매 순간마다 바뀌는 듯한 변덕이 심한 기후 때문에 이 섬을 찾는 관광객의 발길은 그 계절에는 뜸하게 된다. 이들은 이런 변덕스러운 날씨를 "지금의 날씨가 마음에 들지 않으면 5분만 기다리시오"라는 농담으로 표현을 한다. 해안을 떠나 조금만 안쪽 높은 곳으로 들어가면 빙하로 뒤덮인 지역이 나온다. 아이슬란드는 간혹 빙하를 뚫고 나오는 하얀 증기 기둥을 심심치 않게 볼 수 있는 지구상에서 가장 희귀한 광경을 연출하는 곳이 이 나라이다. 어떤 분기공은 이런 증기

사이로 거의 일정한 시간 간격을 두고 큰 소리와 함께 큰 물줄기를 하늘로 뿜어 올리기도 한다. 그래도 여름 한철은 해안가 저지대를 따라서는 녹색으로 변화되기도 한다. 어디를 가나 흔하게 볼 수 있는 것이 온천이고 간헐천이다. 온통 땅속은 뜨거운 증기와 물로 가득 차 있는 것처럼 여기저기서 힘차게 솟아오르는 뜨거운 물줄기나 증기를 내뿜는 분기공을 지나치게 된다. 그 땅속에 불이 들어 있지 않고서는 그런 일은 일어날 수 없다.

그렇다. 아이슬란드 바닥은 용암들이 소용돌이 치고 있는 바로 그런 위치이기 때문에 곳곳이 지천으로 흘러 넘치는 게 온천, 간헐천, 분기공인 것이다. 간헐천을 의미하는 영어의 가이저(geyser)는 아이슬란드에 있는 간헐천인 게이시르(geysir)로부터 기원되었을 정도로 그곳은 간헐천의 왕국이다.

아이슬란드 라키열극대를 따라 줄줄이 분출한 화산체인.

어떤 분기공의 아래에 자리한 마그마는 가끔 자신의 존재를 과시하려는 듯이 용암을 토해낸다. 용암을 토해내는 자리가 빙하에 덮여 있는 지역인 경우에는 한꺼번에 많은 빙하를 녹인 물이 갑자기 큰 하천을 이루어 마치 홍수 때 범람하는 하천처럼 흐르는 물길이 거세어진다. 마그마 방이 살아 있다고 보내는 신호로는 요란한 편이다. 지구상에서 독특한 이런 경관을 연출하게 된 것은 대서양 중앙에서 남북방향으로 길게 뻗어 있는 새로운 마그마를 분출하는 중앙해령의 연장부가 바로 아이슬란드 남부를 관통하여 지나고 있기 때문에 나타나는 현상인 것이다. 그 균열을 따라 점점이 박힌 것처럼 화산들이 용트림을 하고 있는 지역인 것이다. 다른 지역의 중앙 해령에서 분출되는 현무암들이 비록 대서양 바닥을 차고 올라와 거대한 해저 산맥을 이루고 있지만 바다 위로는 고개를 내밀고 있지는 않다. 그러나 아이슬란드만은 대양의 위로 그 실체를 드러내 놓았다. 그것은 바로 아이슬란드를 만드는 화산 활동이 하와이를 만드는 것과 같은 열점이라는 자리이기 때문이며, 그 열점이 공교롭게도 중앙해령에 가깝게 위치하고 있기 때문이다.[1)]

이 마을 저 마을을 연결하는 파이프들이 심심치 않게 관찰된다. 바로 이 파이프로 연결된 망들이 바로 이 지역의 추위를 이겨내는 열을 공급해 주는 연결망이다. 이 연결망을 따라가 보면 열을 공급해 주는 곳으로 연결되어 있다. 이 열원은 바로 화석연료를 태워 얻은 열이 아닌 자연이 방출하는 지열을 이용하고 있다는 점이 다른 지역과는 차이점이다. 지열은 세계 어디에서나 이용가능한 자원은 아니다. 아이슬란드, 뉴질랜드 또는 이탈리아와 같은 화산 활동이 많은 지역에서나 이의 활용이 가능한 것이다. 이런 몇 나라의 지열 이용은 천혜의 지질학적 조건 때문에 가능한 것이지만 지열은 최근에 와서야 사용이 가능해지게 된 에너지 자원으로 등장하였다.

인류가 사용한 가장 오래된 에너지원은 바로 나무였다. 아마도 인류의 조상들은 꺾여져 있는 마른 나뭇가지를 주어 사용하였을 것이다. 밤에 찾아온 추위를 달래 주는 데는 주위에 흩어져 있는 나뭇가지 한 다발이면 충분하였을 것이다. 그러나 불을 본격적으로 이용하면서 이를 구하는 것도 그들의 중요한 일과 중의 하나가 되었을 것이다. 그러나 인류 문명이 발달하면서 나무만으로는 산업용으로 대량 필요한 에너지 수요를 충족시킬 수 없었다. 그 때부터 인류는 새로운 에너지원으로 화석연료자원을 사용하였다. 우리가 보통 화석연료자원이라고 말하는 것에는 석탄, 석유 또는 천연가스를 포함하는 말이다. 이들을 가끔은 탄화수소라고도 부르는데 이들을 구성하는 주된 원소가 그것들로 되어 있기 때문이다. 이들은 기계문명의 발달에 따른 변화와 함께 수요공급의 원칙에 의하여 석탄으로부터 석유로 발전하는 단계를 거치게 된다.

화석연료자원이라는 용어는 생물체들이 죽어 농집되어 만들어졌기 때문에 붙여진 이름이다. 인류가 처음 사용한 화석연료자원은 석탄이다. 기록으로 남아 있는 사실을 보면 약 3,100여 년 전 중국에서 처음으로 석탄을 채광하여 사용한 것이 최초이나, 이보다 훨씬 전에 자연적으로 지표에 노출된 석탄을 사용하였을 것으로 추정하고 있다. 이런 석탄은 식물들이 늪과 같은 지역에 묻히게 되면 이들은 부패하지 않고 단단하지 않은 미고결 상태의 탄소의 함유량이 높은 퇴적물로 된다. 이러한 물질들을 잘 말려 태우면 불이 붙고 연소가 되는데 발열량은 그리 높지 않다. 이러한 물질을 토탄이라 하며 석탄으로 진화되는 맨 처음의 물질이다. 이들이 쌓인 자리에 퇴적물의 두께가 더 두꺼워지면 지층의 온도와 압력이 증가하면서 이들이 가지고 있던 다른 물질들이 빠져 나가면서 탄소의 함량은 더욱 상대적으로 높아진다. 석탄이 진화되는 초기 단계에서는 이미 화학적으로 탄화가 진행되고는 있지만 나무들의 조직을 현미경으로 관찰할 수 있다. 석탄화가 진행된다는 것은 토탄 속에 들어 있는 물, 이산화탄소나 메탄과 같은 물질들이 빠져나가는 과정을 말하며 점점 더 상대적으로 탄소의 존재비가 증가되는데 이런 순서에 따라 갈탄, 아역청탄 또는 역청탄이라는 이름이 붙는다. 역청탄이 더욱 탄화가 진행되면 무연탄이 되는데 우리나라에서 산출되는 거의 모든 석탄이 여기에 해당된다. 역청탄이 발열량이 가장 높으며, 무연탄은 휘발성 물질이 거의 다 빠져나간 결과 불을 붙이는 데는 어려우나 일단 불이 붙으면 연기를 내지 않고 잘 타는 성질을 가지고 있다. 연기가 나지 않아 무연탄(無煙炭)이라는 이름으로 불리게 되었다.

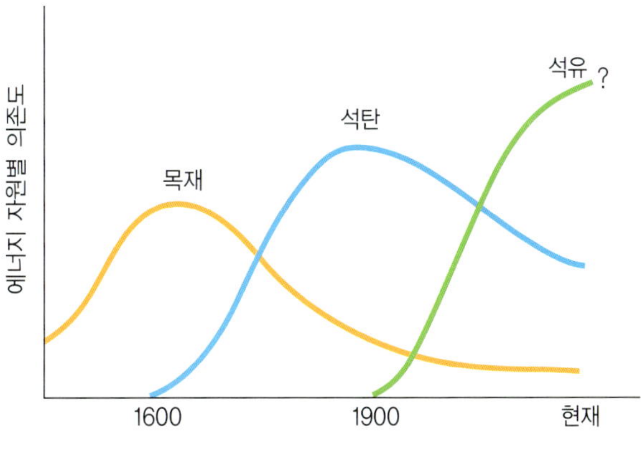

시대의 변화에 따른 에너지별 의존도의 변화 추이.[3)]

그 석탄을 만든 나무의 대부분이 양치류(羊齒類), 석송류 및 유절류에 속하는 식물들 이었다. 이들은 지금은 사라지고 지구상에 존재하지 않는 과거의 식물이 되었다. 우리가 고생물학자가 아니므로 그들의 이름을 잘 모르는 것은 당연한 일이다. 석송류 중 레피도덴드론(*Lepidodendron*)이라는 이름을 가진 나무는 키가 30m에 이르는 거대한 나무였다. 오늘날 이들의 후예로 남아 있는 것들로서는 은행나무와 우리나라의 산간지방에서 흔하게 볼 수 있는 고사리와 고비이다. 고사리와 고비는 양치류에 속한다. 양치란 양의 이빨을 말하는데 이는 고사리과의 잎들이 잎 둘레 모양이 톱날처럼 생긴데서 붙여진 이름이다. 해마다 이른 봄철이면 외줄기로 삐쭉이 뻗어 올라오는 왜소한 일년생 고사리를 보면 이들이 어떻게 석탄층이 되었나 하는 의구심이 들 것이다. 그러나 지금으로부터 2억 년 전 고생대 석탄기란 지질시대에 살던 고사리는 절간의 반찬으로나 만들어지던 그런 연약하고 작은 것은 결코 아니었으며, 숲에는 그것밖에 없었을 만큼 흔하고, 거대한 나무로 자랐다는 사실은 지층에 온전하게 보전된 화석으로 들어났다. 그 시대의 암석 속의 화석들은 이들의 크기를 확인시켜 주기라도 할 것처럼 그 위용을 드러내 보여준다. 그런 정도의 숲이라면 석탄층을 만들기에 족한 식물이다. 그런 나무가 오늘날의 고사리로 변했다는 것은 이 세상의 생물들이 끊임없이 진화한다는 사실을 알고 있는 우리에게도 믿기 어려운 일이다. 2억 년이란 긴 시간은 그런 변화를 허용하기에 충분한 시간이었다. 그런 식물로부터 만들어진 석탄은 우리가 잘 아는 대로 산업혁명을 일으키는 원동력이 되었다.

단순히 자원의 사용 역사로만 보면 화석연료 중 석탄보다 더 오래전에 인류가 사용한 것은 석유자원이다. 약 4,500여 년 전 메소포타미아 문명이 발전되는 과정에서 이미 바빌로니아에서 자연적으로 지표로 나오는 석유를 사용하였다. 연료는 아니지만 건축 구조물에도 이들의 부산물인 역청을 발라 벽재를 튼튼하게 만들었다. 이미 4세기에 중국에서는 구멍을 뚫어(시추공) 석유를 채광하여 사용하였다는 기록을 갖고 있다. 그러나 석유를 본격적으로 사용한 것은 19세기에 들어서 북미와 폴란드에서 시작되었다. 19세기 중엽 미국의 피츠

버그에서 지표에 저절로 스며 나오는 원유를 받아 윤활유로 팔기 시작하여 사용한 것이 그 시초이다. 1846년 캐나다에서 이를 열로 증류시켜 등유로 사용하면서 당시에 조명용으로 널리 사용하던 고래 기름과 양초를 대신하는 혁신적인 변화를 가져오게 되었다. 이러한 발견으로 석유의 생산은 구소련의 바쿠 지역(현, 아제드바이잔), 캐나다와 미국을 중심으로 빠르게 번져 나갔다. 중동에서 석유 탐사가 시작된 것은 1930년대에 이르러서이다. 바레인과 사우디아라비아에서 석유 탐사가 진행되었으며 이 지역에서의 석유 탐사 결과는 세계의 에너지 지도를 바꾸어 놓기에 충분하였다.

세계 최대의 유전을 자랑하는 사우디아라비아의 유전은 탐사를 시작하면서 일곱번째 시추공에서 그 징조가 나타나기 시작되었다. 그 전의 여섯 공은 모두 실망스러운 결과만을 안겨주었다. 일곱 번째 시추공 역시 시작은 그리 좋은 편은 아니었다. 시추공들은 여러 가지 어려움을 겪으면서 1,000m를 파들어갔다. 거의 한 해에 걸쳐 1938년 초 1,400m의 깊이까지 뚫고 들어 갔지만 유징은 보이지만 석유는 충분하게 나오지 않았다. 이 때 이 시추를 책임지고 있던 수석 지질학자는 샌프란시스코의 스탠더드 본사로 호출을 당하였다. 본사로 불려간 수석 지질학자가 스탠더드의 경영진들에게 수백만 불을 소비하고 아무 성과도 올리지 못한 곤란한 상황을 설명하고 있을 무렵 상황은 변하고 있었다. 그 해 3월 이 7호 공이 1,440m에 이르렀고 모든 사람들이 원하던 석유를 드디어 토해내기 시작한 것이다. 이 7호 공은 댐맘 7호정이라는 이름이 붙여졌는데, 이 댐맘 7호정이 수십 년간에 걸쳐 3천 2백만 배럴의 석유를 생산해 낼 줄은 당시엔 아무도 상상하지 못했던 일이었다. 7호정의 성공으로 다른 시추공들을 더 깊이 파 소위 아랍존에 이르자 이들은 모두 상업적인 생산이 가능한 석유를 토해내기 시작하였다. 이렇게 시작된 석유 개발은 중동이 석유의 맹주로 등장하게 만들었다.[2)] 마치 중동의 어느 곳이나 파면 검은 석유가 펑펑 나올 것 같은 착각이 들 정도였다. 만약 1,400m에서 시추를 중단하였다면 이 유전이 햇빛을 보기에는 아마도 그 뒤 몇 10년이 더 필요했을지도 모른다. 유전 개발 역사에서 몇 백미터를 포기해서 성공적인 원유 탐사를 그

르친 예가 실제로 여기저기에서 보고된 바 있다. 인내심은 시추공에게 필요한 것이 아니라 그곳에 투자한 이들에게 반드시 필요한 덕목으로 여겨진다.

사실 석유는 아주 시시한 생물로부터 시작된다. 바닷물 속에 살던 조류(藻類)에 속하는 미생물들이 죽어서 퇴적물에 섞여 쌓인다. 퇴적물들이 점점 더 쌓여 두꺼워지면 아래의 지층은 압력과 온도가 증가하게 된다. 퇴적암 사이에 들어있던 조류를 포함한 유기물들이 올라가는 지온에 의하여 잘 숙성되면 이들은 탄화수소로 변화되어 석유가 된다. 지층의 온도가 더 높아지면 이들은 다시 가스로 변화된다. 이들을 잘 요리하기 위해서 지층은 적절한 온도를 유지하는 오븐의 역할을 해야 한다. 오븐의 온도는 70~175℃가 가장 적당하다. 250℃를 더 넘기면 이제는 가스도 남아있지 못하는 환경이 되어 그러한 지층에서는 유기물의 진화에 의한 화석연료의 꿈은 접어두어야 한다.

이들이 좋은 조건을 유지하여 석유가 만들어졌다고 해도 이들이 한곳에 모여 저장할 수 있는 암석이 주변에 있어야 한다. 그러한 저장고의 역할을 하는 암석을 저류암이라고 하는데 이들은 석유를 저장하기에 적당한 공극을 가지고 있어야 한다. 거기에 가장 적합한 암석들이 바로 모래와 같은 알갱이가 모여 만들어진 사암과 탄산염들이 모여 만들어진 석회암이다. 조건은 점점 더 어려워진다. 이러한 암석들이 있다고 해도 석유가 다른 곳으로 빠져 도망가지 못하도록 막아줄 수 있는 암석들이 이를 덮고 있어야 한다. 이런 여러 가지 조건을 갖춘 지역은 말처럼 찾기가 쉬운 일이 아니다. 그래서 석유 탐사는 막대한 비용이 들어가는 사업이다. 석유의 저장고를 찾았다고 해도 이를 회수하는데 높은 기술이 요구되기도 한다. 우리가 젊은 시절 본 〈자이안트〉란 영화에서 주인공이 유전을 발견하면서 터진 유정으로부터 솟구쳐 올라오는 검은 원유를 그대로 맞으면서 유전 개발의 성공에 희열을 느끼던 그런 장면은 거의 기대하기 어려운 것이 현실이다. 찾아내기도 힘들지만 이를 더욱 효율적으로 회수하는 것 역시 고도의 기술이 필요한 부분이다.

에너지 자원의 분포도 특정 지역에 집중되어 당연한 결과로 석유의 생산 역시 지역적으로 편중되어 있다. 이런 왜곡 현상은 생산만이 아니라 소비도 마찬가지이다. 세계 산업화의 주 에너지원인 화석연료자원의 소비 형태는 우리가 생각하는 것보다 훨씬 더 심하게 왜곡되어 있다. 이러한 왜곡 현상은 『1993년의 지구환경보고서』중의 니콜라스 렌센의 글로 요약된다.[3)]

에콰도르의 조그만 마을에 구아말린이라는 국민학교 교사인 마르코 콜로마가 살고 있다. 1990년부터 이 외딴 마을에도 전기가 공급되기 시작했으나 대부분의 가정은 엄청난 전기요금을 감당할 여유가 없다. 이따금 험한 진흙 길을 거쳐 프로판 가스가 공급되기는 하지만, 옥수수밭과 방목지 주변의 나무들에서 얻는 땔깜이 이 마을의 주된 에너지원이다. 마르코 콜로마의 에너지 사용량이 에콰도르 사람들의 평균 수준이라고 가정한다면, 그는 직접 또는 소비 제품을 통해 연간 석유 4.6 배럴에 상당하는 에너지를 소비하고 있다.
이곳에서 5,000km 떨어진 미국 코네티컷 주 윈스테드에 살고 있는 그의 형 칼로스 콜로마는 그보다 10배 이상의 에너지-연간 석유 48배럴 상당량-를 소비한다. 칼로스는 전기레인지, 냉장고, 세탁기, 전기 조명기구, 두 대의 텔레비전을 갖춘 집에서 승용차와 픽업트럭을 사용하며 생활한다. 칼로스의 이같은 생활은 마르코의 꿈이며, 아마도 아프리카와 아시아 및 라틴아메리카의 40억 명이 넘는 사람들의 꿈일 것이다.

산업국가와 미개발국가의 에너지 사용량을 실감나게 표현한 글이다. 개발도상국들의 생활수준이 향상될 수록 에너지 수요가 증가되는 것은 필연적인 결과이다. 생활향상 만큼이나 에너지 소비를 증가시키는 다른 요인은 바로 인구 증가이다. 대부분의 국가들은 마치 에너지 사용량의 지표가 마치 산업 발전의 지표인양 자랑스럽게 생각하였든 시절도 있었다. 에너지 사용량이 산업화의 수준을 나타내는 잣대로 흔히 사용되기도 한다. 그러나 어떤 경우는 이것은 사실과는 다른 결과를 보여주기도 한다. 인도의 1인당 에너지 소비량은 인접한 파키스탄보다 약간 더 사용하지만 인도인들의 평균 소득은 파키스탄인들의 절반에 불과한 것이 그 예이다. 에너지 사용의 왜곡 현상은 비단 산업사회와 개발도상국가 간에나 존재하는 것은 아니며, 개발도상국들 사이에서도 존재한다. 또한 산업국가들이나 개발도상국가 내에서도 존재한다. 소수 부유 집단들에서 사용하는 에너지의 양과 사회 빈민들이 사용하는 에너지의 불균형은 어디서나 나타나는 현상이다.[3)]

사용되는 에너지는 크게 두 가지 용도, 발전과 자동차 연료로 사용된다. 이와 같은 화석연료의 연소는 황과 질소화합물과 탄소를 대기 중에 방출함으로써 농작물, 삼림과 수서 생태계를 위협하는 산성비의 원인이 된다. 대기 중에 방출되는 1톤의 탄소는 3.7톤의 이산화탄소를 만든다. 이산화탄소는 무독성이지만 기후 시스템을 변화시켜 인류의 미래를 어둡게 하는 위협의 원인이 되고 있다. 지구의 탄소 방출량은 무서운 속도로 증가하고 있다. 2차세계대전 이후 전 지구의 탄소 방출량이 20억 톤에서 30억 톤으로 증가하는데 10년이 걸렸지만 40억 톤으로 증가하는 데는 채 6년 밖에 걸리지 않았다. 최근 증가세는 둔화되었지만 계속 방출량은 증가되고 있어서 1990년대의 탄소 방출량은 약 60억톤 이었다.[4)] 우리나라도 산업화되면서 화석연료의 사용량이 급증하였으므로 이에 따른 탄소 방출량의 증가 추세는 만만하지 않다.

지금과 같은 탄소 방출량의 증가가 계속된다면 지구는 큰 재앙 아니 인류 최후의 날을 마지할지도 모른다는 경고도 심심치 않게 나오고 있다. 에너지 사용량의 통계에서 보여주는 것처럼 세계 인구의 25%에 해당되는 산업국가에서 전체 방출량의 약 70%를 차지한다. 이처럼 화석연료자원이 대부분이 산업국가에서 사용되고 있음에도 불구하고, 산업국가들은 개발도상국들의 에너지 소비 성향에 큰 관심을 가지고 있다. 그런 점 때문에 개도국들에서는 항상 볼멘소리가 터져 나온다. 개도국들은 생활수준 향상을 위해서 비록 산성비의 원인을 제공한다고 해도 이산화탄소 방출량이 늘어난다고 해도 이를 줄여야 되겠다는 생각보다는 필요악으로 받아들이려는 경향을 보인다. 비록 지금 지구 온난화가 지속된다고 해도 그것은 선진 산업국가들이 저질러 놓은 일이며, 자신들에게는 책임이 없다고 주장을 하기도 한다. 설령 그렇다고 해도 지금 우리가 처한 상황은 선진국의 책임만으로 허물을 돌리고 이를 방관하기에는 너무 시간이 없는 급박한 상황에 처해 있다.

세계의 에너지 수요로 잠시 눈길을 돌려보기로 하자. 세계는 1940년대부터 화석연료자원의 의존율이 크게 증가하였을 뿐만 아니라 그 수요 증가율 역시 가파르게 증가하고 있다. 이러한 증가율을 고려하면 전 세계가 확보하고 있는 화석연료자원은 곧 고갈될 것이라는 경고가 계속되었다. 유한한 지구자원의 속성을 고려한다면 언제인가는 그런 위기를 마지할 것이다. 우리의 대응 방안을 서둘러 준비할 시점인 것이다. 증기기관의 발달로 석탄의 수요가 증폭되었으며, 내연기관이라는 또 다른 신기술의 발전에 따라 석유자원으로의 에너지 전환이 이루어졌다. 그렇다면 미래의 기술은 이런 에너지 자원의 전환을 가능하게 해주는 새로운 과학기술의 진보를 성취해 낼 수 있을 것인가 하는 점은 우리 모두의 관심사이다. 장래에 일어날 이러한 위기를 대비하는 것도 중요하지만 현재 진행되는 지구 온난화나 산성비의 증가 등이 결코 나와는 멀리 떨어진 남의 일만은 아니기 때문에, 인류의 공존을 위한 그 토대를 준비해야 될 시점은 바로 우리세대에 직면한 과제로 등장하였다.

다음 그림은 세계 에너지 생산 가능량을 예측한 그림이다. 에너지 자원의 결핍으로 지금은 생산성이 없지만 에너지 가격 상승으로 미래의 자원으로 개발되어져만 하는 타르와 오일셰일을 고려하여 예측한 것이다. 또한 이 그림은 에너지 효율의 증가와 절약 때문에 에너지의 수요 증가가 궁극적으로는 현재와 같은 수준을 유지할 것이라는 가정 아래 추정한 것이다. 이 자료는 석유자원의 급격한 감소를 예상하면서, 화석 연료자원 중 석탄은 상당 기간 그 역할을 감당한 능력이 있는 것으로 추정하고 있다. 그러면서 비화석연료자원의 비율이 급격하게 증가될 것으로 예상하고 있다. 그렇다면 전통적

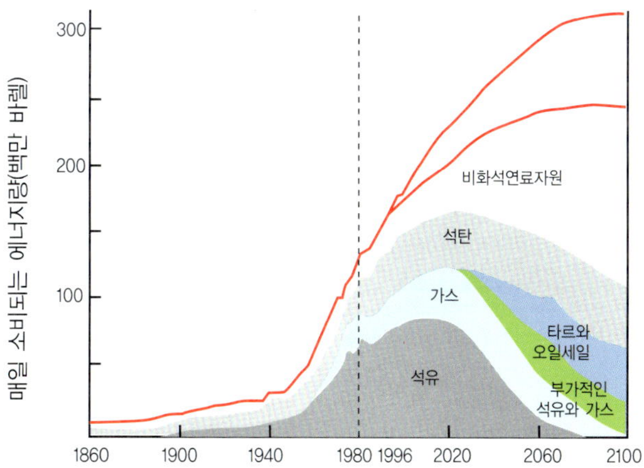

석탄 생산량을 1996년 생산량으로 제한할 경우 미래 화석연료의 생산 전망. 1일 소비되는 에너지를 석유자원으로 환산하여 나타낸 그림. 적색 선은 두 가지 다른 시나리오에 의한 에너지 수요 예측을 나타낸 것이다. 닦아오는 세기에서도 석탄 자원의 중요성은 계속될 것으로 예측된다.(자료제공 : 미국지질조사소)

으로 사용하고 있던 화석연료자원을 대체할 수 있는 자원은 과연 무엇이며 그 가능성은 어떤지 심각하게 고려해야만 할 것이다.

이를 해결해 줄 완벽한 모델은 없다. 그러나 대체자원으로 부각되는 여러 가지 자원, 원자력, 태양열, 조력, 풍력, 지열 등에 대한 경제적인 에너지 자원화에 대한 전략은 선택이 아닌 필수로 등장할 것이다.

다시 지구 전체 에너지 순환을 보기로 하자. 지구의 에너지 수지에서 지구로 유입되는 에너지의 총량은 174,000 테라와트(terawatts, $=1.74\times10^{17}$ watt) 이상으로 추정된다.[1)] 이 숫자는 너무 커서 상상하기 조차도 어렵다. 이들 에너지는 지구 내의 한 저장소에서 다른 저장소로 이동되기도 한다. 그러나 이 에너지 이동은 평형을 이루어야 하며, 만약 평형이 이루어지지 않으면 지구는 가열되거나 냉각되는 두 가지 중의 한 과정으로 들어갈 것이다. 그런 사태는 지구의 위기와 바로 직결된다. 그러나 아직 지구의 에너지 순환 과정에서 이들은 동적이지만 평형을 잘 유지하고 있다. 전 세계 인구가 일년간 사용하는 에너지의 총량은 흔히 10테라와트로 추정된다. 얼핏 생각하기에는 인류가 사용하는 에너지는 매우 작은 양으로 지구에서 에너지 문제를 일으킬 것 같지 않다는 생각이 든다. 그러나 이 많은 에너지의 대부분은 지구에서 끊임없이 일어나고 있는 지질 작용에 필요한 에너지로 소비되며, 그 에너지의 일부를 이용하여 식물의 광합성으로 탄수화물을 만들고 이들이 먹이 사슬을 통하여 동물로 이동되며, 이들이 죽어서 지구의 저장소로 이동되어 석탄 및 석유 등으로 보전된 것이 화석연료자원이다.

지구 전체 에너지의 대부분은(99.986%)은 태양의 복사 에너지이며, 그 다음으로 큰 에너지원은 지구 내부에서 지표로 발산되는 지열에너지로 전체 에너지의 0.0013%를 차지하는 23테라와트이다. 이것만 해도 전 세계가 필요로 하는 에너지 양의 거의 2배를 넘는 수준이다. 그러나 그 대부분은 산맥을 형성하고, 지진을 발생시키고 화산을 분출시키는 지구의 동력작용에 거의 대부분이 소비되기는 하지만 지표에 도달하는 에너지의 량 역시 만만한 수준은 아니다. 우리는 통상 와트라는 일의 단위를 사용하지만 정작 이것이 어느 정도의 에너지를 나타내는지는 가늠하기가 쉬운 단위는 아니다. 통상 일의 단위로 흔히 1 파운드의 무게(453.5920g)를 1초당 1피트 들어올릴 때 한 일을 1마력으로 정의한다. 이 마력이라는 일의 단위는 증기기관을 발명한 제임스 와트가 그가 발명한 증기기관이 한 일을 측정하기 위하여 1766년 고안해낸 것이다. 그러나 최근에는 이보다는 와트라는 단위를 더 흔히 사용하는데 1와트는 1 J/sec 로 정의한다. 대체로 1 마력은 746와트에 해당된다. 그래도 일의 양은 명확하게 파악하기가 어렵다. 그러나 건장한 인간이 하루 8시간 일할 수 있는 능력이 33와트의 기계로 생각한다면 이러한 에너지의 양이 얼마나 엄청난 숫자인지 짐작이 갈 것이다. 조력에너지는 3테라와트로 전체 에너지의 0.002%에 해당된다. 이런 정도의 에너지라면 지구는 넘쳐나는 에너지 천국인 것으로 생각된다. 전체 에너지 수지는 그러하지만 문제는 우리 인류가 사용 가능한 형태로 존재하는 에너지는 무엇이며, 경제적으로 얻을 수 있는 에너지가 무엇이냐 하는 점이다.

가까운 일본의 화산지대를 여행하다 보면 분기공이나 온천 지역의 뜨거운 물에 계란을 삶아서 관광객을 상대로 파는 모습을 흔하게 본다. 감자나 옥수수를 익혀 먹기도 한다. 계란이나 감자를 익히기 위하여 단지 필요한 기구는 그것들을 담을 수 있는 바구니 정도가 다이다.

오늘날에도 관광객의 호기심을 자극하기 위해 지열대에서 계란과 감자를 익혀 먹는 그 열원은 1940년대 이후 산업활동의 근간이 되는 에너지원으로 탈바꿈하기 시작하였다. 이런 지열대에서 에너지를 얻기 위하여 굴착된 시추공으로부터 얻은 에너지는 공장을 가동시키는 열원으로, 발전을 위한 에너지원으로, 난방을 위한 열원으로 사용되기 시작한 것이다. 이러한 열원을 이용한 발전소는 더 이상 석탄이나 석유 또는 핵연료와 같은 문제 투성이의 연료를 사용하지 않아도 되었으므로 석유 위기나 운송 노조의 파업과는 관계없이 가동할 수 있었다. 발전소에 사용할 정도로 높은 온도의 증기가 아닌 뜨거운 물은 바로 지역 난방용수로 사용하거나 온실에서 채소를 재배하는데 사용되었다. 아이슬란드와 같이 추운 지역에서 신선한 토마토를 재배하여 먹을 수 있다는 것은 그들에게는 자연이 주는 또 다른 형태의 축복이었다. 온천욕을 좋아하는 사람들에게는 아이슬란드는 천국이나 다름없다. 이 나라의 수도인 레이캬비크에서 멀리 떨어지지 않은 곳에 위치한 블루라군(Blue Lagoon)은 연한 하늘빛을 띄는 온천 호수이다. 그 한쪽 뒤로 스바르트센기 지열발전소는 더 뜨거운 지열을 이용하여 발전을 한다. 그렇다고 모든 문제가 해결된 것은 아니었다. 열수나 증기는 유독성 가스나 강한 산성 물질을 가지고 있어 배관을 쉽게 뚫어버리기도 하는 부작용이 발생되었으나 그런 것은 기술적으로 곧 극복되었다.

지열 에너지는 브라운 등이 『지속가능한 사회』에서 지적한 것처럼[5] 지표 밑에 존재하고 있는 막대한 열 저장고에서 얻어지는데, 이 열 저장고는 태양광선에 의존하고 있지 않은 유일한 재생 가능 에너지이다. 그렇다 지열은 지구 내부로부터 오는 에너지로서 지표로부터 지하의 암석 내에 발달한 공극이나 깨진 틈을 따라 유입되는 물이 가열되어 뜨거운 물과 증기로 배출되는 지역이다. 대체로 산업활동에 이용하려면 적어도 200℃ 이상의 온도를 얻어야 하며, 이러한 지열은 자연적인 과정으로 발생한다. 그런 온도에서 발생되는 증기는 바로 발전을 위한 터빈을 돌리는데 사용할 수 있다. 어떤 경우에는 지하 깊숙이 들어가면 자연적으로 지온이 증가되어 하부에 뜨거운 온도의 암석이 분포되는 지역도 있다. 이러한 지역은 인공적으로 구멍을 뚫어 하부에 파쇄대를 만들어 물을 주입시켜 회수하는 방법을 실험적으로 선진국에서 시도하고 있다.

자연적으로 발생되는 지열 에너지는 여러 가지 장점을 가지고 있다. 어떤 지열은 지역난방과 같은 경우는 복잡한 변환 과정이나 부가적인 연료의 투입 없이 바로 이용할 수 있다. 그러나 발생된 증기를 수송하는 비용이 따르므로 발생되는 인접 지역에서만 사용이 제한되는 점은 이 에너지 자원이 갖는 단점이며, 때로는 환경에 부정적인 영향을 미치기도 한다. 직접적인 피해는 열수 개발에 따른 지반 침하 가능성의 증가, 주변 지역 물의 오염과 소음의 피해 등이 있다. 무엇보다도 에너지 자원의 정량적인 확인이 거의 불가능하므로 얼마나 오랜 기간 동안 사용이 가능한지 예측하기가 어렵다는 것이 가장 큰 문제이다. 이의 고갈을 막기 위해서는 이를 사용하는 속도를 조절하여 이들 자연이 보유한 재생 능력을 유지하게 만들어 주어야 한다.

최근에 새로운 기술이 선보이고 있다. 바로 지열펌프라는 기술이다.[6] 지표는 아이슬란드, 뉴질랜드 또는 일본처럼 하부의 화산 활동에 의해 발생되는 높은 지열을 가지고 있지 않다고 해도 어떤 지역이든지 지하로 파 들어가면 자연스럽게 온도가 증가한다. 지역에 따라 다르기는 하지만 지하로부터 열은 지표로 계속 공급되고 있다. 그 결과 깊이에 따라 상승하는 온도는 지역마다 차이를 보이지만 어디서든지 온도는 상승을 한다. 바로 이 지하에 있는 지열을 활용하자는 기술이 지열펌프이다. 지하에 들어있는 그런 열을 열교환기를 설치하여 추출해 내는 기술이 바로 지열펌프이다. 지하로 수십 미터만 들어가면 거의 항상 일정한 온도를 유지한다. 그것이 수체이든, 암석이든지 간에 그곳에 저장된 열을 이용하는 기술이다. 전적으로 이 에너지만을 사용하기는 어렵지만 지하에 열교환기를 설치하면 기존의 난방 및 냉방의 보조수단으로 사

아이슬란드는 화석연료자원은 산출되지 않는 대신 새로운 지각을 형성하는 지판의 경계부에 위치하고 있기 때문에 풍부한 지열이 분포된다. 이러한 지열을 이용하기 위하여 블루라군(Blue lagoon)의 노천온천과 그 뒤에 건설된 대규모의 지열발전소.

용되는 것은 이미 실용화되어 사용되고 있으며, 난방비는 50% 이상, 냉방비는 30% 정도의 경비를 줄여줄 수 있다. 무엇보다도 이 방법의 장점은 냉난방 시 발생되는 소음이 없고, 설치 이후 유지관리비가 저렴한 친환경적인 에너지원임에는 틀림없으나 아직도 극복해야 될 여러 가지 기술적인 문제점을 가지고 있다.

많은 사람들이 미래의 에너지원으로 태양에너지를 드는데 주저하지 않는다. 지구의 에너지 수지에서도 밝힌 바와 같이 실로 그 양은 무진장이라고 표현할 정도로 엄청나기 때문이다. 20세기 후반은 태양의 시대에 접근하는 여명기와도 같다. 많은 사람들이 이의 중요성을 인식하고 이를 효과적으로 이용할 수 있는 기술이 개발되고 있다. 태양 에너지는 지역의 기후가 이의 이용을 조절하는 주요한 인자이다. 건조하고 뜨거운 지역인 북아프리카나 중동의 이스라엘이나 요르단과 같은 지역에서는 태양열을 이미 주택의 가정용수의 가열에 많이 이용하고 있으며, 장차로도 태양에너지 활용가능성이 매우 높은 지역이기도 하다.

이제 우리나라에서도 지붕 위에 놓여 있는 태양광전지인 집열판들이 여기저기서 눈에 띤다. 태양열 전지로 유입되는 태양광선을 전기로 전환시키는 효율은 아직 낮으나 기술개발에 의한 변환장치의 효율성은 날로 개선되고 있다. 그래도 다른 에너지 자원 이용에 비하여 환경에 미치는 부정적인 영향은 작은 편이다. 그러나 태양열을 대량으로 이용하기 위해서는 많은 집열판이 필요하며 넓은 지역을 차지하는 단점이 있기도 하다. 1천 메가와트 용량의 태양열 발전을 위하여 필요한 토지는 약 24 km^2 정도에 이른다. 같은 양의 에너지를 풍력으로 얻기 위해서는 더 넓은 토지가 필요하다.

태양 에너지의 2차적인 형태로 나타난 것이 바람이다. 바람은 귓볼을 스치는 산들바람으로부터 무엇이든지 날려 버릴 수 있는 폭풍에 이르기까지 여러 가지가 있다. 그 중에 회오리바람인 토네이도는 비록 지속 시간은 짧지만 강력한 힘을 가지고 있어서 미국의 기상청 자료에 의하면 83톤의 기차도 들어올린 기록을 가지고 있다. 해마다 여름철이면 우리나라에 적어도 몇 개의 태풍이 지나가는데 그때마다 전 국민이 숨죽이며 무사하게 빠져나가기만을 기원한다. 이들 저기압의 중심은 토네이도보다 강력하지는 않지만 폭풍이 가지고 있는 위력은 가공할 만한 수준이다. 이러한 열대성 사이클론은 북아메리카에서는 허리케인이라고 부른다. 2005년도에는 미국에 유난히도 큰 허리케인들이 자주 발생하여 많은 피해를 주었으며 특히 8월 29일 오전 뉴올리언스에 상륙한 허리케인 카트리나는 최대풍속은 시간당 140마일의 속도로 지나면서 1,200여 명의 인명이 희생되었다. 큰 규모의 태풍에서 하루 동안 발생되는 에너지의 총량은 20메가톤의 수소폭탄 400개가 방출하는 에너지와 같다는 것이 기상관계자들의 계산 결과이다. 그 에너지를 모아서 이용할 수 있다면 하는 엉뚱한 생각이 들기도 한다. 그러나 그런 강력한 에너지는 오히려 인간이 사용하기에는 너무 크고 강력하여 통제하기가 거의 불가능하다. 동력이 없는 범선에

미국 모하브사막의 태양열발전소(산디아연구소)에 설치한 집열판을 가지런하게 배치한 모습으로 이를 에너지 농장이라고 부른다.

서도 태풍은 이용 가능한 에너지원이 아니라 파괴를 가져오는 약탈자일 뿐이다. 네덜란드의 상징물처럼 등장하던 풍차에게도 그런 강력한 바람은 파괴자에 불과하다. 풍차에게도 범선에게도 도움이 될만한 세기의 바람은 바로 에너지원으로 사용이 가능하다. 덴마크는 약 3,800여 개의 풍차를 이용한 전력 생산으로 비록 작은 비율이지만 당당히 이를 주 전력 계통으로 공급하는 체계를 갖추고 있다. 그러나 다른 나라도 모두 풍차로 전력을 생산할 수는 없다. 풍차를 돌리기에 충분한 바람이 부는 지역이나 이마저 가능하기 때문이다. 그러나 세계의 일부 지역에서는 풍력은 신형 화력발전소와 충분히 경쟁할 수 있는 증명된 대안으로 등장하고 있다. 지구의 잠재적인 풍력 에너지의 총량은 전 세계 전기 사용량의 5배에 이른다. 비록 이러한 풍차는 어떤 경우에는 미관을 해치기도 하지만 어떤 경우에는 매우 독특한 자연경관의 일부가 되기도 한다.

풍차는 전력 생산을 위한 것만은 아니다. 내가 어렸을 적에 본 서부 영화는 초원지대에 점점이 떨어져 있는 가옥들 한쪽 곁엔 의례히 비록 엉성하기는 하지만 높은 망대 위에는 풍차가 돌아가고 있었다. 그 풍차는 전력을 생산하는 풍차는 아니었으며, 우물에서 물을 길어 올리는 데나 사용되었던 풍차였을 것이다. 그런 풍차는 주위의 삭막한 서부의 경관과는 다른 느낌으로 기억된다. 그런 풍차가 아프리카 사하라 남단의 사막화가 전진하고 있는 서부 아프리카의 니제르에서 건기에 물을 끌어올리는 동력의 주역으로 등장되었다. 이 지역의 건기는 혹독하여 아무것도 살아남지 못하는 그런 시기이다. 니제르는 단지 우기에만 이들의 주식인 수수를 재배할 수 있다. 그런 건기에 작물을 재배하려면 물이 필요하였다. 이 지역의 지하수는 지하 깊숙이 들어 있어서 이들을 지표로 끌어올리는 데는 동력이 필요하다. 그러나 외진 한적한 시골 마을까지는 전기가 들어오지 않았다. 양수를 위하여 모터를 사용하기로 하였으나 그런 장비를 불어오는 흙먼지 속에서 제대로 작동되게 유지 관리하기는 문맹자가 컴퓨터를 사용하는 만큼 어려운 일이었다. 유지 관리가 쉬운 다른 양수기로 풍력을 이용하기로 했다. 그해의 건기에도 예년처럼 많은 모래 먼지가 불어왔지만 풍차를 이용한 양수기는 제대로 작동하여 건기에 신선한 채소를 공급할 수 있었다. 건기에 재배되는 채소는 이들에게 경제적으로 큰 도움을 주었으며, 확대되는 사막의 가장자리에 녹지를 만들었다. 건기에 부는 바람은 쓸데없는 모래먼지나 날려 오는 바람이 아니라, 양수를 위한 풍차를 돌렸고, 이 풍차는 지하에 있는 물을 공급해 주민들에게 신선한 야채와 경제적인 소득을 안겨주었다. 바람이 만들어 준 새로운 양수기 덕분에 물을 길어오기 위해 뜨거운 먼지 나는 먼 길을 걸어가는 수고를 덜어 주었다. 이것은 사막의 확대를 방지하기 위한 캐나다의 연구팀이 1970년대 중반 아프리카 니제르에서 수행한 한 프로젝트의 실제 결과이다.

화석연료를 대체하는 에너지 자원으로는 바닷물의 조수 간만의 차이를 이용하는 조력발전과 원자력 에너지가 있다. 조력은 우리의 에너지 체계와는 전혀 관계가 없을 것으로 생각되었던 멀게는 태양과 가깝게는 지구 주위를 돌고 있는 달에서 작용되는 만유인력으로부터 만들어지는 것이다. 밀물과 썰물에 의한 차이가 큰 지역이어야 하는 제한점이 있다. 실제로 조력발전소를 몇 나라에서 건설하여 전력을 생산하고 있으며, 간만의 차이가 심한 우리나라 서해안에서도 이의 건설에 관한 타당성을 검토한 적은 있으나 아직 그런 계획이 구체화되지는 않았다. 바닷물은 자연의 섭리에 의하여 이동되는 것이므로 이를 사용한다고 해도 고갈되는 자원은 아니나, 초기에 시설투자비가 많이 소요된다는 점이 바로 제한점이 된다. 바다는 아직 실현되지 않은 꿈과 같은 열에너지 변환 기술이 검토되고 있는 신천지이다. 깊은 바다는 표층수와 심층수 사이에서 몇 도 정도의 온도차를 보인다. 우리가 열역학의 전문가가 아니더라도 열은 온도 차이를 따라 높은 곳에서 낮은 곳으로 흐른다는 사실을 알고 있다. 이런 에너지의 흐름이 있는 곳

미국 캘리포니아 팜 스프링 근처 지역의 풍차를 이용한 전력생산 시설.

에서는 에너지를 추출해 낼 수 있다. 만약 표층수와 심층수 사이의 온도차가 충분하다면 열펌프라는 기술을 이용하여 열을 추출해낼 수 있다. 꿈과 같은 일들이 차례로 현실화시키는 노력에 과학자들은 힘을 쏟고 있다.

이러한 화석연료를 대체하는 자원들의 실용화는 부분적으로 이루어지고 있으나 아직도 갈 길이 먼, 넘어야 할 장벽이 많은 분야이다. 현실적으로 화석연료자원을 대신하여 급격하게 확대되고 있는 에너지자원은 바로 원자력 에너지이다. 이들은 과거에는 지층 속에서 자연적으로 일어나는 반응으로 발생되는 붕괴열이 지구 내부의 온도를 상승시키는데 기여를 해왔다. 그러나 맨하탄 프로젝트에 의해 개발된 원자폭탄의 개발 과정에서 습득된 기술들이 평화적으로 이용되는 부분이 바로 핵연료를 이용한 발전이다. 우리나라만 해도 총 전력 생산의 거의 절반을 원자력 발전에 의존하고 있다. 원자력 에너지란 지구 구성물질로 들어있던 핵종 원소 우라늄을 조절된 속도로 붕괴 반응을 시킬 때 발생되는 열에너지이다. 우라늄의 핵분열은 새로운 원소를 만들고 동시에 그 과정에서 엄청난 열에너지와 중성자를 방출한다. 원자력 발전에 이용되는 우라늄의 동위원소는 ^{233}U, ^{235}U 그리고 ^{238}U이 있다. 그러나 대부분의 원자력 발전소에서 사용되는 연료자원은 ^{235}U이다. 지각을 구성하는 암석 중 우라늄의 평균 함유량은 2ppm 수준으로 매우 낮으며 비교적 상대적으로 많이 함유하고 있는 화강암의 경우에도 4ppm 수준이다. 이들이 경제적인 채광 대상이 되기 위해서는 자연 상태의 평균 함유량보다는 적어도 400~2,500배의 농집이 일어나야 하는 어려운 광화작용을 거쳐 우라늄 광물을 만드는 과정이 자연계에서 일어나야 한다. 우라늄을 함유한 광물들의 종류는 여러 가지가 있다. 광물의 종류에 따라 함유되는 우라늄의 함량은 서로 다르다. 이들 핵종 원소로 만들어진 광물이라고 해서 특별한 것은 아니며, 자형으로 성장한 광물들은 다른 광물과 같은 아름다움을 가지고 있기도 하다. 우라늄 광물로부터 분리 정제된 1g의 ^{235}U는 13.7 바렐의 석유를 연소시킬 때 발생되는 열에너지를 발생시킨다. 이렇게 강력한 에너지원을 과학기술은 놓치지 않았다. 핵종 원소의 이러한 붕괴 과정에서 만들어지는 열에너지를 이용하여 증기를 만들고, 이 증기를 이용하여 발전에 사용한다. 원자력을 이용하는 발전소의 규모는 다른 화력발전에 비교해서 매우 큰 규모를 가지고 있다. 그러나 이들은 지구의 다른 형태의 광물자원을 이용하는 것이므로 자원의 유한성은 여기서도 제기된다.

원자력발전이 주변 환경에 미치는 방사능의 영향은 비록 미미하다고 할지라도 반핵문제와 연결되어 많은 진통을 겪고 있다. 실제로 사고가 발생되면 그 영향은 매우 심각하기 때문에 그러한 우려는 사회적인 반향을 불러일으킨다. 방사능 오염이 일어날 가능성은 매우 희박하지만 한번 발생되면 재해의 규모와 피해는 크게 나타난다. 국제방사선보호위원회(ICRP)는 "방사선의 경우 건강에 아무런 영향을 주지 않는 하한선은 없다"라고 이의 위험성을 경고하고 있다. 그런 어려움이 있음에도 불구하고 핵에너지가 지구 기온 상승 문제를 해결할 수 있다는 이유를 내세워 핵발전의 능력을 증강하자고 주장하는 학자들과 정치가들도 있다. 핵발전을 옹호하는 입장에서는 기술상으로 완벽한 안전성을 확보하고 있다고 주장을 한다. 그러나 문제는 지구 온난화의 주범으로 몰리고 있는 전체 지구 탄소 방출량의 5%만 줄이는데도 전 세계 원자

자연계에서 산출되는 여러 가지 우라늄을 함유한 광물들.
a. 자이레산 메타토버나이트, b. 자이레산 큐프로스클로도우스카이트, c. 체코산 우라니나이트(검은색) d. 미국산 오튜나이트.

력 발전에 의한 전기 생산을 2배 이상 확대해야 된다는 점이다.

화석연료를 대체할 수 있는 미래의 에너지원으로 생체에너지(biomass energy)가 있다. 이는 지표에서 자라고 있는 식물체를 이용하는 것이다. 우리 인류의 선조가 최초로 사용한 후 수천 년간 이용한 에너지 자원이기도 하다. 이 에너지를 대체한 것은 석탄이었으나 앞으로는 이를 대체하는 수단으로 생체에너지 자원이 다시 이용될 가능성이 있다. 전통적인 생체에너지는 아직도 많은 지역에서 많은 사람들에 의해 사용되고 있으며, 통계자료는 전체 에너지 사용량의 약 14%에 이른다. 그러나 개발도상국만을 고려하면 이 비율은 약 30% 대로 올라간다. 가난한 나라로 갈 수록 아직도 이 자원에 대한 의존도는 높다. 그러나 단순히 마을 주위에 있는 나무나 꺾어 화덕의 불쏘시개로 사용하는 것과는 다른 차원의 에너지 사용도 있다. 브라질의 사탕수수 경작지에서는 설탕을 추출하는 공정에 필요한 연료를 사탕수수 정제에서 나오는 농작물 쓰레기를 사용한다. 이것을 발전시켜 사탕수수로부터 에탄올을 추출하여 알콜연료를 자동차용 연료로 대대적으로 공급하고 있다. 1988년도 브라질에서 알콜연료는 전체 자동차 연료의 62%를 공급하였다고 한다. 미국도 알콜 연료를 옥수수로부터 생산을 하고 있다. 미국의 경우에는 이의 추출 과정에서 화석연료를 사용하고 있으므로 브라질보다는 에너지 단위로 계산하면 국제적인 문제로 등장한 탄소 방출량의 감소 측면에서는 훨씬 비효율적이나 그래도 화석연료를 사용하는 것보다는 약 63%를 감소시킨 효과가 있다고 한다.[7), 8)] 그렇다고 해서 삼림을 이런 농작물의 경작지로 전환시키는 것은 올바른 선택은 아니다. 경작이 어려운 한계농지를 이용하여 생체에너지를 확보하는 것이 현명한 선택이 된다. 이러한 생체에너지 외에도 우리나라도 한때 농촌 지역에서 권장을 했던 동물 배설물로부터 나오는 메탄(CH_4) 가스의 활용이 있다. 이런 에너지의 활용 방안은 폐기물의 감소에도 기여를 한다. 한 때 우리나라 정부는 이 연료를 사용하는 농촌지방의 부엌 풍경을 대한뉴스를 통하여 자랑스럽게 홍보하던 시절도 있었다.

서울에서 행주산성 쪽으로 한강변에 난 길을 차를 타고 성산대교를 지나가

다 보면 왼쪽은 한강이 흐르고, 오른쪽은 가파르게 경사진 언덕이 나타난다. 그 언덕은 이제 제법 나무가 무성하게 자라나 있어 여름철이면 그저 자연스러운 잘 단장된 사면으로 보인다. 그러나 그 언덕은 수색천이 한강으로 흘러드는 길목에 있는 난지도라는 섬을 통째로 묻어버리며 공룡처럼 덩치를 불려간 서울시의 과거 쓰레기 매립장이다. 그 언덕은 중간쯤 계곡으로 파여져 두 개의 큰 구릉으로 나뉘어져 있다. 한 쪽은 "하늘공원"이라는 그럴듯한 이름이 붙여져 있고 다른 한 쪽은 골프장을 만들었다. 하늘공원을 올라가려면 제법 가파른 계단을 통과해야만 한다. 그곳은 군데군데 억새를 심어 놓아 늦가을에 이곳을 찾는 시민들은 제법 한가로움 같은 것을 느낄 수 있다. 억새풀 사이로 낸 산책로를 거닐다 보면 작은 굴뚝같은 것이 삐죽이 억새풀 사이로 올라와 있는 모습을 볼 수 있다. 보통 사람들은 별로 주의를 기울이지 않고 그 굴뚝을 지나가지만 그게 바로 하늘공원의 바닥에 쌓여 있는 쓰레기들로부터 만들어져 쓰레기 더미 사이를 지나 올라오는 메탄가스를 배출하는 구멍이다. 쓰레기 매립장으로부터 발생되는 메탄가스를 모아 정제하여 인근 지역에서는 실제로 이를 이용하고 있기도 한다. 이렇게 사용되는 양은 전체 에너지 소비량에 비교해 적은 양이지만, 사용하기에 따라서는 효과적인 연료이다. 메탄의 온실효과가 이산화탄소보다 25배나 더 크다는 사실을 안다면 이의 활용은 환경적으로 매우 유익한 수단이라는 것을 알 수 있다. 이러한 자원이야 말로 완전히 쓸모없는 것을 이용 가능한 자원으로 전환시킨 한 가지 예이다.

원자력발전에서 에너지원으로 사용되는 우라늄 역시 화석연료와 같은 자원의 유한성을 뛰어넘을 수는 없다. 그렇다면 화석연료 자원을 대체할 수 있는 자원은 지구의 지질 과정으로 통하여 무한정(?) 공급되는 에너지원에 의존하는 방법이 현존하는 최상의 모델로 여겨진다. 그렇다고 현존하는 에너지 의존 체계를 한번에 바꿀 수 있는 것도 아니다. 화석연료 중 석탄은 석유에 비하여 더 장기간 인류가 미래에 사용할 수 있는 자원으로 보고 있다. 석탄을 사용하면서 발생되는 문제를 최소화하기 위한 다른 가능성 한 가지는 연소 과정이나 또는 연소 이전에 산성비의 원인이 되는 황을 제거하는 기술을 개발하는 것이다. 그 방법으로는 석탄 속에 들어있는 황을 부분적으로 제거시켜 이산화황의 양을 감소시킬 수 있을지언정 탄소의 량은 조절할 수 없는 방법이다. 다른 방법으로는 석탄을 기체나 액체로 변환시켜 사용하는 방법이다. 그러나 경제적인 이유로 현재는 그 활용가능성이 낮은 실정이다. 그렇다면 현재 사용하고 에너지의 효율성을 극대화하고 에너지의 사용의 다변화를 꾀하고 화석연료를 대체할 수 있는 자연적인 과정에 의하여 생산되는 지열, 풍력, 태양열 및 생체에너지 사용의 비율을 높여 가는데 더 큰 비중을 두는 정책 전환이 필요한 시점이 바로 우리가 처한 상황으로 여겨진다. 미래의 어느 시점에서는 화석연료가 필요 없는 사회에서 다른 대체에너지원으로만 살아가는 인류의 모습이 그려진다.

뉴질랜드에 도착한 마오리족의 장로인 트루아는 뉴질랜드 이곳저곳에서 보이는 온천을 보고 다음과 같이 말하였다고 한다.[2)] 이 말은 자연이 우리게 베푼 무한정한 것처럼 보이는 에너지 자원에 대한 현대인들의 자세를 얘기한 것처럼 느껴진다.

우리 민족은 이것을 우리 유산의 일부로 생각한다. 나의 증조할머니와 할아버지 그리고 할아버지와 할머니는 그 전설에 대하여 항상 말씀 하시기를 "이것들은 우리에게 내리신 신의 선물이며, 그것은 선물이므로 선물은 이용될 수는 있으나, 훼손되어서는 안된다"고 하셨다.

도시와 촌락의 색깔을 만드는 것은?

여행을 하다 보면 어떤 특정한 도시는 특정한 색을 갖는 듯한 인상을 받을 때가 있다. 인상만 그런 것이 아니라 오래된 어떤 도시는 특정한 색을 가지고 있는 수가 많다.

대부분의 건축물들은 그 지역에서 산출되는 건축재를 사용하는 경우가 많았기 때문이다. 오늘날 새롭게 만들어지는 대규모 도시는 어쩌면 특색이 없는데 이는 대부분의 건축 재료가 모든 나라에서 같은 공정에 의하여 생산되는 철강이나 시멘트를 주로 사용하는 데에도 원인이 있다. 그러나 일반 주택의 경우에는 나라마다 독특한 건축양식이 있게 마련이다. 우리 주변 국가만을 보아도 한국의 건축 양식이 일본과 중국의 것과 다를 뿐만 아니라 사용되는 재질에도 그 차이가 있어 저마다 독특한 개성을 가지고 있다. 그러나 도시가 풍기는 색은 분명 건축양식의 차이에서 오는 것보다는 사용한 건축자재의 종류에서 더 큰 영향을 받게 마련이다. 현대에 와서는 그런 추세가 적어지는 경향이 있지만 과거의 건축물들에서 풍기는 그런 느낌은 아직도 지워버릴 수 없다. 오랜 역사를 가진 도시에서 특히 벽돌을 이용한 건축물 흔히 그런 주택들이 밀집된 시가지에서는 도시를 어떤 종류의 색으로 연상시키는 현상이 더욱 두드러진다.

이러한 예는 유럽의 오래된 도시에서 현저하게 나타난다. 우리 주위에서 영국 런던을 처음 방문하는 사람들은 이구동성으로 도시의 분위기가 어둡고, 조금은 침울한 인상을 받는다고 자주 이야기한다. 필자가 런던을 방문했을 때 처음 받은 느낌 역시 그러하였다. 그러나 몇 년간 그곳에서 생활을 하다 보니 그런 인상은 자연스럽고 푸근한 느낌을 주는 도시의 색이라는 느낌으로 바뀌었다. 대규모 공공건물들은 외관이 석재로 되어 있어 그런 느낌이 들지 않지만 대부분의 일반 주택들은 벽돌을 사용하고 있는데, 빅토리아시대나 조지아

왼쪽 그림 : 초기 빅토리아 시대의 암회색 벽돌로 지어진 남부 런던에 있는 연립주택. 오른쪽 그림 : 조지아 시대의 암회색 벽돌로 지어진 북부 런던의 연립주택. 이런 양식의 주택은 서민용 주택으로 영국 어디에서나 흔히 볼 수 있는 형태이다.

시대의 건물들이 모두 어두운 색의 벽돌로 지어진 집이 많기 때문에 그런 인상을 받게 된다. 거기에다 우기에 그 곳을 방문한 사람은 날씨 덕분에 더욱 강렬하게 그런 인상을 받는다. 그럴 수밖에 없는 이유는 런던 지역의 점토를 이용하여 만들어진 전통적인 벽돌은 점토를 구성하고 있는 광물 조성상 의례히 그런 어두운 색을 가지기 때문이다. 당시로서는 원거리 운반이 오늘날처럼 수월하지가 못하였기 때문에 주변지역에서 산출된 점토로 만든 벽돌을 사용하던 시대였다. 런던이 조지아시대나 빅토리아시대에 벽돌로 지어진 데는 그만한 사연을 가지고 있다.

1666년 9월 2일 새벽 런던브리지 근처의 푸딩레인에 있는 빵집에서 화재가 발생하였다. 당시의 런던은 오늘날 시티라고 부르는 성곽 안에 목조주택이 밀집한 그곳을 말한다. 지붕을 잇는 밀짚은 방수를 위하여 피치가 칠해져 있어 거의 불쏘시개나 다름이 없었다. 그 불은 불어오는 바람을 타고 걷잡을 수 없이 번져나가 9월 7일까지 계속되어 런던의 4/5를 태웠다. 불에 탄 가옥의 수는 13,200호에 이르렀다. 그러나 놀랍게도 불에 타 죽은 사람은 단지 6명이었다. 그런 피해는 화재가 나기 1 년 전인 1665년 런던에서 발생한 흑사병으로 전체 시민 93,000여 명 중 17,440명이 죽은 것이 비교하면 거의 기적이나 다

1666년 9월 2일 새벽에 일어난 불이 5일간 계속되어 런던의 거의 대부분이 소실된 런던 대화재를 작가 미상의 화가가 그린 작품. 그림의 왼쪽 끝부분에 런던브리지가, 오른쪽 끝부분에 런던타워(Tower of London)가 보인다. 런던타워는 가까스로 화마를 피했다.

름없었다.[1] 그러나 런던대화재는 현재의 런던으로 자리 잡는 계기가 되었으며, 새롭게 짓는 주택과 공공건물은 벽돌이나 석재를 사용하도록 하였다. 대화재로 목조건물들이 소실된 후 새로운 건물들 대부분이 벽돌로 재건되면서 런던의 인상이 더욱 그렇게 된 것이다. 이런 예는 주변 지역에 분포하는 벽돌을 만들 수 있는 점토의 질이, 다른 말로 하면 그 지역 지질이 도시의 색에 영향을 준 하나의 전형적인 예가 될 것이다.

그 지역의 지질이 도시의 색깔에 미치는 영향은 새롭게 발달되는 근대 도시에서는 더 이상 기대하기가 어려워졌다. 이제는 주택을 건설할 때 사용되는 건축재로서 벽돌이 가장 우세한 시대가 아니기도 하려니와, 대규모의 자동화된 공장에서는 주변의 토양과는 관계없이 다양한 색을 갖는 다양한 질의 벽돌 생산이 가능할 뿐만 아니라 물류의 이동이 용이해져 다른 지역의 벽돌 제품이라 해도 생산 지역과 멀리 떨어진 지역에서도 대량생산되는 제품의 구입이 가능해졌기 때문이다. 그래서 그런 느낌은 오랜 역사를 가진 큰 도시의 구 시가지에서나 맛볼 수 있는 묘미가 되었다.

영국에는 주변 지질이 도시의 색을 결정한 특별한 한 도시가 있다. 그 도시는 영국 북부의 스코트랜드에 있는 애버딘이라는 도시이다. 이 도시의 건물 거의 대부분이 화강암으로 건축되어 있어서 이 도시는 예부터 화강암 시(Granite City)라는 애칭으로 잘 알려진 도시이다. 애버딘은 최근 북해에서 유전이 발견되면서 석유산업의 중심 도시로 변화된 곳이기도 하다. 이 도시가 화강암 시가 된 것은 도시에 인접해 있는 화강암 채석장 덕분이다. 우리나라에도 화강암은 곳곳에 분포되어 있지만 개발 가능한 석산을 찾기란 그리 쉬운 일이 아니다. 겉보기에는 그럴싸해 보이지만 정작 채석을 해보면 절리와 열극

(일종의 깨짐)이 발달해 있어 깨짐이 없는 일정한 크기를 갖는 석재로 채취하기가 어렵기 때문이다. 이러한 깨짐은 지각의 변동이나 압력의 변화 등 여러 가지 요인들에 의하여 발생되는 자연적인 현상인 것이다. 그러나 애버딘은 담색의 화강암 석재를 생산하는 채석장들이 바로 근처에 있었으며, 그 채석장들만으로 애버딘시의 건축물에 필요한 석재를 공급하기에 충분한 생산 능력을 가지고 있었다. 애버딘 근처의 루비스로 채석장은 한때 유럽에서 인간이 만든 가장 큰 구덩이로 불리었을 만큼 엄청난 양을 채석하고 난 후 1972년에 문을 닫았다. 이 도시는 다른 이름으로 실버시티(silver city)라고도 부르는데 이는 담회색의 화강암이 주는 이미지로부터 기인된 것이다. 그 정도로 시는 온통 화강암으로 뒤덮여 있다.

라돈가스가 폐암의 원인이 된다는 사실이 알려지면서 이 화강암 시가 한번 홍역을 치른 적이 있다. 라돈 가스(일반적으로 ^{222}Rn를 지칭)는 자연계에서 방출되는 일종의 방사성 물질의 분해 산물이다. 자연계 어디에서나 방출되는 것이지만 특히 방사성 물질을 함유한 지층이나 특히 화강암류에서 그 방출량이 많다. 우리나라는 우라늄을 소량 함유하고 있는 옥천계의 흑색 셰일들과

애버딘시의 모습과 화강암으로 지어진 단일 건물로는 세계에서 두 번째로 큰 건물인 마리샬칼리지(오른쪽 윗 그림). 시가지의 거의 모든 건물이 화강암 석재를 사용하였다. 온통 회색빛으로 가득 차 있다(사진 제공 : 애버딘시).

화강암 분포 지역에서 라돈의 방출량이 높고, 화강암 석재로 건축된 건물이나 혹은 콘크리트 건물의 밀폐된 지하 공간 등에서 분포량이 높다. 미국환경보호국(EPA)은 공기 1ℓ당 4 피코큐리(pCi/L)의 라돈에 노출되면 위험하다고 경고하고 있다. 우리나라에서도 공기 중 라돈의 양이 4 pCi/L를 넘게 되면 조치를 취하도록 되어 있다. 하여튼 라돈의 위해성이 알려지자 애버딘은 한 번 소란을 겪게 되었다. 화강암에서의 방출량이 많다고 해도 대부분의 건물에서의 라돈 가스의 방출량은 기준치를 밑도는 것이었으며, 라돈 가스의 방출량이 기준치 이상이라고 해도 환기만 잘 시키면 곧 해결되는 문제이므로 그리 심각한 문제를 일으키지는 않는다. 그러나 그런 소식은 애버딘 주민에게도 라돈 가스에 대한 경각심은 일 깨워준 계기가 되었다. 우리라고 예외는 아니며, 밀폐된 석조건물의 지하 공간은 특히 라돈 가스에 노출될 위험이 있으므로 배기와 환기에 신경을 써야 한다.

이야기를 다시 화강암으로 돌려보자. 애버딘은 화강암 때문에 실버시티가 되었다. 말이 좋아 실버시티이지 사실은 잿빛이라고 표현하는 것이 올바를 것이다. 이 돌의 색은 영국의 습기 찬 날씨와 어울리는 것처럼 보일 때도 있다. 그러나 화강암은 온통 회색으로만 되어 있는 것은 아니다. 이집트의 룩소를 방문하는 사람들은 분홍 장미 빛 암석으로 된 조각상들을 볼 수 있다. 어떤 오벨리스크 역시 바로 이 장미 빛 돌로 만들어져 있다. 실제로 이 암석은 화강암의 사촌격인 섬장암으로 흔히 홍색 화강암으로 불린다. 이 홍색 화강암은 이집트의 왕조에서만 조각상으로 사용된 것은 아니었으며, 그 색깔이 아름다워 건축 외장재 혹은 내장재로 세계에 수출되기도 하였다. 그러나 최근에는 암석을 염색시키는 기술이 발전되어 우리나라도 수입해서 그 돌로 치장하는 것은 많이 줄어들었다. 우리나라의 시내 중심가의 몇몇 건물의 외장재로 사용된 석재도 바로 이 돌이다. 만약 이 홍색 화강암 석재로 온통 한 마을을 치장하였다면 아마도 이름 붙이기를 좋아하는 영국인들은 분명 로즈시티(rose city)라고 불렀을 것 같다. 룩소르의 화강암 석재를 이용한 조각상들은 이태리나 그리스의 대리석을 사용하여 만든 조각상만큼이나 부드럽게 처리되어 있다. 마치 대리석보다도 더 부드러운 무엇을 반듯하게 밀어 놓은 것처럼 보인다. 사실 다루기 쉬운 정도로 말하면 대리석이 훨씬 용이하다. 흔히 광물의 굳기를 나타내는 모스의 경도로 보아도 대리석을 만드는 광물인 방해석($CaCO_3$)은 굳기가 3인데 비하여, 화강암의 주구성광물인 장석과 석영의 6과 7로 거의 몇 배 이상이나 단단하다. 나는 가끔 만약에 그리스나 로마에 대리석이 산출되지 않았어도 그렇게 훌륭한 조각 작품을 남길 수 있었을까 하는 실없는 생각을 해 보기도 한다. 그런 실없는 질문에 확실한 해답을 해 준 곳이 바로 이집트의 룩소르이고, 캄보디아의 앙코르와트이며, 그리고 인도의 엘로라 석굴이다. 예술가의 창의와 재능이 중요하지 석재가 우선이 아니란 점을 여러 곳에서 알려준다. 물론 시간에 버텨내는 힘도 화강암이 대리석보다는 뛰어나다. 그래서 그런지는 몰라도 화강암 석재로 화장을 한 건물을 보면 안정감이 있어 보일 뿐만 아니라 어떤 권위가 흘러나오는 듯하다. 그래서 그런지 중요한 건물, 특히 공공건물의 경우 화강암으로 치장한 경우가 여기 저기 눈에 띤다. 우리나라도 예외는 아니다. 국회의사당이 그러하고, 광화문의 종합청사가 화강암이다. 돈줄을 쥐고 있는 한국은행의 본관이 역시 화강암이다. 화강암은 실버시티에서뿐만 아니라 우리나라 서울에서도 그렇게 사용되고 있다. 그러나 그런 몇 개의 건물이 도시의 빛을 결정하지는 못한다.

인도 북서부의 라자스탄주 주도인 자이푸르에 있는 하와마할. 바람의 궁전으로 알려져 있는 이 지역에서 산출되는 핑크빛 사암으로 외벽이 만들어진 건물..

도시 전체가 핑크빛으로 되어 있어 핑크시티란 별칭을 가지고 있는 도시가 있다. 이 도시는 인도 북서부에 위치하는 라자스탄주의 주도인 자이푸르이다. 이 도시는 무굴제국이 망해 갈 무렵 힌두교 군주인 자이싱 II세가 계획도시로 1717년에 조성한 성곽도시이다. 이 도시에는 시티팰리스라는 궁전이 있는데 이에 연결되어 있는 1799년에 건설된 하와마할(Hawa Mahal)이 이 도시를 대표하는 건물이 되었다. 이 건물은 이 지역에서 산출되는 분홍 내지는 적색 사암으로 건축된 것으로 건물의 색이 핑크빛이다. 이음새 부분은 흰색의 석회로 정교하게 칠해져 외관을 더욱 뚜렷하게 만들어 주고 있다. 이 건물은 궁전에 거주하고 있는 자녀나 또는 후궁을 비롯한 다른 여인들이 시가지에서 벌어지는 행사를 참관하기 위하여 수많은 작은 방으로 만들어진 5층 짜리로 그 두께가 매우 얇다. 그래 그런지 바람이 불 때마다 아름다운 소리를 낸다고 하여 이 건물을 "바람의 궁전"이라고도 부른다. 어떤 사람들은 실제로 보는 것보다 사진으로 보는 것이 더 아름답다고도 하는데 인도의 다른 곳도 그러하듯 덥고 번잡한 가로에서 건물을 감상하는 한가한 여유를 갖기 어려운 탓일 것이다.

원래 이 도시 전체의 건물들이 핑크빛 사암으로 만들어진 것은 아니었다. 1876년 이 도시는 후일 영국의 에드워드 VII세로 등극한 당시 웨일스 왕자가 방문하게 되었다. 당시 이 지역을 통치하던 이가 귀한 손님을 맞이하기 위하

멕시코 한 섬마을의 통일된 지붕의 타일색이 이 마을의 이미지를 결정한다(왼쪽 그림). 에게해에 위치한 산토리니 절벽 위의 흰색의 가옥들(오른쪽 그림).

여 자이푸르를 단장하기로 하였다. 이 때 주요 건물들이 핑크빛 사암으로 지어졌기 때문에 같은 색으로 통일하여 색을 칠했다고 한다. 일설에는 전 시가지를 칠할 수 있는 페인트가 이 색뿐이 없어 그 색으로 통일시켜 칠했다는 말도 전해진다. 그 후로는 강제 규정으로 이 색만을 사용하게 만들어 핑크시티가 되었다는 것이다. 어찌하였든 원인은 그 지역에서 구할 수 있던 핑크빛 사암이 주요한 건축물에 사용되었던 것이 시발점이 된 것이다. 최근에 지어진 미술공예박물관은 외양은 정방형의 현대적인 디자인으로 전문가가 아닌 내가 보기에도 훌륭한 건축물로서 사용한 석재는 역시 핑크빛 사암으로 자이푸르의 전통을 이어가고 있었다.

마을이나 도시의 색은 벽채로만 결정되는 것은 아니며 지붕에 의해서도 결정된다. 멕시코의 한 섬 지역(Island of Janitzio)의 바닷가에 접한 한적한 작은 마을은 온 마을의 집들이 같은 색의 타일로 지붕을 이어 바다의 푸른색과 절묘한 조화를 이루고 있다. 이 마을의 이러한 색의 조화는 멕시코 정부나 지방 관리들에 의해 계획적으로 이루어진 것은 아니며 그 지방에서 나는 흙으로 구운 타일이 갖는 고유한 색을 그대로 마을 사람들이 이용한 결과이다. 우리나라의 한옥마을이나 중국 운남성 려강(麗江)의 고성에 적어도 겉모습은 잘 보존된 6,000여 채의 전통가옥들의 흑회색 기와가 주는 인상도 이러한 범주에 해당된다. 지중해의 에게해 지방을 여행하다 보면 유난히 흰색을 칠한 집들이 아쿠어마린보다 더 투명한 바닷물의 색깔과 맑디 맑은 하늘과 이룬 절묘한 조화를 보게 된다. 이 지역에 옹기종기 붙어 있는 섬들이란 거의 대부분이 아프리카판이 유라시아판과 부딪치면서 만들어진 화산 활동의 결과로 만들어진 화산도이다. 원래 이 색은 집을 지은 후 근처에서 쉽게 구할 수 있는 순백색의 화산재를 발라서 낸 색이었다. 오늘날에는 그런 전통이 페인트로 이어졌으나 이러한 전통의 시발점은 그 지역의 지질로부터 기인된 것이었다.

그런 색채의 향연은 산업국가의 도시나 마을에서만 나타나는 것은 아니다. 오히려 자연과 어우러지는 절묘한 색의 조화는 시대가 오래되었거나 아직도 문명의 혜택을 받지 못하는 오지에서 더욱 뚜렷하게 나타난다. 그럴 수밖에 없는 이유는 그들이 사용하는 재료라는 것이 거의 모두 주위에서 손쉽게 구할 수 있는 것들만을 이용한 결과이다. 당연한 결과로 주변의 지질이 주거의 색채에 미치는 영향은 더욱 확실하게 나타난다. 지금도 세계 곳곳에서는 그러한 흔적을 쉽게 찾아볼 수 있다. 사진의 왼쪽은 이란 남부 고원지대에 남겨져 있는 중세에 건설된 흙으로 만들어진 요새이다. 더위를 피하기 위하여 두터운 벽으로 만들어진 것을 볼 수 있는데 이 흙은 바로 주위에 널려 있는 토양을 이용하였음은 말할 필요도 없다.

이러한 예는 황량한 아프가니스탄의 사막 오아시스 주변에 건설되어진 촌락도 예외는 아니다. 사막의 오아시스라고는 하지만 그 지역 토양은 사막의 모래나 그리 다를 바 없는 것들이다. 집을 짓는데 사용할 물질이라고는 그것밖에 없는 곳이니 다른 색이 나올 리가 없는 곳이다. 색으로만 보면 그렇게 만들어진 마을은 주변 경관에 자연스럽게 녹아 들어가 있다. 이런 풍경은 아프리카의 곳곳에서 찾아볼 수 있다. 비단 이러한 풍경은 아프리카에서만 볼

주변지역 흙으로만 만들어진 2000년이 경과된 이란의 요새와 마을. 2003년 12월 26일에 일어난 지진으로 이 아름다운 흙의 도시는 70%가 파손되었다.

수 있는 것은 아니며 문명의 혜택을 받지 못하는 곳이면 의례히 볼 수 있는 경관이기도 하다. 케냐와 탄자니아 국경지역에 사는 마사이족의 마을 역시 그러한 경우이다. 야생동물로부터 가축과 자신들을 보호하기 위하여 원형으로 움막을 만들어 놓은 것으로 이것은 비교적 큰 부족의 마을이다. 움막은 나무 가지 등으로 골격을 만든 후 그 위에 동물의 배설물과 흙을 물과 반죽을 하여 씌워 놓은 것이다. 이처럼 손쉽게 구한 재료로 만들어 놓은 촌락은 그 지역의 바탕색과는 자연스러운 조화를 이루는 것은 설명할 필요도 없다. 바탕색을 내는 그 흙을 사용했기 때문이다. 물론 이런 주택은 라돈가스에 노출될 염려는 없을 것이다.

최근 우리는 웰빙시대에 살고 있다. 자연친화적인 것이 선호되는 세상이다. 최근 유행하고 있는 찜질방에서는 황토방이 유행을 하고, 집을 통째로 황토로 장식하는 이들도 있다. 어느 사람은 방바닥을 씨멘트 대신 황토로 시공을 하기도 하며, 아예 침대를 황토 재질로 만든 것을 비싼 가격으로 구입하여 사용하기도 한다. 그것이 주는 의학적인 효과는 과학적으로 검증되지 않았음에도 불구하고 적외선 방출이 많아 효과적이라고 선전을 한다. 아마도 마사이족 마을에 가면 돈을 내고 황토방에 가야 할 그런 걱정을 하지 않아도 될 것이다.

문명국가의 도시이든 미개발국가 오지의 촌락이든지 간에 그 도시와 촌락의 색깔을 정하는 것은 우리가 얻을 수 있는 건축 재료에 의하여 결정된다는 몇 가지 예를 위에서 제시하였다. 결국 이 또한 우리 주변의 지역 지질에 영향을 받는 것이다. 그 지역이 어떤 암석과 토양으로 구성되어 있는지에 따라 우리가 인식하지 못하는 사이에 건축물에까지도 영향을 끼쳤으며, 그 색은 우리의 삶속에 자연스럽게 동화되어 있다.

도시가 주는 전체적인 인상도 중요하지만 특정한 건물이 주는 상징성 또한 무시할 수 없다. 그 도시에서 중요한 기능을 하는 건물이나 상징성을 띤 건축물들이 주는 인상은 매우 강렬하여 마치 그 건물이 주는 색과 이미지가 그 도시를 나타내는 것 이상의 의미를 갖는 상징물처럼 되는 경우도 있다. 현대에 들어서는 도시 건축물들의 대부분이 철강과 유리로 겉치장을 하여 도시의 인상을 그러한 건축물들의 디자인에 의한 감각적인 요인들이 결정을 하는데 반하여, 오랜 역사를 가진 도시의 역사적인 건물들은 예외 없이 석조 건축물로 되어 있어 그들이 주는 인상은 더욱 선명하게 각인되어진다.

그리스의 아테네 하면 누구든지 아크로폴리스 언덕위에 지붕은 허물어진 채 기둥만 앙상하게 남은 파르테논 신전을 연상한다. 아마도 아테네를 들르는 관광객들은 대부분 이 아크로폴리스 언덕을 올라가기 위해 온다고 해도 지나치지 않을 것이다. 그리스의 푸른 하늘과 에게해의 푸른 바닷물과 대조되는 흰색의 대리석 기둥은 강렬한 기억으로 남기에 족하다. 이 신전은 B.C. 447년에 시작하여 B.C. 438에 완공한 건물로 아테네의 수호신이자 전쟁과 지혜의 여신인 아테나를 모시기 위해 지어진 신전이다. 비록 건물의 크기는 31×70m의 결코 장대하다고 할 수 있는 것은 아니지만 아테네를 압도하는 듯 서 있는 그리스의 정신으로 상징되는 건물이다.[4] 일찍이 바이런은 이를 보고

그리스 아테네의 아크로풀리스의 파르테논 신전. 아테네하면 생각나는 건물이다.

오! 파르테논이여
세계의 자랑이여
너의 발밑에 바다의 신 포세이돈의 나라는
굴에 갇힌 사자처럼 누워 있다.

라고 칭송을 하였다. 그런 칭송을 받을 만하다. 하나의 길이가 10.433m인 기둥 46개가 만든 도리스식 신전의 극치이다. 지금은 베네치아 군대가 쏜 포격으로 파손이 되었지만 남은 기둥이 보여주는 아름다움만으로도 세계인의 사랑을 받고 있다. 그렇지는 않겠지만 차라리 지붕이 없었기에 더 큰 감동을 주는 건물이 된 것은 아닌지 모르겠다. 프리

즈에 남긴 피디아스가 남긴 세기적인 조각들은 세계 각지로 흩어져 있다. 그것을 제일 많이 가져간 이가 바로 당시 오토만제국에서 영국대사로 일하던 영국의 엘진 경(본명은 Thomas Bruce, 1766~1841)이다. 그가 파르테논에서 떼어낸 피디아스의 조각들은 1806년 영국으로 보내졌으며, 그 조각품들이 바로 대영박물관이 자랑거리로 내놓고 있는 "엘진 마블"이다. 그리스에 이런 대리석이 나오지 않았다고 해도 이처럼 아름다운 신전이 지어졌을지는 아무도 생각도 하지 않는다. 바로 그 곳에 그 돌이 있었기 때문에 가능했던 것이다. 그리스하면 백색의 대리석을 연상하는 것은 아마도 아크로폴리스 언덕위에 남겨진 파르테논 신전이 남긴 강렬한 인상 때문일 것이다.

이와는 달리 아예 마을을 자연이 준 지층을 이용하여 만들어진 곳이 있다. 이러한 유형의 거주 공간은 세계에 곳곳에서 발견되지만 이들 중 가장 잘 알려진 것은 아마도 터키의 아나톨리아의 카파도키아에 있는 마을일 것이다. 이

터키 아나톨리아 카파도키아 지역의 우치사르에 있는 응회암지층을 파내어 만들어진 마을. 첨탑이 있는 회교사원도 건축되었으며, 주거 공간의 입구에 덧부쳐진 것들은 후대의 축조물이다. 현재는 안전상의 이유로 거주를 허용하고 있지 않다.

마을의 색은 바로 그곳에 분포되어 있는 회색 응회암의 색임은 말할 필요도 없다. 이곳의 이런 주거 형태는 고대 히타이트 왕국으로 거슬러 올라간다. 이 응회암이란 암석은 굳기가 물러서 파내기가 용이하여 그 지층을 따라 지하로 주거 공간이 만들어졌다. 간단한 도구로도 파낼 정도로 부드러운 돌이나 일단 이 돌들은 공기 중에 노출되면 단단하게 굳어져 파낸 공간이 안전하게 유지하는데 충분한 강도를 유지할 수 있었다. 시대에 따라 사원이나 교회가 암석 속에 만들어지기도 하였으며, 6~7세기경에는 페르시아의 침공시 박해를 피하기 위하여 지하 공간에 도시를 건설하기도 하였다. 이러한 거주 공간과 더불어 이 지역을 유명하게 만든 또 다른 것이 있다. 이 지역에 분포되어 있는 응회암과 현무암들의 차별 침식의 결과 부드러운 응회암 위를 덮고 있는 단단한 현무암 내지는 용결응회암들이 침식을 막아 굴뚝과 같은 형상으로 남아 있는데, 이들을 "요정의 굴뚝"으로 부른다. 이러한 삶의 흔적과 자연의 산물은 이 지역을 터키의 관광 중심으로 만드는데 귀중한 자원이 되고 있다.[5] 자연에 순응하며 때로는 자연을 극복한 인간의 지혜는 시대를 초월하여 세계의 이곳저곳에서 여러 가지로 발견된다.

지구의 나이는?

바로 한 세기 전만 해도 우리가 지구를 알고 있는 것은 지구에서 멀리 떨어진 다른 혹성들보다도 더 아는 것이 없었다.

사실 지구는 인류에게 고대부터 이해하기 어려운 신비의 대상이었으므로 오래전부터 시도된 노력에 비하여 얻은 성과는 더디기만 하였다. 고대인들이 생각하던 지구로부터 우리가 알고 있는 지구로의 변천 과정을 살펴보는 것은 사실 확인 이상의 의미를 가지고 있다.

고대인들은 지구에서 일어나는 자연 현상과 지구의 성인을 신과 결부하여 생각하였다. 기원전 2,500년경의 이집트의 피라밋 텍스트에 의하면 천지창조의 시초에 물이 있었는데, 그 곳에서 창조신 아툼이 탄생하여 대기와, 하늘과 땅을 만들었다고 했다. 그러나 만든 시기는 언급되지 않은 것을 보면 상상력은 거기에는 미치지 못하였나 보다. 기원전 1,300년경의 인도의 고대 문헌인 베다에 의하면 우주의 시원(始原)은 물과 같은 허무에서 시작하였으며, 이 허무에서 만능의 신 푸루샤가 나타나 하늘과 땅과 대기를 만들었다고 기록하였다. 다른 고대의 기록 역시 신의 범주를 벗어나지 않는 것들이었다.

희랍의 이오니아학파(에게해 동부의 현재의 터키령인 이오니아 지방의 자연철학자들)의 탈레스(Thales, B.C. 624~546)와 아낙시만더(Anaximander, B.C. 610~545) 등과 같은 자연철학자들에 의하여 지구의 기원과 근원 물질의 성인을 신의 힘으로 돌리지 않고 자연적인 생성 과정으로 설명하려는 시도가 시작되면서 자연과학의 씨가 움트기 시작하였다. 탈레스는 만물의 근원 물질을 물로 생각하였으며, 아낙시만더는 근원물질을 대기로 보았다. 이처럼 자연을 구성하는 하나의 근본적인 물질을 구하는데 바탕을 두어 이러한 사고들을 일원론(一元論)이라고 한다. 하여튼 이들은 지구의 생성을 신의 창조로부터 자연적인 과정으로 달리 생각한 자연철학자들이다. 그들 중 어떤 이는 육지에 분포된 패류(貝類) 화석을 보고 그 지역이 한때 바다였을 것이라는 당시로서는 아주 혁신적인 해석을 하기도 하였다.

우리에게 피타고라스 정리로 누구나 다 알고 있는 거의 같은 시기의 다른 학파의 수장이었던 피타고라스(Pythagoras, B.C. 580~?)는 지구는 구형체의 모습을 하고 있다고 주장한 최초의 학자였다. 그 때까지는 원판이나 반원으로 지구의 형체를 이해하고 있던 시기였다. 메소포타미아 문명을 일으킨 바빌론인들의 생각 역시 지구는 반원상의 원판 위에 놓여 있는 것으로 생각하였었다. 피타고라스는 완전한 기하학적 형태는 구체이며, 지구는 완전한 기하학적 형태를 유지해야 되기 때문이라고 주장하면서, 그 증거로 월식 때 달 속에 투영된 지구의 일부가 원호로 나타나는 것을 증거로 제시하였다. 명석한 판단이었다. 그리고 모든 천체들은 지구를 중심으로 원운동을 하는 것으로 주장하였다. 그는 천동설의 최초의 제창자라고 할 수 있다. 이러한 지구중심설은 희랍철학의 두 거성 플라톤(Platon, B.C. 428~347)과 아리스토텔레스(Aristotle, B.C. 384~322)에 의하여 계승되었다. 플라톤은 물질의 본질과 실태를 구별하여 본질은 실태와는 관계없이 이성의 눈으로 보아야 파악될 수 있다는 근본적인 시각을 가지고 있었으며, 피타고라스의 이론을 받아들여 천동설을 주장하였다.

아리스토텔레스는 초기에 스승 플라톤의 영향을 받았으나, 시간이 지나가면서 독자적인 자연관을 확립하여 근대과학의 성립에 큰 영향을 미쳤다. 그는 플라톤과는 달리 물질의 본질과 실태를 구분하지 않고 이를 통합하여 실태가 없는 본질은 존재할 수 없고, 본질이 없는 실태 또한 있을 수 없으므로 자연의 탐구를 본질 해명의 불가결한 수단으로 보고 이를 중시하였다. 그는 우주는 유한적인 구상을 이루고 있으며 그 중심은 지구라는 스승의 지구를 보는 자연관에서 크게 벗어나지는 못하였다. 그러나 지구를 구성하는 광물과 암석의 생성은 물, 불, 공기 및 흙의 4원소와 열, 냉, 건, 습의 4가지 성질의 상호작용으로 생각하였다. 이렇게 계승된 천동설은 이집트 알렉산드리아에 살고 있던 천문학자 톨레미(Ptolemy, A.D.100?~178?)에 의하여 그의 저서 『알마게스트,

Almagest』에서 이론적인 체계를 확실하게 세워 코페르니쿠스(Nicolaus Copernicus, 1473~1543)에 의하여 지동설이 등장하는 르네상스 시기까지 유럽을 지배하는 이론이 되었다.

그리스의 자연관을 계승한 로마 시대에는 이렇다 할 과학적인 성과는 나타나지 않았다. 그러나 아랍의 철학자이자 의사인 아비센나(Avicena, 980~1037)의 의학서적 『무지의 치료』중에 엉뚱하게도 지질학적 관찰 결과를 삽입하였다. 그는 바다가 육지로 변할 수 있다는 그리스의 자연철학자들의 생각에 바탕을 두어 퇴적암의 성인을 해석하였다. 암석의 오랜 분해작용에 의하여 점토가 형성되는 것을 믿었고, 이들 오래된 퇴적암들은 이들 점토로 만들어졌음을 주장하여 오늘날 풍화작용의 원리를 바르게 이해하였을 뿐만 아니라 오래된 지층 위에 새로운 퇴적층이 쌓이는 자연 현상을 설명하였다. 사실은 이러한 이론은 후대에 니콜라스 스테노에 의하여 "지층 누중의 법칙"으로 확립된 지질학의 중요한 원리와 같은 생각이었다.

또 다른 지질학적 업적은 정식으로 표기하기에는 너무 긴 이름을 가진 알-비루니(Abu Rayhan Muhamad ibn Ahmond al-Biruni, 973~1048)의 것을 빼놓을 수 없다. 그가 인도를 다녀와서 남긴 『인도, *india*』란 저서는 실로 인도의 모든 것을 담은 그런 내용이었다. 그 중에서도 인도 북부의 산악지대인 캐쉬미르에서 간지스강을 따라 흘러내리면서 퇴적물의 입자가 점점 작아진다는 사실을 관찰 기록하였다. 이런 입도 분포의 차이는 하천에서 물이 흐르는 세기와 관계된다고 하였다. 다른 저서에서는 현재의 해수준면보다 훨씬 높은 지역에서 조개화석을 관찰하고 이는 오래전에 살았던 생물의 유해라고 보았으며, 그렇게 보존되기 위해서는 아주 오랜 시간이 지난 후일 것이라고 해석하였다. 유감스럽게도 그게 왜 올라와 있는지는 깊은 생각을 하지 못하였다. 이 시기에 아랍과 단절되었던 유럽에서는

아랍의 수학자, 천문학자이지 지질학자인 알 비루니.

4~6천 년으로 지구의 나이를 추정하던 시기였다. 알-비루니는 그가 모시던 군주를 따라 1022~1026년 사이에 한 짧은 여행에서 이런 사실을 관찰한 것은 그의 판단력이 매우 예리하였음을 보여주는 것이다.

그러한 아랍의 연구 결과들이 유럽에 알려질 기회가 거의 없었다. 중세 기독교가 지배하던 시절 지구의 나이는 불과 수천 년 전에 창조되었다고 믿었다. 지표에서 관찰되는 산이나 계곡과 같은 지형들은 어떤 격렬한 힘에 의하여 일시에 형성된 것으로 생각하였다. 또한 이러한 변화는 물론 암석의 생성조차도 물에 의해 만들어진다고 믿는 학자들이 주류를 이루고 있었다. 이러한 이론을 주장하는 대표적인 학자는 독일의 아브라함 베르너(Abraham Werner, 1749~1817) 교수였다. 그는 지구는 원래 지구를 덮고 있던 대양에 의하여 만들어졌다는 것이다. 지구상에 존재하는 암석은 물론 바다 속에서 만들어졌고, 여기저기 다른 모습의 지형들 역시 바닷물이 증발하거나 지구 내부로 빠져 들어가면서 들어난 것이라고 한 주장이 받아들여지던 시절이었다. 이런 주장을 하는 사람들을 수성론자(水成論者)라고 한다. 베르너는 허턴과는 동시대에 살았으나 나이는 허턴보다 스물세 살이나 아래였다. 나이가 아래라고 영향력이 적은 것은 아니었으며, 거의 모든 사람들이 베르너의 이론을 믿었다. 오늘날 되돌아보면 베르너의 그러한 이론은 황당무계한 것이었다. 수성론자들은 지구가 한순간 큰 힘에 의하여 변형되었다고 믿었는데 이러한 이론을 우리는 "대격변설"이라고 부른다.

척추를 가진 고생물학의 기초를 다진 불란서의 위대한 고생물학자 뀌비에(Georges Cuvier, 1769~1832)는 대격변설을 굳게 신봉하는 대표적인 학자였다. 그는 화석 연구를 하면서 지층에 따라 생물종이 현저하게 다르다는 사실을 관찰하였다. 그러나 그는 그러한 변화는 노아의 홍수와 같은 대규모 홍수가 반복하여 일어나 살고 있던 생물종이 절멸을 하고, 그 때마다 다른 지역에서 이동해 온 생물들에 의하여 그런 변화가 일어나는 것으로 생각하였다. 그러니 지구의 나이가 그렇게 오래될 필요가 없었다.

그러나 동시대 스코트랜드의 지질학자 허턴(James Hutton, 1726~1797)의

「지구에 관한 이론」이란 저서로 지층에 시간의 개념을 도입한 지질학의 시조 중의 하나로 존경 받는 제임스 허턴.

생각은 그와는 전혀 달랐다. 그는 스코트랜드의 부유한 가정의 출신으로 의학을 공부한 의사였다. 그러나 의사는 자기가 종사할 직업으로는 생각하지 않았다. 그는 당시 최고의 대학인 파리에서도 의학을 공부한 엘리트였다. 그는 자신이 관심을 가지고 있던 농장 일을 하면서 자신이 추구하는 연구를 수행하였다. 그 후 그는 석탄재로부터 염화암모늄을 제조하는 사업을 해서 경제적으로도 성공을 거둔다. 그의 경제적인 성공은 그가 관심을 가지고 있는 지질학 연구에 더욱 매달릴 수 있게 해 주었다. 그는 자신이 농장에 머물 때 신선한 암석은 대기와 빗물에 의하여 오랜 기간 동안 풍화작용을 받으면 서서히 분해되어, 이들은 바람과 물에 의하여 자갈, 모래 혹은 점토의 형태로 지형이 낮은 곳으로 이동되어 하천, 호수 그리고 바다의 바닥에 쌓이고, 이들은 다시 굳어져서 퇴적암을 형성하게 된다는 사실을 관찰하였다. 그렇게 만들어진 암석들은 이들이 새로운 땅으로 육지가 되려면 바다에서 반대로 솟아 올라와야 된다고 생각하였다.

그의 생각은 스코트랜드 북쪽 해안가에 있는 시커포인트를 관찰하면서 움직일 수 없는 사실로 받아들였다. 이처럼 대륙이 융기되는 것은 지구 내부에 존재하는 열원을 그 추진력의 실체라고 추정하였다. 따라서 육지의 지층에서 나오는 바다 생물들의 화석은 당시의 사람들이 믿고 있던 대홍수에 의해 만들어진 것이 아니라는 것이었다. 지구는 시작된 시기를 계산할 수 없을 정도로 오래되었다고 주장하였다.[1), 2)] 그러나 그는 지구의 나이를 계산하려는 시도를 하지는 않았다. 사실 이러한 주요 내용은 그가 1788년『지구에 관한 이론』이라는 저서를 발표하기 3년 전 1785년 3월 7일과 4월 4일 두 차례에 걸쳐 에딘버러 왕립학회에서 발표했었다. 이러한 일련의 설명은 실로 대담한 것이었으며, 시대를 초월할 수 있는 시인의 경지에 이른 과학자의 목소리였다.

그 시절은 종교가 과학을 지배하던 시기로 성서적 세계관에 감히 도전을 한 것이나 마찬가지이다. 왜냐하면 지층에 숨겨진 시간이 종교계가 생각하고 있던 4천여 년의 시간으로는 설명할 수 없다는 사실을 관찰하여 발표한 것이기 때문이다. 당시 발행된 성경 본문의 여백에는 성서에 기록된 사건들이 창조 이후 연대로 기록되어 있었으며 지구 창조의 날은 기원전 4004년 10월 23일 전으로 고정되어 있었다. 그런 시기에 언덕, 산 또는 절벽에 그냥 놓여져 있던 돌들로부터, 지층들로부터 시간의 개념을 도입시켰으며, 그 시간은 성서에 기록된 시간보다는 더 긴 장구한 시간임을 주장하였던 것이다. 그는 지층에서 관찰되는 대부분의 지질 현상들이 현재 자연 상태에서 일어나는 과정을 주의 깊게 관찰하면 모두 이해할 수 있는 현상들이며, 과거에 작용했던 모든 지질학적 과정들이 또한 현재에도 일어나고 있다는 사실은 그 책에서 실증적으로 제시하였다. 그러나 그 책은 내용이 잘 정돈된 것은 아니었던 것 같다.[3] 19세기 가장 위대한 지질학자였던 찰스 라이엘조차도 그 내용을 완전하게 이해할 수 없었다고 술회하였다. 그러나 그의 표현이 정리되어 있지 않다고 해서 본질적인 내용을 훼손하는 것은 아니다. 그의 전기를 썼던 랩체크(Jack Repcheck)는 책의 제목을 『시간을 발견한 사람』이라고 붙였다.[1] 참으로 공감이 가는 제목이었다. 내가 강의를 하면서 허턴을 소개할 때마다 "그는 지층에 시간의 개념을 도입한 학자"라는 말을 하였는데 그것보다는 더 완벽한 표현이었다.

당시 가지고 있었던 지구 역사에 대한 개념의 변화를 가져오게 한 스코트랜드 제드 강변의 절벽. 헛튼은 이 절벽에 있는 거의 수직한 지층 위에 놓여 있는 수평한 지층은 육지의 침식작용이 일어난 후 바다에서 쌓이게 된 것이며, 그 후 바다가 상승하였다고 해석하였다. 이를 근거로 이러한 지층이 형성되는 데는 적어도 수백만 년이 걸렸을 거라고 해석하였다. 이 그림은 1968년 발견되어 세상에 알려지게 되었다. 실제로 허턴이 이와 같은 노두를 처음 발견한 곳은 스코트랜드의 시커 포인트(Siccar point) 해안 절벽이었다.

지구의 나이를 처음으로 과학적으로 추론한 불란서의 뷔퐁.

허턴이 지구의 나이를 계산할 수 없을 정도로 오래전에 생성되었다는 주장을 하기 전에 성경에서 규정하고 있던 나이를 넘었다고 한 이는 뷔퐁(Comte de Buffon, 1707~1788)이 유일하며, 그는 7만 5천 년으로부터 16만 8천 년 사이로 지구의 나이를 추정하였다. 그가 생각한 나이를 계산하는 방법은 태초의 지구가 원래 불같이 뜨거운 상태로부터 당시의 상태로 식어지는 시간을 계산한 것이었다. 그의 가정은 틀린 것이긴 하였지만 새로운 시도였다. 그 자신은 세계는 몇 개의 비연속적인 시대를 통하여 만들어졌고, 각 시대는 노아의 홍수와 같은 대변동 혹은 대격변에 의해 나뉘었으며, 새로운 시대는 앞선 시대보다 발전되어 있다는 생각을 가진 이였다. 지금 보면 그 나이는 실제 나이에 턱없이 부족한 것이었지만 과학적으로 접근한 최초의 시도였으며, 당시의 상황을 고려하면 이것은 종교계에 대한 도전으로 상당한 용기가 필요한 것이기도 했다. 실제로 그가 1862년 그 결과를 발표했을 때 교단으로부터 많은 공격을 받았다.[3]

그러나 허턴이 생각하고 있는 지구의 나이는 그런 수준은 훨씬 넘는 오랜 시간을 의미하는 것이었다. 지하열에 의해 뜨거운 암석이 지하 깊숙한 곳으로부터 솟아 올라와서 새로운 암석이 된다는 것과 지구의 나이가 많다는 허턴의 관찰 결과에 대하여 처음에는 강한 저항에 부딪히게 되었다. 그는 스코트랜드에서 화강암이 퇴적암을 관입한 현장을 찾아내어 이를 용암이 올라온 증거로 제시하였으나 주변에 있는 사람들만 이를 확신하였을 뿐 아직도 학계는 그의 이론을 받아들일 준비가 되어 있지 않았다. 그러나 그런 비판에 대해서 허턴은 별로 개의치 않은 것으로 보여진다. 그는 자신이 올바른 길로 접어들었다는 것을 알고 있었기 때문이다.

허턴이 1797년 사망한 이후 독일의 베르너와 불란서의 퀴비에는 전성기를 구가하고 있었다. 그렇게 중요한 문제를 다룬 허턴의 저서는 비록 십여 년에 걸쳐서 완성한 위대한 것이었지만 읽히기에는 부적합 하였고 무엇에 대하여 말하고 있는지 짐작하기가 어려운 부분이 많아 중요한 과학 고전임에도 불구하고 읽은 사람이 가장 적은 책이기도 했다.[5] 그것은 의도적으로 조금은 어렵게 썼다는 뉴튼의 『프린키피아』와는 다른 차원이었다. 그러나 그의 친구이자 지지자였던 에든버러대학의 수학 교수였던 존 플레이페어(John Playfair, 1748~1819)는 오랜 기간 동안 허턴과 함께 활동을 하면서 그가 무슨 생각을 하고 있으며, 어떤 것을 주장하고 있는지를 이해하고 있었다. 그는 허턴이 사망한 후 5년이 지난 해에 그이 이론을 정리하여 『지구에 대한 허턴 이론의 해설』이라는 책을 발간하여, 그 분야에 관심을 가지고 있던 이들에게 허턴의 저

스코트랜드 북부 해안가에 있는 시커포인트. 하부의 수직으로선 지층은 실루리아기의 슬레이트(4억2천5백만 년 전의 암석)이며 그 위에 약 1억 년 후 데본기의 사암이 수평층으로 쌓여 있다. 이 지점을 처음 방문한 제임스 허턴과 죤 플레이페어스는 이런 정확한 시간 차이는 알지 못했지만 이러한 경계면(부정합)이 만들어지기 위해서는 오랜 시간이 경과되었을 것이라는 것은 알아차렸다.

서보다 더 환영을 받았다. 1820년대까지는 허턴 이론의 전도사들은 많은 도전을 받아야 했다. 그를 반대한 사람들은 유럽대륙에만 있었던 것은 아니며 허턴이 활동하던 에딘버러에도 있었다. 당시에 이미 유럽의 주요한 대학으로 성장한 에딘버러대학의 지질학 교수였던 로버트 제임슨(Robert Jameson, 1774~1854)은 정작 허턴과는 전혀 다른 생각을 가진 수성론자 베르너의 신봉자로서 허턴을 집요하게 따돌리려는 헛된 노력을 계속하였다.[1] 가장 큰 적은 바로 그의 주변에 있었다.

허턴 이론의 전도사를 자처하던 또 다른 에딘버러대학의 교수였던 제임스 홀(James Hall, 1761~1832) 은 1824년 스코틀랜드 자기 집에서 찰스 라이엘(Charles Lyell, 1797~1875)이라는 젊은 지질학자를 만나게 된다. 그는 자신이 허턴의 신봉자가 되었던 시커 포인트를 라이엘에게 보여주었다. 옥스퍼드에서 공부한 라이엘은 점점 더 당시 지질학계를 이끌고 있던 원시대양에 의한 한번의 변화만으로 이곳 시커스포인트에서 본 사실이나 영국이나 스위스 등지에서 관찰한 지질 현상을 설명할 수 없다는 것을 바로 알아차렸다.[3] 그는 바다 환경에서 만들어지는 석회암의 하부 지층에 육상식물들이 나오는 현상만으로도 베르너의 이론으로는 설명이 되지 않고 허턴의 이론으로 가능하다는 점을 일찍이 깨달았다. 그는 더욱 더 많은 현장을 관찰하기 위하여 지질여행을 계속하였다. 이탈리아의 포추올리를 방문한 것도 이 시기였다. 그의 연구 여행이 회수를 더해 갈 수록 지구의 변화란 오랜 기간 동안 끊임없이 계속되어진다는 허턴의 주장이 옳다는 것을 확인하였다. 1830년 라이엘에 의하여 쓰여진 『지질학의 원리』에서 오늘 관찰할 수 있는 지질 현상이 과거를 이해하는 열쇠가 된다는 허턴의 생각이 그에 의하여 "동일과정의 원리"로 정립되어진다. 이 원리는 그 후 지질학의 모든 현상을 해석하는데 뿌리가 되었다. 라이엘은 자연현상을 면밀하게 관찰하여 허턴의 이론을 발전시켜 당시 퀴비에 의하여 주도되고 있던 "대격변설"을 완전히 부정하였다. 이제 더 이상 산위에 있는 지층에서 나오는 화석을 구차한 이론으로 설명할 필요가 없어지게 되었다. 이러한 이론이 지질학의 기본 원리로 등장됨에 따라 지구의 나이는 과거 중세 시대에 생각하던 수천 년으로는 설명이 되지 않는다는 것이 확실하게 들어났으며 자연현상의 관찰 결과도 이를 증명해 주었다. 라이엘은 그의 저서에서 허턴을 다음과 같이 소개하고 있다.

지질학의 학문적 틀을 세운 위대한 지질학자 찰스 라이엘. 지질학의 근본이 되는 허턴의 이론을 "동일과정의 원리"로 정립시켰다. 라이엘이 쓴 『지질학의 원리』는 다윈이 생물종의 진화를 논하는 중요한 단초가 되었다고 다윈 자신이 밝히고 있다.

> 만약 누군가가 현재 사물의 질서를 창조한 우리의 연구에 대해 감히 그 가능성을 문제 삼는다면, 화강암이 의기양양하게 그 모습을 들어낼 것이다. 화강암 위에는 기념비적인 비문 "나 앞에 창조된 것이란 영원한 것 외에 또 없어 나는 영겁까지 남아 있으리니"가 또렷하게 쓰여져 있는 것처럼 보이며, 허턴이 신성치 않은 손으로 많은 이들이 신성하다고 여기던 문자들을 지우려 하자 적지 않은 소란이 일어났다. 그 스코트랜드 지질학자는 "자연의 질서에서 나는 어떤 시작의 흔적도 찾을 수 없고, 종말에 대한 전망에 대해서도 마찬가지다"라고 말했다. 과거 지구의 모든 변화가 오늘날에도 일어나고 있는 느린 작용에 의한 것이라는 학설과 접할 때 더욱 놀라운 것이 되었다. 상상력은 약화되었고, 그렇게 감지할 수 없는 과정에 의해 전체 대륙의 소멸에 필요한 엄청난 시간을 인식하기 위하 수고로움으로 우리는 압도당하고 말았다.

그는 그를 그렇게 소개하는데 그치지 않고 그것을 주장하고 증명하는 내용을 세세하게 밝혔다. 그 책이 출판된 후 적어도 한 세기는 지질학의 필독서이자 참고서가 되었다. 그러나 라이엘 자신도 지구의 나이가 오늘날 모든 교과서에 수록되어 있는 46억 살이라는 것을 예상하지는 못하였을 것이다. 이러한 혁명적인 지질학의 근본이 되는 "동일과정의 원리"가 유럽 학계에서 즉각적인 지지를 받은 것은 아니었다.

실제로 지구의 나이를 논하는 단초는 기원전으로 거슬러 올라가 그리스의 사학자 헤로도투스(Herodotus, B.C. 484~426)가 시발점이 되었다. 그는 나일강 하류 지역을 여행하면서 나일강 하구에 쌓인 퇴적층이 매년 일어나는 홍수에 의하여 운반된 퇴적물에 의해 만들어진다는 사실을 관찰하고, 나일강 삼각주는 수천 년에 걸쳐 형성된 것으로 해석하였다. 그러나 그보다 훨씬 후인 중세 암흑기에서는 종교의 영향으로 대체로 몇천 년의 젊은 나이로 계산하였다. 지구의 나이가 헤로도투스가 나일강 퇴적물에서 관찰한 나이보다 젊어진 것이다. 16세기 종교개혁을 일으킨 루터(Martin Luther, 1483~1546)는 1541년 성서에 기초하여 지구의 나이를 당시 정확하게 기원전 3961년 전이라고 자신의 저술에서 밝혔다. 심지어 어떤 사람은 정확하게 날짜까지도 계산하였다. 그가 바로 아일랜드의 대주교 제임스 어셔(James Ussher, 1581~1656)이다. 그는 20여 년의 노력으로 1650년에 만든 그의 『구약성서 연대기』에서 지구의 창조가 기원전 4004년 10월 23일 일요일 정오에 시작되었다고 하였다. 그 연대기는 바로 "킹제임스 영역 성서"에 그대로 옮겨 기록되었다.[5] 어셔의 주장은 허턴과 라이엘이 등장하는 19세기까지 거짓말처럼 이어졌다.

그러나 지질학의 발전에 따라 암석 속에 기록되어 있는 진화 과정을 해석하는 힘은 18세기 후반 허턴과 라이엘에 의하여 지질학이 체계화되기 시작하면서 나타났다. 이 때부터 지구의 나이 추정도 자연현상을 관찰한 결과로부터 추론하는 시도들이 나타나기 시작하였다. 허턴과 라이엘이 제시한 결과만으로도 지금까지 알려진 나이로는 설명이 되지 않는다는 것이 확인된 후였다. 바로 이 시기에 다윈이 생물종의 진화를 설명하면서 라이엘이 다룬 지구의 나이를 인용한 것이다.

그 이후 물리학자들이 좀더 과학적인 기법을 동원하여 지구의 나이를 추론하였다. 전 시대를 통하여 가장 훌륭한 과학자 중의 하나인 아이작 뉴튼(Isack Newton, 1642~1727)은 일반사람들의 예상과는 다르게 그의 말년에 연대기를 하나 만들었다. 그는 『프린키피아』를 써서 천체의 궤도와 중력의 개념을 도입하여 우주의 움직임을 알 수 있게 만든 이이다. 그의 수학적 업적은 그의 경쟁 상대였던 독일의 라이프니츠마저도 "그의 업적은 그 이전의 업적을 모두 합친 것과 같다"고 인정을 할 정도였다. 옥스퍼드 대학의 기하학 교수이며 천문학자였던 동 시대의 인물 헬리는 뉴튼을 어느 누구보다도 신에 가깝게 간 인물이라고 칭송하였다. 그러나 그의 지구 나이의 계산은 아일랜드의 대주교 어셔의 계산과 크게 다를 바 없는 것으로 다소 실망스러운 것이었다. 사실은 그가 하지 않았어야 할 일은 바로 지구의 나이를 추정하는 연구였다. 그럼에도 그가 가진 과학계의 위상은 그런 지구의 나이를 더욱 비중 있게 만드는데 기여를 했음이 분명하다. 이런 사실은 허턴과 라이엘 앞에 가로막혀 있는 장벽의 크기를 짐작하게 해주는 하나의 예이다.

지구의 나이를 추정하는 연구 중의 다른 한 가지로 19세기 물리학자 켈빈 경(Lord Kelvin)이 있다. 그의 이름은 윌리엄 톰슨(William Thompson, 1824~1907)이었지만 그가 이룩한 위대한 과학적 업적으로 그의 나이 68세되던 1892년 작위를 받았다. 그의 업적 중 일반인들이 가장 잘 아는 것으로는 그의 이름이 붙어 있는 절대온도의 척도를 고안해 낸 일이다. 그의 천재성은 일찌기 인정을 받아 불과 10살에 글래스고대학에 입학을 하였으며 케임브리지대학을 졸업하자마자 특별교수로 임명되었을 정도이다. 약관 스물두 살에 글래스고대학으로 돌아가 자연철학교수가 될 정도로 그는 탁월한 인물이었다. 그가 남긴 열역학, 전자기학, 빛의 파동이론 등은 뛰어난 것이었다. 그러나 지구의 나이를 추정하는 연구는 다른 탁월한 연구 업적과는 동떨어진 것이었다. 그렇다고 그가 이룩한 다른 과학적인 업적이 훼손되는 것은 전혀 아니다. 그는 지구가 태양과 같은 높은 온도에서 점차 열을 발산하면서 냉각되어 현재의 지구로 발달되었다는 전제 아래 그 이전에 다른 학자가 계산한 것을 수정하여 지구의 나이를 대략 1,800만 년 이상 2억 년으로 추정하였다.[6] 적어도 이 계산만큼은 뉴튼의 계산보다는 월등한 것이었으나 그가 남긴 탁월한 다른 업적들과 비교해보면 그는 이 연구를 하지 않았던 편이 훨씬 좋았을지도 모른다.

하여튼 켈빈경은 공교롭게도 허턴이 지질학의 근본 원리를 발표하였던 그곳 에딘버러 황립학회를 발표 장소로 선택하였다. 그는 당대를 대표하는 과학자였기 때문에 그가 최종적으로 수정한 2천만 년이 지구의 최종 나이로 굳어졌으며, 대중은 이 나이를 받아들였다. 그는 훌륭한 물리학자로 많은 업적을 남겼지만 그 계산은 지구의 나이에 턱없이 부족한 젊은 나이였다. 그의 전제 역시 올바른 것은 아니었다. 그러나 수천 년에서 수백만 년으로 생각하던 지구의 나이를 2천만 년 대로 끌어 올리는 데는 성공한 셈이다. 어떻게 보면 이것은 과학계의 아이러니였다. 19세기 말에 이미 지구의 위치와 질량을 정확하게 측정했다는 사실을 상기하면 말이다. 1797년 영국의 물리학자 캐번디시는 자기의 실험실에서 정교한 실험 결과로 지구의 질량이 60억 톤의 1조배에 해당된다는 사실을 밝혔다. 이 값은 오늘날의 첨단 장비를 사용하여 측정한 값이 59억 7,250만 톤의 1조배이니 그 차이는 불과 1% 미만에 해당되는 정확한 값이었다. 그 이전에 이미 태양으로부터 지구까지의 거리가 1억 5,000만 km에 이른다는 사실을 알고 있었다. 실제로 지구의 나이는 그런 사실보다는 더 쉽게 측정이 가능할 것이라고 생각하기 쉽다. 그러나 결과는 그렇지 못했다. 과학자들의 계산은 번번이 빗나가고 있었다. 아마도 중세 종교적 사고체계가 고정관념처럼 만들어버린 수천 년이란 인식 때문인지도 모르겠다. 자신의 나이도 모르면서 체중과 키부터 알아낸 꼴이 되고 말았다.

당시 지질학자들은 지구의 나이를 계산할 수 있는 방법은 모르고 있었지만 톰슨이 추정한 것보다는 훨씬 더 오래되었을 것이라고 추정하였다. 그들은 그러한 이유로 아직도 지구의 물리학적 성질들이 알려지지 않은 상태이므로 계산을 정확하게 할 수 없다는 점을 지적하였으며, 지구상에 존재하는 그랜드캐년과 같은 대협곡에서 확인되는 거대한 퇴적층의 두께로 퇴적되는 데 필요한 시간을 추정한 것도 톰슨의 계산치보다는 몇 배는 더 될 것이라는 사실을 지질학자들은 알아채고 있었다.

지구상에 알려진 최대 퇴적층의 두께를 알아내고, 매년 쌓이는 퇴적층의 두께를 알아내어, 전체 지층이 퇴적되는데 필요한 시간을 누적하여 지구의 나이를 계산해 보았다. 그렇게 구한 지구의 가장 오래된 나이는 15억 년 정도가 나왔다. 사실 지구의 형성 초기부터 전 지질시대를 통하여 쌓였던 퇴적층의 두께를 알아내는 것도 불가능하지만 매년 퇴적되는 지층의 두께를 파악하는 것도 어려운 일이므로 이를 통하여 지구의 나이를 계산하는 것 역시 애초에 불가능한 방법이었다. 그러나 이 방법으로 추론된 최대 나이는 톰슨이 구한 나이보다는 훨씬 오래된 값을 보여주었다.

사실 그처럼 오래된 비밀을 해결하는 것은 지구를 구성하는 암석들이 가지고 있는 핵종원소들이 해결사였지만 이를 알아차리는데는 과학의 진보를 기다려야만 했다. 방사성동원소에 의한 절대연령 측정 방법이 개발되기 전까지는 아무도 지구의 나이를 정확하게 예견할 수 있는 사람은 없었다. 1896년 파리의 한 실험실에서 앙리 베크렐에 의해 방사능이 발견되면서 모든 것은 달라지기 시작하였다. 그러나 방사성 원소의 발견이 바로 지구의 나이를 측정하는데 사용된 것은 아니며, 1902년 어네스트 러더포드(Ernest Rutherford, 1871~1937)와 그의 동료가 방사성원소의 붕괴는 일정한 속도로 일어나며 측정될 수 있다는 것을 밝힌 것이 지구의 나이를 밝히는 결정적인 계기가 되었다. 그 이론은 1913년 한때 러더포드와 함께 일했던 글래스고대학의 소디(Frederick Soddy, 1877~1956)에 의해 보다 명확하게 정립되었다. 과학자들은 이 방법을 이용하여 지구의 나이를 측정할 수 있다는 사실을 알게 되었다.

그러나 초기 학자들의 시도는 그 방법에 의한 측정이 어렵다는 사실을 확인하는 정도였다고 해도 과언이 아닌 나이를 계산해 냈다. 그러나 측정상의 여러 가지 기술적인 어려움을 극복한 이는 다름 아닌 아서 홈스(Arthur Holmes, 1890~1965)이었다. 그는 젊은 시절의 가난과 역경을 극복한 입지전적인 인물로도 잘 알려져 있으며, 베게너의 대륙이동의 기작이 맨틀의 대류의 결과라고 해석하였던 학자이다. 그의 초기 시도로 지구의 나이가 16억 년이라는 실험결과를 선보였다. 그 이후 1946년 좀더 정확한 측정 장치와 엄격한 실험 방법으로 계산한 결과는 33억 년이 되었고, 어쩌면 그 이상 되었을지도 모른다는 결론을 내렸다. 그러나 그의 연구 결과를 믿으려들지 않는 동료들의 저항에 부딪치게 되었다. 그가 발견한 것은 지구를 생성시킨 물질의 나이이지 지구의 나이는 아니라는 게 그들의 이유였다.[7] 과학계의 혁신적인 이론은 의례

지구의 나이를 45억 5천만년으로 밝힌 클레어 패터슨 교수.

히 처음에는 대부분이 외면당하는 것처럼 이 역시 회의적인 시각으로 바라보았다.

이를 종결시킨 이는 캘리포니아공과대학의 클레어 패터슨(Clair Cameron Patterson, 1922~1995)이었다. 그는 지구에서 구한 시료들은 이미 다른 것들과 복잡하게 섞여 있어서 측정 결과가 사실과는 다르게 나온다는 사실을 알아차렸다. 그것은 우라늄이 붕괴되어 납으로 변화되는 과정을 이용하여 지구의 나이를 정확하게 측정하는데 매우 중요한 발견이었다. 그러나 지표의 시료가 무엇 때문에 오염되는지 알아내는 데 몇 년이 걸렸다. 그 주된 오염원은 토머스 미즐리가 엔진의 노킹현상을 방지하기 위하여 휘발유 첨가제로 사용하는 테트라에틸납을 발견한 것이 화근이었다. 그 이후 생산된 유연 휘발유가 문제를 일으킨 것이었다. 자동차 엔진에서 배기가스와 함께 배출된 납들이 오염의 주범이었다. 그는 우라늄이 납으로 붕괴된 결과를 정확하게 계산할 수 있는 것은 운석이라는 사실을 알았다. 대기 중에 들어있는 납의 오염을 방지하기 위해서는 청정실험실이 필요했다. 그의 예측은 올바른 것이었다. 1956년 그가 계산해낸 지구의 나이는 45억 5,000만 년(±7,000만 년)이었다. 여러가지 암석의 방사성동위원소 측정 결과를 운석의 납동위원소 조성과 대비하여 구한 값 45억 5,000만 년 ±7,000만 년에서 ±7,000만 년은 실험시 발생할 수 있는 오차의 범위를 말한다. 지구과학계에서는 이를 흔히 46억 년으로 간주하고 이 값이 행성 지구의 공인된 나이로 사용하고 있다.[8), 9)]

실로 지구의 나이를 밝히는 과정은 길고 험난한 길이었다. 그런 긴 과정을 거친 후 구한 46억 살을 지금은 지구의 형성 나이 즉 태양계의 형성 나이로 받아들이고 있다. 이런 과학의 진보를 살펴보면 한 고고학자가 푸념처럼 던진 "과학은 지금 세대의 바보가 이전 세대의 천재보다 똑똑해질 수 있는 분야이다"란 말이 떠오른다. 그렇다고 실제로 선각자들이 깨닫지 못한 사실들 몇 가지를 더 알고 있다고 해서 그들의 업적을 가볍게 여기는 것은 정말 바보가 아니고는 생각할 수 도 없는 일이다. 46억 년이란 시간은 인간의 시간 개념으로는 상상하기 어려운 긴 시간이다. 아프리카에서서 발견되는 오스트랄로피테쿠스를 인류의 시조라고 해도 지구상에 인류가 출현한 것은 불과 수백만 년 전에 불과하다. 이러한 인류가 문명을 유지하고 그것을 기록을 남기기 시작한 것은 불과 수천 년 전으로 거슬러 올라간다. 지구는 이러한 인류의 시간 관념으로는 대비할 수 없는 영원한 시간처럼 긴 시간의 역사를 가지고 있다.

겉과는 다른 속

세상에는 겉과 속이 다른 것이 더 많다. 그러나 그 차이는 드러나는 경우도 있지만 드러나지 않는 경우가 더 많다.

예쁜 포장지 한 겹으로 싸여진 선물 꾸러미 속에 무엇이 들어있는지를 알아내기란 사람의 속내를 알아내는 것만큼이나 어렵다. 가벼운 물건인 경우에는 들어 보아 무게를 가늠해 보거나, 흔들어 보아 상태를 확인해 보는 정도가 그 안에 들어 있는 것을 알아내는 방법의 전부인 경우가 많다. 그러나 그게 반지름이 6,370km인 공이라면 그것은 경우가 다르다. 들어 볼 수도 흔들어 볼 수도 없는 크기이기 때문이다. 그런 크기의 공이라면 실제로 껍질이 무엇인지 알아내기도 어렵다. 그렇다면 이런 크기인 지구의 껍질을 이해하는데 그렇게 오랜 시간이 필요했는지 이해가 된다. 인류 문명이 시작된 후 19세기에 이르러서야 그 껍질의 성질을 조금씩 파악하기 시작하였으며, 대륙이 떠서 움직인다는 사실을 확인하고 모든 사람들이 이를 받아들인 것은 불과 한 세기 전으로 올라간다. 그러나 우리의 발밑에서 어떤 일이 벌어지고 있는지는 오늘날에도 아무도 정확하게 알 수가 없다.

우리가 우주로부터 지구로 접근한다고 가정해 보자. 지구는 우주에서 바라보면 푸른빛을 띠는 아름다운 혹성 중의 하나로 우주의 보석처럼 아름답게 빛나고 있다. 우리는 중고등학교 시절 과학시간에 지구는 타원체라고 배웠지만 우주에서 바라본 지구는 완벽한 구형으로 보인다. 이런 사실은 인공위성으로 촬영한 지구의 모습을 보면 더욱 확연하게 드러난다. 그도 그럴 것이 적도 반경이 극반경보다 고작 43km 더 큰 정도이므로 아무리 정확한 판단력을 가진 이라도 그런 차이를 인식하기는 거의 불가능하기 때문이다. 지구의 중심으로부터 적도를 지나는 반지름이 6378.160km이므로 43km라는 차이는 미미한

지구의 인공위성 사진. 우주에서 바라 본 푸른 행성 지구의 모습이 아름답다(사진제공 : NASA). 푸른 행성 지구의 내부에서 일어나고 있는 일은 아무도 정확하게 알고 있지 못하다.

수준에 불과한 것이다. 조금 더 생각이 깊은 사람들은 지표에서 고도차가 있는데 왜 구형으로 보일까 하는 의문을 가질 수도 있다. 세계에서 가장 높은 에베레스트산은 8,848m이고 가장 깊은 마리아나 해구는 11,034m로 지구상에서 관찰되는 최대 기복의 차이는 20km 미만이다. 그러나 대양은 바닷물로 채워져 있으므로 실제 기복의 차이는 최대가 9km보다 적다. 그러한 차이는 지구 반경의 0.14%에 해당되는 값으로 우주에서 볼 때 드러나지 않는다. 만약에 여러분들이 우주공간에서 지구를 바라본다면 지구는 당구대 위의 당구공보다도 더 완벽한 구형으로 보일 것이다. 우주에서 내려다 본 지구는 푸른빛을 띠지만 우주로부터 지구에 접근할 수록 그 색은 다양하게 변화된다. 삼림이 우거진 열대우림의 녹색과 사막의 황량한 황갈색이 식별되는 정도에 이르면 지구에 상당히 근접해야 식별이 가능하며, 그 높낮이의 차이를 인식할 수 있는 높이에 이르게 되면 바로 지표면 위에 도달한 것을 의미한다.

우주에서 바라보면 한 개의 아름다운 푸른 공으로 보이는 지구이지만, 실제로 그 크기는 상당하여 실체를 알아내는 데 오랜 시간이 걸렸다. 그러나 지구가 구형이라는 사실은 아주 오래전에 파악되었다. 피타고라스와 아리스토텔레스에 의해 주장되었다. 그러나 그 크기는 언급을 하지 않았다. 이집트의 프톨레마이우스 왕조의 알렉산드리아 도서관에서 일하던 에라스토테네스(Erastotenes, B.C. 276?~196)는 달랐다. 알렉산드리아의 그 도서관은 마케도니아의 알렉산드로스 대왕이 세운 도서관으로 당시에는 가장 훌륭한 문헌을 소장하고 있던 세계의 중심과도 같은 곳이었다. 그런 곳에서 일하던 그가 바로 지구의 크기를 처음으로 과학적 원리로 측정한 최초의 인물이라는 것은 어쩌면 당연한 귀결인지도 모르겠다.

그는 시에네(지금의 아스완)에서 하지의 정오에 그곳에 있는 우물에 태양이 반사되어 보인다는 사실을 알았다. 그는 그 순간이 바로 태양이 직상위에 오는 순간이라고 생각을 하였다. 그는 같은 시각에 이보다 북쪽에 있는 알렉산드리아 있는 오벨리스크가 만드는 그림자의 길이를 재면 지구의 둘레를 계산할 수 있다고 믿었다. 왜냐하면 오벨리스크의 그림자가 만든 각도는 바로 태양이 수직에서 벗어난 각도가 되기 때문이다. 그런 계산은 당시의 수학으로도 아주 간단한 것이었지만 그런 생각은 쉽사리 얻어질 수 있는 것은 아니었다. 그렇게 구한 각도는 7°12′이었다. 이제 지구의 둘레를 구하는데 필요한 것은 시에네와 알렉산드리아의 거리를 정확하게 측정하면 되었다. 알렉산드리아와 시에네 사이의 거리를 측정한 방법으로는 두 가지 설이 전해져 온다. 알렉산드리아에서 시에네까지는 낙타로 50일이 걸린다. 낙타의 1일 평균 이동거리가 100스타디아(1스타디아는 오늘날의 약 185m)이므로 거기에 50일을 곱하면 5,000스타디아가 된다. 그것을 기준으로 계산을 했다는 설이 한 가지이다. 다른 한 가지 설은 거리를 측정하기 위하여 훈련되어 있는 "걷기 선수"를 고용해서 측정하였다는 설이다. 7°12′이 5,000스타디아이면 360°에 해당되는 길이는 간단한 비례관계로 계산된다. 하여튼 그가 계산한 지구의 둘레는 25만 스타디아였다. 이는 4.63×10^4km이다. 이는 오늘날의 측정치인 39,776km에 비하여 오차가 있는 값이기는 하지만 당시의 기술 수준으로는 놀랄 만한 정확한 값에 해당된다.

그러나 에라토스테네스가 죽은 후 알렉산드리아 도서관에서 일하던 스트라보(B.C. 64?~A.D. 23)는 명확하지 않은 이유로 이 값을 28,800km로 줄여 놓았다. 그리고 이 값은 프톨레마이우스(A.D. 100~170)에 의해 채택되었다. 프톨레마이우스는 당시 로마 제국이 팽창되는 과정에서 수집한 자료를 근거로 세계지도를 작성하였는데 그는 처음으로 지도 제작에 위도와 경도를 사용한 이 이기도 하다. 그는 실제로 천문학에 많은 업적을 남겼으며, 그가 주장한 지구 중심설은 중세를 지나면서도 아무도 의심하지 않는 이론이 될 정도로 그의 권위를 추호도 의심하려 들지 않았다. 중세의 시대에는 에라스토테네스가 계산해 낸 결과는 아무도 기억해 주지 않았다.

19세기 이전까지도 상황은 달라진 게 없다. 콜럼버스가 인도를 발견하기 위해 항해를 준비하면서도 스트라보의 측정치에 의존한 형편이다. 그 당시 범선을 이용하여 지구를 한 바퀴 돈다는 것은 사실상 일생일대의 모험이었다. 콜럼버스가 스트라보의 잘못 계산된 값을 사용했기 때문에 그의 계산 역시 잘못된 것이었으나 그런 사실도 모른채 자신이 인도에 도착했다는 확신을 가지게 되었다. 실상 콜럼버스는 북미대륙에 도착하는 것으로 끝이 났지만, 지구 일주를 처음으로 실현한 사람은 마젤란(Ferdinando Margellan, 1480?~1521)이다. 정확하게 말하면 마젤란의 항해팀이라고 해야 될 것이다. 마젤란은 우여곡절 끝에 향료를 실어 오겠다는 그의 제안에 안트워프의 상인들이 출자해서 마련한 5척의 범선에 240여 명을 승선시킨 채 1519년 9월 20일 산루카르데바라메다항을 출항하였다. 그들은 남아메리카 남단의 해협을 통과하여(그 이후 마젤란해협이 됨), 1521년 4월 7일 마닐라 동남쪽 560km 지점에 있는 세부섬에 도착한다. 그는 그 지역에서 원주민과의 전쟁으로 4월 27일 생을 마감한다. 그러나 이들 일행 중 생존한 60여 명은 후안 세바스티안 데 엘카노의 지휘 아래 1522년 9월 6일 아프리카 희망봉을 돌아 원래 출항하였던 산루카르데바라메다항으로 돌아왔다. 그들이 약속한 약간의 향료를 싣고 돌아오기는 했지만 출항할 때 태운 240명 중 살아 돌아온 이들은 불과 18명이었다. 그것은 엄청난 희생이 따른 험난한 길이었다. 그렇지만 세상을 같은 눈으로 볼 수 있는 기회는 그 때서야 만들어졌다. 그러나 그런 계기가 마련되었다고 해도 곧바로 본 것을 이해할 수는 없었다. 몇 백 년이 지난 후에도 지구의 껍질을 관찰하는 일은 역시 마젤란의 항해만큼이나 어려운 일이었으므로 큰 진전은 없었다. 알베르트 아인슈탄인은

우리가 경험할 수 있는 가장 아름다운 것은 신비함이다. 신비함이야말로 모든 진실한 예술과 과학의 근원이다.

라고 말하지 않았는가. 진전이 없다는 것은 신비함을 잉태하고, 이는 바로 새로운 발견을 위한 준비 단계인 것을 의미하는 것이다.

이처럼 항해로도 다니기가 어려웠던 시절 다른 대륙의 내부는 서방인들이 접근하기에 바다보다 더 험한 곳이었다. 현대에 들어와서 사정이 바뀌었다고

는 하지만 구석구석을 돌아보기에는 아직도 많은 어려움이 가로 놓여 있다. 그러나 많은 사람들은 사정이 달라졌다고 생각하고 있다. 대형 여객기들이 정상고도에서 운항을 할 때 보통 평균 시속은 900km 내외이므로 그런 비행기로 공중 급유를 하면서 세계를 일주한다면 약 25시간이면 지구를 한 바퀴 돌 수 있다. 이런 숫자놀음을 해보면 지구가 그리 대단한 것 같지도 않게 여겨지기 때문이다.

나는 어릴 적 누구나 한번씩 가져보는 궁금증의 하나인 내 발밑에서 지구의 중심을 뚫고 지나가면 어디가 나올까 궁금해 하던 시절이 있었다. 지금처럼 지구의가 흔하던 시절이라면 아마도 쉽게 알아낼 수 있었을 터이지만 그 때는 지도를 들여다보아도 쉽게 해답이 나오지 않았었다. 물론 그 당시 나는 지구 내부는 우리가 주위에서 보는 돌과 흙으로 꽉 차 있을 것이라는 생각이 너무 확고해서 무엇으로 되어 있을까 하는 의문 따위는 생각조차 하지 않았다. 그러한 나의 어릴 적 생각만큼이나 지구의 내부를 이해하는 것은 지구에서 멀리 떨어져 있는 태양의 내부보다도 더 아는 것이 없었던 것이 사실이다.

지질학이 자리 잡기 시작한 한 세기 전만하더라도 지구의 내부에 대해서는 아는 것이라고는 그저 뜨거운 마그마가 심술을 부린다는 정도를 이해 한 것이 전부였으며, 광산에서 일하던 광부들이 아는 것보다 나을 바가 없었다. 안다는 것조차 모두 상상의 결과였지 어떤 명확한 과학적 뒷받침이 있던 것은 더더욱 아니었다. 당시에도 있었던 광산의 굴속에서 보았던 돌덩어리가 우리가 들여다 볼 수 있었던 지구 내부의 전부였다. 그런 깊이는 지구의 껍질에서 가장 바깥쪽의 껍질에 해당되는 곳만을 건드린 것에 불과하다. 그러나 과학의 발전이 그러하듯 지구 내부에 대한 이해 역시 우연한 발견으로부터 시작되어 세세한 자료들이 봇물처럼 터져 나오기 시작하였다.

지진파에 의해 지구의 내부에 핵이 존재한다는 사실을 처음으로 밝힌 영국의 지진학자 R.D. 올덤.

영국의 지진학자 올덤(Richard Dixon Oldham, 1858~1936)은 1906년 과테말라에서 발생한 지진 기록을 관찰하던 중 지구 내부 깊숙한 곳으로 침투한 지진

지각과 맨틀의 경계면을 처음으로 발견한 크로아티아 지진학자 모호로비치치. 그 경계면을 모호면이라고 부른다.

파(지진 에너지 방출에 따라 발생한 일종의 충격파)가 어떤 벽에 부딪친 것처럼 약간의 경사를 갖고 튕겨져 나온 사실을 발견하였다. 또한 그는 진앙으로부터 120도가 넘는 각도에서는 지진파중의 하나인 P파가 예상보다 더 느리게 도달한다는 사실을 확인하였다. 이런 진행을 하는 지진파는 지구의 중심을 통과하는 것들이다. 그런 관찰 결과를 기초로 지구 내부에는 지진파의 속도가 느려지는 중심핵이 존재한다는 사실을 제안하였다. 그보다 3년 후인 1909년 크로아티아의 모호로비치치(Andrija Mohorovicic, 1857~1936)도 영국의 올덤과 비슷한 탄성파의 반사를 발견하였다. 그러나 반사가 일어난 깊이는 올덤이 관찰한 것 보다는 훨씬 더 얕은 곳에서도 일어났다. 지진파가 매질을 통과할 때 속도는 매질의 밀도에 따라 달라진다. 즉 탄성파가 지나는 암석들의 밀도가 커지면 속도는 더 빨라진다. 속도가 달라지거나 반사가 일어난다는 것은 지구의 내부에 있는 물질의 상태가 다르다는 것을 의미한다(뒤의 "위험을 두려워하지 않는 사람들" 참고). 그것은 실로 중요한 발견이었다. 처음으로 지구의 속을 들여다 볼 수 있는 계기를 마련해 준 것이다. 이렇게 얕은 곳에서 지진파가 반사되는 면을 모호로비치치 불연속면이라고 부르는데 이를 줄여서 모호면(또는 모호 불연속면)이라고 하기도 한다. 모호면의 존재를 통하여 지구의 껍질을 이루고 있는 단단한 고체 암석으로 만들어진 지각과는 다른 성질을 가지고 있는 부분을 처음으로 학인 한 것이다. 그게 바로 지각 아래에 놓여있는 맨틀이라는 부분이다.

이것은 지구의 내부를 최초로 확인하는 단초가 되었다. 그 발견은 지구 내부에 대한 비밀이 조금씩 알려지기 시작하는 단계에 이르렀음을 알려주는 신호탄과 같은 것이었다. 이제 신비로 둘러싸여 있던 지구의 속내가 들어나기 시작하였다. 실제로 그런 차이를 설명할 때 과학자들은 곧잘 어떤 수식을 들이댄다. 그것은 잘난 체 하려는 것은 아니며 그게 가장 편한 방법이기 때문이다. 지구에서 지진파는 인체를 투시할 수 있는 X-선과 유사하다고 생각하면

편하다. 그러므로 초기의 지진학자들은 병원의 방사선과 의사와 같은 역할을 하였다. 지진파의 여러 가지 종류 중 한 가지는 통과하는 물질이 액체인 경우에는 통과되지 않는다.

이런 사실이 알려지면서 덴마크의 레만(Inge Lehmann, 1888~1993)은 뉴질랜드에서 발생한 지진 기록을 연구하던 중 1936년 올덤이 발견한 액체 상태의 핵 이외에도 또 다른 핵이 존재해서 두 가지의 핵이 있다는 사실을 발견하였다. 이것으로 또 하나의 불연속면이 추가되었는데 액체 외핵과 고체 내핵의 경계면을 레만 불연속면이라고 부른다. 그것만으로도 지구의 내부 경계를 알려주는 매우 중요한 정보가 되었다. 이제 지질학자들은 자랑스럽게 지구의 내부를 그림으로 그릴 수 있게 되었다.

그 결과로 확인된 지구의 속을 지구의 표면으로부터의 깊이로 알아보기로 하자. 지구의 중심은 지표로부터 6,370km 지점에 위치한다. 표면으로부터 5,120km 지점까지를 내핵이라고 한다. 이 점에서의 압력은 지구 표면의 약 300만 배에 이르기 때문에 다시 모든 물질은 고체 상태로 변화된다. 그러나 지표로부터 2,900km 지점까지는 액체 상태를 유지하고 있는 외핵이다. 내핵과 외핵을 다 합쳐도 지구 전체 부피의 20%에 불과하며, 아마도 이들 핵은 철이 주 구성 원소이기는 하지만 철과 친한 원소들이 약간은 존재할 것이라고 추정하고 있다. 그러나 그보다 더 자세한 것은 아직은 잘 모르는 상태이다. 그

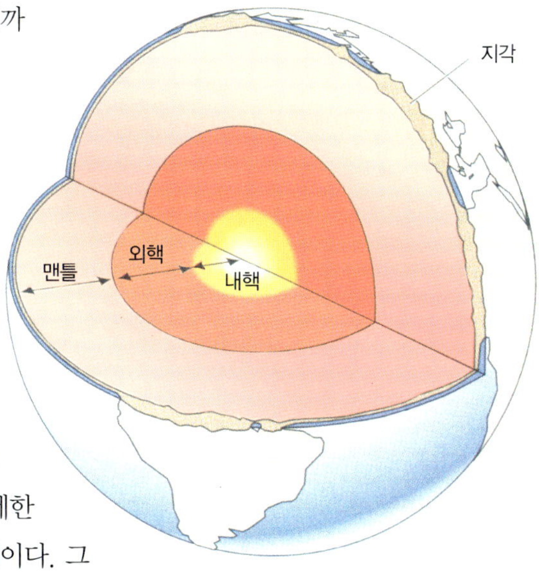

지구의 내부를 보여주는 그림. 표면을 구성하는 부분을 지각, 그 아래를 맨틀, 지구 중심부를 핵이라고 한다. 핵은 액체로 된 바깥부분을 외핵이라 하고, 고체로 된 가운데 부분을 내핵이라고 한다. 지각, 맨틀 및 핵을 구성하는 물질의 종류와 상태는 서로 다르다. 대륙에서 지각의 두께는 해양에서 보다 더 두껍다. 이 그림에서 지각의 두께는 알아보기 쉽게 하기 위하여 실제보다 과장되게 표현한 것이다.

위로 올라가면 지각의 성질에 따라 모호불연속면이 발달하는 곳까지가 맨틀이라고 한다.

그런 사실을 확인한 과학자들의 호기심은 지구내부의 물질로 옮아가기 시작하였다. 이러한 지진파들을 이용하여 구한 물리적 성질로부터 그들이 치밀한 조직을 갖는 것으로 구성되어 있을 것이란 추정은 하게 되었다. 그런 사실을 확인하기 위해서 과학자들 사이에서는 맨틀의 물질을 직접 채취하고 싶은 욕망이 점점 커져 갔다. 직접 맨틀의 물질을 채취하기 위하여 가장 얇은 해양지각을 선정하여 직접 뚫어 보기로 하였다. 그것은 적절한 선택으로 보였다. 일반적으로 대륙지각은 해양지각보다 훨씬 더 두껍기 때문에 얇은 지각인 해양지각을 선택한 것은 당연한 처사였다. 직접 구한 시료를 이용하여 그들의 특성을 파악하려는 시도 역시 합당한 것이었다. 모호로비치 불연속면까지 뚫어서 맨틀의 돌을 직접 채취하자는 계획은 황당한 것 같지만 새로운 시도로 월터 먼크에 의해 1957년에 제안되었다. 이 제안은 미국과학재단이 받아들여 1958년부터 작업이 시작되었다. 과학자들은 멕시코만에서 가까운 해양지각이 아주 얇아서 5km 정도까지만 뚫으면 맨틀의 시료를 얻을 수 있다고 판단하였다. 그것은 아주 비용이 많이 드는 계획이었으며 세 단계로 추진될 예정이었다. 모호로비치 불연속면까지 뚫는다고 그 계획은 프로젝트 모홀(Project Mohole)이라는 근사한 이름까지 붙였다.

1961년 드디어 1단계로 커스 I호로 명명된 바지선에서 3,500m 깊이의 바다에서 183m의 시추코아를 얻었다. 해양에서의 시추 작업은 계획된 대로 진행되지 못하고 기술상의 문제로 5천만 불의 투자로 끝나게 되었다. 그러자 비판적인 시각을 가지고 있던 일부 학자들은 기다렸다는 듯이 비아냥거렸다. 어떤 해양학자는 되지도 않는 비유로 이 계획은 "엠파이어 스테이트 빌딩 꼭대기에서 스파게티 가닥으로 뉴욕의 보도에 구멍을 뚫으려고 하는 짓과 같다"고 했다. 하여튼 그 해양시추계획은 완전한 실패로 끝나 버린 데는 당시의 시추기술이 뒷받침 하지 못한 것이 주요한 이유 중의 하나였다. 1966년에 미국 의회는 이 계획은 새로운 기술이 등장할 때까지 중단한다는 것으로 결론지었다.

이 계획이 성공적으로 마무리되었다면 지구 내부에서 벌어지고 있는 일들과 당시까지도 진행되고 있던 대륙 이동에 관한 소모적인 논쟁을 빨리 해결해 주었을 것이다. 그러나 이 모홀계획은 완전한 실패는 아니었다. 당시로서는 상상도 하지 못하던 심해에서의 시추가 가능하다는 것을 알려주었으며, 최초로 심해저 퇴적물에 대한 연구가 시작되는 계기가 되었으며, 새로운 심해 시추 계획을 만들어내는 불씨가 되었다.[1]

모호면까지 시추를 하여 맨틀의 시료를 채취하려던 모홀계획에서 사용된 바지선 커스 1호의 모습.

모홀계획을 포기한 4년 뒤인 1970년에 구소련(러시아)은 필란드 국경 근처의 콜라반도에서 심부 시추 계획을 추진하고 있었다. 그 자리는 우리 국민들에게는 구소련 시절인 1978년 4월 21일 대한항공 여객기가 강제로 불시착을 강요당했던 곳으로 잘 알려진 얼음호수 근처의 무르만스크에서 그리 멀지 않은 곳이다. 이유야 어쨌든 민간 여객기에 미사일과 기총사격을 해대는 구소련 군부의 결정은 놀라운 일이었다. 구소련이 세운 이 심부 시추 계획은 당시 경쟁적인 양대 진영의 분위기를 반영했는지는 모르겠으나 다소는 작용을 하였으리라고 생각되어진다. 이들은 당초 15km의 깊이로 시추를 계획하였다. 그것은 원대한 계획이었다.

이 지역은 원생대의 암석들이 분포되어 있는 가장 안정한 대륙지각의 한 곳인 발틱순상지에 해당되는 곳이다. 소련은 19년간에 걸쳐 무려 12,262m 깊이를 뚫었다. 그 깊이는 세계에서 가장 깊은 시추공으로 기록적인 것이었다. 그 정도 깊이로 가면서 준 정보들은 과거에는 이해하지 못했던 여러 가지 사실들이 밝혀졌다. 엄청난 깊이임에도 불구하고 이 깊이는 대륙지각을 다 파내려가지도 못한 것이기도 하다. 지하로 들어갈 수록 온도가 높아지는 것은 예상된 일이었으나, 그 깊이에 존재하는 암석들이 물에 포화되어 있다는 사실은 당시로서는 예상하지 못한 결과였다. 이러한 정보들 외에도 암석과 유체와의 상호반응, 온도와 압력의 증가에 따른 광물학적인 상전이나 물리-화학적인 성질의 변화, 심부에서의 오염물질의 거동 등 여러 가지 분야에서의 연구가 시추와 동시에 수행되어 많은 지구과학적 성과를 얻었다.[2)]

이 시추공의 깊이는 실로 엄청난 깊이이다. 당시 지구물리학자들은 지진파 연구를 통하여 지구 내부의 지층에 대한 그들의 해석에 대하여 어느 정도 자신감을 가지고 있었다. 당초 그들이 예상한 그곳의 내부 구조는 4,700여 미터까지는 퇴적암이 있고, 그 아래는 2,300m 두께의 화강암이 있으며, 그 아래는 현무암이 있을 것이라고 추정을 하였다. 그러나 결과는 그들의 예상과는 다르게 지표의 원생대의 지층을 뚫고 들어간 시추공에서 퇴적암은 6,842m까지 발달하였으며, 기대하던 현무암은 나타나지 않고 이 지역에서는 지표에 노출되지 않아 관찰이 불가능한 시생대의 암석들을 다시 만났다. 이정도의 깊이는 온도와 압력이 상당한 수준으로 높아진 지점이다. 10km 깊이에서의 온도 역시 그들이 예상한 것보다는 두 배에 이르는 180℃나 되었다. 실험실에서 작은 규모로 온도와 압력을 높여 관찰하는 것보다는 훨씬 더 큰 경비가 소요되기는 하였지만 자연조건에서 온도와 압력의 변화에 따른 물질의 변화와 이에 관계되는 반응들을 지하에 파 올린 시료로부터 직접 관찰할 수 있다는 것은 과학자들에게는 이것보다 더 귀중한 연구 대상물은 없었을 것이다. 이 시추공이 파 내려간 12km의 깊이가 상당한 것이기는 하지만 이 정도 구간에서의 변화는 지구 전체로 볼 때는 극히 작은 일부 구간으로 지질학자들을 결코 만족 시킬수 없는 수준이다. 그렇다고 지구의 중심까지는 파들어 가기는 불가능한 일이다.

그 이상의 깊이에서 일어나는 변화는 실험실에서 재현해 보는 방법밖에 없다. 그런 재현 조건은 결코 자연에서 만들어지는 조건과 일치시킬 수 없다는 점이 항상 문제가 된다. 그러나 드물게 맨틀의 물질이 지상으로 올라오는 수도 있어 그런 물질을 지표에서도 관찰할 수도 있다. 그런 물질의 대표적인 예가 아프리카에서 처음으로 발견된 킴벌라이트 파이프라고 부르는 초염기성 암석이다. 이들이 지각을 뚫고 올라온 모습이 마치 길죽하게 만들어진 깔대기 또는 관 모양과 같다는 이유로 붙여진 이름이다. 킴벌라이트는 암석 자체도 흥미로운 것이기도 하려니와 다이아몬드를 산출하는 암석이기 때문에 더욱 잘 알려진 돌이기고 하다. 다이아몬드는 상상을 초월하는 높은 압력에서나 만들어지는 광물이다. 그러한 조건은 맨틀에서나 만들어지는 조건이다. 그렇다면 그렇게 깊은 곳에서 만들어진 다이아몬드는 어떻게 지표로 옮겨질 수 있을까? 의문은 꼬리를 물고 일어난다. 맨틀에서 만들어진 다이아몬드는 맨틀의 마그마가 지표로 올라올 때 함께 올라오게 된다. 말이 올라오는 것이지 이러한 마그마가 지표에 이르는 곳은 격렬한 화산폭발이 일어나는 곳이 된다. 지하 깊은 곳에 있던 마그마는 지구의 약한 부분을 따라 상승을 하다가 지표 근처에 도달하게 되면 마그마에 함유되어 있던 가스가 방출되면서 폭발이 일어나게 된다. 이러한 마그마들로부터 만들어진 암석이 킴벌라이트이다.[3] 이러한 암석은 1870년 남아프리카 킴벌리라는 동네에서 최초로 보고되어 그런 이름을 갖게 되었다. 킴벌라이트야말로 맨틀의 물질을 보여주는 암석이기 때문에 100km가 넘는 지하의 물질을 우리가 확인할 수 있는 것이다. 그런 결과를 이용하여 지하 160km 정도까지에 이르는 맨틀은 주로 감람석이라는 광물로 주로 구성되어 있다는 것을 알 수 있다.

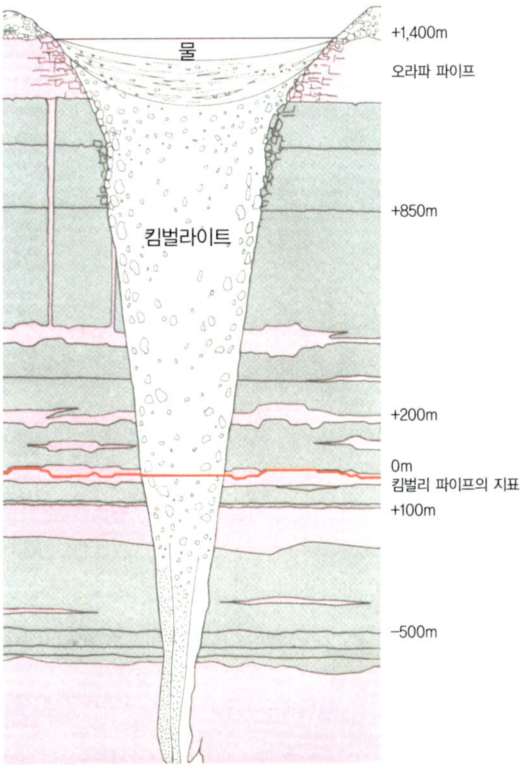

깔대기 모양의 킴벌라이트 파이프의 개념도. 회색으로 표시된 것은 퇴적암이며, 분홍색으로 표시된 것은 화성암(주로 화산암)류이다. 가운데 빨강 선으로 표시한 것은 남아프리카 킴벌리지역의 킴벌라이트가 상부의 침식으로 현재 노출된 위치를 나타낸다. 이들 킴벌라이트는 중생대 백악기에 분출된 것으로, 킴벌리지역의 파이프는 당시의 표면으로부터 1,400m가 침식된 것을 나타낸다. 킴벌라이트는 상승하면서 맨틀 및 주변의 암석을 포획암으로 함유하고 있으며, 이미 만들어져 대륙지각 하부에 있던 다이아몬드를 지구 표면으로 동시에 이동시킨 것이다.[3]

그러나 정작 우리는 맨틀 아래에 있는 물질은 볼 기회가 없었다. 지진학자들의 노력의 결과로 지구의 내부는 지각과 맨틀 그리고 외핵과 내핵으로 만들어져 있다는 사실을 받아들여지게 되었다. 불과 한 세기 전만 해도 이런 사실을 아무도 모르고 있었다. 그러나 맨틀 상부의 물질은 확인이 가능하였지만 맨틀 하부와 핵의 물질은 직접 확인할 길이 없었다. 뉴튼에 의하여 이미 지구의 질량과 밀도는 오래전에 계산되어 있었다. 지구의 질량은 5.975×10^{24}kg이며, 평균 밀도는 5.52g/cm^{3}이다. 그러나 고체 지구의 껍질에 해당되는 지각을 구성하는 물질들은 대부분이 규산염광물로 구성되어 있기 때문에 지각의 밀도는 이에 훨씬 미치지 못한다. 지구 평균 밀도의 약 절반에 해당되는 2.7~2.8g/cm^3 정도이다. 지구의 내부에는 무엇인지는 모르지만 이보다는 훨씬 더 무거운 것이 있어야 뉴튼의 계산이 맞게 된다. 지구 내부의 밀도는 지진파의 진행되는 속도로부터 계산이 가능해진다. 지구의 내부로 들어갈 수록 밀도가 증가되어 맨틀의 평균 밀도는 3.3g/cm^{3}이 되고, 핵에 이르게 되면 10~13g/cm^{3}의 밀도를 갖게 된다는 사실을 지진파의 속도로부터 계산하여 구한 값이다.

이러한 사실은 우리가 알고 있는 지구 내부가 결국은 다른 물질로 구성되어 있다는 것을 지시한다. 그러한 지구의 진화과정을 살펴보려면 다시 46억 년 전으로 거슬러 올라가야 한다. 태양계가 만들어질 때 지구는 우주공간에 떠돌아다니던 물질들의 집합에 의하여 이 만큼의 크기로 성장하는 데는 대체로 1억 년이 소요되었다고 한다. 말이 성장이지 이것은 빈번하게 일어나는 충돌의 연속을 의미한다. 따라서 초창기 지구의 표면은 아주 높은 온도였으며 돌이 녹아있는 마그마의 바다였을 거라고 추정을 하고 있다.

지구의 성장이 멈추면서 표면에 축적되었던 열은 우주 공간으로 흩어져서 서서히 식어갔으나 그 열중의 일부는 지구의 내부로 들어갔다. 이렇게 만들어진 지구는 거의 균질한 상태로 존재하였으며, 지금처럼 깊이에 따라 다른 물질로 만들어져 있는 상태는 아니었다고 해석하고 있다. 그러나 지구가 커지면서 발생된 중력 에너지와 지구 내에 포함되어 있는 방사성 동위원소의 붕괴시 발생되는 열들이 지구 내부에서 모여지기 시작하면서 지구의 내부는 온도가 서서히 증가하기 시작하였다. 일반적으로 철질 물질은 암석을 구성하는 규산염 보다는 용융온도가 상대적으로 낮다. 이러한 철질 물질들이 용융되기에 충분한 온도로 지구 내부의 온도가 상승하는데는 10억 년이 소요되었으며, 그

때 400~800km 깊이에서는 철을 녹이기에 충분한 온도가 되었다. 처음으로 녹기 시작한 것은 철질 물질이었다. 용융된 철질 물질은 녹지 않은 물질보다 밀도가 크기 때문에 이들은 저절로 아래로 가라앉기 시작하였다. 이렇게 가라앉은 철질 물질들이 핵을 이루고 있다. 지진파를 이용하여 계산한 밀도는 철질 물질의 밀도와 일치된다. 이것이 지구가 불균질한 층상 구조를 갖게 된 이유이다. 그러나 이러한 과정을 설명하는데 통일된 이론은 없으며 아직도 많은 논란이 계속되고 있다. 아직도 지구의 지각이 언제 어떻게 형성되었느냐 하는 것에 대한 논쟁은 계속되고 있다.

우리는 흔히 나침반을 사용하여 방향을 정한다. 특히 바다를 항해하거나 깊은 숲 속에서 어떤 목적지를 향하여 갈 때는 나침반이 없으면 길을 잃기가 십상이다. 특히 지질학자들은 언제나 이것을 휴대하고 다닌다. 지층이 어떤 방향으로 얼마만큼 누워있는지를 알아내기 위해서이다. 그런 나침반의 바늘이 항상 일정한 방향을 가리키는 것은 지구가 거대한 자기장을 이루고 있기 때문이다. 지구의 내부는 밀도가 높은 철과 니켈로 구성된 핵으로 되어 있지만 이곳은 온도가 높기 때문에 이들이 자석처럼 자성을 띨 수는 없다. 바로 철질 물질이 768℃를 넘는 온도에서는 자성을 잃어버린다는 사실을 발견한 이가 큐리(Pierre Curie, 1852~1906)이기 때문에 이 온도를 큐리온도라고 부른다. 지금 우리는 핵의 온도가 4,700℃ 내외로 추정을 한다. 이런 온도에서는 철질물질이건 니켈이건 자성을 결코 가질 수 없다. 따라서 지구의 자기장을 이런 물질의 영구자화로는 설명이 되지 않는다. 바로 해답은 외핵에 있다. 외핵은 액체의 상태를 유지하고 있어서 바로 이들 액체가 회전운동을 하면서 마치 발전기와 같은 역할을 해 전류를 발생시켜 자기장을 형성한다는 것이다. 이런 생각은 1949년 불러드(Edward Crisp Bullard, 1907~1980)에 의하여 제안되었다.

자기장의 세기가 시대에 따라 변화되고, 또 방향이 반대로 나타나기도 하는데 이것을 외핵에서의 액체가 운동하는 방향과 크기로 설명을 하지만 아직도 모든 사람들이 수긍하는 명쾌한 이론이 정립되어 있는 것 같지는 않다. 하지만 이 자기장은 인류 생존에도 매우 중요한 역할을 하고 있다. 이는 나침반의

2001년 9월 캐나다 유콘지역에서 촬영한 오로라. 지구 자기장에 잡힌 우주선의 모습이 잘 들어나 있다.(사진촬영 Phil Hoffman)

바늘이 정확한 방향을 지시해주는 것 이상으로 중요한 역할을 한다. 지구 주위를 둘러싸고 있는 눈에 띠지 않는 자기장이란 보호막이 없다면 아마도 생물종의 대부분은 심각한 손상을 받을게 거의 확실하다. 바로 자기장 때문에 우주 공간으로부터 끊임없이 몰려들어오는 우주선이 밴알렌대에 들어가면서 차단되는 것이다. 이는 지구의 속이 겉을 통치하는 또 다른 방식 중의 하나이다. 오로라라는 이름은 그리스의 아폴로의 누이 동생인 여명의 여신인 아우로라(Aurora)에서 기원된 것이다. 삼국사기에는 우리나라에서도 고구려시대에 이미 오로라의 관찰기록이 발견된다. 극지방에서 관찰되는 백야현상을 일으키는 오로라가 바로 지구의 자기장과 대기권이 쳐놓은 그물에 잡힌 우주선이라는 것을 굳이 알려고 들지 않는다.

하여튼 이렇게 만들어진 지구 내부의 층상 구조는 각각의 성질에 맞는 역할을 가지고 있다는 것이 신비하기만 하다. 그러나 우리 발아래 지구의 내부에 들어있는 물질의 이해는 아직도 부족한 상태이다. 과학자들은 지구의 속으로 들어가면서 일어나는 광물의 변화를 파악하기 위해 여러 가지 노력을 기울이고 있다. 소련에서는 12km의 깊이로 시추까지 했으나 그것은 지구의 겉 껍질에 불과한 것이며 그 아래는 킴벌라이트만 가지고서는 설명할 수 없는 것들이 너무 많다.

많은 지질학자들은 고온과 고압 실험 장치를 고안하여 지구 내부에서 광물들의 변화를 규명하려는 시도를 하고 있다. 온도를 올리는 것보다는 압력을 올리는 장치를 개발하는 것은 더욱 힘든 일이다. 맨틀의 상부와 중부에 해당되는 지역의 압력에 해당되는 1,000kbar의 압력을 만드는 것까지는 성공을 하였다.[4), 5)] 그러나 이런 압력장치에서 사용되는 시료의 량이 너무 작기 때문에 실험에는 여러 가지 한계가 따른다. 그렇기는 하지만 광물들의 변화과정의 일부를 실험으로 재현하는 단계에는 이르게 되었다. 그 결과로 광물들의 조직은 압력이 증가하면서 더욱 치밀한 구조로 바뀐다는 사실을 확인하였다. 압력을 높인 장치에서의 실험은 아니었지만 이러한 실험의 시작은 바로 제임스 허턴의 시대에 에딘버러대학의 제임스 홀(James Hall, 1761~1832)에 의해 시도되었다. 홀은 허턴이 죽고 난 후 암석을 용융시켜 화산암과 동일한 암석이 형성되는 것을 실험하여 이를 확인하였다. 그러나 현대의 과학자들은 맨틀 혹은 핵의 깊이에서의 변화를 알아내려는 시도를 하고 있다. 최근 핵의 압력에 비견하는 압력을 유지할 수 있는 실험 장치들이 개발되어 극미량의 시료를 이용한 실험이 성공되어 부분적으로 광물의 변화 과정을 알아냈다고는 하지만 자연계의 조건을 완벽하게 재현한 것은 아니므로 우리가 지구의 속 사정을 파악했다고 보기는 어렵다. 아인슈타인의 말을 바꾸면 진실한 과학의 근원인 신비함은 아직도 많이 남아 있다.

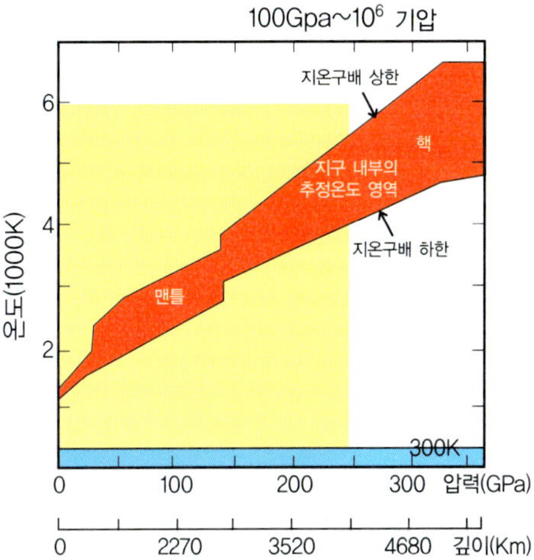

지구 내부의 온도와 압력과의 관계를 나타낸 그림. 적색으로 표시한 부분은 지구의 지온구배에 따른 심도별 지온의 분포를 나타낸 것이며, 황색으로 표시한 부분이 레이저로 가열시키는 다이아몬드 앤빌 셀과 같은 첨단실험 장비에 의하여 재현 시킬 수 있는 온도와 압력 구간을 나타낸 것이다. 그러나 고압환경에서 사용되는 시료의 량은 매우 제한적이므로 아직도 재현성에는 여러 가지 문제점을 가지고 있다(Mao and Hemley, 1998, Rev. Min., 37).

지구 내부의 신비함을 직접 해결하려는 노력은 계속 진행 중에 있다. 미국의 주도로 1966년부터 시작된 심해저 시추 작업은 1983년 종료되었으나 그것으로 지구의 속 사정을 다 안 것은 아니었으며 그보다는 더 확대된 계획으로 해저지각시추작업(ODP)이 계속되었다. 2004년도부터는 지구, 바다 그리고 생명이라는 구호 아래 20여 개 이상의 나라가 참여하여 국제공동해양시추사업(IODP, Integrated Ocean Drilling Program)을 추진하여 심해에서의 지구 내부를 들여다보는 사업이 계속되고 있다. 이러한 사업을 통하여 과학자들은 지구의 진화과정을 겉 껍질로부터 차례로 밝히는데 꼭 필요하고 귀중한 정보를 오늘도 모으고 있다. 이런 과학자들의 노력은 언젠가는 지구의 속내를 지금 우리가 알고 있는 것보다는 더욱 정확하게 밝혀주게 될 것이다.

육지다리는 있었는가?

▌우리나라 서남쪽 끝에는 섬보다 더 유명한 진도개의 산지인 진도가 위치해 있다. 육지와 진도는 1984년 우리나라 최초로 건설된 길이 484m의 사장교인 진도대교로 연결되어 있다.

이 다리로 육지인 해남군 동의리와 진도군 녹진리를 연결하기 전까지는 물살이 빠르기로 유명한 명량해협으로 알려진 율돌목을 조금은 엉성하게 보이는 페리 보트에 자동차를 싣고 건너는 그런 곳이었다. 이 다리의 양쪽 입구에는 화강암으로 조각된 잘 생긴 두 마리의 진도개가 지키고 있다. 사장교는 성웅 이순신이 명량대첩을 통하여 대승을 거둔 전승지 바로 위를 건너간다. 다리 입구에 만들어 놓은 전망대는 밀물과 썰물 때마다 변화되는 조류의 방향을 따라 세찬 물길 때문에 힘에 겨운 듯 조류에 밀리는 듯 느리게 지나가는 어선을 볼 수 있는 자리이기도 하다. 조류가 흘러가는 방향을 따라 가는 배는 주위에 튀어나온 바위에 부딪칠까 조심이라도 해야 될 만큼 나아가는 모습이 시원스럽다. 그 다리를 건너면 49개의 유인도와 212개의 무인도가 딸려 있는 진도로 들어가게 된다. 진도는 해마다 음력 삭망 때 회동리 앞바다에서 바닷길이 열린다고 많은 사람들이 모여든다. 회동리에서 2.8km 지점에 마주보이는 모도라는 섬까지 바다 밑 사구가 최대의 조수 간만 차이를 보이는 이 때 약 40여 미터의 폭으로 드러나면서 연결되는 것이다. 모인 사람들은 평소에는 배로만 건너야 했던 모도를 열린 바닷길을 따라 걸어 건너면서 조개를 줍기도 하는 그런 기쁨을 맛볼 수 있다. 사실은 그 바닷길이라는 게 조수 간만의 차이로 드러나는 것이라서 하나도 신기할 것도 없는 자연 현상이지만 자주 일어나는 일이 아니므로 육지다리라 부르면서 좋아라 한다.

지질학이 발전되는 과정에서도 육지다리란 말이 가끔 등장하는데 진도에 있는 조수간만의 차이에 의해 만들어지는 육지다리와는 약간 다른 의미를 갖는다. 육지다리란 다소 생소한 말은 베게너가 남미와 아프리카에서 생물종의 유사성을 들어 대륙이 이동되었다는 가설을 주장했을 때 이를 반박하기 위하여 일부 지질학자들이 궁색하게 생각해낸 용어이었다. 이들 대륙 사이에서의 생물종의 유사성은 두 대륙간에 존재했던 동물들의 이동 통로 역할을 하던 육지다리에 의하여 생물종의 이동이 가능하였던 것이지 뭉쳐 있던 대륙이 이동된 결과로 나타난 것이 아니라는 것을 주장하기 위하여 만들어낸 다리이다. 그러나 그런 다리는 존재하지 않았다는 사실이 밝혀져 허구로 드러났다. 사실 대륙간의 육지다리가 있어야 할 위치에서의 대양의 깊이는 진도의 회동리와 모도 사이 같은 그런 얕은 깊이는 아니므로 간만의 차이로 드러날 수 있는 다리는 아예 아니었던 것이다. 그러나 잊혀졌던 육지다리는 인류가 전 지구로 펴져가는 과정에서 아메리카 인디언들의 이동 경로를 생각하면서 다시 등장하였다.

아시아의 시베리아 동쪽 끝 츄크치 반도와 북미 대륙의 서쪽 끝 알라스카의 소우워드 반도 사이는 추워지는 계절인 11월에서부터 얼어붙기 시작하여 다음해 5월 말이나 되어서야 다시 녹기 시작한다. 이 기간에는 해협의 전체가 완전히 단단하게 얼어붙는 것은 아니지만 바다 위 부빙을 타고 약간의 위험을 감수하면 이 해협을 오늘날도 건널 수 있다. 2006년 3월 영국과 불란서의 모험을 즐기는 부쉬비와 키퍼는 15일간에 이 해협을 걸어서 지나는데 성공 하였다. 물론 이들은 해협의 최단 거리인 85km보다는 더욱 안전한 얼음을 찾아 북쪽으로 우회하는 길을 따라 건넜다. 이 길은 옛날에도 건널 수 있는 길이었을 것이다. 특히 빙하기에는 해수준면이 현재보다 현저하게 낮았으므로 그런 모험을 하지 않더라도 이 길은 마음만 먹으면 건널 수 있는 길이었다.

시베리아 동쪽까지 진출한 인간들은 동물들을 쫓아서 사냥을 계속하다 보면 빙하기에 마련된 이주의 통로를 따라 이동하는 동물과 함께 어렵지 않게 이 해협을 건넜을 것이다. 지금이야 빙하기의 존재를 자연스럽게 생각하고 있지만 과거 지구의 역사에서 빙하기의 존재를 확인하는 것조차도 대륙이 떠다닌다는 것을 확인하는 것만큼은 아니었지만 어려운 여러 단계를 거쳤다.

루이 아가시. 그는 미국으로 이민 후 하버드대학의 교수로 재직 당시의 모습. 그는 실천을 통하여 배우기를 강조하였으며, 질의문답식 강의를 한 것으로 유명하였다.

1800년대 이전만 해도 "빙하기"라는 개념조차도 없었다. 이때 빙하기의 개념 형성에 영향을 준 이는 스위스의 루이 아가시(Louis Agassiz, 1807~ 1873) 였다.[1] 그가 눈과 얼음에 덮여 있는 산 정상부로 둘러싸여 있는 스위스의 한 계곡에서 성장하였다는 것은 그에게는 매우 중요한 계기가 되었다. 그는 대격변설의 교주나 다름없던 당시 영향력이 막강하였던 퀴비에의 말년에 비록 짧은 기간이기는 했지만 연구를 같이 하였다. 그런 이유로 그는 다윈의 진화론에 대한 생각을 받아들이지 않은 완고한 학자였지만 빙하의 관찰은 많은 오류에도 불구하고 탁월한 것이었다. 아가시는 1840년 자신이 관찰한 내용을 『빙하기의 연구, *Studies on Glaciers*』란 저서로 발표하였다. 그는 그 책에서 다음과 같은 결론을 내린다.

내 생각에 이런 모든 사실들을 설명하고 기존의 지질학적 현상과 연결시킬 수 있는 유일한 방법은, 시베리아의 매머드를 묻어버린 거대한 얼음이 지구를 덮고 있었으며 빙퇴석에서 나타난 것처럼 남쪽 먼 곳까지 뻗쳐 있었다고 가정하는 것이다. 즉, 거대한 얼음이 대서양과 지중해의 해안선을 넘어 북미와 극동 아시아까지 완전히 뒤덮었을 것이다.

이 책의 가장 혁명적인 주장은 빙하기에 빙하가 유럽 전역은 물론이고 북미까지도 뒤덮었다는 것이었다. 이런 기존의 지식체계에 반하는 새로운 주장은 언제나 그래왔던 것처럼 이를 생각하고 있지도 않았던 사람들에게 논쟁의 불꽃을 제공한 것이나 마찬가지였다. 지구에 빙하기가 있었다는 생각을 아무도 전에 주장한 사람들이 없었으므로 이 이론에 대한 즉각적인 반응은 그리 좋은 쪽으로만 진행 되지는 않았다. 그러나 이 이론을 접한 다윈은 자신이 웨일스를 여행하면서 보고도 인식하지 못하였던 빙하의 흔적을 당시의 지질학자들과 새롭게 밝히는 일을 하였다. 그러나 빙하기가 있었는가 하는 이런 논쟁은 19세기 내내 계속되었다. 그러나 정작 빙하가 발달한 산록에 사는 평범한 주민들은 아가시보다 훨씬 더 먼저 그런 결론에 도달해 있었다. 그들은 빙하의 끝자락에 펼쳐진 그들이 소유하고 있는 혹은 주위의 들판에 나뒹구는 주변의 암석과는 전혀 관계가 없는 크고 이상한 돌들을 생각해 보면, 그 이전에 빙하가 옮겨 왔다고 생각하는 방법 외에는 달리 설명할 방법이 없었다. 이런 돌들을 지질학자들은 제자리를 잃어버린 돌이라고 해 미자석(迷子石, erratic boulder)이라고 부른다. 주민들은 그것이 어떤 의미를 갖는지를 파악되지는 않았지만 분명하게 빙하가 현재의 위치보다는 훨씬 더 넓은 범위에 퍼져있었다는 것은 내심 알고 있었다.[1)]

그 당시에 빙하기에 대한 생각은 비교적 단순한 것으로서 빙하기는 현재보다는 더 추운 기후를 가졌으며, 오늘날에 빙하가 없는 지역까지도 넓게 퍼져 있었던 시절이 있었다는 단순한 생각이었다. 그런 단순한 생각으로부터 시작된 빙하기에 대한 연구는 그렇다면 그것은 언제 일어났으며, 왜 빙하기가 왔는지에 대한 근본적인 연구로 변해 갔다. 그러나 그것은 한 사람에 의해서 해결될 수 있는 간단한 문제는 결코 아니었다. 그리고 빙하기는 아가시가 당초에 생각한 대로 빠른 속도로 시작되는 것도 아니었으며, 더 더욱 지구상에 한 번만 일어난 사건은 아니었음이 차례로 밝혀지게 되었다.

미국 몬태나주에서 빙하가 녹으면서 그 속에 들어있던 암석의 덩어리를 그 자리에 떨어트려 놓은 미자석.

지금으로부터 2만 5천 년 전은 지

구의 마지막 빙하기의 전성기로 북미 대륙에서는 캐나다 전역을 지나 미국 영토인 위스컨신주까지 빙하가 내려왔던 시기이다. 그래서 그 빙하기를 위스컨신빙하기라고도 부른다. 낮아진 지구의 기온 때문에 증발되는 해수는 빙상 위에 눈으로 계속 쌓여감에 따라 해수면은 점점 더 내려갔다. 서 유럽에서도 빙하는 영국을 뒤덮었으며, 노르웨이 및 스웨덴 전역을 더 내려와 독일의 북부에 까지 이르렀다. 유럽에서는 이 빙하기를 뵈름빙하기라고 부른다. 이 기간이 빙하의 형성에 따라 해수준면이 지금보다는 120여 미터나 낮아진 시기였으므로 아시아 대륙의 동쪽 끝인 츄코츠기반도와 북미 대륙의 동쪽 끝인 알라스카의 소우워드반도 사이의 베링해협은 완전히 육지로 들어나 자유롭게 오갈 수 있는 진정한 의미의 육지다리가 만들어진 때였다. 빙하가 츄코츠키 반도를 지나 남진했었기 때문에 들어난 육지는 아마도 빙하로 뒤덮여 있었을 것이다. 그 때 우리나라 역시 황해의 거의 대부분이 바닥이 들어나 중국과는 육지로 저절로 연결된 시점이기도 했다.

컬럼버스가 아메리카를 발견했다는 기록이야말로 잘못된 기록이며 그는 단지 스페인에서 거기에 이르는 항로를 발견했다고 말하는 것이 더 정직한 표현일 것이다. 이미 북미에는 그 주인들이 살고 있었던 시절인데 신대륙을 발견했다는 주장 자체가 오류이기 때문이다. 그러한 오류는 문화적 우월감이 만든 인종주의적 발상이라는 시각을 가진 이들도 있다. 한때 유럽의 몇몇 학자들은 유럽 사람이 진화의 사다리에서 다른 인종들보다 더 위에 있다고 주장을 하기도 하였다. 극단적인 예이긴 하지만 독일의 의학자인 헤켈(Ernst Haeckel, 1834~1919)은 "베다족(스리랑카 원주민)이나 오스트레일리아 니그로족처럼 하위 인종들은 생리학적으로 유럽의 문명인보다는 포유류나 영장류 또는 개에 가깝다. 따라서 그들에게 완전히 다른 생명의 가치를 부여해야 할 것이다"라는 극언을 그의 저서에 자신 있게 기록하였다. 아직도 해결되어야 할 문제가 있기는 하지만, 그는 그 자신도 아프리카 기원의 공동 조상으로부터 갈라져 왔다는 것을 몰랐을 때이니 그럴만도 하다는 생각이 들기도 한다. 그렇기는 하지만 요즘의 심한 표현으로 하면 막가자는 말을 한 것이다. 어떤 사람은 여러 인류 집단들이 서로 다른 영장류에서 독립적으로 진화했다고 단정적으로 말하기도 하였다.[3] 그러나 오늘날 그런 것은 모두 사실이 아니라는 점은 누구나 알고 있는 상식이 되었다.

하여튼 콜럼버스에 의하여 아메리카 인디언들의 존재가 서방세계에 알려지면서 여러 가지 혼란스러운 의문이 제기되었다. 그런 의문은 시간이 지나면서 하나씩 해결되어 갔다. 그런 의문들 중 하나가 인간의 이동경로에 관한 것이다. 지구상의 인간이 한 지점, 아프리카에서 시작되어 세계 각지로 퍼져 갔다는 이론이 확립되면서 이들의 이동 경로 및 시기에 대한 여러 가지 의견이 제시되었지만 20세기에 들어와서야 자세한 실마리가 풀리기 시작하였다. 북미대륙의 원주민들이 컬럼버스가 생각한 인도인은 아니었지만 컬럼버스 이래로 만들어진 오류가 굳어져 아직도 아메리카 인디안이라고 불려진다. 그러나 이들이 아시아를 거친 아시아인들이 분명한 것은 그들의 피부색에서도 들어난다. 남아메리카 여러 지역에서 선교활동을 했던 예수회 소속의 신부 호세 드 아코스타(Jose de Acosta, 1540~1600)는 1589년 아메리카의 원주민이 시베리아에서 건너온 이주민들의 자손이라고 주장하였다. 그는 이들이 어떤 방식으로 어떤 경로를 통하여 이 곳에 도달했는지를 생각할 때는 인간의 이성과 오성(悟性)에 어긋남이 없는 해명을 해야 된다는 충고까지 곁들였다. 그의 생각은 그 후 400여 년 간 유효한 것으로 받아들여졌다. 미국의 인류학자인 하트리카(1864~1943)는 최초의 이주자들이 미대륙에 도착했을 때, 그 곳은 어떤 인간도 거주한 적이 없는 처녀지였으며 그들은 빙하시대에 아시아와 아메리카를 연결하는 육지다리가 만들어지면서 신대륙으로 들어왔다는 가설을 발표하였다.

시베리아 동쪽의 츄코츠키반도와 알라스카 사이의 베링해협 일대의 빙하기 해수준면의 강하로 들어난 육지를 갈색으로 나타냈다.

빙하기 말의 해수준면의 전반적인 강하는 그의 가설을 뒷받침하는 듯 하였다. 이 빙하기는 기원전 5만 년 전에 시작되어 빙하기와 간빙기가 반복되다가 2만 5천 년 전 전성기를 구가한 후에 끝이 난다. 빙하기가 끝이 났다고는 했지만 아직도 록키산맥의 동쪽이 통로로 사용되기는 어려웠다. 아직도 인디언이 이주할 수 있는 길이 열린 시기에 관한 논쟁은 계속되지만 대략 1만 4천여 년 전에 길이 넓어져 이동이 가능했을 것이라고 추정하고 있다.[1] 이런 시기에 육지다리를 건너 북미 대륙으로 들어간 이주자들은 위험을 감수하면서 다시 아시아 쪽으로 건너오는 대신 뭉쳐진 부족 단위로 새로운 더 나은 생활터전을 찾아 따뜻한 남으로의 여행을 계속하였다. 그들의 격언에 이런 말이 있다.

내 앞을 걷지 말라.
내가 따르지 않을 수도 있으니.
내 뒤를 걷지 말라.
내가 인도하지 않을 수 도 있으니.
나와 함께 걸으라.
우리는 하나이니.

이 격언은 수많은 인디언 부족들 중의 하나인 소크족의 격언이다. 이 말이 갖는 철학적인 의미는 제외하고라도 이들이 하나로 뭉쳐야 한다는 기본적인 시각이 배어 있는 격언이다.

일부 고고학자들은 집단으로 이주하는 인디언들이 현재의 멕시코에 도착한 것은 기원전 2만 1천 년으로 추정하며, 남미 북부인 페루에는 그보다는 5~7천 년 뒤에 도달하였을 것으로 추정하고 있어 빙하기가 끝나는 시점이 이들이 이주한 유일한 시기는 아닌 것으로 알려지고 있다. 이주자들의 인종적인 특징은 어떠했는지, 그들이 과연 몽고반점을 갖는 몽골인의 후예인지 아닌지는 인류학자들의 몫으로 남겨두자. 그렇긴 하지만 이들의 이동을 가능하게 만든 것은 빙하기가 결정적인 계기가 되었다는 것은 이들의 이주 시기를 밝힌 고고학적 자료들이 증명을 해주고 있다. 이런 시기를 추정하는데는 고고학적 자료만이 아닌 유전학자들이 기여를 하였고 그 중의 대표적인 학자가 에모리대학의 월리스(Douglas Wallace)의 연구 결과를 빼 놓을 수 없다.[2),3)] 그는 미트콘드리아 DNA를 비교 연구함으로써 아메리카 인디언들과 유전적으로 가장 흡사한 사람은 츄크치 반도에 살고 있는 사람들이 아니라 몽골과 시베리아의 국경 근처와 알타이산맥과 바이칼 호수 주변에 살고 있는 사람들이라는 사실을 밝혔을 뿐만 아니라 또 다른 유형의 유전자가 유사한 사람들은 중국과 동남아시아 해안가에 살고 있는 사람들과 유사하다는 사실을 밝혔다. 그리고 그런 정보로부터 그들이 얼마나 오랜 기간동안 떨어져 있는지를 추정할 수 있는데 그 결과는 2만 년 이상 떨어져 있을 때 생기는 차이와 같다는 사실을 확인하였다. 그러나 유전자가 다른 집단은 이보다는 늦은 15,000년 전에 북미에 도달한 것으로 추정하였다.[2)] 하여튼 이들의 이주 시기는 빙하기와 일치한다. 이제부터는 그들의 이동이 가능하게 만든 육지다리 혹은 빙하다리를 만들어준 지구의 기후변화는 왜 일어났는지를 생각해 보기로 하자.

지구의 암석은 지구가 어떻게 변화되었는지 모든 것을 암석이나 지층에 지워지지 않는 기록으로 남겨둔다. 그러나 그런 지워지지 않는 기록을 읽어내기 위해서는 지질학이 발전될 때까지 기다려야 했다. 그때까지 우리는 여러 가지 의문들을 가지고 지내야 했다. 지금은 기후가 한냉한 고위도 지방에서 오늘날 열대 지방에서나 관찰이 가능한 동물들의 뼈나 이빨들이 화석으로 발견되는가 하면, 어떤 지역의 지층에서는 지금보다 더 추운 지역에서 자라고 있는 식물 화석들이 발견되었다. 이런 사실들 중 일부는 지판의 이동으로 설명되는 것도 있었지만 그것만으

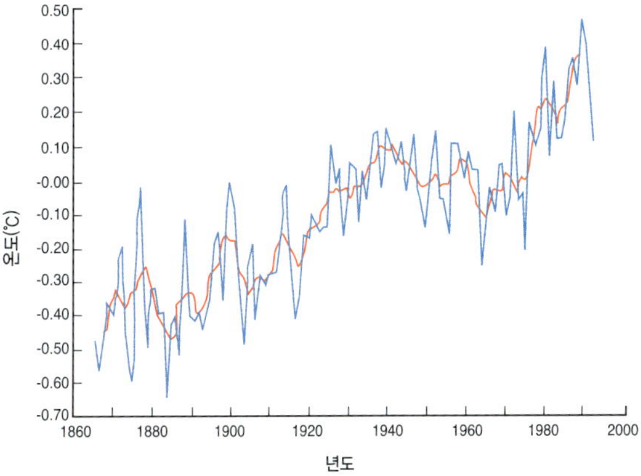

1860~1992년 사이의 지구 기온의 연평균 기온의 변화. 이 기록은 지구 기온이 서서히 상승하는 경향성을 보여준다.

로 해석이 되지 않는 경우는 지구의 기후가 변한 것으로 해석할 수뿐이 없었다. 사람들이 온도의 변화를 일정한 장소에서 오랫동안 관찰하여 기록으로 남긴 경우는 전체적인 기온의 변화를 직접적으로 알려주는 자료가 되었다. 그러나 지구의 나이는 46억 살이나 되기 때문에 인간이 기록으로 남긴 일 이백 년의 기록만으로 그 긴 시간의 기후변화를 예측하는 것은 불가능하며, 다만 단기간의 기온 변화의 경향을 파악하는 자료로서만 가치가 있는 것이었다. 1860년대부터 1992년도 사이의 기온 기록은 1860년도 이후 지구의 평균 기온이 0.6℃ 상승되었음을 보여준다.

지질시대에 따른 오랜 기간 동안의 기후 변화는 지층에 새겨진 기록을 해석한 결과가 중요한 증거가 되었다. 기후의 변화를 나타내는 기록들은 여기저기에 남겨져 있다. 지금은 빙하를 찾을래야 찾아볼 수 없는 온대 지방에서 과거 빙하가 남긴 자국들이 그러한 기록들 중의 하나이다. 오늘날 빙하가 발달된 지역에 가서 빙하 위에 올라가 보면 빙하에 박혀 있는 바위들을 쉽게 볼 수 있

고산지대에서 발달되는 빙하. 빙하의 중앙에 검은 색으로 나타난 줄은 빙하와 함께 이동되는 암석과 그 파편들이다. 빙하의 끝에서 얼음이 녹으면서 이들은 무더기로 쌓이게 되는데 이를 빙퇴석이라고 한다.

다. 빙하가 두껍게 발달하여 이동을 하게 되면 그 바닥에서는 빙하에 포함된 크고 작은 돌덩어리들이 함께 이동되면서 바닥에 노출된 암석 위에 긁힌 자국을 만들어 놓는다. 기온이 올라가면 빙하가 녹으면서 그 속에 포함되어 있던 암석들의 조각이나 퇴적물들을 그 자리에 남겨 놓는데, 이들은 분급도 되어 있지 않을 뿐만 아니라 모서리가 마모되지도 않은 제멋대로의 상태로 되어 있다. 그런 빙하퇴적물들을 빙퇴석(모레인)이라고 한다. 이러한 것들은 지금은 빙하가 없는 지역이지만 한때 빙하가 발달되었다는 증거들이다.

지구의 기후가 달라진 것은 빙하만이 보여주는 유일한 것은 아니다. 어떤 지역을 다니다 보면 과거의 하천이 위치하였던 자리가 말라버린 흔적을 볼 수 있다. 그 하천은 분명 지금보다는 강수량이 많았던 기후대에서 발달된 것이었으나 강수량이 적어져서 건천으로 변해 버린 흔적이다. 지표에 만들어지는 토양층은 그들이 만들어질 당시의 기후에 따라 여러 가지 다른 종류의 토양층을 만든다. 그러나 어떤 지역에서는 도저히 현재의 기후대에서는 만들어질 수 없는 토양층이 발달되는 경우도 있다. 이러한 지질학적 기록들이 바로 지구의 기후가 변화되고 있는 것을 나타내는 증거들이다.

이러한 변화는 암석에서나 기록되는 것은 아니며 역사적인 기록에서도 찾아볼 수 있다. 그러한 것으로는 중국에서의 6세기 이후의 혹한의 기록, 서기 622년 이후에 계속된 나일강 수위의 변화, 812년 이후의 일본 교토에서의 벚꽃이 개화하는 시기의 기록 등이 있어 이러한 자료들은 당시의 기후 변화를 간접적으로 이해할 수 있는 자료가 된다. 어떤 이들은 오랜 기간 자라는 나무의 나이테를 이용하여 당시의 기후를 복원하기도 한다. 나무들은 해마다 성장하면서 여름과 겨울철의 성장 속도의 차이에 의하여 나이테를 남긴다. 비교적 온화한 기후에는 성장 속도가 빨라 추운시기 보다는 나이테 사이가 벌어진다. 중학교 시절 과학시간에 배웠을 법한 그런 사실이 지구의 기후변화를 해석하는데 사용되는 것이다.

미국 서부를 여행하는 사람들이 한번쯤은 들리는 요세미티국립공원에서 마주치는 거대한 크기의 나무에 모두 입이 벌어진다. 그곳을 방문하는 거의 모

캘리포니아 지역에 요세미티 국립공원에 자라고 있는 자이언트 세콰이어. 이 나무는 2천 년이 넘게 산다. 둥지 곁에 있는 사람들을 보면 이 나무의 크기를 짐작할 수 있으며 나무 키가 너무 커 카메라 렌즈에 담기도 어렵다.

든 사람은 그 앞에서 사진기를 들이미나 그 녀석을 통째로 넣은 채 사람의 형상을 알아보게 사진을 찍을 재주는 누구도 없다. 지금까지 알려진 것 중 가장 큰 녀석은 제네럴 셔먼 나무라는 그럴듯한 이름까지 붙여져 있는데 키가 자그마치 83.8m이고, 나무 둘레가 31.1m나 된다. 그 정도면 나무라고 부르기에는 너무 큰 녀석으로 세콰이어(sequoia)란 이름을 가지고 있다.[4] 이런 키는 2천 년이나 넘게 살면서 커진 것이다. 이런 높이로 물을 올려 보내려면 강력한 모터가 필요할 정도이나, 이들 나무는 완벽한 자체 기능으로 그 높이까지 필요한 모든 것을 올려 보낼 줄 안다. 캘리포니아 지역에 남아 있는 이 나무들이 2천 년이 넘는 수명을 가지고 있으므로 적어도 이 기간의 기후 변화는 고스란히 나무속에 남아 있게 된다.

나무의 크기는 세콰이어와 같지는 않지만 네바다의 스네이크산맥에 있는 브리설 소나무는 현존하는 나무 중 가장 오래된 것으로 알려져 있다. 그러나 이 나무들 중 가장 오래된 나무는 나이테를 이용한 고기후를 연구하던 노스캐롤라이나대학의 지리학과 박사과정 학생이었던 커리(Currey, D.R.)에 의해 1964년 톱으로 잘려져 나갔는데 그 나이는 무려 4,844살이나 되었다.[5] 그는 물론 당국의 허락을 받아 그 나무를 자른 것이었으나, 현존

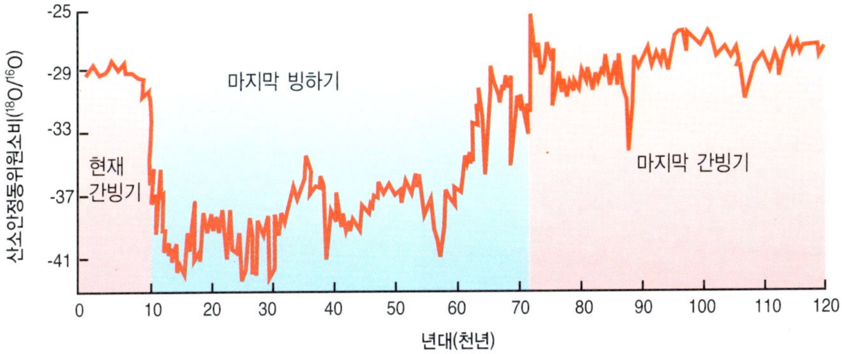

그린랜드 빙상의 코어시료로부터 구한 12만 년 전부터 현재까지의 산소안정동위원소 조성의 변화. 안정동위원소 조성이 낮은 구간이 온도가 내려간 구간으로서 7만 년 전의 빙하기 시작되면서 급격한 온도의 강하가 시작되었으며, 1만 년 전부터 빙하기가 끝나고 간빙기가 시작되면서 온도의 급격한 증가 추세를 잘 보여준다.

하는 가장 오래된 나무를 자르는지도 모른 채 잘라낸 결과가 되었다. 어떤 사람은 이를 인류의 비극이라고까지 말하고 있다. 그 외에도 향나무나 가문비나무 등 비교적 수명이 긴 나무들을 대상으로 그런 정보를 얻을 수 있다.

이러한 기록들을 우리는 기후의 대리기록이라고 한다. 최근에는 빙하나 산호초를 이용하여 기후변화를 복원하기도 한다. 북극이나 남극지방에 두껍게 발달한 빙하는 적어도 수만 년 동안 눈이 쌓인 결과로 만들어진 것이다. 그 얼음을 이용하여 당시 눈이 얼음으로 변화되는 대기의 온도를 추정하는 것이다. 얼음은 물이므로 산소와 수소로 구성되어 있다. 물을 구성하는 산소의 동위원소 조성을 구하여 당시의 온도를 추정하는 것이다. 이런 방법은 상당히 정확한 온도에 관한 정보를 주는 자료로서 과거 수십만 년 사이의 온도 변화를 정확하게 알아낼 수 있다. 이러한 방법은 최근에 개발된 것으로 과학의 진보에 의하여 얻어진 결과들이다. 산호초 역시 성장되는 속도가 매우 느리므로 한 덩어리에 서 비교적 오랜 기간의 기후 변화를 복원할 수 있는 자료를 제공해 준다.

빙하기가 전성기에 이른 2만 년 전에 해수면이 지금보다 120m나 낮았다는 것은 과연 어떻게 알 수 있는 것일까? 그런 의문은 누구나 한번쯤 해볼 수 있

눈의 여러 가지 기하학적인 대칭을 갖는 아름다운 결정으로 산출되는 한 가지 결정 예. 이때 밀도는 물의 1/10의 수준이다.

는 생각이다. 해답을 찾는 것은 그리 간단한 문제는 아니었다. 빙하기의 존재가 알려진 후 그런 의문은 하나씩 풀리기 시작하였다. 지금은 바다로 덮여 있는 지역을 보면 과거에는 삼각주로서 퇴적물들이 쌓이는 위치에 있었다는 사실도 알려졌다. 우리나라 황해의 바닥도 마찬가지이다. 그러나 얼마나 해수준면이 내려가 있었느냐 하는 것을 정확하게 알아내는 것은 다른 문제이다. 이 해답은 콜럼비아대학의 페어뱅크스(Richard Fairbanks) 교수에 의해 실마리가 풀렸다. 그는 바베이도스섬에 있는 산호초의 연대 측정과 동위원소 조성 연구로부터 그 해답을 구했다.[6), 7)]

이러한 노력의 결과는 아메리칸 인디언들의 이주를 가능하게 해준 아시아에서 북미대륙 사이에 만들어졌던 육지다리의 생성시기를 정확하게 밝혀주게 되었다. 지구 역사상 7만 년 전에 시작한 빙하기는 마지막 빙하기로서 이 시기에 발달된 빙하는 2만 년 전에 최고로 커져 남쪽으로 내려왔다. 이렇게 빙하가 내려온 것은 빙하가 긁어 놓은 자국으로도 확인 가능하지만 빙하가 확장되면서 그 자리에서 파묻혀 죽은 나무로부터도 알아 낼 수 있다. 나무가 죽으면 이들은 탄화가 진행된다. 탄소를 이용한 년대 측정을 하면 그 시기가 바로 나무가 죽은 시점이 된다. 이렇게 죽은 나무들은 빙하가 내리누르면서 이동되어 빙하가 흐르는 한쪽 방향으로 배열되기도 한다. 두 지역에서 파묻혀 죽은 나무의 년대를 측정하고, 그 사이의 거리를 알면 빙하가 확장되는 속도를 구할 수 있다. 이런 방법으로 계산한 결과, 북미 대륙에서 빙하가 확장되는 속도는 대략 일년에 25m에서 100m의 속도로 진행되었다는 사실이 밝혀졌다. 이러한 빙하의 남진과 빙상의 규모가 확대되는 현상은 빙하기를 통하여 전 지구적으로 나타난 현상으로 유럽에서도 빙하는 남진하였으며 영구동토대는 불란서 중부까지 확장되었다. 빙하가 확장됨에 따라 해수준면은 내려가기 시작하였다.

이것을 이해하기 위해서는 전 지구적 물의 총량은 일정하다는 것을 염두에 두면 된다. 증발되는 물이 눈으로 내리고 이들은 빙하 위에 쌓이면서 얼음이 되어 빙하의 두께를 늘려가며 해수준면은 내려간다.

2005년도 호남지방에는 다른 해와는 달리 유난히 많은 눈이 내렸다. 그 지방은 원래 눈이 많이 내리는 지역이 아니라서 대비가 소홀하여 많은 피해를 냈다. 그런 눈이 내린 후 길 위에 쌓인 눈을 밟으면 뽀드뽀득 기분 좋은 소리를 내며 푹신한 감을 느끼게 해준다. 눈은 눈송이로 되어 있을 때 물방울에 비교하여 밀도가 1/10도 안되는 가벼운 아름다운 대칭을 갖는 결정의 모습을 가지고 있지만, 그 아름다운 눈송이의 결정은 용해와 증발에 의하여 밀도가 큰 동글동글한 얼음으로 변화된다.

대체로 눈은 50여 일이 경과되면 얼음 알갱이로 변화된다. 그러나 얼음 알갱이들이 만들어지는 초기에는 공기가 비교적 자유롭게 통과하는 상태이나 시간이 경과되면서 공기가 빠져나간 후 공기의 유통이 어려운 상태로 된다. 이렇게 되면 밀도가 증가하여 더욱 치밀한 상태의 얼음으로 변화된다. 이 때의 밀도는 $0.9g/cm^3$가 된다. 모든 물질이 고체일 때 밀도가 커지나 물만은 고체인 얼음일 때 밀도가 낮은 아주 특별한 성질을 가져 물위에 뜨게 된다. 이렇게 얼음으로 변화되는 과정에서 빙하는 여러 가지 자연의 증거들을 냉동 보관하는 역할도 하게 된다. 아마도 1991년 9월 19일 녹아내린 빙하 사이에 몸을 들어 낸 "아이스 맨"이 대표적인 예일 것이다. 몇명의 등산객에 의해 아무도 기대하지 않았던 알프스의 빙하 속에서 5천 3백여 년 전의 신석기 시대의 인물이 문신까지도 그대로 남

1991년 9월 19일 이탈리아령 알프스산에서 발견된 5,300여 년 전의 신석기인. 빙하 속에서 동결건조되어 미이라 상태로 잘 보전되어 있었으나 빙하가 녹으면서 노출되어 이 산에 올라간 네 명의 등산객에 의하여 발견되었다. 발굴되기 이전의 모습.

아있는 상태로 발견되었다. 그것은 얼음만이 할 수 있는 일이었다. 얼음은 이런 사람과 동물의 시신 외에도 다양한 유물들과 함께 당시의 환경을 가늠케 해주는 증거들을 우리에게 제공해 주기도 한다. 그렇다. 빙하 속에는 과학적인 정보와 함께 역사가 얼어 있는 것이다. 빙하가 녹으면서 풀어내는 역사를 찾아내는 것은 이제 과학자들의 새로운 과업이 되었다.

빙하기의 추위가 계속됨에도 불구하고 대륙에 존재하는 호수는 그 크기가 점점 더 커졌다. 그것은 강수량이 증가되어서가 아니라 기온이 내려가면서 증발량이 감소된 결과이다. 이야기를 조금 더 거슬러 올라가보기로 하자. 지질시대의 가장 젊은 시기인 180만 년 전부터 현재까지를 홍적세라고 부른다. 과거에는 대체로 이 기간 동안 4번의 빙하기가 반복되었던 것으로 알려졌으나 심해저 퇴적물을 연구한 결과 이 기간 동안 빙하기는 약 30번 정도가 있었다는 사실이 알려져 충격을 주었다. 여기서 연구된 퇴적물이란 광물을 이야기하는 것은 아니고 바다에 살고 있던 생물이 죽어 그 유해가 바닥으로 떨어져 쌓인 것을 말한다. 그것도 퇴적물의 일종이므로 여기서는 여러 가지 용어를 사용하기보다는 퇴적물이란 말을 그대로 사용하기로 하자. 해저퇴적물들은 퇴적되는 속도가 매우 느려 뚜껍지 않은 단면에서도 비교적 오랜 시기를 알 수 있는 장점을 가지고 있다. 이들이 퇴적되는 속도는 1,000년에 겨우 1cm 정도에 불과하다. 이렇게 퇴적되는 생물종의 유해는 여러분들이 생각하는 이상의 정보를 기록하고 있는 훌륭한 온도계 역할을 한다. 더운 바다에 사는 생물종과 추운 바다에 사는 생물종은 그 종류가 다르다. 여기서도

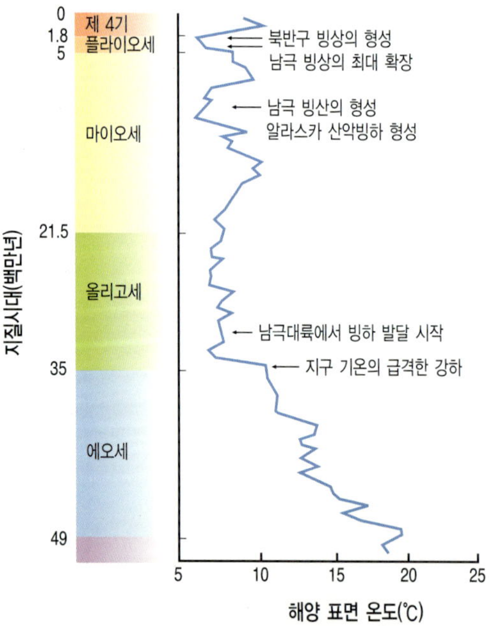

서태평양 퇴적물의 산소안정동위원소 조성으로부터 구한 해수 온도변화의 기록. 3500만 년 전 지구 기온이 지구 기온이 빠르게 내려가면서 남극 대륙에서 빙하가 더욱 커지기 시작하였으며, 250만 년 전에는 최대로 확장한다. 그 시기에 북극의 빙하가 형성되는 기후변화를 잘 모여주고 있다.[9]

허턴이 제시한 "현재는 과거의 열쇠이다"라는 동일과정의 법칙이 통한다. 오늘날 대양에서도 더운 바다와 찬 바다에서 서식하는 생물종이 다른 것처럼, 각 지층별로 산출되는 생물종들을 현재 바다에 서식하고 있는 생물종과 비교함으로써 당시 바다의 표면 온도를 역으로 추정한다. 지질학자들은 이러한 자료를 종합하여 선택된 층의 당시 해수 표면온도를 계산해 낸다. 이런 생물종들은 규산질(SiO_2) 물질이거나 아라고나이트라고 하는 탄산염($CaCO_3$) 물질로 된 골질부를 갖고 있다. 이들을 이용한 동위원소 조성비의 변화는 생물종 자체의 연구와 대비시켜 비교적 정확한 해수의 온도 변화를 추정할 수 있다. 이렇게 하여 구한 과거 5천만 년 전부터의 해수의 온도 변화는 그림에 나타낸 것처럼 계속 내려가는 추세를 보여주고 있다. 3천5백만 년 전 에오세가 끝나갈 무렵 남극 대륙에 빙상이 형성되는 기후변화가 오면서 해수의 기온은 갑자기 내려간다. 다시 250만 년 전 기후변화가 오면서 남극의 빙상이 확장되어 기후는 더 내려가 북극에도 빙상이 만들어진다. 실제로 250만 년 전 제3기 올리고세가 끝나고 마이오세가 시작되는 이 시기의 빙하기는 유인원과 같은 인류의 조상으로부터 인류로 진화하는 연결고리에서 매우 중요한 시기이다. 아프리카 대륙에서 유인원의 모습으로부터 인류로의 진화의 속도가 급격하게 빨라진 기간이기도 한다.[1)]

시간 여행은 계속된다. 이번에 가는 시기는 6천5백만 년 전부터 2억 5천만 년 전 사이의 기간이다. 포유류가 번성하기 이전 파충류 공룡이 지구의 주인이었던 중생대의 시기이다. 아마도 그 시기에 우리가 살지 않았던 것을 크게 다행으로 여겨야 할 정도로 지구의 역사상 가장 더운 시기였다. 지구가 만들어지는 초창기 지구의 껍질이 다 녹아 용암처럼 끓어오르던 시기를 제외하고는 가장 더운 시기일 것이다. 중생대 지층에 쓰여진 암호들은 그런 메시지를 전해주기에 충분한 기록을 가지고 있다. 따뜻한 해수에서나 생존이 가능한 산호초가 살던 곳은 지금보다 위도가 15°나 북쪽으로(북반구에서는 북쪽으로 올라갔지만 남반구에서는 남쪽으로)더 올라가 있었으며, 육지에서 식물들이 생존 가능한 구역도 역시 15° 정도가 더 북쪽으로 올라가 있었다. 해수준면은 오늘날

보다 최저 100m 이상이 높았는데 이는 극권에 빙하가 없다는 것을 의미하는 암호이다. 해양 생물종이 남긴 유해(遺骸)의 안정동위원소 조성으로부터 구한 온도는 오늘날 보다 적어도 6℃ 이상 높았으며, 극지방은 최대로 14℃ 이상 높았을 것으로 해석된다. 그 시대 대륙과 해양의 위치는 지금보다 온도가 높은 환경을 만들기에는 족하였으나 그것만으로 중생대의 높은 기온을 유지하는 것은 불충분하였다. 다른 암호의 해석 결과 대기 중의 이산화탄소의 농도는 현재보다 적어도 6~8배는 높았을 것이라고 해석되어 당시 온도를 상승시키는데 일조를 하였을 것이라고 해석되고 있다. 인간이 그런 대기 농도에 과연 적응이 가능할지는 의문이며, 역시 중생대는 이래저래 공룡이 주인일 수밖에 없는 시기였다. 이 시기에 빙하의 흔적이 나타나지 않는 것은 이 시기의 온도가 높았다는 또 다른 증거이다.

그렇다면 중생대의 높았던 이산화탄소는 어디서 온 것일까? 지질학자들은 이산화탄소가 높아진 원인을 그 시기에 왕성했던 화산 활동의 결과로 해석하고 있다. 이 시기에 전 지구적으로 지판의 이동 속도가 빨랐으며 그 결과로 중앙해령의 생성이 증가되었다. 태평양의 해저고원은 대부분 이 시기에 해저 화산 활동으로 형성되었으며, 육지에서도 화산 활동 또한 거대한 규모로 진행되었다. 과학자들은 무엇이든지 계산하여 숫자로 제시하기를 좋아한다. 이런 화산 분출에 의하여 방출된 이산화탄소의 양은 1760년대 값의 8배 내지 12배에 이를 정도로 증가시킬 수 있다는 것이다. 지질학자들의 계산은 때로는 틀렸던 역사적인 기록이 있지만, 이번의 계산만큼은 그리 틀린 것처럼 보이지 않는다. 그런 정도라면 지구의 기온을 중생대 수준으로 올리는데 충분하다는 것이 컴퓨터를 이용한 모사실험 결과이다. 컴퓨터는 무엇이든지 계산을 한다.

이 시기보다 더 거슬러 올라가게 되면 이 때부터는 지층에 기록된 암호를 해석하기는 더욱 어려운 단계에 이르게 된다. 생물체의 안정동위원소 조성의 변화와 같은 직접적인 방법을 적용할 수 없기 때문이기도 하지만 지층 속에 기록된 암호가 하나 둘씩 지워져 버렸기 때문이다. 동적인 지구는 지층의 기록을 그대로 남겨두길 거부하였다. 이런 암호 해석은 『다빈치 코드』에서 랭던

이 풀어가는 것과는 사뭇 다른 것으로 비비 꼬여 있는 것을 풀어가는 것은 아니다. 바위에 남긴 심하게 긁힌 자국이나, 빙하가 물러나면서 쌓아 놓은 돌 더미가 만든 지형이 제시하는 직접적인 정보로부터 해석을 하게 된다. 적어도 고생대 후반 2억 5천만 년 전까지 적어도 50번 이상의 빙하기가 도래하였음을 지시해준다. 그러나 지질시대가 오래될 수록 암호들은 더욱 희미해져 어떤 경우는 명확하게 해석하기가 어려운 경우도 있다.

그렇다면 이렇게 지구의 기후를 요동치게 한 원인은 무엇일까 하는 의문이 생기게 된다. 이 해답은 간단하지 않다. 지구 기후를 변화시키는 원인은 아주 여러 가지가 있으며, 지구상에 기록된 기후의 변화는 항상 같은 이유로 변화된 것도 아니기 때문이다. 기후를 변화시키는 요인들이 아주 여러 가지일 뿐만 아니라 이들 간에 상호작용을 하여 복합적으로 나타난 결과이기 때문이다. 여기서도 지판의 이동은 예외 없이 작용을 한다. 전 지구적인 지질현상은 대부분 지판의 이동과 연관되어 있다. 지판이 어떻게 뭉쳐지고 헤쳐지는지에 따라 해류의 방향이 달라지고, 지판의 경계부에서의 조산운동에 의하여 형성되는 높은 고도 역시 해류와 대기 순환을 변화시켜 지구 기후변화에 영향을 미쳤다는 것이 제시된 원인 중의 한 가지이다. 이러한 지판의 이동은 판의 경계부에서 왕성한 화산 활동을 일으켜 지구 기후에 변화를 주는 요인으로 작용을 하게 된

미국 온타리오 호수 남쪽의 지형을 기복도로 나타낸 모습. 빙하를 해석하는 지층에 새겨진 암호 중의 하나이다. 고기 지층에 기록된 빙하의 흔적. 빙하가 이동되면서 만든 빙하퇴적층으로 만들어진 비대칭적인 지형이 잘 들어나 보인다. 길쭉하게 발달되는 꼬리모양의 방향은 빙하가 이동된 방향을 나타낸다. 오래된 지층에서는 이런 흔적들은 침식작용에 의하여 사라진다. 이러한 형태를 드럼린이라고 한다(USGS 제공).

빙하기의 형성을 최초로 천문학적인 관점에세 제기하였던 제임스 크롤(왼쪽)과 이를 이론적으로 완성시킨 밀루틴 밀란코비치의 모습.

다. 화산 활동은 막대한 가스를 대기 중에 방출하여, 미세 화산재를 기권에 진입시켜 지구 기온을 올리기도 내리기도 한다. 오늘날도 대기 중의 이산화탄소는 지구온난화의 주범이다. 세계가 위기의식을 느끼고 이산화탄소 방출량을 묶어 두려는 노력을 시작한 단계이나 아직도 초강대국이라고 자처하는 미국이 리오데자네이로에서 개최된 지구환경정상회에서 그 비준을 거부하였고, 아직도 이를 계속 거부하고 있다. 그 때 산업국가에서는 이산화배출량 감소를 위하여 열대우림 지역에서의 삼림보호와 절대적인 연계를 주장하고 있었다. 그러나 미국 정부의 반대는 모든 것을 합의할 수 있는 기반을 허물어 버렸다. 고어는 그의 저서 『위기의 지구』에서 그러한 미국의 결정은 불행한 사태라고 단정하면서 부시행정부를 비난하였고, 행동할 때는 지금이라고 주장하였다. 그러나 그가 부통령으로 재임하는 기간에도 미국은 비준을 하지 않은 유일한 강대국이었다.

이번에 드는 이론은 생각하기에 따라서는 좀 복잡하다. 천문학적인 해결 방법이다. 이 방법은 제임스 크롤(James Croll, 1821~1890)이란 과학계에 잘 알려지지도 않았던 의외의 인물에 의해 시작되어 천문학자인 밀란코비치에 의하여 완성된 이론이다. 크롤은 제대로 교육을 받아보지도 못했으나 많은 독서를 통하여 빙하기와 간빙기의 주기가 천문학적인 원인이 간여했을 것이라는 생각을 처음으로 했다. 그가 세상을 살기 위하여 가진 직업의 종류는 무수히 많았다. 그러나 매순간 그가 손에 놓지 않았던 것은 다양한 종류의 책이었다. 그는 나이 40세가 다 되어 글라스고의 한 사립학교 박물관 관리인이 되면서 그의 독서량은 더욱 늘어났다. 제대로 된 교육을 받아 보지도 못한 그가 과학에 두각을 나타내기 시작한 것은 그때부터이다. 그는 빙하기의 기후를 결정하는 핵심적인 요인은 지구가 태양으로부터 받는 열에너지의 양의 차이에 기인하는 것으로 생각을 하였다. 그 이전에 이런 생각을 가진 학자가 없었던 것은 아니었으나 그렇게 심각하게 고려하지는 않았었다. 크롤은 지구 궤도의 변화가 빙하기를 일으키기에 충분한 지구 기온을 내리는 직접적인 원인이 아니라는 사실을 알아내었으며, 그런 변화가 해류에 영향을 주어 빙하기를 일으킨다고 생각하였다. 하여튼 그가 계산한 빙하기의 시기는 8만 년 전이었다.

그러나 빙하기의 시기가 약 3만 년 전으로 알려지면서 그의 이론은 퇴색되었다. 그러나 20세기에 접어들어 세르비아의 수학자인 밀란코비치(Milutin Milankovitch, 1879~1958)에 의해 크롤의 이론을 새롭게 정리하여 발표한 "밀란코비치주기"는 모든 사람들이 수용하는 이론이 되었다. 후대에 이 이론은 원래 이 아이디어를 낸 크롤을 기념하여 크롤-밀란코비치이론이라고 부른다. 지구의 회전축이 도는 것과 지구의 타원 궤도축이 도는 것이 합쳐 작용한 결과로 춘분, 추분, 하지 및 동지점의 위치가 달라지는 세차운동과, 회전축의 기울기가 변화되는 것과, 지구의 공전궤도의 이심율(얼마나 원에 가까운지를 나타내는)의 차이에 의하여 지구상 특정 위치에서 복사에너지의 양이 10% 정도가 달라진다는 것이다. 이것은 풀기 어려운 퍼즐이 아니라는 것을 지질학자들이 밝혀 주었다. 독일의 두 과학자 펜크(Albercht Penck)와 브루크너(Eduard Bruckner)는 알프스산맥의 계곡에서 단구를 관찰하고 4번의 빙하시대가 있다는 사실을 확인하였다. 밀란코비치에 의해 독립적으로 계산된 결과를 그들이 조사한 결과와 비교해보고 싶었다. 이 두 자료를 근거로 기후변화의 역사를 복원한 결과 빙하기와 간빙기 주기변화가 일치되는 사실이 확인되었다. 이론적인 계산 결과와 야외에서 관찰한 결과가 거의 완벽하게 일치되었다. 쾨펜(Wladimir Koppen)과 그의 사위였던 베게너(Alfred Wegener)는 이의 중요성을 알아차렸으며 1924년에 출간한 그들의 저서 『지질학적 과거의 기후, *Climates of the Geological Past*』에서 이를 상세하게 다루었다. 이 저서는 당시 상당한 인기를 끌었던 것으로 밀란코비치가 세계적인 명성을 얻는데 큰 도움이 되었다.

크롤이 일찍이 예상하였던 것처럼 해양의 순환은 지구 기후계에 영향을 미친다. 거대한 해양에서 이루어지는 해류의 이동이 영향을 미치는 것이다. 이들 해류는 가동이 잘 되고 있는 컨베이어벨트를 따라 이동하는 것처럼 질서 있게 움직인다. 대서양에서 북대서양으로 이동하는 따뜻한 물은 서서히 증발되면서 올라간다. 이들이 그린란드와 아이슬란드 사이에서 찬 북극바람을 마주치게 되면 해수의 증발 속도는 더욱 빨라지고 염농도는 증가하게 된다. 이처럼 차고 밀도가 높아진 물은 아래로 가라앉으면서 수괴(水槐)를 형성하여 남쪽으로 바닥을 흘러간다. 이런 무겁고 차가운 남쪽으로 흐르는 심층수를 북대서양 심층수라고 부른다. 이 가라앉는 심층수 수괴는 따뜻한 중층수가 빠져나가 보완한다. 이 따뜻한 해수가 대기 중에 열을 공급하여 북서유럽이 상대적으로 위도에 비교하여 온난한 기후를 유지하게 만드는 원인이 된다. 과학자

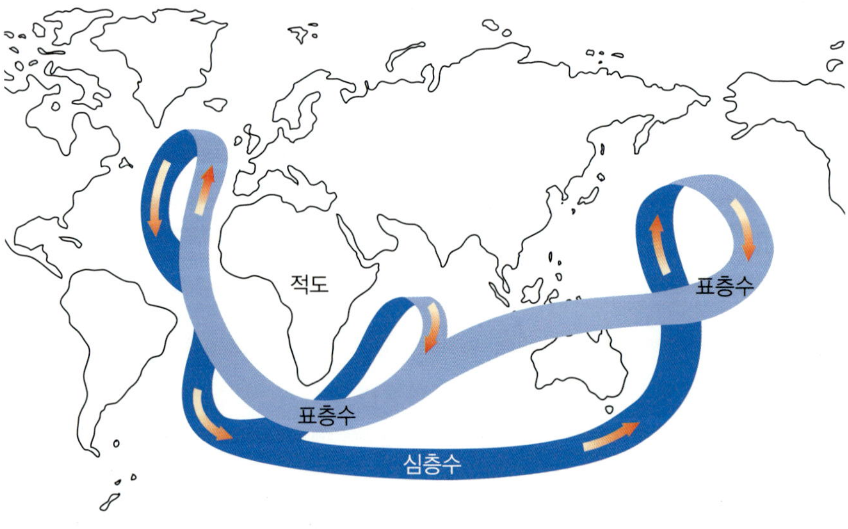

열염순환의 개념도. 전지구 해양의 표층수와 심층수의 콘베이어 구조를 단순화 시켜 나타낸 그림.

들은 이러한 해수의 이동 때문에 극지방이 빠른 속도로 따뜻해져 열대지역과의 온도차가 줄어들어 그 결과로 대양의 거대한 해류가 영향을 받아 속도가 느려지는 새로운 평형 상태가 유지되지 않을까를 염려한다. 이러한 변화는 바로 지구 기후의 변화를 몰고 오기 때문이다. 다행스럽게도 아직은 그런 기미는 보이지 않는다. 그런 염려는 과거에 이미 지구 역사에 나타난 현상이기 때문에 더욱 신경을 쓰게 된다.

기원전 8750년경 마지막 빙하기를 벗어날 무렵 온도가 높아지면서 빙하가 녹은 막대한 양의 담수가 캐나다 중앙부에 거대한 담수의 내해를 만들었다. 그 물은 미쳐 녹지 않은 얼음 제방에 갇혀 있었다. 지구의 기온이 계속 상승하면서 얼음 둑이 무너지면서 지금의 슈페리어호를 지나 그 엄청남 양의 물이 대서양으로 한꺼번에 쏟아 들어갔다. 그린란드와 아이슬란드 사이에 위치한 염농도가 낮은 이 물은 가라 앉지 않았다. 해수의 컨베이어 벨트가 작동을 중단한 것이다. 멕시코만류와 함께 올라오던 열기의 공급이 중단된 것이다. 아이러니컬하게도 세계는 더워지고 있는데, 막 빙하기를 벗어나 기지개를 펼치려 든 유럽은 다시 한파에 휩싸이게 된다. 그런 변화는 오랜 시간에 걸쳐 일어나는 변화는 아니다. 그 시기가 바로 인류 문명이 아시아의 서쪽 끝이며 유럽의 남쪽 메소포타미아에서 움트고 있던 시점이다. 컨베이어 벨트가 작동을 다시 시작하면서 유럽의 기후는 회복되었다. 대양에서 거대한 해류의 이동은 그 바다를 항해하는 선박에게만 영향을 주는 것은 아니었으며 전 지구적인 기후에도 간섭을 하고 있다는 것이 명백하게 들어난 것이다.

북대서양 심층수는 남극까지 내려가 남극을 도는 해류와 합해진다. 태평양과 인도양으로부터 아프리카의 남쪽 끝을 돌아 남대서양으로 들어가는 표층수와 중층수는 대서양으로부터 빠져 나가는 북대서양 심층수를 보충해 주게 된다. 남극에서 가라앉은 저층수는 바닥을 따라 북상하다가 북대서양 심층수를 만나 남극을 도는 해류 즉 환남극류로 되돌아오게 된다. 이런 사실은 1797년 과학자이자 탐험가였던 럼퍼트 백작에 의해 전적으로 올바른 것은 아니었지만 처음으로 알려지게 되었다. 이것이 전 지구적인 열염순환(熱鹽循環,

thermohaline circulation)이다. 복잡한 것 같지만 이것을 하나의 켄베이어 벨트로 이동되는 하나의 시스템으로 생각하면 된다. 이 컨베이어 벨트의 이동 속도는 매우 느려 북대서양에서 태평양까지 가는데 무려 1,500여 년이 걸린다. 열염순환은 그 시작이 되는 고위도 지역에서의 염분의 농도가 중요한 역할을 한다. 고위도 지역에서 염도가 낮아지면 열염순환은 중단되고, 염도가 높아지면 열염순환의 컨베이어 시스템은 작동된다. 열염순환이 멈추게 되면 해양과 기권은 냉각되어, 추위는 증폭되며, 해양빙하의 팽창을 야기하는 기온이 내려가는 시기에 접어들게 된다. 한 가지 다행스러운 것은 해양빙하의 팽창과 축소는 해수준면에 미치는 영향이 작다는 것이다. 바다에 있는 빙하는 이미 빙하의 체적에 상당한 양만큼 물을 밀어낸 자리를 차지하고 있기 때문이다. 그러나 컨베이어 시스템이 작동을 하면 결과는 반대로 나타나 온도가 올라가는 시기에 들어가게 된다. 이러한 해양의 순환은 지구 기후계를 상대적으로 안정된 상태로 유지하는데 기여를 하게 된다. 그러나 천문학적인 변화 요인이 태양의 복사에너지를 감소시키는 조건이 이루어졌을 때 열염순환이 멈추는 모드와 일치하게 되면 추위는 한층 더 증폭시킬 수 있으며 지구의 기온이 내려가는 속도를 훨씬 빠르게 만들 것이다.[8] 그런 시기는 대륙붕으로 연결된 도서지방이나 현재는 바다로 격리되어 있는 대륙 사이를 연결해 줄 수 있는 육지다리가 만들어지는 기간이기도 하다.

이런 기후를 변화시키는 모든 요인들은 독립적으로 작용하는 것이 아니라 지구의 암석권, 기권, 수권 및 생물권의 상호작용으로 나타난 결과인 것이다. 이런 자연계의 순환은 아무도 조절할 수 없는 것으로서 다만 스스로 작동하는 메카니즘에 의하여 이루어진다. 인간의 과학 문명이 아직 스스로 작동되는 이러한 거대한 지구의 기작을 제어할 만한 수단은 찾아내지 못하였다. 이런 사실을 일찍이 알아차린 역사학자 듀란트(Will Durant, 1885~1981)는 "문명은 예고 없이 변하는 지질학적 영향을 받으며, 그에 의하여 존재한다"고 설파하였다. 그러나 아직도 많은 사람들이 기후와 지질이 인류 역사에 큰 영향을 미치고 있다는 사실을 인정하려는 준비가 되어 있지 않다.

위험을 두려워하지 않는 사람들

파키스탄의 대통령인 무샤라프는 "우리가 가장 먼저 해야 될 일은 가능한 한 더 많은 사람들을 구조하고 사체를 찾아내는 일이다"라고 말할 만큼 강력한 지진이 2005년 10월 8일 오전 9시에 파키스탄의 이슬라마바드 북동쪽 95km 지점 지하 10km에서 진도 7.6의 지진이 발생하였다.

2005년 10월 8일에 파키스탄 이슬라마바드 북동쪽 95km 지점에서 발생한 진도 7.6의 지진으로 완전히 파괴된 카쉬미르 지역 한 마을의 모습.

그 지진의 결과는 참담함 그 자체였다. 가장 큰 피해는 인도와의 국경 분쟁 지역인 카쉬미르 지역에서 일어났다. 수십 개의 마을을 말 그대로 초토화시켜 많은 인명의 손실이 있었다. 진앙이 깊지 않아 지진파의 충격을 지층이 흡수하지 못하고 지표에 바로 전달된 것이 피해를 증폭시킨 원인이 되었다. 산악지대에 자리한 조용한 마을은 한 순간에 납작하게 사라져 버렸다. 파키스탄에서만 희생자가 51,700여 명에 이르렀고, 부상자는 74,500여 명이나 되었다. 이재민의 수는 그보다 훨씬 더 많이 발생했다. 이 지역은 항상 지진의 잠재 발생 가능 지역으로 꼽히던 지역 중의 하나이다. 인도판이 유라시아판과 충돌되는 지역으로 크고 작은 수많은 지진이 발생하는 지역이었다. 이런 지진은 이곳에서만 발생되는 것은 아니며 전세계적으로 지판의 경계부를 따라 크고 작은 지진이 끊임없이 발생되어 많은 희생을 치르고 있다.

1995년 고베지진에 의하여 누워버린 고베 시내의 고가도로와 파괴된 고베 항만 시설의 일부.

몇 년 전 나는 지질학적 호기심으로 고베를 방문하기로 마음먹었다. 그때는 고베 지진이 일어난 지 얼마 지난 후이지만 아직 복구 작업이 마무리된 시점은 아니었다. 그래서 더욱 빨리 가봐야 되겠다는 강박관념 같은 것이 있었다. 일본인들의 완벽함과 치밀함으로 보아 복구가 끝나면 지진 현장은 모조리 사라질 것 같은 생각이 들어서였다. 사진으로 많이 보아 친숙하였던 부분적으로 쓰러진 고가도로는 아직 철거 되지 않은 채로 비스듬히 누워있었다. 그것은 나에게는 의외였다. 지진과 화산의 나라에서 그런 공공 기반시설은 당연히 내진 설계를 했을 뿐만 아니라 건설 당시 감리는 물론 철저하게 했으리라는 점을 믿고 있었기 때문이었다. 그래도 내진 설계를 적용한 신축 건물들은 그리 큰 손상의 흔적 없이 버티고 서 있었으나 그러나 그 고가도로는 건성으로 만들어 올려놓은 돌다리의 덮개처럼 그 자리에 내둥그러져 있었다. 지진이 일어날 당시 그 도로를 운행하던 운전자는 어떻게 대처했을까 하는 생각이 들자 오싹하는 소름이 끼쳤다.

그 견고하게 보인 고가도로를 주저앉게 만든 이유는 지진이라는 것을 누구나 알고 있다. 그러나 지진파가 몇 가지 종류가 있는지를 알고 있는 사람은 그리 많지 않다. 특히 큰 지진이 일어나지 않는 우리나라에서는 수험생을 제외하고는 기억해 둬야 할 일로 생각하지 않는다. 고베를 일순간에 혼란에 빠지게 하고 6,432명의 인명 손실과 엄청난 경제적 손실을 가져다 준 그 지진은 일본 기상청은 진도가 7.3이라고 발표하였다. 미국을 혼비백산하게 만들었던 9.11 테러로 희생된 인원의 약 두 배에 이른 희생이다. 하나는 사람들이 만든 테러였고 다른 하나는 자연이 일으킨 테러라는 점이 차이이다. 그 7.3이란 진도는 무엇을 의미하는 것인지 정확하게 이해하지는 못하더라도 그 정도면 내진 설계를 적용한 고가도로가 무너져 내리고 잘 설비된 항만 시설이 무용지물이 되는 정도라는 것은 보도를 통하여 알고 있다. 일본 기상청이 발표한 진도 7.3은 우리가 흔히 리히터규모척도(Richter magnitude scale)라고 부르는 지진의 규모를 나타내는 척도이다. 리히터규모척도란 이름은 1935년 이 방법을 개발한 리히터(Charles Richter, 1900~1985)의 이름을 따라 지은 것이다. 사실상 일본 기상청은 이를 변형시켜 사용하므로 그 숫자가 리히터규모척도와 정확하게 일치하는 것은 아니나 거의 비슷한 값이라고 생각해도 좋다. 리히터 진도는 지진계에 기록된 결과로부터 계산을 하는데 계산 값은 자연대수를 취하여 구한 값이므로 진도 2가 1의 단순한 배는 아니다. 대체로 진도 1이 증가할 때마다 에너지는 약 30배가 증가하게 된다. 그러므로 온도 1℃와 2℃가 의미하는 것과 진도 1과 2가 의미하는 것은 차이가 엄청나다는 것을 알아두어야 한다. 실제로 진도 5와 진도 7의 에너지 차이는 약 900배의 차이가 있다. 계산은 간단한 수학으로도 할 수 있다. 진도 1의 차이가 30배의 에너지 방출량 차이를 가지므로 30×30=900배가 된다. 리히터 규모로 5이면 모든 사람들이 지진이 일어난 것을 인식하고, 열어 놓은 방문이 흔들리는 정도로 경미한 피해를 당하는 정도이다. 그러나 7에 이르게 되면 고베에서 보았던 것처럼 교량이 파괴되는 그런 막강한 힘을

지진의 강도를 나타내는 리히터규모척도를 개발한 찰스 리히터.

가지고 있다.

이것 말고 진도를 나타날 때 메르칼리 진도척도(Mercalli Intensity Scale)를 사용하기도 한다. 메르칼리 진도는 지상에서 사람이 느끼는 정도나 나타난 피해의 규모로 판단하는 방법이므로 거리에 따라서 같은 지진에 대하여 진도는 다르게 표현된다. 메르칼리척도는 지진계가 개발되기 이전에는 아주 중요한 척도였다. 예를 들면 진도 II는 극히 감각이 예민한 사람들만 인지하는 지진을 나타내는 것이고, 진도 V는 모든 사람이 다 알 수 있을 뿐만 아니라 잠자던 사람들이 깨어나고, 교회의 종이 울릴 정도이며, 진도 XII는 전면적인 파괴가 일어나고 땅이 상하로 요동을 치는 가장 강력한 지진의 강도를 나타낸다. 이처럼 진도 I과 XII까지 모두 다 우리가 느끼고 볼 수 있는 피해의 정도로 기술되어 있다.

요즘도 이 척도는 수정메르칼리진도척도(Modified Mercalli Intensity Scale)로 고쳐져서 사용되고 있다. 이 방법은 이태리의 신부이자 화산학자인 메르칼리(Giuseppe Mercalli, 1850~1914)에 의하여 1902년에 개발되었다. 그가 여러 대학에서 봉직하다가 마지막으로 맡은 자리는 베수비우스 화산 관측소장이었다. 아마도 그에게 가장 어울리는 직업이었던 것 같으며. 그는 죽을 때까지 그 직책을 유지하였다. 아무래도 지진의 규모에 익숙하지 않은 사람들에게는 이 메르칼리 척도가 더 이해하기 쉬운 진도의 세기를 나타내는 방법이라는 생각이 든다. 그러나 이 방법은 지진이 발생된 지점(진앙)으로부터의 거리에 대한 보정을 하지 않으므로 같은 지진이 진앙에서 멀어짐에 따라 점점 더 약한 지진으로 기록되는 문제점을 가지고 있다. 또한 같은 세기의 지진이 발생 한 경우에도 나타나는 피해의 정도는 그 지역의 지질학적인 특성, 즉 어떤 암석이 분포되는지에 따라 달라져 피해의 정도가 진도의 강도와 직접 관계되는 것이 아니므로 그 실체를 파악하는데 어려운 단점을 가진다.

비록 우리나라는 인접 국가인 일본과 달리 지판의 경계부에서 조금 더 멀리 떨어져 있어 지진이나 화산으로부터 비교적 안정한 나라이지만, 일본에서 일어난 관동 대지진은 우리 민족에게도 서글픈 역사를 남겨 준 지진이다.

오래 된 일이 아닌데
깡그리 잊어버린 일이 있다.
먼 곳의 일도 아닌데
아득히 제쳐 놓은 일이 있다.
남의 일도 아닌데
누구도 생각 않는 일이 있다.

이 노래는 관동 대지진 때 일어난 조선인의 학살을 다룬 김의경의 『잃어버린 역사를 찾아서』란 희곡에서 처음에 나오는 합창곡의 내용이다.[1] 정말 오래된 일도 아닌데 깡그리 잃어버린 일이 관동 대지진의 참사이다.

이야기는 1923년 9월 1일로 거슬러 올라간다. 그날 세계 곳곳에 있는 지진 관측소의 지진계의 바늘이 움직이기 시작하는가 했더니 곧이어 요동치기 시작했다. 이 지진계를 요동치게 한 것은 바로 9월 1일 아침 동경 앞의 사가미만을 가로 질러 남쪽으로 30km 정도 떨어진 오오시마섬의 화산으로부터 시작

이 그림은 관동대지진을 기록으로 남기기 위하여 가야하라하쿠도가 1924년에 그린 『동도대진재과안록, 東都大震災過眼錄』이란 화첩에 수록된 11장의 두루마리 그림 중의 일부. 그 그림 중 두 장이 조선인의 학살과 관계된 것으로 오른쪽의 조선인 학살 장면과 왼쪽의 조선인 연행 장면이 생생히 묘사되어 있다. 이 그림은 골동품 수집가에 의하여 1996년 교토의 골동품시장에 발견되었다.

되었다. 그날 아침 이 화산은 연기를 내뿜기 시작하였다. 아마도 이 화산의 연기는 자연이 인간에게 보낸 마지막 경고였는지도 모른다. 사가미만의 바닥이 기울어지기 시작하더니 만의 북쪽 해변은 3m 가량 남동쪽으로, 오오시마섬은 북동쪽으로 3.6m 가량 움직였다. 이 믿기 어려운 지각의 이동(단층)은 사가미만 아래 48km 지점의 진원을 자극하여 온 사방으로 충격파를 밀어냈다. 이 지진의 결과로 오오시마섬 북쪽 바다 밑은 450m나 융기하였고, 남쪽 2km를 내려간 해저는 무려 1,440m나 가라앉은 것이 발견되었다. 이런 강력한 지진의 충격으로 91,344명이 사망하고, 15만 명의 사람들이 실종되거나 다쳤으며, 전부 파괴되었거나 소실된 가옥 수는 464,900호에 이르렀다. 요코하마를 중심으로 반경 200km 이내의 도시와 촌락의 70%에 피해를 준 이 지진은 리히터 척도로 8.3의 강도를 갖는 강력한 것이었다.[2] 재앙은 거기서 그치지 않았다. 지진이 일어난 시간이 2분 전 12시였으므로 대부분의 주부들이 점심을 준비하기 위하여 핀 화덕불은 지진에 의하여 파괴된 주택에서 화재 발생의 원인이 되었다. 목조건물이 많은 동경의 주택가에서 일어난 화재는 아침부터 불던 바람에 의해 더욱 빠른 속도로 퍼져 갔다. 그러나 지진에 의하여 파괴된 수도관은 불을 끄는데 아무런 도움을 주지 못하였다. 이 불은 목조 주택이 많은 동경의 2/3를 잿더미로 만들면서 18시간이나 계속되었다. 거의 손 쓸 수 없는 상황이 계속되었다.

이 지진의 여파로 뒤이어 발생된 쓰나미는 요코하마항을 덮쳤고, 동경을 관통하여 흐르는 두 강 아라가와(荒川)와 스미다가와(隅田川)를 거슬러 올라가면서 주변의 주택을 휩쓸어 갔다. 여기서 출발한 쓰나미는 일본의 반대쪽인 태평양쪽으로도 거침없는 항해를 계속하여 9월 4일 캘리포니아 해안에서 6m 높이의 파도로 평소에 경험하지 못한 높은 파도를 선물하였다.

지진이 발생한 9월 1일 오후부터 관동지방 경찰서를 중심으로 유언비어가 퍼지기 시작하였다. "불령선인(不逞鮮人)들이 우물 속에 독약을 던지고, 방화, 강도, 강간을 하고 있다" 또는 "폭동을 일으킬 것이다"라는 허무맹랑한 것이었다. 경찰들은 지진으로 거의 제정신이 아닌 사람들 속을 헤치고 다니면서 유언비어를 퍼뜨리고 다녔다. 3일에는 내무성 경보국장 이름으로 "도쿄 부근의 지진을 이용하여 조선인은 각지에서 방화하고, 불령의 목적을 수행하여, 현재 도쿄 시내에서 폭탄을 소지하고, 석유를 뿌려 방화를 저지르는 일이 있음. 이미 도쿄에는 일부 계엄령을 시행하고 있는 바, 각지에서 충분하고 엄밀하게 시찰하도록 하고, 조선인의 행동에 대해서는 엄밀히 단속하도록 할 것"이라고 전국 각지에 급전을 보내기도 하였다.[3] 재일 사학자인 강덕상은 그의 저서 『관동대진재, 關東大震災』에서 유언비어라는 말 자체도 왜곡이라고 주장하였다(한국에서는 『조선인의 죽음』으로 번역되었음). 그는 유언비어란 근원지가 불분명한 채 입에서 입으로 퍼지는 "카더라 통신"을 말하는 것인데, 당시 그런 소문은 일본 경시청이 의도적으로 퍼뜨렸다는 증거가 확실하므로 유언비어가 아니라는 것이다.[3] 이런 유언비어는 지진이 만든 공황(恐慌) 속에서 조선인을 일본인 공동의 적으로 만들기에 충분하였다. 민중들은 자경단이란 그럴싸한 이름의 조직을 구성하여 조선인을 색출하여 학살하기 시작하였다. 얼마나 무모하게 조선인 학살이 진행되었는지는 여기저기서 확인된다. 일본인 구로자와 아키라가 쓴 그의 자서전 일부를 옮기는 것으로 그것이 얼마나 무모하고 맹목적이었나 짐작이 될 것 같아 여기에 그 일부를 옮기도록 하겠다.[4]

우리 동네에서는 각 집마다 한 사람씩 보초를 내도록 했다. 하지만 형은 이 모든 생각에 비웃음을 보낼 뿐 아예 순번을 맡으려고 하지 않았다. 할 수 없이 내가 죽검을 들고 나갔더니, 고양이 한 마리 겨우 지나갈 수 있을 정도의 하수관에 나를 배치해 주었다. 그들은 거기에 나를 배치하며 '한국인들이 그 안으로 들어가 숨을지도 몰라' 하는 것이었다.

이보다 더욱 우스운 일도 있었다. 그들은 우리들에게 동네 우물 중 한 곳의 물을 퍼 먹지 못하도록 지시했다. 이유인즉슨 그 우물 둘레에 쳐진 벽 위에 하얀 분필로 이상한 부호가 적혀 있다는 것이다. 그것은 우물에 독을 탔음을 표시하는 한국인 암호일 수 있다는 것이 그들의 추론이었다. 나는 어안이 벙벙해졌다. 사실은 그 부호라는 것이 바로 내가 휘갈겨 놓은 낙서였기 때문이다. 어른들의 행동이 이러하거늘 나는 고개를 설레설레 흔들며, 도대체 인간이란 어떻게 된 존재인지 의아해하지 않을 수 없었다.

그때 학살당한 조선인이 6천에서 만 명에 이른다고 하니 우리 민족으로선 겹친 재앙이었다. 학살을 일으킨 이들은 사실을 축소하기를 원할 것이다. 어찌 보면 정치적인 의도도 개입되었던 이런 만행이 그 이후 공식적으로 당국에 의하여 사과된 적이 없다는 사실에 대하여 분개하는 사람들이 많다. 그들이 과거에 저질렀던 그들의 잘못에 대한 사과를 안한 것이 어디 그뿐이겠는가? 이 이야기는 역시 김의경의 희곡으로 마감하는 것이 좋을 것 같다.

그러나 언제인가 그런 일은
새록새록 숨어서 숨을 쉬는 법이다.
때만 되면 억세게 튕겨져 나와
만갈래 비사(秘史)를 외치게 한다.

그런 재앙은 모두 지진으로부터 시작된 것이었으며, 그 지진은 결국 지판의 느린 이동 때문에 만들어진 것이었다. 일본에서 태평양 쪽으로 조금만 더 나가면 바다의 깊이는 갑자기 깊어진다. 이런 곳은 대양 바닥의 평균 깊이보다 더 깊은 지역으로 일본을 둘러싸고 있는 듯이 발달된다. 이러한 지역을 해구라고 한다. 이러한 해구는 두 지판이 만나 지구 내부로 빨려 들어가면서 깊어진 부분인 것이다. 일본의 동쪽은 두 개도 아닌 세 개의 지판이 만나 사라지는 지역이다. 특히 일본이 지진과 화산이 많이 일어나는 것은 바로 지판의 경계부이기 때문이다. 필리핀판과 태평양판은 유라시아판 밑으로 들어가면서 지진을 일으킨다. 필리핀판과 태평양판은 충돌하면서 태평양판이 밑으로 들어가면서 지진을 일으킨다. 이들 태평양판은 태평양을 가로질러 미국이나 캐나다 연안지역에서도 해양성 지각이 사라지

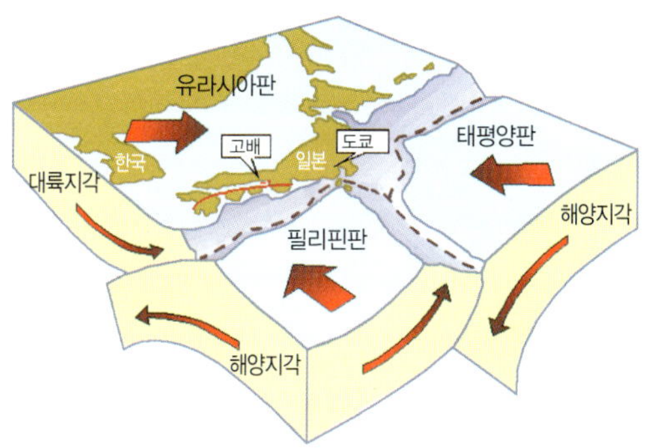

일본 주변 지역에서의 지판의 경계를 표시한 그림. 해양지각인 필리핀판과 태평양판은 대륙지각의 밑을 들어가면서 사라진다. 소멸되는 경계면에서는 지하로 끌려 들어가면서 대양저의 바닥보다 더 싶은 해구를 형성한다.

고 있다. 이처럼 태평양 양안에서는 사라지는 해양지각인 필리핀판과 태평양판은 대륙지각인 유라시아판의 하부로 들어가면서 지각이 소멸되는 경계를 이루고 있다. 필리핀판과 태평양판과의 접촉부 역시 소멸되는 경계로 태평양판이 아래로 들어간다. 지각 때문에 태평양은 서서히 줄어들고 있다. 아마도 수억 년이 지나게 되면 태평양을 건너는 것이 오는날 동해를 건너는 것과 다름없는 손쉬운 일이 될 것이다. 이러한 지판의 이동 과정에서 변형력이 축적되었다가 방출되는 것이 지진인 것이다. 이렇게 지진이 자주 일어나는 것은 역설적이기는 하지만 지각이 움직인다는 증거이기도 하다. 지진이 일어난 지역을 지도에 표시하면 거의 자주 발생되는 지역은 지판의 경계부와 거의 평행하게 나타난다. 이러한 현상은 비단 일본만인 아니고 지판의 경계를 이루고 있는 전 지구적인 현상이다.

비행기에서 내려다 본 샌안드레아스 단층. 단층선을 따라 호수가 생성되어 있으며, 이 호수를 따라 곧게 내려가는 240번 고속도로가 직선으로 보인다. 단층선 주위에 건설된 마을들이 연속적으로 이어져 있다.

캘리포니아 샌프란시스코에서 샌호세로 내려가려면 동남쪽으로 곧게 뻗어 있는 240번 고속도로를 타게 된다. 이 도로는 길죽하게 생긴 호수와 저수지를 따라 가는데 길 왼쪽의 호수가 바로 샌안드레아스 호수이다. 240번 고속도로의 이 구간은 미국의 중서부의 황량하기만 한 도로에 비하면 호수를 끼고 있어 그런대로 경관이 수려하며, 어떤 도로 지도에는 자연경관이 아름다운 길로 표시되어 있기도 하다. 샌프란시스코에서 이 길을 따라 내려가면서 왼쪽으로는 도시들이 연속된다. 이 길을 따라 나있는 계곡은 거의 직선에 가까운데 이는 그 계곡이 바로 단층선 위이기 때문이다. 이 단층이 아마도 세계에서 가장 잘 알려진 단층중의 하나인 샌안드레아스 단층(San Andreas fault)이다. 이 단층이 이름을 드높인 것은 이 단층으로부터 발생되는 크고 작은 지진 때문이기도 하려니와 지표에 잘 나타난 단층의 모습과 자세한 연구 결과들 때문일 것이다. 이 단층을 따라 수많은 지진이 일어났으며 어떤 지진은 큰 피해를 유발하기도 하였다. 그런 지진들 중 유명한 것이 1906년의 샌프란시스코 지진과 1994년의 노스리지 지진이 있다. 이런 지진의 위험에도 불구하고 이 지역은 많은 사람들이 살고 있다. 이 단층선을 따라 주위에 건설된 크고 작은 도시들에 거주하는 주민들은 실제로 지진과 함께 사는 위험을 두려워하지 않는 사람들이다.

1906년 샌프란시스코대지진으로 파괴된 시가지 모습(사진출처, UC 버클리 지진공학연구센터).

과거에는 이 단층의 존재도 명확하게 규명되지 않았을 뿐만 아니라 단층이 지진을 일으킨다는 생각도 하지 않았던 시절부터 사람들은 이곳에 거주해 왔다. 그러나 현대에 와서 지진은 단층에 쌓인 변형력 다른 말로 하면 에너지가 축적되다가 어떤 한계를 넘게 되면 변위를 일으키면서 방출되는 에너지가 다름 아닌 지진이라는 사실을 알고 있다. 따라서 활동하는 단층이 있다면 이는 지진 활동이 일어날 수 있는 가능성이 매우 높은 지역이라는 것 또한 알고 있다.

수많은 지진을 발생시키는 샌안드레아스 단층은 일본의 고베 혹은 관동 대지진을 일으킨 단층과는 종류가 다른 것이다. 지판의 경계에는 일본과 같은 지판이 소멸되는 경계가 있는가 하면, 대서양 중앙해령과 같이 지판이 생성되는 경계가 있다. 그러나 지판의 경계 중 생성되지도 않으며, 소멸되지도 않는 경계가 있는데 이러한 경계는 단지 두 지판이 수평 이동만 일어나는 곳이라는 점은 이미 밝힌 바 있다. 이를 변환단층 경계라고 한다. 샌안드레아스 단층이 바로 이 변환단층인 것이다. 캘리포니아 해안을 따라 발달되는 그 거대한 단층은 바로 북아메리카판과 태평양판이 서로 미끄러지는 접촉면인 것이다. 이들의 상대적인 이동은 태평양판에 속한 바하 캘리포니아가 북아메리카 판에 속하는 북미 대륙에 비교하여 북쪽으로 이동되는 결과로 이에 평행한 방향으로 여러 개의 단층이 만들어진 것이다.

샌안드레아스 단층은 대중에게 너무 잘 알려져 있으며, 이 지역하면 바로 샌안드레아스 단층을 연상할 정도이다. 그럼에도 불구하고 많은 사람들이 그 주변 지역에 몰려들고 있다. 아마도 년중 계속되는 쾌적하며 온화한 기후와 일자리가 사람들을 이 지역으로 모이게 하는 실체일 것이다. 실제로 어떤 도시에서는 단층선 위에도 그들의 보금자리를 지어놓은 경우도 있다. 삶의 터전을 그 곳에 잡은 사람들은 그들의 의도와는 관계없이 지구가 만들고 있는 위험, 우리가 쉽게 인식하지 못하는 위험과 마주하고 있는 사람들이다. 오늘날에는 "우리가 인식하지 못하는 위험"이라는 표현은 적절하지 못한 표현이 되었다. 그곳에 단층이 있고 지진의 위험이 있다는 것은 너무 잘 알려진 사실이기 때문이다.

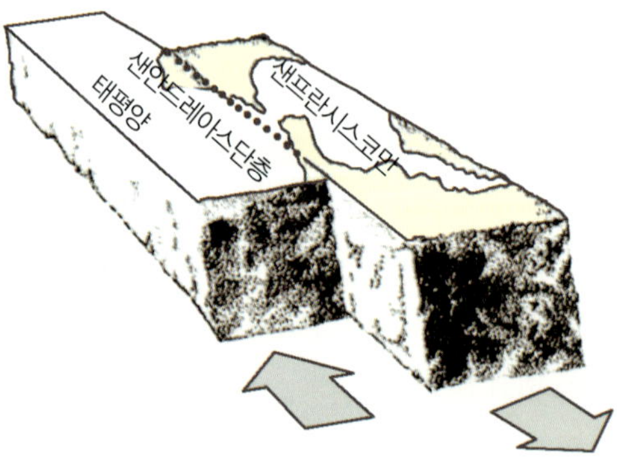

샌프란시스코만 일대에서의 변환단층인 샌안드레아스 단층의 이동을 나타내는 개념도. 단층선의 서쪽은 태평양판이며, 단층선의 동쪽은 북미판에 속하며, 이들의 상대적인 이동은 화살표로 표시한 방향과 같다. 1906년 샌프란시시코 지진은 이 일대의 단층선의 이동에 의하여 발생된 것이다(미국지질조사소).

샌안드레아스 단층이 만든 지진 중에서 가장 잘 알려진 것은 샌프란시스코 대지진이다. 1906년 4월 18일 새벽 5시 12분에 샌프란시스코만 일대에서 발생한 큰 진동으로 잠자리에 들어 있던 모든 사람들이 놀라 어리둥절해 있었다. 그 첫 번째 충격이 발생된 불과 2~15초 뒤에 약 45초에서 60초 동안 격렬한 진동이 이 일대를 뒤흔들어 놓았다. 이 진동은 오레곤주 남부와 그 남쪽의 로스앤젤레스에서도 느낄 정도의 강력한 것이었다.[2] 이 때 발생된 균열은 단층선으로부터 80km나 떨어진 곳까지도 연장되었다. 이 지진의 세기는 메르칼리 척도로 VII에서 IV에 이르는 강력한 것이었다. 지진의 진동에 의하여 샌프란시스코 일대의 건물들이 거의 완전하게 파괴되었으며, 뒤이어 발생한 화재 때문에 더 큰 피해를 주었다.

그러나 이 지진은 샌프란시스코 일대에 피해만 준 것으로 끝난 것은 아니었으며, 한 뛰어난 지질학자인 버클리대학의 로손(A.C. Lawson, 1861~1952) 교수는 이 지진으로부터 새로운 사실을 확인하였다. 같은 지역에서도 피해의 정도는 새롭게 퇴적물이 쌓여 있는 계곡과 같은 지역이나 덜 고화된 퇴적물이 분포된 지역에서 치밀하고 단단한 기반암이 있는 지역보다 더 큰 피해가 나타난다는 사실을 관찰한 것이다. 이러한 사실은 오늘날에는 잘 알려진 사실이 되었지만 지질 매체에 따라 피해 규모가 달라진다는 사실은 로손에 의하여 처음으로 확인된 것이다. 이는 지질 요소들 즉 어떤 종류의 암석들이 분포되는지에 따라 지진에 의하여 발생된 진동을 증폭시키는 정도가 달라지기 때문에 일어나는 현상이다. 로손이 관찰한대로 새롭게 퇴적물이 쌓인 지역이나 샌프란시스코만 일대의 매립지와 같은 연약한 퇴적물로 이루어진 지역에서는 원래의 진동보다 더 증폭되는 이른바 강화지반진동이 발생하기 때문에 피해가 커지는 것이다. 의외로 그런 재앙은 과학적인 지식의 증진에도 기여를 한다.

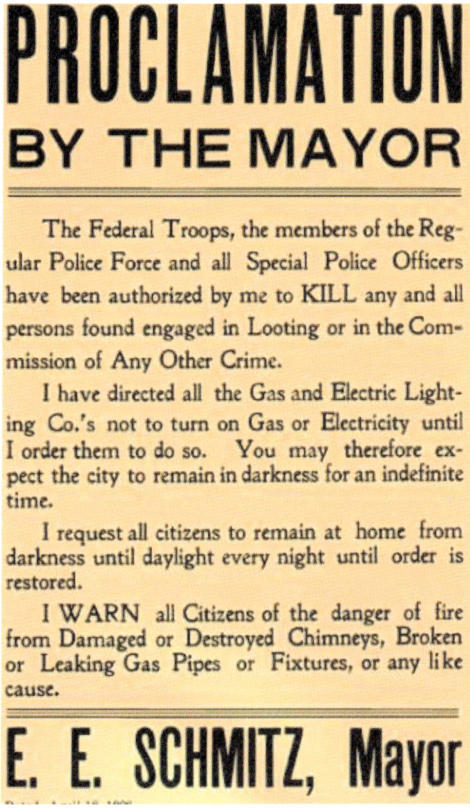
PROCLAMATION BY THE MAYOR

The Federal Troops, the members of the Regular Police Force and all Special Police Officers have been authorized by me to KILL any and all persons found engaged in Looting or in the Commission of Any Other Crime.

I have directed all the Gas and Electric Lighting Co.'s not to turn on Gas or Electricity until I order them to do so. You may therefore expect the city to remain in darkness for an indefinite time.

I request all citizens to remain at home from darkness until daylight every night until order is restored.

I WARN all Citizens of the danger of fire from Damaged or Destroyed Chimneys, Broken or Leaking Gas Pipes or Fixtures, or any like cause.

E. E. SCHMITZ, Mayor

1906년 샌프란시스코 대지진이 발생되었을 당시 샌프란시스코 시장이 발표한 살벌한 포고문.

샌프란시스코 지진에 대한 자료를 찾다가 나는 흥미로운 한 문건을 발견하였다. 당시 샌프란시스코 시장이 발표한 포고문 사본이었다. 그 포고문은 살벌하였다. 그 포고문의 내용은 연방군인이나 경찰에게 지역에서 일어나는 약탈 행위자나 범죄 행위자들에게 사살할 수 있는 권한을 준다는 내용이었다. 그러한 사실로 미루어 보아 약탈 행위와 범죄가 일어나고 있다는 것을 짐작할 수 있다. 그 포고문을 보면서 지난번 고베 지진이 일어났을 때 일본의 당국자가 적어도 고베에서는 약탈 행위는 일어나지 않았다고 한 말이 떠올라 나를 혼란스럽게 만들었다. 1923년 관동 대지진 때 선량한 양민인 조선인을 6천여 명이나 학살한 것이 떠올랐기 때문이다. 일본의 양심을 지키는 이들이라도 있으니 하는 생각으로 혼란스런 머릿속을 정리하였다. 그렇다고 해도 마음 한 구석에는 구로자와 아끼라의 "도대체 인간이란 어떻게 된 존재인지 의아해 하지 않을 수 없었다"는 말이 쉽게 지워지지 않았다.

고베와 캘리포니아에서 지진을 경험한 이들에게는, 아니 세계의 다른 지역에서 그런 지진을 경험한 이들에게 지진은 더 이상 흥미로운 대상은 아니며, 이미 공포의 대상인 것이다. 이곳에서 지진을 만든 원인 역시 예외 없이 지판의 경계에서의 활동과 관계되는 것이다. 다만 차이가 있다면 지판의 경계가 한 곳은 수렴되는 경계 즉 섭입경계(subduction boundary)이며 다른 하나는 변환단층 경계라는 사실이 다르며, 지진이 일어나는 메카니즘은 그 경계에서 발생되는 복합적인 응력에 의하여 형성되는 단층에 의하여 만들어진 것이라는 사실은 두 가지 경우가 다 같다.

단층이란 외부에서 힘이 작용하면 어떤 면을 따라 깨지면서 이동되는 현상을 말하는데 그 깨진 면을 단층면이라고 한다. 단층면은 대체로 약간의 경사를 가진 면으로 나타나는데 경사진 단층면 상부의 덩어리를 전문가들은 상반(上盤)이라고 하며, 경사면 아래의 덩어리를 하반(下盤)이라고 한다. 경사진 면의 상부 덩어리가 아래로 이동하는 것을 정단층이라고 하고, 그 반대 즉 상반이 위로 올라가는 단층을 역단층이라고 한다. 위에서 말한 변화단층은 단층면이 거의 수직으로 서 있고, 단층면으로 접하고 있는 두 덩어리가 수평 이동만 하는 것으로 그런 단층을 주향이동단층이라고 부른다. 하여튼 일반적으로 응력은 정단층이나 역단층을 만드는데 피해의 규모가 큰 지진은 거의 대부분이 역단층과 관계되는 경우가 많다. 그러나 지하로 더 깊게 들어갈 수록 온도와 압력이 커져 암석은 부드러워지기 때문에 응력이 작용한다고 해도 파괴되어 단층을 형성하기보다는 부드럽게 휘어지는 연성변형(延性變形)을 일으키므로 심부에서 발생되는 큰 규모의 지진은 매우 드물게 일어난다. 이를 극단적인 예로 설명하면 유리는 응력을 받으면 깨지는데, 가열시킨 유리는 휘어지는 것과 같은 원리이다. 따라서 지하 100km 보다 더 깊지 않은 곳에서 만들어지는 단층에서 파괴적인 지진이 발생하게 된다.

지진의 파괴력은 지진파로부터 나온다. 이쯤에서 지진파를 조금 이해하는 것이 필요할 것 같다. 지진이 발생되면 이 때 방출된 에너지는 사방으로 퍼져나가는데, 이를 지진파라고 한다. 지진파가 퍼져가는 원리는 성악가가 부른 노래가 연주홀 안에서 모든 방향으로 퍼져나가는 원리와 다를 바 없다. 이처럼 지진파 중 지구의 모든 방향으로 진행하는 파를 실체파라고 하며, 지표면을 따라 제한적으로 진행되는 파를 표면파라고 한다. 마치 음이 공기 속을 통과할 때 공기의 압축과 팽창이 교대로 일어나면서 진행되는 것처럼 앞으로 나가는 지진파를 P파라고 하는데, 조금 전문적으로 설명하면 진동 방향이 파의 진행 방향과 일치하므로 P파(primary wave)는 가장 빠른 지진파로 6km/초의 속도로 이동된다. 그래서 지진파 중 항상 지진계에서 제일 먼저 기록된다. 이 파는 매질의 밀도 변화를 수반하는 것으로 밀도변화가 가능한 고체, 액체 및 기체를 모두 통과할 수 있다. 그러므로 지구 내부인 핵이 액상으로 되어 있어도 P파는 지구 중심을 통과할 수 있다. 그러나 실체파의 다른 S파(secondary wave)는 매질의 모양을 변화시키면서 진행하는 파로서 기체와 액체는 원래의 모양으로 되돌아갈 수 있는 탄성이 없으므로 통과하지 못하고 고체만 통과한다. 바로 지진파의 이러한 성질을 이용하여 지구의 내부가 어떤 상태로 구성되어 있는지 알아낸 것이다. 당연히 S파는 지구의 핵을 통과하지 못하기 때문에 지진학자들에 의하여 핵이 액상으로 되어 있다는 것이 밝혀진 것이다. 이런 사실은 덴마크의 잉게 레만에 의하여 밝혀졌는데 그녀가 학술지에 발표한 논문의 제목은 아직까지도 가장 짧은 제목으로 단 한 자 "P"인 것으로도 유명하다. 이처럼 지진파는 지구의 내부를 들여다보는 도구로 매우 유용하게 사용되어진다. S파의 진행속도는 3.5km/초로서 두 번째로 지진계에 도달하게 된다. 그래서 이 파를 S파라고 한다. 이 지진파의 진동 방향은 진행 방향에 수직인 방향으로 일어나기 때문에 속도가 P파보다 느리다. 실제로 지진이 주는 피해는 표면파에서 일어난다. 쉽게 이야기하면 이 파는 상하좌우로 진동을 하면서 진행되는 파이기 때문에 구조물을 흔들어 파괴를 일으키게 된다. 지진파의 이러한 진동 때문에 일어나는 피해도 피해지만 이에 수반되어 발생되는 쓰나미는 이보다 더 심각한 피해를 일으키기도 한다.

지진계에 기록된 지진파의 크기는 지진의 강도를 결정하는 데에도 이용되지만, 어디서 지진이 발생되었는지 결정하는 데도 이용된다. 적어도 세 곳에서의 관측 자료가 있으면 어디에서 지진이 일어났는지 정확하게 진앙(지진이 일어난 지점을 진원이라고 하며, 진원의 직 상부에 있는 지표의 지점을 진앙이라고 함)을 찾아 낼 수 있다. 사실 이러한 지진계를 핵실험 감시망으로도 이용한다. 핵폭발에 의하여 만들어진 파는 신기하게도 자연적으로 발생되는 지진에 비교하여 훨씬 진폭이 작은 표면파를 만들기 때문에 자연적인 지진기록

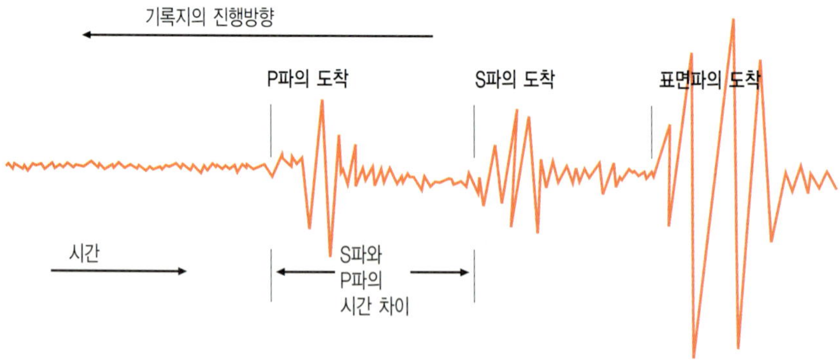

지진파의 일반적인 기록지의 모습. 지진이 발생되면 지진계에 속도가 가장 빠른 P파가 먼저 도착되고, 그 다음에 S파가, 맨 나중에 표면파가 도착된다. 이 P파와 S파의 도착 시간의 차이는 지진파의 주행 거리에 비례한다. 적어도 세 곳 이상의 관측소로부터 측정된 이 시간 차이를 이용하여 진앙을 결정한다.

과는 구분이 된다. 이러한 기술의 발전으로 어떤 나라도 세계의 감시망을 피하여 핵실험을 할 수 없으며, 실험에 사용된 폭탄의 위력까지도 알아낼 수 있다. 핵실험과 같은 큰 폭발은 물론이고 건설공사 또는, 광산개발을 하기 위하여 사용된 인공적인 작은 폭발까지도 이제는 지진 기록계를 피할 수 없는 세상이 되었다.

최근 우리는 더욱 기억에 생생한 지진 피해를 직접 보았다. 그 피해는 지진파의 직접적인 충격에서 온 것보다도 지진으로 발생된 쓰나미에 의한 피해가 더 컸던 인류가 경험한 최대의 재앙 중의 하나였다.

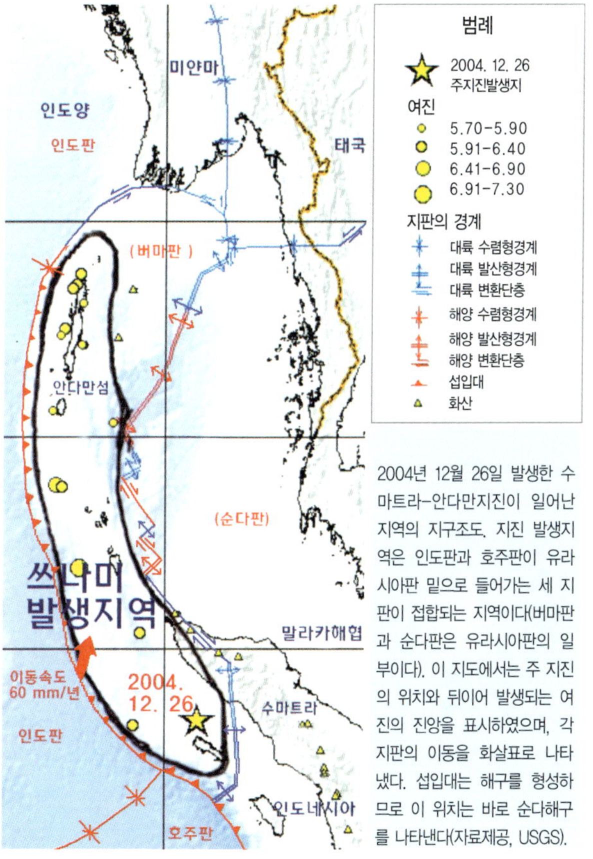

2004년 12월 26일 발생한 수마트라-안다만지진이 일어난 지역의 지구조도. 지진 발생지역은 인도판과 호주판이 유라시아판 밑으로 들어가는 세 지판이 접합되는 지역이다(버마판과 순다판은 유라시아판의 일부이다). 이 지도에서는 주 지진의 위치와 뒤이어 발생되는 여진의 진앙을 표시하였으며, 각 지판의 이동을 화살표로 나타냈다. 섭입대는 해구를 형성하므로 이 위치는 바로 순다해구를 나타낸다(자료제공, USGS).

동남아시아의 해안은 이제 자국민들만을 위한 휴양지가 아닌 세계적인 휴양지가 되었다. 이 지역 국가들의 관광수입은 지역 경제뿐만 아니라 국가 경제에도 중요하게 되었다. 때마침 크리스마스 휴가를 틈타 북반구의 추위를 피하여 세계의 곳곳에서 많은 사람들이 인도네시아나 태국의 해안가에 모여 있었다. 따뜻한 바닷가에 모인 많은 휴양객들 때문에 언제나 휴양지다운 다소간의 들떠 있는 유쾌함과 떠들썩함이 섞여 있는 그런 곳이었다. 2004년 12월 26일 아침 7시 58분, 대부분의 지역 주민들은 하루 일과를 준비하거나 시작할 시간이었다. 해안가 휴양지에서는 아침 식사를 일찍 마친 휴양객들은 바닷가를 산책하고 있었으며, 늦게 잠자리에 든 사람들은 아직도 침대에서 게으름을 피우던 그런 시간이었다. 따뜻한 바다를 접하지 못한 지역에서 온 부지런한 몇몇 휴양객들은 태평양의 한적한 아침 바다에 들어가 스노클링을 즐기고 있을 그런 시간이었다.

지상의 이런 한가로움과 일상적인 일과와는 관계없이 이 지역의 지판들 역시 다른 지역의 지판들과 마찬가지로 굼뜬 이동을 한다. 인도판은 일 년에 약 60mm의 속도로 아주 느리게 이동하고 있었다. 인도판과 호주판이 유라시아판(이 지역에서 버마판으로 불리는 것은 유라시아판의 일부임) 밑으로 기어들어가는 지역이 바로 이 근처의 바다 밑이다. 인도판이 유라시아판 밑으로 들어가면서 수마트라와 자바의 남쪽으로는 깊은 해구가 형성되어 있는데 이를 순다해구(Sunda trench)라고 한다. 순다해구로부터 시작되는 섭입대에서 유라시아판 밑으로 더 들어가면 다른 지판의 경계에서처럼 자주 지진이 발생되며, 새로운 마그마가 형성되어 그 위는 활발한 화산 활동이 진행되는 지역이다. 크라카토 화산이 바로 이 경계에서 폭발한 화산이다. 그 당시에도 이 지역은 쓰나미에 의한 쓰라린 경험을 한 바 있다.

이런 지판의 이동에 의하여 무려 1,200km의 길이로 만들어진 단층이 역사상 사례가 드문 사고를 일으킨 것이다. 여기에 집적되었던 엄청난 에너지가 방출되면서 단층선을 따라 움직인 낙차는 약 15~20m에 이르렀다. 그 결과로 인도네시아 자카르타로부터 북서쪽으로 1,605km 떨어지고, 반다 아체지역으로부터 남남동쪽으로 255km 지점의 바다 밑 30km 지점에서 1900년대 이래 세계에서 네 번째로 강력한 리히터 규모 9.15의 지진이 발생하였다.[5) 이 지진은 발생된 지역 이름을 부쳐 수마트라-안다만지진(Sumatra-Andaman earthquake)이라고 불린다. 이 지진으로 희생된 사람은 공식적으로 283,000명으로 집계되었으며, 아직도 많은 인원이 실종자로 남아 있다. 이 중에 쓰나미로 사망한 인원이 127,700명으로 희생자의 약 절반이 지진에 의한 직접적인 희생자가 아닌 지진의 간접적인 활동으로 생긴 희생자들이다. 쓰나미가 할퀴고 지나간 자리는 황폐함 그대로였다. 이미 그 곳은 인도네시아나 태국인들만의 휴양지가 아닌 세계인들의 휴양지였기 때문에 피해를 당한 규모 못지않게 피해를 당한 사람들의 국적 또한 다양하게 나타났다.

일본 기상청은 "지진 해석 담당자들도 수마트라 지진 정도의 거대 지진은 처음이었을 것"이라고 지진의 규모에 대하여 놀라움을 금하지 못하였다. 이 지진은 기록으로 남겨진 것으로 가장 강력하였던 1960년도에 칠레에서 발생한 강도 9.5 지진에 버금가는 지진이었다. 일본 기상청은 수마트라 지진에서 방출된 에너지는 고베 대지진의 1,600배 규모라고 발표하였다. 그 에너지는 1.6×10^{18}j로서, 그 에너지는 2차대전 말 히로시마에 투하한 원자폭탄 23,000개를 터트린 것과 같은 위력을 갖는 것으로 발표되었으나 곧 이는 다른 학자들에 의하여 수정되었다. 다시 계산된 결과는 4.6×10^{18}j로 더 강력한 것으로 계산되었다. 그 결과로 바다의 바닥이 상승하면서 약 30km^{3}의 물을 들어올리면서 쓰나미를 만들기 시작하였다. 과연 그 지진은 그 위력에 걸맞는 쓰나미를 만들었으며 이곳을 중심으로 사방으로 파도는 자유롭게 퍼져 나가기 시작하였다.

깊은 바다에서 쓰나미는 매우 점잖게 행동을 한다. 그래서 해수면에서 관찰하기도 어려울 정도의 수십 센티미터의 파고로 시간당 500~1,000km의 속도

인도네시아 수마트라 아체 지역의 쓰나미 발생 이전의 2003년 1월 10일의 위성사진(왼쪽)과 쓰나미 발생 3일 후인 2004년 12월 29일에 촬영한 사진(오른쪽). 저지대의 거의 모든 것을 휩쓸고 지나갔다.

로 이동을 한다. 쓰나미는 두 시간만에 벵갈만에 인접한 스리랑카, 인도, 방글라데시, 미얀마 및 태국에 도달하였으며, 그 점잖은 파도는 아라비아해에 접어들어 아프리카를 향하고 있었다. 이렇게 빠른 속도로 이동하는 쓰나미는 채 7시간이 지나기도 전에 아프리카의 해안에 도착하였다. 현대 과학은 지구 궤도를 돌고 있는 위성으로 이러한 변화를 놓치지 않고 기록하는 수준으로 발달하였다. 한 가지 유감스러운 것은 이런 자료를 분석하는데 한 시간 정도의 시간이 소요되므로 현재로서는 인접 지역에 즉각 경고를 내릴 시간적인 여유가 없다는 것이 안타까운 일이다. 설령 경보체계가 마련된다고 해도 가난한 나라들에서는 모든 국민들에게 이를 효과적으로 전달할 수 없다는 또 다른 문제점

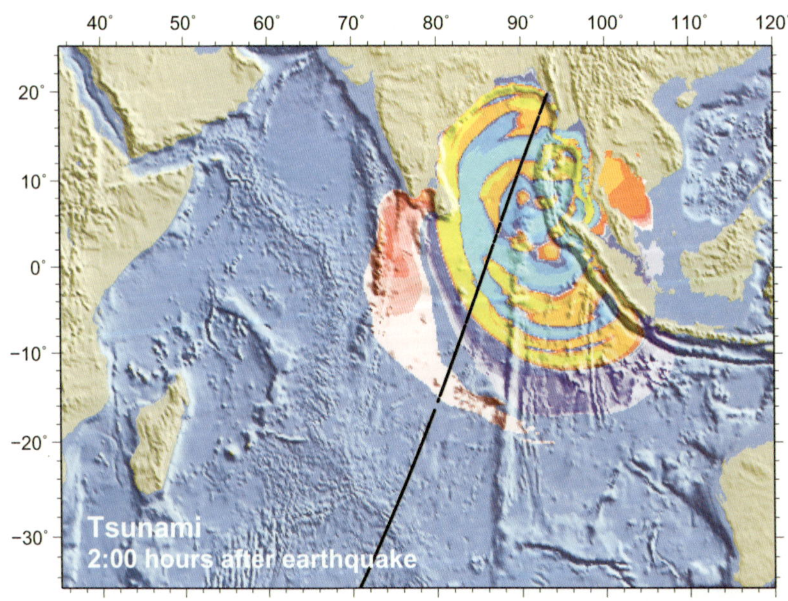

지구 궤도를 돌고 있는 위성으로부터 2004년 12월 26일 지진 발생 2시간 후에 측정된 자료를 분석하여 진행된 쓰나미의 모습을 기복도 위에 나타낸 그림. NOAA의 측정에 의하면 이 때 대양에서의 파고는 60cm 였다고 한다. 시간이 경과함에 따라 파고는 점차 낮아 졌으며, 지진 발생 7시간 만에 아프리카 해안에 도달하였다. 인도네시아 수마트라와 자바 아래에 깊게 파인 자국이 순다해구로서 인도판과 호주판이 유라시아판의 밑으로 들어(섭입)가면서 만들어진 것이다(자료제공, NOAA).

을 가지고 있다.

깊은 바다에서는 알아차리기도 어려울 정도의 높이로 순하게 보이는 파도로 진행하던 쓰나미는 그러나 얕은 바다에 도달하게 되면 진행 속도는 시간당 수십 km로 느려지면서 파고는 높아져 큰 파괴력을 갖는 성난 파도로 변신한다. 그 결과로 인도네시아의 해안에 이른 쓰나미는 최대 30m의 높이를 갖게 되었다. 피해가 심하였던 아체지역에서는 약 24m의 파도가 덮친 지역이었다. 한적한 해안가에서 휴식을 즐기던 이들에게는 날벼락과 같은 것이었다. 조용히 접근하는 쓰나미를 해안가에 있던 사람들이 알아차렸을 때는 이미 도피할 시간을 놓친 것이며, 거대한 해파는 일순간에 모든 것을 휩쓸어 버렸다. 운이 좋은 몇 사람들은 죽을 힘을 다한 끝에 겨우 목숨을 부지할 수 있었다. 그들의 증언은 그 위력을 말해주었다.

쓰나미학회에 소속된 머티(Ted Murty)는 이 쓰나미의 총 에너지는 약 500백만 톤의 TNT의 폭발력에 해당된다고 계산하였다. 이 에너지의 양은 두 발의 핵폭탄을 포함하여 세계2차대전에 사용한 전체 폭발 에너지의 두 배도 넘는 양이라고 한다. 그렇다고 해도 지진에서 발생된 에너지 총량에 비교하면 작은 에너지 양이다. 쓰나미가 인접 국가에 도착하는 데는 한 두 시간의 차이가 있었음에도 불구하고, 국제적인 경고 체계가 없었기 때문에 많은 사람들이 불의의 습격을 당하여 피해가 커지게 되었다. 그렇다고 경고판이나 몇 곳에 부쳐서 해결될 문제도 아니다.

쓰나미에 의한 피해 중 인명 손실이 가장 큰 피해였지만 경제적인 충격 또한 만만치 않다. 이들 동남아시아 가난한 어촌 지역에 사는 사람들은 배의 파손과 어구의 손실은 바로 생계수단을 잃어버리는 것을 의미한다. 수마트라 쓰나미는 스리랑카의 어업의 약 66%를 한순간에 날려버렸다고 한다. 이러한 손실은 피해를 당한 당사자나 특정지역에 한정되는 것이 아니라 국가 경제에도 영향을 미치는 수준이 된다. 태국이나 인도네시아와 몰디브와 같은 곳에서는 천혜의 해안에 마련되었던 관광 휴양지로서의 이미지 손상에 따른 심리적인 불안으로 초래되는 관광객의 감소를 감당해야 한다. 그러나 일부 경제학자들은 국민총생산에 차지하는 이런 산업의 비중이 그리 크지 않으므로 실제로는 다른 부정적인 영향과 사회간접시설의 파괴가 더욱 중요하다는 주장을 한다. 해수의 침입에 따른 경작지의 염해 피해와 같은 것은 장기간에 걸쳐서 회복되는 것으로 피해를 당한 지역의 산업구조로 보아 농업에 종사하는 이들의 비중이 큰 지역에서 더 큰 문제가 될 수 있다는 것이다. 연안지역의 환경 생태계의 파괴 역시 심각하였다. 연안지역의 생물의 다양성과 해안에 자라고 있던 홍수림의 피해, 산호초와 습지의 파손, 사라진 사구 및 오염된 지하수 등은 쉽게 회복되는 것이 아닌 생태계에 수년간 혹은 그 이상의 오랜 기간동안 영향을 미치게 된다. 여기에 더하여 여기저기에 내둥그러진 고체 및 액체의 폐기물과 산업폐기물들과 오물이 오염시킨 환경을 치유하는 데는 오랜 시간이 필요한 부분이다. 어찌 보면 쓰나미의 피해는 알려진 것보다는 더 큰 경우가 더욱 흔하다.[6)]

어차피 지판의 경계부는 화산 활동이나 지진과 같은 자연적인 재해가 일어날 가능성이 매우 높은 지역이다. 그렇다고 해서 그런 지역을 빈터로 남겨 놓을 정도로 지구는 충분한 공간이 없을 뿐만 아니라, 그런 지역에 정착해 살고 있는 사람들이 일시에 다른 곳으로 이주할 의사도, 이주할 곳도 없는 형편이다. 비록 인간이 지진을 막을 수는 없지만 지진을 극복하면서 살아가는 방법을 강구하는 도리밖에 없다. 이런 방법이라는 것은 공격적이고 능동적인 방법이라기보다는 수동적인 방법일 수밖에 없다. 그러한 노력의 일환으로 교량이나 고가도로 혹은 건물의 내진 기준을 강화하는 방법이 있다. 그러한 방법으로 충격이나 진동에 견딜 수 있는 여러 가지 새로운 설계 방법이 고안되어 시공되고 있다. 철강 구조물은 더욱 튼튼한 것을 사용하여 구조물의 안정성을 높이고, 콘크리트도 진동에 더욱 잘 견디도록 수직철근에 나선형의 보강용 철근을 더욱 정교하게 가미시킨다.[7)] 그러한 공학자들의 노력에도 불구하고 강력한 지진에는 마치 허름한 구조물인양 무너져 버린 것을 고베에서와 노스리지 지진에서도 확인되었다. 우리나라도 지진 발생빈도가 낮고 발생되는 지진의 강도 역시 미미한 수준이지만 대규모 건축물은 내진 설계를 의무화하고 있다. 지진이 빈번하게 발생되는 국가나 지방에서는 이런 기준은 매우 높고 엄격하게 적용을 해서 피해를 최소화하려는 노력을 기울이고 있다.

지진의 피해를 줄이려는 다른 한 가지 방법은 토지의 이용을 선별적으로 하는 방법이다.[7] 지진의 발생 빈도가 높은 지역에서 인구 유발 혹은 밀집 시설을 피하는 것이다. 그리고 지진 예보 기술을 발전시켜 지진이 일어나기 전에 주민들을 안전하게 대피시키는 것이다. 그러나 아직 지진 예측 기술은 완벽하지 못하기 때문에 문제가 된다. 과거보다는 훨씬 정교하고, 세밀한 장비를 이용한 관측 덕분에 지진을 예측하는 것이 불가능한 일만은 아닌 세상이 되었다. 그러나 문제는 지진이 일어날 가능성이 있는 모든 지역에 이런 장비와 전문 인력을 투입할 수는 없다는데 있다.

중국의 지진 피해는 아주 여러 번 그것도 기록적이라 할 만큼의 희생을 치른 경험을 가지고 있다. 지진 역사상 가장 큰 인명 손실을 가져온 첫 번째와 두 번째의 지진이 모두 중국에서 일어났다. 1556년에 중국의 산서성에서 일어난 지진으로 약 8십여만 명 이상이 사망하였으며, 1976년의 당산 대지진으로 240,000여 명의 사망자가 발생한 것이다. 20세기 최대의 당산 대지진을 경험하였던 중국의 지질학자를 최근에 만난 적이 있다. 그 때의 경험담을 들려달라는 나의 요청에 그녀의 대답은 "세상이 종말이 왔다고 생각했다"라고 짤막한 대답을 했다. 이 지진의 강도는 7.8이었으나 건물이 보강재가 거의 사용되지 않은 벽돌로 된 건물이라서 이처럼 큰 희생자를 만들었다. 그 외에도 많은 지진 피해를 당하였던 그들은 지진 예측을 위하여 가능한 모든 노력을 기울였고 때로는 성공적인 경우도 있었다. 지진 예측에 동물들의 거동을 이용하기도 하였는데 우연인지는 모르지만 한번은 정확하게 맞아 떨어진 적이 있었다. 1969년 중국 천진시 동물원의 사육사들은 동물들의 이상한 행동을 목격하였다. 언제나 과묵하기만 하던 팬더가 성난 듯이 소리를 내지르고, 뱀이 은신처로 만들어 놓은 굴에 들어가지 않고 밖에서만 나돌고, 백조가 물가에 가지를 않았다. 동물원의 관리는 즉각 지진 예보를 담당하는 기관에 알렸고, 지진 관계자들은 바로 대책을 세웠다. 그날 정오경 리히터 규모 7.4의 지진이 발생하였다. 그 결과로 피해를 많이 줄일 수 있었다. 그러나 그런 노력을 기울인 중국도 동물들의 거동을 이용한 지진 예측이 성공한 것은 그것이 유일한 사례이다.

지진이 일어나기 직전에 동물들이 비정상적인 행동을 보인다는 사실은 중국 외에도 여러 나라 지진학자들에 의하여 관찰되었다. 이상한 행동을 보이는 동물의 종류 또한 다양해서 쥐, 개, 고양이, 말 및 소와 같은 포유류에서 메기 및 장어와 같은 어류 등이 있다. 이처럼 어떤 특정한 동물들은 작은 진동에도 예민한 반응을 보이는 것으로 조사되어 있다. 그렇다고 인간보다 진동에 민감한 동물들을 집집마다 키워 그들의 거동을 관찰하도록 할 수도 없는 일이다.

세계에서 최초로 A.D. 132년 동한시대 장형(張衡)에 의하여 발명된 지진계. 중국의 기록에서는 이를 지동의(地動儀)라고 불렀다. 역사기록을 참조로 복원된 것으로 중국 지질박물관에 전시되어 있다.

지진 피해가 많았던 중국은 서방세계보다 먼저 지진계를 발명하였다. 지금 중국의 지질박물관에 가면 당시에 사용하였던 지진계가 전시되어 있다. 오늘날 사용하는 지진계와는 그 형태가 다른 모습이기는 하지만 그들의 지혜가 숨어 있는 작품이다. 지진계는 청동으로 만들어져 있으며 8방향으로 향하여 용의 머리가 조각되어 있다. 용의 입에는 여의주가 물려져 있는데 지진이 발생하면 여의주가 그 밑에 있는 개구리의 입으로 떨어지도록 고안되어 있는 재미있는 지진계이다. 떨어지는 여의주의 방향이 바로 지진파가 진행하는 방향을 나타내는 매우 과학적인 장치이다. 이런 장치로는 결코 지진의 장단기 예측에는 사용할 수 없었을 것이다.

지진이 자주 발생하는 특정 지역에서 수년 혹은 수십 년 내에 일어날 수 있는 지진의 예측, 즉 장주기 예측은 비교적 잘 이루어지고 있다. 그러나 단주기 예측 즉 지진이 일어날 정확한 날짜와 시간을 예측하는 것은 생각처럼 쉬운 일은 아니며, 그런 예측이 아직 이루어진 적도 없다. 더군다나 지진을 예고하는 전조 현상이 나타나지 않는 경우는 속수무책일 수밖에 없다. 사람들도 무엇인가 심각하고 중대한 행동을 결행하기 이전에는 예전과는 다른 태도를 곧잘 보이는데, 지구는 무엇인가 큰 지질작용을 일으키기 전에 지표의 다양한 생물종에게 경고라도 하는 듯 미리 어떤 조짐을 슬쩍 내비친다. 지진의 경우 나타나는 이러한 전조 현상으로는 약한 지진이 자주 발생하거나, 지표면의 위치가 미세한 변화를 일으켜 경사를 약간 변화시킨다든가, 부풀러 올라온다든가, 혹은 반대로 가라앉는다든가, 라돈의 방출량이 평상시보다 빠르게 증가한다든가, 우물의 수위가 변화된다든가 하는 감각적인 것들이 있다. 그러나 우리가 느끼지 못하는 것으로는 지진이 발생되기 위해서는 에너지가 축적되어 지하에 있는 암석들이 변형됨에 따라 일어나는 물리적 성질의 변화이다. 이런 물리적 성질의 변화로는 지층의 전기전도도의 변화와 자기장의 변화와 같은 것들이 있는데 이런 변화는 인간이 감각적으로 느끼지는 못하지만 계측 장비로는 미세한 변화까지 정확하게 측정할 수 있다. 이런 현상은 바로 지진의 단주기 예측에 활용되는 전조 현상들이다.

그러나 장주기 예측은 과거의 지진이 일어났던 기록이 중요한 역할을 한다. 지판의 경계부에서 발생되는 큰 지진은 어떤 주기성을 가지고 반복되는 경향이 있다. 이는 큰 지진으로 막대한 에너지를 방출한 단층은 다시 그런 에너지가 축적되는데 그 만큼의 시간이 필요하기 때문이다. 그러나 더 큰 위험은 다른 지역에 있을지도 모른다. 지판의 경계부에서는 지속적으로 에너지가 축적되는 지역이다. 그럼에도 불구하고 오랜 기간 동안 지진이 발생되지 않는 지역은 잠재적인 위험지역으로 꼽힌다.

대부분의 지진이 지판의 경계부를 따라 발달하는 단층에서 발생되었다는 것은 이미 말하였다. 그런 단층은 지판의 이동 때문에 생기는 것이기는 하지만 위에서 이야기한 단층들과는 약간 성격이 다른 단층선들도 다른 지역에서 발견된다. 아프리카의 동부에는 남북으로 발달한 거대한 계곡이 인공위성 사진으로도 선명하게 보이는 것이 있다. 이 거대한 계곡은 홍해 입구의 아덴만에서 시작하여 남쪽으로 에티오피아를 거쳐 빅토리아호에서 둘로 갈라진다. 그 중 동쪽 계곡은 케냐를 가로질러 가면서 많은 호수들, 투르카나, 바링고 및 나트론 호수 등을 만들었다. 나트론 호수의 홍학 떼의 장관은 "동물의 왕국"이란 프로그램의 단골 메뉴로 등장하는 친숙한 장면이기도 하다. 나트론 호수에서 한가롭게 거닐며 긴 부리로 나트론 호수에 서식하는 먹이인 미생물을 걸러 먹는 모습을 보면 이 지역이 지진과 화산 활동이 격렬하게 일어나는 지역이라는 생각은 아예 들지 않는다. 한낮의 온도는 50℃를 넘는 살인적인 더위이기는 하지만 홍학의 모습만으로는 그 호수가 다른 생물들이 살기에는 이미 염의 량이 너무 높은 죽은 호수와 다를 바 없는 곳이라는 것은 짐작도 되지 않는다. 이 호수의 색깔은 계절에 따라 달라지기는 하지만 자주빛 물은 그냥 보기에도 보통 물빛은 아니다. 이곳에 서식이 가능한 동물은 약 250만 마리에 이르는 홍학이 전부이다. 이 호수는 홍학 이외에는 접근을 허용하지 않는다. 이들이 이곳에서 생존이 가능한 이유는 이 염호에서 사는 스피리루나(*Spirulina*)라고 불리는 조류(藻類)가 살고 있기 때문이다.

아프리카열곡대 나트론 염호에 살고 있는 홍학 무리들의 일부.

서쪽으로 발달된 계곡은 더욱 뚜렷하여 그 물길조차도 더 잘 연결되어 있다. 이 계곡은 앨버트 호수에서 시작되어 세계에서 시베리아의 바이칼 호수 다음으로 두 번째로 깊은 호수인 탕카니카 호수(최고 심도는 1,470m)를 거쳐 말라위 호수로 연결된다. 이들 계곡은 총 연장이 3,000km 정도가 되며 폭은 대체로 50여 킬로미터 내외인데, 이 계곡을 아프리카 열곡대라고 부른다. 이 계곡은 자연스럽게 과거 부족간의 경계로부터 시작되어 오늘날에는 국가간의 경계로 자리하게 되었다. 이 계곡의 양쪽 편에는 단층이 발달되며, 그 단층 사이의 지각이 단층선을 따라 미끄러져 내려 앉아 만들어진 곳이 바로 아프리카 열곡대이다. 세계의 지진도를 보면 이 계곡을 따라 무수히 발생되는 지진을 볼 수 있으며, 그런 진앙을 연결하면 바로 아프리카 열곡대가 된다.[8)]

이 계곡에 발달되는 단층들은 어떤 곳은 여러 개의 단층에 의하여 계단처럼 만들어진 곳도 있다. 동부 열곡대가 지나가는 투르카나 호수 근처에서는 이 계곡에 쌓인 퇴적층과 화산암들의 두께가 8,000m의 엄청난 두께에 이르기도 한다. 단층에 의하여 미끄러진 두 지괴가 만든 사면의 높이가 어떤 곳에서는 거의 2,000m에 육박하기도 한다. 이런 사실을 종합해 보면 단층으로 지층이 이동된 거리가 수직으로 거의 10km에 이르는 상상하기 어려운 거리가 이동된 것을 말해 준다. 그러나 이러한 이동은 삽시간에 일어난 것은 아니며 지질학적 시계로는 짧은 시간이지만 인간의 시계로는 비교적 긴 약 1,000만 년의 기간 사이에 일어난 현상이다. 이동된 거리를 시간으로 나누어 보면 고작 1년에 1mm가 이동된 결과임을 계산으로 확인할 수 있다.[8)] 물론 이런 이동은 평균적으로 매년 1mm씩 이동한 결과로 나타난 것은 아니지만, 지구에 나타나는 극적인 지형적인 변화가 이렇게 서서히 눈에 뜨지 않는 속도로 움직이는 지구의

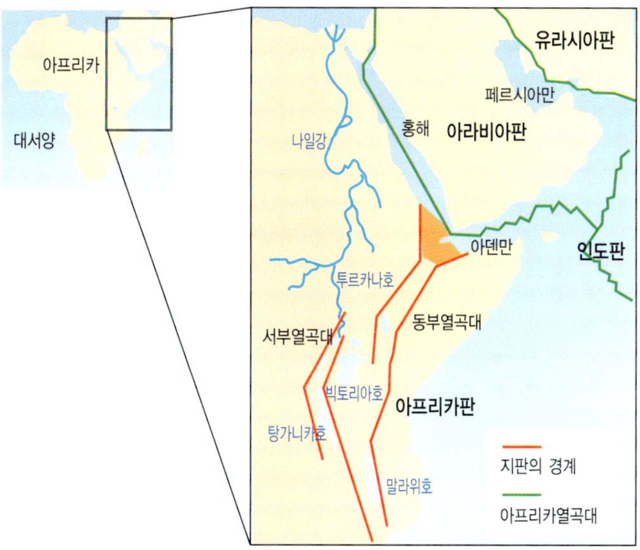

아프리카 열곡대의 위치도. 대륙지각의 분리에 의하여 폭 약 50km, 3,000여 킬로미터 연장의 대 계곡이 발달되어 있다. 아덴만의 붉은 색으로 칠한 부분은 삼중점으로 지판이 세 방향으로 서로 떨어져 가는 지점이다.

활동의 결과라는 것을 보여주는 또 다른 좋은 예가 된다. 여기에 이런 거대한 단층이 만들어지는 원인은 바로 지각이 이 계곡을 중심으로 벌어지면서 일어난 결과이다. 앞으로 이런 활동이 더 계속되면 그 지역은 해수의 침입을 받아 바다로 편입될 것이다. 홍해가 만들어진 이유도 이와 같은 원리에 의하여 형성된 것이다. 이 열곡대의 북쪽으로는 지중해의 동쪽인 시리아 요르단으로 연결된다. 해수준면보다도 낮은 사해가 바로 이 계곡의 북부 연장에 해당되는 지역이다.

아프리카 열곡대와 같은 지역은 수많은 화산 활동이 일어난다. 이 지역의 화산에서 뿜어내는 용암으로 만들어진 암석들은 가까운 제주도에서 흔히 보는 검정색의 어두운 그런 암석이 아닌 경우가 많다. 화산 분출에 의하여 만들어진 암석은 특이하게도 검정색이 아닌 흰색의 탄산염이 많은 용암을 분출하기도 한다. 이들이 분출할 때는 검정색으로 보이나 식어 굳어지면서 하얗게 변화되는데 이런 암석을 카보나타이트라고 부른다.

아프리카 열곡대와 같은 지역은 2억 5천만 년 전 판게아로부터 대륙이 분리되어 나갔던 과거 지구의 역사를 재현하고 있는 지질학적으로는 매우 흥미 있는 지역이기도 하다. 아마도 지질학적 시간이 지나고 나면 이 열곡대는 바다로 되고, 그 자리는 중앙해령으로 자리바꿈을 할 것이다. 아프리카는 서서히 둘로 갈라지게 될 것이라고 많은 지질학자들은 믿고 있다. 이렇게 대륙을 갈라놓는 근본적인 힘은 지각 밑에서 일어나고 있는 맨틀의 상승으로 생각하고 있다.

지진과 화산이 많은 이 계곡은 인류의 출현 과정에서도 중요한 위치를 차지한다. 그 곳의 계곡, 호수가 만든 자연환경은 초창기 인류의 조상들에게는 많은 사냥감과 먹이감이 있는 천혜의 장소였던 곳으로 우리의 선조들에게는 매력적인 장소였음이 틀림없다. 인류 고고학자들이 인류 조상의 화석을 이 지역에서 발견하는 것은 놀라운 일이 아니다. 이 지역은 유명한 인류학자 리키부부(Louis Leakey와 Marry Leakey)가 활동하던 무대였다. 화산암 지층 사이에서 발견되는 인류 조상의 화석은 그들이 살고 있었던 시대를 정확하게 알려주는 역할까지 한다. 화산암은 방사성 동위원소로 시대를 결정할 수 있는 시계의 역할을 하기 때문이다. 더욱이 지역은 계속 침강되는 지역이라서 지층 사이에 묻혀 있던 이런 화석들은 지표에서 끊임없이 일어나고 있는 침식작용으로부터 보호해 주는 역할까지 하였다. 단층으로부터 발생되는 지진은 인류가 건설한 문명을 삽시간에 돌무더기로 변화시키기도 하지만 이런 지형의 변화를 유발하는 단층은 인류의 기원을 밝혀주는 자료를 보존하는 창고의 역할도 동시에 하고 있는 것이다. 지구의 양면성은 여기서도 발휘된다.

인류의 역사를 수백만 년으로 끌어올린 유인원들의 화석들이 바로 이 열곡대에서 발견되었다. 투르카나 호수 옆의 코비포라는 리키에 의하여 유인원과 인류 조상의 화석이 발견된 곳이다.[9] 1969년 루이스 리키의 아들 리차드 리키(Richard Leakey)에 의해 인류의 조상에 해당되는 오스트랄로피테쿠스 보이세이(*Australopithecus boisei*)는 우연하게 발견되었다. 코비포라를 떠난 조사단이 케냐와의 국경 근처의 모래바닥에 삐죽히 들어낸 두개골을 발견한 것이다. 우연이라고 했지만 사실 그들은 그런 발견을 위하여 떠난 사람들이었다. 이 발견은 매리 리키가 올두바이 계곡에서 보이세이를 처음 발견한 지 10

동아프리카 열곡대에 분포되어 있는 주요 인류 화석 산출지. 열곡대의 위치도와 비교하면 인류의 출현이 바로 동아프리카열곡대에서 시작되었음을 알 수 있다.

년이 경과된 시점이었다. 이런 인류의 조상을 발견한 것은 이것이 처음은 아니었으며, 1924년 다트 교수가 발견한 "타웅 어린이"란 애칭이 붙은 오스트랄로피테쿠스 아프리카누스가 있으며, 1959년에 발견된 오스트랄로피테쿠스 아과에 해당되는 화석들과, 1960년에는 호모 하빌리스가 발견된바 있다. 1972년에는 호모 에렉투스(*Homo erectus*)도 발견되었다. 코비포라 근처에서 발견된 오스트랄로피테쿠스는 100만 년 전쯤에 전멸한 것으로 추정하고 있다. 이들이 살았던 시대와 전멸한 시기를 비교적 정확하게 이해할 수 있었던 것은 순전히 이 지역에서 벌어지고 있는 지질 활동의 결과이다. 이 아프리카 열곡대는 화산 활동이 길어야 25만 년 미만으로 반복적으로 일어났기 때문에, 화석이 묻혀있는 암석의 절대 연령을 측정하면 그런 정도의 시간 차이로 이들이 살았던 시기를 추정하는 것이 가능하였기 때문이다. 아마도 이곳에 묻힌 유인원들 역시 당시에 일어나는 화산 폭발을 오늘날 살고 있는 주민들처럼 구경하였을 것이다.

다시 투르카나호로 돌아가보자. 이 지역은 오스트랄로피테쿠스와 함께 신장은 150cm 정도의 근육형의 건장한 오스트랄로피테쿠스 로부스투스가 살고 있었다. 이와는 대조적으로 키가 120cm 정도의 가냘픈 오스트랄로피테쿠스 아프리카누스도 있었다. 이들 세 종류의 원인(猿人)들은 같은 시대 같은 장소에서 공존하였다. 이들의 진화 고리는 300만 년 전으로 거슬러 올라간다. 600만 년 전으로 거슬러 올라가면 진화의 고리는 아르디피테쿠스로, 그 이전으로 올라가면 라마피테쿠스로 연결된다. 그러나 그 중간 단계의 화석들이 발견되지 않아 이들의 연결 고리는 불확실한 채로 학자들의 추정으로 이어지고 있었다. 이러한 연결 고리가 불확실하고 진화의 고리가 단속적인 것을 1950년대 저명한 생물학자인 마이어(Ernst Mayr, 1904~2005)는 현재 존재하는 인구 중 어떤 소수의 그룹이 나머지 인구로부터 고립되면, 새로운 종으로 진화된다는 종분화론으로 설명하였다. 진화의 속도는 빨라져 윗세대와는 교배가 불가능해지고 새 종이 탄생한다는 것이다. 이때까지 발견된 인류의 조상에 해

당되는 유인원의 화석으로 나타난 단절을 설명하는데 그의 제안은 초기에는 큰 주목을 받지 못하였다.[10)]

그런 불확실한 진화의 연결고리가 될 만한 화석 하나가 이 열곡대의 북쪽에 위치한 하다르의 지층 속에서 조한슨에 의하여 1974년 11월에 발견되었다. 조한슨이 발견한 골격은 한 번도 발견된 적이 없는 전신 화석이었다, 그러나 불행스럽게도 두개골은 작은 파편 두 개 뿐인 여성이었다. 그러나 전신 골격이기 때문에 많은 정보를 얻을 수 있었다. 이 개체는 신장이 90cm 정도로 키가 작았으나 이빨을 보면 완전한 성인이었다. 다리에 비하여 팔이 유난히 긴 것으로 보아 걷는 것만큼이나 나무타기를 잘했을 거라는 사실을 지시해 주었다. 발견 후 캠프에서 이 화석에 대한 이야기를 나누던 중 누군가가 당시 비틀즈의 "Lucy in the sky with diamonds"라는 노래가 수록된 카세트 테이프를 틀

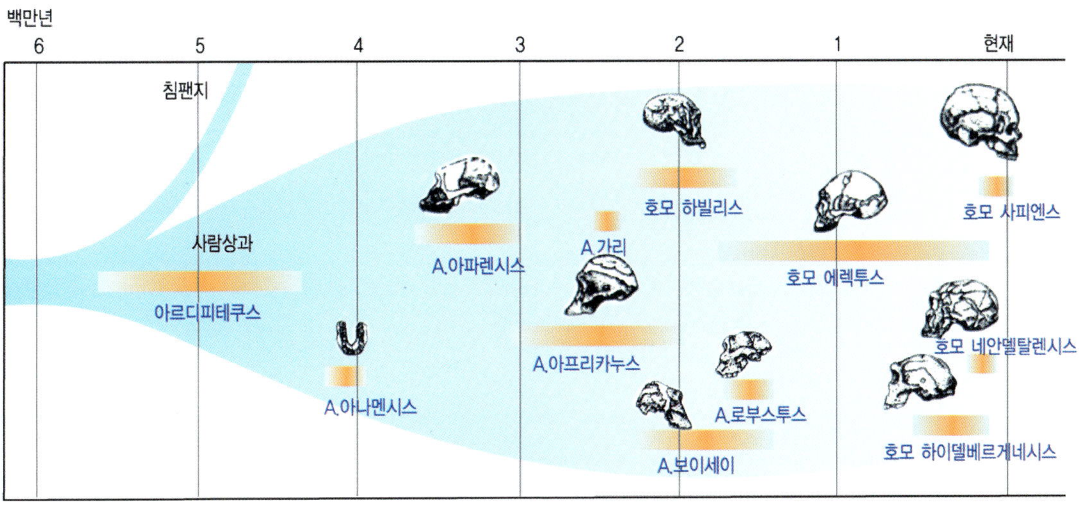

단순화 시킨 인류 진화의 계통도. 아르디피테쿠스로부터 오스트랄로피테쿠스 아파렌시스로 진화한 것으로 여겨지며, 여기서 A. 아프리카누스를 거쳐 A. 로부스투스와 A. 보이세이에 이르러 진화의 고리는 끊겨 멸종된 것으로 해석하고 있다. A. 아파렌시스의 다른 진화의 고리는 호모하빌리스, 호모 에렉투스를 거쳐 현생인으로 진화한 것으로 추정하고 있다. 화석산출이 빈약하여 이 연결고리는 아직 불확실한 점이 많다. 여기서 나타낸 진화의 고리는 연속되는 것은 아니다. (여기서 A는 오스트랄로피테쿠스이다. 두개골 화석의 크기는 실제 비율대로 나타낸 것이 아니다. 이 도표는 University of California Museum of Paleontology의 자료에 근거하여 만들었다.)

었다. 그 때 이 노래를 들은 누군가가 이 화석을 "루시(Lucy)"라고 부르자고 제안하였다. 이 화석 루시는 바로 그 이전의 유인원 라마피테쿠스와 오스트랄로피테쿠스 아프리카누스의 연결 고리로 여겨진다. 루시의 정식 이름은 오스트랄로피테쿠스 아파렌시스라고 명명하였다.[9] 그 후 그 곳에서는 인류의 시조에 해당되는 호모 에렉투스 등 진화의 연결 고리들이 연이어 발견된다. 이러한 설명이나 위의 그림은 마치 연속적으로 한 길을 따라 진화한 것으로 보여질 수도 있다. 그러나 인류는 두 발로 걷는 오스트랄로피테쿠스 집단으로부터 도구를 제작하고 사용하였던 호모 집단을 거쳐 현생인류로 진화하는 과정에서 다른 생물종이 그러했던 것처럼 선택 과정, 즉 멸종이라는 시험을 거쳤다.[11] 그런 인류 진화의 중요한 정보를 준 이 지역이 바로 맨틀 상승류에 의하여 대협곡이 만들어지는 동아프리카 열곡대였기 때문에 이들 원인들의 생존할 수 있는 환경을 만들어 주었으며, 이들이 죽어서 보전될 수 있는 조건이 형성되었다는 점이다.

이들 인류의 조상들과 원인들이 경험하였을 지진과 화산 활동과 같은 위험보다는 그들에게 중요한 것은 쉽게 구할 수 있는 먹거리와 따뜻한 잠자리였을 것이다. 현세에 그곳 동아프리카 열곡대에 살고 있는 호모 사피엔스도 같은 위험을 마주하고 있으나 그런 위험은 지질학적인 시간 단위로 나타나기 때문에 이를 두려워하지 않을 뿐이다.

마르지 않는 샘

▌과거에도 현재에도 촌락이나 도시가 건설될 때 가장 먼저 고려되는 사항 중의 하나가 물이다. 인류의 생존은 물을 떼어 놓고는 생각 할 수 없는 것이 근본적인 이유이다.

사람은 며칠간 물을 섭취하지 못하면 삶을 유지할 수 없다. 우리 주위에서 물은 사방에 지천으로 있는 것처럼 여겨지지만 실상은 그렇지 않은 것이 현실이기도 하다.

일상생활에서 늘 접하는 물이지만 정작 물을 심각하게 생각해 보지 않았던 것이 우리들이다. 물이 산소원자 하나에 두 개의 수소원자가 결합되어 있다는 것은 누구나 다 알고 있는 사실이다. 그리고 다른 모든 물질과 다른 특성으로는 액체일 때보다 고체일 때 밀도가 작아진다는 것 또한 잘 알 고 있다. 그것은 바로 얼음으로 변화될 때 부피가 약 10% 정도 늘어나기 때문이다. 이것은 얼음이라는 결정으로 되면서 물 분자의 규칙성이 늘어나 느슨한 구조로 만들어진 결과로 나타난 현상이다. 이것은 분명히 특별한 성질임에 틀림없다. 나는 얼음이 물보다 밀도가 증가된다면 하는 가정을 가끔 생각해본다. 그렇다면 아마도 많은 지역에서 얼어 있는 호수를 볼 수 없게 될 것이다. 표면에서 얼어붙은 얼음은 바로 호수 밑으로 가라앉아 버리게 될 것이기 때문이다. 아마 북극에 가도 빙상은 없었을 것이며 그냥 차가운 바다였거나 바다의 윗부분 수 미터만 얼어 있는 바다가 아닌 바닥부터 얼음으로 꽉 차 버린 곳이 북극지방일지도 모른다. 그런 현상은 지구상의 대양의 분포에 영향을 주어, 결국 지구의 기후에 더 엄청난 파급효과를 미칠 것임에 틀림없다. 비록 물보다 밀도가 낮아진 빙하이지만 육지에 두껍게 발달한 빙하는 그 밑의 육지를 침하시키기에 충분한 무게를 가지기도 한다. 아마 극지방에 발달한 두꺼운 밀도가 높아진 빙하는 지각의 변형에 더 큰 영향력을 주었을 것이다. 물 분자에서 산소와 수소와의 결합과는 달리 물 분자들 사이의 결합은 수시로 짝을 바꾼다. 쿤직은 "물 분자들은 끊임없이 짝을 바꾸어가며 카드리유(남녀 네 쌍이 사각형으로 서서 짝을 바꾸면서 추는 춤)를 추고 있는 것과 같다"는 훌륭한 비유를 하였다.[1] 잔잔한 호수 속의 물은 정태적으로 보이지만 그 곳에서 물 분자들은 계속 짝을 바꾸고 있는 것이다. 어떤 한순간에서 보면 물은 그들 분자들 중 15%만 짝을 이루고 있다고 한다. 이런 물은 생명체들에게는 필수적인 물질이다.

수자원의 근원은 역시 하늘에서 내리는 빗물이다. 그 빗물은 육지와 바다에서 증발되는 수분에 의해 결정되기 때문에 수자원의 근원을 따지는 것은 마치 닭과 계란의 논쟁과도 같다고 할 수 있다. 하여튼 지구는 거대한 물의 저장고 역할을 하고 있다. 지구의 물은 동적인 것으로 항상 바다에서 대기로, 대기에서 육지로 혹은 육지에서 바다로 이동을 한다. 바다나 육지에서 증발된 수분은 며칠 뒤 혹은 수주일 뒤에는 강수로 육지로 내리거나 혹은 바다로 다시 돌아간다. 육지에 도달한 물은 지구 표면의 경사를 따라 이동되면서 하천과 강을 만들어 결국은 바다로 유입된다. 육지에 떨어진 빗물의 일부는 지하로 스며들어 지층에 저장되거나 지층을 따라 아주 느린 속도로 이동된다. 어느 곳에선가는 다시 지표로 스며 나오기도 하며, 이들은 다시 하천에 흘러들어 간다. 이러한 현상을 우리는 물의 순환이라고 한다.

이런 물의 순환 과정에서 물을 포함하고 있는 곳을 지구의 수권(水圈)이라고 하는데, 수권 중 가장 큰 물의 저장소는 바로 바다이다. 전 지구의 물 13억 천만 km^3 중 97.2% 이상을 바다가 가지고 있다. 그 중의 절반 이상인 약 51%는 태평양에 들어 있으며,

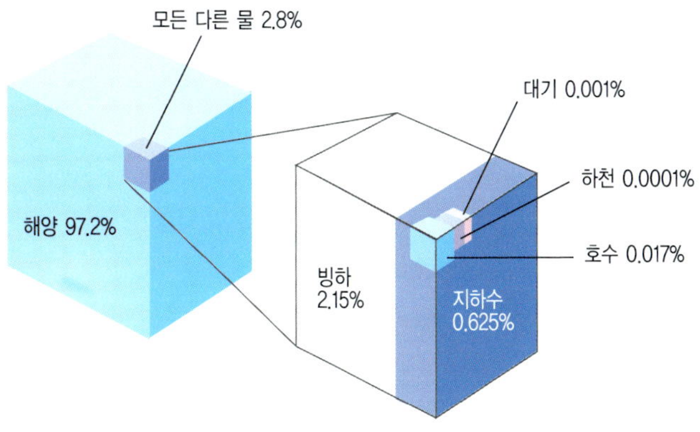

지구에 존재하는 물을 상대적인 크기로 나타낸 그림. 지구상에 존재하는 물의 총량은 13억 천만 km^3이며, 그 중 97.2%가 해수이며 담수는 전체의 2.8%에 불과하다. 담수의 대부분은 빙하로 존재하며, 우리 주위에서 흔히 볼 수 있는 호수와 하천에 존재하는 물은 불과 전체 물 중 0.0171%에 불과하다.

나머지는 대서양과 인도양 등의 바다에 들어 있다. 전체 수자원 중 나머지 2.8%가 담수이다. 그래서 지구의 물 순환에서 가장 중요한 것은 우리가 육지에서 보는 담수가 아니라 해수라는 것을 알 수 있다. 담수의 가장 큰 저장고는 세계 각 지역에 발달한 큰 하천을 따라 흐르는 물이 아니라 극지방과 고산지대에 발달하는 빙하로서 전체 담수의 74%가 얼어 있는 상태로 보전되어 있다. 그 나머지 얼어 있지 않은 물의 대부분은 지하수로 저장되어 있는데 그 양은 얼지 않은 물의 98.5%를 차지한다. 그 나머지 작은 양, 불과 전체 물의 0.0171%가 지표에서 우리가 보는 수자원으로 지구상의 육상 생명체가 의존하는 귀중한 자원인 것이다. 이런 사정만 알고 있어도 물이 대수롭지 않은 것으로 여기는 사람은 없을 것이다. 그래도 강수량이 비교적 풍부한 중위도나 저위도 지역에서는 우리 주변에서 쉽게 물이 눈에 띄므로 물이란 지구상에 가장 풍부한 물질 중의 하나로 그 물 부족이라는 말의 심각성을 좀처럼 쉽게 인정하려 들지 않는다. 건조한 지역이나 사막을 한 번이라도 다녀온 사람이라면 물이 그렇게 생각처럼 흔한 물질이 아니라는 생각이 바로 들 것이다.

바다에서는 끊임없이 증발 작용이 일어난다. 바닷물의 증발시 다행스럽게도 인류가 안전하게 마실 수 있는 양의 거의 70배 이상이나 바닷물 속에 들어 있는 소금과 같은 염류는 포함되지 않는다. 대부분의 강수는 이들 해양에서 증발된 수분들이 다시 응결되어 내리는 것이다. 해양에서 증발된 수증기는 지구 평균으로 계산하면 대체로 9.5일간 대기에 머무르다가 빗물로 해양이나 육지에 내려온다. 육지에 내린 빗물이 다시 바다로 들어가는 데 걸리는 시간은 비가 내린 위치에 따라 다르기는 하지만 전 지구적 평균 체류 기간은 대략 12일간이다. 즉 인공적인 장애물 즉 댐과 같은 것에 잡히지 않는다면 12일 후에는 하천이나 강의 유동 경로를 따라 다시 바다로 되돌아간다는 것이다. 그러나 눈으로 극지방이나 고산지대에 내려 빙하에 내린 경우에는 잡혀 있는 기간이 수천 년을 넘기는 것은 짧은 기간이고 수만 년 이상을 얼음 속에 흔히 잡혀 있기도 한다. 육지에 내린 빗물이라도 내린 장소에 따라 이들의 운명은 달라진다. 건조한 지역에 내린 빗물은 아마도 땅에 도달하기가 무섭게 증발산에 의하여 대기로 다시 돌아갈 것이다. 삼림지역에 내린 빗물이라고 해서 모두 운명이 같아지는 것은 아니다. 그들 중 일부는 식물에 의하여 섭취되기도 하고, 다른 일부는 지하로 침투하기도 한다. 지하로 유입된 물은 더 오랜 기간을 암석 속에 머물러 있어야 되며 어떤 경우는 지질시간이란 긴 시간을 암석 속에 갇혀 있어야 된다. 그 나머지 지표로 흐르는 물들이 평균 12일간 체류하는 것이다. 바다에 가깝게 내린 비는 몇 시간 이내에 곧바로 바다로 돌아가고, 대륙의 내부에 떨어진 놈은 몇 주간을 육지에서 체류하게 된다.

이들 물은 지구를 변화시키는 실로 위대한 힘을 가지고 있다. 기후대에 따른 강수량의 차이는 식생의 종류를 결정한다. 이는 기본적으로 지구상에 볼 수 있는 여러 가지 생태계중 어떤 생태계를 만드는지를 결정하는 가장 중요한 인자라는 것을 알려주는 대목이다. 지표에서 일어나는 거의 모든 지질작용은 물과 직접적인 관계를 가지고 있다. 물은 지구 표면을 구성하는 암석들과 느리지만 지속적인 반응을 통하여 풍화작용을 일으켜 토양을 만들기도 하고, 지표면을 끊임없이 침식시켜 자연 경관을 만들기도 하고, 하천이나 강을 통하여 퇴적물을 운반시키는 매체 역할을 하기도 한다.

물과 암석과의 반응은 느리다고 했는데 이는 지구 표면에서 일어나는 암석의 화학반응 중 실제로는 가장 빠른 반응이다. 암석의 반응은 암석과 암석의 반응, 암석과 대기의 반응 그리고 암석과 물의 반응 세 가지가 있다. 이들 반응 중 지표에서 가장 효과적이고 빠른 반응이 바로 암석과 물과의 반응이다. 이런 반응은 화학실험실에서 두 시약을 섞었을 때 일어나는 재빠른 그런 반응일 수는 없다. 그러나 느리지만 그런 반응이 지질시대를 거쳐 일어나면 영월의 고씨동굴과 같은 석회암 내의 거대한 동굴을 만드는 괴력을 발휘하기도 한다. 침식 역시 느리기는 마찬가지이다. 인간의 시각으로는 말이다. 그러나 그런 느린 것처럼 보이는 작용들이 지질시대를 통하여 오랜 기간 동안 계속되어 나타난 결과는 엄청난 것이다. 우리는 고교 시절 지리 시간에 우리나라는 장년기나 노년기 지형이라고 배워 알고 있다. 노년기란 지표의 침식작용이 오랜 기간 진행되어 평탄한 지형을 이룬 것을 말한다. 실제로 느린 것처럼 보이는 침식의 결과로 나타난 우리 주변의 예를 하나만 들기로 하자. 우리나라는 이곳저곳에 화강암들이 많이 분포되어 있다. 화강암이란 마그마 방이 지하 깊숙하게 자리 잡은 후 서서히 냉각되어 암석화된 돌이다. 이 돌들은 흔히 수려한 경관을 만든다. 설악산이 그러하고 서울 주변에 있는 북한산과 도봉산이 바로 화강암이 만들어낸 작품이다. 그런 돌들이 가지고 있는 암호를 지질학자들은 해석을 한다. 화강암 중의 어떤 광물들은 그들의 화학 조성이 그들이 만들어지는 깊이에 따라 달라진다. 이런 암호를 잘 해석하면 그들이 만들어진 깊이를 알아낼 수 있다. 대체로 수십 킬로미터 깊이에서 만들어졌다는 것을 알려준다, 불과 몇 억 년 전에 만들어진 그런 암석들이 오늘날에는 지표로 솟아 올라와 있는 것이다. 이런 돌들이 지표로 올라와 그 모습을 드러내는 것은 단순히 침식에 의한 것만은 아니지만 상당부분은 상부 암석들이 풍화에 의해 사라진 결과이다. 이처럼 몇 억 년이라는 시간의 함수가 더해지면 느린 것 같은 침식이라는 지질작용은 나는 화살처럼 빠르다는 것을 알 수 있다. 때로는 이러한 침식작용의 결과로 독특한 돌출된 지형을 만들기도 하는데 대표적인 예로서 베네주엘라의 테푸이 지역에 있는 메사가 있다. 이런 침식작용을 일으키는 가장 강력한 도구가 바로 물인 것이다.

물은 암석의 침식작용에만 사용되는 것은 아니며, 생태계에서 뿐만 아니라 인류의 문명을 위해서 필수적인 존재이다. 생물체의 생장에 필수적인 성분일 뿐만 아니라 식량 생산을 위한 농경에 필요하며, 음용수나 생활용수로 사람들이 직접 사용하며, 모든 공

남미 베네주엘라 테푸이에 있는 물의 침식 결과로 돌출된 지형을 이룬 특별한 지형. 이를 메사라고 한다.

장에서의 생산 활동, 전력 생산, 전 분야의 산업 활동에 이 물이 필요하다. 따라서 문명 발전 이전 단계에 비교하여 문명이 발전할 수록 물의 수요는 점차 증가되고 있다.

인구 증가는 바로 물의 소비량이 증가하는 것을 의미한다. 지난 90년간 세계 인구는 16억에서 50억이 넘는 수준으로 엄청난 팽창을 하였다. 이는 식량 생산의 증산을 의미하며, 이를 위한 용수의 공급을 늘려야 하는 것은 불가피하다. 수요가 특정 지역에서 증가한다고 해도 자연계의 순환 과정은 이를 고려하여 그 지역에만 담수자원을 더 늘려 주는 특혜를 주지는 않는다. 다만 자연계가 당초에 계획된 경로를 따라서만 물을 순환시킨다. 세계적인 물 수요의 증가 추세는 때로는 지역간 혹은 국가간 분쟁의 요인으로 등장하기도 한다. 물 부족은 강수량이 적은 지역에서 더욱 심각하게 대두되는 문제로, 이런 지역일수록 경작은 의례히 관개에 의존하므로 농업용수로 사용되는 비중이 높아질 수밖에 없다. 이런 지역이 인구증가에 따라 도시가 급격하게 팽창되면 수자원 확보를 위한 갈등이 한 국가 안에서 도시와 농촌 간에서도 발생할 소지가 있다. 이러한 갈등은 인류 문명이 시작되면서 바로 나타난 기록을 가지고 있다. 문명의 발상지인 메소포타미아의 바빌론에서 기원전 1750년 전에 만들어진 최초의 법전인 함무라비 법전에도 물 소유권에 관한 기록이 남겨져 있을 정도이다.

세계은행이 예측한 바에 의하면 시리아, 요르단 및 이스라엘은 요르단강의 물을 사용하고 있는데 1948년 이후 이 지역에서 관개 면적이 6배 이상 증가하면서 물 사용량이 크게 증가하였다. 현재와 같은 물 소비성향이 지속된다면 앞으로 6년 이내에 물 수요는 공급량을 초과할 것이라고 우울한 예측이 나올 정도의 건조한 지역이다. 따라서 국가간의 긴장이 항상 고조되어 있는 상태를 유지하는 지역이다. 이 지역을 흐르는 요르단강은 요르단, 시리아, 이스라엘과 레바논 네 나라가 사용하는 강이다. 1950년대에 시리아의 반대에도 불구하고 이스라엘은 이스라엘 남북으로 수로를 만들었다. 시리아는 이의 보복 조치로 요르단강 상류의 수로를 이스라엘 밖으로 돌리려고 하였다. 이 분쟁은 아랍-이스라엘 전쟁의 단초가 되었으며, 이스라엘이 웨스트뱅크를 점령하는 것으로 전쟁은 끝이 났고, 그 결과로 이스라엘은 요르단강 상류를 관리하에 두게 되었다. 터키와 시리아를 거쳐 이라크로 흐르는 유프라테스강도 이런 분쟁의 예외는 아니었다. 터키가 이 강의 상류 지역에 댐을 건설하자 이 강 하류의 수량은 급격하게 감소되었다. 이들 세 나라의 물 분쟁은 전쟁으로 비화되지는 않았지만 어떤 협약도 없이 분쟁은 계속되고 있다. 물 부족 국가들이 일으키는 대표적인 분쟁의 예가 바로 그곳 중동에 있다.[2)]

아마도 물 부족이 심화되면 인구가 많은 국가에서는 대부분이 농업용수를 줄여 생활용수나 공업용수로 전환해야 하는 어려운 결정을 내려야 할지도 모른다. 이집트의 경우도 편안한 상태만은 아니다. 이집트 인구의 대부분은 나일강 주변에 물이 공급되는 지역에 생활 터전을 가지고 있다. 다른 말로 하면 나일강의 수원이 바로 그들의 생존을 좌우하고 있는 것을 의미한다. 그러나 나일강의 발원지는 이집트가 아닌 수단과 에티오피아이다. 수단과 에티오피아의 기후 변화에 따른 강수량의 감소 즉 가뭄에 의한 나일강의 수량 감소는 이집트에 큰 타격을 줄 것이다. 만약에 상류지역에서의 수량 감소는 이들 국가 사이에 다른 문제로 비화될 가능성이 있는 지역이기도 하다. 그런 자연적인 원인에 의한 수량의 감소외에도 이지역은 다른 문제가 발생될 가능성이 있는 지역이다. 만약 나일강의 발원지인 수단과 에티오피아의 산업화가 진행되면 물 사용량이 증가될 것이고 하류 이집트로 방출되는 수량은 현저하게 감소될 것이다. 그렇게 되면 문제는 심각해지게 될 것이다. 이쯤 되면 물을 수자원이라고 부르는 이유가 설명된 것 같다. 세계적인 물 수요의 증가 추세는 때로는 지역간 혹은 국가간 분쟁의 요인으로 등장하기도 하며, 앞으로는 더욱 심화될 가능성이 있다.

아무래도 수자원과 가장 관계가 깊은 것은 인류 생존에 필수적인 식량 생산을 위하여 사용되는 농업용수일 것이다. 인구의 급격한 증가에 비례하여 농업용수의 증가가 뒤따랐다. 농업생산성을 증가시키기 위해서는 초기 인류 문명, 메소포타미아나 이집트문명이 개발한 관개는 현대에 이르러 더 더욱 필요하게 되었다. 하늘만 쳐다보는 천수답에 의존하기에는 지구가 부양해야 될 인구가 너무 많이 빠른 속도로 증가한 것이다. 그런 자료는 유엔의 통계에서 바로 나타난다.[2] 1900년도부터 1950년대 사이에 관개지는 세계적으로 거의 2배나 증가하였으며, 그 이후에는 증가 속도가 더 빨라졌다. 현재 농산물 생산량의 1/3이 세계 경작지의 17%에 해당되는 관개지에서 생산되며, 어떤 나라에서는 절반 이상이 관개지에서 생산되고 있다. 매년 강, 하천 및 지하수로부터 취수한 물이 관개지에 뿌려지는 양은 3,300km^{3}에 이른다. 이 양은 한강의 연간 류량으로는 비교하기도 어려울 정도의 엄청난 양으로 지구의 수자원과 환경 모두에 심각한 영향을 미친다. 증발량이 많은 건조한 지역에서의 관개는 수로를 이동 중 혹은 관개 농지에서의 활발한 증발로 토양의 염농도를 증가시켜 토양의 질을 빠른 속도로 퇴화시키며, 농작물의 성장 속도를 저하시키거나 또는 아예 죽이기도 한다.

일반적으로 우리가 담수라고 부르는 수체(水體)의 염농도는 1,000ppm 이하를 말하고 해수의 염농도는 35,000ppm이다. 보통 관개지에서 1헥타르당 사용되는 물의 양은 년간 10,000m^{3}에 이른다. 일반적으로 관개 영농 시 사용되는 양질의 관개수의 염농도는 대체로 200~500ppm 범위이므로 이러한 관개수에 유입되는 염분의 양은 년간 2~5톤이 되는 셈이다. 이렇게 유입되는 염분이 관개수와 함께 배출되지 않으면 토양에서 염의 집적은 불가피하다. 증발산량이 많은 건조한 기후대인 아랄해 부근 관개지역의 토양이 집적되는 염의 량에 의해 황폐화되는 것은 '사라져 가는 아랄해'에서 이미 그 심각성을 따로 밝혔다. 비단 이러한 현상이 나타나는 지역은 아랄해가 유일한 예는 아니며, 일반적으로 건조한 지역에서의 관개 영농은 거의 유사한 문제점을 가지고 있다. 인도, 이집트, 중국, 파키스탄, 미국, 이라크 및 터키 등지에서 같은 문제로 경작이 중단되거나, 작물 생산량의 감소를 이미 경험하고 있다.[2]

주변에 하천이 없는 건조한 지역에서는 만약 지하수체가 있다면 이를 개발해서 사용을 한다. 지하수를 이용한 관개시 지하로 함양되는(보충되는) 물의 양보다 더 많은 양을 채수하여 농경에 사용하는 경우 지하수 수체(水體)를 감

미국 캘리포니아주 샌호아킨계곡의 관개 영농을 위한 지하수의 과다 취수로 발생한 지반침하의 정도를 보여주는 전신주. 1925년, 1975년 및 1977년의 토양 표면의 높이를 보여준다(사진제공 : 미국지질조사소).

소시켜 계속적으로 지하수면을 낮추게 된다. 연구가 잘된 미국의 경우 전체 관개 면적의 약 1/5 이상에 해당되는 지역에서 지하수의 재충전 속도를 상회하는 지하수를 관개용으로 취수하고 있다고 한다.[3] 이런 지역은 매년 지하수면이 내려가고, 심한 경우에는 수자원의 고갈이 나타나기 시작한다. 지하수체에서 사용되는 양을 보충하지 못하여 일어나는 지하수면이 내려가는 예는 세계 곳곳에서 볼 수 있는 현상이다.

이런 대표적인 예는 캘리포니아주에도 있다. 태평양 연안 쪽으로는 다이아블로 산맥이 샌프란시스코 남쪽으로 발달되어 있다. 그 산맥을 넘으면 동쪽으로는 시에라네바다산맥으로 둘러 싸여 있는 낮은 분지가 있다. 이 분지를 샌호아킨분지라고 한다. 이 지역은 매우 건조한 지역으로 강수량이 적은 지역이나, 토지는 상대적으로 비옥하여, 물만 있으면 농경지로서 적합한 곳이다. 그런 땅을 놀려 둘 리는 없다. 서부로 서부로 이동하던 백인들의 눈에 그곳은 천혜의 장소로 여겨졌다. 다행스럽게도 강수량은 적었지만 시에라네바다의 높은 산의 눈이 녹은 물들이 지하로 공급되는 지역이므로 처음에는 아무런 문제가 없었다. 이들이 그곳에 정착하면서 농경지가 늘어나게 되자 강수량이 적은 이 지역에 흐르는 하천으로는 영농에 필요한 물이 크게 부족하였으므로 지하수를 사용해야만 되었다. 캘리포니아 포도주는 거의 다 이 지역에서 재배되는 포도원으로부터 만들어지는 것이다. 오렌지 등의 과수원과 토마토와 상추 등의 야채들이 대규모로 재배되었다. 싼 노동력이 멕시코로부터 공급되는 그런 지리적인 이점도 가지고 있었다. 그러나 경작지의 면적이 증가되면서 농사에 필요한 지하로부터 채수되는 물은 자연이 보충해 주는 양을 초과해서 사용하는 수준으로 발전하였다. 이 때부터 이 지역에서 농경지가 가라앉기 시작하였다. 이 지역의 잘 가꿔진 농장은 지반침하를 댓가로 치루면서 조성된 것이었다.

그것만이 문제는 아니었다. 건조한 지역이라 증발산이 심한 이 지역 토양에서는 염의 축적이 일어나기 시작하였다. 토양에서 염의 축적은 부분적으로 식생을 죽여 사막화의 원인으로 등장하기도 하였다. 지하수의 과다 취수로 인한 지하수면의 강하나 지반침하는 이 곳만의 일은 아니다. 중국의 북경과 멕시코의 멕시코시티 같은 경우가 대표적인 예이다. 북경 지역의 지하수면은 매년 1~2m 씩 내려가고 있다. 북경 주변 지역에 만들어진 많은 우물들은 그들이 그곳에 정주한 이후 계속 물을 공급해 주던 마르지 않는 샘물이었다. 그러나 내려가는 지하수면은 그 우물들을 한낱 쓸모없는 구멍으로 만들어 버렸다. 우물로 계속 사용하려면 더 깊이 파내려 가야만 되었다.

멕시코의 수도가 자리한 위치는 원래는 내륙 분지로 된 습지 위에 건설된 도시이다. 멕시코시티는 1325년 아즈텍 시대의 사람들에 의하여 건설되었다. 당시 이 일대는 화산으로 둘러싸여 있는 호수내의 몇 개의 섬 위에 건설되었다. 도시의 규모가 작았을 때는 큰 문제를 일으키지는 않았다. 그러나 이 도시가 빠른 속도로 팽창하면서 이 도시는 필요한 물을 지하수에 의존하게 되었다. 1850년대까지도 이 분지에는 대수층으로부터 저절로 솟아오르는 샘물이 140여 개나 있었다. 그러나 시의 규모가 확대되면서 1922년까지 이 지역 대수층의 지하수면은 35m 이상 하강하였다. 그러자 지하수 채취를 위한 우물의 깊이는 점점 더 깊어만 같다. 늘어나는 인구에 필요한 용수 공급을 위하여 멕시코시는 1940년대 100여 개의 심부 우물을 다시 파야만 했다. 결과는 빠르게 나타났다. 도시의 바닥에 들어 있던 물이 빠지자 지하수면이 내려가는 것은 물론이고, 도시 전체의 지반침하가 일어나기 시작하였다. 침하된 깊이는 지역에 따라 다르긴 했지만 최대 8.50m에 이르는 곳도 있어, 그런 지역에서는 구조물의 균열이나 파손이 발생하여 사회적 간접비용의 지출을 늘리는 요인이 되기도 하였다. 도시의 지반침하를 막기 위하여 1954년에는 도심의 우물을 모두 폐쇄하고, 그 대신 도시의 외곽지역에서 대규모 우물을 팠다. 그 결과로 도심의 지반침하 속도는 현저하게 줄어들었지만 새롭게 개발한 우물이 있는 외각지역의 지반침하 속도는 크게 증가하고 있는 실정이다. 다시 외각 지역은 지하수면이 내려가고 있다. 마르지 않는 샘이란 있을 수 없다. 지하로 함양되는 양을 초과한 채수는 결국 지하수 자원을 고갈시키는 길로 가게 만든다.

아마도 지하수 과다 취수에 의하여 발생된 지반침하의 예로 가장 유명한 것은 이태리 북부에 있는 기울어진 피사의 사탑일 것이다. 도시국가였던 피사는 팔레르모 해전에서 사라센 함대를 격파한 기념으로 피사성당의 종탑을 건설하기로 하였다. 이 탑은 1174년 착공하여 건물을 올리던 중 지반이 침하하면서 탑이 기울기 시작하여 공사가 중단되었으나 무게의 중심을 이동시키면서 1350년도 그림에 보이는 아름다운 8층탑으로 완공을 하였다. 갈릴레오가 기울어진 탑을 이용하여 중력실험을 하였다는 얘기는 잘 알려져 있어도, 기울어진 이유가 지하수 과다 채수에 의한 지반의 불균형한 침하에 기인되었다는 것을 아는 이는 별로 없다. 보기에 매우 위험한 정도로 5° 30′ 이나 기울어져 있다. 최근에 계속되는 침하로 지반을 최신 공법으로 다진 후에야 기우는 것을 가까스로 멈춰 놓은 상태이다. 이렇게 침하가 모든 곳에서 똑같이 가라 앉지 않고 장소에 따라 다르게 나타나는 침하를 부등침하(不等沈下)라고 한다. 사실 관광객들에게 그런 과학적인 이유를 자세하게 설명해 줘서 피사의 사탑이 대수롭지 않게 보이게 만들 필요는 없었을 것이다.

이탈리아 중서부 피사성당의 부속 건물로 지어진 피사의 사탑. 착공 후 10여 미터를 올렸을 때 지반침하로 기울어지기 시작하여 공사가 중단되기도 하였으나 1350년에 기울어진 채로 완공시켰다.

미국 중서부를 통과하는 비행기에서 내려다보면 황량한 벌판이나 혹은 준사막처럼 보이는 지역에 초록색 원이 점점이 박혀 있는 것을 볼 수 있다. 이 모습을 위성으로 촬영한 사진으로 보면 마치 원을 모티프로 한 잘 그려진 한 장의 추상화처럼 보이는 아름다운 회화로 보인다. 자동차를 타고 지나다 보면 그 실체가 들어난다. 그것은 다름 아닌 농장이다. 직선으로 길게 만들어진 대규모의 스프링클러가 사람들이 사전에 입력한 속도로 한 곳을 축으로 회전하면서 계산된 양만큼 기계적으로 물을 뿌려대는 인간미가 전혀 없는 농장임을 알 수 있다. 어떤 농장에서는 바닥에 고정된 스프링클러에서 작물 성장에 필요한 양만큼 뿌려준다. 그런 관개는 그래도 물을 절약하는 최선의 관개법이다.

이곳은 건조한 지역이라 이런 방법으로라도 물을 주지 않으면 농작물을 키울 수 없는 그런 지역이다. 물론 이들 농장이 사용하는 물은 그 지역의 지하수를 뽑아 올려 사용하는 것이다. 이렇게 지하수를 이용하여 관개 영농을 하는 지역은 남쪽의 텍사스주 북부와 뉴멕시코주 동쪽에서 시작되어 북쪽으로 네브라스카주와 와이오밍 동남부까지 이르는 광대한 지역이다. 바로 이 지역 지하에 광대한 지하수체인 오갈랄라 대수층(the Ogallala aquifer)이 발달되어 있기 때문이다. 이 대수층으로 영농을 하는 지역은 미국에서도 중요한 곡창지대 중의 하나로서 그 면적은 570만 헥타르에 이른다.[4] 이 지역 대수층을 채우고 있는 대부분의 물은 마지막 빙하기의 빙하가 물러나면서 녹아 나온 물이 지하로 스며들어 모여진 것이다. 그러니 오늘날 사용되는 물은 적어도 만 년 전 빙하가 녹은 물일 것이다. 많은 사람들이 그 물이 그런

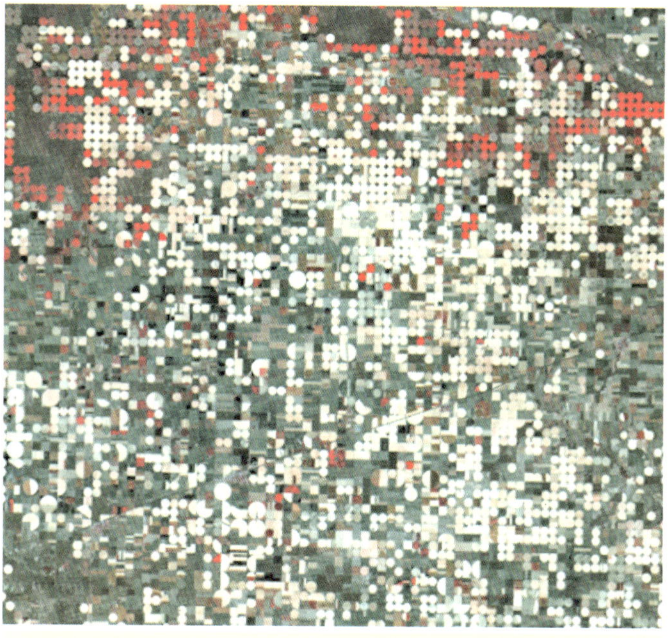

미국 캔사스주 가든시티 주변의 회전하는 관개설비로 경작되는 농지의 인공위성 사진. 중심을 따라 도는 스프링클러에 의하여 경작된 모습이 마치 원을 모티프로 한 추상화처럼 보인다.

위성사진에서 작은 원으로 보였던 원을 그리면서 물을 뿌리는 스프링클러에 의해 관개영농 단지. 여러 개의 인접한 스프링클러는 하나의 컴퓨터로 조정된다.

오래된 물이라는 것을 생각해보지도 않은 채 퍼 올려지고 있다. 이 대수층은 1930년도에는 대체로 20m 정도의 두께를 가지고 있었으나 현재는 지역에 따라 3m 미만으로 줄어들었다. 현재의 추세대로 지하수를 채취하여 관개에 사용한다면 이 대수층은 40년 안에 고갈될 것으로 추정하고 있다. 이 대수층이 고갈되는 경우 그 때 이 지역의 영농은 지금의 영농과는 완전히 달라져 있어 작물의 종류는 물론이고 수확량에서도 많은 차이를 보일 것이다. 물론 공급되는 물의 양이 현저하게 줄어들어 지금과는 전혀 다른 생태계로서 지금도 농장 주변 관개의 혜택을 받지 못하는 지역의 자연환경에서 관찰되는 황량한 사막과 같은 그러한 모습으로 변화될 것이다. 이들이 이전의 대규모 화석수를 지층에 저장하려면 과거와 같은 빙하기가 다시 이 지역에서 재현되는 길 밖에는 없다.

현대에 들어 수자원 확보를 위한 노력은 여러 가지 형태로 나타난다. 아프리카에 넓게 발달한 사하라 사막은 세계에서 제일 큰 사막이다. 사막을 따라 간혹 발달되는 오아시스를 제외하고는 물이라고는 자취를 찾아보기도 어렵다. 대체로 북아프리카의 지중해 연안은 온화한 기후를 가지고 있지만 건조한 기후에 시달리는 지역이다. 로마제국에 맞설 수 있는 한니발을 키운 문명을 일으킨 카르타고란 제국을 일찍이 만들었던 지역이다. 해안을 따라 발달한 도시의 증가되는 물 수요를 충당하기 위해서는 수자원 확보는 북아프리카 어느 나라이든지 매우 중요한 과제였다. 그 중 한 나라인 리비아 역시 물 부족은 마찬가지였다. 이 나라의 경작 가능한 면적은 지중해 연안 지역에 국한되어 전국토의 1.4%에 불과하며, 농업용수의 절대부족으로 그나마 관개가 가능한 농지는 0.1%에 불과하여 경작 농지의 확보는 리비아의 생존과 직결되는 중요한 문제였다. 리비아는 이 문제를 해결하기 위하여 좀 색다른 방법을 쓰기로 계획을 세운 나라이다. 리비아의 통치자가 탁월한 정치지도자인지는 모르겠지만 그런 계획을 과감하게 현실로 옮긴 것은 높이 평가 받을 만하다.

사하라 사막 바닥에 자리 잡고 있는 지하수체를 찾아서 북부 해안 지역으로 공급하여 관개 농지를 확대한다는 야심 찬 계획을 세운 것이다. 지질학자들은 사하라 사막의 바닥 500m 하부에서 35조 톤에 이르는 엄청난 수체를 확인하였다. 이 양은 나일강으로 유입되는 유량의 200년 치에 해당되는 엄청난 양이었다. 이 수자원을 개발하여 사막 지역을 관개 농지로 전환시키는 "위대한 인공강 계획(Great Man-Made River project)"이란 대규모 공사가 시작되었다. 이 나라의 지도자인 가다피는 이 공사를 "이집트의 피라미드, 중국의 만리장성 등과 비견되는 불가사의한 작품이 될 것"이라고 말할 정도로 야심 찬 것이었으며, 방대한 공사이었다.

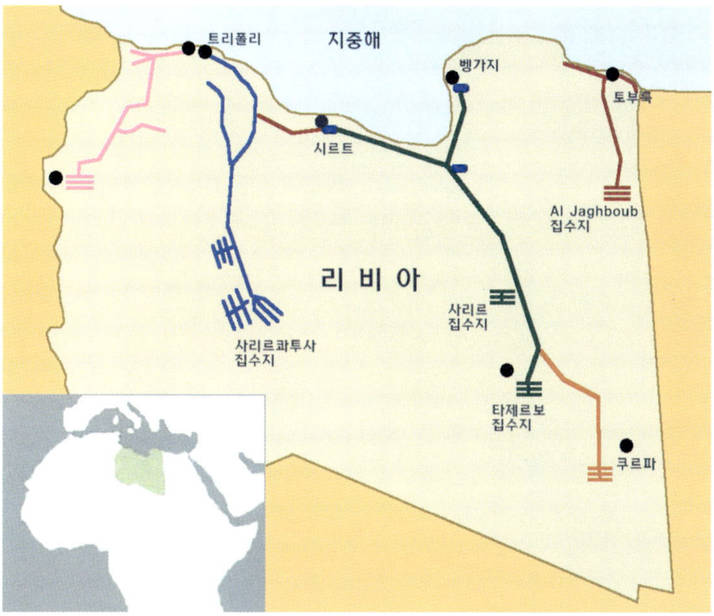

리비아가 계획한 "위대한 인공강"의 수로. 사하라사막의 지하수체를 개발하여 4m 직경의 도수로를 연결하여 수로 주변지역의 관개영농을 하려는 대규모 사업으로 현재 일부가 완공되어 사용 중에 있다.

개발된 지하수를 운반할 대수로 공사에 사용되는 콘크리트 관은 내경이 4m이고 길이가 7.5m인 무게 75톤이나 되는 큰 구조물이다. 1단계 공사구간 1,874km와 2단계 공사구간 1,652km에 달하는 먼 거리를 이 큰 콘크리트관으로 연결시키는 세기의 공사이다. 누수율 제로를 목표로 한 이 공사는 작업 조건이 어려운 사막에서 성공시키기에는 어려움이 한 두 가지가 아니었다. 이 공사를 한

리비아 남부 사막의 담수를 개발하여 운반한 대수로 공사에 투입되는 배수관의 설치 모습.

국의 회사가 수주를 하여 우리에게도 관심이 가는 프로젝트였을 뿐만 아니라 지하에 저장된 대규모 수체를 이처럼 큰 규모로 개발하는 첫 번째의 공사였기 때문에 많은 사람들의 관심을 끌었을 뿐만 아니라 여러 가지 논란을 일으키는 계기가 되기도 하였다.

이러한 대수층을 화석대수층(fossil aquifer)이라고 하는데, 이는 마르지 않는 샘물이 아닌 일정량 저장된 상상하기 어려울 정도로 거대한 물 탱크와 같은 것으로서 재생이 불가능한 대수층임을 의미한다. 이 대수층에 모인 물은 약 3만 8천~1만 년 전 이 지역이 강수량이 많은 시절에 내린 빗물이 지하로 스며들어 하부의 누비안사암(Nubian sandstonr)층에 모여진 물들이다.[5), 6)] 사용되는 방대한 양을 고려하면 사하라 사막 아래에 묻혀 있는 이 거대한 저장고 역시 언젠가는 수자원 고갈이라는 문제를 만들 것이다. 이러한 화석대수층을 사용하는 국가는 비단 리비아뿐만이 아니라 건조한 지역에서 일반화되다시피 했다. 이런 수자원의 고갈은 또 다른 지구환경의 문제로 곳 대두될 가능성이 있다.

사우디아라비아도 예외는 아니다. 더군다나 더 우스운 일은 1990년대에 사우디아라비아에서 일어났다. 당시 화드 국왕은 1991년 400만 톤이라는 기록적인 밀 생산을 하는데 21억 달러를 사용했다고 발표하였다. 21억 달러는 당시 가격으로 1,600만 톤의 밀을 수입할 수 있는 금액이었다. 이것은 물의 적절한 사용이 아닌 낭비라고 밖에 말할 수밖에 없다. 물론 그러한 생산량은 사우디아라비아가 밀의 자급자족을 하는 단계를 지나 밀 수출국의 반열에 오르게 하였다. 이러한 식량자원은 세계 시장에서 믿음이 가는 그런 자원은 아니다.

세계 여러 지역에서 영농을 위한 농업용수가 이렇게 부족함에도 불구하고 아직도 우리는 물 부족에 대한 심각한 우려를 하지 않는다. 이런 사실은 부분적으로는 대부분의 금속광물 자원이 한번 사용하고 나면 원래의 상태를 되돌릴 수 없기 때문에 재생 불가능한 자원으로 분류되는데 반하여 수자원은 재생 가능한 자원으로 분류되는 것도 오해를 만드는 원인이 된다. 그렇다. 물은 재생 가능한 자원이다. 지구의 순환 과정에 의하여 짧은 기간에 그들의 운명은 계속 변화되면서 계속적으로 물을 공급해 준다. 그렇기는 하지만 대체로 같은 지역에서는 거의 같은 양의 물을 매년 공급해 준다. 그 지역의 인구가 증가한다고 해서 자연의 순환과정은 증가된 인구를 고려해서 더 많은 수자원을 나누어 줄 정도로 자상하지는 않다는 점은 이미 앞서 말해 두었다. 인구의 증가는 그 지역 주민들이 1인당 사용해야 할 물의 양이 그만큼 줄어든다는 것을 의미한다. 수문학자들은 1인당 물 공급량이 1,000~2,000m^3인 국가를 물 부족의 압박을 받는 국가로, 물 공급량이 1,000m^3 이하인 국가를 물 부족 국가로 간주한다. 대륙별로 물 부족이 가장 심각한 곳은 아프리카이다. 아프리카 전체 인구의 약 30% 이상이 물 부족 국가에서 생활을 하고 있다. 사하라 사막의 사헬 지역은 물이 부족하여 사막이 확대되는 지역이기도 한 물 부족이 심각한 지역이다. 국지적으로 보면 물 부족이 심각한 지역은 중동지역이다. 중동의 14개 국가 중 이미 9개국이 물 부족을 겪고 있다. 중동에 있는 강들은 여러 나라를 통과하여 지나기 때문에 물 사용 권리에 대한 국가간 갈등이 상존하고 있는 지역 중의 하나이다.[7)]

물의 사용에서 비용효과적인 측면은 항상 환경 보호와 대립을 한다. 세계적으로 산업화가 진행된 국가에서는 생태계가 필요한 물, 영농을 위한 농업용수 그리고 산업용 용수 사이에 충돌이 일어난다. 그러한 물 자원의 배분에 대한 충돌은 미개발 국가에서는 더 심한 갈등 요인이 된다. 아프리카의 보츠와나 북서부에 있는 오카방코 습지는 앙골라 중앙부에서 발원한 강이 이곳에 이르러 델타를 형성하면서 만든 습지이다. 이 곳은 많은 동물들이 서식하는 곳으로 아프리카 동물의 세계를 보여주는 다큐멘타리에 자주 등장하는 곳이기도 하다. 건조기에는 그 남쪽에 있는 칼라하리 사막으로부터 많은 동물들이 이주해 와 동물 가족의 수는 평소보다 10배도 넘게 증가되는 지역이다. 보츠와나 정부는 한때 이 습지를 지나 흐르는 강물의 수로를 변경하여 그 지역의 확장되는 도시 마운시의 용수와 오라파의 킴벌라이트란 암석에서 개발되는 다이아몬드 광산들의 용수 문제를 동시에 해결하려는 시도를 하였다. 사실 오라파에 있는 다이아몬드 광산으로부터의 재정 수입은 무시할 수 없는 것이었다. 남아프리카의 다이아몬드 광산이 수명을 다해 가자 광산업자들은 북쪽으로 올라가면서 다이아몬드를 가지고 있는 킴벌라이트(kimberlite)란 암석을 찾기 시작하였다. 남아프리카에서 가장 가까운 보츠와나의 오라파란 지역에서 킴벌라이트가 발견되었다. 킴벌라이트라고 해서 다 다이아몬드를 가지고 있는 것은 아니었으나 이곳에서 발견된 것은 다행스럽게도 다이아몬드를 함유하고 있었다. 초기에 발견된 광산은 이 지역 이름을 따서 오라파 광산이라고 명명되었다. 이 지역에서 킴벌라이트를 처음 발견한 이들도 오라파 광산이 단일 다이아몬드 광산으로 년간 약 1,600백만 캐럿을 생산하는 최대 규모의 광산이 되리라고는 예상을 하지 못하였을 것이다. 거기에다 파이프 모양으로 뚫고 올라온 남아프리카의 킴벌라이트는 지표에서의 침식작용에 의하여 파이프가 많이 침식된 상태였으나 이곳 오라파의 킴벌라이트는 파이프의 윗부분까지도 남아 있는 것이었다. 처음에 발견된 오라파 다이아몬드 광산을 시작으로 이 지역에서 더 많

보츠와나 북서부에 있는 오카방고 삼각주의 아름다운 자연 생태계의 일부 모습. 아프리카 내륙이나 낮은 분지로 습지를 이루고 있다. 이 습지는 현지인들의 생활터전이자 많은 동물들의 서식지이기도 하다.

은 다이아몬드 광산이 발견되어 이제 보츠와나는 세계 최대의 다이아몬드 생산국이 되었다. 전세계 생산량의 약 25%를 차지하는 산출국으로 년간 약 3천만 캐럿을 생산하고 있다. 그러니 보츠와나 정부가 그런 유혹을 뿌리치기에는 매우 힘들 것이라는 점을 상상할 수 있다.

그러나 그 지역 습지 생태계에 생계를 유지하고 있는 어부나 목축에 의존하는 영세한 지역 주민들의 강력한 반대에 부딪쳐 그 계획은 접어두어야 했다. 그러나 근본적인 문제 해결이 이루어진 것은 아니며, 그 계획은 잠시 유보된 상태와 마찬가지이다. 다이아몬드 광산이 제시하는, 대규모 목축업자들이 벌어드릴 수 있는 커다란 수익이 언제 다시 이 지역의 습지를 위협하게 될지 모른다. 단단한 재정을 갖고 있지 않은 정부일 수록 그런 유혹을 이겨내기란 쉽지 않기 때문이다. 이 경우는 한정된 수체를 가지고 있는 화석수(化石水)의 저장고와는 다르게 산업화에 따른 물 수요와 생태계 보전을 위한 물 수요 사이

아프리카 보츠와나의 오카방고 삼각주의 서쪽에 있는 드비어스사 소유의 오라파 다이아몬드 광산(왼쪽 그림)의 위성사진. 가운데 둥글게 파진 것이 킴벌라이트 파이프의 노천 채굴장의 모습이다. 오른쪽 그림은 오라파 광산 산 다이아몬드 원석 중의 하나(사진제공 : NASA).

의 배분의 줄다리기가 문제가 되는 경우이다.

현재 전세계 인구가 사용하는 물자원의 총량은 대체로 년간 4,340km^3로 추산하고 있다.[8] 이 수요량은 1950년대에 비교하여 3배나 증가된 양으로 물 수요는 빠르게 증가하는 추세를 보이고 있다. 실제로 위의 물 사용량은 호수, 하천 혹은 지하수로부터 채수하여 사용하는 양만을 말하는 것이며, 발전이나 어장 등에 사용되는 물은 이 통계에 포함된 것이 아니므로 인류의 물 의존도는 이보다 훨씬 더 크다고 보아야 한다. 일인당 물 소비량은 문명의 발달 수준에 비례하여 증가되는 경향을 보인다. 물의 소비는 저수지에서 발생되는 손실분을 제외하면 평균적으로 전체의 약 73%가 농업용수로, 21%가 공업용수로, 6% 정도가 생활용수로 사용된다. 그러나 이러한 사용 비율은 국가에 따라 달라진다. 가장 큰 비율을 차지하는 농업용수의 효율적인 관리야 말로 물 부족을 해결하는데 있어 가장 중요한 요소임을 바로 알 수 있다.

수자원의 원활한 공급은 인류의 생존과 건강을 위해서만 필요한 것은 아니며, 산업화된 국가이건 개발도상국가이건 간에 경제활동을 위해서도 무엇보다도 중요한 자원일 뿐만 아니라 생태계 보전에도 매우 중요한 역할을 한다. 생태계 보전에 수자원 관리 방법이 어떤 영향을 주는지는 미국의 플로리다 반도의 끝에 위치한 에버글레이드(Everglades)에서 잘 보여주고 있다. 인간들이 세운 잘못된 수자원 관리정책과 자연에 대한 간섭은 바로 생태계에 부정적인 결과로 나타난 예이다. 플로리다 반도 약간 남쪽의 한가운데에는 오키초비라고 불리는 호수가 자리잡고 있다. 호수는 730평방마일로 미국의 담수호로는 미시간호에 이은 두 번째

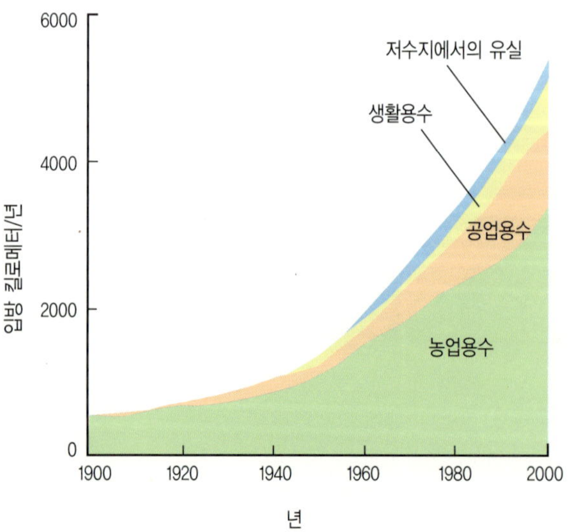

1900~2000년 사이의 전 세계의 분야별 물 사용량 추정치.[9]

의 크기이나 수심은 깊지 않아 평균 수심은 2.7m에 불과하다. 이 호수의 물은 남쪽으로 흘러들어 넓은 남쪽을 모두 배수지역으로 거느리고 있는 이 지역 물의 생명줄이다. 이 호수로부터 남쪽으로 흘러가는 수로는 낮은 습지로 여러 가지 식물이 서식하는 독특한 소택지를 이루고 있다. 간간히 숲으로 된 섬이 습지에 떠 있는 듯 여기저기에 널려져 있고, 그 습지엔 악어, 바다거북, 대머리독수리, 저어새 등 각가지 멸종의 위협에 처해 있는 동물들을 포함하여 많은 동식물들이 서식하는 곳이다. 멕시코만 연안지역은 망그로브가 독특한 자태를 뽐내며 자라고 있다. 이 습지는 한때 폭이 80km이며 길이가 160km에 이르는 구역을 15cm에서 90cm의 깊이로 남단의 플로리다만에 이르기까지 수초 사이를 서서히 이동하는 곳으로 이곳을 에버글레이드라고 부른다. 에버글레이드는 야생동물의 낙원이었다. 그러나 플로리다의 개발이 이 에버글레이드의 생태계를 급격하게 변화시키는 원인이 되었다.[10)]

1928년 이 지역을 강타한 허리케인으로 발생된 범람으로 1,800여 명의 인명이 희생되었다. 수자원을 관리하는 미 공병대는 호수의 동쪽 240km를 따라 높이 12,2m의 둑을 건설하였다. 1932년 완공된 이 둑은 후버다이크라고 하는데 이 후버다이크는 에버글레이드의 범람을 막는 데는 성공하였지만 에버글레이드에 공급되는 물의 양을 줄였다. 여기에 더하여 오키초비호 남쪽의 습지를 농경지로 활용하기 위하여 배수를 위한 네 개의 운하를 건설하였다. 배수가 된 습지는 농경지로 활용이 되었으며, 모든 것은 계획된 대로 진행되었다. 그러나 농사에 사용된 비료와 농약의 에버글레이드로의 유입은 이 지역 자연 상태

미국 남부 플로리다 반도의 에버글레이드 습지와 과거와 현재의 모습.

계에 오래 유지되어 왔던 평형을 자극하기에 충분한 것이었다.

그 이후에도 이 지역을 주기적으로 습격해 오던 허리케인으로 인한 범람의 재해는 간간히 계속되었으나, 1947년 재해는 특히 심하였다. 이번에는 의회가 나서서 공병대로 하여금 남부 플로리다의 물을 공급하고 범람의 재해를 방지하기 위하여 효과적인 배수를 위한 운하와 둑의 건설은 물론 펌프장의 설치를 허용하였다. 이러한 구조물에 의한 배수는 여분의 물을 에버글레이드로 보내는 것이 아니라 바로 대서양으로 빼버려 반복되는 범람의 피해를 줄이자는 야심 찬 계획이었다. 그 결과로 플로리다 남쪽의 동부는 개발이 되어 도시화가 빠르게 진행되었다. 그렇게 되자 에버글레이드로 흘러드는 물의 양이 줄었을 뿐만 아니라 농장과 도시로부터 유입되는 오염된 물이 생태계를 위협하기 시작하였다. 그 부정적인 결과는 눈에 띠게 나타나기 시작하였다. 유입되는 담수의 양이 줄어들자 플로리다만의 염분 농도가 급격하게 올라가 종의 다양성이 염분 농도가 올라가는 속도만큼 빠르게 감소하였다. 염분 농도가 낮은 환경에 서식이 가능하였던 종이 사라지기 시작한 것이다. 이와 더불어 서서히 수초 사이를 흘러내리던 물이 빠른 속도로 이동됨에 따라 여러 가지 문제를 만들기도 하였다. 에버글레이드만 가지고 있던 생태계의 특징들이 곳곳에서 사라지기 시작한 것이다.

자연 습지의 생태계 변화는 그냥 방관하기에는 진행 속도가 너무 빨랐다. 이제 다시 정부는 수십 년간 인간의 간섭으로 변해버린 자연생태계를 되돌리려는 노력을 최근에 시작하였다. 이 지역을 개발하던 초기의 정책과는 정반대되는 조치를 취하기 시작하였다. 비료의 사용을 제한하거나, 농장의 유출수를 정화하거나, 오키초비호 남쪽에 만들어진 사탕수수 농장을 정부가 매입하여 자연상태로 복원시키려는 계획을 마련하여 추진 중이다. 그리고 과거에 배수의 효율성을 강조하여 건설한 운하와 둑의 직강화를 개선시켜 에버글레이드가 가지고 있던 자연스러운 배수체계에 근접하는 상태로 복원시키는 공사를 시작하였다. 사실 하천이나 강을 직선화시키는 것은 배수의 효율성을 증가시키는 것 말고는 생태계에는 전혀 도움이 되지 않는 조치이다. 효율성을 강조하는 인간의 생각과 자연적으로 벌어지는 현상 사이에는 큰 간격이 존재하기 때문이다. 더군다나 농장이 만들어지고 도시화가 진행되는 지역의 수계에서는 그나마 생태계가 가지고 있는 느리지만 효과적인 자연 정화 능력을 빼앗아 가버리기 때문이다. 수초 사이를 서서히 흐르는 물은 아무 일도 하지 않는 것으로 보이지만 수체에 실려 가는 오염물질들을 걸러내는 역할을 소리 없이 하고 있으며, 많은 동식물의 서식지 역할을 하고 있을 뿐만 아니라 완벽한 먹이사슬을 유지함으로써 건전한 생태계의 기본이 된다는 사실을 얕잡아 본 것이다.

우리나라는 여름철 장마철이면 해마다 태평양에서 발생되어 올라오는 태풍과 함께 많은 비를 내린다. 어떤 해는 홍수의 범람으로 많은 피해를 당하기도 해서 비가 그쳐주기를 많은 사람들이 바라기도 한다. 그렇기 때문에 사람들은 흔히 물 걱정이 없는 나라로 생각을 하고 있다. 그렇지만 이렇게 내린 빗물은 대부분이 바다로 유실되거나 그들 중 일부가 지하로 함양되어 지표에서는 사라져 버린다. 그래서 겨울철 강수량이 적은 해는 봄철에 농사를 지을 관개용수를 걱정하는 농부들의 모습과 함께 물이 말라 거북이 등처럼 터져버린 논바닥이나, 막 파종한 농작물들이 시들어 가는 모습들이 언론을 통하여 자주 보도되기도 한다. 어떤 계절에는 넘쳐나는 물로 고생을 하고 다른 철에는 부족한 물 때문에 고생을 하는 양면성을 가지고 있는 나라이다.

우리나라 전 국토에서 강수로 유입되는 수자원 총량은 1,276억m^3로 추산하고 있다. 그 중 43%에 달하는 545억m^3은 증발로 다시 대기 중으로 돌아가고, 나머지 약 57%가 하천으로 혹은 지하로 유입되는데 그 양인 731억m^3에 해당된다. 그러나 하천으로 유입된 유량 중 약 31%에 해당되는 400억m^3은 바로 바다로 빠져나간다. 계산상으로는 331억m^3가 이용 가능한 물이 되는 셈이다. 우리나라의 물 이용 현황을 보면 생활용수가 22%, 공업용수가 9%, 농업용수가 48%, 유지용수가 21%로 이용 가능한 331억m^3의 물을 사용하고 있다. 그러므로 계산상으로는 물에 관한 한 아무 문제도 없는 국가처럼 보인다. 그러나 강수량의 계절적인 편중 현상은 물 사용의 왜곡현상을 심심치 않게 만든다. 강수량의 계절적인 차이는 지표수의 양으로 바로 나타난다. 우리나라에서도 한 지역의 물 공급을 나타내는 가장 알기 쉬운 척도인 지표수의 고갈이 강수량이 적은 계절에는 어김없이 나타난다. 그런 강수량의 계절적인 편중 현상 때문에 이곳저곳에 많은 댐을 건설하였다. 댐에 저수된 물을 사용하는 비중이 전체 용수량의 10%를 차지한다. 그 덕택으로 갈수기의 수자원 부족을 많이 개선시키기는 하였다. 그러나 아직도 부족하다는 것인 정부의 판단으로 보이며, 더 많은 댐을 건설하기를 원하지만 환경 보전을 주장하는 사람들은 이를 거부하고 있다. 댐이 생태계에 미치는 부정적인 영향을 염려하는 결과일 것이다. 환경보전을 위한 생태계의 유지와 용수자원 확보를 위한 댐의 건설은 이해가 정확하게 상충되는 측면을 가지고 있다.

아직 전체 용수에서 지하수의 사용이 차지하는 비중이 국내의 경우 3%에 불과하므로 이의 활용을 증가시키는 것도 한 방법으로 보일 것이다. 그러나 지하수라고 해서 무한정한 자원은 아니며 지하로 스며드는 물의 양을 고려해서 써야 지하에 유지되고 있는 물의 평형을 해치지 않게 된다. 지하로 들어가는 물의 양보다 더 많은 양을 채수하여 사용하게 되면 지하수면을 낮추게 되며, 궁극적으로는 지하수자원의 고갈로 연결된다. 그렇기 때문에 무한정 퍼올려 사용할 수 도 없는 게 지하수 자원이다. 지하수의 과다한 취수로 인한 지반침하와 같은 부정적인 영향과 그 피해는 세계 여러 곳에서 경험을 통하여 실증되었다. 특히 해안지역에서 과다 취수는 해수의 침입이라는 또 다른 문제를 만든다. 해안지역에서는 담수의 지하수면이 육지로부터 경사를 가지고 바다 밑의 육지로 연결되어 담수와 해수의 경계면을 이룬다. 해안에서 인접한 지역에서 지하수의 과다 취수는 담수와 해수의 경계면을 육지 쪽으로 끌어들이거나 왜곡시켜 더 이상 담수를 이용할 수 없는 지경으로 만들기도 한다. 우리나라의 제주도는 섬으로 지하수체를 개발하여 사용하고 있다. 일부 해안 지역에서의 과다 취수로 인하여 해수 침입 현상이 일어나 몇 개소의 취수정은 염농도가 높아져 이미 사용할 수 없게 되었다. 이는 함양되는 양을 고려하지 않은 채 지하수를 개발하여 무분별하게 사용한 결과이다. 어디에도 마르지 않는 샘은 존재하지 않는다. 함양되는 물의 양보다 더 많은 양을 사용하게 되면 해안 지역이 아니더라도 지하 저장고의 크기와 관계없이 그 샘은 말라버리게 된다. 따라서 지하수자원을 활용하는 경우에는 더욱 철저한 관리 체계를 통하여 계산된 범위 안에서만 사용해야만 한다.

한 가지 분명한 사실은 현재와 같은 지구 기온의 상승 추세가 이어진다면 미래의 물 사정은 현재와는 비교할 수 없는 상황이 벌어지리라는 것을 예측할 수 있다. 불확실성은 여전히 많이 남아 있기는 하지만 지구 수자원의 순환 과정에서 이루고 있는 현재의 평형 조건은 달라지게 될 것이다. 기온의 증가는 강수 작용과 지구 표면에서의 증발산 작용의 기간을 더욱 빠르게 변화시킬 것이다. 지구 기온의 변화는 식물에게도 영향을 미쳐 대기 중의 이산화탄소가 증가하게 되면 물을 증발시키는 잎의 구멍을 더욱 작게 만든 다는 사실들이 보고 되었다. 그 결과로 식물의 증산작용은 감소하게 된다는 것이다. 이를 전 지구적인 관점에서 물의 수지에 어떤 영향을 주게 될지 그에 관한 자세한 연구가 이루어진 바는 없지만 어떤 형태로든지 영향을 미칠 것은 예견되는 사항이다. 고산지대의 설원이나 빙하가 녹아 지역적으로 표층수의 유량에 영향을 미치게 되며, 또는 극지방의 빙하가 녹아서 해수준면을 상승시킬 것이다. 온도의 상승은 관개에 사용되는 농업용수의 사용량이 증가를 유발할 것이다. 이런 이유로 지구 기온의 상승은 관개영농을 위한 농지의 축소로 이어질 가능성도 제기된다. 그러나 그런 어두운 측면만이 나타나는 것은 아니며 지역적으로는 강수량이 증가되어 반대로 혜택을 보는 지역도 등장할 것이다.

그러한 지구환경의 변화에 따른 수자원 관리에 제기되는 두 가지 중요한 관점은 역시 수질을 어떻게 보전하고, 물 수요를 충족시키기 위하여 어떻게 자원을 확보할 것인가로 집약된다. 이것만큼 중요한 우리가 고려해야 될 사항은 물의 이용시 필연적으로 일어나는 자연적으로 이루어진 미묘한 생태계의 균형을 어떻게 유지하느냐 하는 점이다. 이런 일은 과거에는 심각하게 고려하던 일은 아니었으나 최근에는 무엇보다도 우선시하는 과제가 되었다. 때로는 물의 사용권이 이용자간의 분쟁으로 발전하기도 한다. 물을 토지 소유권과는 별도로 공공의 재산으로 보는 시각과 물을 먼저 사용한 사람에게 권리를 주는 제도가 있다. 그러나 그러한 물 사용의 사회적인 제도 정비가 물 부족에 대한 해결책은 될 수 없다. 물 사용의 효율성을 높이고, 이를 절약하는 것을 생활화하는 것만이 지금으로서는 마르지 않는 샘을 우리들 스스로가 유지하는 최선의 방안이라고 할 수 있다.

이상한 지도 한 장

Silver Bank
Natividad Bank
B. Escocesa
Samana Bay
C. Engano
Mona Pass
PORTO RICO
(U. S.)
S. German
Ponce
Culebra
Virgin Islands

우리는 일상생활을 통하여 지도와 친숙해지게 되었다. 근대에 들어 자동차문화가 발달하면서 도로망을 표시한 지도는 자동차 안에 아무렇게나 놓여진 것 말고도 집안의 서가에는 지도가 의례히 한두 권씩 꽂혀 있다.

그런 지도가 이처럼 쉽게 만들어지게 된 것은 그리 오래 전의 일이 아니었으며, 측량법이 발달한 이후에나 가능해진 일이다. 우리는 귀에 따갑게 들었던 고산자 김정호의 〈대동여지도〉를 알고 있다. 이 지도는 철종 12년 즉 1861년에 의하여 제작된 약 1: 216,000 축척으로 만들어진 최초의 지도다운 한국 전도이다. 그렇기는 하지만 현대적인 지도와는 상당한 거리가 있는 지도이다. 대동이라는 말 자체가 우리나라를 부르는 다른 명칭이었으므로 대동여지도를 한글로 바꾼다면 우리나라 지도라는 의미이다. 그는 청도 김씨라고 하는데 족보에도 실리지 않을 정도의 미미한 평민 가문의 출신이라서 그의 생몰이 정확하게 알려져 있지 않으나, 그의 저술 중에 고종이 민비를 들이는 것을 기록으로 남긴 것으로 보아 그 시대까지 생존하였던 것을 바탕으로 생몰 시기를 1804?~1866? 정도로 추정하고 있다. 60여 세를 살면서 전 생애를 지도 편찬에 몰두한 그의 집념으로 만든 기념비적인 작품이 바로 그 지도이다. 이 〈대동여지도〉가 우리나라 최초의 전국도는 아니며 이보다 앞서 1463년에 나온 양성지와 정척의 〈동국지도, 東國地圖〉와 1557 년경에 나온 것으로 믿어지는 이이의 〈조선방역지도, 朝鮮方域地圖〉, 1757년경 제작된 것으로 믿어지는 〈동국대전도, 東國大全圖〉가 있다. 그러나 그 정확성과 세밀함에서는 〈대동여지도〉를 따라가기 힘든 지도들이다. 서양의 측량 기술이 도입되지 않은 시점에서 만들어진 〈대동여지도〉의 정확도는 대단한 것임에 분명하다.

이와 비슷한 시기 이 땅의 반대편인 유럽에서는 김정호의 〈대동여지도〉와는 다른 이상한 지도 한 장이 만들어지고 있었다. 이 지도를 윈체스터는 그의

저서 『세계를 바꾼 지도』에서 다음과 같이 묘사하고 있다.[1]

이 지도는 과학의 얼굴을 바꾸고, 완전히 새로운 과학을 탄생시킬 만한 업적이었다. 그 뒤 일어난 일련의 과학적 동향의 기폭제가 되었으며, 궁극적으로는 찰스 다윈의 연구와 진화론의 탄생을 이끌었고, 인류에게 세상과 우주를 바라보는 완전히 새로운 시각을 제공해 주었다.

조금은 과장된 표현의 수사로 장식된 느낌은 들지만 그 지도는 당시 지질학의 패러다임을 바꾸는 혁명적 사고의 결과물이라는 데는 현대의 지질학자들 중 아무도 이의를 제기하지 않는 위대한 업적이 되었다.

영국 런던의 중심가인 번잡하고 혼란스러운 피카딜리서커스로부터 그 거리를 따라 북쪽으로 조금 걸어가다 보면 거리는 조금은 한가해지면서 마주치는 팔라디오식의 아담하지만 훌륭한 건축미를 뽐내는 벌링톤 하우스(Burlington House)를 만나게 된다. 건축물로 둘러싸여 있는 중앙의 바닥 평면에 배치된 낮은 예술적인 조형미를 뽐내는 초현대적으로 만들어진 분수가 물줄기를 넘치는 듯 흘려보낸다. 그 바로 뒤의 건물이 미술관이고 그 주위의 건물들이 왕립학술원과 주요 학회들이 자리하고 있다. 그 건물은 원래 귀족의 저택으로 지어진 것이었으나 1854년 영국 정부가 구입하여 그 건물들을 허물고 그 자리에 런던 대학교를 건립하려고 하였으나 심한 반대에 부딪혀 계획을 포기하고 몇 개의 윙을 덧붙여 증축하여 영국 왕립학술원과 주요한 다섯 개의 학회가 자리하게 되었다. 그 중의 하나가 지질학회였다. 그 건물 안으로 들어가면 많은 대리석 계단 중 하나의 꼭대기에 하늘

런던의 중심가에 위치한 벌링톤 하우스의 모습. 1854년 한 귀족의 대저택을 구입하여 증축된 이 건물에는 영국지질학회 등 주요한 학회가 자리하게 되었다(사진제공 : 테드 닐드 Ted Nield, 영국지질학회).

색 커튼이 드리워진 자리가 있다. 보통 사람들은 그 커튼에 대하여 관심을 가지고 있지 않은 채 무심히 그 곁을 지난다. 필자가 그곳에서 유학을 할 때만 해도 가끔 호기심을 가진 사람들이 그 커튼에 대하여 질문을 하거나 보여줄 것을 요청을 하면 친절한 직원들은 가끔 그 커튼을 열어 숨겨진 내용물을 보여주었다. 커튼 뒤에 숨겨진 것은 다름 아닌 거대한 영국 지도이며 그 위에 알록달록한 색이 덧입혀져 있는 이상한 지도를 보게 된다. 바로 그 지도가 윈체스터가 세계를 바꾼 지도라고 칭송한 옥스퍼드셔 출신의 시골뜨기 윌리엄 스미스(William Smith, 1769~1839)가 1815년에 만든 〈잉글랜드와 웨일스의 지층 및 스코트랜드 일부 지층에 대한 개설, A Delineation of the Strata of England and Wales, with Part of Scotland〉이라는 다소 장황한 이름이 붙여진 지질도이다. 이 지질도는 이 이야기가 시작되는 시발점이다. 윈체스터는 윌리엄 스미스의 전기를 쓰고, 그 제목을 『세계를 바꾼 지도』라고 부쳤다. 그보다 더 잘 표현된 제목은 없을 것 같다. 그의 전기에 기록된 이야기를 따라가 보기로 하자.[1), 2), 3)]

윌리엄 스미스는 1769년 영국 북부의 옥스포드셔에서 가난한 대장장이 맏아들로 태어났다. 그의 출생을 천지창조 이후 5,772년 4개월 16일만이라고 적어 놓을 정도로 그의 부모들은 신앙심이 깊었다. 그럴 만도 한 것이 당시 그들이 사용하던 구약성경에는 빨간 글씨로 성서의 구절 옆에 이 년대를 주해(註解)로 기록해 두었기 때문이다. 성서에 연대를 기록하기 시작한데는 아일랜드의 성직자 제임스 어셔(James Ussher)의 연구 결과였다. 그는 신은 예수 탄생 이전 4004년 10월 23일에 천지를 창조했다고 절대적인 정확성을 가지고 연대기를 확정지었으며, 이를 종교계가 받아들인 결과, 당시 성경에는 이런 연표가 붉은 글씨로 붙어 있었다. 신앙심이 깊은 기독교인이 그의 아들 출생일을 그렇게 기록한 것은 이상할 것도 없는 시대상을 반영한 결과라고 볼 수 있다. 그 때까지만 해도 지구의 나이를 4천 년으로 믿고 있던 시대이기도 하였고, 일부 지질학자들이 그와는 다른 생각을 한다고 그런 이야기를 맘대로

할 수 있는 사회적 분위기도 아니었다. 그가 태어난 해는 제임스 와트가 증기기관의 특허를 취득한 해로 산업혁명의 물꼬가 트이기 시작하던 그런 시점이었다. 그가 태어나기 4년 전에는 하그리브스(James Hargreaves, 1720~1778)가 제니방적기를 발명하여 섬유산업의 혁명적인 변화가 이미 일어났으며, 영국의 제철산업이 절정에 도달한 이 시기는 석탄이 주요한 산업의 원동력으로 활발하게 사용되던 때이기도 하다. 이곳저곳에서 석탄광이 활발하게 채광되고 있었으며, 이를 운반하기 위하여 내륙에 운하가 활발하게 건설되던 시기였다. 사학자 트리벨리언(George M, Trevelyan, 1976~1962)은 『영국의 역사』에서 그 시기를 "천천히 움직이던 것이 천둥 같은 소리를 동반하며 거대한 웅덩이로 떨어져 내리는 폭포가 되었다"고 기술하였다. 모든 것은 이전보다 더 빠른 속도로 변화되고 있던 시기였다. 아직도 그 당시 건설되었던 운하들이 원래의 기능은 상당 부분 잃어버렸지만 영국의 곳곳에서 목가적인 풍경을 만들고 있다. 사이먼 윈체스터는 "그 때까지만 해도 지질학이란 학문의 기초를 세우기 이전이었으며, 신성의 영역에 도전하는 것처럼 보이는 지질학적 사유를 감히 드러내 놓고 토론하기에는 이른 시기였으나, 새로운 의문과 사고는 이미 사회 곳곳에 싹이 터 올라오고 있었다"고 기술하였다.[1]

일찍이 아버지를 여읜 스미스는 불행하였지만, 그래도 학교 성적은 괜찮은 편이었다. 그러나 형편은 어려워 마음대로 읽고 싶은 책을 살 형편도 아니었다. 그런 그가 구한 책 중의 하나가 그의 일생을 바꾸게 하는 전기가 되었다. 그 책은 『측량기술, The Art of Measuring』으로서 그가 측량기술자로 세상을 살게 되는 계기를 마련해 준 책이었다. 그럴 즈음 그는 당시 측량기사로 활동하던 웨브(Edward Webb)란 사람을 참으로 우연하게 만나게 되어 그날로 그의 조수로 채용되었다. 그 때가 1787

최초의 영국 지질도를 만든 윌리엄 스미스(William Smith, 1769~1839). 그의 초상화에서도 고집스러운 그의 의지가 보인다.

년의 가을로 스미스가 18세이었을 때였다. 몇 달간 조수로 일하면서 영민함을 발휘하여 일 년이 채 되지 않아 여러 가지 측량기구들을 능숙하게 다루게 되었으며, 1788년 여름부터는 혼자서도 측량을 할 수 있는 수준에 도달하였다. 스미스는 웨브와 함께 측량을 하기 위하여 영국 곳곳을 여행하면서 지역마다 다른 암석들이 분포되어 있는 사실을 보면서 그의 지적 호기심을 증폭시키는 계기가 되었다. 그의 이러한 직업은 그의 통찰력을 통하여 새로운 학문의 세계를 개척하는 시발점이 되고 있다는 것을 아무도 예견하지 못하였다.

그에게 맡겨진 새로운 측량을 하기 위하여 잉글랜드 남서쪽에 위치한 서머세트에 가게 된다. 그 곳에 도착한 1791년 이후 그는 8년간 그곳에 머물렀다. 처음에는 웨브가 따온 일을 대행하는 처지였으나, 나중에는 서머세트 석탄운하회사의 직원으로써 취직을 하게 된다. 그가 일하던 영국 남서부에 있는 바스에서 그리 멀지 않은 하이리틀턴이라는 마을은 산세가 조금 거친 그런 곳이었다. 그 마을의 풍경은 대리석으로 치장한 잘 가꿔진 정원을 가진 저택이 즐비한 가까운 바스와는 동떨어진 느낌을 주는 초라한 풍경이었다. 이 마을은 심한 변형 작용을 받은 탄층 위에 위치한 탄광 마을이었기 때문이다. 처음에 그는 고용주를 위하여 석탄광에서 탄광과 관련된 측량 일을 하였으며, 그 다음에는 탄광보다는 좀 더 멀리 떨어진 지역에서 운하 건설을 위한 측량 작업을 하였다. 그가 일하던 먼스 핏이라고 불리는 광산은 그의 호기심을 자극하기 위해서는 더할 수 없이 훌륭한 광산이었다. 나중에 알려진 사실이지만 이 지방의 석탄층은 3억 1천만 년 전과 2억 9천만 년 사이 즉 지질시대로 석탄기에 만들어진 것이다. 이 지질시대의 이름이 뜻하는 것처럼 석탄기는 이곳뿐만 아니라 세계의 많은 지역에 엄청난 양의 석탄을 만든 시기이기도 하다. 그는 탄광에서 일하면서 갱도 안에 펼쳐지는 암석들을 자세하게 기록하였다. 그런 기록과 경험을 통하여 암석의 배열에 대하여 이해를 하기 시작하였다. 그는 그런 지층들이 이곳으로 내려올 때 걸어오면서 길가에 본 암석들과 같다는 사실을 확인하였다. 그리고 그는 이런 지층들이 수평으로 놓여 있는 것이 아니라 완만한 경사로 기울어져 쌓여 있다는 사실을 관찰하였다. 어떤 갱도 안에서는 암석들이 갑자기 뒤틀리면서 잘게 부스러진 채 전혀 다른 암석으로 변화되는 현장을 목격하였을 뿐만 아니라 어느 곳에서는 여느 지층과는 달리 심한 경사를 이루고 있는 곳도 발견하였다. 이러한 사실은 갱도 입구에 가지런히 같은 경사로 발달한 지층들과는 전혀 다른 모습이었다.

공교롭게도 이 시점은 영국의 남쪽 바스와는 정반대인 북쪽 끝 스코트랜드에서 허턴(James Hutton)이 『지구의 이론, *Theory of Earth*』이라는 책을 출간한지 3년이 되는 때였다. 지질학이 학문적으로 바로 막 자리를 잡아갈 무렵 정상적으로 지질학이나 다른 자연과학의 교육을 전혀 받지도 않았던 스미스는 이런 것들을 스스로 차곡차곡 기록으로 쌓아가고 있었던 것이다. 그곳에서 일하는 기간이 길어지자 탄층이 여러 지층들이 쌓여 있는 이 지역의 어느 위치에서 나오는지 알아가기 시작하였다. 그러나 그 곳 탄광에서 일하던 광부들은 이미 여러 개의 탄층을 훤히 알고 있어서 굴속에서도 그들이 일하는 위치를 탄층의 위치로 알 수 있을 정도였다. 또한 그들은 탄층이 다른 암석들과 섞여 어떻게 배열되어 있는지, 어떻게 반복되는지 그러한 순서를 잘 알고 있었다. 그리고 특정한 지층은 특정한 화석을 가지고 있다는 사실 또한 확인하였다. 스미스는 차례로 그런 사실을 익혀 나갔다. 그런 실무적인 지식의 습득은 정규 지질학 교육을 받은 이들에게도 상당한 훈련 기간이 필요한 일이다. 그러한 규칙성은 인근 광산에서 모두 같게 나타난다는 것 또한 알게 되었다. 이 광산에서 일하면서 체득한 가장 값진 결과는 지층들이 예상 가능한 순서로 배열된다는 사실을 알아낸 것이며, 그 결과로 다른 지역에서도 이들 지층의 배열되는 상대적인 위치는 같다는 사실을 확인한 것이다. 또한 특정한 지층은 그 지층에 포함되어 있는 화석들에 의하여 식별이 가능하다는 것을 과학적으로 추론한 것이다. 무엇보다도 중요한 것은 그러한 사실을 알게 된 스미스는 지하세계를 평면 즉 도면에 표현하는 일에 도전하기로 결심을 한 것이다. 이는 윈체스터가 말한 세계를 바꾼 지도를 만드는 시작이었다.

그는 그러한 규칙성이 다른 곳에서도 일어나는 현상인지를 확인하고 싶은 생각으로 그의 머릿속은 꽉 차 있었다. 지금도 보존되어 있는 그의 일기에서

현재 남아 있는 서머세트 석탄운하의 일부 구간의 모습으로 운하의 입구 부분이다. 지금은 개인 소유의 정원으로 활용되고 있으며, 운하로서의 기능을 잃어버렸다. 이 사이를 지나갈 수 있는 작은 보트들이 운행을 하였으며, 나머지 운하가 남아 있는 구간은 단속적으로 그 형태가 남아있다.

는 광부들과 이러한 논의를 한 결과 다른 광산에서는 그렇지 않을 것이라는 부정적인 대답을 들었다고 기록을 남겨 놓고 있다. 서머세트 석탄운하회사의 직원으로서 그가 운하 건설을 위한 측량 일을 맡았을 때 그는 내심 고용주와는 다른 생각을 하고 있었다. 운하 건설 현장에 표면의 토양이 제거되어 잘 들어난 암석 노두는 스미스가 생각한 현상을 관찰할 수 있는 최적의 장소였다. 신규 도로를 건설하기 위하여 절개해 놓은 사면은 그 지역에 관심을 가지고 있는 야외 지질학자들에게 신선한 노두를 관찰할 수 있는 최적의 장소인 것은 오늘날에도 마찬가지이다. 그는 그런 곳을 찾아 다녀야 할 필요가 없었다. 그의 일터가 바로 최적의 장소였던 것이다.

이 지역에서 생산되는 석탄 운송을 위하여 탄광업자들의 요구대로 계획된 운하는 약 1km의 거리를 두고 거의 평행하게 설계되었다. 그것은 스미스가 관찰한 결과를 야외에서 확인할 수 있는 절호의 기회였다. 그는 이 운하를 건설하면서 지층이 한 방향으로 경사진 채 일정하게 배열되는 현상을 보고, 굴속에서 일하던 광부들이 탄광 밖에서는 이러한 현상을 볼 수 없을 거라는 생각이 틀렸다는 것을 확인하였다. 그도 초기에는 여러 가지 실수를 하였다. 이런 사실을 확인한 그는 세계의 모든 지층이 그런 식으로 배열되었을 거라는 엉뚱한 생각을 한 것이 그런 실수들 중의 하나이다. 그런 생각이 틀렸다는 것을 스스로 확인할 수 있는 기회가 찾아 왔다. 운하를 본격적으로 건설하기 이

전에 영국 내의 다른 지역에서는 측량과 운하 건설이 어떻게 진행되는 지를 배우기 위하여 웨일스와 영국의 다른 지역을 여행할 기회가 마련된 것이다. 그 여행길은 그가 그동안 관찰하였던 사실들이 다른 지방에서는 일반적으로 적용할 수 있는지를 확인 할 수 있는 좋은 기회였던 것이다. 그는 그 때까지도 자신의 관심과 관찰 결과를 비밀에 부치고 있었다. 여행 도중 그들은 의회의 운하건설에 대한 청문회에 참석하기 위하여 런던을 방문하였다. 청문회가 끝난 후 여유 시간이 생긴 그는 문헌 수집을 위하여 책방을 순례했다. 당시에 출간된 많은 참고 자료를 구한 그는 그들의 일정에 따라 여행을 계속하였다. 당시 출간된 문헌을 접한 스미스는 자신이 관찰하고 알아낸 사실은 어느 책에도 찾아볼 수 없었다. 그런 사실을 확인한 그는 자신이 비밀리에 하고 있는 일에 대하여 오히려 자신감이 들었으며, 그는 스스로 자신이 중요한 문제에 접근하고 있다는 감을 느끼기 시작하였다. 그때 그의 나이는 25세의 젊은이였다. 그 여행을 통하여 다른 지역에서도 자기가 일하던 곳과는 차이가 있지만 지층이 질서 있게 쌓여 있다는 사실을 확인하였다.

그는 운하 건설 현장에서 일하면서 끈질기게 화석을 수집하였다. 그는 당시의 단순한 호기심이나 호사가들이 자연철학에 대한 이해를 자랑하거나 응접실의 장식장을 채우기 위하여 모으는 그런 화석 수집가는 아니었다. 수집된 화석은 발견된 장소, 암석의 종류 등을 자세하게 기록하면서 이미 수집된 화석들과 비교하였다. 그 결과 같은 종류의 화석을 가지고 있는 암석은 동일 지층의 연속이라는 사실을 알아냈다. 그는 수집된 화석을 지층의 배열 순서에 따라 시대별로 구분하는 능력을 가지게 되었다. 그럴 즈음 그는 바스라는 도시에서 제법 알려진 인사가 되었으며, 상류사회 인사들과 교류관계를 유지하고 있었다. 그가 터킹밀스 카티지란 주택을 구입하여 살던 시기도 바로 이 시기였다. 그 집의 구입은 그에게 나중에 큰 재앙을 몰고 왔지만 그 때 그는 그런 일이 일어나리라고는 상상조차 하지 않았다. 아무도 미래의 일을 예상하지는 못한다.

그는 자신이 관찰하고 기록한 사실을 그가 오래 생각하고 있었던 것처럼 지도 위에 옮겨 그려보려는 시도를 하였다. 그는 우선 자신이 잘 아는 바스 지역을 선택하여 그려보기로 하였다. 그러한 시도는 처음이었다. 자신이 관찰한대로 지도 위에 지역에 따라 산출되는 암석들과 화석을 표시하여 같은 층을 연결시켜 보았다. 그리고 이를 쉽게 알아보기 위하여 각 층은 다른 색으로 표시하였다. 이 지도는 1799년 여름에 완성되었다. 이 지도에 표시된 암석은 비록 세 가지로 단순하였지만, 바로 이 지도가 처음으로 만들어진 영국에서 가장 오래된 지질도이자 세계에서 가장 오래된 지질도이다. 그러나 그 지도는 바스 주변 지역을 표시한 것으로 그리 큰 관심을 끌지는 못하였다. 그런 종류의 지도는 세상에 없었거니와 보지도 못했던 그런 지도의 용도는 아마 당시에는 누구도 생각하지도 못했을 것이다.

당시 바스에는 지질학에 호기심을 가지고 있는 목사인 타운센드와 화석 수집가인 리처드슨이라는 사람이 스미스와 교류관계를 가지고 있었다. 하루는 리처드슨이 수집해 놓은 많은 화석들이 아무렇게나 종류별로 되는대로 쌓아 놓은 것을 본 스미스는 이들 화석을 시대별로 정리해 주겠다는 제안을 한다. 화석에 대한 뛰어난 안목을 가진 스미스는 이를 간단히 시대별로 정리를 해 주었으며, 리처드슨에게 이러한 순서는 아무 곳에서나 똑같이 적용된다는 사실을 설명해 주었다. 리처드슨은 그의 말이 얼마나 중요한지를 알아들었으며, 그 말을 타운센드에게 알렸다. 그 둘은 스미스를 시험해 보고 싶은 생각이 들었다. 그래서 스미스에게 그들이 살고 있는 곳에서 좀 떨어진 지역의 지층은 무엇인지, 어떤 화석이 들어있는지를 아는지 시험해 보기로 하였다. 그런 요청에 응한 스미스는 그 지역에 산출되는 지층과 화석의 종류를 예측하였으며, 그들이 마차를 타고 그곳으로 가서 확인한 결과는 스미스의 예측과 일치되는 것을 확인하는 과정에 불과했다.

그들은 그날 저녁, 1799년 6월 11일 화요일, 그 지역의 지질 분포와 층의 위치 및 화석 산출에 관한 표를 만들었다. 그 표는 스미스가 불러주는 대로 타운센드가 옮겨 적는 식이었다. 그 때 만들어진 암석의 배열에 따라 붙여진 지층이나 암석 명은 아직도 그대로 사용되는 것도 있다. 그 중의 하나가 훌러스어쓰(fuller's earth)이다. 이는 양털을 깍아 가공하기 전에 털에 묻은 기름기 등을 제거하기 위하여 이 흙과 기름때에 절은 양모를 섞어서 뒤흔들면 기름때가 제거되는 그런 특성을 가지고 있는 점토의 한 종류이다. 그래서 양모(羊毛)를 가공하는 자들의 흙이란 이름이 붙여졌다. 이 흙은 몬모릴로나이트라는 다소 긴 이름을 가진 광물로 구성되어 있는 흙으로 주로 화산재가 변질되어 만들어지는 것이다. 그러나 당시에는 그런 사실을 물론 모르고 있었다. 오늘날에도 이 점토는 기름을 정제할 때 많이 사용되는 점토이다. 우리나라에서도 경상남도 연일과 감포 지역에서 이와 똑같은 훌러스어쓰(우리나라에서는 산성백토라고 부른다)가 산출되나 양을 키우지 않는 곳이라 영국에서처럼 사용되지는 않았지만 지금은 우리나라에서 동식물성 기름을 만들 때 들어가는 불순물을 제거하고, 대형 식품공장에서 튀김용으로 사용하는 식용유들이 더러워지면 이를 깨끗하게 만들어 주는 유지(油脂) 정제에 많은 양을 사용하고 있다. 한 가지 흥미로운 사실은 그가 살고 있는 저택의 터킹이란 말은 사실은 훌러스어쓰의 기능을 나타내는 오래된 단어이었으므로 스미스의 저택 이름으로는 그럴듯한 지질학적 연관을 가지고 있는 셈이다.

지층을 기재하면서 여러 암층 사이에서 일어난 변화 중 그가 관찰한 가장 큰 변화는 어떤 두 지층 사이에서 일어난 변화였다. 상부 지층인 밀스톤층과 하부 지층인 페넌트스톤층 사이의 변화는 다른 지층 사이의 변화와는 사뭇 달랐다. 상부 지층에서는 조개나 동물 화석들이 발견되는데 반하여 아래층에서는 식물 화석만이 발견되었다. 아래 지층에서는 동물 화석은 결코 발견되지 않는다는 것이었다. 오늘날에는 그러한 지층 사이의 변화가 부정합이라고 부르는 것으로, 이러한 차이는 두 지층이 퇴적된 시기가 오랜 기간 차이가 있는데 기인되는 현상이다. 육지에 있던 지층이 오랜 기간 동안 침강이 일어나 그 지층 위에 바다에서 퇴적물들이 퇴적된 것을 의미하는 것이었다. 부정합을 그는 그 시대에 지적하였던 것이다.

그 날 저녁에 만든 큰 종이 위에 만든 그 지층표는 땅속에 있는 자연의 기록을 지상으로 꺼내 올리는 일이었으며, 스미스의 일대기를 쓴 윈체스터는 이를

“지구의 오랜 역사를 종이 위에 올려놓아 인류의 지식으로 편입시키는 위대한 작업이었다”라고 기술하였다. 그때 스미스와 함께 그 일을 마친 두 사람은 성직자로서 당시 종교계의 분위기로서는 허락되지 않을 그런 일을 마친 것이다. 세 사람은 그날 밤 자정 무렵에야 그 표를 완성하고 두 장의 복사본을 더 만들어 “1799년 이전에 조사 및 검증된 배스 지역 지층의 순서 및 각 지층에 포함된 생물의 잔해”란 제목을 붙여, 각기 한 장씩 나누어 가졌다. 이 작업은 제대로 교육을 받지도 않은 시골뜨기 측량사가 지질학계에 등장하는 순간이기도 하였다. 그 지층표 중 하나는 지금 영국지질학회에 보관되어 있다.

1799년 그해 그는 회사에서 해고를 당하게 되어 고정적인 높은 임금의 수입원은 사라졌다. 그렇다고 그의 꿈마저 사라진 것은 아니었다. 그는 영국 전체의 지질도를 그리려는 계획을 마음속에 간직하고 있었다. 당시 지도 출판업자로 유명하였던 존 캐리가 만든 『새롭고 정확한 지도책, *The New and Correct Atlas*』은 굉장히 유명하였다. 스미스는 그 지도책에 들어있는 색인으로 사용한 작은 지도를 바탕으로 영국 지질도를 만들기 시작하였다. 해고를 당한 그가 시간적인 여유를 갖게 된 것은 확실한 수입원은 줄어들었지만 자유로운 시간을 가질 수 있다는 점에서 지질도를 만드는 데는 도움이 되었을지도 모를 일이었다. 그는 그의 생각을 실천에 옮기기로 하였다. 1801년 마차로 발로 전국을 찾아다니면서 지질도 완성에 힘을 기울였다. 그는 배스 지방의 지질도를 만들 때는 단지 세 가지 종류의 암석을 기재하였기 때문에 단순하였는데, 영국지질도를 만들기 위해서는 일곱 개의 지층으로 나누어야 했다. 그는 배스 지질도를 그릴 때처럼 다른 지층을 다른 색으로 색칠하기 시작하였다. 그 해에 지질도를 단계적으로 세 번이나 만들었다. 만들 때마다 새로운 자료에 의하여 지질도는 점점 더 나아졌다. 벌링톤 하우스의 커튼 뒤에 걸려 있는 지도는 이 세 장의 지도와는 다른 것으로 큰 축척으로 그려진 것이나 내용은 1801년의 만들어진 지도에 포함된 내용을 기초로 만들어진 것은 물론이다. 이 지도는 스미스 자신에 의하여 1831년 영국 지질학회에 기증하였다. 이 지질도는 여러 가지 부정확한 내용들이 들어 있다. 그러나 그것은 어찌 보면 당연한 결과일지도 모른다. 그가 참고할 만한 문헌이나 기존의 지질도도 없었으며, 그에게 따로 스승이 있었던 것도 아니었다. 유일한 스승이란 서머세트 부근 탄광의 갱내에서 만난 광부들의 경험이 전부이었으며, 모든 것은 스스로 해결을 해야만 했다. 한 사람이 영국 전역의 지질 자료를 정확하게 표현한다는 것은 거의 불가능에 가까운 일이라는 것은 오늘날 어떤 지질학자라도 동의하는 일이기 때문이다.

그는 자유로운 측량 전문가 혹은 배수 전문가로서 그를 필요로 하는 토지 소유자들과의 계약에 의하여 영국의 이곳저곳에서 습지의 물을 빼서 좋은 경작지로 전환시켜 주는 일과 측량 일을 하면서 더 훌륭한 지질도 작성을 위한 자료 수집은 멈추지 않았다. 해가 지날 수록 그의 자료는 더욱 알차게 되었다. 그의 머릿속에는 지도에 대한 열정으로 늘 가득 차 있었다. 그는 웨일스의 변방으로부터 영국의 다양한 지역을 이동하면서 그를 고용한 계약주들의 일을 하면서도 중간 중간 자신의 지질도 완성을 위한 자료 수집을 위한 조사는 계속되었다. 때로는 그가 땅속을 훤히 들여다보는 지식을 가지고 있는 것으로 알고 있는 토지 소유자들은 자신의 영지 안에 부를 가져올 석탄이나 다른 광물자원의 확인을 위하여 스미스를 부르기도 하였다. 또는 온천장으로 유명한 바스의 온천수가 줄어든 원인을 밝혀주기도 하였다. 사실 스미스는 영국에서 석탄이 나오는 지층에 대해서는 꿰뚫고 있었기 때문에 그를 초청하는 것은 훌륭한 선택이었는지도 모른다.

그에게 상처와 타격을 준 사건이 1807년에 발생하였다. 그 해 영국의 지질학회가 탄생되었으나, 스미스에게는 회원 가입의 기회가 주어지지 않았다. 그에게는 큰 충격이었다. 그로부터 몇 년간은 그에게는 어려운 시기였다. 그러던 중 당시 최고의 지도 제작자인 존 캐리가 스미스의 지도를 출간하기로 한다. 그들은 오래전에 만났던 사이였다. 그들은 스미스의 주장대로 1cm가 3.15km인 1:315,000 축척의 지도를 만들기로 하였다. 그런 축척으로 영국 전도를 만들면 높이가 3m, 폭이 2m 정도가 되는 아주 큰 지도가 된다. 스미스는 과거 15년간 발로 뛰어 수집한 자료들을 그 지도 위에 옮기기 시작하였다.

1814년에 16장으로 된 기본도가 인쇄되어 스미스가 채색 작업에 들어가게 되었다. 지도는 1815년 8월 1일에 출간되었다. 출간된 지도의 지층을 표시한 모든 색은 스미스 자신이 암석의 색을 고려하여 신중하게 선택된 것이었으며, 대부분의 지도는 그 자신이 채색 작업을 하였다. 지층별로 다른 색으로 칠한 지질도는 오늘날 발간되는 모든 지질도에서 그대로 사용되고 있다. 작업을 마친 모든 지도는 스미스가 서명을 하였으며, 제목으로는 『잉글랜드와 웨일스의 지층 및 스코틀랜드의 일부 지층에 대한 개설』이라고 붙여졌으며, 그 뒤로는 "탄광과 광산, 늪지대와 소택지, 해수 범람 지역 등이 표시되고 다양한 하부 지층에 따른 토양의 종류가 구분되어 있으며 최대한 기술적 명칭으로 표현됨"이라는 지도의 제목으로는 어울리지 않는 긴 제목도 부가적으로 붙여져 있었다. 인쇄된 지도는 400부였으며, 그 중 하나가 벌링톤하우스 중앙 계단 옆의 커튼 뒤에 숨겨져 있듯이 걸려 있는 것이다.

이 지질도를 1979년 영국 지질조사소가 수많은 전문가들이 만든 지역 지질도를 기초로 완성한 것과 비교해 보면 놀라울 정도로 암석의 분포 패턴이 일치한다는 사실이다. 그것은 그가 혼자서 발로 모은 지질 자료의 정확성을 증명해 주는 것이다. 그 지도는 실로 한 사람의 제대로 교육을 받지도 못한 사람에 의해 만들어졌다고 상상하기 어려운 위대한 작업이었다. 그러나 땅 속의 지식을 끌어올려 과학의 얼굴을 바꾸는 위대한 작업을 마친 스미스에게 돌아온 것은 명예와 영광이 아니라 당시 지질학회 회원들의 질시에 찬 냉대였다. 이 부분은 윈체스터의 『세계를 바꾼 지

1815년 윌리엄 스미스가 만든 지질도(왼쪽)와 1979년 영국 지질조사소에 간행한 현대의 지질도. 지층의 분포 패턴이 거의 일치된다.

도』에 상세하게 설명되어 있다. 질시에 찬 냉대 이상의 것이 당시 지질학회를 이끌던 조지 벨라스 그리너프(George Bellas Greenough, 1778~1855)란 사람의 주도로 추진되었다. 그것은 바로 스미스의 지도와는 별도로 지질학회에서 영국 지질도를 간행하자는 계획을 수립하여 추진한 것이다. 당시 초창기 지질학회 회원은 학문을 직업으로 하는 사람들이라기보다는 취미 삼아 하는 사람들도 포함되어 있었다. 그들은 대부분 약간의 식견을 가지고 있기는 하였지만 모두 다 진지한 학문적 자세를 가지고 있었다고 보기는 어려운 구성이었다. 그들은 1809년 지질도 제작을 위하여 지도제작위원회를 구성한다. 그들이 만든 지도는 발로 뛰어 수집한 자료를 과학적으로 분석하여 그것을 근거로 만든 스미스의 지질도와는 상대가 되지 않는 것이었다. 사실 그리너프의 주도로 지질학회가 만든 지도의 중심적인 내용은 다른 경로를 통하여 입수한 스미스 지도를 많은 부분 베낀 것이었다는 것이 후일 밝혀졌다. 스미스의 지도가 출간된 후 그보다 싼 가격이 매겨진 1819년 출간된 지질학회의 지질도에 대한 세상의 반응은 시원치 않은 것이었으나 스미스를 파산으로 내몰기에는 충분하였다. 그러나 스미스가 죽은 후 새로운 지질학회의 회원이 된 사람들은 딜레탕트가 아니었으며, 진정으로 지질학을 연구하는 학자들로 바뀌어 있었다. 이들은 1865년 그리너프가 만든 지질도를 새로 발간하면서 "1815년 출간된 W. 스미스의 원형지도를 기초로 한" 지질도임을 분명하게 밝히도록 해서 스미스의 명예를 회복시켜 주었다. 그러나 그것은 유감스럽게도 스미스가 죽은 다음에 일어난 일이었다.

스미스가 그 지질도를 출간한 1815년 이후 그는 빚에 쪼들리는 신세가 되었다. 그런 와중에서도 그는 1816년 6월「화석에 의한 층서 식별, Strata Identified by Organized Fossils」이라는 논문을 발표하였다. 이 논문에는 각 지층별로 대표적인 화석을 채색된 도판을 넣어 제작하였다. 그는 이 논문이 일종의 매뉴얼처럼 사용되기를 원하였다. 누구든지 그런 종류의 화석을 채취하면 그 지층이 바로 어떤 층 위에 있다는 것을 알려줄 수 있는 매뉴얼 말이다. 그는 화석을 아주 세밀한 부분까지도 정성스럽게 스케치하여 각 지층별로

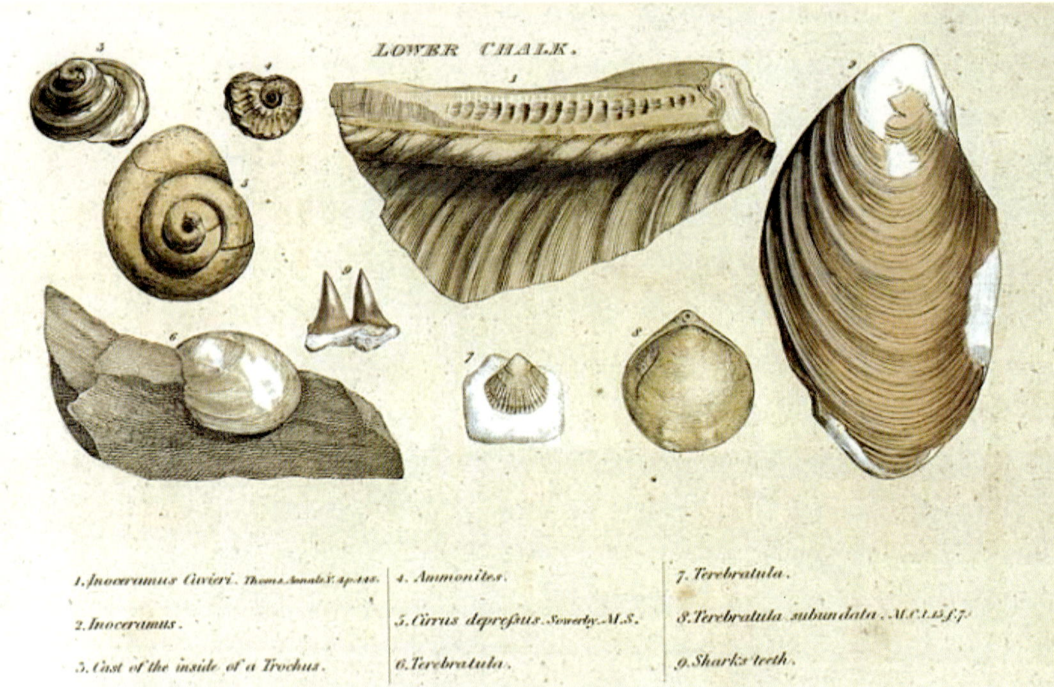

1816년에 발간된 윌리엄 스미스의 『화석에 의한 층서의 식별』이라는 논문에 수록된 하부 초크층에 수반되는 화석종들.

채색된 도판을 삽입하였다. 그의 스케치는 매우 세밀하여 사진이라고 해도 손색이 없을 정도였다. 이러한 논문은 당시로서는 획기적인 것이었으며, 그 때까지 존재하지 않았던 지질학에서 층서학 분야의 효시가 되는 작업들이었다. 이런 작업 때문에 후대의 지질학자들은 스미스를 층서학의 아버지라는 칭호로 부르기를 주저하지 않았다.

그는 병든 아내와 조카를 돌보고 세금을 내는 데에도 힘들었으며, 결국 채무 불이행으로 채무자 감옥에 수감되었다. 당시 영국의 채무자 감옥은 오늘날의 형무소와는 달리 사설기관으로 운영되었으며 채무를 변제하자마자 풀려나는 그런 곳이었다. 그가 돌보던 조카 존 필립스(John Phillips, 1800~1874)는 후에 옥스퍼드대학의 지질학 교수가 되었으며 영국 지질학회 회장이 되었다.

스미스가 수감된 감옥은 찰스 디킨스의 자전적인 소설 『데이비드 코퍼필드』란 소설 속에서 미코버란 사람이 데이비드 코퍼필드에게 빚을 지고 사는 사람들이 반드시 지켜야 할 원칙을 말해 주던 곳인 바로 그 킹스벤치 교도소이다. 그는 80일간을 킹스벤치 채무자 감옥에서 보낸 후 1819년 8월 31일 출소되었으나 그에게 남은 것은 아무것도 없었다. 그를 채무자 감옥으로 보냈던 채권자가 돈이 될 만한 모든 것을 처분하는데 필요한 기간이 바로 80일이었다. 출소를 한 스미스는 런던을 떠나기로 결심하였으며, 조카와 아내를 만나자마자 북부 요크셔로 무작정 떠났다. 런던을 떠나는 것만이 그에게 필요한 전부인 것처럼 여겨진 그는 급히 서둘러 떠났다.

그가 요크셔에서 생업을 위하여 측량일 등으로 전전하고 있을 무렵 학계에서 윌리엄 피튼(William Henry Fitton, 1780~1861)에 의하여 스미스의 지질학적 업적에 대한 평가가 실린 논문이 발표되었다. 피튼은 그의 논문에서 스미스를 "가장 창조적인 연구자"로 기술하였으며, 다만 그에게 부족한 점은 이를 대중에게 알리는 재주가 부족할 뿐이라고 평가하면서 높이 칭송하기에 이르렀다. 그러나 그런 평가는 힘들었던 시절의 스미스에게 지나가는 기쁨에 불과하였으며 파산하여 요크셔를 전전하는 그에게 실질적인 도움은 되지 못하였다. 그는 그 후 7년 동안 방랑자와 같은 생활을 하였으나 그가 가진 측량 기술과 배수 전문가로서의 활동은 넉넉하지는 않지만 생활을 유지하는데 도움이 되었으며, 그런 기간 중에도 지질학에 대한 열정은 그대로 남아 있었다. 그의 조카 존 필립스가 술회한 것을 보면 그는 여행 중에도 지도 위에 지질학적 특성을 기입하는 것을 늘 버릇처럼 하였다고 한다.

그의 자연에 대한 관찰력은 매우 예리하였으며 그런 업적은 피튼의 평가가 없더라도 매우 독창적인 것이었다. 그가 그처럼 열정을 가지고 수집하였던 화석은 지구과학적 대상물로 인식하고 그 속에 숨겨진 의미를 해석하는 노력은 계속되었다. 그의 예리한 관찰은 화석들이 지층 속에 무질서하게 아무렇게나 들어 있는 것이 아니라 각 지층마다 고유한 화석군을 가지고 있기 때문에 그런 자료들을 이용하여 다른 지역에서도 지층을 구별하고 식별하는 것이 가능하다는 사실을 인식한 것이다. 차례로 쌓인 지층들은 각기 다른 화석군을 그 속에 가지고 있으며, 쌓여 있는 지층을 따라 화석군들이 점이적으로 변화된다는 사실을 관찰하였다. 이것은 스미스 이후의 학자들에 의하여 "동물군 천이의 원리"로 정립되어지는 지질학에서의 중요한 근본 원리가 된다.

그는 말년을 잉글랜드 북부 해안가의 스카보러에서 보내게 되는데 그 때 스미스는 모든 것을 초연한 듯 가난하지만 행복한 노년을 보내고 있었다. 그러나 바스에 머물던 시절 구입한 터킹밀 커티지가 그에게 파산을 몰고 온 것이 충격적이기도 하였거니와, 런던에서의 파산 이후 경제적으로 어려워 다시는 집을 구입하려고 하지 않았다. 스카보러에서도 한 독지가가 마련해 준 집에 머물렀지 결코 집을 소유하지 않았다.

초대 지질학회장인 그리너프는 스미스의 지질학회에 가입을 집요하게 저지하였다. 그리너프는 스미스에게는 장애물이었지만 그가 거기에만 매달린 것은 아니었으며 초기의 영국 지질학회 발전에 상당한 기여를 하였다는 것도 부정할 수 없는 사실이다. 그런 사실은 학회의 한쪽에 스미스의 흉상과 나란히 놓여 있는 그의 흉상으로도 짐작이 간다. 차츰 전문가들이 학회를 장악하면서 화석 수집가들의 사교클럽과 같았던 원래의 분위기는 달라지기 시작하였으며, 학회는 새로운 엘리트들에 의하여 차례로 교체되어 갔다. 윈체스터는 그의 저서 『세상을 바꾼 지도』에서 당시 초기 지질학회를 다음과 같이 신랄하게 묘사하였다.

> 초기의 학회 회원들은, 적어도 특히 영향력을 가지고 있던 몇몇 사람들은 과학적 연구를 추구하고 설파하기보다는 응접실의 환담에 관심을 갖는 무리들이었다. 그들 대부분은 그들이 수집한 화석과 광석의 맹목적인 매력 속에, 실은 보다 참되고 근본적으로 중요한 진리가 감춰져 있다는 사실조차 깨닫지 못하고 있었다.

최초의 학회 구성원의 성향으로 보면 이런 주장이 결코 과장된 것 같지는 않다. 새로운 지질학 교육을 통하여 양성된 새롭게 등장한 지질학계의 중심인

물들은 초기의 회원들과 전혀 다른 생각을 가지고 있었다. 더 이상 지질학이 호사가들의 환담의 대상으로서가 아니라 비록 물리학이나 화학 등에 비교하여 출발은 늦었지만 새롭게 떠오르는 한 학문의 시발점에 있는 중요성을 인식한 이들이었다. 새롭게 유입되는 회원들은 과거 그런 학회의 분위기를 바꿔나가는 중심 인물들로 등장을 하게 된 것이다. 그들은 실로 지구의 진화를 밝혀내는 작업을 시작했던 것이다. 이러한 분위기의 변화는 아직도 스미스의 회원 가입을 집요하게 막았던 그리너프가 위원회에 소속되어 있었지만 울라스톤 메달의 초대 수상자가 스미스가 되어야 한다는 다른 회원들의 의견을 감히 반대할 수 없는 상황으로 만들었다.

영국 지질학회의 가장 권위 있는 상 울라스톤 메달의 첫 번째 수상의 영예는 스미스에게 돌아갔다. 이 메달은 노벨상이 없는 지질학 분야에서의 노벨상이라고 보아도 좋다. 실제로 그 이후 수상자의 면면을 보면 비록 시상하는 학회가 영국지질학회(공식 명칭은 아직도 The Geological Society of London이다)이지만 수상자는 국적을 가리지 않고 지질학 발전에 한 획을 세운 학자들이다. 지질학 교과서에 중요하게 등장하는 학문적인 업적이 뛰어난 인물이면 거의 모두 이 메달을 수상했다고 보면 된다. 울라스톤 메달은 상의 이름이 암시하는 것처럼 한 사람의 기증에 의하여 시작된 것이다. 윌리엄 하이드 울라스톤(William Hyde Wollastone, 1766~1828)은 그가 1828년 세상을 떠나기 2주 전에 지질학회에 1,000파운드 상당의 주식을 기증하면서 지구의 광물질에 대한 연구에 공헌한 개인에게 상을 수상하라는 제의를 하였다. 그런 제의는 지질학회로서는 조금은 의외였다. 왜냐하면 그는 광물학자(당시는 지질학과 거의 같은 의미를 가지고 있었음)라기보다는

영국 지질학회에서 수상하는 최고의 상인 울라스톤 메달의 모습. 윌리엄 스미스가 1832년 최초의 수상의 영예를 받았다.

화학자로서 더 훌륭한 업적을 남겼고 또한 의사로서 신장결석 및 전립선 비대증의 권위자였기 때문이다. 그의 과학적인 흥미는 여러 분야에 걸쳐 있어서 결정의 면각을 재는 측각기를 개발하기도 하였다. 그러니 지질학과 전혀 관계가 없는 것은 아니었다. 영국 지질학회는 이런 제의를 거부할 이유가 없었다. 그의 업적 중 기억되어야 할만한 것은 팔라듐(Pd)을 발견한 사실이다. 그래서 이 메달은 1930년 이래 팔라듐으로 제작된다. 그러나 스미스가 수상할 당시에는 금으로 만든 메달을 수여했다. 그는 백금을 정련하는 효율적인 방법을 개발하여 많은 부를 축적하기도 하였다. 석회암의 변질 작용으로 만들어지는 $CaSiO_3$라는 화학 조성을 갖는 변성산물로 흔히 산출되는 광물이 있는데 그 광물은 이의 이름을 기념하기 위한 것으로서 울라스토나이트(wollastonite, 우리말로는 규회석이라고 한다)라는 광물도 있다.

1831년 2월 18일 지질학회의 기념일에 요즈음의 관례로는 이해하기 힘든 모의 수상식을 거행하였다. 그것은 메달이 만들어지기 이전이라 정식 수상식은 아니었으며 일종의 수상자를 확정하는 그런 의식을 가진 셈이었다. 그날의 의식에서 당시 학회장인 케임브리지대학의 세지윅(Adam Sedgwick, 1785~ 1873) 교수의 인사말의 마지막 부분의 일부를 옮기면 다음과 같다.[1)]

영국 옥스퍼드대학의 정신적인 상징 중의 하나인 셀도니언극장의 모습. 오늘날에도 중요한 행사가 이곳에서 열린다.

저는 이 자리를 빌어 스미스 씨가 전해준 실질적인 지식과 가르침에 대하여 감사의 말씀을 전합니다. (중략).

신사 여러분, 이제 저는 위원회의 수상 결정에 대해서 여러분의 동의를 구하는 바입니다. (중략). 이 결정이 과연 조금의 의심이나 망설임의 여지가 있는지 말입니다. 다른 어느 누구 보다도 먼저 영국 지질학의 아버지에게 이 최초의 영광을 돌리는 것이 지질학도로서 자식된 도리를 다하는 것이라는 점에 대해서 판단이 허락하고 가슴속으로 인정하는 충분한 동기가 되지 않을는지요?
계획을 수립하고, 기초를 쌓고, 단단한 벽을 쌓은 사람이 바로 그입니다. 남의 도움을 조금도 빌리지 않고 그 스스로의 힘으로 한 일입니다.(중략)

지질시대 중 데본기와 캠브리아기를 설정한 세지윅의 연설이 끝나자 단위에 오른 스미스는 간단한 감사의 뜻과 아이작 뉴튼 경이 울라이트 지층 위에서 태어났는데 만일 그가 땅 위에 있는 사과 대신에 그 아래의 땅에 관심을 가졌더라면 지질학이 어떻게 달라졌을까라는 유머로 청중들의 폭소를 만들면서 자리로 돌아갔다. 그 후 그는 스카버러의 집으로 돌아갔다. 그의 기쁨은 더할 수 없이 컸다. 지질학회 회원으로 가입이 거부당했던 과거의 응어리는 사라져 버렸다. 그는 지질학회의 회원이기 이전에 지질학의 아버지로 추대 받지 않았는가? 세지윅에 의하여 영국 지질학의 아버지라는 영예스러운 호칭이 주어졌지만, 후세 지질학자들은 스미스를 층서학의 아버지라고 부른다. 대체로 그런 호칭을 받은 제임스 허턴이나 아브라함 베르너 혹은 찰스라이엘과 같은 학자들은 지구 진화에 대한 큰 이론을 정립하였지만 스미스는 그러하지 못하였다. 단지 실무로 야외에서 익힌 그의 지식을 체계화시켜 암석 속에 들어 있던, 암석에 기록되어 있던 역사를 인류의 지식으로 가시화시킨 공적을 가질 뿐이다.

그 다음해 1832년 옥스퍼드대학의 셸도니언극장에서 열린 수상식에서 실루리아기와 데본기를 확립한 머치슨(Roderick Murchison, 1792~1971)이 스미스에게 울라스턴 메달을 정식으로 수여하였다. 세지윅과 마치슨은 데본기에 대한 학술적인 격렬한 논쟁을 벌이는 뜨거운 상대였지만[4] 스미스를 추대하는 데는 의견이 같았고 공교롭게도 두 번에 걸친 수상의식에서 각기 수상자의 역할을 맡았다. 수상식이 치러진 후 공공의 이익을 위해 개인의 노력을 바친 스미스에게 연금을 지급하자는 과학자위원회의 탄원을 국왕 윌리엄 IV세가 받아 들여 일 년에 100파운드의 연금이 지급되었다. 그는 67세 되던 해에 더블린에 있는 트리니티칼리지에서 생각지도 않았던 명예박사 학위를 받는 영예를 받았다. 당시 명예학위를 받은 이 중 한 사람은 지구상의 빙하기의 존재를 밝힌 하버드대학의 교수로 일하던 루이 아가시였다. 트리니티칼리지는 바로 스미스가 어려움에 처해 있을 때 그의 업적을 적극적으로 옹호해 주던 피튼이 나온 학교이다. 그의 전기를 쓴 윈체스터는 이를 옥스퍼드셔 출신의 제대로 교육을 받아 보지도 못한 시골뜨기가 지질학의 아버지로 추앙되었고, 영국과학계가 그의 업적을 인정하고, 그를 승인한 시대가 온 것으로 기술하고 있다. 과학계는 누구든지 그가 이룬 업적으로만 평가받는 세계임을 보여준 것이다.

지하의 세계를 지상으로 끌어낸 그의 시도는 전적으로 새로운 것이었으며, 그 이후 모든 나라에서는 지질도를 작성하게 되었다. 오늘날 지질학자들은 새로운 정보로 채워져 있는 지질도를 앞 다투어 만들어내고 있다. 우리나라도 거의 전 지역이 1:50,000의 지형도를 기본으로 되어 있는 지질도가 한국지질자원연구원에 의해 만들어져 있으며, 그보다 더 정밀한 1:25,000 지질도가 만들어지고 있다. 이런 기본 지질도는 국토 개발과 이용의 기본 자료가 될 뿐만 아니라 자원 탐사에는 필수적인 자료이다. 이미 지질도는 알게 모르게 우리생활 속으로 깊숙이 들어와 있다.

지구가
우리에게 준 아름다운 선물

지구의 표면은 어느 지역이든지 간에 한 꺼풀을 벗겨내면 그 속살은 모두 단단한 암석으로 되어 있다.

이렇게 단단한 암석으로 된 지구의 껍질 부분, 즉 지각을 지나 지하로 들어갈수록 압력과 온도는 증가한다. 온도가 증가하는 것은 광산에서 땀을 흘리며 일하는 광부들의 모습을 촬영한 다큐멘타리 영화로도 확인된다. 광부들이 땀을 비 오듯 흘리는 것은 노동 강도도 있기는 하지만 지하 수백 m만 들어가도 지상의 기온보다는 온도가 훨씬 더 높아지기 때문이다. 하물며 그 깊이가 수백 킬로미터에 이르게 되면 그 곳의 온도는 천도가 훨씬 넘는 아니 모든 것을 녹여버리기에 충분한 온도가 된다. 그러나 압력 때문에 실제로 돌들이 그런 깊이에서는 모두 녹아 있는 상태로 존재하는 것은 아니다. 상부에 쌓여 있는 암석들의 무게 때문에 압력 또한 엄청나게 증가해서 맨틀의 암석은 지표에서 보는 그런 단단하고 깨지기 쉬운 암석이 아니라 가소성(可塑性)을 갖는 흐르는 경향을 보이게 되는 성질을 가지게 된다. 아주 오래된 건물을 장식하고 있는 유리들이 아래쪽이 더 두터워지는 것과 같은 성질이다. 여기까지가 지구 표면을 구성하는 광물들과 관계되는 구간이다.

지구 내부의 지각, 맨틀 그리고 핵을 구성하는 물질의 종류는 서로 다르다. 주로 지각은 상대적으로 가벼운 원소로 구성되며, 내부로 갈수록 무거운 원소들로 구성된다. 지각을 구성하는 물질은 8개 원소가 지각 구성 물질의 거의 대부분(99%)을 차지한다, 이의 종류를 지각에 존재하는 양적 순서로 나열하면, O, Si, Al, Fe, Ca, Na, K 및 Mg이다. 이를 지각 구성의 8대 원소라고 한다. 따라서 지각을 구성하는 대부분의 광물들은 이들 원소들의 조합으로 구성되어 있는 물질들이라고 생각해도 좋다. 지구의 껍질에서 산소는 실제로 가장 많은 원소로 무게 백분율로는 전체의 46.60%를 차지하지만, 부피 백분율로는 산소의 원자 반경이 다른 원소들보다 훨씬 크기 때문에 산소는 지각 전체의 94%를 차지한다. 그래서 쉽게 생각하면 지각은 산소의 바다라고 생각해도 된다. 산소의 바다라면 지각을 구성하는 물질은 왜 이처럼 단단한 물질로 되어 있는가 하는 의구심이 생길 것이다. 그러나 이들 산소는 기체 상태로 존재하는 게 아니라 산소 원소가 다른 금속 원소들과 화학결합을 하여 결정질 물질인 광물을 구성하므로, 지각이 단단한 껍질을 이루고 있는 것이다.

따라서 지각을 구성하는 물질은 산소와 지각에서 두 번째로 흔한 규소의 결합으로 만들어진 광물 즉 규산염광물이 주종을 이루게 된다. 그러나 지구 껍질을 이루고 있는 규산염광물은 산소와 규소만으로 구성된 것은 아니며, 다른 금속 양이온들과 지각에 미량으로 존재하는 금속원소들도 규산염광물의 주요한 혹은 부차적인 구성원소로 참여한다. 또한 어떤 금속 및 비금속 원소들은 산소 이외의 다른 음이온들과도 결합을 하여 광물을 이루기도 한다. 이렇게 만들어지는 지구상의 광물의 종류는 약 3,800여 종에 이른다. 그래서 이들 광물들을 체계적으로 분류하는 일 역시 매우 복잡하여 광물학자들 사이에서조차 아직 통일된 의견을 가지고 있지 않다. 지각에 존재하는 광물들 대부분은 지각에서의 지질작용에 의해 만들어진 것이다. 그러나 광물 중 일부는 맨틀에서 만들어진 광물들이 지각으로 올라오기도 하는데, 지하 심부인 맨틀로부터 올라온 물질들은 지각의 새로운 환경(온도와 압력 조건)에 적응할 수 있는 새로운 다른 광물로 변화되기도 한다.

우리나라 서해안 지역을 가면 지금은 과거보다 그 수가 많이 줄어들기는 했지만 천일염을 생산하는 많은 염전들이 있다. 그 염전들은 밀물에 밀려들어온 바닷물을 가두어 둔다. 이런 과정은 여름철 뜨거운 햇빛 아래에서 수분을 증발시켜 그 속에 들어있는 염분의 농도를 높이는 과정이다. 수분이 줄어들은 바닷물을 다시 평탄하게 고른 염전으로 이동시켜 본격적으로 증발을 시킨다. 바닷물이 증발되면서 그 속에 녹아 있던 염류가 과포화 상태를 넘어서게 되면 그 때 소금(NaCl) 결정이 만들어지기 시작한다. 이러한 과정은 건조한 지역의 분지 내에 있는 호수에서는 자연적인 과정으로도 일어난다. 이러한 현상은 솔트레이크, 아랄해, 사해 혹은 아타카마 사막의 호수에서도 흔히 관찰되는 현상이다.

지질 작용에 의해 만들어지는 광물 역시 그 형성되는 과정은 이와 크게 다를 바 없다. 과거 지질시대 바다에서는 엄청난 양의 탄산염광물들이 침전되어 세계적으로 많은 석회암을 만든 경험을 이미 가지고 있으며, 고립된 호수나 바다의 증발 작용에 의하여 엄청난 양의 암염이나 석고와 경석고 등을 침전시켰다. 우리나라 강원도 지역에는 대석회암통이라는 고생대 지층에 석회암이 지천으로 매장되어 있어 그 지역은 시멘트산업의 본거지가 되었다. 암염과 석고와 같은 자원은 국내에서는 분포되어 있지 않지만 다른 나라의 어떤 지역에서는 대규모로 분포되어 있다. 외국의 광산에서 채광되는 암염들이 바로 이런 과정으로 만들어져 파묻힌 것들이다.

칠레의 안데스산맥 줄기에 있는 아타카마 사막 안에 있는 호수가 완전히 증발된 후 바닥에 침전된 소금 밭.

지하 깊숙한 곳에서 마그마로부터 화성암이 만들어지는 과정에서 정출되는 광물들은 다만 그 바탕이 바닷물이 아닌 암석이 녹아 있는 마그마라는 점이 차이일 뿐 생성되는 과정은 바닷가 염전에서 소금이 침전되는 것과 그 원리는 크게 다르지 않다. 여러 가지 성분들이 녹아 있는 마그마에서 광물이 정출되는 것은 마그마가 냉각되면서 (온도가 내려가면서) 용해도가 작은 물질들이 순서대로 과포화 상태에 이르게 되고 그 결과로 먼저 침전되기 때문이다. 일반적으로 어떤 물질의 용해도는 온도와 비례 관계를 가지고 있다. 더운 물이 더 많은 설탕이나 소금을 녹일 수 있는 것을 생각하면 된다. 그러므로 마그마가 식어지기 시작하면 지각을 구성하는 규산염광물들 중에서 고온에서 먼저 정출되는 것들은 용해도가 작은 마그네슘과 철을 많이 함유한 것들이고, 상대적으로 낮은 온도에서 정출되는 것들이 규소가 풍부한 광물들이 된다.

지각을 구성하는 주요한 원소들로 구성된 마그마로부터 결정이 정출되는 순서는 카네기연구소의 보웬(Norman L. Bowen, 1887~1956)에 의해 밝혀졌다. 그는 고온 장치를 이용하여 용융된 물질로부터 결정을 만드는 실험을 통하여 자연계에 존재하는 광물들의 안정하게 존재하는 영역을 확인하는 실험을 수행하였다. 그러한 상평형(상안정관계) 실험 결과들을 종합하여 1928년 『화성암의 진화』란 저서를 출간하였다. 그는 실험암석학의 대가로서 모든 결론은 그의 실험실로부터 나왔다. 실험 결과를 토대로 만들어진 규산염광물의 정출 순서인 보웬의 반응계열은 이제는 고전이 되었다. 물론 규산염광물의 정출 순서란 것이 자연계에서 모든 경우에 다 적용되는 것은 아니지만 적어도 일반적인 광물의 정출 순서를 논하는 데는 부족함이 없다. 그의 연구 결과는 지구상에 존재하는 화성암에 대한 이해를 한 차원 증진시킨 큰 업적이었다.[1] 그의 고온 및 고압에서의 실험은 당시 화강암의 생성에 대한 논쟁을 종식시키는데 상당한 기여를 하였음은 물론이다.

마그마로부터 광물의 정출 순서를 밝힌 반응계열을 완성 시킨 보웬.

광물은 바닷물이나 마그마에서만 만들어지는 것은 아니며, 화산의 분기공에서도 만들어지기도 하고, 지하를 이동하고 있는 열수에 의해서 만들어지기도 한다. 또한 이미 만들어진 광물들이 지질환경(온도, 압력 및 지구화학적 환경)의 변화에 따라 새로운 광물들로 변화되어 원래의 광물과는 전혀 다른 광물이 되기도 한다. 이처럼 여러 가지 지질 작용을 통하여 만들어진 광물들은 지표를 이루고 있는 여러 가지 암석들 화성암은 물론 퇴적암과 변성암 속에 골고루 들어 있다. 지구에서 산출되는 3,800여 종의 많은 광물들은 제각기 다른 화학조성과 결정구조 그리고 다른 기능을 가지고 있다는 것은 자연의 신비이다.

하여튼 자연산 결정들은 결정 내 원자들의 규칙적인 배열 때문에 결정이 자유로운 공간에서 성장하였을 때 저마다 다른 결정 형태를 보여준다. 어떤 결정형은 육면체로 매우 규칙적인 형태를 가지고 있으나, 어떤 결정은 아주 결정의 외부 형태가 매우 복잡한 형태로 나타나기도 한다. 이렇게 다양한 결정의 외부적인 형태가 갖는 대칭에 의해 이들 광물들은 6정계(삼사정계, 단사정계, 사방정계, 정방정계, 육방정계 및 등축정계) 32정족으로 구분된다. 결정의 대칭이란 여러 가지 요소(거울면, 회전축, 회반축, 영진면, 선회축)가 있는데 그 중 가장 간단한 거울면의 예를 하나만 들어보기로 하자.

인도의 북부를 여행하는 사람이라면 아그라 북부에 있는 무굴제국의 샤자한이 죽은 왕비를 위해 1631년 세운 무덤인 흰색의 대리석으로 된 인도의 대표적 이슬람 건축물 타지마할을 방문한다. 많은 관광객들은 타지마할이 그 곳에 있기 때문에 그 곳을 찾는다는 표현이 더 적절할 것이다. 이 건축물은 좌우의 완벽한 대칭미를 자랑한다. 타지마할의 중앙에 한 가상의 한 면이 있다면, 그 좌우로 거울면에 비친 듯이 보이는데, 이와 같은 면을 거울면이라고 하는 대칭을 갖는다고 한다. 결정내 원자들이 규칙적인 배열에서도 이와 같은 대칭이 존재한다. 거울면은 많은 대칭 중의 하나이므로 실제 결정의 대칭은 이보다는 더 복잡한 여러 가지 방식으로 나타난다. 이런 사실은 결정의 내부에서 원자들의 배열 방식이 아주 여러 가지라는 것을 의미한다. 실제로 광물들의 내부에서 원자들이 규칙적으로 배열되는 방식은 230가지나 된다. 이를 230개 공간군이라고 하는데, 모든 결정은 230개 공간군 중의 하나에 해당되는 규칙적인 배열을 하고 있다. 말이 230개 공간군이지 공간내의 원자들의 규칙적인 배열을 추론해 내기란 말처럼 쉬운 일은 아니다. 이러한 배열방식은 각기 독립적으로 같은 원리에 의해 연구되어 동일한 결과로 1891년 발표되었다. 독일의 수학자 쉔플리즈(A. M. Schönflies)와 러시아의 훼도로프(E. S. Fedorov)가 바로 주인공들이다. 이보다 약간 늦기는 했지만 영국의 아마추어 과학자 바로우(W. Barlow)도 여기에 가세를 하였다. 이런 사실은 과학계의 경이로운 일 중의 하나이다. 최근에 호사가들이 결정들의 공간 내 규칙적인 배열이 230개 외에도 존재할 수 있는지를 슈퍼컴퓨터를 이용하여 검토해 봤지만 더 이상 공간 내의 규칙적인 배열 형태는 존재하지 않는다는 것을 확인하는 것으로 만족해야 했다. 3,800여 종의 광물들은 모두 이러한 규칙 안에서 제자리가 정해진다. 각개 광물들의 물리적인 성질은 이러한 원자배열의 규칙성과 결합 형태와 밀접한 관계를 가지고 있다.[2)]

인도 북부에 있는 타지마할. 이 건축물은 좌우의 완벽한 대칭미를 자랑하는 것으로 중앙에 가상의 면이 있다면 이들을 마치 거울에 비친 형상을 하고 있다.

우리가 일상생활에서 사용하는 주요한 금속원소들로 만들어진 광물들은 광물자원으로 활용되어 인류 문명의 근간이 되는 물질을 공급해 준다. 다양한 광물들의 조합으로 나타나는 다른 여러 가지 암석들도 저마다의 용도를 가지고 있다. 어떤 종류의 암석은 건물의 외부와 내부를 장식하는 건축용 석재로 활용되기도 하며, 이들 암석들의 부스러진 조각들은 골재로 사용 되는 등 무엇 하나 버릴 것이 없다. 이런 지구를 구성하는 광물들 중에서 어떤 광물들은 그들이 갖고 있는 독특한 아름다움 때문에 오랜 기간 동안 인류의 사랑을 받아온 것들이 있는데, 이를 우리는 보석이라고 부른다. 보석광물들이야 말로 지구가 우리에게 준 아름다운 선물 중의 하나이다.

그 많은 여러 가지 광물들 중 보석의 조건을 갖추고 있는 것은 불과 70여 종이며, 이들 중 단지 20여 종 정도의 광물만이 중요한 보석으로 간주된다. 이를 단순히 수학적인 산출 빈도로 계산을 하면 전체 광물 중 1.84%로 결코 적다고 할 수는 없다. 그러나 보석의 조건을 갖춘 광물의 종류만을 통계적으로 말하면 그러하지만 실제 사정은 이런 통계적인 결과와는 사뭇 다르다. 자연계에서 산출되는 이들 70여 종의 광물들이라고 해도 모두 보석으로 사용할 수 있을 정도로 결정이 크고 완벽하지도 않으며, 아름다운 색을 지니고 있거나 또한 결정의 결함이 없는 것은 더 더욱 찾아보기가 힘들다. 그래서 보석의 조건을 두루 갖추고 있는 자연산 광물은 극히 드물게 산출되며 실제로 자연계에서 이들은 매우 희귀하다. 아마도 이렇게 드물게 산출되는 희소성이 인간의 소유욕을 부추겼고, 그 결과로 경제적 가치를 높인 이유가 되었을 것이다.[3)]

보석은 우리에게 익숙한 용어이지만 실제로 낯선 물질이기도 하다. 보석이 과거 한때는 지배계층의 권위의 상징으로서, 장신구로서 그들만의 전유물처럼 여겨지던 시절도 있었다. 동양은 물론 서양에서 조차도 일반 국민들은 아주 오랜 기간 동안 그 사용이 금해졌거나 제한되었던 것이 바로 보석이다. 중세 유럽 제국에서 왕관은 통치자의 힘과 권위의 상징으로 통하여 왔다. 고대 왕관은 유럽의 여러 나라 박물관에서 볼 수 있는 것처럼 여러 가지 형태가 있다. 이집

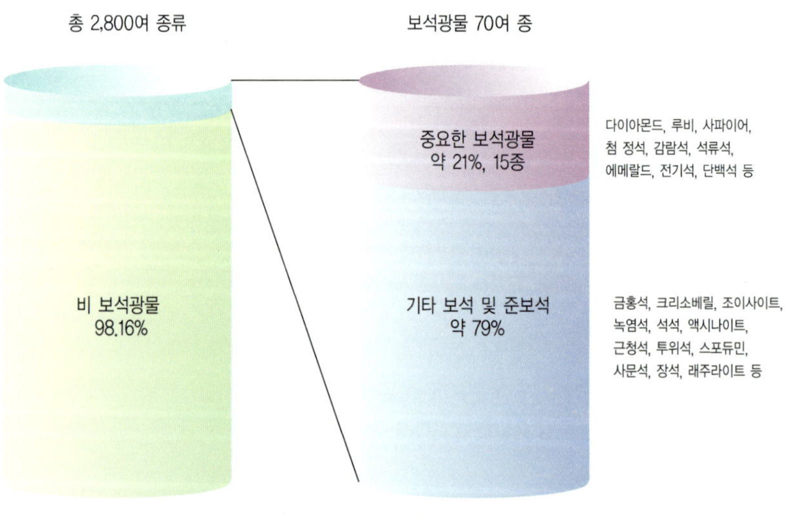

지구상에서 산출되는 광물 중 보석광물이 차지하는 비율과 보석광물 중 중요 보석광물의 비율.

트에서는 정교한 왕관을 제작하여 사용하고 있었으나, 우리가 흔히 로마제국을 다룬 영화에서 볼 수 있는 것처럼 로마제국 황제를 상징하는 것은 모자 형태의 왕관이 아닌 관(corona)이었다. 그 관은 올리브나무 잎 모양으로 된 금으로 세공된 것이었으며, 올리브 잎은 황제를 위한 상징이었다. 그러던 것이 중세에 이르면서 모자 모양의 왕관으로 발전을 하게 되고, 그 시대를 대표하는 최상의 보석들로 치장을 하게 된다. 사실 왕관은 당시 장인들의 최고의 기예가 숨어 들어가 있는 시대의 걸작품이라고 할 수 도 있다. 이러한 왕관이 서구 제국주의 역사에서 등장한 것은 서기 800년을 전후해서이다. 이 시점을 시작으로 황제가 대관식을 할 때 왕관을 사용하였으며, 의식이 있는 경우에 사용하게 되어 서구 국가들에서 왕권을 상징하는 것으로 되었다. 물론 이들 왕관들은 당시 가장 귀중하게 여기던 보석들로 치장된 것은 물론이다.[3)]

신성로마제국 오스트리아황제 루돌프 II세의 왕관. 1602년 프라하에서 제작된 이 왕관은 당시 최고의 장인에 의해 금과 진주로 만들어진 걸작이다(비엔나예술사박물관 소장).

한국의 왕관은 서구의 것보다는 차라리 소박하다고 표현할 수 있다. 가장 잘 알려진 천마총 금관(국보 188호)은 1973년 경주시 황남동에서 발굴된 높이 32.5cm의 금관이다. 전면에는 출(出)자형 솟을 장식으로, 후면은 두 줄기 사슴뿔 모양으로 되어 있다. 관의 테와 솟을 장식에 소박한 옥으로 장식되어 있다. 이 삼국시대의 신라 왕관은 김병모의 『금관의 비밀』에 의하면 천마총 금관의 앞쪽의 산(山)자 모양(박물관 안내서에는 출(出)자 모형으로 기록되어 있음)은 나무를 사랑하는 스키타이나 시바르칸 지방 기마민족의 영향을 받아 이들에게 널리 유행한 생명나무를 의미한다는 것이다. 솟을 장식에 부착되어 있는 비취색의 옥들은 나무의 과일을 상징하는 것으로 해석하고 있다. 과일은

1973년 천마총에서 발굴된 신라왕관(국립중앙박물관 소장).

생명을 이어가는 씨앗을 품고 있는데, 이는 바로 생명의 탄생과 자손의 번영을 의미하는 것으로 해석하고 있다.[4] 이러한 내용의 진위야 그 분야 학자들이 밝혀내야 할 일이겠지만, 소박한 겉모습과는 달리 화려한 서양의 왕관보다 그 의미는 사뭇 깊은 것을 알 수 있다. 사실 부착된 옥의 종류 역시 옥으로만 기재되었을 뿐 과학적으로 어떤 종류의 광물인지 밝혀진 자료가 없으니 안타까운 일이다. 이들은 한결같이 곡옥으로 장식되어 있는 것이 특징이기도 하다.

그러나 근세에 이르면서 보석은 일반대중에게도 보편화되면서 적어도 하나 이상의 귀금속이나 보석을 소유하는 시대에 살게 되었다. 일상적으로 접하는 물질임에도 우리들의 보석에 대한 정보는 매우 부족한 것이 현실이다.

이쯤해서 보석의 사전적인 정의를 보기로 하자. 보석은 "단단하고 빛깔이 곱고 반짝거려서 목걸이, 반지 따위의 장신구를 만드는데 쓰이는 값이 비싼 돌"이라고 국어사전에는 정의되어 있다. 우리는 이런 사전적 정의를 모르고 있다고 해도 보석이 이 정도의 의미를 갖고 있다는 것은 알고 있다. 지질학 용어 사전에는 이보다는 조금 더 과학적으로 기술되어 있어서 "보석이란 다듬어지고 연마되어 개인적인 장신구나 장식으로 사용하기에 충분히 아름답고 내구성이 있는 광물, 암석이나 자연산 물질(유기물질 포함)이다"라고 정의하고 있다. 지질학적 정의에서 밝힌 것처럼 보석은 광물과 암석 이외에도 비록 괄호 안에 표현하기는 했지만 자연산 유기물질을 포함한다. 유기물질로서 보석으로 사용되는 것들로는 진주, 호박, 산호 그리고 젯트(탄화가 많이 진행된 석탄으로 단단하게 고화된 것)가 있다. 그러나 대부분의 보석은 광물이나 암석이며, 그들 중 가장 많은 비율로 산출되는 것은 광물이다. 암석은 광물의 집합체를 의미하는 용어로서 결국 보석은 광물이라고 해도 과언은 아니며, 그런 의미에서 국어사전의 보석은 "…비싼 돌"이라고 정의한 것은 과학적으로 큰 실수는 아닌성 싶다. 어떤 돌 혹은 광물의 아름다움이 시대를 초월하여 사람들에게 보편적인 감동을 주어, 그러한 기억을 우리들이 폭 넓게 공유할 수 있다면, 이 때 그 가치는 커지고, 그 돌과 광물은 보석이 되는 것으로 나는 정의하고 싶다.[3)]

그렇다. 사람들에게 보편적인 감동을 주기 위해서는 아름다움이 가장 중요한 필요조건이기는 하지만 희귀성과 내구성은 또 다른 중요한 보석의 조건 중의 하나이다. 그래서 보석광물이 되기 위해서는 아름다움, 내구성, 희귀성, 휴대의 간편성, 시대의 유행이라는 조건을 두루 갖추고 있어야 한다.

광물의 아름다움이란 우선은 색으로 나타날 것이다. 다이아몬드를 제외한 모든 유색 보석들은 선명하고 진한 색으로 투명한 광물이거나 표면에서 아름다운 광채를 내는 것이 가장 선호된다. 아름답다고 모두 보석으로서의 가치를 가지는 것은 아니며 단단해서 오래 동안 간직할 수 있어야 한다. 그러면서도 자연계에서 산출되는 빈도가 적어 희귀해야 한다. 내구성은 있다고 해도 아름답지 않다면 장신구로 사용할 수 없으며, 아름답기는 하지만 쉽게 마모가 되는 물질이라면 소유하거나 다루기에 어려움이 있을 것이다. 세계 어느 곳에서나 흔한 산출을 보여 주위에 널려 있다면, 이러한 물질은 인간의 소유욕을 더 이상 자극할 수 없게 되므로 보석으로의 가치는 없어지게 되거나 낮아지게 된다. 휴대성이란 소유하기가 간편해야 된다는 것이다.

인류 역사를 통하여 지속적으로 최고의 인기를 누린 보석은 없다. 보석은 시대에 따라 선호가 달라지며, 그 결과로 그 가치가 다르게 된다. 고대에는 청금석, 터키석 및 마노와 같은 것들이 최상의 보석으로 간주되었다. 한때는 단백석이 최고의 인기를 누렸던 시대도 있었다. 동양에서는 고래로 오랜 기간 동안 옥을 선호해 왔다. 그러한 보석들이 오늘날에 가치가 없어진 것은 아니지만 가장 선호되는 보석으로 취급되지는 않는다. 한때는 보석을 가공하는 것은 보석이 갖는 힘을 잃어버린다고 여겨 원석을 그대로 사용하던 적도 있었다. 그러나 중세 이후 시대에 따른 유행의 변화에 따라 오늘날과 같이 일반대중이 선호하는 다이아몬드, 루비, 사파이어 및 에메랄드 등이 중요한 보석으로 사랑을 받게 되었다. 이런 추세는 가까운 장래에 변화될 조짐이 아직은 보

자형으로 성장된 석영 결정은 맑고 깨끗하지만 차고 정돈된 이미지를 준다(사진제공 : 스미소니안 자연사박물관).

이지 않고 있다.

이런 보석광물의 내부로 들어가 보면 다른 모든 광물들과 마찬가지로 원자들이 아주 규칙적으로 배열되어 있는데, 이러한 물질을 결정질 물질이라고 하며, 유기기원의 보석을 제외하면 모든 보석광물은 결정질이다. 결정(crystal)이란 용어가 우리에게 주는 인상은 맑고, 깨끗하면서 완전하다는 것이다. 결정하면 수정을 연상하고, 그들이 주는 차고, 정돈된 인상이 떠오른다. 그도 그럴 것이 결정(크리스털)의 어원은 그리스어로 얼음과 같이 차다는 뜻을 가지고 있는 것으로 보아 아마도 그리스인들도 이와 비슷한 생각을 하였던 같다.

결정이 열린 공간 혹은 성장이 자유로운 공간에서 성장하게 되면 평탄한 평면으로 둘러싸인 독특한 기하학적 형태를 갖게 된다. 결정의 외형이란 결정 내부에 가지고 있는 규칙성이 외부로 들어난 결과이기 때문이다. 어떤 이들은 사람도 그 마음이 얼굴로 나타난다고 말하는 이도 있다. 나는 관상가는 아니지만 그런 말이 부분적으로는 사실인 것 같다는 생각을 하고 있다. 내공이 적은 사람일수록 마음속의 희로애락이 바로 얼굴로 들어난다. 결정의 경우에는 속내의 표현은 아니지만 이렇게 외부적인 형태가 다르다는 것은 바로 결정 내의 원자의 규칙적인 배열 방식이 서로 다르다는 것을 밖으로 들어낸 것이다.

우리가 흔히 말하는 광물은 자연적인 과정에 의하여 형성되는 균질한 고상만을 광물이라고 한다. 그래서 보석이란 바로 자연적인 과정에 의하여 형성된 것만을 말하고, 최근에 많이 생산되고 있는 인공적으로 공장에서 만들어지는 광물은 반드시 합성- 혹은 인조-라는 접두어를 사용해야 한다. 그래서 우리가 그냥 보석이라고 하면 천연산만을 지칭하는 것이다. 인공적으로 만들어지는 광물은 합성-광물이라고 하며, 이들 중 보석으로 사용되어지는 것들은 합성-보석으로 구분된다. 비록 합성광물이 더 완벽한 결정이고, 더 뛰어난 색을 가졌다고 해도 천연적인 과정에 의하여 만들어지는 자연산 광물이 그 가치가 높은 것은 말할 필요도 없다.[3)]

이쯤에서 보석으로 통용되는 광물의 종류와 이름을 알아보기로 하자. 시중에 유통되고 있는 보석들은 다이아몬드, 석류석과 같이 광물명이 보석 이름으로 사용되는 경우도 있지만 루비, 사파이어 에메랄드 등과 같이 상업적인 명칭으로 불리기 때문에 실제 광물 이름과 다른 경우가 더 많다. 그리고 광물로는 한 가지 종류의 광물이나 그들이 가지고 있는 색에 의하여 여러 가지 보석으로 사용되는 경우도 있다. 이런 것의 대표적인 예가 강옥이라는 광물이다. 강옥은 산화알미늄(Al_2O_3)으로 그 원료의 가치만 단순 계산하면 그리 값이 나가는 물질은 아니지만 그 결정의 가치는 매우 높다. 그 결정이 빨강색을 띄면 루비라고 부르며, 파랑색을 띄면 사파이어라고 부르는 초고가의 최상의 보석으로 통용된다. 실제로 빨강색 이외의 다른 색을 갖는 강옥은 모두 사파이어라고 부르나 사파이어 중 가장 선호되는 것이 파랑색이므로 사파이어 하면 청색을 연상한다. 그러나 이들의 화학조성이나 결정 구조는 이 둘이 모두 똑 같다. 이러한 예는 석류석, 녹주석, 석영 등 많은 다른 광물에서도 마찬가지이다. 이들 외에도 중요한 보석광물로 사용되고 있는 광물은 첨정석, 감람석, 터키석, 전기석, 저어콘, 제이다이트, 단백석 및 황옥 등이 있다. 이들 광물은 저마다 다른 색과 광휘를 갖는 독특한 아름다움 때문에 많은 사랑을 받고 있다.

이들 보석광물을 구성하는 원소를 보면 한 가지 원소로 구성되어 있는 다이아몬드에서부터 여러 가지 원소로 구성되어 있는 전기석에 이르기까지 화학조성의 범위는 매우 넓다. 실제로 이들 보석광물이 갖는 아름다움이란 이들 원자들이 어떤 형태로 배열되었는지 혹은 어떤 원소들로 구성되었는지에 따라 보석광물의 조건을 충족시키는지 여부가 결정된다.

보석의 아름다움을 결정하는 근본적인 원인이 되는 보석의 색은 어떻게 만들어질까? 보석은 그 자체가 갖는 아름다움 때문에 오랜 인류 역사를 통하여

아름다운 녹색을 띠는 페리도트의 원석.

많은 사람들의 사랑을 받아왔다. 보석광물은 어떻게 그런 아름다운 색을 가지게 되었을까 하는 것은 오랜 의문이었으나 최근에 와서야 그 이유가 자세하게 밝혀졌다. 사람들이 눈을 통하여 보고 인지하는 색은 전자기파 스펙트럼 중 가시광선 영역으로, 파장으로는 350~750nm의 영역에 해당된다. 우리가 보는 백색광은 파장은 길고(620~750nm) 에너지는 작은(155.4~192.9kJ/mol) 빨강에서, 파장이 가장 짧고(390~446nm), 에너지는 가장 큰(268.2~306.7kJ/mol) 보라색의 7가지 색이 합쳐진 결과이다. 이처럼 백색광은 각기 파장이 다른 스펙트럼의 집합체이다. 이렇게 백색광이 나누어지는 실험을 하여 최초로 보고한 학자는 다름 아닌 고전물리학의 뼈대를 세운 뉴튼이었으며 이를 1866년에 발표하였다. 그는 비록 지구의 나이를 추정하는데는 실패하였으나 그의 다른 업적은 신의 경지에 가장 가까이 갔다는 평가가 그리 어색하게 들리지 않는 성과를 이룩한 이였다.

광물에 빛이 비추어지게 될 때 관찰되는 색은 두 가지로 구분된다. 하나는 광물 표면에서의 산란과 반사의 결과로 생기는 광택이 있고, 다른 하나는 광물에서 흡수되고 남아 있는 빛의 합성 스펙트럼이다. 광택은 일반적으로 불투명 광물에서 관찰되는 현상이다. 만약 광물이 반사광이나 투과광을 전혀 흡수하지 않으면 그 광물은 무색이 된다. 그러나 광물이 어떤 파장을 흡수하게 되면 가시광선 영역의 나머지 합성 스펙트럼이 색을 만들게 되어 우리가 노랑, 빨강 및 파랑 등의 색으로 인식하게 된다. 광물 내에서 흡수되는 파장은 광물의 구성 원소 및 결정 구조에 의하여 차이를 보인다. 가시광선 영역의 파장을 흡수하여 색을 나타내는 원소를 발색소라고 하는데, 이들은 대부분 이 전이금속 원소에 해당된다. 따라서 광물 중 Ti, V, Cr, Mn, Fe, Co, Ni 및 Cu를 함유하고 있는 광물들이 아름다운 색을 띠게 된다.[5)]

가시광선 영역에서의 흡수만을 보면 만약 파장이 짧은 영역 즉 보라, 파랑 및 초록에서의 흡수가 더 일어나게 되면 결과적으로 진한 빨강색을 띠게 된다. 실제 한 가지 광물의 예를 보기로 하자. 감람석(페리도트)의 가시광선 영역에서의 흡수스펙트럼을 보면 빨강과 보라 영역에서 흡수가 크므로 상대적으로 흡수가 작은 초록색을 띠게 된다. 최상의 색을 갖는 페리도트는 Fe가 15% 미만이며, 약간의 Ni과 Cr을 함유하고 있는 것이다. 이 약간의 Ni과 Cr이 녹색을 더 아름답게 해주는 원소들이다. 페리도트 중 별난 페리도트는 철질운석으로부터 온 페리도트로 팔라사이트(pallasites)라고 하며, 이 돌 또한 드물게 보석용으로 가공된다. 다른 모든 보석 광물들이 두 가지 이상의 여러 가지 색으로 산출되는데 반하여 페리도트야 말로 한 가지 색으로만 산출되는 유일한 보석 광물이다.

광물의 색은 결정의 구조 내의 결함에 의하여 발생되기도 한다. 이러한 구조적 결함에 의하여 구조 내에 전자가 빠진 구멍을 만들기도 하는데, 이들이 색을 띠는 원인이 되기도 하며, 이를 색중심이라 한다. 형석이 자주색을 띠는 것과 석영이 자수정과 연수정이 되는 것은 색 중심에 의하여 색을 띠는 가장 잘 알려진 예이다.[5)]

이 외에도 벽옥과 같은 경우는 미립의 석영 결정 사이에 불순물로 적철석이 섞여 들어가 붉은 색을 띠는 것이 있다. 이처럼 결정 구조 내 자체 성분이 아닌 불순물에 의하여 색을 띄는 광물들을 타색광물이라고 한다. 위에서 설명한 것처럼 결정 구조 내에 들어가 있는 발색소에 의하여 색을 띠는 광물을 자색광물이라고 한다.

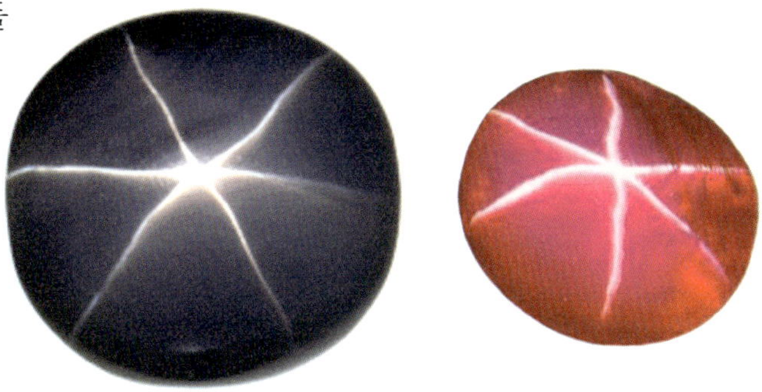

성채석으로 유명한 뉴욕자연사박물관 소장의 563.35 캐럿의 스타사파이어인 인도의 별(The star of India)과 100.32 캐럿의 스타루비 드롱스타(the delong star).

유색광물의 맑고 선명한 색은 볼 수록 헤아릴 수 없는 색조의 깊이가 보는 이의 감흥을 불러일으킨다. 어떤 때는 어떻게 이런 아름다운 색을 가질 수 있을까 하는 의구심이 들곤 한다. 이런 아름다움은 뒤에서 설명할 단백석에서 나타나는 변채에서는 또 다른 화려함으로 변신을 하여 우리에게 다른 차원의 즐거움을 선사한다. 단백석 등의 변채 이외에 보석광물이 갖는 신비한 현상으로 묘안 효과와 성채 효과를 나타내는 보석광물들이 있다. 이러한 광물들을 현상석(phenomenon stone)이라고 부른다. 이러한 현상석들로는 단백석(오팔), 월장석, 루비, 사파이어, 석류석, 석영, 마노 및 크리소베릴 등이 있다. 묘안 효과란 보석 원석을 가공 연마하였을 때 마치 고양이의 눈처럼 되는 현상을 말하며, 이러한 보석을 묘안석(cat' s eye stone)이라고 한다. 어떤 보석들은 마치 육각형의 별 모양으로 빛이 반사되기도 하는데 이러한 돌을 성채석(star stone)이라고 한다. 묘안석과 성채석은 모두 보석광물이 갖는 결정 구조 내 특정한 포획물의 일정한 배열에 의하여 만들어지는 순전히 광학적인 특성이다. 그러므로 이러한 묘안 및 성채 효과를 모든 광물에서 기대할 수는 없다. 성채 효과는 섬유상 포획물들이 평행하게 배열되어 있지 않고 서로 다른 각도로 존재할 때 성채 효과가 만들어진다. 만약에 어떤 결정에서 서로 60도의 관계로 들어있는 섬유상 포획물이 있다면 여섯 방향의 성채를 만들게 된다. 바로 스타루비와 스타사파이어가 이의 대표적인 예이다.

월장석에서는 비단결에서 느끼는 무지개 빛과 같은 광택을 볼 수 있다. 이러한 것들도 현상석에 포함된다. 이러한 현상은 결정내의 포획물에 의하여 만들어지는 것은 아니며 결정이 성장될 때 광물들이 아주 가늘게 실처럼 성장된 결과 빛의 산란에 의하여 만들어지는 것이다. 이와 유사한 현상으로는 섬유상 결정의 집합체로 구성된 결정, 즉 래브라도라이트(스펙트롤라이트로 알려짐), 크로시돌라이트, 크리소베릴, 석고 등과 같은 광물은 이들 섬

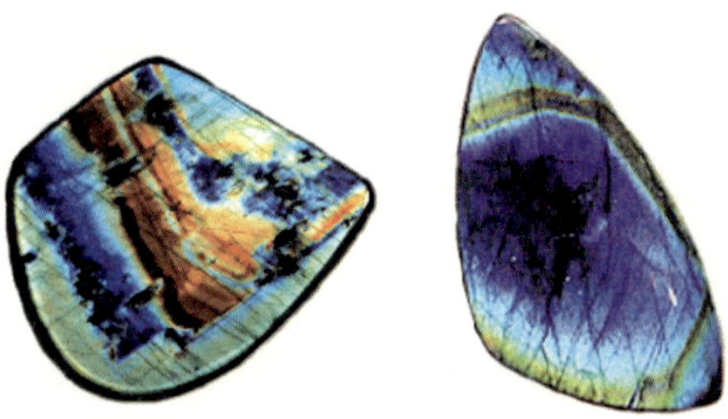

스펙트롤라이트로 알려진 래브라도라이트의 표면에서 나타내는 무지개 빛 훈색. 훈색을 갖는 핀란드산 래브라도라이트를 스펙트롤라이트라고 한다.

유상 결정 집합체의 평행한 배열에 의한 빛의 산란 때문에 아주 부드러운 느낌이지만 현란한 색을 나타나게 되는데 이를 섬유광(chatoyancy)이라고 한다. 이런 색의 미묘한 아름다움을 문자로 표현하기가 얼마나 어려운지 안타깝기만 하다. 그 색의 오묘함은 사진으로도 표현하기가 부족하다. 그 색의 느낌을 각자 상상해 보기로 하자. 스펙트롤라이트는 1940년 우연하게 발견되었다. 2차 세계대전 당시 전차의 방어용 장애물을 만들려고 국경지역에서 채석을 하다가 발견되었다. 대부분의 사장석들은 몸체색이 회색 내지는 밝은 색인 경우가 대부분인데, 핀란드의 것만큼은 몸체색이 어두운 것이 특징이다.

흑단백석(black opal)의 변채. 일찍이 로마시대의 플리니는 가장 아름다운 보석들이 갖는 최상의 특성을 조합한 돌이라고 기록하였다.

아마도 보석이 갖는 색중 가장 현란한 것은 오팔(단백석)일 것이다. 오팔은 음악의 장르로 따지면 마치 뮤지컬과 같은 것으로 비유하고 싶다. 뮤지컬은 연극의 재미와 발레의 기교와 성악과 오케스트라의 연주가 함께 어울려진 것처럼, 오팔은 다른 보석이 가지고 있는 모든 아름다운 색을 망라하고 있다. 그래서 어떤 보석 중개인들은 오팔이야말로 가장 완전한 보석이라고도 한다. 그 이유는 오팔은 사파이어의 파랑, 에메랄드의 녹색, 황옥의 노랑, 루비의 빨강과 자수정의 자색을 다 가지고 있기 때문이다. 하나의 단백석 결정에 모든 중요한 보석의 색을 다 보여준다. 입사되는 광선의 각도에 따라 색이 변화되므로 이 오팔은 광선에 대하여 회전시키면 색은 계속 변하게 된다. 이러한 현상을 전문적인 용어로 변채(變採, play of color)라고 한다. 이 변채를 하는 대표적인 광물이 오팔이며, 래브라도라이트나 월장석 등이 변채를 보인다. 그러나 광채의 신선함과, 휘황한 광채는 단백석이 으뜸이라고 할 수 있다.

흑단백석의 변채가 뛰어나기 때문에 오팔은 우리가 흔히 부르는 이름대로 블랙오팔이 가장 가치가 뛰어나다. 그렇다면 오팔은 왜 이러한 변채를 보인 것일까? 전자현미경이 발견되기 이전에는 이런 현상을 박막의 간섭 현상에 의한 것으로 추정하였으나, 최근에 그 이유를 명확하게 이해하게 되었다. 전자현미경으로 오팔의 표면을 촬영한 결과 오팔은 의외로 0.0001~0.0005mm인 아주 작은 크기의 구형의 비정질 규산(SiO_2)이 조밀하게 쌓여 있는 것을 발견하였다. 비정질 규산의 구형의 입자가 조밀하게 아주 규칙적으로 쌓여 있는 그 모습자체가 사실상 매우 아름답다. 이 구형의 입자 표면에 입사된 광선은 마치 X-선이 결정의 구조 내에서 회절을 일으키는 것처럼 분광을 일으킨다. 이러한 원리를 발견한 학자들 역시 단백석을 제일 많이 산출하고 있는 호주의 광물학자들이었다. 구형 입자의 크기는 단백석의 색을 결정하는 요인이 된다. 작은 구형입자들(약 140nm)은 청색 계열의 색을 만들며, 큰 구형 입자들(약 240~300nm)은 반대로 적색 계열의 색을 만든다. 구형 입자들의 크기가 일정할수록 색의 주어진 강도는 더 커지게 된다.[6)]

그런데 구형의 입자들이 규칙적인 배열을 한다고 해도 무한정 그런 규칙성이 반복되는 것은 아니며(이를 장범위 질서라고 한다), 일정 범위에서 그 규칙성이 깨진다. 규칙성이 반복되는 단위의 길이는 mm 이하이거나, cm 이상이 되는 경우도 있다. 이렇게 규칙적인 배열을 하는 작은 부분을 영역이라고 한다. 오팔을 미세한 구조 단위로 보면 아주 많은 영역으로 나누어져 있다. 결정 내에서 다양한 위상을 갖는 이러한 영역의 경계면이 다른 빛을 내는 산란의 원인이 된다.

그러나 보통 단백석은 내부에서 구상 입자들의 규칙적인 배열이 결여되어있어서 단지 구형 입자들에 의한 산란에 의하여 소위 단백광을 내개 된다. 혹은 결정 내 불순물로 함유되어 있는 철, 망간 혹은 유기탄소에 의하여 색을 띠는 경우도 있다. 단순하게 단백광을 내는 것 또한 은은한 아름다움이 있기는 하지만 귀

단백석보다는 가치가 적다.

이렇게 다양하게 산출되는 보석은 인류 문명의 발전 과정에 따라 선호하는 보석의 종류가 달라져왔다. 초기 인류 문명이 시작되는 단계에서는 비교적 인접한 지역에서 산출되는 보석으로서 다루기가 용이한 보석들이 사용되었다. 메소포타미아와 고대 이집트에서 사용되던 터키석과 래피스라줄리가 그러한 예이다. 이집트 파라오들의 흉패에는 의례히 이러한 보석들이 줄줄이 박혀져 있었다. 터키석은 이름 때문에 터키가 주산지 일 것이라는 오해를 불러일으키는 보석이다. 터키석은 정작 터키에서는 산출되지 않으며, 터키를 통하여 유럽으로 들어간 것이 그런 이름을 갖게 된 이유가 되었다.[7)]

터키석과 래피스라줄리와 더불어 인류가 오래전부터 사용한 보석으로는 옥이 있다. 고고학적 자료에 의하면 옥은 아주 단단한 돌이었기 때문에 석기시대에는 물건을 자르고, 분리시키고, 망치질하는 도구로 사용되었다고 한다. 비록 옥의 경도는 6.5~7이지만 옥은 결정 조직이 매우 치밀하고 단단하므로 이러한 용도로 사용하는데 지장이 없었을 것이다. 이러한 용도로 사용되던 옥이 그 자체가 갖는 아름다움 때문에 의식에 사용되었으며, 차례로 권위의 상징물로 치장에 사용하게 되었다. 그런 고고학적 자료들은 중국을 비롯하여 여러 곳에서 발견된다. 특히 최근에 발굴되는 중남미에서의 마야나 아즈텍의 유적들에서 이러한 것들이 다수 출토되고 있다. 유교의 기본 경전인 『오경(五經)』 중의 하나인 『예기(禮記)』에서는 군데군데 옥의 소중함을 다루고 있다. 한 가지 예는 "옥도 갈고 다듬지 않으면 좋은 그릇을 만

이집트 제18왕조의 파라오인 투탕카멘(B.C. 370~352)의 무덤에서 출도토된 흉패. 이 흉패는 터키석, 래피스라줄리, 홍옥수로 장식되어 있다(이집트박물관 소장).

들 수 없고, 사람도 배우지 않으면 망치게 된다"라고 기록하고 있다. 이러한 기록들은 이미 공자의 시대에 옥의 가치가 소중하였음을 증명하기에 충분한 자료이다.

중국에서는 옥은 양의 기운이 충만한 보석으로 죽은 자의 영혼을 부활시켜 준다고 믿어, 중국에서는 죽은 자의 입에 옥구슬을 만들어 물려 주는 함옥(含玉)이나 손에 쥐어 주는 악옥(握玉) 의 풍습이 있었음은 잘 알려진 사실이다. 중국에서의 옥의 사용은 기원전 4~5천 년 전으로 거슬러 올라가며, 여러 가지 용도를 갖는 옥기와 공예품들은 매우 소중하게 다루어졌다. 그뿐만이 아니다 아름다운 여인의 최상급의 호칭이 옥과 같은 여인으로 표현하였으며, 여인의 매끄러운 피부를 향기로운 옥으로, 감미로운 목소리를 옥성으로 표현하기에 이른다. 또한 중국의 황제들은 벽(碧) (가운데 구멍이 뚫려있는 납작하게 가공된 옥)을 통해서만 신과 직접 대화를 할 수 있다고 하여, 지상과 천국과의 공간적인 연결을 완성하려는 시도를 하였다.

이런 옥에 대한 확고한 믿음은 중앙아메리카의 마야에서도 예외는 아니었다. 이들 역시 중국에 버금가는 옥 장신구를 만들었다. 특히 장례용품으로서의 의상, 가면, 머리 관, 허리 띠, 목걸이 등으로 치장한 후 옥으로 덮어서 매장을 할 정도였다. 옥이 한 조각이라도 들어가지 않은 왕족의 무덤은 찾아 볼 수 없을 정도로 이들의 옥에 대한 믿음은 절대적이었다. 마야의 인디언들과 중국에서 거의 동시대에 옥의 상징성을 강조한 시기가 일치한다는 것은 지리적인 거리를 고려할 때 신기한 일이다. 이들 역시 옥은 악마를 쫓아내며, 영원한 생명을 주는 것으로 받아들였다.

옥이 제이드라는 영어 이름으로 정착되는 데는 1519년 무뢰배와 같은 코르테스가 이끄는 스페인 병사들의 아즈텍 점령과 관계된다. 그들의 철저한 파괴와 살육, 약탈은 이미 잘 알려진 사실이다. 아즈텍의 황제 모크테쥬마(Moctezuma)는 코르테스에게 아주 귀한 선물이라면서 경옥 구슬을 선물하였지만 스페인 정복자는 이를 받고 매우 실망하였다는 일화가 있다. 그가 원했던 것은 바로 황금이었던 것이다. 그러나 이들 정복자들은 원주민들이 신장병

치료를 위하여 녹색 돌을 허리에 차거나 주머니에 넣고 다니는 것을 보았으며, 그들 역시 그런 관습을 따랐다. 이 돌이 유럽에 전달되면서 신장의 돌(piedra de ijada)로 알려지게 된 연유이다. 그렇게 퍼져 나간 이름이 불란서에서 le jade로 바뀌게 되어 jade(제이드, 옥)란 용어가 만들어지게 된다. 이를 라틴어로 바꾸어 신장의 돌은 라피스 네프리트쿠스(lapis nephritcus)가 되었으며, 이로부터 영어로 옥의 다른 종류를 지칭하는 광물 이름 네프라이트(nephrite)란 용어가 만들어진다.[7] 우리나라의 춘천에서 나오는 옥이 바로 이 네프라이트이다.

수 년 전에 중국과학원의 옥을 전공한 원로교수를 베이징에서 만난 적이 있었다. 그 교수는 그 때 막 미국 스미소니언박물관에서 미국이 수집한 동양옥(주로 중국의 골동품)에 대한 분류를 마치고 귀국한 후였다. 이런 저런 얘기 끝에 옥(玉)의 한자어를 풀이하면서, 이는 원래 실에 옥구슬이 세 개 매달린 형상의 상형문자로부터 발전된 것이라는 것이다. 그러나 거기서 점을 하나 빼면 왕(王)이 된다는 것이고, 이는 바로 중국이 오래전부터 옥과 왕이 하나의 권력을 공유하는 하늘과 땅 사이의 동일한 중재인을 나타낸다는 것이다. 듣고 보니 그럴 듯하였다. 어찌된 연유인지 옥이 귀하게 여겨진 흔적은 우리나라에서도 많이 남아 있다. 신라의 왕관에도, 백제의 무령왕릉에서 출토된 금관에 장식된 돌이 바로 옥이었으며, 황실에서만 사용되어 황실의 권위를 상징하기도 하였다. 우리나라는 대부분이 곡옥으로 가공되었다. 한 가지 아직 풀리지 않은 비밀은 이렇게 많이 사용되었던 곡옥들이 우리나라에서 산출되는 것이 아니었다는 것은 밝혀졌는데, 어떤 경로를 통하여 교역되었는지에 대해서는 아직

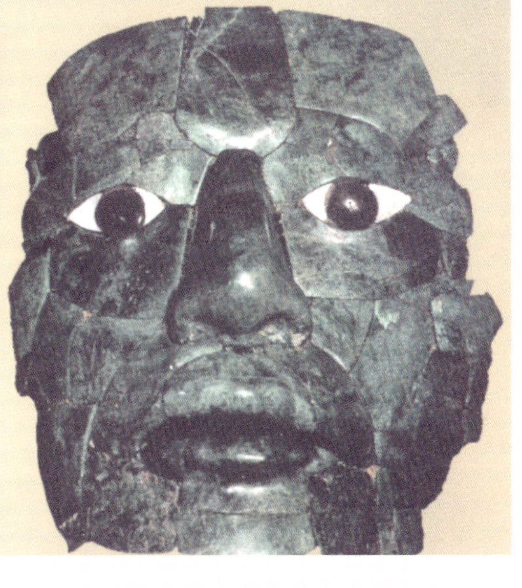

7세기 마야 유적에서 발견된 옥으로 만들어진 귀족의 안면 마스크(사진 출처 : K. Garett, 1989, National Geographic, 176(4)).

1986년 7월 17일 남아프리카 프레미어 광산에서 발견된 599 캐럿의 원석을 결점이 없는 완벽한 73.85 캐럿으로 다듬은 센터너리 다이아몬드. 이 다이아몬드는 보험가액만 1억불이다(드비어스사 소장품).

미상이라는 점이다. 또한 왕의 의자를 옥좌(玉座)라고 하며, 왕권을 상징하는 왕의 도장을 옥쇄라 하고 옥과 금으로 파서 사용을 한 것만 보아도 옥의 상징성은 충분히 드러난다. 옥이 귀한 것의 상징성은 남아를 선호하던 당시 아들을 낳으면 옥동자(玉童子)를 얻었다고 기뻐했던 것을 보면 우리 민족도 옥을 귀하게 여겼음이 분명하다.

그러나 현대인들이 보석하면 누구나 쉽게 연상하는 것은 다이아몬드이다. 현재 세계적으로 가장 잘 알려진 보석이 다이아몬드라는 데는 아무도 이의를 제기하지 않을 것이다. 인류 역사상 가장 오래 전에 알려진 보석이 아님에도 불구하고, 다른 모든 아름다운 유색 보석을 제쳐 두고 무색의 다이아몬드가 어떻게 보석의 황제로 등극하였을까 하는 것은 모든 사람들이 궁금해 하는 이야기일 것이다. 이는 그리 간단하게 설명할 수 있는 것은 아니다. 다이아몬드는 지구 구성물질 중에서 가장 단단한 물질이며, 다른 보석광물과는 생성 환경이 판이하게 다르다. 다른 보석광물들도 오래전의 지질시대에 만들어진 것도 있지만 지하 심부에서 만들어지는 초염기성암 하즈버가이트에 수반되는 다이아몬드는 지구 나이의 거의 2/3에 해당되는 최소한 33억 년 전에 만들어진 것이다. 다이아몬드가 보석으로 사랑을 받기 시작한 초기에는 이러한 사실들은 알고 있지도 못하였다. 그러나 이런 이유만으로는 다이아몬드가 보석의 황제로 군림하는 이유로서 흡족한 설명은 되지 못한다.

1700년대까지 다이아몬드는 대부분 인도의 골콘다 지방의 사광상으로부터 채취되었으며, 이 다이아몬드의 출현이 보석의 역사를 바꾸어 놓았다. 당연한 결과로 역사의 때가 묻은 다이아몬드는 거의 대부분이 인도에서 산출된 것이었다. 과거에 산출된 큰 다이아몬드들은 예외 없이 당시의 최고 권력자들인 왕에게 헌상되거나 왕에게 판매되어 왕 혹은 왕족들과 관계를 맺게 된다. 그러면서 다이아몬드는 힘과 권위 그리고 특권의 상징으로 변화되었다. 지금도 남아 있는 세계 각국의 왕관을 장식한 보석을 보면 어느 정도 그 답을 말해 준다. 그러한 힘과 권위에 대한 상징성에 곁들여 재화로서의 가치가 커지면서 그에 대한 소유욕은 서로 뺏고 빼앗기는 구체적인 피 묻은 역사가 더해지면서 더 극적으로 되었다. 여기에 주술적인 신비함이 곁들여 역병을 물리치고, 독으로부터 보호한다는 믿음까지 퍼져 나갔다.

인도의 생산량이 줄어들기 시작하자 브라질에서 새로운 광산이, 브라질의 생산량이 줄어들자 남아프리카에서, 나비비아에서, 보츠와나에서, 앙골라에서, 시에라리온에서, 아프리카 북부로 올라오면서 새로운 광산들이 계속 발견되었을 뿐만 아니라 러시아의 시베리아와 호주에서도 발견되었다. 최근에는 북미 대륙에서도 캐나다를 중심으로 다이아몬드의 산출이 확인되었다. 주목할 만한 광산은 카나다에서 발견되었다. 남아프리카에서 다이아몬드를 생산하던 초기의 광산들은 우연하게 발견된 경우도 있었지만 캐나다의 경우는 달랐다. 이곳에서의 킴벌라이트의 탐사는 지질학적 지식을 바탕으로 집요한 노력의 결과로 얻어진 것이었다. 이들은 약 77개의 킴벌라이트를 이 지역에서 발견하였으며, 그 중 약 42개가 다이아몬드를 함유하고 있다고 한다. 이러한 발견은 카나다를 세계 제6위의 다이아몬드 생산국으로 만들었다.[8)]

이러한 새로운 탐사 결과 다이아몬드의 생산량은 계속 증가하고 있다. 그럼에도 불구하고 단순히 과거 왕권에 얽힌 몇 가지 전설이나, 드 비어스의 생산과 판매의 통제만으로, 광고의 효력만으로 그 가치가 유지되는 것은 아닐 것이다. 다른 이유가 분명히 있을 것이다. 어떤 사람은 다이아몬드야 말로 "자연의 가장 완벽한 창조물이다"라고 주장을 한다. 그렇다. 다이아몬드가 가지고 있는 보석의 가치가 뛰어나다는데 근본적인 이유가 있는 것이다. 보석의 조건을 모두 완벽하게 만족하는 광물인 것이다.

원석 자체로는 만족할 만한 것이 결코 되지 못한다. 그러나 사람의 섬세한 손길이 닿기만 하면 단번에 찬란한 보석으로 둔갑을 하는 것이다. 과학적인 뒷받침으로 결정된 브릴리언트 커트를 하면 이들만이 갖는 높은 굴절율에 의하여 입사된 광선은 결정 내에서 분산되어, 정교하게 계산된 통로를 따라 표면으로 되돌아가면서 무색광물로서는 상상하기 어려운 독특하고도 아름다운 광채를 만들어 낸다. 이것이 바로 다이아몬드 가치를 만드는 실체인 것이다. 정복되지 않는 돌이란 이름처럼 가까운 장래에 이를 정복할 보석이 나타날 것 같지는 않다.

사실 다이아몬드란 만들어지는 과정에서부터가 예사롭지 않은 유별난 특별한 광물이다. 다이아몬드가 만들어지는 생성 환경은 다른 것들과 사뭇 다르기 때문이다. 다이아몬드는 대체로 젊은 다이아몬드는 10억 년, 나이가 든 것은 33억 년의 나이를 가지고 있다. 33억 년 전에 만들어진 것은 한국을 통틀어서도 이보다 더 오래된 암석조차도 없기 때문에 그 나이에 우선 한번 놀라게 된다. 또 하나 다이아몬드가 다른 점은 한 가지 원소로 구성된 유일한 보석이라는 것이다. 다이아몬드는 탄소로 구성되어 있다. 다이아몬드를 구성하는 탄소는 지구 생성 당시에 존재하던 탄소로 맨틀에 포함되어 있는 원시탄소가 그 근원지이다. 이들 탄소의 일부는 지판의 경계부에서 해양지각과 함께 맨틀로 유입된 탄소도 일부 포함된다. 어떻게 지각으로부터 들어간 탄소인지를 알아낼 수 있냐고 묻는다면, 이는 현대 과학의 진보를 너무 무시한 질문이 된다. 왜냐하면 안정동위원소 분석을 해보면 그들이 갖는 기원에 따라 각기 다른 값을 가지기 때문에 이를 구별할 수 있다. 탄소의 안정동위원소 연구결과는 탄소가 대부분 맨틀 기원임을

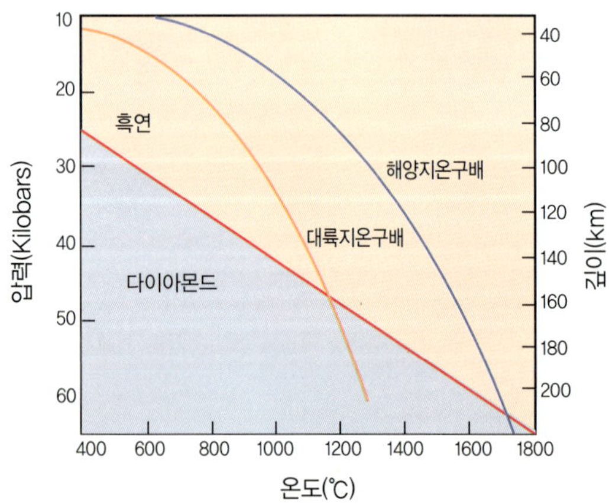

다이아몬드와 흑연의 상안정관계를 나타낸 그림. 빨간 선의 위쪽 영역이 흑연의 존재가 가능한 온도 압력구간이며, 그 아래쪽인 다이아몬드가 안정한 영역이 된다. 대륙지각과 해양지각의 지온증온율은 서로 다르므로 대륙지각 아래에서는 지하 약 150km에 이르러서야 다이아몬드의 형성의 가능해지고, 해양지각 아래에서는 약 200km 지점에 이르러야 다이아몬드의 생성이 가능해진다.

알려준다.[8)]

그러면 다이아몬드는 어디서 만들어지는 것일까하는 의문이 들 것이다. 다이아몬드가 갖는 높은 밀도는 매우 높은 압력 조건에서 만들어진 것을 간접적으로 말해 준다. 다이아몬드와 흑연이 안정한 온도 압력 관계를 지구의 깊이와 함께 대륙지각 및 해양지각에서의 지온상승률(지하로 들어갈수록 온도가 증가되는 율)과 더불어 도시를 해보면 이들이 어디서 만들어지는지 분명해진다. 이 그림을 보면 대륙지각에서 다이아몬드가 형성되려면 최소한 150km 깊이까지 내려가야 된다는 것을 알 수 있다. 해양지각의 경우에는 이보다 더 깊은 곳에서 다이아몬드의 형성이 비로소 가능해진다. 그 정도 깊이에서의 압력은 상상을 초월하는 압력이 된다. 그렇다면 그렇게 깊은 곳에서 만들어진 다이아몬드는 어떻게 지표로 옮겨질 수 있을까? 의문은 꼬리를 물고 일어난다. 맨틀에서 만들어진 다이아몬드는 맨틀의 마그마가 지표로 올라올 때 함께 올라오게 된다. 말이 올라오는 것이지 이러한 마그마가 지표에 이르는 곳은 격렬한 화산 폭발이 일어나는 곳이라는 것은 이미 앞에서 이야기하였다. 격렬한 폭발에 의해 다이아몬드와 함께 올라온 돌이 바로 킴벌라이트(kimberlite)이다.

세계적으로 각지에서 산출되는 킴벌라이트는 대체로 5천만 년에서 16억 년 사이의 연령을 가지고 있다. 다이아몬드는 대체로 33억 년의 연령을 보이나, 어떤 다이아몬드는 10~30억 년의 연령을 가지고 있다. 킴벌라이트와 다이아몬드와의 이러한 나이 차이는 다이아몬드가 먼저 만들어져 대륙지각의 밑에 저장되어 있다가 킴벌라이트가 상승하면서 지구 표면으로 이를 이동시킨 것이라는 것을 알려준다. 그러므로 킴벌라이트가 만들어질 때 다이아몬드가 동시에 만들어진 것은 아니며, 이미 오래전에(여기서 오래전 이라는 것은 10억 20억 년의 시간을 말하는 것이다) 만들어진 다이아몬드를 킴벌라이트를 형성하는 마그마가 지구 표면으로 올라오면서 단지 이동시킨 것으로서, 킴벌라이트는 단순히 운반체의 역할만을 한 것이다. 이러한 사실도 최근에 이르러서 다이아몬드, 포획물 및 킴벌라이트 의 생성 시기가 구체적으로 밝혀지면서 알려지게 된 사실이다.

거의 대부분의 사람들이 자신이 소지한 다이아몬드가 33억 년 전 혹은 적어도 10억 년 전에 만들어진 것이라고는 생각하지 않는다. 그러나 그것은 현대 과학이 밝혀준 엄연한 사실이다. 지구가 46억 년 전에 만들어졌으므로 여러분이 소유한 다이아몬드가 만약 33억 살짜리라면 지구 나이의 2/3를 살아온 어찌 보면 그 자체가 인간의 시간 관념으로는 영원한 것을 소유하고 있는 것이 된다. 그런 의미에서 보면, 다이아몬드를 영원한 사랑의 약속으로 상징시킨 것은 결코 과장된 일인 것 같지는 않다. 다이아몬드는 역시 보석의 왕답게 다른 보석광물과는 달리 아주 오래전에 극단적인 생성 환경에서 특별하게 태어난 존재임이 분명하다.

지구는
인류 문명을 위한 무진장한 보고인가?

"지구는 인류 문명을 위한 무진장(無盡藏)한 보고인가?"를 다른 말로 줄이면 "지구 자원은 무한한가?"로 표현할 수 있다.

무진장이란 사전적 의미는 한없이 많이 있는 것이라고 정의되어 있다. 큰 규모의 지구환경 문제의 심각성을 논의할 때마다 등장하는 가장 큰 화두는 다음의 두 가지이다. 첫째, 지구는 한정된 공간을 가지고 있는 일종의 폐쇄계(閉鎖界)이다. 둘째, 지구는 인류 생존을 위한 유일한 터전이며, 그 자원은 제한적이다라는 점이다. 지구는 지금도 커 가고 있는 행성이 아니라 성장이 멈춘 상태이며, 그 계가 폐쇄계라는 의미는 외부와 에너지의 이동은 가능하나 물질의 이동은 일어나지 않는 계라는 것을 의미한다. 물질의 이동이 일어나지 않는 계이므로 지구 외부로부터 물질의 유입은 없는 것으로 간주하는 것이다. 실제로 소량의 운석이 우주로부터 지구로 유입되지만 지구 전체 질량에 비교하여 극소량이므로 이는 무시하는 것이다. 지구만이 인류가 삶을 영위할 수 있는 유일한 공간이며, 성장하지 않는 지구의 자원은 일정하기 때문에 제한적이라는 것이다. 바로 이러한 점이 문제의 심각성을 유발하는 요인인 것이다.

그렇기는 하지만, 지구 자원의 유한성은 학자에 따라 다른 견해를 가지고 있다. 지구 자원의 미래를 낙관적으로 보는 학파와 비관적으로 보는 학파가 있다. 지구 자원의 미래를 낙관적으로 보는 학파조차도 지구 자원의 유한성은 인정하나 자원의 결핍은 인류 문명의 발달 즉 기술 개발과 자원 재활용의 효율성 제고를 통하여 이를 극복할 수 있다는 다소 이율배반적인 논리에 근거를 두고 있다. 연료자원의 예로 들어보기로 하자. 인류 초기의 연료는 주위에 흩어져 있는 나무나 마른 풀과 같은 생체에너지 자원이었다. 그러한 자원만으로는 인류 문명을 유지하기 어려운 단계로 접어들게 되자 화석연료자원이 등장하게 되었다. 처음에는 석탄이 그 뒤를 이어 석유자원이 등장하였다. 거기다가 과거 북아메리카 인디언들이 구운 토기에 붉은색을 내기 위하여 드물게 사용되었던 거의 쓸모없는 물건이나 다름없던 우라늄은 선진국 에너지 수요의 절반 가량이나 대체하는 기술의 진보도 병행되었다. 기술 발전 단계와 산업의 발전 단계에 따라 새로운 자원이 등장하게 된 것이다.

다른 모든 광물자원의 소비량 역시 기술 문명의 발전과 인구 증가에 따라 그 수요가 단순비례로 증가하는 것이 아니라 거의 지수함수적으로 급격한 증가 추세를 보인다. 특정 광물의 증가 속도는 거의 폭발적이다. 공급이 수요를 초과하게 되어 가격이 상승하고 자원이 소진되면 새로운 대체 자원의 활용 기술이 개발되어 지금까지 알려지지 않았던 새로운 자원이 등장한다. 위에서 예를 든 에너지 자원도 그러하려니와, 그런 예는 여러 가지가 있다. 과거에는 열대지방의 쓸데없는 척박한 토양에 불과하였던 보크사이트가 1886년 미국의 22살의 청년 홀(Charles Martin Hall, 1863~1914)과 이와는 독립적으로 불란서의 에롤트(Paul Heroult, 1863~1914)에 의해 전기분해 방법으로 알루미늄의 회수 방법이 발견되면서 무거운 금속을 대체하는 경금속 원료자원으로 그 활용 폭이 증가된 것이 한 가지 예이다. 이 둘은 출생한 해와 사망한 해가 공교롭게도 같다. 전기분해법으로 알루미늄을 얻기 전까지만 해도 알루미늄은 금을 능가하는 귀금속으로 대접을 받는 희귀한 금속으로 맥주의 캔으로나 활용되던 금속은 아니었다. 런던을 방문하는 사람들은 시내의 중심지 피카딜리서커스를 방문한다. 그 교차로 한 가운데 서 있는 에로스동상이 바로 알루미늄으로 만든 최초의 동상이다. 이제 알루미늄이 귀금속으로 대접 받지는 못하지만 가벼운 경량

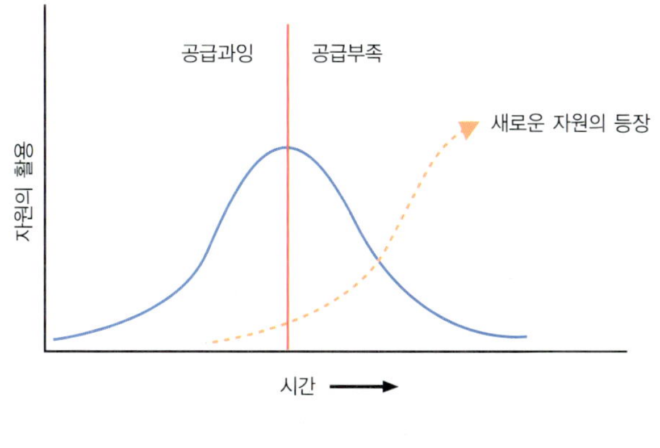

자원이 활용되면서 광물의 공급은 지수함수적으로 증가하다가, 수요가 공급을 초월한 이후의 자원 고갈 또한 지수함수적으로 진행된다. 이 때 대체자원이 개발되어 활용되기 시작한다[1]

금속으로 많은 기계류 및 생활용품의 원자재로 현대 산업사회의 엄청나게 중요한 자원이 되었다.

지구 자원의 미래를 비관적으로 보는 학파는 전적으로 지구 자원의 유한성에 그 근거를 두고 있다. 지구가 커지고 있는 행성도 아니므로 지구가 갖고 있는 자원의 유한성은 지질학을 공부하지 않았다고 해도 쉽게 상상이 된다. 거기다가 기술 문명의 발전은 그 소비량을 크게 증가시키고 있다. 이를 더 악화시키는 것, 문제를 더욱 어렵게 만드는 것으로서 빠른 인구 증가를 들고 있다. 인구 증가에 따른 소비량의 증가만을 보면 곧 지구의 종말이라도 닥칠 것 같은 위기감이 들기도 한다. 1750년에서 1950년까지 세계 인구는 2배가 증가하였는데 광물 소비는 10배로 증가하였다. 특정광물의 소비증가 경향은 더욱 극적이었다. 1990년도 선철의 전 세계 생산량은 5억 5,200백만 톤인데 이는 1700년대의 생산량의 2만 2천배로 증가한 결과이다.[2] 다른 금속광물 자원 역시 그 증가량은 이에 버금가는 추세를 보여준다. 이러한 소비량의 증가는 단순히 생산량의 증가로만 그치지 않고 공급을 확대하기 위해서 뒤따르는 채광에 의한 환경 파괴의 양과 강도 역시 증가하게 되어 경우에 따라서는 국지적으로 회복불능의 환경 파괴로 이어지기도 하는 것이 현실이기도 하다.

독일의 아그리콜라(Georigus Agricola, 1494~1555)가 쓴 광물광상학의 최초의 고전이라고 불리는 『금속의 본질에 대하여, *De Re Metallica*』란 책이 그가 죽은 1년 후에 출간되었다.[3] 이 책은 실로 방대한 내용을 수록하고 있다. 광부들과 제련기술자들에게 실질적인 도움을 주려는 의도가 담겨진 자세한 그림과 함께 갱도의 안전과 채광법이 기술되어 있을 뿐만 아니라 아마도 과학적인 방법으로는 각개 광물들이 가지고 있는 특성에 의하여 체계적인 분류를 시도한 최초의 전문적인 저서일 것이

광물 · 광상학의 아버지로 칭송되고 있는 아그리콜라(Georigus Agricola, 1494~1555).

다. 그는 고전문학을 전공한 후 의사의 수업을 받고 의사가 되었으나 그의 직업에는 별로 만족을 하지 못하고 광물과 광산에 더 큰 흥미를 느끼고 그 분야의 연구에 몰두하여 지구과학 분야에 지워지지 않을 큰 업적을 남겼다. 그가 의사로 맨 처음 일한 곳이 당시 은광산의 중심지였던 요하임스탈이라는 것은 결코 우연이 아니라는 생각이 든다. 오늘날 과학사에서 그가 남긴 이름은 의사가 아닌 광물학자 및 지질학자로 기록되고 있다. 그의 저서는 출간 후 2세기에 걸쳐 광물 · 광상학의 표준 교재로 사용될 정도의 가치 있는 저술이었으므로 오늘날 광물 · 광상학의 아버지로 칭송되는 명예를 가지고 있다.

유럽 보헤미아 왕국의 요하임스탈(Joachimstal)에는 은광산이 개발되고 있었다. 이 지역은 현재의 지역명으로는 체코의 야히모프(Jáchymov)라고 불리는 지역이다. 그곳은 1516년 은광상이 처음 발견된 후 몇 년이 채 지나기도 전에 광산 수는 800여 개로 늘어났다. 물론 그 광산의 규모는 오늘날과는 다른 소규모 광산들이였지만 대단히 빠른 속도로 증가되었다. 1530년 그 마을의 인구는 18,000명이었으며, 그중 15,000명이 은을 캐는 광부였다고 한다. 그러한 광업 활동이 바로 아그리콜라의 저서를 잉태한 다른 배경이 되기도 하였지만, 오늘날 화폐의 상징처럼 사용하는 달러란 용어가 만들어진 곳이기도 하다. 15세기 유럽 전역에서 사용되던 표준 은화는 탈레르(Thaler)라고 하였는데, 그 말이 바로 요하임스탈에 있는 광산을 의미하는 요하임스탈러를 줄인 말인 것이다. 국왕의 허락을 받아 이 지역에서 1온스의 무게로 은화를 맨 처음 만든 것은 그 지역을 소유하고 있던 스테판 쉴리크 백작이었다. 그는 1520년에서 1528년 사이에 은 6만 킬로그램으로 200만 개 이상의 탈레르를 주조하였다고 한다. 물론 그가 가진 은화 제작의 독점권은 그를 거부로 만들었다. 당시 동전은 위조가 심하고, 순도가 떨어지는 은으로 만들어진 동전이 흔하던 그 시절에 그가 주조한 탈레르는 믿을 수 있는 동전으

보헤미아 오하임스탈의 은광산에서 산출된 은으로 쉴리크 백작이 1525년에 주조한 은화(탈레르).

아그리콜라의 『금속의 본질에 대하여』란 저서에서 삽화로 그려진 광석의 처리과정과 제련하는 과정에서 사용되는 목재의 더미들이 자세하게 기술되어 있다.[3]

로 유통되었다. 그 탈레르가 변형되어 달러가 된 것이다. 그런 동전을 만들기 위하여 은을 채광하기 위해 지하로 파 들어간 열악한 갱도들의 흔적은 거의 500여 년이 지난 오늘날에도 남겨져 있다.[4]

당시 은광산에서 일하던 광부들은 이 은광산에서 나오는 검은색의 광석을 매우 싫어하였다. 피치블렌드라고 불리는 이 검은 광석이 많아지면 은광석은 사라졌기 때문이다. 피치블렌드는 우라늄을 함유하고 있는 순수하지 않은 우라니나이트의 일종이다. 그들은 이 돌만 나오면 아무렇게나 갱도 밖에 내다 버렸다. 이렇게 버려진 이 광물이 우라늄을 포함한 다른 방사성물질을 함유하고 있다는 사실은 1898년 피에르와 마리 퀴리 부부에 의해 라듐과 폴로늄이란 방사성원소를 분리된 다음에 확실하게 알려졌다. 라듐과 폴로늄이 발견되기 훨씬 전에 독일인 과학자에 의해 이 광석으로부터 우라늄은 이미 확인된 상태였다. 피치블렌드 안에는 우라늄이 50~80% 함유되어 있기 때문에 이를 찾아내기가 더 쉬운 일이었다. 당시 은 광산에서 일하던 사람들은 오로지 은만을 찾았으며, 아무도 그 검은 광석의 가치를 모르던 시절이었다. 모르는 것은 광부들만이 아니었다. 퀴리 역시 이 광물이 얼마나 치명적인지는 몰랐던 것 같다. 퀴리는 실험을 하다 이 돌로부터 나온 보이지 않는 방사선에 피폭되어 그녀를 죽음으로 이끈 치명적인 백혈병에 걸렸다. 라듐의 미세한 흔적은 그녀가 죽은 지 70년이 지난 후에도 그녀의 사무실에 남아 방사선을 뿜어내었다. 이들 원소의 반감기를 알고 있는 이라면 그건 너무 당연한 일이었다. 비록 라듐은 그녀를 죽음으로 몰고 갔지만 그녀에게 1903년 노벨상의 영예를 선물하였다. 그녀가 추출한 방사성 물질은 광석 7톤에서 고작 1g을 회수하는 정도였다. 광부들에 의해 버려지던 이 물질은 퀴리가 두 원소를 발견하기 이전에 이미 명예를 회복한 상태였다. 한 기술자에 의해 우연하게 이 물질을 유리에 첨가하면 이전에 보지 못했던 현란한 초록과 노랑이 나온다는 사실이 발견되었기 때문이다. 그런 것은 그 돌 속에 포함된 핵종 원소들이 만든 색이었다. 이런 유리의 색은 유럽의 상류사회에 선풍적인 인기를 끌게 되었으며, 한때 마구 갱도 밖으로 버려지던 천덕꾸러기를 찾기 위하여 은광산으로 수명을 다한 이 지역의 광산이 다시 한번 활기를 되찾은 것이었다.[4] 우라늄의 활용 방법이 알려진 후 이 곳은 다시 한번 주요한 광산으로 부각되었다. 자원이 시대에 따라 경제적 가치가 달라지는 또 다른 한 가지 예이기도 하다.

아그리콜라는 이 시기보다 훨씬 이전에 요하임스탈 지역 광산들에서 벌어지고 있는 은의 채광 및 제련 현장을 보고 그의 저술에서 광업이 환경에 미치는 영향에 대해

채광 활동은 대지를 황폐화시킨다. (중략) 버팀목과 설비 그리고 금속의 용융에는 엄청난 양의 나무가 필요하기 때문에 크고 작은 나무숲이 사라진다. 이 결과 야생동물과 새들이 전멸한다. (중략) 게다가 광석을 세척할 때 사용된 물로 인해 모든 물줄기에 독이 스며들고 물고기들은 죽거나 쫓기는 신세가 된다.

라고 기술하였다.[3] 라틴어로 쓰여진 이 책은 1912년 나중에 미국 31대 대통령이 된 허버트 후버(Herbert Hoover) 부부에 의하여 영어로 번역되어 더 많이 알려지게 되었다. 후버는 스탠포드에서 지질학을 전공한 이로 광산지질학자로 사회의 첫발을 내디딘 점을 상기하면 그가 이 책을 번역한 것은 의외의 일은 아니다. 이 책은 오늘날에도 작은 출판사에 의하여 계속 출간 되고 있다.

미국 캘리포니아 이글네스트광산에서 산출된 자연금, 거의 순수한 금만으로 구성되어 있다.

아그리콜라가 광업이 환경이 미치는 부정적인 영향을 지적한 지 4세기가 지난 오늘날에도 광업이 환경에 미치는 영향을 우려하는 소리는 줄어들지 않았을 뿐만 아니라 오히려 더 커지고, 복잡해지고 있는 것이 현실이다. 그런 결과는 아그리콜라의 시대보다 광물자원의 생산량이 기하급수적으로 증가한 현실을 생각해보면 어쩌면 당연하다는 생각이 든다.

일반적으로 많은 사람들은 막연하게 광업이 환경문제를 일으키고 가끔은 사회문제를 야기한다고 믿고 있다. 그러면 실제로 광업만이 환경문제를 야기하는 산업분야인가? 그렇지는 않다. 더 심각한 환경문제를 일으키는 산업분야는 열거하기가 어려울 정도로 여러 가지가 있다. 그렇다고 광업이 환경에 미치는 영향을 과소평가하려는 의도를 가지고 있는 것은 아니다. 과거에 비교하여 환경에 미치는 부정적인 영향은 규모가 더욱 커지고 광범위하게 확대된 것도 부정할 수 없는 사실이다. 대형화된 장비와 발전된 채광 기술은 아그리콜라 시대에 광부들이 가지고 있는 부실한 삽과 곡괭이로 몇 년에 걸쳐 하던 일을 현대에는 몇 시간 안에 아니 한순간에 해치울 수 있게 되었다. 그 결과 그러한 작업 능률과 비례하여 환경 파괴의 규모는 커지게 마련이다.

일반적으로 광산에서 유용광물을 채광할 때 많은 버럭(폐기물)을 만들게 된다. 채광시 만들어지는 버럭의 양은 여러 가지 지질학적인 조건들에 의하여 결정된다. 인류 문명에 유용할 뿐만 아니라 필수불가결한 자원들은 그 종류에 따라 자연계에서 산출되는 방식이 서로 다르기 때문이다. 인류가 오랜 기간 동안 고귀하게 여겨오던 금은 자연 상태에서도 고귀한 자태를 잃어버리지 않으려는 듯 다른 것들과 쉽게 섞이지 않은 채 순수한 금 자체로 산출된다. 다른 대부분의 금속광물들은 여러 가지 원소들로 된 화합물의 형태로 흔히 산출되지만 금은 금 자체로 산출되며 다른 원소들과 쉽게 결합하지 않는 고귀한 성질을 가지고 있다. 금이 변색되지 않고 그만이 갖고 있는 고유한 황금빛을 유지할 수 있는 것도 다른 금속과는 달리 공기 중에서 산소와 결합을 하지 않기 때문이다. 자연 상태에서 금은 겨우 은 정도하고나 섞여 산출되는 고고한 성질을 가진다. 다른 금속 광물들은 대부분이 다른 원소들과 결합을 하여 여러 가지 원소로 표기되는 화학식으로 나타내지는 것과는 극명하게 대비된다. 다른 금속 광물들의 대부분은 금처럼 Au라는 간단한 화학식으로 결코 표현될 수 없으며, 어떤 광물은 보기에도 어지러운 긴 화학식을 가지고 있다. 그런 광물들을 구성하는 다른 원소들이 경제적으로 유용한 원소들이 아니라면 이들은 제련이나 선광할 때 쓸모없는 것으로 폐출되어야 한다. 그렇다고 금광에서는 버럭이 나오지 않는 것은 아니며 금광으로 큰 광산인 경우 암석 1톤 중에 약 10g 정도의 금을 가지고 있어야 경제성을 가지고 있으므로, 금을 채광하기 위해 깨부순 나머지 암석들은 거의 쓸모없는 버럭(폐석)으로 처리된다.

대체로 대부분의 금속원소들은 경제성이 있는 광석이 되기 위해서는 자연계에 존재하는 평균 함유량보다 작게는 수천 배에서 많게는 수십만 배의 농집이 일어나야 한다. 또한 희귀한 원소들은 아무데서나 산출되지도 않는다. 우리가 주위에서 흔히 볼 수 있는 모래나 자갈들은 실제로 지구상에 가장 흔한 물질들로 만들어진 것이다. 유용한 금속물질들은 이렇게 자연에서 흔하게 나타나는 물질들인 규산염광물과 섞여서 산출되는데 유용 금속이 어느 정도 들어있느냐에 따라 광석의 품위는 결정된다. 광석의 품위 외에도, 매장된 조건 및 심도 등이 광산 개발시 만들어지는 버럭의 양을 결정한다. 당연한 결과로 귀금속의 경우 만들어지는 폐석 더미는 커지게 된다.

조금은 극단적인 예이기는 하지만 다이아몬드광산을 보기로 하자. 다이아몬드는 지구의 깊숙한 내부 맨틀로부터 올라온 암석인 킴벌라이트에 들어있다. 모든 킴벌라이트가 다이아몬드를 산출하는 것은 아니며, 다이아몬드를 함유한 킴벌라이트의 경우라고 해도 약 5톤의 암석 중에서 겨우 200mg(1캐럿)의 다이아몬드가 산출된다. 그러나 계산은 거기서 끝나지 않는다. 5톤의 암석 중에서 생산된 1캐럿의 다이몬드 중 정작 보석으로 사용할 수 있는 다이아몬드는 20%정도이고 나머지는 공업용으로나 사용이 가능한 다이아몬드들이다. 그렇다면 가락지 위에 자태를 뽐낼 수 있는 품질의 다이아몬드 1캐럿을 생산하기 위해서는 50톤의 암석이 분쇄되어야 한다는 것을 의미한다. 그러나 정작 보석으로 가공되기 위해서는 많은 양이 떨어져 나가므로 실제로 더 많은 양의 암석을 채광해야만 한다. 그것은 아주 생산성이 좋은 광산의 예이다. 다이아몬드를 생산하는 드비어스사의 발표는 사광상에서는 약 250톤 중 1캐럿의 다이아몬드를 회수한다고 발표한 바 있다.

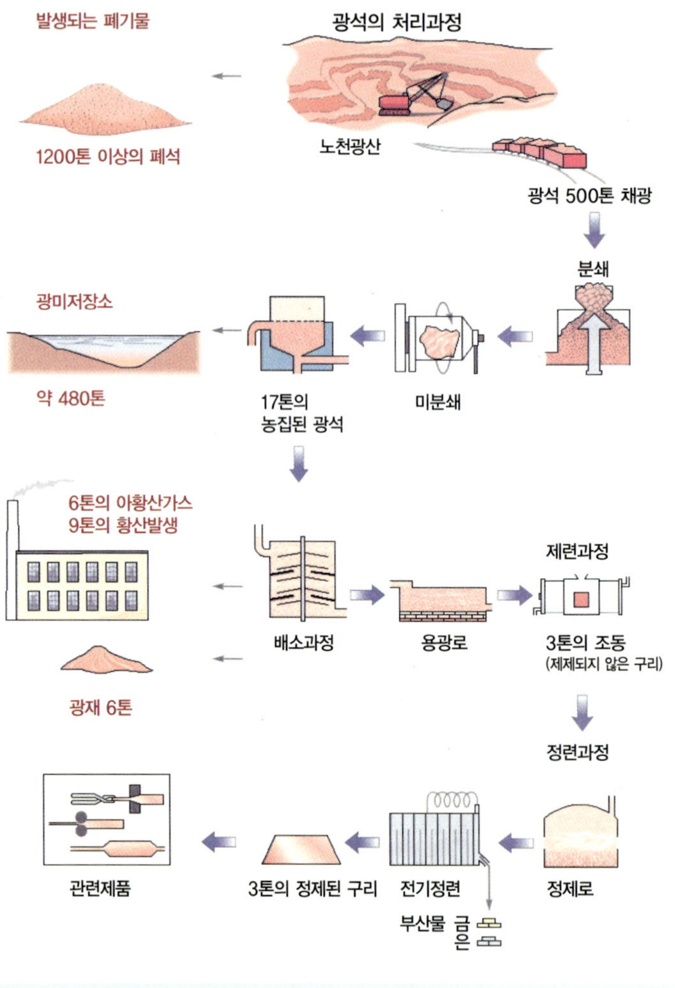

3톤의 정제된 구리를 생산하는 과정에서 발생되는 폐기물을 단계별로 나타낸 그림(McKinney와 Schoch, 1996, Environmental Science, West Publishing Conpany)[1].

다른 광산에서도 폐석을 생산하는 것은 양의 차이는 있지만 마찬가지이다. 예를 들어, 노천 채굴을 하는 광산의 경우 광체를 덮고 있는 상부 지층의 두께가 두꺼울수록 발생되는 버럭의 양은 증가하며, 광체의 품위가 낮을수록 단위 광물자원을 생산하기 위해서 더 많은 암석을 채굴해야만 한다. 광상 개발시 탐사 단계를 제외한 전과정 즉 채광에서 금속광물을 얻기 위하여 필요한 분쇄 및 제련 과정, 금속의 처리 과정, 제품의 생산 과정 뿐만 아니라 소비단계에서도 폐기물은 지속적으로 발생된다.

좀더 구체적인 예를 하나 들어보기로 하자. 전 페이지의 그림은 3톤의 정제된 구리를 얻는데 얼마만한 폐기물이 방출되는지를 단계별로 나타낸 것이다.[1] 우선 채광되는 구리광석의 품위를 0.6%라고 하였을 때 경우에 따라 다르기는 하지만 대체로 500톤의 광석을 채굴하기 위해서는 1,200톤의 암석이나 토양을 치워야 한다. 이들 광석은 분쇄 과정을 거치는데 집진기 등을 설치하여 처리하지 않는 경우 많은 분진을 방출하게 된다. 미분쇄 과정을 거쳐 농집된 광석을 회수하면서 방출되는 버럭의 량은 대체로 480여 톤에 이르게 된다. 이들은 흔히 광미를 저장하는 저수지로 이동되는데, 광미저장소의 폐석들로부터 발생되는 중금속들이 생태계를 오염시키는 원인이 된다. 회수된 유용성분 구리가 농집된 광석은 배소 과정을 거치게 되는데 이때 주로 황화물 혹은 황산염으로 존재하는 광물들이 분해 되면서 6톤의 아황산가스와 9톤의 황산을 만들게 된다. 이런 과정에 배출되는 가스들은 이미 아그리콜라의 저술에도 위험한 물질로 기술되어 있다. 이런 제련 과정에서 배출되는 가스에 의한 환경재해는 세계의 여러 제련소 근처에서 보고된 바 있다. 이것 말고도 배소 과정에서 광재가 6톤이나 발생한다. 이들이 정련 과정을 거쳐 3톤의 정제된 구리를 얻기까지는 상당한 에너지 자원이 투입되어야 한다.

이러한 과정에서 발생되는 환경 재해 중 아마도 국제적으로 가장 잘 알려진 것으로는 페루의 구리광산지대인 일로~로캄보 지역으로 이곳에서는 매년 약 60만 톤의 황화물이 방출되며, 4,000만 입방미터의 버럭이 바다에 투기되어 주변 해역 2만 헥타르에 이른 면적에서 해양생물까지도 피해를 입은 사례가 알려지고 있다. 러시아의 스베로니클 제련소에서 방출되는 아황산가스 때문에 20만 헥타르의 삼림이 죽어가고 있으며, 캐나다의 서드베리 지역에서는

약 1만 헥타르의 식생이 전멸되는 사례가 보고 된 바 있다.[2), 5)]

광업에 의한 이러한 즉각적이고도 광범위한 환경상의 부정적인 영향 이외에도 그 피해는 다양한 양상으로 나타난다. 부정적인 영향의 다른 형태로는 유독물질의 분산에 따라 더디게 나타나는 영향이 있다. 이러한 것들 중 가장 잘 알려진 것 중의 하나가 일본 도오야마현에서 발생한 이타이이타이(itai-itai)병이다. 이 지방 사람들이 가벼운 충격에도 뼈가 부러지거나 신장이 손상이 오는 병이 유난히도 많이 발생하였다. 이 병에 걸린 사람들이 너무 고통스러워 아프다(일본어로는 이타이)는 소리가 입에 걸려 있다고 해서 이 병의 이름이 이타이이타이병이 되었다. 그러나 그 병은 의학서적에서도 볼 수 없는 새로운 병이었기 때문에 그 지역 의사 누구도 그 원인을 알 수 없었다. 상황이 점점 어려워지자 1961년 일본 정부가 공식적으로 조사에 착수한 지 무려 7년의 끈질긴 추적과 연구 결과 1968년에야 이 병의 원인을 밝히게 되었다. 원인은 그 동네에 있던 아연 제련 공장이었다. 1874년에 설립된 미쓰이의 아연 제련 공장에서 제련 과정에서 발생한 카드뮴(Cd)을 아무 생각 없이 지역 수계로 방출하였다. 방출된 카드뮴이 지역 하천으로 유입되었으며, 아무것도 모르는 농부들은 이 하천수를 이용하여 벼농사를 지었다. 이 지역 논에서 자라는 벼는 자연스럽게 물 속에 포함되어 있던 카드뮴을 섭취하였다. 실제로 이 지역의 신선한 토양에서의 카드뮴 함량은 1ppm이었으며, 제련 공장으로부터 오염된 논 토양의 함량은 6ppm으로 낮은 수준이었다. 그러나 벼의 선택적인 흡수에 의하여 카드뮴의 함량은 뿌리에서는 1,500ppm에 이르렀다. 그나마 벼가 자신의 생장에 불필요한 원소인 카드뮴을 뿌리에 저장해 놓고 이를 올려 보내지 않은 절묘한 자체 조절 기능 덕분에 사람이 주식으로 먹던 알곡 쌀에는 상대적으로 적은 양인 125ppm이 들어 있었다. 그러나 이 알곡을 장기간 주식으로 먹었던 지역 주민들에게서 이 병이 발생하였다. 실제로 이 병이 발생된 것을 인식한 것은 아연 제련 공장이 만들어진 40년 후였으며, 이의 원인을 밝히는데 7년이 소요되었다.

발생되는 문제는 이런 질병만이 아니라 여러 가지 다른 문제를 일으킨다. 광산 개발에 의한 지역의 지하수면의 저하와, 발생되는 먼지 등에 의한 공기의 질 저하와 폐광 후에 발생되는 산성광산폐수의 발생 등이 있다. 어느 지방에 오랜 기간 동안 작업이 중단된 채 방치된 광산이 하나 있었다. 그 광산의 소유자는 사회적인 여건의 변화와 광석 가격의 상승으로 채광을 다시 시작하기로 결정을 하였다. 광산에서 채광을 다시 하기 위해서는 갱도를 가득 채우고 있는 물부터 퍼내야 했다. 갱도의 물을 퍼내기 시작하였다. 그러자 광산 주위에 있던 우물의 수위가 갱도의 물이 줄어드는 수준으로 내려가기 시작하였다. 갱도의 물을 더 파낼수록 주변의 우물은 모두 바닥을 드러냈다. 그것은 당연한 결과였다. 지하수면과 일치하던 갱내수를 퍼내면서 주변 지역의 지하수면을 낮추었기 때문이다. 온 동네가 발칵 뒤집혔다. 동네 사람들은 광산에서 물을 퍼서 벌어진 사태라고 웅성거리기 시작하였다. 광업회사는 온 동네의 음용수 공급을 위하여 광산에서 먼 지역으로부터 배관을 설치하여 상수도를 설치해 줄 것을 약속하고 나서야 잠잠해졌다. 이것은 먼 곳의 이야기가 아닌 지금 폐광이 된 국내 한 광산의 이야기이다.

세계적으로 황화물을 원광으로 하는 금속광물자원의 제련 과정에서 발생되는 아황산가스는 1984년 뮬러(Detlev Moller)의 보고에 의하면 년간 약 600백만 톤에 이른다고 한다.[6] 이 양은 산성비의 원인이 되는 황화합물 전체 방출량의 약 8%에 해당된다고 한다. 직접적으로 주변의 식생에 영향을 주기도 하지만 전 지구적으로는 간접적으로 생태계에 영향을 주는 요인으로도 작용하는 것을 알 수 있는 통계이다. 이런 예만 들면 마치 광업은 세상을 통째로 못쓰게 만드는 것으로 여겨진다. 이들이 피해를 일으키는 것은 사실이며, 그 정도 또한 국지적으로 심각한 것도 사실이다. 그러나 최근에 들어 환경적으로 건전한 광산개발을 위한 제도적 장치는 한층 더 강화되고 있으며, 기업가 스스로도 그러한 노력을 하고 있다.

광물자원개발은 제품을 생산하는 공장들과는 현저한 차이가 있다. 광물자원 개발은 생산이 늘어날수록 생산비는 증가한다. 생산이 증가될수록 원광석의 품위가 고품위로부터 저품위 개발로 이어질 뿐만 아니라 채광 조건이 악화되기 때문이다. 저품위 광체를 개발하기 위해서는 더 많은 광석의 채굴이 요구되므로 환경에 미치는 부정적인 영향 역시 더욱 증대된다.[2), 5)] 몇 십 년 전만 해도 구리광석은 적어도 몇 % 정도는 구리를 함유한 원광석을 개발하였으나 위에서 예를 든 것처럼 최근 대규모 동광상의 경우 개발 품위는 1% 이하의 광석을 대상으로 한다. 그 결과 발생되는 폐기물의 양도 몇 배로 증가하게 되었으며, 경제적 이윤을 내기 위해서는 그 규모는 점점 더 대규모로 변화되고 있다. 다음 그림에 보여준 빙햄캐뇬 구리광산의 채굴적은 인공적으로 만든 세계 최대의 구덩이라고 하였다. 파낸 암석의 양은 36억 톤에 이른다. 아마도 그 양이 어느 정도인지 상상하기가 힘들 것이다. 그 양은 세기적 공사라고 했던 파나마 운하 건설을 위하여 파낸 양의 약 7배에 해당되는 것이다. 단지 한 구리광산에서 파낸 암석의 양이 그 정도인 것이다.

광미의 피해가 내전의 주요 원인이 된 경우도 있었다. 파푸아뉴기니 팽구나 구리광산은 폐광되기 이전까지 약 6억 톤의 광미를 그대로 하천에 투기하였다.[7)] 그 결과로 그 광산으로부터 30km나 떨어진 하천 어귀의 삼각주에 이르기까지 그 바닥은 거의 완전히 광미로 채워지게 되었다. 그 지역의 카웨롱-자바 하천은 어떤 종류의 수서생물종도 서식할 수 없는 환경으로 변화되었다. 이런 환경 파괴가 만든 지역 주민들의 분노가 내전의 원인이 되었던 것이다. 자원을 확보하기 위한 인류의 갈등이 전쟁으로 연결된 것은 역사상 여러 차례 등장하지만, 환경 파괴가 전쟁의 원인이 된 것은 아마도 이것이 처음 아닐지 모르겠다.

이러한 사례들을 열거하지 않더라도 광물자원 개발이 환경에 미치는 영향이 크다는 것을 이미 알고 있다. 과연 이러한 광물자원 개발에 따른 지표의 변화가 생태계에 미치는 영향은 치명적인가?라는 질문에는 아직은 그렇지 않다고 대답할 수 있다. 그러나 더 이상 광물자원 개발이 지금까지 그래 왔던 것처럼 장단기 토지 이용이나 환경에 미치는 영향을 고려하지 않고는 산업국가에서는 엄두를 낼 수 없게 사회적 환경이 변화되었다. 비록 일부 국가가 아직도

미국 유타주 솔트레익에 있는 세계 최대의 노천 채굴 반암동광상의 인공위성 사진(a). 사진의 남서쪽에 있는 누런 부분이 빙햄캐뇬 동광산의 위치이다. 북서쪽으로 보이는 호수는 솔크레익이며 중앙 부분의 희색으로 나타난 부분이 솔트레익시티이다. 이 광산의 채굴적은 폭이 4×7km인 장방형이며, 약 900m의 깊이로 인간이 만든 세계 최대의 구덩이이다(b).

느슨한 틀을 가지고 있기는 하지만 대부분의 국가에서는 이런 고려를 하지 않는 광물자원 개발은 허용하지 않기 때문에 환경 훼손에 따른 생태계의 위협이 국지적으로 존재할지언정 전 지구적인 재앙으로 발전될 것 같은 조짐은 없다. 산업화된 국가들은 더 이상 제3세계로부터 무계획한 광물자원 개발을 중지해야 하며, 이들 국가에서도 자국에서 하는 것과 같은 생태계의 건강을 유지하는 범위 내에서 개발 할 수 있도록 도움을 주어야 한다. 아직도 개발도상국들은 광물자원 개발에 따른 재정 수입 때문에 엄격한 환경 법규를 만들기를 꺼려 하고, 그러한 법규가 제정되어 있다고 해도 이를 엄격하게 적용하기를 꺼려하고 있다. 일부 개발도상국가들에서는 전체 수출고 중 광물자원이 차지하는 비율이 수 십%를 넘어서기 때문이다. 보츠와나나 잠비아와 같은 국가들은 총수출고의 80% 이상을 몇 가지 광물자원 수출이 차지하고 있다. 아마도 그러한 국가에서는 지하자원은 바로 묻혀진 보물로 여겨질 것이며, 아마도 광산개발에 의한 환경 파괴는 국가 발전이라는 명제로 정당화될지도 모른다.[2)]

실제로 그러한 사례들이 다른 나라에서도 어렵지 않게 보고 되고 있다. 개발도상국가들에서 자원을 개발하는 주체는 해당 국가가 아니라 산업국가의 자본이기 쉽다. 산업국가의 자본가들은 거추장스럽고, 막대한 경비가 소요되는 환경 보전을 위한 조처를 취하는데 게을리 했다. 그 결과로 개발도상국가나 산업국가나 지역 주민들은 더 이상 광물자원 개발을 환영하지는 않는다. 한 가지 다행스러운 것은 최근에 모든 국가들이 환경 관리를 강화하고 있다는 점이다.

최근 미국지질조사소(USGS)는 앞으로 75년 이내에 지구상 유용 금속 광물자원의 75%가 소진될 것이라는 보고서를 내놓은 바 있다. 해마다 지구환경 보고서를 내는 월드워치인스티튜트(World Watch Institute)는 현재 소비량의 증가 추세인 3% 증가율을 적용시 불과 몇 백 년 안에 인류에 필요한 광물자원을 채광하기 위해서는 지구 전체와 동일한 양을 채광해야 된다는 비관적인 견해를 발표한 바도 있다.[2)] 이런 비관적인 관점을 기초로 지구 자원의 미래를 내다보면 우리는 당장 무엇인가 행동으로 옮겨야 할 것 같은 절박한 느낌이 든다.

지질학에서는 모든 물질은 순환을 한다고 한다. 암석(이를 구성하는 유용광물자원 포함) 역시 지구순환계의 큰 고리로 보면 순환을 한다. 그러나 지구에서 일어나는 다른 순환 과정, 예를 들면 물의 순환 과정과 비교하면 암석의 순환 과정은 인류의 시간 관념으로 보면 마치 영원히 변화되지 않는 것으로 간주될 수 있다. 생각해 보면 인류가 지구상에 출현한 것은 유인원을 인류의 시조라고 가정을 한다고 해도 아프리카 올두바이 계곡에서 발견된 유인원을 기점으로 해도 불과 450여 만 년에 불과하다. 그것은 인류가 기록으로 남긴 역사 시간 수천 년에 비교하면 엄청나게 긴 시간이지만 지질시간 즉 암석의 순환이 일어나는 시간에 비교하면 아주 짧은 시간에 불과하기 때문에 암석의 순환에 의하여 새로운 광석의 생성을 기대하는 것은 어리석은 일이 될 것이다. 최근에 판구조론이 대두되면서 지판의 이동 속도가 알려지게 되었다. 지판이 생성되어 확장되는 속도와 이들이 소멸경계에 이르러 소멸될 때까지를 계산해 보아도 인간의 시계로는 계산하기 어려운 수 천만 년에서 1억 년 이상의 시간이 소요된다. 이들이 땅 속 지하로 끌려들어가 용융되어 새롭게 마그마를 형성하여 지표로 노출되는 데까지는 그렇게 오랜 시간이 걸리기 때문에 비록 암석이 순환된다고는 하지만 인류에게는 그 순환이 별 의미가 없게 되는 것이다.

요즘 우리가 늘 입버릇처럼 떠들어대는 지속 가능한 발전을 위해서라도 생각보다는 행동으로 그런 대비를 위한 어떤 조처를 취해야 할 시점인 것은 분명하다. 그건 비단 지구 자원을 낙관적으로 본다고 해도 역시 같은 결론에 이르게 된다. 이러한 광물 자원은 몇 가지 특성을 가지고 있다. 우선 광물자원은 이미 앞서 밝힌 대로 인류 역사 관점으로는 재생 불가능한 자원이다. 그렇기 때문에 다른 산업과는 전혀 다른 관리체계가 요구되는 산업이기도 한다. 그리고 특정한 광물자원의 지역 편재성을 갖는 산출을 보인다. 중동 지역에 석유자원이 집중 분포되는 것이 알기 쉬운 한 가지 예이다. 즉 특정한 광물자원은 일부 국가 혹은 일부 지역에 한정되어 산출되기 때문에 정치적 상황에 따라 자원의 안정적인 공급이 큰 영향을 받는다. 다른 산업과는 달리 생산이 증가한다고 해서 생산비가 감소되지 않는 특징을 가지고 있으며, 더 많은 양의 환경 훼손이 요구된다는 점이다. 환경 관점에서 보면 이러한 결과가 미치는 부정적인 영향은 매우 치명적이다. 또한 광물자원의 경제성 있는 개발 대상은 기술과 환경 변화에 따라 항상 가변적이라는 것이다. 활용되지 못하던 광물들이 자원화가 유도되며(예, 보크사이트의 알루미늄 추출), 기존에 활용되던 광물자원이 가치를 잃어버리기도 한다. 후자의 잘 알려진 예는 석면을 들 수 있다. 석면이 발암물질이라는 사실이 알려지기 이전에는 경제성이 있는 유용한 광물자원이었으나, 그런 사실이 알려진 후로는 용도가 폐기되면서 경제적 가치를 갖는 광물자원 목록에서 사라지게 되었다.

최근에는 광물자원 개발이 환경에 미치는 영향 때문에 선진국에서는 회피하는 산업이 되었다. 인류 문명의 근본이자 기초는 지구의 광물자원이다. 우리가 이런 형태의 문명을 유지하는 한 자원개발은 필수적이기 때문에 제기되는 환경상의 문제점과 항상 충돌을 일으킨다. 자연보호론자들은 항상 생태계에 미치는 영향을 들면서 자원 개발에 대하여 반발을 한다. 자원이란 그냥 취득되는 것은 아니며 개발시 불가피하게 자연을 훼손시키게 되며, 그 결과는 생태계에 언제나 부정적인 영향을 주는 것으로 판명된다. 채광에 따른 지형의 변화는 자연 경관의 손상으로 연결되어 인간이 추구하는 심미적 가치를 하락시키게 된다.

지구에서 산출되는 광물자원은 크게 세 가지로 금속광물 자원, 산업광물 자원과 에너지 자원으로 구분된다. 금속광물 자원은 철, 구리, 알루미늄, 동, 연 및 아연 등과 같은 금속을 말하며, 산업광물 자원은 석회석, 활석, 납석, 점토, 석재 및 골재 자원을 말한다. 에너지 자원은 우라늄, 석탄, 석유, 천연가스 등과 같은 연료 자원을 말한다. 경제 규모로 치면 금속이 제일 크지만, 양으로 치면 산업광물 자원이 엄청나게 많은 양이 소비된다. 문명 발전 단계와 광물자원 소비 성향을 비교해 보면 대체로 저개발 국가에서는 금속광물 자원의 소비량이 많으나 산업화가 진행되면서 비금속광물 자원의 소비량이 증가되는 경향을 보인다.[9] 이 두 자원이 교차되는 지점에서부터 그 국가는 개발도상국을 벗어나 산업사회로 접어드는 소위 문명화된 국가로 진입하게 된다. 이는 산업화가 진행되면서 소비 형태의 변화는 더욱 다양한 광물자원이 요구되는 것을 나타내는 것으로 이들 자원의 생산량 변화에서도 이를 읽을 수 있다. 산업화에 따른 광물자원 소비의 증가는 경제적으로 최상위 몇 개국이 전세계 소비량의 80% 이상을 소비하는 불균형을 만들게 된다. 실제로 세계인구의 20%에 불과한 산업국가들에서 세계 알루미늄의 86%, 강철의 80%, 목재의 76%를 소비한다(World population data Sheet, 1994).[4] 산업국가들의 오랜 광물자원의 이용 역사로 인하여 자국 자원의 많은 양을 이미 소비하였기 때문에 현재 경제성이 높은 광물자원은 제3세계에 매장되어 있다. 제3세계는 경제개발을 하기 위한 재원 마련을 위하여 이들 광물자원 개발에 주력하고 있다. 거기에 따르는 환경의 희생은 아직은 돌볼 겨를이 없는 실정인 경우가 많다.

산업국가에서도 광물자원 개발이 미치는 그런 엄청난 부정적인 영향에 대한 염려보다는 차라리 그런 유용한 자원이 언제 고갈될지를 염려하는 것에 온 신경을 써 왔다. 그러나 이런 속도로 광물자원의 수요가 계속 증가되는 추세를 이어간다면 간단한 추리로도 자원 고갈 이전에 우리는 그보다 더 심각할지도 모를 생태계의 전면적인 붕괴가 도래할지도 모르는 위기에 처해 있다. 지구는 인류 문명을 위한 무진장한 보고는 아니라는 것이 명백한 사실로 밝혀지고 있다.

미래에 닥쳐올 광물 자원의 부족에 대한 우리의 준비는 어떻게 해야 되는가라는 의문이 자연스럽게 떠오른다. 이를 완전하게 해결할 수 있는 현존하는 모델이 없다는 것은 여러 학자들이 동의한다. 그렇다고 손을 놓고 다가오는 광물자원의 고갈을 맞이할 수는 없다. 이를 완화시키는 방안은 근본적으로 두 가지이다. 하나는 새로운 광상의 확보와 자원의 재순환을 통한 물질의 공급 확대이고, 다른 하나는 기술 발전에 의한 기존에 사용하고 있는 것들의 대체 물질의 개발이나 생활 형태의 변화를 통한 물질 수요를 감소시키는 방법이다. 지금까지는 탐사 기술의 발전과 더불어 새로운 광물자원의 확보가 이루어져 왔다. 그러나 이 조차도 이제는 개발 가능한 거의 모든 지역의 광상탐사가 이루어져, 더 이상 획기적인 새로운 자원의 확보를 기대하기 어려운 지경에 이르고 있다. 그러한 사실은 최근 새롭게 확보되는 광상의 수가 줄어드는 것으로 증명되고 있다. 아직 미개척 지역이라면 심해만 남아 있는 형편이다.

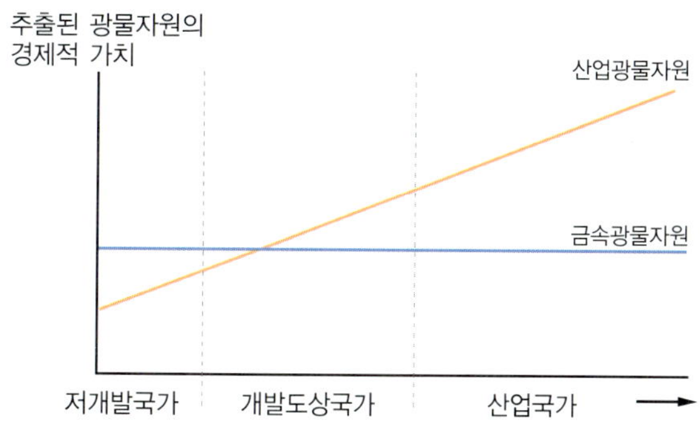

경제 발전단계 에 따른 금속광물자원과 산업광물자원의 상대적인 중요도를 나타내는 개념도(Bristow, 1987). 산업화가 진행될수록 산업광물자원의 수요가 증가되는 것을 보여준다.[9]

자원의 재활용과 소비절약은 더 이상 구

두선이 아닌 실천으로 보여야 할 시점이 된 것이다. 어떤 학자들은 지속 가능한 원료 경제를 창출하기 위해서는 전 세계 원료 소비의 50%를 줄여야 하는데 이는 산업 국가만으로 따지면 현재 소비 외 90% 저감을 의미한다.[1), 8)] 이는 현재 산업국가들의 국민들이 누리고 있는 문명의 혜택을 대부분 포기한다면 가능하다. 그러나 그것은 현실적으로도 불가능하다. 그래서 어떤 미래학자는 다가오는 세기의 유망한 산업으로는 폐기물 순환과 그에 관련되는 재이용 산업이 될 것이라고 예견을 하기도 한다. 그러나 어떤 금속이 제품으로 소비된 것을 100% 회수한다고 해도 실제로 그 금속을 100% 회수할 수 없다. 예를 들어 1톤의 알루미늄으로 알루미늄캔을 제작하였다고 하자. 그 알루미늄캔을 전량 회수하여 다시 용융시켜 금속 알루미늄으로 만들 때 유통 과정에서 일어나는 부식이나 마모 등에 의한 손실로 0.8톤만이 회수된다는 것이다. 다른 금속의 경우도 예외는 아니다. 그러나 단지 귀금속의 경우는 화학적으로 매우 안정하기 때문에 예외이다. 따라서 그 다음 해는 0.64톤이 되고, 그 다음 해는 다시 0.51톤으로 줄어든다. 이렇게 손실되는 양은 재활용 단계에서 결코 회수할 수 없는 양이다. 그러나 재순환되는 알루미늄은 원광에서 알루미늄을 추출할 때 소요되는 에너지보다 대체로 95% 정도를 절약할 수 있으므로 그만큼 에너지 자원이 절약된다. 그렇다고 모든 제품의 재순환이 가능한 것은 아니다. 전혀 재순환이 되지 않는 그런 제품들도 허다하다. 그러한 한 예로 인광을 들어보자. 암석으로부터 채취된 인은 화학약품이나 비료로 사용된다. 이들은 사용한 후 결코 회수될 수 있는 상태로 더 이상 지구에 존재하지 않는다. 식물 생장에 3대 영양소 중의 하나인 인이 없이는 현대에서 농경은 생각할 수도 없다. 농부가 뿌린 인 비료는 작물에 의하여 섭취되어 다른 형태로 변화된다. 현재 확인된 인광상은 지금 추세로 사용된다면 100년 안에 고갈될 것이라고 추정하고 있다.

이렇게 고갈이 예상되는 자원은 대체 물질이 개발되어야 한다. 어떤 자원들은 대체물질이 개발되기도 한다. 전통적으로 구리는 동관이나 전선으로 많이 활용되었다. 동관은 플라스틱으로, 전선은 다른 금속 혹은 광섬유로 부분적으로 대체되었다. 기계공업에 사용되던 철들은 일부 다른 재료들, 즉 다른 금속 합금이나 최근에는 세라믹 재료들로 전환되고 있다. 그러나 전환되는 다른 금속 역시 사용에 따른 결핍이 예상되는 경우가 대부분이다. 자원을 보호하는 또 다른 지혜는 제품의 내구성을 높여 될수록 오래 사용하는 것이다. 그러나 이 역시 일부 기업들의 계획적 진부화(陳腐化)에 따라 소비를 부추켜, 어떤 경우는 자원의 낭비를 초래한다. 제품의 일부 모델을 변화시키거나, 부분적인 편의성만을 추가하여 신제품을 출시하므로 소비자들이 아직도 사용 가능한 제품을 폐기하고 새로운 제품을 구매하도록 유도하는 것을 말한다. 자원을 절약하는 다른 지혜 중의 하나는 제품의 크기를 가능한 한 축소하여 작고 가볍게 만드는 것이다. 이러한 추세는 자연스럽게 일어나고 있어서 한편으로는 다행스럽게 생각된다.

이쯤에서 지구의 수용능력을 고려하는 것이 유익할 것 같다. 원래 이 용어는 생태학자들이 어떤 계가 부양할 수 있는 미생물이나 동식물 즉 생물 군집의 개체수를 나타내는 용어로 사용하였다. 어떤 생물종이 새로운 지역에 침투하게 되면 빠르게 그 개체수가 증가되나 그 계가 부양할 수 있는 한계에 이르게 되면 개체수의 증가는 중단되고 종래에는 감소된다는 것이다. 그리고 궁극적으로는 개체수는 평형을 유지한다는 것이다. 이를 인간에게 적용하는 것이 찜찜하기는 하지만 많은 사람들이 이미 지구라는 계에서의 인간 부양 능력은 과연 얼마나 될까?라는 의문을 제기하였다. 아마도 인구의 급증을 염려한 단초는 맬더스(Thomas Robert Malthus, 1766~1834)의 『인구론』에 의하여 제기된 것으로 보아도 좋을 것이다. 그에 대한 명확한 해답을 내릴 수 있는 문제가 아니다. 어떤 학자들은 이미 수용능력을 넘었다고 주장하는가 하면, 어떤 학자들은 아직도 수용능력에는 미치지 못하였다고 주장을 한다. 영양실조에 허덕이는 많은 사람들이 수용능력을 초과한 증거로 제시하는가 하면 반대편에서는 적정한 식량자원의 분배가 이루어진다면 현재 인구의 몇 배도 수용이 가능하다는 것이다. 그러나 인간의 삶이란 단지 목장에서 키우는 가축들이 목초의 양만 충분하면 되는 것과는 사뭇 얘기가 다르다. 다른 자원의 공급 특히 광물자원의 수요에 대한 공급이 이루어 질 때 인류 문명이 유지된다는 점을 고려하면 아마도 현재 인구의 몇 배도 수용가능하다는 주장은 곤란할 추정일 것 같다.

현재의 자원 소비량에서 3%의 증가율을 적용하면, 몇 백 년 이내에 전체 지구와 맞먹는 량을 채광해야 그 수요를 충족시킬 수 있다는 위협적인 보고도 있다. 그렇게 되면 지구는 어떻게 변화되는 것을 의미하는지는 긴 설명이 필요하지 않은 부분이다. 그리고 그 몇 백 년이라는 시간은 지구가 46억 살이라는 것을 감안하면 아주 짧은 시간에 불과하다. 인구 증가 추세가 둔화되기는 하였지만 아직도 증가되는 것으로 보아 개체수가 평형에 이르지는 않은 것으로 여겨진다. 인구의 증가는 필연적으로 광물자원의 소비를 증가시키고, 개발도상국의 산업화는 이를 더욱 가속화 시킬 것이다. 무엇보다도 중요한 것은 지구 자원은 한정적이므로 지구가 인류를 위하여 무한정 자원을 공급할 수 없으며, 지구 자원은 고갈되어 간다는 사실을 우리 모두가 인식해야 된다는 점이다. 그때 비로소 고갈되어 가는 자원을 보전하고 효율적으로 활용함으로써 자신의 세대만이 아닌 후속 세대에서도 지속 가능한 발전을 도모할 수 있을 것이다. 18세기의 경제학자이자 역사학자인 튀르고(Jaques Turgot, 1727~1781)는 역사의 순환성이나 지속되는 붕괴의 개념을 거부하고, 역사는 직선적으로 발전하며 항상 이전의 단계보다는 나아진다고 주장하였다. 그런 역사의 발전 단계를 받아들인다면 우리의 이러한 염려는 기우로 끝날지도 모른다.

이제 어느 국가도 그들이 소유한 광물자원을 완전히 자유롭게 개발하던 시기는 종식되어 가고 있는 것처럼 보인다. 이제 국제적으로 생물종 다양성 보전, 깨끗한 공기, 양질의 수질 유지 등 환경적인 문제를 고려한 개발이어야 한다는 규제들이 개발도상국가들의 광물자원 개발 계획에 재원을 지원하는 세계은행이나 유엔과 같은 기관에서 요구하고 있는 실정이다. 이쯤에 이르게 되면 서구인들이 한때 문화가 전혀 없었을 것으로 치부하던 미국 북동부에 살고 있던 '이로콰이' 부족의 지혜를 빌려와야 될 때가 된 것 같다. 그들 부족은 집회 때에 "모든 중요한 결정은 7세대 뒤의 생명까지를 고려에 두고 한다"는 것을 신에게 맹세하고 시작한다고 한다. 7세대 후라는 시간을 고려한 것도 대단하지만 7세대 뒤의 후손이 아니라 생명으로 정한 그들의 탁월한 정신에 부끄러움이 느껴진다. 실제로 현대사회의 기본 축이 오로지 인류의 복지, 인류의 번영, 인간 평등과 같은 휴머니즘적 가치에만 초점이 맞추어져 있는 데카르트가 사유하고 있는 틀 속에 작동되는 것을 생각할 때 '이로콰이' 부족의 맹세는 실로 대단한 것이다. 한 세대도 고려하지 못하는 국제간의 분쟁이나 환경상의 문제점에 대한 어떤 합의도 이루어 내지 못하는 현실 세계에 자괴감이 든다. 하여튼 최근 태동되고 있는 새로운 환경 윤리에 기초한 여러 가지 규제는 광물자원 개발이 환경에 미치는 부정적인 영향을 줄여 줄 것이다. 그러나 이러한 고려들은 규제보다는 정확한 광물자원의 분석을 토대로 전지구적인 체계적인 개발 모델에 기초한다면 더욱 효과적이 될 것이다.

많은 학자들은 국제적으로 상아나 물개모피 등이 국제 교역에서 더 이상 자유무역 대상 품목이 아닌 것처럼, 시간이 지날수록 환경보호를 위하여 광물자원을 포함한 다양한 품목들이 규제의 대상이 되거나 국제적인 압력의 대상이 될 것이라고 예상하고 있다. 이제 국가, 사회 그리고 광업회사 스스로도 변화되어야 한다는 사실은 알고 있다. 고어는 『위기의 지구』에서 마하트마 간디의 "변한 세상을 보고 싶다면 우리가 변해야 한다"는 말을 인용하면서, 진정한 변화는 그것을 제창하는 사람의 마음부터 변해야 가능하다고 주장을 하였다.[10] 그러한 자세를 갖는 것이 얼마나 어려운지를 보여주는 예로 다음과 같은 간디에 얽힌 얘기를 소개한다.

어느 날 한 부인이 간디를 찾아왔다. 그녀는 아들이 설탕을 너무 먹어서 걱정이라며 "아들의 건강이 염려되어요. 그 애는 선생님을 존경합니다. 어떻게 설탕의 해로움에 대하여 말씀해 주시고 설탕을 먹지 않도록 해 주십시요"라고 호소하였다. 간디는 잠시 생각에 잠기더니 부인의 부탁을 들어주기로 하고 아들을 2주일 후에 데려오라고 했다. 2주일 후에 어머니와 소년이 왔을 때 간디는 소년에게 설탕을 먹지 말라고 타일렀다. 소년은 간디의 말을 따르기로 했다. 소년의 어머니는 너무 고마워하고 어째서 2주일이라는 시간을 두었느냐고 물었다, 간디는 대답했다. "나 자신이 설탕을 끊는데 2주일이 필요했거든요."

지구의 두 가지 얼굴

지구를 이루고 있는 산, 바다, 삼림, 사막 혹은 빙하와 같은 각 부분들은 자신만의 특성을 가지고 있어 서로 독립적으로 움직이고 있는 것처럼 보이지만 잘 관찰해 보면 이들은 서로 연관되어 있어서 끊임없는 상호작용을 하고 있다는 것을 알 수 있다.

그 속에서 살고 있는 모든 생물은 주어진 자연환경 속에서 그들의 생존에 필요한 물질을 얻어 생명을 유지해 간다. 자연환경은 기후를 조절하면서 자연의 자정적 기능을 수행하며, 인간의 정서를 순화하는 등 생명 부양 능력을 유지시켜 준다. 이런 자연환경은 대기, 물, 토양 등의 무기환경과 동물과 식물 등의 생물환경으로 구성되며, 이들은 서로 독립적으로 기능하면서 상호 물질의 순환을 이루어 조화와 균형을 유지해 가는 거대한 상호작용계를 이루는데 우리는 이를 생태계라고 한다.

여기서 사용하는 계(系, system)란 용어는 어려운 용어는 아니며 우리가 고려하는 우주의 일부분을 말한다. 미시세계의 계는 무기물의 원자로부터 분자 혹은 생명체의 세포 같은 것들이 있으며, 조금 시야를 확대하여 거시세계를 보면 생물종이나 생태계가 있을 수 있다. 지구를 거시세계의 관점에서 보면 생물권, 암석권 및 대기권 등으로 계를 보는 시각이 있을 수 있다. 계는 우리가 고려하는 우주의 일부분이므로 지역적으로도 얼마든지 계를 구분할 수 있다. 내가 머물고 있는 방안을 하나의 계로 생각할 수도 있으며, 그 방을 포함하는 집안 전체를 하나의 계로, 그런 집들이 모여 이룬 동네, 동네들이 모여 이룬 도시 혹은 서울 지역을 각기 하나의 계라고 설정할 수도 있다. 나아가 지구를 하나의 계로 설정할 수도 있다. 그러나 그러한 계들은 닫힌계(또는 폐쇄계)와는 달리 단절되지 않은 상태에서 그 계들은 언제나 상호작용을 하고 있다는 것을 염두에 두어야 한다.

생태계는 생명 부양 환경과 연결되어 있다. 지구과학적 관점에서 보면 지구 생성 초기의 지구에는 생명체를 부양하는 생태계가 아예 존재하지도 않았다. 그러나 약 35억 년 전 지구상에 최초로 아주 원시적인 미생물들이 나타나게 되었다. 그러나 그 당시 지구의 대기는 오늘날의 산소-질소계와는 전혀 다른 이산화탄소 및 황화수소계의 대기환경에서 생존을 해야만 했다. 이렇게 등장한 원시적인 미생물들과 유기체들은 수천만 년 혹은 수억 년에 걸쳐 생명체들과는 전혀 관계가 없어 보이는 지질학적 과정들과 상호작용을 하면서 산소를 방출하면서 지구의 대기를 오늘날처럼 기적적으로 변화시키는 원동력이 되었다. 수를 셀 수 없을 정도로 많은 종류의 생물 종들 사이에 작용하는 혹은 독립적으로 작용하는 많은 과정들이 잘 통제된 방식으로 작동되고 있기 때문에 그 안에서 생존이 가능한 것이다. 이는 다른 말로 하면 어떤 종이라도 자연환경 속에서 홀로 독립적으로 존재할 수 없음을 나타내는 것이다. 인간도 예외는 아니다. 생명의 진화가 거듭된 끝에 출현한 호모 사피엔스 사피엔스, 인간도 지구의 바다, 대기, 지표 위 생명체가 존재하는 생물권의 영역을 벗어나 존재할 수 없으며 자연의 지배를 인류가 건설한 문명의 힘으로 초월할 수는 없는 것이다.

우리가 생을 영위하기 위해서는 다양한 다른 생명체들과 잡다한 기능들이 관련되어 있으며, 다른 생명체와 다름없이 에너지와 물질들이 투입되어야 한다. 우리가 일상생활을 유지하기 위해서는 에너지를 획득해야 한다. 우리는 에너지를 얻기 위하여 음식물을 섭취하며, 이렇게 얻은 에너지는 인체 조직을 위하여 혈액순환, 호흡 및 운동 등에 쓰고 나면 더 이상 사용할 수 없게 된다. 에너지는 사용 과정에서 손실이 일어나기도 하며, 새로운 에너지를 보충하기 위해서는 새로운 음식물을 섭취해야만 한다. 인간들이 사용하는 에너지에도 열역학 제1 및 제2법칙은 그대로 적용된다. 제1법칙은 '에너지는 한 형태에서 다른 형태로 전환은 되지만 창조되거나 소멸되지 않는다' 는 것이다. 제2법칙은 '에너지는 농축된 형태로부터 흩어진 형태로 질적 저하 없이는 에너지 전환과 관련된 어떤 과정도 일어나지 않는다' 는 것이다. 좀더 쉽게 이야기하면

에너지의 전환 기간 동안 에너지는 창조되지도 않고 파괴되지도 않지만, 에너지가 전환될 때 그 일부는 이용될 수 없는 형태 혹은 덜 이용 가능한 형태(예를 들면, 흩어진 열)가 되어 질적 저하가 일어나는 것이다. 이를 엔트로피법칙이라고 하는데 이를 달리 표현하면 열역학적 닫힌계에서 이용될 수 없는 에너지 양으로 나타내는 무질서도이다. 이런 에너지의 흐름은 물처럼 재순환되는 물질과는 전혀 다른 순환고리를 가지고 있다.

지구 내 에너지의 순환에 비하여 다른 물질의 순환은 대체로 예측 가능한 정해진 경로를 따라 이동되어진다. 생명체에 중요한 탄소의 순환 과정을 예로살펴보기로 하자. 대기 중에 가스의 상태로 존재하는 탄소는 식물이 섭취하여 광합성 과정을 통하여 전분을 만든다. 식물들은 이렇게 만들어진 것을 양분으로 하여 성장하면서, 호흡 과정을 통하여 이산화탄소의 일부를 다시 대기중으로 내보낸다. 생태계의 고리에서 보면 식물은 탄소의 생산자이다. 이런 식물들은 다른 동물들에 의하여 먹이로 섭취되어 순환고리를 따라 여행을 계속한다. 이들 생물체들이 수명을 다해 죽게 되면 이들은 분해되어 가스로 전환되거나, 지층에 들어가 화석연료자원(석탄이나 석유)이 된다. 지하 저장고로 이동된 탄소인 화석연료자원 역시 인간에 의하여 채취되어 사용되는 과정에서 다시 대기중으로 방출된다. 연소에 의하여 다시 가스로 전환되는 것이다.

대기는 해수와 직접 접하고 있으며, 이들 사이에서는 자유스럽게 탄소가스의 교환 반응이 일어난다. 해수가 가지고 있는 탄소의 양은 대체로 대기가 갖고 있는 양의 약 절반 정도에 이른다. 해수 중에 녹아 있는 이산화탄소는 탄소를 주 구성원소로 하는 탄산염광물로 직접 침전되어 석회암으로 보전되기도 한다. 이 석회암의 형태로 들어있는 탄소의 양은 대기중의 탄소가스 양의 약 40,000배나 된다. 실제로 지구 생성 초창기 대양에서의 석회암 침전은 지구의 대기 시스템을 이산화탄소-황화수소계에서 산소-질소계로 바꾸는데 일등공신의 역할을 하였다. 석회암에 들어간 탄소라고 해서 지구 순환고리의 종착역에 도착한 것은 아니다. 순환이라는 단어가 의미하는 것처럼 석회암에 들어가 있는 탄소조차도 지표에서 일어나는 풍화 과정에 의하여 물에 용해되거나 대기중으로 가스의 상태로 방출되거나 물에 녹은 상태로 이들의 여정은 계속된다. 상당한 양의 탄소는 화산 분출에 의하여 마그마로부터 공급되는 이산화탄소 혹은 일산화탄소 형태의 가스로 대기중으로 방출되기도 한다. 탄소의 순환 과정에는 생물학적인 과정과 비생물학적 과정의 두 가지를 모두 포함하고 있으며, 이들은 서로 독립되어 있는 것이 아니라 서로 연계되어 있다.

지구상에 존재하는 다른 물질도 탄소의 순환 과정과는 경로가 다르기는 하지만 끊임없는 순환 과정으로 계속 그 자리를 바꾸고 있다. 생물체는 각기 그들이 필요한 물질을 선택적으로 섭취하지만 큰 규모의 순환 모델에서 보면 그 고리의 일부인 것을 알 수 있다. 생물체중 인간으로 범위를 좁혀보기로 하자. 사람도 역시 생존을 위해서는 여러 가지 종류의 영양소를 자연으로부터 섭취해야만 한다. 사람들은 그러한 영양소를 다른 동식물로부터 섭취하지만 그 동식물이라는 것이 서식하는 환경의 지배를 받고 있으므로 결국 사람도 자연환경의 지배를 받고 있는 것이다. 생태계에서 물질의 순환은 한 종의 생물체가 다른 종의 생물을 먹이로 취하는 과정에서 저절로 이루어지는 현상이다. 따라서 생물체와는 전혀 관계가 없었을 것으로 보여지던 지질학적 과정들이 여기서도 중요한 역할을 하고 있다는 사실을 어렴풋이 느껴지게 된다. 이렇게 지구는 생명체를 스스로 부양하는 능력을 가지고 있지만, 때로는 쓰나미, 지진 및 화산 폭발과 같은 격렬한 지질학적인 과정은 물론이려니와 우리가 인식하기도 어려울 정도로 서서히 진행되는 느린 지질 과정조차도 생명체를 파괴하는 양면성을 가지고 있다.

우선 지구상에서 생명체의 발전 과정을 아주 간단하게 살펴보기로 하자. 지구는 무의 상태로부터 생명체가 태어난 모체이기도 하다. 그러나 아직도 생명체가 시작되는 시나리오는 불완전한 상태로 여러 가지 점에서 논란의 여지가 있는 상태이다. 불완전 하기는 하지만 지구에서의 생명체의 기원을 논하려면 지구가 태어나는 당시로 거슬러 올라가야 한다. 46억 년 전으로 돌아가 보자.

아주 오래전 우주 공간에 흩어져 있던 원자들이 천천히 모여 가스 구름을 만들었다. 가스 구름의 가운데는 수소원자가 더욱 조밀하게 모여들어, 마침내 압력과 온도가 높아지면서 약 50억 년 전부터 핵이 연소되기 시작하면서 새롭게 탄생한 별이 태양이다. 이 태양 주위에는 회전하는 원반 모양의 가스와 먼지 구름이 응축되기 시작하였다. 응축된 물질들은 덩어리를 이루었으며, 이들 덩어리들은 인력에 의하여 점점 커져 갔다. 태양계 주위의 지구를 포함한 행성들은 46억 년 전에 거의 완전하게 이루어졌다고 과학자들은 추정하고 있다. 태양으로부터 가까운 위치에 있는 행성들은 상대적으로 무거운 원소들이 응축된 물질들로, 태양으로부터 멀어질수록 가벼운 원소로 된 물질들이 모여서 만들어졌다. 이런 생각은 놀랍게도 그리스의 철학자인 아리스토텔레스에 의하여 주장되었다. 철학적 사유의 결과가 과학적 사고와 일치되는 부분이다.

태양 가까이 무거운 원소들이 모여 만든 행성을 지구형 행성이라고 하며 수성, 금성, 지구 및 화성이 여기에 속한다. 이들의 형성은 46억 년 전에 완전하게 종식된 것은 아니었으며, 우주 공간을 떠돌아다니던 작은 덩어리들을 인력에 의하여 계속 끌어들여 몸집을 불려나갔다. 그러한 몸집 불리기는 대체로 40억 년 전에 끝이 난 것으로 과학자들은 추정하고 있다. 말이 몸집 불리기이지 이는 계속되는 운석 충돌을 의미한다. 충돌될 때 발생되는 엄청난 에너지는 지구 표면을 용융된 상태로 만들었다. 당시 지구의 표면은 물이 존재하지 않았으며, 다만 마그마 바다 즉 용융된 암석이 이글거리는 불의 바다가 지구 표면을 덮고 있었다.

물론 당시 지구는 대기권도 없었으므로 표면의 열은 우주공간으로 빠져 나가면서 지표의 온도는 운석이 충돌되는 회수가 감소하는 대로 서서히 내려가기 시작하였다. 그러나 반대로 지구의 내부는 지구가 커지면서 압력이 증가하고, 지구를 구성하는 방사성원소들의 붕괴열이 축적되면서 온도가 올라가기 시작하였다. 온도가 올라가면서 지구 구성 물질을 녹이기 시작하였다. 대체로 철질 물질은 암석을 구성하는 물질들보다 용융온도가 상대적으로 낮다. 그래서 먼저 녹은 철질 물질들은 그들이 갖는 비중 때문에 지구 내부로 가라앉아 핵을 만들게 되었다. 그 결과 원래 운석이 뭉쳐져서 만들어진 비교적 균질하였던 지구가 서로 다른 조성을 갖는 세 층 즉 지각, 맨틀 및 핵으로 나뉘어지는 계기가 되었다. 이것이 과학자들이 그리는 초창기 지구의 모습이다. 여기서 지구 내부의 진화 과정을 다루려는 것은 아니지만 지구에서 생명체가 시작되는 것이 이러한 지구의 진화 과정과 연계되기 때문에 이를 다시 한번 되새겨 보는 것이다.

지구 형성 초기에는 대기가 존재하지 않았다. 마그마 바다가 식어진 초기 지구의 표면은 마치 일 년 전 화성탐사선이 보내온 화성의 표면과 흡사하였을지도 모른다. 운석 충돌시 발생하는 휘발성 물질들과 가스들은 거의 대부분이 우주 공간으로 달아났으나 이들은 차차 지구 주위의 중력권에 잡혀 모이기 시작하여 기권을 형성하기에 이른다. 그러나 당시 기권의 조성은 오늘날의 기권의 조성과는 사뭇 다른 것이었다. 당시 기권의 조성을 정확하게 밝히는 것은 어렵지만 지구상에 기록된 정보들을 종합하여 해석하면 이산화탄소, 질소 및 수증기가 주성분이었고 그 외에 메탄과 암모니아 및 수소가 존재하는 그런 성분을 가졌을 것으로 추정하고 있다. 이런 사실조차도 확실한 것은 아니다. 이런 환경은 오늘날 지구상에 서식하고 있는 대부분의 생물종들에게 적합한 환경은 절대 아니다.

러시아의 오파린(Alexandr Ivanovich Oparin, 1894~1980)이란 학자는 지구상에서 생명체의 근본이 되는 최초의 가장 간단한 화합물은 암모니아, 메탄, 수증기 및 수소로 구성된 대기에 번개나 태양의 자외선 복사 에너지가 가해져 합성되었을 것이라는 가설을 제시하였다. 미국 시카고대학의 대학원생이었던 밀러(Stanley L. Miller)는 오파린이 가설을 제기한 지 30년 후 1953년에 이를 실험적으로 증명하였다. 밀폐된 용기 안에 오파린이 말한

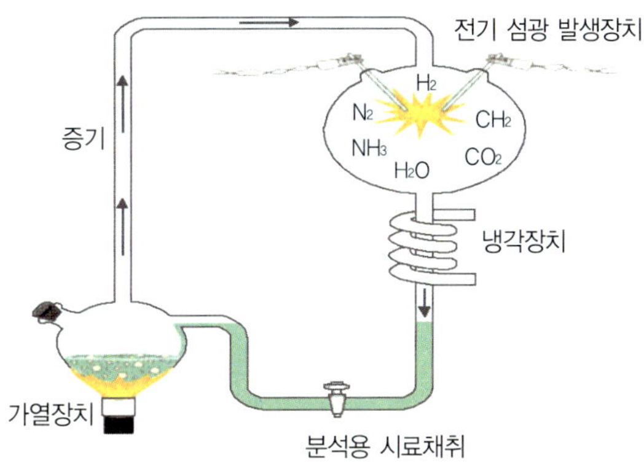

오파린의 가설을 증명하기 위한 밀러의 실험장치.

혼합가스를 넣은 후 최대 6만 볼트의 전압을 걸어 전기적 방전(스파크)를 일으켜 아미노산과 다른 단순한 화합물을 합성하는데 성공한 것이다. 당시 그의 지도교수였던 노벨상 수상자였던 해럴드 유리는 "만약 신이 이 방법을 쓰지 않았다면 엄청난 실수를 한 셈이다"라고 소리치면서 기뻐하였다고 한다.[1)]

이러한 사실이 알려지면서 그 후 다른 학자들에 의해 조금 더 복잡한 화합물을 만드는데 성공을 하자 지구상에서 생명체가 그런 과정을 거쳐 생성되었을 것이라는 학설이 유력하게 받아들여지는 것처럼 보였다.[2), 3)] 빌 브라이슨은 그의 저서 『거의 모든 것의 역사』에서 당시의 상황을 "당시 언론 보도는 이젠 누군가가 잘 흔들어주면 플라스크 속에서 생명이 기어나올 것처럼 야단이었다"라고 쓰고 있다. 그러나 시간이 경과되면서 이 길은 아직도 도달하기에는 어려운 길이라는 것이 밝혀지게 되었다. 조금 더 복잡한 화합물이라고는 하지만 단백질로 가기 위한 길은 멀기만 한 것이었다. 단백질이란 수많은 아미노산이 특별한 순서에 의해 정확하게 연결되어야 하는 것이다. 146개의 아미노산으로 구성되어 있는 헤모글로빈은 단백질 중에서도 꼬마에 해당되지만, 아미노산을 배열하는 방법은 10,190가지가 있다는 것이다. 이는 단백질이 복잡한 것을 단적으로 말해주는 것이다. 단백질이 우연하게 만들어지는 것은 회오리바람이 폐차장을 휩쓸고 지나간 후에 완전하게 조립된 점보 제트기가 남아 있는 것과 같은 일이라고 이의 어려움을 비유한 이도 있다.[1)] 더군다나 밀러가 실험시에 사용한 여러 가지 가스의 혼합체는 초기의 대기와는 다르다는 것이 알려지게 되어 생명체의 생성이 그처럼 간단하게 일어나는 쉬운 일이 아니었음을 알려준다.

다른 한편 리처드 도킨스는 "생물을 구성하는 물질에는 특별한 점이 아무것도 없다. 살아 있는 생물도 다른 모든 것과 마찬가지로 분자들의 집합일 뿐이다"라고 말하였다.[4)] 여러 학자들의 연구 결과 초기 지구의 환경을 가정한 조건에서 유기분자의 형성 가능성은 알려졌지만, 도킨스의 말대로 분자들의 집합일 뿐인 생명체의 모체는 여러 가지 시도에도 불구하고 좀처럼 직접 만들어지지 않았다. 이런 시점에 다른 가능성을 보여주는 사실들이 아울러 밝혀지기 시작하였다. 그런 가능성 중의 하나는 우주 공간으로부터 지구로 유입되는 운석 중에 구상(球狀)의 탄소질 물질을 함유하고 있다는 사실이 알려지면서 제기되었다.

1969년 9월 28일 일요일 오전 11시 멜버른 북쪽 100km 지점의 작은 마을 머치슨에 하늘로부터 내려온 불덩어리가 폭발하면서 작은 덩어리로 쪼개져 마을 주변에 흩어지면서 떨어졌다. 운석들의 파편은 마을 사람들과 전문가들에 의해 수집되었다. 그 운석은 다른 운석과는 달리 구형의 탄소 입자를 가진 운석이었다(콘드라이트라고 함). 그 속에는 74종의 아미노산이 들어있었다.[5] 그 운석이 떨어진 지 30여 년이 지난 몇 년 전에는 그 운석에 당(糖)이 들어 있다는 사실이 보고되기도 하였다. 이런 종류의 운석으로 머치슨 운석이 최초는 아니었으나 생명의 기원이 논의되던 시점이라 이 운석이 자세하게 연구되는 행운을 얻은 것이다. 이 머치슨 운석은 지구의 나이를 46억 년으로 결정하는 데도 기여를 한 돌이다. 또 다른 가능성은 천문학이 우주 공간에 작은 유기분자들이 많이 존재한다는 사실을 밝힌 것이다. 이제 과학자들은 헬리 혜성의 약 25%가 유기분자라고 생각하고 있다. 이러한 사실은 최초의 유기분자는 우주에서 생성되었든지 혹은 지구에서 합성되었든지 간에 지구에 충분하게 존재하였다는 것을 분명하게 보여준다. 그러나 이들 간단한 유기분자들이 중합되어 생명을 갖는 분자로 변화되는 것에 대해서는 여러 가지 가설이 있을 뿐 정설은 없다. 그런 문제의 해결은 과학자들이 지니고 있는 큰 숙제 중의 하나이다. 그런 문제는 생명의 시원을 다루는 과학자들의 몫으로 남겨 두기로 하자. 요즘과 같이 빠르게 진행되는 생명과학 진보의 속도를 고려하면 가까운

호주 멜버른 북방 100km 지점의 머치슨에 떨어진 탄소를 함유한 콘드라이트 운석의 하나. 생명의 기원을 밝히는데 새로운 단서를 제공하였다.

시기에 이런 문제도 해결될 수 있을 것이다.

아직은 완벽하게 설명할 수 없는 어떤 식의 중합반응으로 만들어진 생명체들의 등장은 지구를 초창기의 지구와는 전혀 다른 모습으로 변화시키기 시작하였다. 비록 미미한 원시적인 생물체였지만 그들은 지구를 변화시키는 괴력을 가지고 있었다. 이러한 과정은 지구의 역사책인 암석 속에 그대로 기록으로 남겨져 있다. 다만 이러한 기록은 우리 모두가 읽을 수 있는 문자로 기록되어 있는 것은 아니며, 적어도 전문적인 지식이 있는 사람들만이 암석 속에 암호로 기록된 사실들을 해독할 수 있다. 그런 생명체에 관한 암호를 해독하는 사람들이 바로 지질학자들 중에서도 과거의 생물을 연구하는 고생물학자들인 것이다. 가장 오래전에 기록된 암호는 35억 년 전 호주의 쳐트라는 암석 속에서 발견된 원핵세포의 화석이다. 원핵세포란 박테리아라고 생각하면 된다. 이들은 현미경을 통해서만 관찰이 가능한 아주 작은 크기의 생명체들이다. 그들 중 일부는 생명체로 보일 정도의 형체라도 가지고 있지만 다른 것들은 고성능 현미경에서 겨우 관찰이 가능한 아주 작은 구형의 형태를 가진 미화석으로 생물체로 보는 재주가 의문이 들 정도이다.

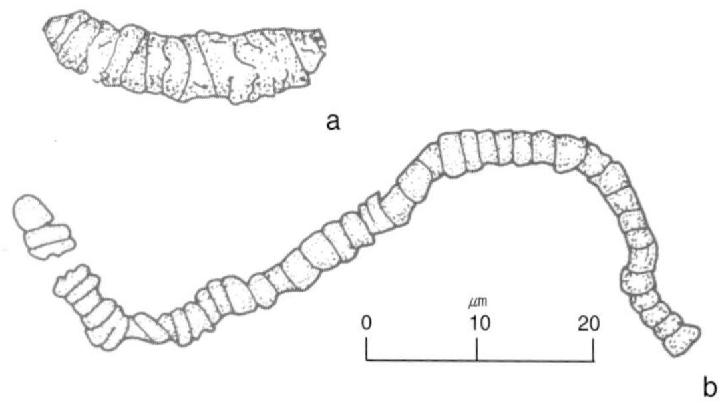

지구상에서 지금까지 발견된 가장 오래된 원핵세포의 스케치. 호주 서부의 35억 년 전에 만들어진 처트란 암석에서 발견된 미화석의 그림. 이 그림에 사용된 축척은 μm이다.[16]

그보다 약간 늦게 전세계적으로 원핵생물인 남조류들이 층을 이루면서 침전되어 만든 스트로마톨라이트(Stromatolite)들이 발견된다. 실제로 스트로마톨라이트는 생물체들로만 구성된 화석은 아니지만 오늘날에도 형성되고 있는 이와 같은 암석들로부터 원핵생물 존재에 대한 사실을 확실하게 밝혀주는 증거를 보여준다. 호주 서쪽해안의 중간쯤에는 돌출된 반도로 둘러싸여 있는 샤크베이가 위치해 있

지구의 초창기 35억 년 전부터 출현한 조류의 일종인 남조류(Cyanobacteria)에 의해 모여 만들어진 스토로마톨라이트의 현생종. 세계문화유산으로 지정된 호주의 샤크 베이 남부 해멀린풀에서는 지금도 만들어지고 있다.

다. 이 만의 남쪽 끝 부분을 해멀린풀(Hamelin pool)이라고 부른다. 이곳은 세계문화유산으로 지정되어 있는 곳이다. 이곳에는 바로 현재도 살아 있는 스트로마톨라이트가 곳곳에 널려 있기 때문이다. 이것은 35억 년 전에 지구에 살고 있던 생물이 현재도 살아 있는 것을 볼 수 있는 지구에서 두 곳 남아 있는 장소 중의 하나이기 때문에 단번에 유명한 관광지가 되었다. 포티는 『살아 있는 지구의 역사』에서 "이것이야 말로 진정한 시간여행이다. 사람들이 진정한 신비를 찾는다면 이집트 기자의 피라미드만큼 잘 알려졌어야만 한다"라고 했다. 아직도 이 검은 덩어리들을 이루고 있는 남조류들은 35억 년 전에 그랬던 것처럼 산소를 내뱉는 기포가 돌 주위를 타고 올라오는 모습을 보여준다. 이들은 이산화탄소를 섭취하고 산소를 내 뱉는 과정에서 광합성이라는 신기한 대사과정을 발전시켰다. 바로 광합성은 이런 박테리아와 같은 원시조류에 의해 시작되었다.

지구상에 나타난 기록에 의하면 약 14억 년 전까지 지구는 원핵생물의 세계였다. 그러나 14억 년 전에 지구 생명체는 대단한 변신을 일으켜 진핵생물이 등장하였다. 진핵세포는 원핵세포와는 달리 조금 더 크고, 유전 정보는 명확하게 분리된 핵에 들어있으며, 핵은 막에 의하여 세포질과 분리되어 있는 것이 다른 점이다. 어떻게 만들어졌는지는 고사하고 이는 분명하게 원핵세포보다는 훨씬 복잡한 생명체인 것이다. 이들 진핵세포의 등장은 지구의 대기 조성이 변화되고 있다는 신호였다. 이러한 사실을 확인한 것은 그리 오래 전이 아니었다. 1950년대까지만 해도 지구의 나이를 정확하게 이해조차도 못했다는 점을 생각해 보면 불과 몇 십 년 사이에 놀

20억 년 전 지질시대로 원생대에 퇴적된 검붉은 부분의 철광물과 흰 부분의 쳐트로 구성되어 있는 캐나다 남부의 건플린트층의 노두 사진. 이 지층은 철광상으로 채광된다. 이들은 퇴적 후 심한 변형작용으로 휘어져 있다. 이 쳐트 중에서 여러 가지 종류의 원핵생물들의 미화석이 다량 산출된다.

랄 만한 진보를 이룩한 것이다.

초기의 원핵생물들은 혐기성이었고, 그들은 광합성을 발달시켰다. 이러한 과정에서 막대하게 발생되는 산소는 원시바다에 넘쳐나는 철질물질들과 반응에 의해 철광물 형성에 거의 전적으로 소모되었다. 산소는 그 당시 혐기성 생물들에게는 독이나 마찬가지였다. 그 시기에 전세계적으로 대규모의 퇴적 철광상을 만들게 되었다. 오늘날 이들 자원은 인류가 철을 이용하는데 매우 귀중한 자원으로 활용되고 있다. 포티의 표현을 빌리면 아마도 자연은 15~20억 년 후 지구상에 출현할 인류를 위한 준비를 그 시기에 이미 마무리하였던 것처럼 보인다. 바다에 지천으로 용해되어 들어있던 철은 남조류의 광합성으로 만들어진 산소와 속속 결합하여 산화철 광물로 바다 속에서 침전을 일으킨 것이다. 이 당시 생존하던 조류들은 단단한 암석으로 오늘날까지도 그 흔적을 보여주고 있으며, 이렇게 만들어진 스트로마톨라이트는 세계 곳곳에서 산출이 알려지고 있다. 해수 중에 들어있던 철 물질이 침전을 끝마치는 데는 거의 20억 년이란 세월이 필요하였다. 이 때까지는 원핵생물의 시대였다. 그러나 철의 침전이 끝이 나면서 이에 의한 산소의 소비가 줄어들게 되자 바닷물 속의 용존 산소의 양이 증가되었고, 여분의 산소는 물 속을 빠져나와 대기로 방출되어 대기 중 산소의 양을 늘리기 시작하였다. 이 시기가 바로 오늘날의 대기조성인 질소-산소계로 가는 출발점이 되었다. 만약 산소의 양이 증가하지 않고, 바다에서 석회암($CaCO_3$)의 침전에 의해 탄소 고정 작용이 없었다면(이산화탄소가 대기에서 그 양을 유지하고 있었다면) 대기의 온도는 150℃ 아래로 내려가기 어려웠을 것이라고 과학자들은 추정하고 있다. 오늘날의 생명체들은 석회암에 감사해야 할 일이다.

새로운 대기권이 만들어진 효과는 그것만이 아니었다. 대기는 지구의 온도를 유지하는 외피의 역할을 할 뿐만 아니라 무작위로 쏟아지는 무서운 우주선과 자외선을 흡수하거나 피하게 만들어준다. 대기권의 두께가 200km이라고는 하지만 정작 생물체에 요긴한 것은 대류권으로 적도에서 16km 내외이고 그 외 지역에서는 11km 내외에 불과하다. 그 위의 성층권은 기권이라고는 하지만 우주와 연결되는 통로에 불과할 정도로 기체의 농도는 희박하기만 하다. 대류권이 없다는 것은 오늘날의 생물들이 거의 무방비 상태에 놓여 있는 것이나 다름없는 결과가 될 것이다. 그런 위험성은 남극 부근에 뚫린 작은 오존구멍 때문에 증가되는 피부암의 발생 빈도 하나만 생각해도 충분하다. 사람들이 물속에서 살 수 없는 것처럼 육지 위에서도 한정된 공간에서만 살 수 있는 이유는 바로 대기권의 산소의 분포량의 차이가 고도에 따라 다르기 때문이다. 일반인들은 산 위로 4,000여 미터 정도 올라가게 되면 고통을 호소하기도 한다. 사람들이 상주하면서 살 수 있는 높이의 한계는 대체로 5,500m 정도로 알려져 있다. 그러나 그런 한계 고도에서는 누구도 오래 살려고 하지 않는다. 결국 사람들이 살 수 있는 공간이란 지구상에서 아주 제한된다는 것을 알 수 있다. 하여튼 생명체에 그런 영향을 주는 대기를 만들기 위하여 지구의 진화는 계속되었다.

철광물의 침전이 끝이 나는 시기가 되자 대기중 산소의 양이 증가되는 변화가 일어났으며, 이 시기에 원핵생물에서 보다 복잡한 진핵생물이 등장하게 된 것이다. 변화는 더디게 시작되었지만 그 의미는 굉장한 것이었다. 지구상에 기록된 최고의 진핵생물은 14억 년에서 10억 년 전을 전후해서 이들이 출현하였을 것으로 보고 있다. 그러나 다세포 생물이 출현하는 것은 좀더 시간을 기다려야만 했다. 최초의 다세포 생물이 출현하면서, 이들은 세계 곳곳에서 발견되며, 그들이 남긴 흔적은 꽤나 선명하고 확실하다. 조용한 바다에서 서식한 생명체를 보호하기 위한 단단한 외피가 없는 이 생물체는 척추가

호주 남부의 에디아카라힐에서 발견된 에디아카라 화석의 하나. 이 화석은 가장 오래된 다세포 생물의 화석중의 한 종으로 *Dickinsonia* sp.이다(사진제공 : UC Museum of Paleontology).

발달되지 않은 것으로 에디아카라 동물(Ediacaran animals)이라고 부른다. 이들이 발견된 곳은 호주의 남부 에디아카라란 지역 언덕위의 6억 년 전에 형성된 암석에서 발견되어 지어진 이름이다. 호주는 건조한 지역이기 때문에 상대적으로 이들 화석을 잘 보전하는 장소가 되었다. 이 화석의 산출이 알려진 후 세계의 다른 곳에서도 이와 같은 지질시대의 암석에서도 에디아카라동물이 보고되었다. 그러나 이들과 최초의 진핵생물과는 8억 년의 시간 차이가 있는데, 긴 공백을 지나 나타나긴 했지만 14억 년 전의 진핵세포에 비교하여 너무나 복잡해진 생물체가 급작스럽게 등장하여 고생물학자들을 당황스럽게 만들었다. 그래서 이 화석을 1946년 처음으로 발견한 호주의 젊은 지질학자 스프리그(Reg C. Sprigg, 1919~1994)의 논문은 네이처지에 의해 게재가 거절되었다. 처음으로 발견된 이 화석을 아무도 실제 화석으로 믿으려 들지 않았던 것이다. 당대의 학자들은 그가 발견한 화석은 우연히 생긴 무기물의 흔적이라고 무시하는 사람까지 있었다. 결국 후일 스프리그의 화석 발견은 인정을 받았으나, 그때는 스프리그는 이미 에디아카라를 떠나 석유사업으로 거부가 된 뒤였다. 그의 화석 발견이 인정을 받지 못한 것은 진핵세포로부터 연결고리가 알려져 있지 않았기 때문이었다. 이런 점이 지구가 기록한 암호의 불확실성에 해당된다. 지워지지 않게 잘 보전된 암호가 있는 반면에 아예 기록이 누락되었거나 혹은 기록 보전이 되지 않은 구간이 왕왕 생기기 때문이다. 바로 그 8억 년이 진핵생물로부터 다세포생물로의 진화 과정에 관한 암호의 기록이 사라진 부분에 해당된다.

우리의 지질학적 시간으로 은생이언이라는 시점이 끝이 날 무렵 등장한 에디아카라란 다세포생물 출현은 생물학적 종다양성의 폭발을 예고하는 지시자였다. 생물학적 종다양성은 5억 4천만 년 전 캄브리아기 초기에 폭발적으로 증가하였다. 이 시기에 번성을 한 다른 생물종은 삼엽충이라고 불리는 다소 우스꽝스럽게 생긴 절지동물이다. 이들은 전세계에 동시에 출현하여 번성한 종류이다. 이들은 3억 년이나 살다가 페름기 말의 생물종의 대절멸이 일어났을 때 사라진 동물이다. 지질학자들은 캄브리아기 지층과 그 이전 시기의 지층 경계를 따라서 두 지층을 관찰한다면 캄브리아기 지층에서는 삼엽충을 비롯한 무척추 동물들의 화석이 갑자기 증가해서 이들을 쉽게 관찰할 수 있는데 반하여 그 이전의 지층에서는 이러한 사실을 찾아보기가 어렵다는 것을 알고 있다. 그도 그럴 것이 이 시기의 지층의 경계는 생물종의 출현 즉 화석의 산출 여부로 오래전부터 구분되었기 때문이다. 그렇다고 바로 이 시점의 이전에는 생물종이 없었던 것은 아니며 단지 크기가 작아서 발견되기 어려웠던 것이 그 이유중의 하나였다. 지질학의 발전 초기 지질시대를 구분할 때 방사성 핵시계는 알려지지 않았던 시기였다. 그래서 지질학자들은 지층을 절대연령이 아닌 암석 속에 기록된 암호 즉 발견되는 화석을 기준하여 지질시대를 구분하였던 것이다. 그러나 이 시기에 생물종의 다양성이 증가한 이유는 완전하게 해결되지 않은 숙제로 남아 있으나, 여러 가지 가설은 제시되어 있다. 한 가지 가설은 진핵생물이 성이 발달하여 유성생식의 결과로 빠르게 증식되었다는 설과, 또 다른 가설은 대기중에 증가한 산소의 양 때문에 바다에서의 인산칼슘과 탄산칼슘의 화학성이 미친 효과로 설명하는 가설이다. 이러한 생물체의 진화는 해양과 대기의 진화를 반영한 결과로 해석하는 것이다. 이런 종 다양성의 증가는 단지 원생대 말에 성숙된 쪽으로 한 단계 도약한 것을 의미한다. 도약의 원인은 해양과 대기의 변화 결과로 나타난 것이거나, 단지 개체의 몸집이 커진 결과로 본다고 해도 근본적인 이유를 제공한 것은 지구 자체의 진화에 기인되었음은 누구도 부정할 수 없는 것으로 받아들여지고 있다.

초기에는 단지 생물학적 차이, 화석의 산출 빈도에 따른 종 다양성의 변화만이 중요하게 다루어져 왔던 이 지질시대의 경계는 지구 전체의 동역학적 관계와 연관된다는 사실들이 하나 둘 발견되어가고 있으며, 이들의 상호작용을 연계시켜 해석하려는 노력들이 시도되고 있다. 그 이후 뒤따른 지질시대가 젊어짐에 따라 무척추동물로 시작되어 척추동물이 등장하였으며, 육상식물의 출현, 파충류와 포유류의 출현과 번성이 이어지게 된다. 초기의 동물들은 일종의 보호 장비인 골질부가 없는 동물들이었으며 캄브리아기에 이르면서 골질부를 갖는 동물들이 나타난다. 사실 동물들이 골질부를 갖는다는 것은 적응

능력을 키워 이들이 새로운 환경에로의 확산을 도와 진화의 속도를 가속화시킨 매우 중요한 의미를 갖는다. 한 가지 흥미로운 사실은 이들은 모두 물속에서 시작하여 진화 과정을 따라 육지로 진출하였다는 것이다. 물은 공기보다 1,300배나 더 무겁기 때문에 물속에서 작용하는 압력은 우리가 생각하는 것보다 심각하다. 10m 깊이마다 1기압씩 증가하므로 100m만 들어가도 10기압이라는 엄청난 압력이 작용한다. 그런 압력에서 인간들은 정상적인 활동을 하기가 매우 어려우며 잘못하면 생명을 잃는 위험을 당하기도 하는 깊이이다. 거기에 비해 육지에서는 100m의 열배인 1,000m 고도에 올라가도 기압 차이를 인식하기 어려울 정도로 쾌적한 곳이다. 생물체들은 그런 위험을 피해 더욱 안락한 곳으로 이주한 것은 아닌지 하는 엉뚱한 생각이 들기도 한다.

약 4억 년 전 실루리아기에는 식물이 육상으로 진출하게 된다. 초기의 식물들은 씨가 없는 식물이었으며, 이들의 대표격인 양치류에 속하는 고사리과는 석탄기에 절정을 이루어 세계적으로 석탄을 만드는데 기여를 하였다. 그 고사리는 오늘날의 고사리와는 그 크기가 전혀 다른 것으로 십수 m에 이르는 장대한 크기의 나무였다. 이들은 번식을 위하여 습기라는 매체가 필요하였으므로 범람원과 삼각주와 같은 곳에 주로 서식을 하였다. 그러나 이들이 겉씨식물(혹은 나자식물)로 발전하면서 건조한 지역에서도 번식이 가능해지고 저지대 늪지를 벗어나 식물들에게는 처녀지인 육지로 올라가 고지대에서 숲을 이루는 괴력을 발휘하게 된다. 오늘날에도 살아 있는 겉씨식물의 대표적인 예가 은행나무이다. 꽃가루를 뿌려 생식을 하는 겉씨식물은 나름대로 단점이 있었다. 공기 중을 떠돌아다니다가 암컷세포를 만나는 확률은 매우 낮을 수 밖에 없었다. 식물은 꽃가루를 무작위로 뿌려 확률이 낮은 생식수단을 벗어나기 위하여 꽃을 피우는 식물들, 속씨식물(피자식물)로 진화를 한다. 아름다운 꽃에 유인책으로 준비된 꿀은 곤충을 끌어 모아 보다 쉬운 번식을 가능하게 만들었다. 그러나 이런 변화는 순식간에 일어나는 것은 아니다. 실제로 이렇게 진화하는 데는 오랜 시간이 걸렸으며, 속씨식물이 번성하기 시작한 시기는 공룡이 지구의 주인이었던 중생대의 백악기였다.

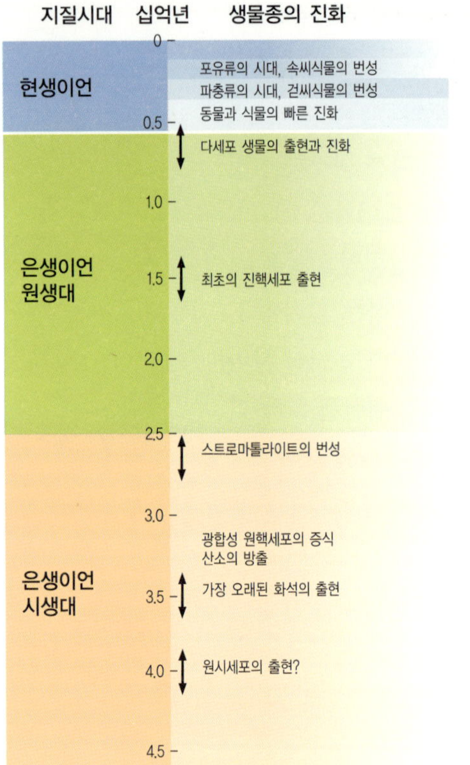

지구 생성 초기에서부터 생물종의 진화를 나타내는 개략적인 도표. 지질시대가 젊어 질 수록 종의 다양성은 크게 증가된다.[11)]

어류이건, 곤충류이건, 포유류건 간에 모든 동물들 역시 시대에 따라 변화된 지구환경에 적응하기 위하여 진화의 고리는 연결된다. 이들의 일족은 출현하여 번성하는 시기를 거쳐 언젠가는 다른 종으로 진화를 하거나 멸종을 한다. 지구가 기록한 여러 번의 생물종의 대절멸은 여러 가지 이유들에 의하여 일어났다. 지판의 이동에 의한 서식환경의 변화, 화산 활동, 운석의 충돌 혹은 지구 기후시스템의 급격한 변화 등이 그 원인이 되었다.

지금까지 알려진 생물종의 대절멸 중 가장 큰 규모의 것은 트라이아스기와 페름기의 경계시점에서 일어난 것이다. 이 지질시대의 멸종은 해양생물종의 70%에 해당되는 속(束, genera)이 절멸되었다고 한다. 그도 그럴 것이 그 시대에는 살고 있던 대부분의 생물종은 해양생물종이었다. 그래서 거의 생물종 전체의 70% 정도가 한꺼번에 멸종된 대참사라고 보아도 좋을 것이다. 공룡이 절멸한 백악기와 제3기의 경계에서의 대절멸은 해양생물종의 약 45%가 사라졌다고 한다. 속마다 포함하는 종의 수가 다르기는 하지만 이를 종으로 치면 전자는 95%의 종이, 후자는 77%의 종이 절멸된 것으로 추정하고 있다.

지구에서 생물종으로 여겨지는 화석이 출현한 것은 35억 년 전으로 오래된 것으로 여겨지지만 오늘날 볼 수 있는 생물종들이 자리 잡은 것은 그림에서 볼 수 있는 것처럼 지구의 나이를 고려하면 비교적 최근(?)의 일이다. 신생대에 이르러 종이 가히 폭발적인 수준으로 증가한 것으로 그림은 보여주고 있지만 이는 화석이 보전되는 확률과도 관계가 된다(현생종은 화석으로 보존되어야 할 필요성이 없기 때문이다). 현생동물 중 포유류가 번성한 것은 신생대에 이르러서이다. 그 중에서도 인간들이 속한 원인아목이 출현하여 번성한 것은 더더욱 최근의 일이다. 지구의 오랜 역사에서 생물종들이 출현하고 생존하다 사라지는 그 기간은 생물종의 종류에 따라 다르기는 하지만 매우 긴 기간이었음을 지구가 보전하고 있는 화석에서 보여주고 있다. 이런 기록들은 다윈이 『종의 기원』에서 생물의 진화를 제의할 때 염려하던 진화에 필요한 시간은 충분하게 주어졌음을 알 수 있다.

이렇게 지구상에서는 수많은 생물군집이 출현하고 사라져 갔다. 생물군집이 미숙에서 성숙으로 발전되는 데는 비교적 짧은 기간인 1,000년 혹은 그 이하의 시간이 소요되는 생물군집의 발전이 있는데, 이러한 생태적 천이

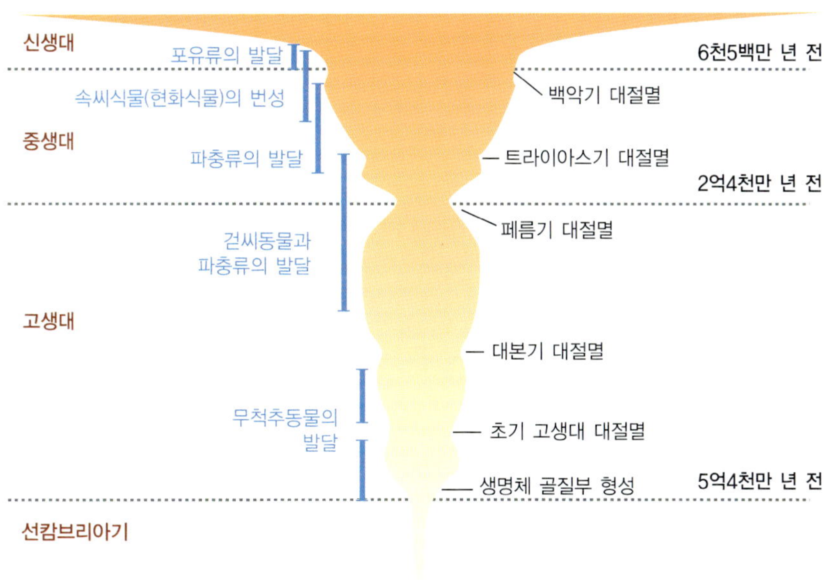

지질시대별로 나타낸 종의 다양성의 변화와 주요한 생물종의 대절멸 시기. 그림의 맨 위 선의 길이는 150만 년 전의 종위 수를 상대적으로 나타낸 것이다(Levin의 도표로부터 수정).

(ecological succession)와, 지질학적 기간(수백만 년 혹은 그 이상의 시간)에 일어나는 변화인 유기진화(organic evolution)의 두 과정이 있다.[6), 7)] 다시 생태적 천이는 1차 천이와 2차 천이로 구분된다. 1차 천이란 생명 조건이 적합하지 않은 불모지대에서 시작되는 천이로서 이러한 예는 새로운 화산 활동에 의하여 분출된 용암대지나 사막의 모래언덕 등에서 관찰된다. 2차 천이란 이미 잘 발달된 생물군집으로 점거되어 있던 장소 또는 버려진 농경지 및 벌목한 삼림 등과 같이 영양소와 다른 조건들이 양호한 장소에서 진행되는 군집발달을 말한다. 1차이든 2차이든 생태계의 천이는 모두 지질작용과 직간접으로 관계되어 있다. 무엇보다도 중요한 사실은 이들 생물군집은 계속 새로운 환경에 대한 도전을 하면서 스스로 발전해 간다는 것이다. 비록 과학계의 중요한 발견을 하지 못하여 때로는 다른 평가를 받기도 하는 훔볼트는 암석, 식물 및 동물과의 상호관계를 연관지으려 노력하였다. 그는 "생물의 현상을 무생물의 현상과 결합하는 영원한 끈과 이런 관계의 법칙을 결정하는 유형들의 형식, 이것이 지구를 탐구하는 물리학의 중심 문제이다"라고 인식하고 있었다. 여기서 물리학이라고 한 것은 그가 생존할 당시 지질학의 학문적인 위상이 확고하지 못하여 물리학으로 표현하였던 것이다. 그렇다고 그 뜻이 달라지는 것은 아니다.

이제 거의 모든 사람들이 다윈이 1859년 저술한 『종의 기원』에서 밝힌 진화를 부정하지는 않는다. 그러나 아직도 생물종의 진화과정에서 나타나는 진화적 도약은 다윈 자신이 고민하였던 것처럼 명쾌하게 설명하지 못하고 있다. 그러나 이것만으로도 지구라는 행성에서 생명체가 탄생하는데 신의 손이 필요하지 않았다는 것을 선언하는 것이나 다를 바 없는 엄청난 일이었다. 하여튼 이러한 진화는 자연도태보다도 더 느리게 일어나기 때문에 그런 진화에 요구되는 시간이 부족하다는 이론이 제기되었다. 이때 다윈은 단호하게 다음과 같이 말하였다.[8)]

장래의 역사가가 자연과학에 혁명을 일으킨 것이라고 평가할 만한 찰스 라이엘의 대저서

『지질학 원리』를 읽고서도, 과거의 시대가 시간적으로 무한히 광대했다는 것을 인정하려 하지 않는 사람은 당장 이 책을 덮어 버리는 것이 좋다

당시에는 그 무한히 광대했던 시간이 46억 년이라는 사실이 밝혀지기 전이었으며, 지구의 나이를 매우 젊게 추정하고 있던 시기였다. 그런 그 이후 지구의 과거의 시대가 무한히 광대했다는 것이 밝혀져 진화에 필요한 시간은 문제가 되지 않았다는 것이 파악되었다.

다윈이 주장한 대로 진화에 필요한 시간이 충분하다는 그의 의견에 반대의 견해를 가진 학자는 설자리가 없게 되었다. 그러나 아직도 근본주의자들은 진화론을 부정하고 창조론을 신봉한다. 다윈이 말한 무한히 광대한 시간으로 46억 년을 생각했을지는 아무도 모르는 일이다. 진화에 필요한 시간이 충분하다는 다윈의 이론은 1900년대에 와서야 밝혀졌다. 오늘날 생태계의 천이에 지질작용이 미치는 영향은 생물종의 진화만큼이나 분명한 사실이 되었다.

지질작용이 종분화에 미치는 영향은 느리게 일어나지만 그 변화의 결과는 엄청나다. 1차 천이는 2차 천이에 비하여 더 느리게 진행된다. 상대적으로 천이의 속도가 빠른 2차 천이의 예만 한두 가지 살펴보기로 하자. 한 생물종이 2개의 분리된 군집으로 나뉘어 서로 다른 방향으로 진화되어 이들 분리된 두 군집 사이에서 더 이상 교배를 시킬 수 없는 경우가 일어난다. 이렇게 되면 이들 사이에서 더 이상의 유전자 교환이 일어나지 않으며, 결국 새로운 종으로 분화되는 것이다. 지질시대의 화석으로 관찰되는 기록은 이러한 사실을 간접적으로 보여주고 있으며, 현재 우리가 살고 있는 세계에서도 관찰이 된다. 영국 스코트랜드 해안에 세인트킬다라는 섬에서는 세상의 어느 곳에서도 발견되지 않는 세인트킬다굴뚝새(St. Kilda Wren)가 발견된다. 이와 유사한 종이 영국의 본토에서 발견되는데, 생물학자들은 이 본토의 굴뚝새가 새로운 종으로 진화된 것으로 믿고 있다.[9] 즉 본토로부터 폭풍에 의하여 이 섬으로 날아온 후, 이 섬에 서식하면서 본토의 종과는 고립된 새로운 환경에서 서식하면서 적응되어 본토의 종과는 교배를 할 수 없는 새로운 종으로 진화되었다는

씨앗을 먹는 종 　　　　곤충을 먹는 종 　　　　과일과 씨앗을 먹는 종

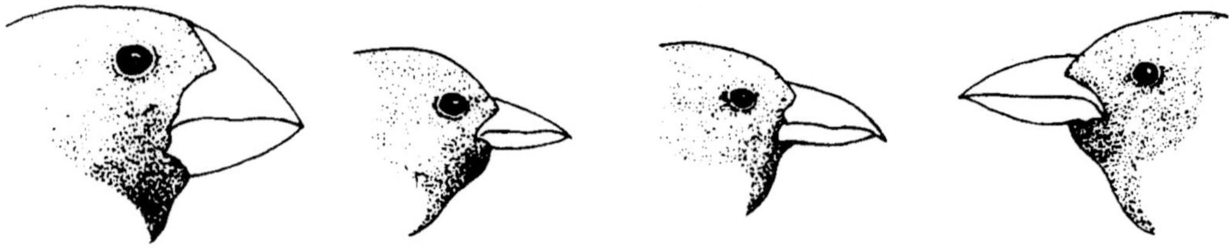

땅위에 사는 큰 피리새 *Geospiza magnirostis*

홍수림 피리새 *Camarbyncbus beliobates*

나무를 쪼는 피리새 *Camarbyncbus beliobates*

선인장 피리새 *Geospiza scandens*

피리새가 공공조상으로부터 종분화를 일으켜 변화된 모습(Bowman, 1961). 이 새는 다윈이 비글호를 타고 남미의 에쿠아도르 해안으로부터 965km 떨어진 태평양에 위치한 갈라파고스섬을 방문했을 때 처음으로 기재한 피리새(Darwin's Finch)들로서 조상으로부터 고립되어 진화된 결과 각자의 서식지의 생태환경에 적응하기 위하여 씨앗을 먹는 새, 곤충의 포식자 및 과일과 씨앗을 먹는 새로 먹이잡이에 따라 부리의 모양이 다양하게 발전된 모습.[10)]

것이다. 이와 같이 공동조상으로부터 유래된 개체군들이 지리적 격리를 통하여 고립이 일어나는 종분화를 이소적 종분화라고 한다.

이러한 종분화는 여러 곳에서 관찰되는데 가장 잘 알려진 것 중의 하나가 남아메리카쪽 태평양 갈라파고스섬에 서식하는 피리새가 있다. 다윈은 1835년 9월에 비글호를 타고 갈라파고스섬을 방문하여 이 새를 기재하면서 그가 생각한 진화의 방향이 올바르다는 것을 확인했다고 해서 더욱 유명해진 새이기도 하다. 물론 갈라파고스에서 다윈 일행에게 더욱 특별하게 눈에 띈 생물은 피리새가 아닌 파충류인 이구아나와 바다거북이었다. 그러한 동물들의 역할도 역할이었지만 다윈은 피리새들이 대륙에 서식하는 종과 다를 뿐만 아니라 섬 안에서도 먹이 습관에 의해 부리의 모양이 주로 취하는 먹이의 종류에 저마다 가장 적합한 형태로 다르게 발달한 사실을 관찰하였다. 딱딱한 씨앗을 먹는 종은 부리가 매우 크고 단단하게 되어 있는데, 나무에 살면서 곤충을 잡아먹는 다른 종은 상대적으로 예리하고 날렵한 부리를 가지고 있었다. 이런 사실들은 예리한 다윈의 관찰력을 피하지 못하였다. 그는 "작고 보잘 것 없으나 서로 아주 밀접하게 연결된 한 무리 작은 새들의 구성 단계와 다양성을 보

면, 이 섬 최초의 몇 마리 새들 중에서 어떤 종의 새가 선택되어 다른 목적을 위해 수정되었는지 정말로 불가사의하게 여겨진다"고 그의 불후의 저서 『종의 기원』에 이를 기술하였다. 이 새의 이름은 영어로는 다윈의 핀치(Darwin's Finch)로 불리어진다. 그는 ".... 조그만 불모지 섬에서도 나타나는 창조적인 힘의 강함에 놀랄 뿐이다"라고 그의 감회를 밝히는 것으로 더 하고 싶은 말을 자제하였다.[8), 10)]

이러한 종의 분화는 격리되어진 섬에서만 일어나는 것은 아니며 육상에서도 지질작용 즉 지판의 이동에 의한 조산운동에 의해서도 일어날 수 있다. 클라크는 이런 관계를 개념적으로 나타낸 그림을 그렸다.[7)] 맨 위의 그림은 지질학적인 변형이 일어나기 전 육상에서 동일한 유전자를 갖는 단일생물종이 분포된 지역으로 이 계 내에서는 유전자의 흐름이 방해를 받지 않는다. 평탄한 지형에서 동물들은 자유로운 이동이 가능하였으며, 식물 역시 종을 번식시키는데 장애가 될만한 것이 없었기 때문이다. 그러나 이 지역에 두 번째 그림처럼 큰 규모의 조산운동 결과로 동쪽에서는 높은 산맥을 형성하고, 서쪽에서는 거대한 협곡이 만들어진다고 가정하자. 그런 지형이 만들어지면 장대한 산맥과 거대한 협곡은 동식물의 이동을 방해하게 된다. 작은 새들은 산맥을 넘기에는 너무 약한 날개를 가지고 있기 때문이

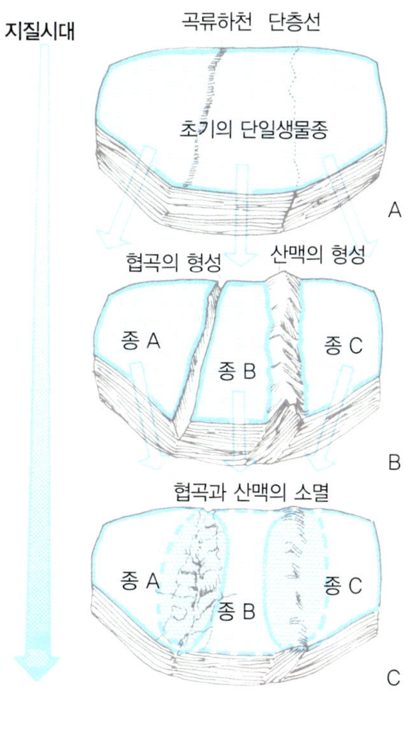

지질작용에 의하여 동일한 생물종으로부터 3종으로 진화되는 단계를 개념적으로 나타낸 그림(Clark, 1973).

A: 동일한 유전자를 갖는 생물종이 분포된 지역으로 유전자의 흐름에 방해를 받지 않는다.

B: 대규모의 지각변동이 일어나(판구조 운동에 의한 조산운동 등) 동쪽에는 큰 산맥을 형성하고, 서쪽에는 대협곡을 형성시켰다. 그 결과로 이 계에서는 유전자의 흐름에 방해를 주었으며, 분리된 생물군들은 각기 독립적으로 진화를 시작한다.

C: 오랜 기간이 경과된 후 침식작용에 의하여 산맥과 협곡이 사라져 이들은 다시 같은 환경에 서식하게 되지만 더 이상 이 세 종 사이에서는 번식이 일어나지 않는다. 이 때 이들은 유전자가 번식을 거부하는 다른 종으로 진화된 것이다.[7)]

다. 이러한 지질작용의 결과로 이들 지형적으로 격리된 두 지역 사이에서 유전자의 흐름에 방해를 받기 시작한다. 그 결과로 분리된 생물군들은 각기 다른 독립된 방향으로 진화를 시작하게 된다. 이 그림은 판구조론의 개념이 들어가 있지 않은 개념도이지만 대륙의 충돌과 열곡의 형성 개념을 생각해보면 거대한 산맥과 새로운 바다의 형성은 오늘날 지구에서도 확인되는 일이다. 인도판과 유라시아판의 충돌로 만들어지는 세계의 지붕 히말라야 산맥이 있고, 태평양의 해양지판과 남미판의 충돌에 의한 안데스산맥의 형성이 있다. 아직 명확한 종분화에 대한 자세한 기록은 발견되지 않지만 분명하게 그곳에서도 분화의 증거는 있으리라고 생각된다. 열곡에 의한 새로운 바다의 형성으로 점점 멀어지는 이집트와 아라비아 사이의 홍해를 생각해 보면 긴 지질시대가 지난 언젠가는 대양으로 변화할 것으로 예측할 수 있다. 그렇게 되면 분리된 두 대륙 사이에서는 생물종들의 자유로운 이동이 제한될 것이고, 이 두 지역은 독립적인 진화 경로를 따를 수밖에 없을 것이다. 그러나 지구상의 어떤 곳은 지표면에서 끊임없이 일어나고 있는 침식작용에 의하여 유전자 흐름의 방해물이 되었던 지형적인 차이를 오랜 지질학적 시간이 경과되면서 완화키기도 한다. 오늘날에도 지표에서 진행되는 지질작용 중 침식작용은 내일에도 계속될 것이다. 라이엘의 "동일과정의 원리"가 이 경우에도 적용된다. 풍화작용에 따른 침식은 산맥과 협곡을 사라지게 만들어 자유스러운 유전자의 흐름을 방해하던 요인을 제거하게 된다. 그러나 이미 이들 분리된 두 군집 간에 일어난 진화는 이들 사이에서 서로 교배할 수 없도록 진화되게 된다. 이렇게 자연적으로 일어나는 천이는 생태계가 갖는 스스로를 보호하는 전략으로 간주된다는 것이다.

대륙이동이 생물종의 천이에 미치는 직접적인 영향은 먹이의 변화에서도 그 이유를 찾아볼 수 있다. 대륙이 분리되기 전 판게아는 한 덩어리로 뭉쳐 있었다는 것은 이미 앞서 밝혔다. 만약에 분리되기 이전에 적도지방에 위치한 대륙이 분리가 일어나 이동되어 온대지방 혹은 극지방으로 이동된다면 이들 대륙에서의 식생(植生)은 기후와 토양의 영양분의 변화에 따라 완전히 달라질 것이다. 그렇게 되면 스스로 에너지를 만들지 못하는 동물(종속영양생물)들은 먹이사슬의 변화에 따라 저절로 변화될 수밖에 없다. 만약 열대지방으로부터 극지방으로 이동된 대륙에서는 먹이사슬과 서식처의 환경(생태계) 변화에 따라 열대지방에서는 생존이 어려운 추운 기후에 적응 하는 북극곰, 펭귄, 순록 및 도둑갈매기와 같은 종들이 번성할 것이나, 열대지방에 적응하였던 동물이나 식물종은 줄어들거나 감소될 것이다.

대륙의 이동은 바로 자연적으로 일어나는 생태계의 변화를 초래하는 것이다. 대륙의 이동은 기후의 변화를 일으킬 뿐만 아니라 해수준면의 변화를 유발한다. 고생대의 페름기와 중생대의 트라이아스기 경계에는 생물종의 대절멸이 있었는데, 이 시기의 생물종의 절멸은 외계의 영향(운석충돌)에 의한 것이라는 증거는 아직 확실하게 밝혀진 것이 없다. 그리고 이 시기의 절멸된 생물종은 주로 해양 생물이었다. 그래서 이 시기 트라이아스기에 존재해 있던 판게아와 관련된 지구 환경변화의 영향인 것으로 해석하고 있다. 페름기 말 2억 5천만 년 전에는 대륙이 하나로 뭉쳐져 있었다. 그 결과로 해수준면이 하강한 것이다. 만약 이론적으로 네 개의 대륙이 합쳐진다면 해안선은 50%가 축소되고, 대륙붕도 그만큼 줄어들어 바다의 넓이가 넓어짐에 따라 해수준면은 내려가게 된다. 대륙붕의 감소는 해양 생물종의 서식지의 감소로 나타나며, 해류의 이동 경로를 변화시켜 지구 기후를 변화시킨다. 그 결과로 서식지를 잃

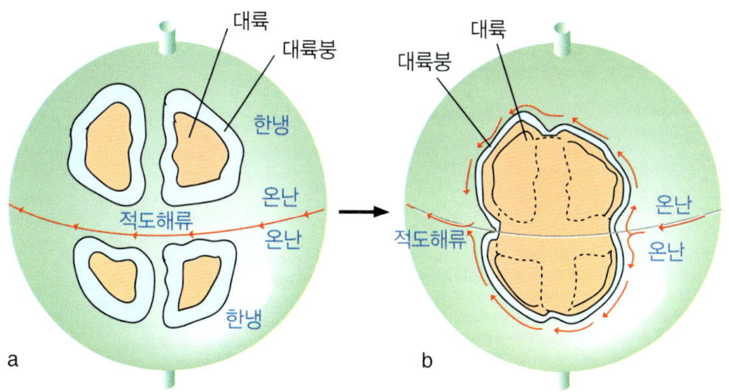

가상적인 4개의 대륙으로 분리된 지구 a와 네 대륙이 합쳐진 지구 b의 모습. 대륙이 분리되었을 때는 대륙을 관통하는 적도 해류를 가지고 있으며, 대륙이 합쳐지면 대륙붕 면적의 감소에 따라 해수준면이 내려가며 적도 해류의 방향도 달라져 기후가 다르게 된다(Skiner and Porter, 1995).[11]

고, 기후까지 달라져 이에 적응하지 못한 생물종이 사라지게 되는 것이다. 반대로 뭉쳐져 있던 판게아의 분리가 시작되면 반대의 현상이 일어난다. 그 경우에 생물종에 미치는 영향은 생물종의 다양성이 증가되는 쪽으로 나타난다.[11)]

이처럼 맨틀 위를 떠다니는 지판의 이동은 비록 이동되는 속도가 손톱이 자라는 속도보다도 더 느리게 움직이지만 지질시대를 통하여 일어난 이동거리는 엄청나다. 결국 이러한 지리적인 변화와 격리는 환경의 변화를 가져오며, 그 결과는 직접적으로 생물종의 다양성에 영향을 미치게 된다. 지질 작용이 생태계에 큰 영향을 미치게 되고 결국은 생물종의 진화와 직접적인 관계를 가지고 있음을 알 수 있다. 생태계의 변화는 곳 인류 문명과 직간접으로 연결된다는 것은 따로 지적할 필요도 없는 당연한 일이다.

이런 과정을 알고 나면 우리 주변에 흔하게 자라나는 잡초라 할지라도 그 역시 긴 진화 과정의 산물이라는 생각이 들 때 새롭게 보여진다. 우리가 산책이나 등산길에서 아무 생각 없이 밟고 지나쳤던 그 하잘 것 없는 식물조차도 그런 오랜 진화 과정의 산물이었다. 동네 뒷산에 오르면 쉽게 눈에 띄는 엉컹퀴, 나리, 할미꽃, 머위, 개망초, 쇠뜨기, 뱀딸기 하며 어느 것 하나 소중하지 않은 것이 없다. 척박한 길섶 풀죽은 듯 피어 있는 개망초의 작은 흰 꽃망울이 비록 사람들의 시선을 끌지는 못한다고 해도 그 역시 큰 지구의 한쪽 구석에서 주어진 환경에 자신을 적응시키는 힘겨운 노력을 지금도 하고 있다. 훔볼트의 말대로 관조해 보지 않는 사람의 세계관이 가장 위험할지도 모른다. 그는 세계를 인식하고, 개인적으로 세계를 관조하고자 노력하지 않은 사람들을 다음과 같이 조용히 경고하였다.

만개한 꽃 앞에서 열매를 기다리거나 상처를 치료하는 일, 또는 밭에 거름을 주거나 물레방아를 돌리는 일에만 관심을 가진 사람들은 정작 주의를 기울여야 할 많은 것을 경시하는 것처럼 보인다. 사람들은 과학이 내적인 목적을 가지고 있음을 잊고 있으며, 실제적인 인식으로서 인식을 추구하지 못한다. (중략).

여기서 알아야 할 점은 지식의 경계를 확대하는 것, 정신에 인식의 새로운 대상을 제시하는 것, 그리고 인식된 대상의 새로운 관계를 모색하는 것 모두가 중요하다는 사실이다.

이처럼 지구는 생명체가 아무것도 존재하지 않았던 초창기에서부터 지구 자체의 진화와 더불어 해양과 대기가 변화되면서 이곳에 서식하기에 알맞은 생물종들의 모체가 되어 왔다. 그 오랜 지질시대를 통하여, 다른 한편으로는 특정종을 도태시키면서 동시에 새로운 종을 만들기도 하는 것이 지구의 진화 과정에서 발견되는 암호들이다. 특정 시기의 특정 생물종들을 도태시킨 원동

미국 옐로우스톤국립공원 그랜드 프리즈매틱 스프링의 모습. 1965년 브룩 부부는 100℃가 넘는 에메랄드 스프링 바닥 침전물에서 미생물을 발견한 이후 이 스프링에서도 미생물의 존재가 알려졌다. 스프링 주위의 갈색은 미생물에 의해 만들어진 것이다(사진제공 : 미국 National Park Service).

력은 어느 경우에나 지구가 만들어진 이후 자연적으로 발생되는 일련의 지질 작용의 결과였다. 어느 시기는 운석의 충돌에 의하여, 어느 시기는 지판의 이동에 따른 기후의 변동에 의하여 또는 유난히도 격렬하였던 화산 활동의 결과가 미친 영향으로 일어난 것이었다. 이러한 생물종들의 절멸은 새로운 환경에 적응할 수 있는 생물종의 출현을 예고하는 것이기도 했다.

과거 우리가 생물종이 서식하리라고는 꿈에도 생각하지도 못하던 곳에서 미생물들이 서식하고 있다는 사실들이 알려졌다. 그런 사실은 미국 옐로우스톤국립공원의 에메랄드스프링이라는 곳에서 시작되었다. 이 온천수로 된 연못은 푸른빛의 스펙트럼만을 반사해서 물의 색은 청색이나, 온천수와 함께 올라온 황이 침전되어 만든 황색과 조화되어 에메랄드에서 볼 수 있는 녹색을 띠고 있어 에메랄드스프링이라고 부른다. 이 뜨거운 황의 성분이 많은 온천으로 된 연못에서 부부 생물학자였던 토머스 브룩과 루이스 브룩은 아무도 예상하지 못했던 것을 발견했다. 1965년 브룩 부부는 그 연못의 8m 바닥에서 호기심으로 채취한 침전물에서 설폴로부스 아시도칼다리우스와 테르모필루스 아쿠아티쿠스로 알려진 두 가지의 미생물을 발견하였다. 그 발견은 당시 과학계에 큰 충격을 주었다. 100℃ 가까운 온도와 산이나 다름없는 pH 환경 그리고 그렇게 황이 많은 곳에서 생물종의 서식은 당시만 해도 누구도 상상을 하지 못하던 시기였기 때문이다. 그 후 그랜드 프리즈매틱 스프링을 비롯한 다른 곳에서 미생물의 존재가 발견되었다. 그것만이 아니다. 최근에는 113℃나 되는 해저 열수의 분기공의 벽채에 붙어 서식하고 있는 피롤로부스 푸마리도 발견되었다.[12] 우리의 고정관념에 싸여 있는 지식의 한계를 허무는 발견들이었다. 그런 사실의 발견만으로 지구에 기록된 생명 진화의 암호들을 온전하게 다 찾아낸 것도 아니려니와 발견된 암호들도 완벽하게 해석되어 있는 상태도 아니다. 사정이 그러하긴 하지만 드러난 암호들이 보여준 자료는 창조와 파괴의 속성을 갖는 지구의 양면성을 보여주기에는 충분하다.

생물종들에 미치는 영향은 거대한 지질작용만이 영향을 주는 유일한 원인은 아니다. 그 지역의 지질 분포의 특성에 따라 생물체에 심각한 영향을 미치기도 하는데 이런 사실들은 최근에서야 조금씩 이해되기 시작하였다. 거대한 지구를 이해하는데도 시간이 부족하였던 것이다. 이처럼 작물을 재배하는 토양, 우리가 마시는 물 그리고 우리가 호흡하는 공기는 사람들의 건강에 직간접으로 밀접하게 연관되어 있다. 이들이야 말로 웰빙 시대에 건강하고 풍족한 삶의 기본적인 조건이다. 그럼에도 불구하고 아직도 많은 사람들은 토양은 건전하고, 대기는 순수하고 물은 아직 마실만한 것으로 잘 못 생각하고 있다. 원래는 건전하고 순수하였던 이러한 것들조차도 인류 문명을 유지하기 위한 산업활동의 결과로 자연의 절묘한 조절기작으로 이룩해 놓은 이상적인 평형 상태를 조금씩 변형시키고 있다. 그런 변형의 결과로 나타난 현상은 우리가 요즘 쓰는 흔한 말로 하면 바로 오염이다. 변형되기 이전의 이상적인 상태는 알게 모르게 자연적으로 발생되는 그런 오염을 자연생태계가 자체적으로 작동하고 있는 정화 기능에 의하여 원상태로 되돌릴 수 있었다. 그러나 사람들이 가하는 변형의 강도가 커지면서 지구가 가지고 있는 그런 자정 능력을 상회하는 수준에 이르게 되면서 그 결과는 누적되어 부정적인 영향을 미치게 된다. 이 시점이 바로 지구가 우리에게 등을 보인 순간이라는 점을 사람들은 애써 외면하려고 한다.

오염의 강도가 높은 지역에서는 이제 더 이상 자연 상태의 순수한 것을 찾아보기 어렵게 되어 가고 있으며 도시근처에서는 더욱 그러하다. 특히 많은 사람들이 착각하고 있는 것은 경작이 활발하게 이루어지고 있는 농경지는 그래도 아직은 괜찮을 것이라는 오해를 하고 있다. 그러나 그 부분도 그렇지 못한 것이 현실이다. 이런 부분을 예리한 통찰력으로 통렬하게 고발한 것은 아마도 레이첼 카슨(Rachel Carson, 1907~1964)의 『침묵의 봄, *Silent Spring*』일 것이다. 그녀가 지적한 메시지는 간단하지만 심각한 것이었다. 인간이 다른 생명체에 대하여 오만하고 조작적인 태도를 취함으로서 자신의 삶을 위태롭게 만든다는 것을 분해가 되지 않는 농약인 유기염소화합물 DDT(Dichloro Diphenyl Trichloroethane)가 먹이사슬을 통하여 전파되면서 미치는 영향을

예로 들어 지적하였다. 카슨은 자기의 저서 말미를 다음과 같이 마무리하였다.[13)]

자연에 대한 지배는 자연이 인간의 편리를 위하여 존재한다고 생각하였던 생물학과 철학의 네안데르탈인 시대에 유래한 오만한 표현이다. (중략). 그렇게 원시적인 과학이 가장 현대적이고 가공할 만한 무기들로 무장하고, 이 무기들이 곤충들뿐만 아니라 지구를 향하게 된 것은 놀라운 불행이다.

이것은 인간의 자연적인 과정에 대한 간섭이 환경에 미치는 영향에 대한 카슨의 경고였다. 이 경고는 환경에 대한 인식의 틀이 다시 바뀌는 계기를 가져왔다. 지구환경은 인간을 둘러싸고 있는 자연적인 영향인자들, 동식물상, 기후, 물 토양 등을 망라한 것을 의미하게 되었다. 인간은 주변 환경 속에 포함되어 있으며, 이들과 상호작용 하였고, 이들에 영향을 미칠 수 있었다.[6), 7)] 워스터는 그의『자연의 경제; 생태학 사고의 역사』에서 "자연은 이따금 방문하는 외국과 같이 인간으로부터 분리되어 있는 영역이 아니라 인간이 불가피하게 의존해야만 하는 교란에 아주 취약한 연결과 상호교환으로 이루어진 시스템인 광대하고 복잡한 사회이다"라고 했다.[14)] 이런 지적을 비록 그가 처음 꺼낸 것은 아닐지라도 이러한 판단은 지구의 양면성을 정확하게 지적한 것이었다. 인간이 만든 간섭과 교란은 자연환경의 평형을 깨는데 충분하기 때문에 이를 우려한 것이다.

이야기를 마치면서

이런 이야기를 듣고 또는 했다고 해서 지구가 갖는 여러 가지 얼굴을 이해했다고 할 수는 없다. 지구가 가지고 있는 창조와 파괴의 본성을 가진 두 얼굴을 흘낏 스쳐보았을 뿐이므로 정작 그 얼굴을 그리라고 하면 한 쪽의 얼굴도 그릴 수 없는 상태라고 보면 좋을 것이다. 나 같은 사람들은 그 얼굴에 궁금증을 느끼고 관심을 가진 것만으로도 충분하다고 생각한다. 지구의 얼굴을 정확하게 그려내는 일은 탁월한 지질학자들의 몫이기 때문이다. 그 얼굴을 그리기 위하여 조각 그림 맞추기가 시작된 것은 매우 오래전으로 거슬러 올라간다. 이 퍼즐을 푸는 단계를 이 책에서 언급한 이들을 중심으로 간략하게 더듬어 보기로 하자.

이 퍼즐을 푸는 초기 단계는 대 플리니나, 아비센나와 같은 선각자들로부터 시작되어 아그리콜라로 이어진다. 이들이 한 일이란 그림 맞추기를 시작하는 단계에서 여기저기 흩어진 조각을 겨우 몇 개 찾아낸 것에 불과했다. 그들이 겨우 찾아낸 몇 개의 조각들조차도 일부는 이 그림 맞추기에는 쓸모가 없는 것으로 나중에 판명되기도 하였다. 그러나 이들이 관찰하여 기록한 사실들 중 일부가 오늘날의 과학적인 지식체계에 맞지 않는다거나 그들 중 일부 혹은 대부분이 오류라는 점이 밝혀졌다고 해도 그들이 이룬 업적은 결코 축소되어질 수 없는 것들이다. 때로는 시작은 완결보다도 더 어려운 경우도 있는 법이기 때문이다. 이 그림 맞추기를 완성해 가는데 기본적인 틀은 “현재는 과거의 열쇠이다"라는 말로 요약된 "동일과정의 법칙"이라는 지질학의 변할 수 없는 원리이며, 이런 공적은 전적으로 제임스 허턴과 이를 완성시킨 찰스 라이엘의 몫이다. 이 불변의 원리는 그 뒤 이 퍼즐의 더 작은 조각으로 나뉘어져 여기저기 흩어져 있는 조각을 찾아내게 한 원동력이 되었을 뿐만 아니라 지구의 진화를 밝혀내는 기초가 되었다. 많은 선각자들이 밝힌 지질학적 지식들은 이 퍼즐의 작은 그림 조각이었으며, 이를 찾아낸 이들은 수도 셀 수 없이 많다. 그 공로는 망치와 지도만을 들고 험한 산을 즐겨 찾았던 강인한 정신력과 인내력을 가진 선구자적인 지질학자들에게 돌려야 한다. 윌리엄 스미스가 공간의 세계를 평면으로 나타낸 지질도를 처음 제작한 것이 얼굴의 한 부분을 정확하게 묘사하고 실체를 파악하는 시발점이 되었다. 오늘날에도 접근하기가 용이하지 않은 그런 외지고, 험한 또는 황량하거나, 위험한 지역들을 선각자들은 용기와 학문적인 신념으로 찾아들어가 한 쪽씩 조각 그림을 찾아냈던 것이다. 그들이 그린 지질도는 우리가 흘낏 바라본 얼굴이라는 그림 맞추기의 작지만 완벽한 한 조각이었다.

그런 작은 조각들이 수많은 지질학자들의 학문적인 열정에 의해 완성되어 갔다. 찾아낸 조각의 수가 늘어날수록 점차 얼굴의 윤곽은 더욱 뚜렷하게 나타났다. 얼굴의 모습이 드러나면서 더 쉽게 퍼즐을 풀 수 있으리라는 기대와는 달리 때로는 큰 어려움에 부딪쳐 좀처럼 해결의 실마리가 보이지 않는 문제점들이 드러나기도 했다. 그러나 끈질긴 노력 끝에 지구 전체의 윤곽을 지질학적으로 그릴 수 있게 되었다. 얼굴의 모습이 드러나자 암석들속에 숨겨진 암호는 더 정확하게 해석되어 그렇게 만들어지는 세세한 과정까지도 알려지게 되었다. 그런 과정에서 그 속에 숨겨져 있던 살아 숨쉬는 생명체들의 모습도 그려졌다. 그렇지만 완성된 그 얼굴은 완전한 형상의 얼굴은 아니었다. 더군다나 얼핏 스쳐간 다른 얼굴을 찾아내는 데는 더 오랜 시간이 필요하였다. 그 때 알프레드 베게너는 그 조각들이 반드시 한 곳에 머물러 있어야 될 필요가 없다는 사실을 조심스럽게 피력하였다. 그것은 그림 조각 맞추기의 결정판이었으며 몇 개의 조각을 이리저리 옮겨 놓자 얼핏 스쳐간 다른 얼굴을 설명할 수 있는 계기가 되었다. 이것은 지질학의 패러다임을 변화시킨 혁명적인 것이었으며 종래는 "판구조론"이라는 새로운 이론으로 완성되었다. 이 이론으로 지구 표면에 있는 몇 개의 거대한 산맥들이 어떻게 만들어졌는지, 바다 속에서 만들어진 퇴적암들이 알프스산맥이나 히말라야 산맥이나 대륙의 안쪽 깊숙한 곳에서 나오는 이유를 설명할 수 있게 되었다. 그 뿐만이 아니라 비비 꼬여 있는 지층들이 자연의 어떤 과정에 의하여 뒤틀어 놓았는지를 해석할 수 있게 되었다.

큰 주름살들처럼 지구 표면에 있는 거대한 산맥들이 왜 생겼는지를 설명하게 되었으며, 이들 조각들이 움직이면서 부린 심술이 얼굴의 다른 모습으로 가는 과정이라는 사실을 알아차렸다. 이런 심술은 때로는 화산의 분출로 또는 지진으로 어떤 때는 쓰나미로 나타났다. 조각 맞추기에 남다른 기여를 한 에두아르드 쥐스는 구름을 가르고 지구를 보라는 말을 하였다. 그가 본 지구의 모습은 그가 말한 대로 거시적인 관점에서 본 것이다. 그의 말대로 크게 보니 얼굴 모습이 더욱 분명하게 드러났다. 구름을 가르는 위치보다도 더 높은 곳, 우주 공간에서 촬영한 지구의 모습은 푸른 행성 그것이었으며, 그것이 비록 기권의 변화이기는 하지만 찍을 때마다 얼굴의 모습이 달라지는 살아 있는 지구의 모습을 그대로 보여주었다. 그 본질적인 형상은 적어도 과학자들이 상상했던 것과 크게 다르지 않았다고는 하지만 그런 사실만으로는 살아 있는 지구의 본래 모습을 완벽하게 이해한 것은 결코 아니다. 아직도 우리는 인류 및 모든 생명체를 부양하고 있는 지구의 미래 모습을 아무도 정확하게 예측할 수 없다는 점은 인정해야만 한다.

참고문헌

공룡은 운석 충돌에 의하여 전멸되었나?

1) Mark, K (1985) Meteorite Crater. The University of Arizona Press.

2) Abrahams, H.J. (1983) Heroic Efforts at Meteor Crater, Arizona. N.J., Associated University Presses, Inc..

3) Lyne, J.E. and Tauber, M.F. (1995) The Tunguska event. Nature, 375, 6382~6390.

4) Krinov, E.L. (1966) Giant Meteorite. London, Pergamon Press.

5) 이융남 (2000) 공룡대탐험. 창작과비평사.

6) Peebles, Curtis (2000) Asteroids: A History. Washington: Smithsonian Institution Press.

7) Gould, Stephen Jay (1995) Dinosaurus in Haystack: Reflections in Natural History. New York: Harmony Books.

8) Alvarz, Walter (1997) T. Rex and Crater of Doom. Princeton, N.K.m Princeton University Press.

9) Connors, M., Hildebrand, A.R., Pilkington, M., OrtizAleman, C., Chavea, R.E., UrrutiaFuugauchi, J., GranielCastro, E., CamaraZi, A., Vasquez, J., and Halpenny, J.F. (1996) Yucatan karst features and size of Chicxulb crater. Geophysical J. Int., 127(3), F11-14.

10) Connors, M., Hildebrand, A.R., and Pilkington, M. (1997) New light on Chicxulub crater. Astronomy & Geophusics. 38(1), 4-14.

11) Sheth, H.C. (2000) The timing of crustal extention, diking, and the eruption of the Deccan basalts. Int. Geol. Rev., 42, 1007~1016.

12) NASA Deep Impact 공식 홈페이지(http://www.nasa.gov/mission_pages/deepimpact)

떠다니는 대륙

1) Oldroyd, D.R. (1996) Thinking About the Earth: A History of Ideas in Geology. Cambridge, Mass, Havard University Press.

2) Gould, Stephen Jay (1994) Eight Little Piggies: Reflections in Natural History. London, Penguin.

3) Simpson, George Gaylord (1983) Fossils and the History of Life. Scientific American.

4) 리처드 포티(이한음 역) (2005) 살아 있는 지구의 역사. 까치출판.

5) Harrington, J.W. (1983) Dance of the Continents: Adventures with Rocks and Time. Los Angeles: J.P. Tarcher.

6) Powell, James Lawrence (2001) Mysteries of Terra Firma: The Age and Evolution of the Earth. New York: Free Press/Simon & Schuster.

7) Skinner, B.J. and Porter, S.C. (1995) The Blue Planet. John Wiley & Sons, Inc., W.W. Norton & Company.

8) Oreskes, Naomi ed. (2003) Plate Tectonics: An Insider' s History of the Modern Theory of the Earth. Westview Press.

9) Olson, Steve (2002) Mapping Human History: Discovering the Past Through Our Genes, Houghton Mifflin Company.

10) Lindberg, Peter ed(2001) This Dynamic Earth: the Story of Plate Tectonics. USGS. Online Edition(URL: http://pubs.usgs.gov/publ:cations/text/dynamic.html)

미노스문명을 소멸시킨 것은 화산 폭발이었다

1) Punongbayan, C.G. (eds.) (1996) Fire and Mud: Eruptions and Lahars of Mount Pinatubo. Philippines, Newhall.

2) Wolfe, E.W. (1992) The 1991 Eruptions of Mount Pinatubo, Philippines. Earthquakes and Volcanoes. V.23, No.1.

3) Simkin, T and Fiske, R.S. (1983) Krakatau 1883: The Volcanic Eruption and its Effects. Washington D.C., Smithsonian Institution Press.

4) Lamb, H.H. (1970) Vocanic dust in the atmosphere; with a chronology and assesment of its meteological significance. Philosophical Transaction of the Royal Society of London. Series A, 266, 425~533.

5) Deimendjian, D. (1973) On volcanic and other particulate turbidity anomalies. Advances in Geophysics, 16, 267~297.

6) Arnold, David J. (1988) Famine: Social Crisis and Historical Change. Oxford University Press.

7) Yokoyama, I. (1957) Energetics in active volcanoes. Tokyo University Earthquake Research Institute Bulletin, 35, 75~97.

8) 앨 고어 (이창주 옮김) (1994) 위기의 지구: 문명과 환경의 밸런스를 찾아야 한다. 도서출판 삶과 꿈.

9) de Boer, Jelle Zelinger and Sanders, Donald Theodore (2002) Volcanoes in Human History: The Far-Reaching Effects of Major Eruptions. Princeton University Press. Princeton and Oxford.

10) 리처드 포티(이한음 역) (2005) 살아 있는 지구의 역사. 까치출판.

11) Gould, Stephen Jay (1999) Lyell' s Pillars of Wisdom. Natural History, 108(April); 28~34.

12) Druit, T.H. and Francaviglia, V. (1992) Caldera formation on Santorini and physiography of the island in the Broze age. Bulletin of Volcanology, 54(6), 484~493.

13) Druit et al. (1989) Explosive volcanism on Santorini, Greece. Geological Magazine, 126(2), 95~126.

14) Bond, A. and Sparks, R.S.J. (1976) The Minoan Eruption of Santorini, Greece. Journal of the Geological Society of London, 132, 1~16.

15) Newhall, C.G. and Self, S. (1982) The Volcanic Explosivity Index(VEI): An estimate of explosive magnitude for historical volcanism. Journal of Geophysical Research, 87: 1231~1238.

흙이란 무엇인가?

1) Hyams, Edward Solomon (1952) Soil and Civilization. Thames and Hudson, London, New york.

2) Johnson, Vance (1974) Heaven' s Tableland: The Dust Bowl Story. Da Capo Press.

3) Brady, Nyle c. and Ray R. Weil (1996) The Nature and Properties of Soils. Prentice Hall.

4) Worster, Donald (1994) Nature' s Economy; A History of Ecological Ideas. The Press Syndicate of the University of Cambridge.

5) Olsen, Steve (2002) Mapping Human History; Discovering the Past Through Our Genes. Houghton Mifflin Company.

6) 새뮤얼 노아 크레이머(한국어판) (1979) 메소포타미아. 한국일보타임~라이프.

7) Samuel Noah Kramer (1981) History Begins at Sumer: Thirty-Nine "Firsts" in Recorded History. University of Pennsylvania Press.

8) Setton Lloyd (1984) The archaeology of Mesopotamia: From the Old Stone Age to the Persian Conquest. Thames and Hudson Ltd., London.

9) Derbyshire, E., Meng, X.M., and Dijikstra, T.A. (2000) Landslides in the Thick Loess Terrain of North-West China. John Wiley & Sons Ltd., Chichester and New York.

10) Brown, Lester and Edward Wolf (1984) Soil Erosion: Crisis in the World Economy. Worldwatch Institute.

11) 문희수 (1996) 점토광물학. 민음사

12) Duane M. Noore and Robert C. Reynolds, Jr. (1997) X-ray Diffraction and Identification and Analysis of Clay Minerals. Oxford University Press.

실크로드가 그 곳에 만들어진 까닭은?

1) 피터 홉커크(김영종 역) (2000) 실크로드의 악마들: 중앙 아시아 탐험의 역사. 사계절
2) Boulnois, L. (1966) Silk Road: Monks, Warriors and Merchants on the Silk Road. W.W. Norton & Co. Inc.
3) 허세욱 (1996) 실크로드 문명기행. 대한교과서주식회사.
4) 유진보(전인초 역주) (2000) 돈황학이란 무엇인가? 대우학술총서 555, 아카넷.
5) James Mallory and Victor Mair (2000) The Tarim Mummies: Ancient China and the Mystery of the Earliest Peoples from the West. London: Thames and Hudson.
6) Steve Olson (2002) Mapping Human History: Discovering the Past Through Our Genes. New York: Houghton Mifflin Company.
7) Hansen, R.D. (2005) Karez(Qanats) of Turpan, China. Waterhistory. org.
8) Wulff, H.E. (1968) The qanats of Iran. Scientific American, April, 94-1050

나무처럼 무른 돌

1) 서규석 (2003) 신화가 만든 문명 앙코르와트. 리북.
2) Mannika, Eleanor (1996) Ankor Wat: Time, Space, and Kinship. Honolulu, Unversity Hawaii Press.
3) Bronowski, J. (1973) The Ascent of Man. Little, Brown and Company, Boston and Toronto.
4) 그레이엄 핸콕 (김정환 역) (2000) 신의 거울. 김영사.
5) Wright, K.R. (1999) Ancient Machu Picchu drainage engineering. Journal of Irrigation and Drainage Engineering. 125(6), 360-369.
6) Wright, K.R., Witt, G.D., and Valencia Zegarra, A. (1997) Hydrogeology and paleohydrology of ancient Machu Picchu. Ground water, 35(4), 660-666.
7) Taliaferro, John (2002) Great White Fathers: Obsessive Quest to Create Mountain Rushmore. Public Affairs.
8) Van Tilburg, Jo Anne and John Mack (1995) Easter Island: Archaeology, Ecology, and Culture. Smithsonian Institution Press.
9) 기 리샤르(전혜경 역) (2004) 사람은 왜 옮겨 다니며 살았나?. 에디터.

사라져 가는 아랄해

1) 장준희 (2004) 중앙아시아: 대륙의 오아시스를 찾아서. 청아출판사.
2) 고마츠 히사오, 하야시 토시오, 우에무라 히로시, 하다마 마사미, 호리카와 토오루, 이시하마 유미코, 나카미 타츠오 (이평래 역) (2005) 중앙유라시아의 역사. 소나무.
3) 한 세르게이 미하일로비치, 한 발레리 쎄르게이비치 (김태항 역) (1999) 고려사람: 우리는 누구인가. 고담사.
4) Ferguson, Rob (2005) The Devil and the Disappearing Sea: A True Story About the Aral Sea Catastrophe. Raincoast Books.
5) Judith Perera (1988) Kremlin moves to save the Aral sea. New Scientist, November 26.
6) Bissell, T. (2002) Eternal winter: Lessons of the Aral Sea disaster. Haper's. April, p.56.

자연이 창조한 위대한 걸작

1) Michael Palin (2004) Himalaya. Weidenfeld Nicolson Illustrated.
2) 박기화 (2003) 제주도 지질여행. 한국지질자원연구원/제주발전연구원
3) Robinson, C.S. and Davis, R.E. (1998) Geology of Devil's Tower. Natural History Association.
4) De Watteville, A. (1994) The Isle of Staffa: Home of Fingal's Cave. Romsey Fine Art.
5) Stevens, W. K. (1999) The Change in the Weather: People, Weather, and the Science of Climate. New York, Delacorte Press.

6) Hill, Barry (1994) The Rock: Travelling to Uluru. Allen & Unwun. Sydney.

7) Smith, R.B. and Siegel, L.J. (2000) Windows into the Earth: The Geologic Story of Yellowstone and Grand Teton National Parks. Oxford University Press.

8) Ranney, Wayne (2005) Carving Grand Canyon: Evidence, Theories, and Mysteries. Grand Canyon Association.

아스완댐이 준 교훈

1) Parks, P.J. (2004) Aswan High Dam. Blackbirch Press. San Diego.

2) Said, R. (1993) The River Nile: Geology, Hydrology and Utilization. Pergamon Press. Oxford.

3) Jacq, C. (1998) Ramces Volume IV: The Lady of Abu Simbel. Warner Books Inc.

4) Skempton, A.W. (1966) Bedding-plane slip, residual strength and the Vaiont landslide. Geotechnique, 16, 82-84.

5) CTGPC (1995) Environmental Impact Statement for the Yangtze Three Gorges Project. Science Press, Beijing, New York.

6) Clark, M.E.(1973) Contemporary Biology : Concept and Implications, philadelphia/London/Toronto.W.B.Saunders Company.

칼데라의 분노

1) Delmelle, P. and Bernard, A. (1995) Geochemistry, mineralogy and chemical modelling of the acid crater lake of Kawah Ijen volcano, Indonesia. Geochimica Cosmochimica Acta, 58:2445~2460.

2) Killig, G.W., Tuttle, M.L., and Evans, W.C. (1989) The evaluation of thermal structure and water chemistry in Lake Nyos. Journal of Volcanology and Geothermal Research, 39, 151~165.

3) Murk, Babara W., Beian J. Skinner, and Stephen C. Porter (1996) Environmental Geology. John Wiley & Sons, Inc.

4) Lockwood, J.P., Costa, J.E., Tuttle, M.L., Nni, J., and Tebor, S.G. (1988) The potential for catastrophic dam failure at Lake Nyos marr, Cameroon. Bulletin of Volcanology, 50, 340~349.

5) Allard, P., Baxter, P., Halbwachs, M., Kasareka, M., Komorowski, J.C., and Joron, J.L. (2003) The most destructive effusive eruption in modern history: Nyiaragongo 2003. Geophysical Research Abstracts, 5, 11970.

6) Tietz, K (2000) Lake Kivu gas development and promotion-related issues: Safe and environmentally sound exploitation. PDT Report No.520002, pp.110, Republic of Rwanda, Ministry of Energy, Water and Natural Resources, Unit for the Promotion and Exploitation of Lake Kivu Gas, Kigali.

연료를 사용하지 않는 발전소

1) Bott, M.H.B. (1985) Plate tectonic evolution of Icelandic transverse ridge and adjacent regions. Journal of Geophysical Research. 90: 9953~9960.

2) Murck, B.W., Skinner, B.J., and Porter, S.C. (1996) Environmental Geology. John Wiley & Sons Inc., New York.

3) 니콜라스 렌센(김범철과 이승환 역)(1993) 6. 개발도상국의 에너지 공급. 『1993 지구환경 보고서』중에서(레스터 브라운 외 편저), 도서출판 따님.

4) 크리스토퍼 플래빈(김범철과 이승환 역) (1990) 2장. 지구기온 상승에 대한 제동. 『1990 지구환경 보고서』중에서(레스터 브라운 외 편저), 도서출판 따님.

5) 레스터 R. 브라운, 크리스토퍼 플래빈, 산드라 포스텔 (김범철과 이승환 역) (1990) 10장. 지속가능한 사회. 『1990 지구환경 보고서』중에서(레스터 브라운 외 편저), 도서출판 따님.

6) Claesson, J. and Eskilson, P. (1987) Thermal Analysis of Heat Extraction Bore Holes. Lund Institute of Technology, Lund, Sweden.

7) Patrick Knight (1989) Brazil' s Alcohol Programme in Crisis: Imports Probably Needed in 1990. Energy Economist, May.

8) Sally M. Kane and John M. Reilly (1989) Economics of Ethanol Production in the United Staes. USDA, ERS, March.

도시와 촌락의 색깔을 만드는 것은?

1) Bell, Walter George (1971) The Great Fire of London in 1966. West Port, Greenwood Press.

2) Edward, M. and Yamashita M(Photographs by) (2001) The adventures of Marco Polo: Part I. National Geographic. May.

3) Beckwith, C. and Fisher, A. (1999) Masai passage to manhood. National Geographic. 196(3):52~65.

4) Cosmopoulos, Michael (eds.) (2204) The Parthenon and It' s Sculptures. Cambridge University Press.

5) Smith, Karl (2001) The Mountains of Turkey. Cicerone Pr Ltd.

지구의 나이는?

1) 잭 렙체크 (강윤재 역) (2004) 시간을 발견한 사람, 허턴. 사람과 책.

2) Dean. D.R. (1992) James Hutton and the History of Geology. Itacha, Cornell University Press.

3) Oldroyd, D.R. (1996) Thinking About the Earth: A History of Ideas in Geology. Cambridge, Mass., Havard University Press.

4) Hallam, A. (1989) Great Geological Controversies. Oxfoord, Oxford University Press.

5) Gould, Stephen Jay (1994) Eight Little Piggies: Reflections in Natural History. London, Penguin.

6) Harrington, J.W. (1983) Dance of the Continents: Adventures with Rocks and Time. Los Angeles: J.P. Tarcher.

7) Lewis, C. (2000) The Dating Game: One Man' s Search for the Age of the Earth. Cambridge: Cambridge University press.

8) Powell, James Lawrence (2001) Mysteries of Terra Firma: The Age and Evolution of the Earth. New York: Free Press/Simon & Schuster.

9) Patterson, C.C. (1956) Age of meteorite and the Earth. Geochim. Cosmochim. Acta., 10; 200~237.

겉과는 다른 속

1) Schopf, J. William (1999) Cradle of Life: The Discovery of Earth' s Earliest Fossils. Princeton University Press, Princeton, N.J..

2) Kozlovsky, Ye.A. (1986) The Super-Deep Well of the Kola Peninsula. Springer-Verlag, Berlin.

3) Cox, K.G. (1978) Kimberlite pipes. Scientific American, April.

4) MaO , H,-K. and Hemley, R.J. (1998) New windows on the Earth deep interior, in Ultrahigh Pressure Mineralogy: Physics and Chemistry of the Earth' s Deep Interior (Russell J. Hemlet, Ed), Reviews in Mineralogy Volume 37, 1~32.

5) Jephcoat, A.P., Mao, H.-K., and Bell, M. (1987) Operation of the Megabar Diamond-Anvil Cell, Hydrothermal Experimental Technique. Willey-Interscience.

육지다리는 있었는가?

1) Macdougall, Doug (2005) Frozen Earth: The Once and Future Story of Ice Ages. California University Press.

2) Milner, R. (1993) The Encyclopedia of Evolution: Humanity' s Search for its Origins. Henry Hiolt.

3) Olson, Steve (2002) Mapping Human History: Discovering the Past Through Our Genes. Houghton Mifflin Company, Boston-New York.

4) Thomas, H.H., Shellhammer, H.S., and Stecker, R.E. (1980) Giant Sequoia Ecology. U.S. Department of Interior, National Park Service, Scientific Monograph Series, 12, Washington DC, 182p.

5) Cohen, Michael P. (1998) A garden of Bristlecones: Tales of Change in the Great Basin. University of Nevada Press.

6) Fairbanks, R.G. and R.K. Matthews (1978) The oxygen isotope stratigraphy of the Pleistocene reef tracts of Barbados, West Indies. Quarternary Research. 10(1); 181~196.

7) Bender, M.L., R.G. Fairbanks, F.W. Taylor, R.K. Matthew, J. Goddard and W.S. Broecker (1979) Uranium series dating of the Pleistocene reef tracts of Barbados, West Indies. Geological Society of America Bulletin, 90; 577~594.

8) Knaus, J.A. (1996) Introduction to Physical Oceanography. Prenticehall.

9) Skiner, B.J. and Porter, S.C.(1995) The Blue Planet. John Wiley & Sons, Inc., W.W. Norton & Company.

위험을 두려워하지 않는 사람들

1) 김의경 (1998) 길 떠나는 가족: 김의경 희곡선 II. 현대미학사.

2) Zelinga de Boer, J. and Sanders, D.T. (2005) Earthquakes in Human History: The Far-Reaching Effects of Seismic Disruptions. Princeton University Press, New Jersey.

3) 강덕상(홍진희 역)(1995) 관동대지진과 조선인 대학살의 진상: 조선인의 죽음(원제는 동경대진재). 동쪽나라.

4) 구로자와 아키라(1994) 구로자와 아키라. 민음사

5) Preliminary Earthquake Report for the West Coast of Nothern Sumatra(2004 December 26 00:58:53 UTC) (2005) United States Geological Survey. USGS alert. Retrieved March 3, 2005.

6) McKee, M. (2005) Power of tsunami earthquake heavily underestimated. New Scientist, 9 February.

7) Murck, B.W., Skinner, B.J. and Porter, S.C. (1999) Environmental Geology. John Wiley, New York.

8) Nigel Pavitt (2001) Africa' s Great Rift Valley. Harry N Abrams.

9) Richard Leaky and Roger Lewin (1979) People of the Lake. Man; his Origins, Nature and Future. Collins St. James' s Place, London.

10) Mayr, Ernst (1963) Animal Species and Evolution. Havard University Press.

11) Olsen, Steve (2002) Mapping Human History; Discovering the Past Through Our Genes. Houghton Mifflin Company.

마르지 않는 샘

1) Kunzig, R. (1999) The Restless Sea: Exploring the World Beneath the Waves. New York. W.W, Norton.

2) U.N. Food and Agriculture Organization (FAO) (1988) Irrigation and Drainage in the World. Production Year Book 1987, Rome.

3) Ireland, R.L. (1986) Land subsidence in the San Joaquin valley, California as of 1983. United States Geological Survey Water Resources Investigation Report, 85~4196. 50p.

4) Opie, J, (1993) Ogallala: Water for s Dry Land. University of Nebraska Press.

5) Everdingen, R.O. Van (1962) The deeper groundwater in Libya. Bull. Int. Assoc. Scient. Hydrol., No.3, 33~39.

6) Hesse, K.H., A. Hissene, O. Kheir, E. Schacker, M. Schneider and V. Thonweihe (1979) HHydrological Investigations in the Nubian Aquifer System, East Sahara. Berliner Geowissenschafliche Abhanddlungen, Berlin.

7) 산드라 포스텔 (1993) 물 부족에 대하여. 레스터 브라운 편집, 1993 지구환경보고서 중, 도서출판 따님.

8) Shiklomanow, I.A. (1990) Global Warer Resources. Nature and Resources. 26(3).

9) Clifford Dickason (1988) Improved Estimates of groundwater mining acreage. Journal of Soil and Water Conservation, May~June.

10) White, R.W. (2003) Everglades. G.P. Putnam' s Sons.

이상한 지도 한 장

1) 사이먼 윈체스터(임지원 역) (2003) 세계를 바꾼 지도. (주)사이언스북스.

2) Eyles, J.M. (1969) "William Smith: Some Aspects of his Life and Work", In C.J. Schneer, ed. Towards a History of Geology. MIT Press, Cambridge, Mass.

3) Porter, Roy (1977) The Making of Geology. Cambridge University Press.

4) Rudwic, Martin J.S. (1985) The Great Controversy: The Shaping of Scientific Knowledge among Gentlemanly Specialists. University of Chicago Press.

지구가 우리에게 준 아름다운 선물

1) Yoder, H.S. Jr. (1998) Norman L Bowen: The Experimental Approach to Petrology. GSA Today 5:10~11.

2) Bloss, F.D. (1994) Crystallography and Crystal Chemistry. Mineralogical Society of America.

3) 문희수 (2005) 알기 쉽고 재미있는 보석이야기. 문학사상사.

4) 김병모 (1998) 금관의 비밀. 푸른역사.

5) Nassau, K. (1980) The cause of color. Scientific American, 243; 124-156.

6) Darragh, P.J., Gaskin, A.J., and Sanders, J.V. (1976) Opals. Scientific American, 234(4); 84~95.

7) Gubelin, E. and Erni F-X. (2000) Gemstones: Symbols of Beauty and Power. GeoScience Press, Arizona.

8) Harlow, G.E. (1998) The Nature of Diamonds. Cambridge University Press. Cambridge.

지구는 인류 문명을 위한 무진장한 보고인가

1) McKinney, M.L. and R.M. Schoch (1996) Environmental Science: System and Solutions, Minneapolis, West Publishing Company.

2) 레스터 R. 브라운 외 지음 (김범철, 이승환 역) (1992) 1992 지구환경보고서, 도서출판 따님.

3) Agricola, Georgius(translated by Hoover, C.C. and Hoover, S.H.), 1956, De Re Metallica. New York, Dover Publications, Inc.,

4) 리처드 포티(이한음 역) (2005) 살아 있는 지구의 역사. 까치글방.

5) Goudie, A. (1991) Human Impact on the Natural environments. Cambridge, Mass., MIT Press.

6) Detlev Moller (1984) Estimation of the Global man-made sulphur Emission, Atmospheric Environment, 18(1)

7) Howard, M.C. (1991) Mining, Politics, and Development in the South Pacific. Boulder Colorado: Westview Press.

7) Population Reference Bureau 1994, World Population Data Sheet, Washington D.C.

8) Duming, Alan Thein, 1992, How Much is Enough? The Consumer Society and the Future of the Earth, W.W. Norton Company, New York.

9) Bristow, C.M. (1987) Society' s changing requirements for primary raw materials. Ind. Miner., 232, 45~59.

10) 앨 고어 (이창주 옮김) (1994) 위기의 지구: 문명과 환경의 밸런스를 찾아야 한다. 도서출판 삶과 꿈.

11) Bosson, Rex and Bension Varon (1977) The Mining Industry and the Developing Countries, Oxford University Press, New York.

지구의 두 가지 얼굴

1) 빌 브라이슨(이덕환 역) ((2003) 거의 모든 것의 역사. 까치글방.

2) Cowen, R (1990) History of Life. Blackwell, London.

3) Day, W. (1984) Genesis on Planet Earth. Yale University Press.

4) Dawkins, R. (1988) The Blind Watchmaker. London: Penguin Books.

5) Davies, P. (1999) The Fifth Miracle: The Search for the Origin of Life. London: Penguin Books.

6) Keeton, W.T. (1980) Biological Sciences. New York, W.W.Norton & Co.,Ltd.

7) Clark, M.E. (1973) Contemporary Biology: Concepts and Implications. Philadelphia / London/Toronto, W.B. Saunders Company.

8) 찰스 다윈(홍성표 역)(1988) 종의 기원. 홍신문화사.

9) Harris, M.P., and Murray, S. (1989) Birds of St. Kilda. Institute of Terrestrial Ecology & Natural Environmental Research Council, U.K.

10) Bowman, R.I. (1961) Morphological differentiation and adaptation in the Galapagos finches. Occasional Papers of the California Academy of Sciences. 58: 1~32.

11) Skinner, B.J. and Porter, S.C. (1995) The Blue Planet. John Wiley & Sons, Inc., W.W. Norton & Company.

12) Ashcroft, Frances (2000) Life at the Extremes: The Science of Survival. Harper Collins.

13) 레이첼 카슨 (이태희 역) (1998) 침묵의 봄. 도서출판 참나무.

14) Donald Worster (1994) Nature' s Economy; A History of Ecological Ideas. The Press Syndicate of the University of Cambridge.

15) Levin, H.L.(1996) The Earth Through Time. Saunders College Publishing.

16) Schopf, J.W.(2001) Craddle of Life : The Discovery of Earth's Earliest Fossils. Princeton University Press.

찾아보기

6정계 • 418
가소성(可塑性) • 414
가시광선 영역 • 426
가이저(geyser) • 237
간헐천 • 237
갈라파고스섬 • 484
갈탄 • 239
감람석 • 303, 427
감아정(坎兒井) • 133
강옥 • 425
강화지반진동 • 345
겉씨식물(혹은 나자식물) • 479
결정(crystal) • 424
결정의 대칭 • 418
고베 지진 • 335
고생대 • 204
고지자기학 • 47
곡류하천(曲流河川) • 202
곤드와나(Gondwana) • 22, 42
공룡(恐龍, Dinosuria) • 20
곤륜옥 • 122
관동 대지진 • 338
광물자원 • 456
광택 • 426
규산염광물 • 304, 415, 417
그랜드캐년 • 203
그리너프(George Bellas Greenough) • 405
글로숍테리스 • 50
금 • 447
기생단계(寄生段階) • 92
길버트(Grove Karl Gilvert) • 11
퀴비에(Georges Cuvier) • 277
나세르호수 • 215
나이아가라폭포 • 206
나일강 • 210
나트론 호수 • 358
나폴리만 • 74
내핵 • 299
네프라이트(nephrite) • 433
노스리지 지진 • 343
니류(泥流) • 62
니오스호수(Nyos lake) • 227
뉴튼(Isack Newton) • 284, 426
다윈 • 77, 482
다윈의 핀치(Darwin's Finch) • 485
다이아몬드 • 303, 382, 434
단백석(오팔) • 428
당산 대지진 • 355
대(大)플리니우스 • 73
대격변설 • 277
대동여지도 • 392
대륙이동설 • 44
대륙지각 • 52, 300
대리석 • 265
댐맘 7호정 • 241
더스트 보울(Dust bowl) • 88
데본기 • 411
데블스 타워(Devil's Tower) • 187
데칸고원 • 31
도버해협 • 191
동물군 천이의 원리 • 408
동일과정의 원리 • 76, 283
듀란트(Will Durant) • 332
디에츠(R. Dietz) • 48
라돈 가스 • 263
라마피테쿠스 • 362
라우에(Max von Laue) • 111
라이엘(Charles Lyell) • 279, 282
라테라이트(laterite) • 145
러더포드(Ernest Rutherford) • 287
래브라도라이트 • 426
래피스라줄리 • 431
랩체크(Jack Repcheck) • 279
레만(Inge Lehmann) • 297
레졸루션호 • 55
로렌스 브라그(Lawrence Bragg) • 111
로렌시아(Laurentia) • 22

로손(A.C. Lawson) • 345
록키산맥 • 181
뢴트겐(Wilhelm Conrad Röntgen) • 111
루비 • 425
루시(Lucy) • 363
루이스 알바레스(Luis Alvarez) • 24
루터(Martin Luther) • 284
리드(Herbert Edward Read) • 109
리스토로사우루스 • 22, 50
리처드 포티 • 80
리토파가 리토파가(Lithophaga lithopaga) • 75
리히터(Charles Richter) • 336
리히터규모척도(Richter magnitude scale) • 336
리히트호펜(Ferdinand von Richthofen) • 119
마젤란(Ferdinando Margellan) • 296
마리아나 해구 • 294
마우나로아 • 54
마이어(Ernst Mayr) • 362
마추피추 • 153
매니코우간분화구(Manicouagan crater) • 22
매튜스(Drummond Matthews) • 48
맨틀 • 298, 300, 303
머치슨(Roderick Murchison) • 411
메르칼리 진도척도(Mercalli Intensity Scale) • 337
메르칼리(Giuseppe Mercalli) • 337
메릴(George Perkins Merrill) • 13
메소포타미아 • 94, 240
메스키타 • 148
메탄(CH4) • 232, 256
모노운호수(Lake Monoun) • 229
모아이 • 162
모호로비치치(Andrija Mohorovicic) • 298
모호면(또는 모호 불연속면) • 298
모호불연속면 • 300
몬모릴로나이트 • 112, 401
몰리(Lawrence Morley) • 48
몰튼(Forest Ray Moulton) • 14
묘안석(cat' s eye stone) • 428
무연탄 • 239
문화층(文化層) • 102
미노스문명 • 77
미자석(迷子石) • 313
밀란코비치(Milutin Milankovitch) • 329
밀러(Stanly L. Miller) • 469
바로우(W. Barlow) • 419
바스코다가마(Vasco da Gama) • 211
바이온트댐(Vaiont dam) • 218
바인(Fred Vine) • 48
발색소 • 426
방해석(CaCO3) • 265
백나일 • 210
백악(chalk) • 192
백악기 • 19, 22, 192
베게너(Alfred Wegener) • 40, 329
베르너(Abraham Werner) • 277
베링거(Daniel Moreau Barringer) • 11
베링거운석구 • 10, 15, 36
베링해협 • 314
베스비우스화산 • 71
베이컨(Francis Bacon) • 41
벨렘나이트 • 24
벽옥 • 427
변채(變採, play of color) • 429
변환단층 • 50
변환단층 경계 • 344
보석 • 420
보석의 정의 • 422
보웬(Norman L. Bowen) • 417
보웬의 반응계열 • 417
보존경계(保存境界) • 51
보호단계(保護段階) • 101
뵈름빙하기 • 314
부등침하(不等沈下) • 376
북대서양 심층수 • 330
북아메리카판 • 344
불러드(Edward Crisp Bullard) • 305
불연속면 • 299
불의 고리(ring of fire) • 81
뷔퐁(Comte de Buffon) • 280
브라이드우드(Robert J. Braidwood) • 95
브라키오사우루스(Brachiosaurus) • 20, 23
브레데포트돔 • 17
브루크너(Eduard Bruckner) • 329
브리설 소나무 • 320
블루라군(Blue Lagoon) • 248
비상침식(飛翔侵蝕) • 104
빙퇴석 • 198, 319
빙하 • 198
빙하기 • 63, 312, 377
빙햄(Hirum Bingham) • 153
사암 • 145, 146
사층리 • 195
사파이어 • 425
산록(山麓) 오아시스 • 124
산성비 • 244
산업광물자원 • 456
산토리니 • 78
삼각주 • 211
삼협댐(싼샤댐) • 222
상반(上盤) • 346
샌안드레아스 단층(San Andreas fault) • 343
샌프란시스코 대지진 • 344
샌호아킨분지 • 374
생물종의 종분화 • 57
생체에너지(biomass energy) • 256
생태계 • 465

생태적 천이(ecological succession) • 481
서역남로 • 117
석면 • 456
석송류 • 240
석-철질운석 • 18
석탄기 • 396
석회석 • 475
석회질 튜파 • 199
선상지(扇狀地) • 126, 124
설선(雪線) • 182
섬유광(chatoyancy) • 429
섭입경계(subduction boundary) • 346
성산 일출봉 • 185
성채석(star stone) • 428
세노테이(cenote) • 26
세인트헬렌산 • 60
세지윅(Adam Sedgwick) • 410
세콰이어(sequoia) • 320
셀본 • 91
소(小)플리니우스 • 72
소디(Frederick Soddy) • 287
속씨식물(피자식물) • 479
수괴(水槐) • 330
수권(水圈) • 367
수렴경계(收斂境界 혹은 消滅境界) • 51
수마트라-안다만지진(Sumatra-Andaman earthquake) • 350
수성론자(水成論者) • 277
수에즈운하 • 211
순다해구(Sunda trench) • 350
순다해협 • 64
숨바와(Sumbawa)섬 • 66
쉔플리즈(A. M. Schönflies) • 419
쉬즈(Eduard Suess) • 42
슈메이커-레비 9 • 30
슈퍼플럼 • 34
슐리만(Heinrich Schliemann) • 77
스미스(William Smith) • 394
스타파섬(Staffa island) • 189
스트라보 • 295
스트로마톨라이트(Stromatolite) • 472
스펙트롤라이트 • 428
스프리그(Reg C. Sprigg) • 477
시노그나투스 • 50
시르다르야 강 • 168
시베리아고원 • 31
시커포인트 • 278, 281
실크로드(Silk road) • 116, 119
심층수 • 330
쎄이스모사우루스(Seismosaurus) • 23
쓰나미 • 65, 351
아가시(Louis Agassiz) • 312, 412
아그리콜라(Georigus Agricola) • 110, 442
아낙시만더(Anaximander) • 274
아랄해 • 167
아르디피테쿠스 • 362
아리스토텔레스(Aristotle) • 275, 468
아무다르야 강 • 168
아부심벨(Abu Simbel) • 216
아비센나(Avicena) • 110, 276
아사마화산 • 70
아스완로우댐(Aswan Low Dam) • 214
아스완하이댐(Aswan High Dam) • 215
아시아판 • 126
아역청탄 • 239
아이슬란드 • 52, 236
아코스타(Jose de Acosta) • 315
아풀리안 지각 • 73
아프리카 열곡대 • 210, 233, 358
아프리카판 • 179
안데스산맥 • 181, 184
안토니오 스나이더-펠레그리니(Antonio Snider-Pellegrini) • 42
알바레스 가설(Alvarez hypothesis) • 25
알-비루니(Abu Rayhan Muhamad ibn Ahmond al-Biruni) • 276
알프스산맥 • 179
암모나이트 • 24, 34
앙코르와트 • 142
어셔(James Ussher) • 394
앵글로-파리분지 • 191
에디아카라 동물(Ediacaran animals) • 476
에라스토테네스(Erastotenes) • 294
에로스 • 36
에룰트(Paul Heroult) • 441
에메랄드스프링 • 490
에버글레이드(Everglades) • 384
에베레스트산 • 294
에어스록(Ayer's rock) • 195
에오세 • 181
엔트로피법칙 • 466
역단층 • 346
역청탄 • 239
연성변형(延性變形) • 347
연수정 • 427
열염순환(熱鹽循環, thermohaline circulation) • 331
열점 • 33, 53, 200, 238
옐로우스톤국립공원 • 200, 490
오갈랄라 대수층(the Ogallala aquifer) • 377
오렐 스타인(Aurel Stein) • 124
오로라 • 306
오스트랄로피테쿠스 로부스투스 • 362
오스트랄로피테쿠스 보이세이 • 361
오스트랄로피테쿠스 아파렌시스 • 364
오스트랄로피테쿠스 아프리카누스 • 362
오아시스 • 123
오언(Richard Owen) • 20
오카방코 습지 • 381
오쿠화산암대(Oku Volcanic Field) • 227
오파린(Alexandr Ivanovich Oparin) • 469

오팔(단백석) • 429
옥 • 122
옥문관(玉門關) • 122
온실효과 • 257
올덤(Richard Dixon Oldham) • 297
외래하천 오아시스 • 124
외핵 • 299
우라늄 광물 • 254
우전옥 • 122
운석 • 18, 471
운석구(隕石丘, meteor crater) • 10
울라스토나이트(wollastonite) • 410
울라스톤 메달 • 409
울라스톤(William Hyde Wollastone) • 409
울룰루 • 195
원자력 에너지 • 254
월리스(Douglas Wallace) • 317
월터 알바레스(Walter Alvarez) • 24
위대한 인공강 계획(Great Man-Made River project) • 379
위스컨신빙하기 • 314
윌리엄 브라그(William Bragg) • 111
유기진화(organic evolution) • 482
유라시아판 • 179, 335, 341
유사아치 • 146, 147
육지다리 • 43, 311
이구아수폭포(Iguazu falls) • 207
이산화탄소 • 230, 232, 326
이스터 섬 • 161
이용단계(利用段階) • 93
이젠화산 • 226
이타이이타이병 • 450
인도판 • 126, 335
일원론(一元論) • 274
임페리얼 제이드 • 122
자수정 • 427
장건(張騫) • 117
장주기 예측 • 357
재생 불가능한 자원 • 455
저류암 • 242
전기석 • 425
정단층 • 346
제일설(齊一說) • 76
제임스 어셔(James Ussher) • 284
제임스 쿡(James Cook) • 55
제임스 홀(James Hall) • 307
제임슨(Robert Jameson) • 282
제프리(Harold Jeffrey) • 44
주상절리 • 188, 189
주향이동단층 • 346
주혈흡충병(Schistosomiasis) • 218
중생대 • 23, 325, 326
중앙아시아 • 166
중앙해령 • 55, 237
중요한 보석광물 • 425
쥐라기 • 219
지각 구성 물질 • 414
지구수축설(地球收縮說) • 43
지구 에너지 총량 • 246
지구의 나이 • 286, 287, 288
지구의 질량 • 10
지구접근소행성랑데뷰(NEAR, Near Earth Asteroid Rendezvous) • 36
지반 침하 • 374, 376
지열 • 238
지열에너지 • 246
지열펌프 • 249
지진계 • 356
지진의 단주기 예측 • 357
지진파 • 298, 347
지층 누중의 법칙 • 276
지판(地板, plate) • 51
진성아치 • 148
진앙 • 337, 348
진원 • 348
챌린저호 • 45
천산산맥 • 169, 171
천성(泉性) 오아시스 • 123
청나일 • 210
초원길 • 116
츄코츠키 반도 • 314
칙출룹운석구(Chicxulub crater) • 29
침식 • 205
카나트(qanat) • 133
카레즈(karez) • 133
카보나타이트 • 360
카스피해 • 166
카슨(Rachel Carson) • 491
카올리나이트 • 112
카올린(kaolin) • 109
칼데라(caldera) • 64, 226
캄브리아기 • 411, 477
컬럼비아 고원 • 31
켈빈 경(Lord Kelvin) • 285
코페르니쿠스(Nicolaus Copernicus) • 276
콘드라이트 • 471
콘드률 • 18
콜라반도 • 301
콜로라도 고원 • 204
콰타라 와지(quattara depression) • 106
쾨펜(Wladimir Koppen) • 329
큐리(Pierre Curie, 1852~1906) • 305
크라카토(Krakatau)화산 • 64
크라카토화산 • 79
크레이머(S.N. Kramer) • 96, 100
크레타섬 • 78
크롤(James Croll) • 328
크롤-밀란코비치이론 • 329
키부호(Lake Kivu) • 231
키클라데스제도 • 78
킴벌라이트(kimberlite) • 302, 382, 437
타웅 어린이 • 362
타클라마칸 사막 • 117, 124, 182

탄소 방출량 • 244
탈레르(Thaler) • 274, 443
탐보라(Tambora)화산 • 66
탕카니카 호수 • 358
태양에너지 • 250
태평양판 • 341, 344
터키석 • 431
테라분출 • 78
테오프라스투스(Theophrastus) • 110
테티스해 • 181
텍타이트(tektite) • 28
토양 • 89
토양 침식 • 107
토탄 • 239
톨레미(Ptolemy) • 275
톰슨(Charles Wyville Thomson) • 45
퇴적구조 • 195
트라이아스기 • 21, 50, 219, 487
트래버타인(travertine) • 199
트리벨리언(George M, Trevelyan) • 395
트리스탄다쿤하 • 83
티라노사우루스(Tyranosaurus) • 23
티레니안 지각 • 73
티베리우스 • 118
파충류의 절멸 • 23
판게아(Pangea) • 21, 41, 487
판구조론 • 40
팔라사이트(pallasites) • 427
패터슨(Clair Cameron Patterson) • 288
페르디낭 드 레셉스(Ferdinand de Lesseps) • 212
페름기 • 58, 477
페어뱅크스(Richard Fairbanks) • 322
펜크(Albercht Penck) • 329
폐쇄계(閉鎖界) • 440, 464
포스트(John D. Post) • 66
폼페이 • 72
풍성침식 • 105
풍식력(風蝕礫, ventifact) • 106
프로젝트 모홀(Project Mohole) • 300
프리즈매틱스프링 • 489
프톨레마이우스 • 295
플라톤(Platon) • 275
플레이페어(John Playfair) • 281
피나투보화산 • 60, 67
피요르드 • 199
피치블렌드 • 444
피타고라스(Pythagoras) • 275
피튼(William Henry Fitton) • 407
필리핀판 • 341
필립스(John Phillips) • 406
하그리브스(James Hargreaves) • 395
하롱베이 • 196
하반(下盤) • 346
하임스(Edward S. Hyams) • 92
하와이군도 • 53
해구 • 341
해령 • 49
해멀린풀(Hamelin pool) • 474
해양지각 • 51, 55, 300
해저지각시추작업(ODP) • 307
해저확장설 • 46
허턴(James Hutton) • 76, 277, 397
헤로도토스(Herodotos) • 119
헤로도투스(Herodotus) • 284
헤스(Harry Hammond Hess) • 46
헤켈(Ernst Haeckel) • 314
현상석(phenomenon stone) • 428
현화식물 • 24
형석 • 427
호모 하빌리스 • 362
홀(Charles Martin Hall) • 441
홈스(Arthur Holmes) • 44, 287
홍적세 • 324
화강암 • 155, 159, 160, 262, 370
화산 폭발지수(The Volcanic Explosivity Index; VEI) • 82
화석대수층(fossil aquifer) • 380
화석연료자원 • 238, 466
화이트(Gilbert White) • 91
확장경계(擴張境界 혹은 生成境界) • 51
황토 • 105
훌러스어쓰(fuller's earth) • 400
훔볼트(Alexander von Humbldt) • 41
훼도로프(E. S. Fedorov) • 419
히말라야산맥 • 180
힐더브랜드(Alan R. Hildebrand) • 27
K-T경계 • 24, 31
P파(primary wave) • 347
S파(Secondary wave) • 347, 348
VEI • 82
X-선 회절원리 • 111